"La pseudo-analogia con le scienze fisiche va direttamente contro quel modo di pensare che un economista deve acquisire. [...] È come se la caduta della mela a terra dipendesse dalle motivazioni della mela, dall'esame se vale davvero la pena cadere in terra e se la terra vuole che la mela cada e dagli errori di calcolo da parte della mela circa la sua distanza dal centro della terra"

J. M. Keynes

Riccardo Cesari

Introduzione alla finanza matematica

Derivati, prezzi e coperture

 Springer

RICCARDO CESARI
Dipartimento di Matematica per le Scienze Economiche e Sociali
Università di Bologna

In copertina:
Riccardo Cesari, "L'albero della conoscenza", (Forlì, 2004), collage

ISBN 978-88-470-0819-9   Springer Milan Berlin Heidelberg New York
e-ISBN 978-88-470-0820-5   Springer Milan Berlin Heidelberg New York

Springer-Verlag fa parte di Springer Science+Business Media

springer.com

© Springer-Verlag Italia, Milano 2009

9   8   7   6   5   4   3   2   1

Impianti: PTP-Berlin, Protago TeX-Production GmbH, Germany (www.ptp-berlin.eu)
Progetto grafico della copertina: Simona Colombo, Milano
Stampa: Signum Srl, Bollate (MI)
Stampato in Italia

Springer-Verlag Italia srl – Via Decembrio 28 – 20137 Milano

Indice

Prefazione

Come tutte le prefazioni, anche questa è una post-fazione e, finita la fatica, l'autore è solo davanti al dubbio fondamentale: perché un nuovo libro sulla Finanza Matematica dei derivati?

Finanza Matematica è un termine relativamente nuovo, almeno in Italia, e richiede, forse, qualche spiegazione. Infatti, la classica Matematica Finanziaria ha visto, negli ultimi anni, una così formidabile evoluzione che non è esagerato dire che è nata una nuova disciplina. Fatto salvo il dovuto omaggio al passato, in ossequio al detto di Bernard de Chartres circa i nani sulle spalle dei giganti, il nuovo approccio alla Finanza ha letteralmente ribaltato quello precedente.

Se in passato la qualifica "finanziaria" veniva applicata alla Matematica non senza mostrare, in alcuni casi, l'assoluta pretestuosità dell'aggettivo rispetto all'interesse primario nel metodo analitico-quantitativo, ora tale qualifica è passata prepotentemente in primo piano, a sottolineare l'ambito economico, teorico e pratico, all'interno del quale l'analisi delle relazioni matematico-finanziarie nasce, viene formulata, cerca e spesso trova principi risolutivi, si confronta e scontra con gli sviluppi applicativi e la realtà dei mercati.

Si pensi, ad esempio, al modello di Black e Scholes, sintesi notevole di fondamenti teorici, conoscenze empiriche, metodo analitico-quantitativo e capacità di calcolo, applicata a un importante e annoso problema di valutazione, tuttora al centro della Finanza Matematica.

Il termine Finanza Matematica vuole quindi mettere in primo piano la sostanza finanziaria senza nascondere la storia da cui la disciplina proviene e soprattutto la validità di un metodo, quello matematico, che ha permesso il raggiungimento di risultati altrimenti impossibili, in qualche caso insigniti dell'alloro del Nobel: William Sharpe, Myron Scholes (e, si dovrebbe aggiungere, Fischer Black, prematuramente scomparso), Harry Markowitz, Robert Merton.

Questo volume è il terzo di una **trilogia** (Cesari e Susini, 2005a,b) che affronta in sequenza i temi dei tassi d'interesse, dei portafogli finanziari e dei titoli derivati. Il fatto che venga per terzo non è senza significato in quanto sfrutta alcuni concetti di base esposti in precedenza, in particolare nel volume dedicato ai tassi d'interesse. Rinvii puntuali saranno fatti nel corso della trattazione; tuttavia, una lettura del primo volume può essere fin da subito raccomandata. Il legame tra i volumi si può comprendere guardando ai tre grandi pilastri che compongono la Finanza Matematica.

Infatti, come la Gallia di Giulio Cesare, anche la Finanza Matematica risulta divisa, a grandi linee, in tre parti: pricing, hedging e asset management.

Il **pricing** o valutazione, affronta il tema della valorizzazione dei titoli e delle attività finanziarie secondo il moderno principio dell'arbitraggio: i prezzi dei titoli sono vincolati da reciproche relazioni in modo che non ne possa scaturire la possibilità di arbitraggi, vale a dire la possibilità di realizzare profitti illimitati senza rischio. In tal modo, il vincolo di non arbitraggio, affiancato da opportune ipotesi aggiuntive, diventa la condizione per determinare, anche quantitativamente, i prezzi delle attività finanziarie e in particolare dell'immensa categoria delle attività finanziarie **derivate** (*contingent claims*). I modelli di Black, Scholes e Merton dei primi anni '70 hanno aperto alla ricerca quantitativa la vasta prateria del pricing di non arbitraggio dei titoli derivati.

La seconda area di ricerca della Finanza Matematica è l'**hedging** o risk management, che affronta il tema dei rischi cui sono esposte le attività finanziarie, l'identificazione dei numerosi fattori di rischio, la loro misurazione, l'individuazione di criteri di monitoraggio, controllo e gestione dei rischi. Stante il legame teorico e pratico tra rischio e prezzo, in un mondo di operatori tipicamente avversi al rischio (modello di Sharpe), si comprende come i due temi del pricing e dell'hedging siano strettamente connessi e richiedano approcci e modelli tra loro pienamente coerenti.

Infine il tema dell'**asset management** fa riferimento ai principi di gestione ottimale dei portafogli finanziari e quindi, semplificando, ai metodi di individuazione e controllo dinamico della migliore combinazione tra rendimento atteso e rischio assunto. L'aspetto qualificante, qui, è quello delle aspettative, vale a dire delle capacità previsive (forecasting) circa gli andamenti futuri dei prezzi e dei mercati, legato indissolubilmente, come hanno mostrato una volta per tutte Markowitz e Sharpe, al tema della misurazione e gestione del rischio. Il secondo volume della trilogia è in gran parte dedicato alle gestioni di portafoglio.

In questo quadro generale, il presente volume è focalizzato sui due temi del pricing e dell'hedging dei titoli derivati.

Punto di partenza è l'analisi dei mercati, regolamentati o OTC, in cui concretamente si scambiano i derivati (capitolo 1). Segue il capitolo 2 sul significato di (non) arbitraggio, i fondamenti del pricing e l'applicazione al caso della struttura per scadenza dei tassi d'interesse, il primo mattone di ogni costruzione in finanza. Nei capitoli 3–6 si esaminano in sequenza altrettanti prodotti a complessità crescente ma con payoff lineari: forward (cap. 3), futures (cap. 4), floaters (cap. 5) e swap (cap. 6), con particolare attenzione sia alle definizioni contrattuali, sia al pricing e all'uso prevalente (hedging e trading) degli strumenti analizzati. Nel capitolo 7, si apre la porta del variegato mondo delle **nonlinearità** attraverso il caso semplice del contratto d'opzione *plain vanilla*, analizzato, composto in strutture più articolate e prezzato sia nell'approccio binomiale sia in quello classico a tempo continuo. I fondamenti dell'hedging delle opzioni e dei derivati in genere sono illustrati anche graficamente. Nel capitolo 8, il modello standard viene ampliato in diverse direzioni: rispetto ai sottostanti (con dividendi, tassi di cambio, forward etc.), rispetto ai tassi di attualizzazione, rispetto alla volatilità. Il capitolo 9 analizza le complicazioni derivanti da sottostanti legati ai tassi d'interesse mentre il capitolo 10 è dedicato alle opzioni c.d. esotiche, in quanto definite da payoff di varia complessità e articolazione. Il capitolo 11 individua la presenza delle opzioni in numerosi contesti contrattuali apparentemente estranei ai derivati (obbligazioni corporate, garanzie, titoli strutturati etc.) mostrando i metodi di individuazione e scomposizione/ricomposizione (un-packaging) finalizzata al pricing e all'hedging dei contratti. Infine il capitolo 12 raccoglie alcune importati problematiche legate alla implementazione pratica (numerica) dei modelli analizzati.

La trattazione è pensata per una doppio livello di lettura: un livello semplice e introduttivo, che richiede solo nozioni matematiche di base e punta alla comprensione pratica dei concetti e degli strumenti finanziari derivati e un livello più avanzato che utilizza il calcolo stocastico e alcuni risultati fondamentali della probabilità, della matematica e della statistica per la derivazione delle relazioni quantitative, delle formule, dei modelli formalizzati.

Il primo livello, le cui parti sono contrassegnate da una (**F**), si rivolge ai corsi universitari della laurea triennale mentre il secondo livello si rivolge ai corsi di laurea specialistica o magistrale, di master e dottorato. Un'Appendice sui risultati più avanzati, sui processi stocastici, probabilità e calcolo stocastico, posta in fondo al libro, rende il testo relativamente autosufficiente. Altro materiale, fogli di calcolo e programmi software sui capitoli del libro sono disponibili sul sito **www.ecofo.unibo.it** – studenti – materiale didattico.

Questo libro deve molto, per i contenuti e l'approccio, agli studenti di un decennio di corsi, sulle cui esigenze (che si spera di aver bene interpretato) è stato pensato, realizzato e cordialmente dedicato. Due borse di studio hanno consentito all'autore due soggiorni presso il Research Department di BnpParibas, London, diretto da Marek Musiela, che qui si ringrazia assieme a Fabio Filippi dell'Italian Desk per la generosa ospitalità. Un sentito ringraziamento anche a Wolfgang Runggaldier e Franco Molinari per l'apprezzamento e incoraggiamento e a Anna Grazia Quaranta per il prezioso aiuto editoriale. Naturalmente, il debito verso l'ampia letteratura disponibile è enorme: la bibliografia e le numerose citazioni ne sono la prova. Va sottolineato che in tale vasta letteratura, quattro aspetti sono stati in gran parte trascurati, salvo brevi trattazioni nel testo:

1. l'approccio di equilibrio generale ai prezzi dei titoli con conseguente enfasi sulla massimizzazione dell'utilità (attesa) e sui metodi di ottimizzazione dinamica (CIR, 1985a, Ingersoll, 1987, Duffie, 1992, Karatzas e Shreve,

1998, James e Webber, 2000). Per farsi un'idea, si veda Cesari e Susini, 2005b, cap. 9. Tali approcci si rivelano utili per la trattazione del pricing e hedging in mercati incompleti, con costi di transazione, illiquidità e asset non commerciabili;

2. i modelli a tempo discreto, ai quali si è preferito, con alcune eccezioni, lo sviluppo a tempo continuo per la maggiore semplicità analitica e formale. Su tali modelli, si veda Shreve (2004a), Duffie (1988, 1992);

3. i modelli con processi discontinui (*jump processes* e *Lévy processes*) per i quali si rinvia a Shreve (2004b, cap. 11) e Cont e Tankov (2004);

4. i modelli per il rischio di credito, generalmente sviluppati con modelli discontinui per rappresentare la dinamica tra livelli di *rating* e tra questi e il default (v. Cesari e Susini, 2005a, par. 3.2.1). Su tali modelli si rinvia a Hull (2006, capp. 26–27), Cairns (2004, cap. 11), Bielecki e Rutkowski (2002), Duffie e Singleton (2003), Brigo e Mercurio (2006, Part VII).

La speranza dell'autore è che quello che c'è possa servire al lettore anche come una buona introduzione per affrontare, su solide basi, tutto il resto.

È quanto sembrano suggerire anche i mercati. Mentre questo libro va in stampa (settembre 2008), la finanza internazionale sta attraversando la più grave crisi del credito dal 1929. Non sono stati i derivati a innescarla (v. Capitolo 1) ma questi hanno rappresentato la benzina che ha trasformato un incendio in un rogo di dimensioni epocali. L'assenza di regole stringenti, di trasparenza e di un'adeguata conoscenza di questi strumenti ha trasformato le banche d'investimento in altrettenti "apprendisti stregoni", incapaci, alla prima difficoltà, a contenere gli effetti negativi e a reggere l'urto di mercati che invertono i flussi degli ordini. Passata l'ondata di fallimenti e i numerosi salvataggi di società finanziarie fino a ieri ritenute inaffondabili, bisognerà studiare più attentamente i derivati e le leve dirompenti che contengono.

Con questo obiettivo auguriamo al lettore un buon proseguimento.

Abbreviazioni

ABS	Asset backed security
ALM	Asset and liability management
a.s.	Almost surely (quasi sicuramente)
BGM	Brace, Garatek e Musiela
BIS	Bank of International Settlements
BM	Brownian motion
BS	Black e Scholes
BOT	Buoni ordinari del Tesoro
b.p.	basis point
BTP	Buoni del Tesoro poliennali
CAPM	Capital asset pricing model
CB	Coupon bond
CCT	Certificato di Credito del Tesoro
CDO	Collateralized debt obligation
c.d.	così detto/i
CDS	Credit default swap
CEV	Constant elasticity of variance
CH	Clearing House
CIR	Cox, Ingersoll e Ross
CME	Chicago Mercantile Exchange
CMS	Constant maturity swap
CPPI	Constant proportion portfolio insurance
CTD	Cheapest to deliver
CTZ	Certificato del Tesoro Zero coupon
EC	Economic capital
EDSP	Exchange delivery settlement price
EMH	Efficient market hypothesis
EMM	Equivalent martingale measure
FIFO	First in, first out
FRA	Forward rate agreement

FW	Forward
HJM	Heath, Jarrow e Morton
i.e.	id est (=cioè)
iid	Indipendenti e indenticamente distribuiti
IRS	Interest rate swap
ISDA	International Swaps and Derivatives Association
LDI	Liability driven investment
LIFFE	London International Financial Futures Exchange
LTCM	Long Term Capital Management
LV	Local volatility
MBS	Mortgage backed security
MTN	Medium term note
NASDAQ	National Association of Securities Dealers Automated Quotations
OAS	Option adjusted spread
OTC	Over the counter
OU	Ornstein-Uhlenbeck
PCT	Pronti contro termine
PDE	Partial differential equation
PI	Portfolio insurance
p.s.	Processo stocastico
RN	Risk neutral
SABR	Sigma alpha beta rho
SDE	Stochastic differential equation
SDF	Stochastic discount factor
SIE	Stochastic integral equation
SPS	Struttura per scadenza
SV	Stochastic volatility
TIR	Tasso interno di rendimento
TS	Term structure
v.a.	Variabile aleatoria
VaR	Value at risk
ZCB	Zero-coupon bond

1

Derivati e mercati

1.1 Titoli derivati e titoli elementari (F)

Poiché questo è un testo dedicato alla finanza matematica dei titoli derivati, la prima cosa da fare è dare una definizione del nostro oggetto di studio.

Definizione 1. *Un titolo derivato, o contingent claim (diritto contingente), è un titolo il cui flusso di cassa (e quindi il cui prezzo di mercato) dipende esplicitamente (contrattualmente) dal valore di altri titoli. Definiamo titolo elementare un titolo non derivato. Ad esempio, se $S(T)$ è il flusso alla data futura T derivante da un titolo elementare, un titolo derivato è rappresentato dal flusso $H(T) = f(S(T))$, funzione di $S(T)$. Poiché il valore futuro $S(T)$ è, in generale, una variabile aleatoria (v.a.), un derivato è una v.a. ottenibile da una trasformata funzionale di una v.a.*

Da questa definizione si evince che ben pochi sono i titoli elementari: in primis i titoli zero-coupon (ZCB) che rappresentano il prezzo in t, $P(t, T)$, di 1 unità monetaria da ricevere il giorno T; in secondo luogo i titoli con cedola fissa (CB), di prezzo $B(t, T, c)$ con cedola non nulla ma costante c, e i titoli azionari, di prezzo $S(t)$, i cui flussi periodici (dividendi) sono aleatori ma in genere non direttamente legati a titoli del mercato finanziario bensì, più in generale, all'andamento economico della società per azioni e ai movimenti dei mercati dei beni e servizi. Come si vedrà, anche i titoli azionari, in una prospettiva più ampia, sono definibili come titoli derivati (opzioni call) anziché come titoli elementari. Un altro esempio di titolo elementare è la valuta estera, il cui prezzo è il tasso di cambio, $E(t)$, inteso come valore in moneta nazionale di un'unità di valuta estera.

Si noti anche che i titoli con cedola fissa, sebbene titoli elementari, sono scomponibili in portafogli di titoli ZCB per cui il loro prezzo (di non-arbitraggio) si può esprimere sulla base del prezzo degli ZCB (cfr. Cesari e Susini, 2005a, paragrafo 3.1).

Ad esempio, il CB 3% scadenza $T = t + n$ è un titolo con cedola annua $c = 3\%$ e con la seguente struttura di cash-flow:

Cesari R: Introduzione alla finanza matematica.
© Springer-Verlag Italia, Milano 2009

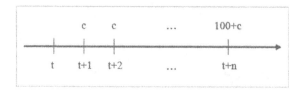

Figura 1.1. Struttura dei flussi di un CB

Il CB può essere visto come un portafoglio di titoli senza cedola, il cui prezzo $B(t,T,c)$ corrisponde al valore attuale dei flussi futuri:

$$B(t,T,c) = c \cdot P(t,t+1) + c \cdot P(t,t+2) + \ldots + (c+100) \cdot P(t,t+n)$$

Si noti che nel calcolo dei valori attuali dei flussi futuri vengono utilizzati i fattori di sconto corrispondenti ai prezzi unitari degli ZCB con scadenze pari alle scadenze dei flussi del coupon bond; per ogni i-esima scadenza pertanto abbiamo che il prezzo unitario dello ZCB è pari a:

$$P(t,t+i) = \frac{1}{(1 + R(t,t+i))^i}$$

con R(t,t+i) tasso della struttura per scadenza (SPS) per la durata i.

Al contrario dei titoli elementari, la famiglia dei titoli derivati è assai numerosa: forward, future, floater, swap, option etc. sono tutti titoli e contratti legati, per costruzione, al valore di altri titoli detti sottostanti e quindi, in quanto tali, rappresentabili col termine generale di *derivati*: di conseguenza, i derivati sono valutabili sulla base del livello e della dinamica dei prezzi dei sottostanti.

Si noti, in particolare, che qualunque dipendenza funzionale definisce un derivato. Di conseguenza ogni variabile aleatoria (processo stocastico) rappresenta un derivato.

Per estensione, un titolo elementare è un caso banale di titolo derivato che dipende da se stesso: $S(T) = f(S(T)) = S(T)$.

Esempio 1. Si consideri un titolo o contratto che paga alla scadenza T la metà della variazione di prezzo (se positiva) osservata tra l'emissione t_0 e T per un dato indice di mercato I (es. S&P500).

Il payoff a scadenza è quindi:

$$\max(0, \frac{I(T) - I(t_0)}{2}) = \frac{1}{2} \max(0, I(T) - I(t_0))$$

Un sottinsieme importante di derivati è rappresentato dai titoli strutturati. Questi sono combinazioni (portafogli) di titoli elementari e/o derivati (ad esempio un CB più un'opzione), costruiti per rispondere a (o anche suscitare, essendo spesso *sold, not bought*) particolari esigenze degli investitori.

Combinando in vario modo titoli derivati si possono ottenere strutture anche molto complesse: l'unico limite al riguardo è rappresentato dalla fantasia degli strutturatori (o *financial engineers*).

Analogamente, costruendo derivati dipendenti da derivati (una sorta di derivati al quadrato o al cubo...) si ottengono derivati più complessi, non sostituibili con portafogli di titoli più semplici.

1.2 Tre punti di vista: pricing, hedging e asset management (F)

I derivati possono essere analizzati sotto tre punti di vista:

1. Pricing: la valutazione dei derivati (il c.d. pricing) risponde a un principio fondamentale che prende il nome di ipotesi di non-arbitraggio (Cesari e Susini, 2005a, paragrafo 3.1);
2. Hedging: la principale finalità dei derivati è la copertura dei rischi di mercato (Cesari e Susini, 2005b, capitolo 4) a cui è esposto il portafoglio di un investitore;
3. Asset management o trading di portafoglio; i derivati offrono opportunità di *yield enhancement* o miglioramento di redditività, poiché consentono l'apertura di posizioni speculative con riferimento a particolari scommesse (*bid*).

Si noti che il termine speculazione, spesso sostituito dal più neutro *trading*, non ha qui una valenza negativa, derivando dal latino 'speculum' strumento per guardare lontano: la speculazione non è altro che l'attività che cerca di trarre vantaggio economico dalla previsione dei futuri andamenti dei titoli e dei mercati finanziari. In tal senso i derivati possono servire sia per ridurre (hedging) sia per aumentare l'esposizione a uno o più rischi.

Fondamentale diventa la misurazione e il controllo di tutti i rischi in portafoglio, la loro scomposizione (*unbundling*) e gestione (*risk management*) in funzione dei livelli di rischio e rendimento atteso che si vogliono perseguire.

1.3 I prezzi di non arbitraggio (F)

Per definizione, ogni derivato ha un legame funzionale, quantitativo, con uno o più titoli sottostanti.

I prezzi dei derivati devono quindi rispettare particolari relazioni con i sottostanti al punto che, in genere, il prezzo del derivato è ricavabile da tali relazioni.

In caso contrario, si avrebbe quella che si chiama una opportunità di arbitraggio, vale a dire la presenza di disallineamenti nei prezzi dei titoli presenti sul mercato, tali da generare guadagni certi senza investire capitali e senza correre rischi.

L'ipotesi di non arbitraggio (*no arbitrage* o *no free lunch hypothesis*) elimina tale possibilità.

Definizione 2. *L'ipotesi di non arbitraggio afferma che i prezzi dei titoli finanziari devono essere tali da non consentire arbitraggi privi di rischio, vale a dire la possibilità di costruire strategie di compravendita che consentano di fare profitti certi positivi senza capitale e senza correre rischi, ovvero profitti certi positivi o nulli con capitale di prestito (indebitamento).*

Una immediata conseguenza è che titoli e portafogli con eguali cash-flow devono avere eguali prezzi (*law of one price*).

L'assunzione dell'ipotesi di non arbitraggio trova validità nella presenza sul mercato di operatori professionisti (arbitraggisti) che per mestiere sono pronti a sfruttare eventuali disallineamenti che si dovessero creare tra mercati geograficamente (cross-border) o tipologicamente diversi (inter-market arbitrage).

Tale loro attività, oltre a procurare il profitto d'arbitraggio, spinge velocemente i prezzi verso le parità teoriche o in un ristretto intorno di esse, non più sfruttabile per la presenza di costi di transazione e di compravendita (bid-ask spread e commissioni di negoziazione).

Di conseguenza, per l'investitore non arbitraggista attivo su mercati efficienti e concorrenziali non è irrealistico assumere che i prezzi dei titoli siano vincolati al rispetto della condizione di non arbitraggio.

Il pricing dei derivati sfrutta questa condizione per ricavare il prezzo dei contingent claim.

1.4 Hedging e derivati (F)

La finalità principale dei derivati è la protezione dei rischi, intendendo per rischio la possibilità che un titolo o portafoglio perda inaspettatamente di valore in un momento futuro.

Definizione 3. *Si dice rischiosa una qualunque situazione che possa dar luogo a una riduzione del valore delle attività in portafoglio e/o a un aumento delle passività (definizione patrimoniale di rischio). In alternativa, è rischiosa qualunque situazione che possa dar luogo a una riduzione dei profitti e/o a un aumento delle perdite di bilancio (definizione reddituale).*

I rischi sui mercati finanziari sono di vario genere e per ogni tipologia di rischio vi sono corrispondenti tipologie di derivati. Ad esempio per la copertura del rischio di tasso ci sono i derivati sui tassi (interest rate derivatives); per i rischi di cambio ci sono i derivati sui cambi (currency derivatives); per i rischi azionari ci sono i derivati su azioni e indici (stock market derivatives); per il rischio di credito ci sono i derivati creditizi (credit derivatives); per il rischio d'inflazione ci sono i derivati sui beni (inflation-linked derivatives e commodity derivatives).

Ad esempio, il **rischio di credito** o credit risk o rischio di controparte, riguarda un particolare problema legato al fallimento (default) di un debitore. Si determina rischio di credito quando l'emittente va in default (fallisce) oppure quando, meno drammaticamente, ha una riduzione della sua capacità di far fronte agli obblighi sottoscritti. In quest'ultimo caso si ha una diminuzione (downgrading) del suo merito di credito (rating). Ogni volta che si verifica una di queste due possibilità il creditore è soggetto a rischio di credito.

Il **rischio azionario** invece si verifica ogni volta che si acquista un titolo soggetto alle fluttuazioni del mercato azionario. Da notare come il rischio azionario sia dovuto alle oscillazioni di tutto il mercato di riferimento, legato ai movimenti globali dei mercati azionari; diverso è invece il rischio idiosincratico del singolo titolo legato alle specificità dei titolo stesso e quindi, in ultima analisi, agli stessi fattori (risk drivers, risk factors) che determinano il rischio di credito.

Il **rischio di tasso** genera possibili perdite a causa dei movimenti dei tassi d'interesse: un rialzo dei tassi determina di regola una caduta dei prezzi mentre un calo dei tassi fa lievitare i prezzi dei titoli corrispondenti. La disponibilità di derivati sensibili in modo opposto ai movimenti dei tassi ovvero di derivati sui quali è possibile prendere posizioni in vendita (short positions) consente la copertura parziale o totale dei rischio di tasso.

Il **rischio di cambio** si determina ogni volta che un titolo è legato a una valuta estera, come ad esempio nel caso di un investitore europeo che acquista un Treasury bond americano; il tasso di cambio euro/dollaro (o dollaro/euro) oscilla e determina rischio di cambio nel momento della conversione dei dollari Usa generati dal bond in euro. In particolare è possibile scomporre il rischio del titolo nella somma delle due componenti: il rischio di cambio dovuto alle fluttuazioni del dollaro rispetto all'euro ed il rischio di tasso dovuto alle variazioni dei tassi americani; mediante i derivati è possibile coprirsi da uno dei due rischi e non dall'altro ovvero da entrambi.

Esempio 2. Supponiamo che oggi il cambio dollaro/euro valga 1.20; di conseguenza il cambio euro/dollaro $E(t)$ è pari a:

$$E(t) = \frac{1}{1.20} = 0.833$$

Immaginiamo di disporre di 100 euro e di acquistare una corrispondente quantità di dollari Usa:

$$100€ * 1.20 = 120\$$$

immaginiamo di depositarli in una banca americana al tasso $r^* = 3\%$ ottenendo dopo un anno la quantità certa pari a

$$P^*(T) = 120 \cdot \left(1 + \frac{3}{100}\right)\$ = 123.6\$$$

Dopo un anno posso convertire di nuovo i dollari in euro al cambio dollaro/euro del momento.

Si possono verificare tre diversi scenari.

Primo scenario: il cambio è stabile.

Se il cambio è stabile, questo implica che tra un anno il valore del cambio non è variato e la conversione è esattamente pari a

$$123.6\$ \cdot 0.833 = 103€$$

In tal modo, 100 euro investiti al tasso Usa del 3% mi hanno reso esattamente il 3%.

Secondo scenario: apprezzamento dell'euro.

Un apprezzamento dell'euro implica un valore ad esempio pari a $E(T) = 0.70$ del cambio €/$ con variazione percentuale:

$$\frac{0.70 - 0.833}{0.833} = -15.97\%$$

e un conseguente forte deprezzamento del dollaro, da 1.20 a 1.429 (+19.05%). Questo determina una conversione di 123.6 dollari in 86.52 euro con un rendimento annuo $R = -13.48\%$. Questo -13.48% è un rendimento globale dell'investimento e contiene sia la componente di tasso (+3%) che la componente di cambio (-15.97%). Per una valutazione approssimativa del rendimento R si usa la formula:

$$R \simeq r^* + \frac{\Delta E}{E}$$
$$= 3\% - 15.97\%$$
$$= -12.97\%$$

Terzo scenario: deprezzamento dell'euro.

Se al contrario dopo un anno l'euro di deprezza determinando un cambio euro/dollaro pari a 0.90 (+8%) e quindi un corrispondente cambio dollaro/euro pari a 1.11 otteniamo:

$$123.6\$ \cdot 0.90€/\$ = 111.24€$$

con un rendimento globale pari $R = +11.24\%$, scomponibile in:

$$R \simeq r^* + \frac{\Delta E}{E}$$
$$= 3\% + 8\%$$

dove il 3% è il rendimento dovuto all'investimento nel deposito Usa e l'8% è il rendimento dovuto al deprezzamento dell'euro (apprezzamento del dollaro).

1.5 I mercati dei derivati (F)

I mercati finanziari vengono definiti in base alle loro caratteristiche ed è possibile distinguere, dal punto di vista degli scambi, i mercati primari da quelli secondari; dal punto di vista della regolamentazione, i mercati regolamentati dai mercati non regolamentati o OTC, *over the counter*.

1.5.1 Mercati primari e secondari

Si parla di mercato primario quando le contrattazioni avvengono tra emittente e investitore, nel senso che questi acquista dall'emittente il titolo elementare o derivato emesso sul mercato. In generale, sul mercato primario lo scambio dei titoli è unidirezionale, dall'emittente al market maker, dal market maker al broker, dal broker all'investitore finale.

Sui mercati secondari, invece, gli scambi tra intermediari e tra questi e gli investitori sono bidirezionali, con possibilità per uno stesso soggetto di fare acquisti e vendite di un medesimo strumento. Nei mercati sviluppati, le contrattazioni sul mercato primario sono una piccola quota di quelle sul mercato secondario, che, di conseguenza, garantisce liquidità-liquidabilità (*marketability*) in ogni momento dei titoli acquistati.

1.5.2 Mercati regolamentati

I mercati regolamentati sono caratterizzati da un organismo amministrativo (es. Borsa Italiana), un organismo di controllo (es. Consob), una procedura di autorizzazione all'operatività, la definizione dei titoli e contratti oggetto di scambio, un meccanismo di formazione dei prezzi e di scambio e liquidazione dei titoli.

Nel caso del mercato regolamentato dei derivati, è di regola presente una *Clearing House* (CH, o Stanza di Compensazione) che:

1. interfaccia tutte le contrattazioni frapponendosi tra domanda (per cui chi compra, compra dalla CH) e offerta (chi vende, vende alla CH);
2. compensa tra loro le posizioni in acquisto e in vendita, regolando il valore netto;
3. garantisce l'esecuzione dei contratti imponendo margini (depositi) iniziali di garanzia;

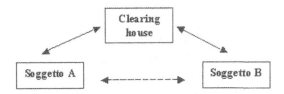

Figura 1.2. Mercato regolamentato con CH e scambio bilaterale

4. liquida giornalmente (*mark-to-market*) le posizioni addebitando/accreditando i margini o conti di variazione di acquirenti (long positions) e venditori (short positions).

Inoltre, sui mercati regolamentati, i derivati scambiati sono rappresentati da contratti standardizzati quanto a ammontari (lotti o size), sottostanti e scadenze.

In tal modo diventa facile chiudere una posizione lunga (corta) con un contratto uguale e di segno opposto, val a dire con l'apertura di una posizione corta (lunga) detta offsetting position.

Tradizionalmente, i mercati regolamentati si distinguono in mercati telematici (borse elettroniche, screen-based, ormai prevalenti) e mercati alle grida (legati invece a un luogo fisico di negoziazione e alle contrattazioni orali e gestuali dell'iconografia di Borsa). La nascita delle borse valori europee risale al Medioevo. Dati e aggiornamenti sono forniti periodicamente dalla Bank of International Settlements (www.bis.org).

La tabella 1.1 elenca i principali mercati mondiali operanti in derivati e i rispettivi siti Internet.

Tabella 1.1. I principali mercati operanti in derivati

Mercato	*Sito Internet*
Chicago Board of Trade, CBOT	www.cbot.com
Chicago Board Option Exchange, CBOE	www.cboe.com
Chicago Mercantile Exchange, CME	www.cme.com
Euronext (*)	www.euronext.com
London Metal Exchange, LME	www.lme.co.uk
Bolsa de Mercadorias & Futuros, BMF	www.bmf.con.br
Tokyo International Financial Futures Exchange, TIFFE	www.tiffe.or.jp
Singapore Exchange (incluso SIMEX), SES	www.ses.com.sg
Hong Kong Future Exchange, HKFE	www.hkfe.com
Italian Derivative Market, IDEM	www.borsaitalia.it
Deutsche Börse e Swiss Exchange, EUREX	www.eurexchange.com

(*) Euronext nasce nel settembre 2000 dalla fusione delle società borsistiche di Amsterdam, Bruxelles e Parigi (che include il MATIF (1986) sui futures e il MONEP (1988) sulle opzioni). Nel 2002 Euronext acquisisce il LIFFE (London International Financial Futures and Options Exchange, 1982) e la Borsa portoghese.

1.5.3 Mercati OTC

I mercati *over the counter* ('sopra il banco') sono mercati bilaterali, anch'essi spesso supportati dagli strumenti informativi telematici ma privi di una specifica regolamentazione che non sia quella generale dei contratti di diritto civile.

Qui i contratti non sono standardizzati e quindi sono privi di un efficiente mercato secondario (rischio di illiquidità): per chiudere una posizione l'investitore deve cercare una controparte disposta a prendere la posizione opposta su un particolare contratto, con particolare scadenza, sottostante e altre caratteristiche.

Illiquidità e rischio di controparte allargano il *bid-ask spread* del mercato OTC rispetto a quello del mercato regolamentato, vale a dire la forbice (spread) tra il prezzo che l'intermediario è disposto a pagare per acquistare (*bid price* o *prezzo denaro*) e il prezzo (superiore al precedente) che l'intermediario vuole ricevere (*ask* o *offer price* o *prezzo lettera*) per vendere il titolo o contratto.

Ciò nonostante, gli scambi di derivati sui mercati OTC continuano a crescere esponenzialmente, sia per le crescenti esigenze degli investitori sia per gli sviluppi delle tecnologie di telecomunicazione, sia per l'intrinseca opacità del mercato che consente, artificialmente, di allargare la platea degli investitori e di ampliare i margini di guadagno degli operatori specializzati.

1.5.4 Negoziazione continua e book degli ordini

La telematica consente di creare un mercato virtuale, continuamente operante tra il momento dell'apertura e quello della chiusura.

Al mercato hanno accesso gli operatori abilitati, distinti in *broker*, *dealer* e *market maker*.

I *broker* ("you can't live with them, you can't live without them" si legge in un sito dedicato agli investitori) sono gli operatori che immettono sul mercato gli ordini ricevuti dagli investitori non professionisti (operazioni in conto terzi); i *dealer* agiscono invece per conto proprio mentre i *market maker* sono dealer con l'impegno formale o sostanziale di quotare sempre (in acquisto e in vendita) uno o più strumenti finanziari, assicurando così un'adeguata liquidità del mercato (liquidabilità e *marketability* dello strumento quotato). Ciò significa che un market maker sarà sempre disponibile a comprare/vendere una data quantità di titoli al prezzo bid/ask del momento, stabilito dallo stesso market maker e immesso sul circuito borsistico (mercato regolamentato) o informativo (pagine Reuters, Bloomberg etc.).

Tali informazioni sono inserite nel book degli ordini, in ordine decrescente di prezzo per le proposte di acquisto; in ordine crescente di prezzo per le proposte di vendita.

Esempio 3. Alle 12.40 di un giorno di borsa aperta il book di un titolo derivato (da leggersi dal punti di vista dell'intermediario) si presentava come segue:

Time	Amount	Acquisto/Denaro/Bid	Vendita/Lettera/Ask	Amount	Time
12:32	8534	2.055	2.06	53746	12:33
12:34	59357	2.05	2.065	14450	12:40
12:31	14000	2.045	2.07	36793	12:38
12:36	27563	2.04	2.075	22340	12:31
12:36	16010	2.035	2.08	49582	12:34

Pertanto il o i market maker erano disposti a comprare il titolo a 2.055 per un ammontare massimo di 8534 lotti, a 2.05 per un ammontare massimo di 59357 lotti etc.; nel contempo il o i market maker potevano vendere 53746 lotti a 2.06 etc.

Il bid-ask minimo risultava di $2.06 - 2.055 = 0.005$ e rappresenta la remunerazione del market maker per il servizio di marketability offerto.

Infatti, un market maker che acquistasse e subito rivendesse il titolo guadagnerebbe il bid-ask spread; un cliente che facesse altrettanto perderebbe il medesimo spread (costi di transazione). Dunque, per un investitore, un'operazione di compravendita (trading), sia essa suggerita da considerazioni di arbitraggio o speculative, per essere fattibile, deve avere una prospettiva minima di guadagno superiore al bid-ask spread.

In particolare, l'arbitraggio sulle quotazioni non è possibile se gli spread si sovrappongono (caso a) mentre è possibile se gli spread sono disgiunti (caso b).

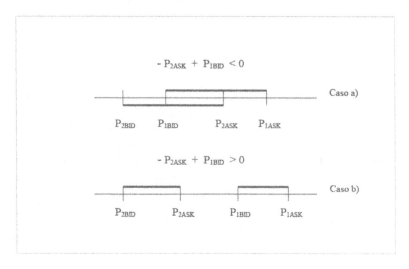

Figura 1.3. Prezzi bid e ask dal punto di vista del cliente

Nei mercati regolamentati, definito il prezzo di apertura nella fase di prenegoziazione, le proposte di acquisto con prezzo maggiore o uguale al prezzo di apertura sono automaticamente abbinate (rispettando l'ordine di prezzo e di tempo) alle proposte di vendita con prezzo minore o uguale a quello di apertura. Analogamente, durante la negoziazione, l'immissione di una proposta di acquisto con limite di prezzo determina l'abbinamento automatico con una o più proposte di vendita con prezzo uguale o inferiore a quello di acquisto; l'immissione di una proposta di vendita con limite di prezzo determina l'abbinamento automatico con una o più proposte di acquisto con prezzo uguale o superiore a quello di vendita; due proposte con lo stesso prezzo sono accolte in ordine di tempo (FIFO: first in, first out).

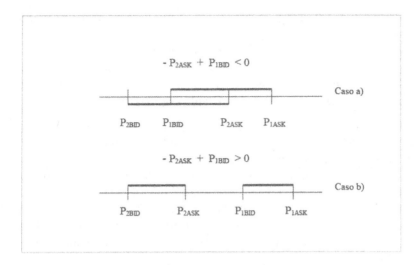

Figura 1.4. Mercato telematico

Ne discende che le negoziazioni avvengono a prezzi diversi e il sistema informativo calcola a fine giornata il prezzo di chiusura (close price, prezzo dell'ultimo scambio), il last price (prezzo dell'ultimo 10% degli scambi) e il prezzo ufficiale della giornata borsistica (in genere, prezzo medio ponderato con le quantità scambiate).

1.5.5 I mercati "perfetti" della teoria finanziaria

I mercati assunti implicitamente o esplicitamente nella teoria finanziaria dei derivati sono in genere molto stilizzati.

Le principali ipotesi semplificatrici attengono a:

1. assenza di costi di transazione, tasse e altre "imperfezioni";
2. mercati continuamente aperti e perfettamente liquidi, in cui qualunque quantità di titoli può essere immediatamente venduta o comprata al prezzo di mercato;
3. mercati perfettamente concorrenziali, senza barriere né in entrata né in uscita, con operatori price taker che non possono influire sul prezzo, sempre esogeno ad essi;
4. pieno accesso al credito (nessun razionamento) e al mercato primario per l'emissione di titoli, con eguali tassi di indebitamento e di investimento (borrowing and lending rates);
5. possibilità di vendite allo scoperto (short selling) senza vincoli o restrizioni;
6. perfetta divisibilità dei titoli, scambiabili per quantità anche frazionarie;
7. mercati completi, in cui qualunque cash flow futuro può essere costruito (replicato) mediante la compravendita di uno o più titoli esistenti;

8. mercati efficienti, in cui gli operatori conoscono e sfruttano in modo ottimale tutta l'informazione disponibile (aspettative razionali) che viene immediatamente riflessa nel sistema dei prezzi;

9. mercati sempre in equilibrio, in cui domanda e offerta sono sempre soddisfatte (market clearing) mediante la libera fluttuazione dei prezzi;

10. assenza di rischio di credito e di default negli emittenti.

Si noti che spesso alcune ipotesi sono collegate tra di loro (es. concorrenza perfetta ed efficienza; perfetta liquidità e completezza etc.).

Si noti anche che non tutte le ipotesi suddette sono essenziali al raggiungimento di risultati significativi, sebbene tutte semplifichino lo sviluppo teorico. Ad esempio numerosi lavori hanno affrontato il pricing dei derivati in presenza di costi di transazione e tasse; altri hanno tenuto conto della incompletezza dei mercati e della presenza di intermediari price setter; altri hanno preso in esame il rischio di credito e i derivati costruiti per fronteggiare tale eventualità (credit derivatives).

Il set minimo di ipotesi che si assumerà nel seguito (ipotesi di mercati perfetti) è quello che conduce ad assumere la validità puntuale della condizione di non arbitraggio come vincolo sempre rispettato nelle relazioni tra i prezzi di mercato.

Infatti, questo è stato l'approccio seguito nel lavoro che si può considerare l'antesignano e l'ispiratore di tutta la moderna letteratura finanziaria nonché il fondamento della Finanza Matematica: "The pricing of options and corporate liabilities" di Fischer Black e Myron Scholes, pubblicato (con difficoltà!) nel 1973 e sviluppato con le ormai classiche ipotesi di "mercati perfetti".

Sebbene dedicato al pricing delle opzioni, l'approccio di Black e Scholes (1973) è risultato proficuo in tutti i campi della finanza, dalla struttura per scadenza dei tassi d'interesse alla valutazione dei derivati esotici, dall'ingegneria finanziaria alla gestione dinamica, dall'analisi speculativa alla copertura assicurativa, dall'ottimizzazione dei portafogli finanziari a quella degli investimenti reali. Dopo il lavoro del 1973, l'approccio, seguito anche in questo testo, è noto come approccio 'option pricing'. Poiché la realtà dei mercati non si conforma pienamente alle ipotesi di mercati perfetti, occorre grande cautela nel passare dalle formule teoriche alle applicazioni pratiche sui mercati concretamente funzionanti nella realtà (Taleb, 1997, parte I).

1.6 Lo sviluppo recente dei prodotti derivati (F)

Sebbene il concetto di titolo derivato sia piuttosto antico (c'è chi ne ha rintracciato esempi persino nella Bibbia), la diffusione globale dei derivati è avvenuta negli ultimi 30 anni.

Gli anni '70 hanno visto importanti sviluppi teorici, a partire dalla scoperta (o invenzione ?) del pricing di non arbitraggio per le opzioni su azioni, realizzato da Fisher Black e Myron Scholes alla fine degli anni '60 e pubblicato nel 1973.

Gli anni '80, sull'onda della deregolamentazione, della globalizzazione e della volatilità dei mercati (la crisi di borsa del "black monday", 19 ottobre 1987), hanno conosciuto una forte domanda di strumenti di copertura. In particolare, la deregolamentazione ha eliminato vincoli e divieti all'emissione e all'acquisto di titoli finanziari, a partire da quelli in valuta estera; la globalizzazione ha abbattuto le frontiere geografiche, creando un unico potenziale mercato finanziario mondiale, connesso per via telematica in tempo reale nelle 24 ore di ogni giorno dell'anno; in Europa, specificamente, la globalizzazione ha preso l'aspetto tangibile dell'unificazione monetaria, culminata nell'adozione, dall'1.1.1999, dell'euro come moneta unica europea; l'accresciuta volatilità dei mercati finanziari internazionali, causa ed effetto dello sviluppo dei derivati, ha fatto crescere prepotentemente la domanda di protezione dai rischi più dirompenti: la variabilità dell'inflazione, i movimenti dei tassi e dei cambi, i forti movimenti dei valori borsistici.

Da segnalare che nel 1985 l'ISDA, *International Swaps and Derivatives Association*, raggruppando le rappresentanze dei principali intermediari in derivati cominciò la pubblicazione di standard contrattuali e indicazioni di (auto)regolamentazione per un migliore sviluppo del mercato.

Gli anni '90 e seguenti hanno visto numerose crisi speculative sia specifiche sia sistemiche, legate all'operatività in derivati e hanno visto il proliferare di un'enorme quantità di prodotti derivati e strutturati caratterizzati da crescente complessità, su mercati facilmente accessibili e con costi di transazioni sempre più ridotti. Ad esempio, Internet e il *trading on line* hanno aperto anche agli investitori *retail* l'accesso diretto e a bassi costi a tutti i mercati del mondo. Il processo di *securitization* dei prestiti (*mortgage backed securities*, MBS) ha accesciuto enormemente l'offerta di derivati (*credit derivatives*).

Gli anni più recenti, dopo numerosi episodi di crisi e la storica tempesta del credito del 2007–2008, sembrano suggerire un più consapevole atteggiamento sia degli operatori, sia delle autorità di Vigilanza, nei confronti del monitoraggio, finanziario e contabile, delle emissioni e delle posizioni in derivati.

Osservazione 1. Le grandi crisi da derivati degli ultimi anni.
Dicembre 1993: salvataggio per 2.2 miliardi di marchi del gruppo tedesco Metallgesellschaft, in crisi per perdite da speculazioni su derivati;

Dicembre 1994: la Orange County (California) va in bancarotta per perdite di 1.6 miliardi di dollari su derivati per scommesse contro il rialzo dei tassi d'interesse fatte dal suo tesoriere (Robert Criton);

Febbraio 1995: la banca Barings (fondata nel 1762 e nota come "la Banca della Regina") fallisce per una perdita di 500 milioni di sterline causata da speculazioni al rialzo di un suo trader (Nick Leeson) su futures sul Nikkei quotati a Singapore;

Settembre 1995: Daiwa Bank perde 1.1 miliardi di dollari per attività su titoli di Stato Usa;

Giugno 1996: la Sumitomo Corporation perde 2.6 miliardi di dollari per speculazioni non autorizzate su derivati nel mercato del rame da parte del capo del trading Yasuo Hamanaka;

Agosto 1998: il fondo LTCM (Long Term Capital Management) perde il 90% del suo valore per speculazioni in derivati che scommettono sulle convergenze dei prezzi;

Luglio 2007: i credit derivatives (CDO, CDS, MBS etc.), costruiti su mutui a basso rating (subprime mortgages) resi via via più insolventi per l'effetto congiunto della crisi economica e della caduta dei prezzi delle case, innescano una tempesta di ribassi prima sui mercati del credito poi su quelli azionari; le principali banche internazionali annunciano perdite e minusvalenze per oltre 130 miliardi di dollari, che diverranno 600 nei 12 mesi successivi; la non trasparenza dei titoli strutturati e del processo di securitization del credito determina incertezza, illiquidità, rialzo dei tassi, blocco dei mercati secondari, aggravamento della crisi, in una inarrestabile spirale negativa.

Gennaio 2008: Société Générale annuncia una perdita record di 4.9 miliardi di euro causata da un suo trader (Jerome Kerviel) per posizioni lunghe non autorizzate in futures su indici di borsa.

Marzo-Settembre 2008: l'effetto domino della crisi dei mutui subprime e dei derivati che li contengono determina una crisi senza precedenti nella storia della finanza: in successione, il crollo di Bear Stearns (acquisita da J.P. Morgan dietro un prestito della Fed di 29 miliardi di dollari), la nazionalizzazione delle agenzie di credito fondiario Fannie Mae e Freddie Mac, con un costo stimato (per il contribuente) di almeno 200 miliardi, l'acquisto di Merrill Lynch per 50 miliardi da parte di Bank of America, il fallimento di Lehman Brothers che a inizio anno capitalizzava oltre 50 miliardi, la nazionalizzazione di AIG dietro versamento da parte della Fed di 85 miliardi, la predisposizione da parte delle Autorità monetarie americane (Fed e Tesoro) di interventi di acquisto dei "toxic assets", salvataggio e nazionalizzazione degli intermediari per oltre 1000 miliardi di dollari (7% del Pil).

La tavola seguente mostra i dati relativi allo sviluppo del mercati mondiali dei derivati tra il 1998 il 2006.

La crescita dei mercati OTC è stata esponenziale, soprattutto nella componente tassi, più che sestuplicata in 8 anni e arrivata a coprire oltre il 75% del mercato complessivo in termini di capitale nozionale e quasi il 60% in termini di valore lordo.

Significativa è stata anche la crescita dei mercati regolamentati, saliti nel 2006 al 15% del totale globale.

Da notare anche la concentrazione dei book presso poche grandi case finanziarie. Nel caso dei derivati di tasso, oltre un terzo dei volumi globali era intermediato, a fine 2004, dalle prime tre società (JP Morgan, BNP Paribas e Deutsche Bank), oltre due terzi dalle prime dieci.

Tabella 1.2. I mercati mondiali OTC dei derivati (*)

	1998 Nozionale	Valore lordo	2002 Nozionale	Valore lordo	2006 Nozionale	Valore lordo
Tassi d'interesse	50015	1675	101699	4267	319765	5290
FRA	5756	15	8792	22	18668	32
Swap e CDS	36262	1509	79161	3864	257891	4627
Option	7997	152	13746	381	43206	631
Cambi	18011	786	18469	881	40239	1264
Forward	12063	491	10723	468	19870	468
Swap	2253	200	4509	337	10767	599
Option	3695	96	3238	76	9602	196
Azioni	1488	236	2309	255	7488	853
Forward e swap	146	44	364	61	1767	166
Option	1342	192	1944	194	5720	686
Commodities	415	43	923	85	7115	667
Gold	182	13	315	28	640	56
Altre (es. petrolio)	233	30	608	57	6475	611
Totale mercati OTC	80300	3230	141737	6361	414290	9682
Mercati regolamentati	13549	–	23874	–	70443	–

(*) Dati in miliardi di dollari. Il nozionale è il capitale di riferimento dei contratti derivati esistenti a fine periodo; il valore lordo è la somma dei valori assoluti della valorizzazione delle posizioni aperte (open interest) positive (credito) e negative (debito) ai prezzi di fine anno. Modificata da: www.bis.org

Tabella 1.3. Graduatoria dei principali intermediari sui derivati di tasso

Società	Nozionale 2004
JP Morgan Chase	37811
BNP Paribas	19076
Deutsche Bank	17808
Bank of America	14842
Citigroup	13116
Barclays	10494
Royal Bank of Scotland	9470
Credit Suisse	9157
UBS	8332
Mizuho Holdings	7838
Société Générale	5961
Credit Agricole	5773
Sumitomo Bank	5754
ABN-Amro	4139
Commerzbank	3770
Dresdner Bank	3651
HypoVereinsbank	3423
HSBC Holdings	3154
Westdeutsche Landesbank	2923
Mitsubishi Tokyo Financial Group	2734
Totale	189226

(*) Dati in miliardi di dollari. Modificata da: Risk Magazine (2005)

1.7 Alcuni esempi di prodotti derivati (F)

Le tipologie di derivati classificate nelle tavole precedenti sono numerose e molto articolate.

Per dare un'idea di alcune delle configurazioni più diffuse, che saranno trattate nel seguito, si noti che i FRA, **forward rate agreements**, rappresentano lo scambio a una data futura T tra un ammontare calcolato sulla base di un tasso futuro $R(T)$ e un ammontare calcolato in base a un tasso prefissato (tasso forward):

$$Payoff(T) = R(T) - K$$

A seconda del segno del risultato, sarà il c.d. "acquirente" a pagare il "venditore" o viceversa.

Analogamente i contratti **forward**, su un sottostante (azione, cambio, merce, titolo) di prezzo $S(T)$:

$$Payoff(T) = S(T) - K$$

Forward e futures sono l'argomento dei Capitoli 3 e 4.

I contratti **swap di tasso** prevedono una successione di flussi di pagamento futuri alle date t_1, t_2, ...t_n:

$$Payoff(t_1, t_2, ..., t_n) = R(t_1) - K, \ R(t_2) - K, ..., R(t_n) - K$$

I contratti di **asset swap** comportano in genere lo scambio tra due asset:

$$payoff(T) = S_2(T) - S_1(T)$$

Agli swap è dedicato il Capitolo 6.

Le **opzioni**, trattate nei Capitoli dal 7 all'11, comportano invece sempre un flusso non negativo. Nel caso dei tassi:

$$Payoff(T) = \max(0, R(T) - K)$$

mentre per un generico asset:

$$Payoff(T) = \max(0, S(T) - K)$$

Nel caso di opzioni su asset swap (exchange option):

$$payoff(T) = \max(0, S_2(T) - S_1(T))$$

mentre per le opzioni su swap di tasso si ha:

$$payoff(T) = \max(0, R_2(T) - R_1(T))$$
$$Payoff(t_1, t_2, ..., t_n) = \max(0, R(t_1) - K), ..., \max(0, R(t_n) - K)$$

Un titolo con garanzia di minimo (pari a 100) ha una struttura derivata:

$$payoff(T) = \max(100, S(T))$$
$$= 100 + \max(0, S(T) - 100)$$
$$= S(T) + \max(0, 100 - S(T))$$

Analogamente un titolo con n cedole indicizzate (**index-linked bond**) a un indice di mercato $I(t)$, a un tasso d'interesse, un tasso d'inflazione, a un tasso di cambio:

$$Payoff(t_1, t_2, ..., t_n) = I(t_1), I(t_2), ..., 100 + I(t_n)$$

È un derivato anche un'obbligazione **convertibile** in azioni con prezzo $S(T)$ alla data T:

$$payoff(T) = \max(B(T), S(T))$$

Prima di affrontare le singole tipologie di derivati, richiamiamo, nel prossimo Capitolo, i concetti di base, i titoli zero-coupon e la struttura per scadenza dei tassi d'interesse e introduciamo i fondamenti del pricing di non arbitraggio.

La struttura per scadenza dei tassi d'interesse e i fondamenti del pricing di non arbitraggio

2.1 La struttura per scadenza dei tassi privi di rischio (F)

Il termine *struttura per scadenza (SPS) dei tassi d'interesse* vuole indicare il legame *strutturale e fondamentale* esistente tra tassi di interesse relativi a scadenze diverse (Cesari e Susini, 2005, cap. 3).

In ragione di ciò, alla base della struttura per scadenza ci sono i titoli senza cedola (*zero-coupon bond, ZCB*) emessi dallo Stato come i BOT e i CTZ o i depositi interbancari a tempo, assimilabili a zero-coupon emessi da intermediari bancari.

Uno ZCB è un titolo che dà diritto a ricevere 1 unità monetaria (analogamente nel caso di 100 unità) in un'unica soluzione alla scadenza T.

Per ipotesi, assumiamo che non ci sia rischio d'insolvenza (default risk) dell'emittente per cui con certezza questi rimborserà il capitale unitario in T. In tal senso, si parla di *risk-free bond*.

Uno zero-coupon con durata 1 anno avrà un prezzo pari a:

$$P_{ZCB}(1) = \frac{1}{(1+R_1)^1}$$

per ogni unità di valore facciale. Se $R_1 = 5\%$ è il tasso di rendimento per la scadenza a 1 anno, allora il prezzo dello zero-coupon a 1 anno sarà pari a:

$$P_{ZCB}(1) = \frac{1}{(1+0.05)^1} = 0.9524$$

Il prezzo di uno zero-coupon con scadenza a due anni sarà invece:

$$P_{ZCB}(2) = \frac{1}{(1+R_2)^2}$$

Se $R_2 = 6\%$ è il tasso di rendimento per la scadenza a 2 anni, allora il prezzo dello zero-coupon a 2 anni sarà pari a:

Cesari R: Introduzione alla finanza matematica.
© Springer-Verlag Italia, Milano 2009

$$P_{ZCB}(2) = \frac{1}{(1+0.06)^2} = 0.8899$$

Se $R_3 = 7\%$ è il tasso di rendimento per la scadenza a 3 anni, allora il prezzo dello zero-coupon a 3 anni sarà pari a:

$$P_{ZCB}(3) = \frac{1}{(1+0.07)^3} = 0.8163$$

Il tasso applicato per scontare nel tempo lo stesso ammontare è diverso da scadenza a scadenza: i diversi tassi relativi a diverse scadenze definiscono la curva detta *struttura per scadenza dei tassi d'interesse*.

In generale, se $P(t,T)$ è il prezzo in t dello ZCB che scade in T, il tasso della SPS nella usuale capitalizzazione composta è:

$$R(t,T) = \left(\frac{1}{P(t,T)}\right)^{\frac{1}{T-t}} - 1$$

$$P(t,T) = \frac{1}{(1+R(t,T))^{T-t}}$$

Equivalentemente, in termini di durata $\tau = T - t$ si ha la relazione $R(t,\tau)$ che rappresenta, per dato istante t, il legame tra tassi (risk-free rates) e scadenze temporali τ, es. $\tau = 1, 2, 3, \ldots$ anni.

In capitalizzazione semplice si ha la relazione:

$$R(t,T) = \frac{1}{T-t}\left(\frac{1}{P(t,T)} - 1\right)$$

$$P(t,T) = \frac{1}{1+R(t,T)(T-t)}$$

mentre in capitalizzazione continua:

$$R(t,T) = \frac{1}{T-t}\ln\left(\frac{1}{P(t,T)}\right)$$

$$P(t,T) = e^{-R(t,T)(T-t)}$$

Osservazione 2. Per non appesantire la simbologia indichiamo nello stesso modo i tassi delle diverse leggi di capitalizzazione. Testo e contesto dovrebbero essere sufficienti a escludere ogni equivoco.

I titoli ZCB sono gli ingredienti di base per prezzare ogni altra attività finanziaria.

Ad esempio, consideriamo un titolo obbligazionario (CB) con cedola annua del 10% e durata 3 anni. Il prezzo di questo titolo viene determinato dal mercato ma può essere valutato anche indirettamente utilizzando gli zero-coupon visti in precedenza. Infatti, come si vedrà, possiamo scrivere il prezzo del CB come valore attuale dei flussi futuri:

$$P = 0.10 \frac{1}{1+R_1} + 0.10 \frac{1}{(1+R_2)^2} + 1.10 \frac{1}{(1+R_3)^3}$$

$$= 0.10 \frac{1}{(1+0.05)} + 0.10 \frac{1}{(1+0.06)^2} + 1.10 \frac{1}{(1+0.07)^3}$$

$$= 1.0822$$

dove

$$\frac{1}{(1+R_i)^i}$$

rappresentano i prezzi unitari (per una unità monetaria di valore facciale) degli zero-coupon con scadenza *i-esima*.

Possiamo leggere questo risultato come l'equivalenza tra il CB e una combinazione lineare di tre tipi di ZCB acquistati in quantità pari alle cedole pagate dal CB; per il principio di non arbitraggio, infatti, il valore complessivo del CB che paga un flusso di cedole pari a $\{0.10, 0.10, 1.10\}$ deve eguagliare il valore complessivo di un portafoglio composto da 3 ZCB che pagano, in corrispondenza delle stesse scadenze, gli stessi tre flussi $\{0.10, 0.10, 1.10\}$. Si può mostrare facilmente (v. oltre) che la violazione di tale eguaglianza consente di generare profitti certi illimitati e senza rischio, contro il principio di non arbitraggio.

In generale, l'ipotesi di non arbitraggio prevede che un portafoglio di replica, che genera gli stessi flussi di un dato titolo, abbia lo stesso prezzo tel quel del titolo replicato. Se vale tale ipotesi, quindi, il prezzo di mercato di un CB viene determinato come segue:

$$P = \frac{c_1}{(1+R_1)^1} + \frac{c_2}{(1+R_2)^2} + \dots + \frac{c_n}{(1+R_n)^n}$$

dove:

$$R_i, \forall i = 1, \dots, n$$

rappresentano i tassi di mercato risk-free con scadenza i-esima, vale a dire la SPS corrente.

2.2 Titoli derivati e strategie di replica (F)

Supponiamo che esistano sul mercato N titoli elementari (azioni, ZCB etc.) che, per semplicità, non producono dividendi.

Tali titoli sono scambiati nelle ipotesi semplificatrici indicate sopra (perfetta liquidità e concorrenza, assenza di costi di transazione etc.) e i prezzi che si formano sul mercato sono descritti da processi stocastici $P_j(t)$ per $j = 1, \dots, N$. Per definizione, i prezzi dei titoli elementari sono assunti esogeni e determinabili solo sulla base di un modello generale.

Viceversa, i titoli derivati sono valutabili in funzione del titoli elementari, ricavando un prezzo "relativo" dei primi per dati prezzi dei secondi.

A tal fine valgono le seguenti definizioni.

Definizione 4. *Si definisce* **strategia di trading** *un processo stocastico N-dimensionale* $\boldsymbol{\alpha}(t)$ *descritto dalle quantità* $\alpha_j(t)$ *di ciascun degli N titoli elementari a ogni istante t:*

$$\boldsymbol{\alpha}(t) = (\alpha_1(t), ..., \alpha_N(t))$$

L'acquisto di una unità di un singolo titolo o di più titoli (portafoglio) è un caso banale di strategia di trading (strategia *buy and hold* o statica): es. (1,0,....,0), (1,1,....,1) etc. In tal caso $\boldsymbol{\alpha} = (\alpha_1, ..., \alpha_N)$ è un vettore costante.

Definizione 5. *Si definisce* **valore della strategia** *al tempo t l'ammontare:*

$$V(t, \boldsymbol{\alpha}) = \sum_{j=1}^{N} \alpha_j(t)P_j(t)$$

Definizione 6. *Una strategia di trading* α *è* **autofinanziante** *se in ogni istante il valore complessivo degli investimenti e disinvestimenti è nullo, i primi venendo realizzati con vendite di altri titoli e non con apporti di fondi dall'esterno del portafoglio. In termini formali, se la strategia è autofinanziante si ha:*

$$V(T, \boldsymbol{\alpha}) = V(t, \boldsymbol{\alpha}) + \sum_{j=1}^{N} \int_{t}^{T} \alpha_j(s)dP_j(s)$$

In termini infinitesimi:

$$dV(t, \alpha) = \sum_{j=1}^{N} \alpha_j(t)dP_j(t)$$

Esempio 4. Per N=2 si consideri il portafoglio:

$$V(t, \alpha) = \alpha_1(t)P_1(t) + \alpha_2(t)P_2(t)$$

Il differenziàle è:

$$dV(t, \alpha) = \alpha_1(t)dP_1(t) + \alpha_2(t)dP_2(t) +$$
$$[P_1(t)d\alpha_1(t) + P_2(t)d\alpha_2(t) + d\alpha_1(t)dP_1(t) + d\alpha_2(t)dP_2(t)]$$

e l'investimento netto è indicato in parentesi quadra (v. Cesari e Susini (2005b) p. 64 e p. 267). In assenza di dividendi, la mancanza di finanziamenti esterni (autofinanziamento) significa che l'investimento netto è zero, cioè che è zero il valore totale di tutte le variazioni di quantità $d\alpha_j$ (in parentesi quadra):

$$P_1(t)d\alpha_1(t) + P_2(t)d\alpha_2(t) + d\alpha_1(t)dP_1(t) + d\alpha_2(t)dP_2(t) = 0$$

In tal modo, un maggior investimento in un titolo è finanziato col disinvestimento sull'altro titolo.

Definizione 7. Arbitraggio. *Una strategia di trading autofinanziante α è un **arbitraggio** se il suo valore oggi è nullo mentre domani è certamente non negativo e probabilmente positivo:*

$$V(t, \alpha) = 0 \tag{2.1}$$

$$Prob\,(V(T, \boldsymbol{\alpha}) < 0) = 0 \quad e \quad Prob\,(V(T, \boldsymbol{\alpha}) > 0) > 0 \tag{2.2}$$

(una definizione più forte è quella di valore certamente positivo $Prob(V(T, \boldsymbol{\alpha}) > 0) = 1$).

Un derivato senza flussi intermedi è rappresentabile come una qualunque variabile aleatoria con valore $X(T)$ al tempo T.

Definizione 8. Strategia di replica. *Se esiste una strategia autofinanziante $\boldsymbol{\alpha}$ tale che $V(T, \boldsymbol{\alpha}) = X(T)$, si dice che il derivato è **replicabile** e la strategia è detta **strategia di replica dinamica** per il derivato. Nell'ipotesi di non arbitraggio, il valore in t del derivato eguaglia il valore in t della strategia di replica dinamica (no arbitrage pricing). Nell'ipotesi di mercati completi, tutti i derivati sono replicabili mediante una strategia di replica dinamica.*

2.3 L'operatore valore attuale (F)

Ross (1978) ha mostrato che, sotto l'ipotesi di non arbitraggio, esiste un funzionale V_t, detto valore attuale, condizionato all'informazione corrente t, definito sullo spazio di tutti i cash-flow $\mathbf{X}$, contenenti, ciascuno, i flussi, positivi o negativi, generati, tra t e $+\infty$, dai titoli presenti sul mercato, tale che:

1. coincide con il prezzo di non arbitraggio del titolo con cash-flow $\mathbf{X}$: $V_t(\mathbf{X}) = P_{\mathbf{X}}(t)$;
2. è lineare: $V_t(a\mathbf{X} \oplus b\mathbf{Y}) = aV_t(\mathbf{X}) + bV_t(\mathbf{Y})$ essendo $\oplus$ il simbolo della somma nello spazio dei cash-flow (ammontari in date diverse);
3. conserva il segno: $V_t(\mathbf{X}) \geqslant 0$ per ogni $\mathbf{X} \geqslant 0$;
4. coincide con la SPS: $V_t(1(T)) = P(t, T)$ per ogni $T \geq t$, essendo $1(T)$ il cash-flow puntuale costituito da una unità monetaria al tempo T;
5. ha la proprietà di concatenazione: $V_t(\mathbf{X}) = V_t(V_s(\mathbf{X}))$ per ogni $s \geq t$.

Definizione 9. Mercato completo. *Un mercato si dice **completo** se mediante i titoli quotati è possibile generare tutto lo spazio dei possibili cash-flow $\mathbf{X}$. Viceversa, un mercato è incompleto se con i titoli quotati non è possibile ottenere qualunque profilo di flussi di cassa.*

Osservazione 3. Si noti che la definizione di completezza è relativa. Se un derivato non è quotato e non è replicabile con i titoli quotati, il mercato è incompleto. Se un secondo derivato entra sul mercato, il primo potrebbe diventare replicabile coi vecchi titoli e il nuovo derivato. Si vedrà che in mercati completi, l'operatore valore attuale è unico.

2.3.1 Somma e prodotto intertemporale

Si supponga di voler valutare un titolo con cash-flow $X(S)$ al tempo S e $X(T)$ al tempo $T > S$.

$$\begin{aligned}
V_t\left(X(S) \oplus X(T)\right) &= V_t\left(V_S\left(X(S) \oplus X(T)\right)\right) \\
&= V_t\left(X(S) + V_S(X(T))\right) \\
&= V_t(X(S)) + V_t(X(T))
\end{aligned}$$

Ciò significa che il flusso più lontano $X(T)$ può essere sostituito dal suo valore alla data precedente S, in modo che il flusso intertemporale $X(S) \oplus X(T)$ è equivalente al flusso in S: $X(S) + V_S(X(T))$. Il simbolo $\oplus$ di somma intertemporale indica la somma tra ammontari di date diverse.

Sia $X(S,T) \equiv X(S) \odot 1(T)$ una quantità nota in S e operativa in $T \geq S$, con $X(S,S) \equiv X(S) \odot 1(S) = X(S)$. Si ha, per $t \leq S \leq U \leq T$:

$$\begin{aligned}
V_t\left((X(S) \odot X(U)) \odot 1(T)\right) &= V_t\left(X(S)V_S\left(X(U) \odot 1(T)\right)\right) \\
&= V_t\left(X(S)V_S\left(X(U)V_U(1(T))\right)\right) \\
&= V_t\left(X(S)V_S\left(X(U)P(U,T)\right)\right)
\end{aligned}$$

Il simbolo $\odot$ di prodotto intertemporale indica il prodotto tra ammontari noti in date diverse.

Esempio 5. Si considerino alcuni esempi semplici:

1. Valore attuale di una costante a da ricevere in T:

$$V_t(a(T)) = V_t(a \cdot 1(T)) = aV_t(1(T)) = aP(t,T)$$

2. Coupon bond: un titolo che paga i flussi certi c_i alle date t_i, $i = 1, ..., n$, vale:

$$\begin{aligned}
B(t,c) &= V_t(c_1 \oplus c_2 ..... \oplus c_n) = V_t(c_1 \cdot 1(t_1) \oplus ..... \oplus c_n \cdot 1(t_n)) \\
&= c_1 P(t,t_1) + c_2 P(t,t_2) + ... + c_n P(t,t_n)
\end{aligned}$$

3. Forward: un contratto paga in S l'ammontare $X(S) - K$. Calcoliamo il valore attuale.

$$V_t(X(S) - K) = V_t(X(S)) - KV_t(1(S)) = V_t(X(S)) - KP(t,S)$$

4. Call e Put: i contratti pagano, rispettivamente, $max(0, X(S) - K)$ e $max(0, K - X(S))$
   Osserviamo che:

$$\begin{aligned}
X(S) - K &= \max(0, X(S) - K) + \min(0, X(S) - K) \\
&= \max(0, X(S) - K) - \max(0, K - X(S))
\end{aligned}$$

Pertanto, calcolando il valore attuale di entrambi i membri:

$$\begin{aligned}
V_t(X(S)) - KP(t,S) &= V_t(\max(0, X(S) - K)) - V_t(\max(0, K - X(S)) \\
&= Call(t,K) - Put(t,K)
\end{aligned}$$

Osservazione 4. Posizionamento dei flussi nel tempo. Il posizionamento dei flussi nel tempo è importante per il calcolo dei valori attuali.

Si calcoli, ad esempio, il valore attuale dell'ammontare $R(S, S+1)$, tasso osservato in S per la scadenza $S+1$ e pagato in $S+1$:

$$V_t\left(R(S, S+1) \odot 1(S+1)\right) = V_t[(1(S, S+1) + R(S, S+1)$$
$$-1(S, S+1)) \odot 1(S+1)]$$
$$= V_t\left[\left(\frac{1(S+1)}{P(S, S+1)} - 1(S+1)\right)\right]$$
$$= V_t\left[V_S\left(\frac{1(S+1)}{P(S, S+1)} - 1(S+1)\right)\right]$$
$$= V_t\left[\frac{V_S\left(1(S+1)\right)}{P(S, S+1)} - P(S, S+1)\right]$$
$$= V_t\left[1(S) - P(S, S+1)\right]$$
$$= P(t, S) - P(t, S+1)$$

Ad esempio, non si cada nell'errore di ritenere che il valore attuale di 1 è 1 (questo è il valor medio). Ogni ammontare deve essere posizionato nel tempo: in particolare, $1(S, S+1) + R(S, S+1)$ è il montante uniperiodale (capitale iniziale più interessi) mentre $1(S, S+1) \odot 1(S+1) = 1(S+1)$ dato che un euro stabilito in S per pagamento in $S+1$ è un euro in $S+1$ e quindi prevale la data futura di pagamento. Inoltre si ha:

$$P(S, S+1) = \frac{1(S, S+1)}{1(S, S+1) + R(S, S+1)} = \frac{1(S+1)}{1(S+1) + R(S, S+1)}$$

2.3.2 Valori attuali deflazionati

Si consideri un ammontare nominale $X(S)$ e un processo inflazionistico rappresentato da livello dei prezzi $p(t)$.

Il valore attuale nominale di $X(S)$ è $V_t(X(S))$ ma si può pensare anche a un valore attuale "reale" ottenuto attualizzando le grandezze "reali", $X^R(S)$ definite dal rapporto tra grandezze nominali al livello dei prezzi: $X^R(S) \equiv \frac{X(S)}{p(S)}$. Sia $W_t(.)$ l'operatore valore attuale reale. Dovrà essere:

$$\frac{V_t(X(S))}{p(t)} = W_t\left(\frac{X(S)}{p(S)}\right) \equiv W_t(X^R(S))$$

vale a dire: il valore attuale dell'ammontare futuro nominale, una volta deflazionato, eguaglia il valore attuale reale dell'ammontare futuro deflazionato. Detto altrimenti: il valore attuale dell'ammontare futuro nominale eguaglia il prodotto tra il livello corrente dei prezzi e il valore attuale reale dell'ammontare futuro deflazionato.

Per $X(S) = p(S)$ si ottiene:

$$V_t(p(S)) = p(t)W_t(1^R(S))$$

ove $p(t)W_t(1^R(S))$ è il prezzo nominale di uno ZCB reale, vale a dire di uno ZCB che dà in S una unità del bene reale.

Lo stesso principio si applica, invece che al passaggio tra grandezze reali e nominali, al passaggio tra grandezze in valuta nazionale e grandezze in valuta estera.

Si consideri un ammontare in valuta domestica $X(S)$ e un tasso di cambio $E(t)$, es. euro/dollaro. L'ammontare $X^*(S) \equiv \frac{X(S)}{E(S)}$ rappresenta dollari in S.

Se il valore attuale di $X(S)$ è $V_t(X(S))$ esisterà un operatore valore attuale in dollari: $V_t^*(.)$ tale che:

$$\frac{V_t(X(S))}{E(t)} = V_t^* \left(\frac{X(S)}{E(S)} \right) \equiv V_t^*(X^*(S))$$

vale a dire: il valore attuale dell'ammontare futuro in euro, una volta trasformato (senza costi) in dollari, eguaglia il valore attuale in dollari dell'ammontare futuro di valuta estera. Detto altrimenti: il valore attuale dell'ammontare futuro in euro eguaglia il prodotto tra il livello corrente del tasso di cambio e il valore attuale in dollari dell'ammontare futuro di dollari.

Per $X(S) = E(S)$ si ottiene:

$$\begin{aligned} V_t(E(S)) &= E(t)V_t^*(1^*(S)) \\ &= E(t)P^*(t,S) \end{aligned}$$

Il cambiamento di numerario per l'operatore valore attuale (v. anche l'Appendice) ha consentito notevoli progressi nella valutazione dei derivati, potendosi effettuare con qualunque prezzo-numerario utile a semplificare la soluzione del pricing di non arbitraggio(Geman, El Karou e Rochet, 1995). Le due applicazioni precedenti si trovano in Cesari (1992a).

2.4 La condizione di non arbitraggio: tre esempi (F)

L'arbitraggio si può definire con una storiella.

In un ristorante un signore si alza in piedi trafelato e grida: "Ho perso un portafoglio nero con dentro 5000 euro. Ne offro 300 a chi me lo porta". Da un altro tavolo si alza un altro signore e grida: "Io ne offro 400". Questo è un arbitraggista.

Dato che nei mercati finanziari sviluppati, concretamente funzionanti, la possibilità di guadagni illimitati e senza rischio non sussiste, ne deriva che ogni teoria finanziaria che non rispetti questa ipotesi deve essere rigettata.

Si noti che, in linea di principio, è possibile fare profitti illimitati (con o senza rischio) con un capitale illimitato o profitti limitati (con o senza rischio) con un capitale limitato o anche profitti illimitati con un capitale limitato ma correndo fortissimi rischi. Ciò che l'ipotesi esclude è la possibilità di profitti illimitati con un capitale limitato e senza rischio.

Nella storiella sopra, la violazione del principio di non arbitraggio è nel fatto che qualcuno voglia vendere a 300 qualcosa che vale 5000: evidentemente i principi etici non sono impliciti nei principi economici.

Nel seguito diamo tre semplici applicazioni del ragionamento di non arbitraggio.

2.4.1 L'operatore valore attuale è lineare

La proprietà di linearità si può scrivere come:

$$V_t(aX(T)) = aV_t(X(T))$$
$$V_t(X_1(T) + X_2(T)) = V_t(X_1(T)) + V_t(X_2(T))$$

Per esemplificare, poniamo $a = 2$ e $X(T) = 100$ euro in T per cui la proprietà di linearità dice che un titolo che dà con certezza 200 euro in T e due titoli in tutto equiparabili al precedente ma che danno ciascuno 100 euro in T valgono lo stesso prezzo corrente:

$$V_t(200(T)) = 2 \cdot V_t(100(T))$$

Se non fosse così ma ad esempio fosse vero che:

$$160 = V_t(200(T)) < 2 \cdot V_t(100(T)) = 180$$

potrei eseguire la seguente strategia di trading: *acquistare un titolo da 200 ed emettere due titoli da 100.*

I flussi di cassa della strategia sono riportati nella tabella seguente.

	t	T
acquisto 1 titolo da 200	−160	+200
emetto 2 titoli da 100	+180	−200
Flusso netto totale	+20	0

Ho così ottenuto un profitto immediato di +20 con un perfetto bilanciamento (*matching*) dei flussi in entrata e uscita in T, senza rischio e senza necessità di disporre di un capitale iniziale: dunque una opportunità di arbitraggio. Ho così a disposizione quella che si può chiamare una 'macchina da soldi': se anziché operare su 1 titolo da 200 e su 2 da 100 operassi su 1000 titoli da 200 e 2000 titoli da 100 il profitto (certo e senza rischio) salirebbe a 20000 etc.

Naturalmente, se la situazione fosse stata opposta con:

$$V_t(200(T)) > 2 \cdot V_t(100(T))$$

bastava invertire la strategia emettendo il titolo 'caro' (quello da 200) e acquistando i titoli 'a buon mercato' (quelli da 100) ottenendo ugualmente profitti d'arbitraggio.

Dunque, la condizione di non arbitraggio impone:

$$V_t(200(T)) = 2 \cdot V_t(100(T))$$

Analogamente l'ipotesi di non arbitraggio implica la proprietà di additività del valore attuale:

$$V_t(X_1(T) + X_2(T)) = V_t(X_1(T)) + V_t(X_2(T))$$

secondo cui il valore della somma è pari alla somma dei valori.

Osservazione 5. Nonlinearità del valore attuale. Si noti che non in tutte le situazioni si ottiene la proprietà di linearità della funzione valore: vendendo una collana si può ricavare *più* che vendendo le singole perle; al contrario vendendo un palazzo si può ricavare *meno* che vendendo i singoli appartamenti; una holding di gruppo può valere *meno* (o più) della somma delle imprese che controlla etc. Questi esempi di nonlinearità riflettono specificità e condizioni di mercato (o di assenza di mercato) che si discostano da quelle che, in generale, presiedono al funzionamento dei mercati finanziari. Di conseguenza nonlinearità, in tali contesti, non significa arbitraggio. In altri termini, l'ipotesi di non arbitraggio sui mercati finanziari implica la linearità della funzione valore, mentre su altri mercati essa può convivere con la nonlinearità. Un caso concreto si ha in presenza di lotti minimi per la compravendita di titoli: se un titolo, di prezzo P, è vendibile tipicamente a lotti minimi di 10 unità, una unità troverà un prezzo di vendita sensibilmente inferiore a P.

2.4.2 La SPS dei prezzi dei titoli ZCB è monotona decrescente

Il prezzo in t di un titolo ZCB che scade in T è indicato come $P(t,T)$ ovvero, usando la durata $\tau = T - t$, come $P(t,\tau)$.

Esso prende anche il nome di funzione o *fattore di sconto* di 100 unità monetarie da ricevere (con certezza) in T, cioè fra τ periodi.

Chiaramente:

$$P(t,t) = 100 = P(T,T)$$

rappresentando il valore in t (o T) di 100 euro da ricevere in t (o T).

In generale, per l'ipotesi di preferenza temporale degli operatori, per $t < T$ vale:

$$P(t,T) < 100 = P(t,t)$$

ma vale anche, per non arbitraggio, che, dati $T_1 < T_2$ (a parole, titolo a breve e titolo a lunga):

$$P(t,T_1) > P(t,T_2)$$

cioè la funzione di sconto è monotona decrescente al crescere della durata.

La dimostrazione è si ottiene anche in questo caso ragionando per assurdo e assumendo che la funzione di sconto fa una gobba e cresce passando da T_1 a T_2 vale a dire:

$$P(t, T_1) < P(t, T_2)$$

Si adotti la seguente strategia: *in t acquistare il titolo a breve ed emettere il titolo a lunga; in T_1 acquistare il titolo che scade in T_2.*
I flussi di cassa sono indicati in tabella.

	t	T_1	T_2
acquisto lo ZCB a breve	$-P(t, T_1)$	$+100$	
emetto lo ZCB a lunga	$+P(t, T_2)$		-100
acquisto lo ZCB$_2$		$-P(T_1, T_2)$	$+100$
che scade in T			
Flusso netto totale	$P(t, T_2) - P(t, T_1) > 0$	$100 - P(T_1, T_2) > 0$	0

In t ho un flusso certo e positivo per ipotesi; in T_1 ho un flusso incerto (non conosco ancora il prezzo dello ZCB che andrò ad acquistare) ma certamente positivo per l'ipotesi di preferenza temporale. Dunque ho solo flussi positivi senza rischio: è un arbitraggio.

Si noti che per eliminare tale possibilità non basta annullare il flusso in t (essendoci il flusso in T_1) ma deve essere:

$$P(t, T_1) > P(t, T_2)$$

cioè la funzione di sconto deve essere monotona decrescente. Naturalmente *quanto decrescente* la condizione di non arbitraggio non riesce a specificare.
In termini analitici:

$$\frac{\partial P(t, T)}{\partial T} < 0$$

e questa condizione sul segno della derivata del prezzo rispetto alla scadenza equivale a tassi forward e tassi spot positivi stante la definizione:

$$r_{FW}(t, T) = -\frac{1}{P(t, T)} \frac{\partial P(t, T)}{\partial T} = -\frac{\partial \ln P(t, T)}{\partial T}$$

$$R(t, T) = \frac{1}{T - t} \int_t^T r_{FW}(t, S) dS$$

Si noti che tale risultato di non arbitraggio si riflette sull'andamento decrescente di $P(t, T)$ al variare di T (dinamica sezionale) mentre non vincola l'andamento di $P(t, T)$ al variare di t (dinamica temporale). Tuttavia, vale il teorema di Dybvig, Ingersoll e Ross (1996).

Teorema 1. *Dybvig, Ingersoll e Ross (1996). Se la SPS è di non arbitraggio, il tasso spot a lunga $R(t, \infty) = \lim_{T \uparrow \infty} R(t, T)$ e il tasso forward a lunga $r_{FW}(t, \infty) = \lim_{T \uparrow \infty} r_{FW}(t, T)$ sono non decrescenti nel tempo.*

anni alla scadenza	SPS1	SPS2	SPS3
1	5%	5%	4%
2	2%	3%	2%
3	4%	4%	4%

Esercizio 1. Date le tre SPS in tabella, mostrare che la prima non è arbitrage-free e le altre sì.

2.4.3 Un CB equivale a un portafoglio di ZCB

Consideriamo un titolo obbligazionario (CB) con cedola annua del 10% e durata 3 anni. Il prezzo di questo titolo viene determinato dal mercato ma può essere valutato anche indirettamente utilizzando gli zero-coupon visti in precedenza. Infatti possiamo scrivere il prezzo del CB come valore attuale dei flussi futuri:

$$P = 10\frac{1}{1 + R_1} + 10\frac{1}{(1 + R_2)^2} + 110\frac{1}{(1 + R_3)^3}$$

$$= 10\frac{1}{(1 + 0.05)} + 10\frac{1}{(1 + 0.06)^2} + 110\frac{1}{(1 + 0.07)^3}$$

$$= 108.22$$

dove

$$\frac{1}{(1 + R_i)^i}$$

rappresentano i prezzi unitari (per una unità monetaria di valore facciale) degli zero-coupon con scadenza *i-esima*.

Possiamo leggere questo risultato come l'equivalenza tra il CB e una combinazione lineare di tre tipi di ZCB acquistati in quantità pari alle cedole pagate dal CB; per il principio di non arbitraggio, infatti, il valore complessivo del CB che paga un flusso di cedole pari a $\{10, 10, 110\}$ deve eguagliare il valore complessivo di un portafoglio composto da 3 ZCB che pagano, in corrispondenza delle stesse scadenze, gli stessi tre flussi $\{10, 10, 110\}$.

L'ipotesi di non arbitraggio prevede che un portafoglio di replica, che genera gli stessi flussi di un titolo, abbia lo stesso prezzo tel quel del titolo replicato. Se vale tale ipotesi, quindi, il prezzo di mercato viene determinato come segue:

$$P = \frac{c_1}{(1 + R_1)^1} + \frac{c_2}{(1 + R_2)^2} + ... + \frac{c_n}{(1 + R_n)^n}$$

dove gli

$$R_i, \forall i = 1, ..., n$$

rappresentano i tassi di mercato con scadenza i-esima, vale a dire la SPS.

L'ipotesi di non arbitraggio è un concetto cruciale per la finanza; proviamo a capirne il motivo ragionando per assurdo.

Abbiamo detto che il prezzo del titolo obbligazionario deve eguagliare la somma degli zero-coupon in cui è stato scomposto:

$$P_{CB} = P_{ZCB(1)} + P_{ZBC(2)} + P_{ZCB(3)} \tag{2.3}$$
$$108.22 = 108.22$$

ove si è supposto che gli *ZCB(1)* e *ZCB(2)* abbiano un valore facciale pari a 10 e lo *ZCB(3)* abbia un valore facciale pari a 110.

Se al contrario valesse la disuguaglianza per cui il prezzo del coupon-bond è maggiore della somma dei prezzi degli zero-coupon:

$$P_{CB} > P_{ZCB(1)} + P_{ZBC(2)} + P_{ZCB(3)}$$
$$es. : 110.22 > 108.22$$

si avrebbe quella che viene definita una *opportunità di arbitraggio*.

Infatti un arbitraggista potrebbe emettere il CB e pagare i flussi alle varie scadenze, come riportato nella parte alta della Figura 2.1 e, contemporaneamente, potrebbe acquistare un portafoglio con i 3 ZCB che generano esattamente i flussi riportati nella parte bassa:

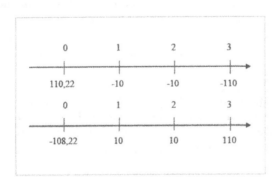

Figura 2.1. Arbitraggio con CB e ZCB

In totale, i flussi di cassa che l'arbitraggista otterrebbe dalle due operazioni di compra-vendita sono:

	$t = 0$	$t = 1$	$t = 2$	$t = 3$
Emissione di CB	+110.22	−10	−10	−110
Acquisto portafoglio di ZCB	−108.22	+10	+10	+110
Flussi complessivi	+2	0	0	0

Come si può facilmente capire, la strategia di trading dell'arbitraggista ha determinato un profitto pari a 2 euro su 100 di valore facciale senza aver utilizzato alcun capitale; se i titoli emessi e comprati si riferissero a valori facciali di 100000 euro invece che 100, il suo ricavo sarebbe di 2000 euro invece che 2.

È chiaro che una tale situazione, detta di arbitraggio, implica la possibilità di fare istantaneamente profitti illimitati e senza rischio ed è chiaramente incompatibile con qualunque nozione di equilibrio sul mercato finanziario.

L'ipotesi di non arbitraggio esclude questo tipo di situazioni: qualora dovessero temporaneamente crearsi sul mercato verrebbero immediatamente eliminate dall'azione degli stessi arbitraggisti.

Gli arbitraggisti, infatti, da un lato dovranno emettere il CB e dall'altro dovranno acquistare il portafoglio degli ZCB per compensare le uscite di cassa che il CB genera alle varie scadenze. Pertanto, da un lato, emettendo grandi quantità di CB creeranno pressioni al ribasso sul prezzo del CB stesso mentre, dall'altro, acquistando gli ZCB di replica creeranno pressioni al rialzo sui prezzi di questi ultimi: man mano che il CB viene emesso il suo prezzo tende a diminuire e man mano che si acquistano ZCB il loro prezzo tende ad aumentare fino a raggiungere il livello di parità tra il prezzo del CB ed il prezzo del portafoglio di ZCB, ovvero quando saranno riassorbite tutte le opportunità di arbitraggio.

Se al contrario, il prezzo del CB fosse minore del prezzo del portafoglio degli ZCB, ad esempio:

$$P_{CB} < P_{ZCB(1)} + P_{ZBC(2)} + P_{ZCB(3)}$$
$$es. : 105.22 < 108.22$$

il nostro arbitraggista dovrebbe effettuare le operazioni inverse al caso precedente per ottenere un valore complessivo dell'operazione ancora positivo: infatti acquisterà il CB in quanto relativamente 'a buon mercato' e venderà/emetterà i 3 zero-coupon in quanto relativamente 'cari', incassando:

t	0	1	2	3
Acquisto di CB	-105.22	$+10$	$+10$	$+110$
Emissione portafoglio di ZCB	$+108.22$	-10	-10	-110
Flussi complessivi	$+3$	0	0	0

Utilizzando questa strategia si ottengono ancora profitti positivi senza l'impiego di capitale e senza rischi e dunque si è in presenza di un'opportunità di arbitraggio che perdurerà fino a quando non saranno riassorbiti i margini di guadagno ed il prezzo del titolo obbligazionario sarà di nuovo uguale alla somma dei 3 zero-coupon bond; in altre parole, fino a quando non si realizzerà l'uguaglianza di non arbitraggio (2.3).

Nella realtà dei mercati, se per qualche motivo si apre un gap tra i prezzi, gli operatori specializzati intervengono per guadagnare la differenza e così facendo chiudono le opportunità di arbitraggio. Queste opportunità sono così riassorbite dai trader professionisti in brevissimo tempo (anche frazioni di secondo). Naturalmente c'è una tolleranza per la diseguaglianza tra i prezzi: essa è data dai costi di transazione (*bid-ask spread*) presenti nelle compravendite di titoli. Poiché si compra al prezzo lettera (*ask price*) e si vende al prezzo denaro (*bid price*, inferiore all'ask price), ogni gap inferiore al differenza tra prezzo lettera e prezzo denaro non può essere 'arbitraggiato'.

Per l'operatore non arbitraggista, l'ipotesi che realisticamente si assume è che in mercati ben funzionanti (o *mercati efficienti*) non vi siano opportunità di arbitraggio.

2.5 I teoremi del pricing di non arbitraggio

Le considerazioni elementari che sono state fatte sopra possono essere formalizzate per dar luogo a veri e propri teoremi di non arbitraggio. Nel seguito diamo l'enunciato dei risultati principali senza, tuttavia, darne la dimostrazione o per la sua complessità o per la sua lunghezza. A volte diamo una semplice dimostrazione euristica, rinviando alla letteratura citata per gli approfondimenti.

2.5.1 Teorema fondamentale: la misura risk-neutral

Si consideri un set-up standard $(\Omega, \Im, (\Im_t), \wp)$ (v. Appendice) e il processo stocastico "conto corrente" $B(t)$ (detto anche *cash account* o *money market account*) che rappresenta l'accumulo al tasso risk free $r(t)$ derivante dal versamento di un'unità monetaria al tempo iniziale 0:

$$B(t) = e^{\int_0^t r(u)du}$$

Si noti che $B(t)$ è anche soluzione di:

$$dB(t) = r(t)B(t)dt$$

$$B(0) = 1$$

Definizione 10. *Misura risk-neutral.* *Una misura di probabilità si dice risk-neutral o $B(t)$-neutral, indicata con $\wp^B$, se è equivalente a $\wp$ e se il prezzo di qualunque titolo o derivato $V(t)$ scontato con $B(t)$, cioè $\frac{V(t)}{B(t)}$, è una $B(t)$-martingala:*

$$\frac{V(t)}{B(t)} = E_t^B \left(\frac{V(T)}{B(T)} \right)$$

Teorema 2. *I Teorema fondamentale (Harrison e Kreps, 1979).* *Se un sistema di prezzi di mercato ammette una misura risk-neutral allora* *non ammette arbitraggio. Viceversa, se un sistema di prezzi non ammette arbitraggio, ammette una misura risk-neutral.*

Dimostrazione.

Sia α una strategia di trading autofinanziante. Dimostriamo, con ragionamento per assurdo, che α non può essere un arbitraggio. Infatti, per ipotesi, il valore della strategia, $V(t,\alpha)$, è una $B(t)$-martingala essendo combinazione di prezzi di mercato. Ma per essere un arbitraggio deve aversi, in primo luogo, $V(t,\alpha) = 0$ (v. 2.1). Allora anche $\frac{V(t,\alpha)}{B(t)} = 0$ e quindi, per la proprietà delle martingale:

$$E_t^B \left(\frac{V(T,\alpha)}{B(T)} \right) = 0$$

Ma se α è un arbitraggio (v. 2.2) $Prob(V(T,\alpha) < 0) = 0$ e quindi, per l'equivalenza delle misure, anche $Prob^B(V(T,\alpha) < 0) = Prob^B(\frac{V(T,\alpha)}{B(T)} < 0) = 0$. Poiché la media è nulla, si ha anche $Prob^B(\frac{V(T,\alpha)}{B(T)} > 0) = Prob^B(V(T,\alpha) > 0) = Prob(V(T,\alpha) > 0) = 0$ invece che positiva. Quindi α non è un arbitraggio. In altre parole, se esiste una misura risk-neutral, un portafoglio o strategia con valore nullo corrente non può avere valore futuro certamente non negativo e probabilmente positivo. Per il viceversa del teorema si veda Delbaen e Schachermayer (1997).

Dunque, l'assenza di opportunità di arbitraggio equivale all'esistenza di una misura di probabilità, $\wp^B$, detta misura *risk-neutral*, o *equivalent martingale measure* (EMM), tale che il prezzo $V(t)$ di qualunque derivato è il valore atteso secondo la misura $\wp^B$ del valore futuro generato dal derivato, scontato al tasso risk-free. Indicando tale valore con $V(T)$ il teorema dice che:

$$V(t) \equiv V_t\left(V(T)\right) = E_t^B \left(V(T)e^{-\int_t^T r(u)du} \right) \tag{2.4}$$

Chiaramente:

$$V(t) \equiv V_t(V(T)) = E_t^B \left(V(T)\frac{B(t)}{B(T)} \right) = B(t)E_t^B \left(\frac{V(T)}{B(T)} \right)$$

per cui:

$$\frac{V(t)}{B(t)} = E_t^B \left(\frac{V(T)}{B(T)} \right) \tag{2.5}$$

In altre parole, il teorema fondamentale del pricing di può formulare dicendo che in assenza di arbitraggio esiste una misura di probabilità $\wp^B$ equivalente a $\wp$, rispetto alla quale i prezzi deflazionati col numerario $B(t)$ sono martingale (o meglio: $B(t)$-martingala in quanto il valor medio è calcolato rispetto alla misura $\wp^B$).

Il teorema identifica anche l'operatore valore attuale tra t e T come:

$$V_t(\,\cdot\,) = E_t^B \left((\,\cdot\,)e^{-\int_t^T r(u)du} \right)$$

In particolare la SPS è:

$$P(t,T) = V_t(1(T)) = E_t^B \left(e^{-\int_t^T r(u)du} \right)$$

Le prime versioni del teorema risalgono a Harrison e Kreps (1979), a tempo discreto e Harrison e Pliska (1981), nel continuo. Una versione generale è in Delbaen e Schachermayer (1994).

Osservazione 6. (Pseudo-) Risk Neutrality. Il termine di misura "risk-neutral" deriva dal fatto che se si analizzasse un mondo di investitori neutrali al rischio (Cesari e Susini (2005b) p. 11) il prezzo sarebbe il valore futuro atteso secondo la probabilità naturale, scontato al tasso privo di rischio:

$$V(t) = E_t \left(V(T)e^{-\int_t^T r(u)du} \right) = E_t(V(T))e^{-r(T-t)}$$

ove E_t indica la misura naturale e l'ultima eguaglianza si ha nel caso di tasso costante r. La misura $\wp^B$ è stata suggestivamente chiamata misura "risk-neutral" solo perché porta a una formula di prezzo apparentemente simile a quella di un mondo di operatori neutrali al rischio (ma con E_t^B al posto di E_t). In realtà gli operatori sono avversi al rischio e tale avversione è inglobata nella misura $\wp^B$.

Osservazione 7. Arbitraggio. La definizione di arbitraggio 2.1 2.2 equivale all'esistenza di una strategia di trading autofinanziante α che parte dal capitale $V(t,\alpha) > 0$ e domina con certezza il "conto corrente" (investimento risk-free) nel senso che non è mai inferiore e può essere superiore:

$$Prob\left(\frac{V(T,\alpha)}{V(t,\alpha)} < \frac{B(T)}{B(t)} \right) = 0 \qquad Prob\left(\frac{V(T,\alpha)}{V(t,\alpha)} > \frac{B(T)}{B(t)} \right) > 0$$

Teorema 3. *II Teorema fondamentale: unicità dei prezzi (Harrison e Pliska, 1983)* *Se il mercato è completo, la misura risk-neutral, se esiste, è unica e viceversa, se la misura è unica il mercato è completo.*

Dimostrazione euristica.
*In modo euristico, si noti che in mercati completi, per definizione, tutte le variabili aleatorie (cash-flow futuri o, equivalentemente, distribuzioni di probabilità possono essere replicate coi titoli esistenti e quindi tutti i rischi possono essere perfettamente coperti (perfect hedging). In tal modo, l'attività d'arbitraggio forza il prezzo dell'acquirente (buyer price) e il prezzo del venditore (seller price) a eguagliarsi: il sistema dei prezzi di mercato è quindi **unico** e identificato dall'unica misura risk-neutral $\wp^B$.*

Corollario 1. *Legge del prezzo unico.* *Se due strategie (portafogli) α e β danno luogo agli stessi flussi di cassa $V(T,\alpha) = V(T,\beta)$ devono avere lo spesso prezzo corrente $V(t,\alpha) = V(t,\beta)$.*

Osservazione 8. Titoli con dividendi. Il derivato considerato nel teorema fondamentale ha un flusso puntuale in T, $V(T)$. Se vi fosse anche un flusso continuo tra t e T (es. dividendi) con tasso δ_V (dividend yield) il risultato del teorema diventerebbe:

$$V(t) = E_t^B \left(V(T) e^{\int_t^T \delta_V(u)du} e^{-\int_t^T r(u)du} \right) \qquad (2.6)$$

Corollario 2. *Rendimenti pari al tasso risk-free*.
Si noti che, da un punto di vista operativo, il teorema fondamentale non solo consente di collegare l'esistenza di una misura equivalente con la condizione di non arbitraggio ma anche di caratterizzare tale misura come quella per cui i prezzi di tutti i titoli hanno lo stesso tasso atteso istantaneo di crescita, pari al tasso risk-free r. Infatti, scrivendo in generale, per un titolo senza dividendi:

$$dV(t) = \hat{\mu}_V(t)V(t)dt + \sigma_V(t)V(t)dZ^B(t)$$

si ricava l'identità:

$$\frac{V(T)}{V(t)} \equiv e^{\int_t^T d\ln V(u)} = e^{\int_t^T \hat{\mu}_V du} e^{-\frac{1}{2}\int_t^T \sigma_V^2 du + \int_t^T \sigma_V dZ^B(u)} \qquad (2.7)$$

e si può esprimere il prezzo (2.4) come:

$$V(t) = E_t^B \left(V(T) e^{-\int_t^T r(u)du} \right)$$
$$\equiv E_t^B \left(V(t) e^{\int_t^T (\hat{\mu}_V - r(u))du} e^{-\frac{1}{2}\int_t^T \sigma_V^2 du + \int_t^T \sigma_V dZ^B(u)} \right)$$

ed essendo $e^{-\frac{1}{2}\int_t^T \sigma_V^2 du + \int_t^T \sigma_V dZ^B(u)}$ una $B(t)$-martingala a media unitaria, l'equazione è soddisfatta per $\hat{\mu}_V = r$.

Dunque, nel mondo risk-neutral tutti i prezzi hanno un tasso di crescita atteso pari al tasso risk-free.

Esercizio 2. Con riferimento ai remark precedenti si dimostri che il risultato $\hat{\mu}_V = r$ vale anche per i titoli con dividendo δ_V.

Suggerimento:
La dinamica del prezzo è:

$$dV(t) = (\hat{\mu}_V(t) - \delta_V(t))V(t)dt + \sigma_V(t)V(t)dZ^B(t)$$

essendo $\hat{\mu}_V$ il tasso di rendimento totale (capital gain più dividend yield: v. Cesari e Susini (2005b) p. 55). Si ricavi l'analogo di 2.7 e si inserisca in 2.6.

Osservazione 9. La proprietà di martingala 2.5 si esprime anche come (v. Appendice):

$$E_t^B \left(d\left(\frac{V(t)}{B(t)} \right) \right) = 0$$

In caso di dividendi, da 2.6 si ottiene:

$$E_t^B \left(d\left(\frac{V(t)}{B(t)} \right) + \delta(t) \frac{V(t)}{B(t)} dt \right) = 0 \qquad (2.8)$$

2.5.2 Teorema del cambiamento di numerario

Data la misura risk-neutral $\wp^B$, se $C(t)$ è un processo stocastico (es. un prezzo di mercato di un titolo che non paga dividendi) tale che il valore deflazionato è una $B(t)$-martingala:

$$\frac{C(t)}{B(t)} = E_t^B \left(\frac{C(T)}{B(T)} \right)$$

allora esiste una misura di probabilità, $\wp^C$, equivalente a $\wp^B$, tale che i prezzi dei titoli, $V(t)$, deflazionati con $C(t)$ sono $C(t)$-martingale, cioè:

$$V(t) = V_t(V(T)) = C(t)E_t^C \left(\frac{V(T)}{C(T)} \right) \tag{2.9}$$

Inoltre si ha, da 2.5:

$$V(t) = B(t)E_t^B \left(\frac{V(T)}{B(T)} \right) = C(t)E_t^C \left(\frac{V(T)}{C(T)} \right)$$

e quindi:

$$E_t^B \left(\frac{V(T)}{B(T)} \right) = E_t^C \left(\frac{V(T)}{B(T)} \frac{B(T)/B(t)}{C(T)/C(t)} \right)$$

$$E_t^C \left(\frac{V(T)}{C(T)} \right) = E_t^B \left(\frac{V(T)}{C(T)} \frac{C(T)/C(t)}{B(T)/B(t)} \right)$$

vale a dire:

$$\frac{d\wp^C}{d\wp^B}_{/t} = \frac{C(T)/C(t)}{B(T)/B(t)}$$

è la derivata di Radon-Nikodym di $\wp^C$ rispetto a $\wp^B$ ed è una B-martingala a media unitaria (v. Appendice).

L'operatore valore attuale tra t e T si può esprimere come:

$$V_t(\, \cdot \,) = C(t)E_t^C \left((\, \cdot \,)\frac{1}{C(T)} \right)$$

Ad esempio, utilizzando come numerario $P(t, T)$ si ha:

$$V(t) = P(t, T)E_t^{P(t,T)} \left(\frac{V(T)}{P(T,T)} \right)$$

$$= P(t, T)E_t^{P(t,T)} \left(V(T) \right)$$

e la misura equivalente $\wp^{P(t,T)}$ si chiama misura $P(t, T)$-*forward*.

In generale, ogni rapporto tra prezzi è una martingala secondo una opportuna misura di probabilità.

Vale il risultato generale per cui il valore corrente di un prezzo futuro di un titolo che non paga dividendi è il prezzo corrente:

$$V_t(C(T)) = C(t)E_t^C \left(C(T)\frac{1}{C(T)} \right) = C(t)$$

La dimostrazione del teorema del cambiamento di numerario (o cambiamento di misura) è in Geman, El Karoui e Rochet (1995). Esso consente il calcolo del prezzo mediante il numerario più appropriato, in termini di significato economico e di calcolo stocastico. Una prima applicazione era già contenuta in Margrabe (1978).

Osservazione 10. Nel mondo $C(t)$-neutral si ha:

$$1 = E_t^C \left(\frac{V(T)/V(t)}{C(T)/C(t)} \right)$$

e $H(T) = \frac{V(T)/V(t)}{C(T)/C(t)}$ è una $C(t)$-martingala per cui dal lemma di Itô e dal teorema di rappresentazione delle martingale si ha $\mu_V = \mu_C$ cioè nel mondo $C(t)$-neutral tutti gli asset hanno lo stesso tasso di rendimento atteso μ_C.

Osservazione 11. Fattore di sconto stocastico. Nei modelli di equilibrio (es. CIR, 1985a) la valutazione degli assets si ottiene come:

$$V(t) = E_t \left(V(T) \frac{J_W(T)}{J_W(t)} \right)$$

ove J_W è la funzione di utilità marginale (indiretta: v. Cesari e Susini, 2005b, cap. 9) ed E_t è il valor medio condizionato, calcolato rispetto alla misura naturale $\wp$. L'espressione $\frac{J_W(T)}{J_W(t)}$ prende anche il nome di stochastic discount factor (SDF) o pricing kernel o state-price density. Tale risultato fornisce il legame tra misura naturale (da cui derivano le osservazioni empiriche dei generici processi stocastici) e misure di probabilità alternative, valide per i processi che rappresentano prezzi di titoli finanziari. Ad esempio, per la misura risk-neutral:

$$E_t \left(V(T) \frac{J_W(T)}{J_W(t)} \right) = E_t^B \left(V(T) \frac{B(t)}{B(T)} \right)$$
$$= E_t^B \left(V(T) \frac{J_W(T)}{J_W(t)} \left[\frac{1}{B(T)/B(t)} \frac{1}{J_W(T)/J_W(t)} \right] \right)$$

dove, in parentesi quadra è la derivata di Radon-Nikodym di $\wp$ rispetto a $\wp^B$.

2.5.3 L'applicazione del cambiamento di numerario ai tassi di cambio

Si considerino due aree valutarie, es. euro e dollaro.

Nell'area euro la valutazione di un asset $V(T)$ rispetto a un numerario $C(t)$ è:

$$V_t(V(T)) = C(t) E_t^C \left(\frac{V(T)}{C(T)} \right)$$

Se $E(t)$ è il tasso di cambio euro/dollaro, lo *stesso asset* vale in valuta estera $V^*(T) = \frac{V(T)}{E(T)}$ ed è valutato, rispetto al numerario $D_f^*(t)$ come:

$$V_t^*(V^*(T)) = D_f^*(t)E_t^{D*}\left(\frac{V^*(T)}{D_f^*(T)}\right)$$

In condizioni di libero scambio, deve essere che il valore attuale dell'asset in valuta estera, convertito al cambio corrente, dà il valore attuale in valuta domestica:

$$E(t)V_t^*(V^*(T)) = V_t(V(T))$$

da cui:

$$E(t)D_f^*(t)E_t^{D*}\left(\frac{V^*(T)}{D_f^*(T)}\right) = E_t^{D*}\left(V(T)\frac{D_f^*(t)}{D_f^*(T)}\frac{E(t)}{E(T)}\right) = C(t)E_t^C\left(\frac{V(T)}{C(T)}\right)$$

$$E_t^{D*}\left(V(T)\frac{C(t)}{C(T)}\left[\frac{D_f^*(t)}{D_f^*(T)}\frac{E(t)}{E(T)}\frac{C(T)}{C(t)}\right]\right) = E_t^C\left(V(T)\frac{C(t)}{C(T)}\right)$$

Pertanto, la derivata condizionata di Radon-Nikodym di $\wp^C$ rispetto a $\wp^{D*}$ è:

$$\frac{d\wp^C}{d\wp^{D*}}\bigg/_t = \frac{D_f^*(t)}{D_f^*(T)}\frac{E(t)}{E(T)}\frac{C(T)}{C(t)} = \frac{C(T)/C(t)}{D_f^*(T)/D_f^*(t)}\frac{1}{E(T)/E(t)} = \frac{C(T)/C(t)}{D_f(T)/D_f(t)}$$

ove si è utilizzato il fatto che $1/E(t)$ è il cambio dollaro/euro e $D_f(t)$ è il valore in euro dell'asset usato come numerario estero, il cui valore in dollari è $D_f^*(t)$.

Pertanto, il numerario di partenza D_f^* viene trasformato nella valuta di arrivo (euro) ovvero, equivalentemente, il numerario di arrivo C viene trasformato nella valuta di partenza (dollaro):

$$\frac{d\wp^C}{d\wp^{D*}}\bigg/_t = \frac{(C(T)/E(T))/(C(t)/E(t))}{D_f^*(T)/D_f^*(t)} = \frac{C^*(T)/C^*(t)}{D_f^*(T)/D_f^*(t)}$$

Come caso particolare consideriamo come numerari i due conti correnti: $C(t) = B(t)$ e $D_f^*(t) = B_f^*(t)$.

Si ottiene:

$$V_t((\cdot)) = B(t)E_t^B\left(\frac{(\cdot)}{B(T)}\right) = B(t)E_t^{B^*}\left(\frac{(\cdot)}{B(T)}\left[\frac{B_f^*(t)}{B_f^*(T)}\frac{E(t)}{E(T)}\frac{B(T)}{B(t)}\right]\right)$$

$$= E_t^{B^*}\left((\cdot)\left[\frac{B_f^*(t)}{B_f^*(T)}\frac{E(t)}{E(T)}\right]\right) = E_t^{B^*}\left((\cdot)\frac{B_f(t)}{B_f(T)}\right)$$

2.5.4 L'applicazione del cambiamento di numerario alle misure forward

a) Si consideri un derivato con payoff $\Psi(R(S,T))$ pagato al tempo $T > S$, funzione del tasso $R(S,T)$ osservato in S.

Il suo valore è:

$$V_t\left(\Psi(R(S,T)) \odot 1(T)\right) = V_t\left(\frac{\Psi(R(S,T)) \odot 1(T)}{P(T,T)}\right)$$

$$= P(t,T)E_t^{P(t,T)}\left(\Psi(R(S,T))\right)$$

ma anche:

$$V_t\left(\Psi(R(S,T)) \odot 1(T)\right) = V_t\left(\frac{\Psi(R(S,T))P(S,T)}{P(S,S)}\right)$$

$$= P(t,S)E_t^{P(t,S)}\left(\Psi(R(S,T))P(S,T)\right)$$

dove la prima eguaglianza deriva dall'equivalenza tra ricevere $\Psi(R(S,T))$ in T e il valore attuale $\Psi(R(S,T))P(S,T)$ in S.

Pertanto:

$$E_t^{P(t,T)}\left(\Psi(R(S,T))\right) = E_t^{P(t,S)}\left(\Psi(R(S,T))\frac{P(S,T)/P(t,T)}{P(S,S)/P(t,S)}\right)$$

e $\frac{P(S,T)/P(t,T)}{P(S,S)/P(t,S)}$ rappresenta la derivata di Radon-Nikodym condizionata della misura $P(t,T)$-forward $\wp^{P(t,T)}$ rispetto alla misura $P(t,S)$-forward $\wp^{P(t,S)}$ per calcolare indirettamente il valore atteso sotto la misura $P(t,T)$-forward equivalente alla precedente.

b) Si consideri un derivato con payoff $\Psi(R(S,T))$ pagato al tempo S, funzione del tasso $R(S,T)$ osservato in S.

Il suo valore è:

$$V_t\left(\Psi(R(S,T))\right) = V_t\left(\frac{\Psi(R(S,T))}{P(S,S)}\right) = P(t,S)E_t^{P(t,S)}\left(\Psi(R(S,T))\right)$$

ma anche:

$$V_t\left(\Psi(R(S,T))\right) = V_t\left(\frac{\Psi(R(S,T))}{P(S,T)} \odot 1(T)\right) = V_t\left(\frac{\frac{\Psi(R(S,T))}{P(S,T)} \odot 1(T)}{P(T,T)}\right)$$

$$= P(t,T)E_t^{P(t,T)}\left(\frac{\Psi(R(S,T))}{P(S,T)}\right)$$

dove la prima eguaglianza deriva dall'equivalenza tra ricevere $\Psi(R(S,T))$ in S e il montante $\frac{\Psi(R(S,T))}{P(S,T)}$ in T.

Pertanto:

$$E_t^{P(t,S)}\left(\Psi(R(S,T))\right) = E_t^{P(t,T)}\left(\Psi(R(S,T))\frac{P(S,S)/P(t,S)}{P(S,T)/P(t,T)}\right)$$

e $\frac{P(S,S)/P(t,S)}{P(S,T)/P(t,T)}$ (reciproco della precedente) rappresenta la derivata di Radon-Nikodym condizionata della misura $P(t,S)$-forward $\wp^{P(t,S)}$ rispetto alla misura $P(t,T)$-forward $\wp^{P(t,T)}$ per calcolare indirettamente il valore atteso sotto la misura $P(t,S)$-forward equivalente a quest'ultima.

Osservazione 12. Le due (in realtà varie) strade per il calcolo del prezzo del derivato con payoff $\Psi(R(S,T))$ in T sono teoricamente equivalenti:

$$V_t\left(\Psi(R(S,T))\odot 1(T)\right) = P(t,T)E^{P(t,T)}\left(\Psi(R(S,T))\right)$$
$$= P(t,S)E^{P(t,S)}\left(\Psi(R(S,T))P(S,T)\right)$$

In pratica, tuttavia, sarà utile scegliere quella per cui più agevole è il computo del valore medio: $E^{P(t,T)}\left(\Psi(R(S,T))\right)$ ovvero $E^{P(t,S)}(\Psi(R(S,T))P(S,T))$. La scelta, quindi, dipenderà dalla distribuzione di $\Psi(R(S,T))$ sotto $\wp^{P(t,T)}$ e di $\Psi(R(S,T))P(S,T)$ sotto $\wp^{P(t,S)}$.

Nel caso di payoff $\Psi(R(S,T))$ in S il confronto è tra la distribuzione di $\Psi(R(S,T))$ sotto $\wp^{P(t,S)}$ e di $\frac{\Psi(R(S,T))}{P(S,T)}$ sotto $\wp^{P(t,T)}$.

In generale, per il payoff $\Psi(T)$ in T si tratta di trovare il prezzo $C(t)$ per cui è più agevole calcolare il valor medio di $\frac{\Psi(T)}{C(T)}$ sotto $\wp^C$ in modo che si abbia facilmente il prezzo del derivato:

$$\Psi(t) = C(t)E_t^C\left(\frac{\Psi(T)}{C(T)}\right)$$

Se $\Psi(t)$ è un prezzo osservabile, relativo a un titolo largamente scambiato, il calcolo, via non arbitraggio, è già stato fatto dal mercato e il risultato lo si può leggere sul giornale (o sugli schermi dei circuiti informativi specializzati). Se è invece il prezzo di un nuovo titolo, non c'è alternativa a fare i conti. Tuttavia, una situazione ottimale si ha quando $C(t)$ è tale che $\frac{\Psi(T)}{C(T)} \equiv H(T)$ è una $C(t)$-martingala osservabile (es. un prezzo o un tasso). In tal caso, infatti, si ottiene subito:

$$\Psi(t) = C(t)E_t^C\left(\frac{\Psi(T)}{C(T)}\right) = C(t)H(t)$$

2.5.5 Il cambiamento di numerario e la SDE

Si consideri il prezzo $V(t)$ di un titolo che non paga dividendi, descritto da una generica SDE e il conto ad accumulo $B(t)$:

$$dV(t) \equiv \mu_V(t)V(t)dt + \sigma_V(t)V(t)dZ(t) \tag{2.10}$$
$$dB(t) = r(t)B(t)dt$$

ove $Z(t)$ è il BM nella misura naturale $\wp$.

Col lemma di Itô, calcoliamo la dinamica di $V^B(t) \equiv \frac{V(t)}{B(t)}$:

$$dV^B = \frac{V}{B}\frac{dV}{V} - \frac{V}{B}\frac{dB}{B} + \frac{V}{B}\left(\frac{dB}{B}\right)^2 - \frac{V}{B}\frac{dB}{B}\frac{dV}{V}$$

$$= \frac{V}{B}\left(\frac{dV}{V}\right) - \frac{V}{B}\left(\frac{dB}{B}\right)$$

$$= (\mu_V - r)V^B dt + \sigma_V V^B dZ$$

Per il teorema fondamentale V^B è una $B(t)$-martingala e quindi rappresentabile, dai teoremi di Clark e Girsanov, come:

$$dV^B = \sigma_V V^B dZ^B \qquad (2.11)$$

$$\text{con } dZ^B = \frac{\mu_V - r}{\sigma_V}dt + dZ$$

Poiché vale anche $dZ = -\frac{\mu_V - r}{\sigma_V}dt + dZ^B$ si ha che la dinamica del prezzo $V(t)$ nella misura risk-neutral $\wp^B$ è:

$$dV \equiv \mu_V V dt + \sigma_V V dZ = \mu_V V dt + \sigma_V V \left[-\frac{\mu_V - r}{\sigma_V}dt + dZ^B\right]$$

e quindi:

$$dV = rV dt + \sigma_V V dZ^B \qquad (2.12)$$

cioè i prezzi dei titoli (non deflazionati) nella misura risk-neutral sono descritti da una SDE simile a quella naturale (2.10) ma con un rendimento atteso pari al tasso privo di rischio.

Definendo:

$$\varphi = \frac{\mu_V - r}{\sigma_V}$$

si ha, dal teorema di Girsanov:

$$E_t^B((\cdot)) = E_t\left((\cdot)e^{-\int_t^T \varphi(s)dZ(s) - \frac{1}{2}\int_t^T \varphi^2(s)ds}\right)$$

Ciò implica che, se ci poniamo nel mondo della misura risk-neutral E^B e quindi nell'ipotesi di non arbitraggio, per prezzare i titoli non è necessario modellare il drift μ_V del titolo e quindi il premio al rischio φ. Tale specificazione si ricava, invece, dalla condizione di equilibrio dei prezzi di mercato (massimizzazione dell'utilità degli operatori ed eguaglianza tra domanda e offerta o *market clearing*: Cesari e Susini, 2005b, cap. 9). Di conseguenza, la modellistica di equilibrio è più impegnativa di quella di non arbitraggio.

L'aggiustamento dell'aspettativa μ_V con:

$$\mu_V - \varphi\sigma_V$$

è stato lucidamente anticipato da Hicks (1939, p. 126): "[...] we must not take the most probable price as the representative expected price, but the most probable price ± an allowance for the uncertainty of the expectation, that is to say, an allowance for risk".

Si noti che da (2.11) e (2.12) si ricavano le soluzioni:

$$V_B(T) = V_B(t)e^{\int_t^T \sigma_V(s)dZ^B(s) - \frac{1}{2}\int_t^T \sigma_V^2(s)ds}$$

$$V(T) = V(t)e^{\int_t^T \sigma_V(s)dZ^B(s) + \int_t^T (r(s) - \frac{1}{2}\sigma_V^2(s))ds}$$

Osservazione 13. Equivalenza tra equilibrio e non arbitraggio. La minor quantità di specificazioni richieste dai modelli di non arbitraggio non deve far pensare a una loro maggiore "generalità". Infatti da questo punto di vista equilibrio e non arbitraggio risultano equivalenti nel senso che un modello di equilibrio implica non arbitraggio per l'ipotesi di operatori massimizzanti mentre un modello di non arbitraggio (e quindi di esistenza di una misura risk-neutral) implica l'equilibrio nel senso che esiste una funzione di utilità e un'economia reale (processo produttivo e prezzo dei beni di consumo) tali che i prezzi di non arbitraggio dei titoli finanziari sono anche di equilibrio, liberando il mercato (Rogers, 1995).

Esercizio 3. Si dimostri il risultato (2.12) in caso di un titolo con dividend yield δ_V.

Suggerimento: la dinamica naturale è

$$dV \equiv (\mu_V - \delta_V)V dt + \sigma_V V dZ$$

mentre la condizione di martingala (i.e. non arbitraggio) in (2.8) dà

$$dV^B + \delta_V V^B dt = \sigma_V V^B dZ^B$$

Esercizio 4. Col lemma di Itô si calcoli la dinamica di $V^C(t) \equiv \frac{V(t)}{C(t)}$ e si dimostri che il BM del mondo $C(t)$-neutrale è $dZ^C(t) = -\sigma_C dt + dZ^B(t)$.

Svolgimento.

$$dV = rV dt + \sigma_V V dZ^B$$
$$dC = rC dt + \sigma_C C dZ^B$$
$$dV^C = V^C \left(\frac{dV}{V} - \frac{dC}{C} - \frac{dV}{V}\frac{dC}{C} + \left(\frac{dC}{C}\right)^2 \right)$$
$$= V^C (\sigma_V - \sigma_C) \left[-\sigma_C dt + dZ^B \right] \equiv V^C (\sigma_V - \sigma_C) dZ^C$$

Si noti che per definizione:

$$Z^C(t) = -\int_0^t \sigma_C(s)ds + Z^B(t)$$

e la nuova misura di probabilità è definita dalla derivata di Radon-Nikodym:

$$\frac{d\wp^C}{d\wp^B}\bigg/_t = \frac{C(T)/C(t)}{B(T)/B(t)} \equiv \frac{C^B(T)}{C^B(t)} = e^{\int_t^T \sigma_C(s)dZ^B(s) - \frac{1}{2}\int_t^T \sigma_C^2(s)ds}$$

Esercizio 5. Dalle dinamiche risk-neutral di due ZCB, $P(t,S) \equiv P_1$ e $P(t,T) \equiv P_2$ calcolare le loro dinamiche sotto la misura $\wp^{P_2}$.

Svolgimento.

Si ha:

$$dP_1 = rP_1dt + \sigma_1 P_1 dZ^B \tag{2.13}$$
$$dP_2 = rP_2dt + \sigma_2 P_2 dZ^B$$

e quindi, via lemma di Itô:

$$
\begin{aligned}
d\left(\frac{P_1}{P_2}\right) &= \frac{P_1}{P_2}\left(\frac{dP_1}{P_1}\right) - \frac{P_1}{P_2}\left(\frac{dP_2}{P_2}\right) + \frac{P_1}{P_2}\left(\frac{dP_2}{P_2}\right)^2 - \frac{P_1}{P_2}\left(\frac{dP_1}{P_1}\frac{dP_2}{P_2}\right) \\
&= \frac{P_1}{P_2}\left(\sigma_2^2 - \sigma_1\sigma_2\right)dt + \frac{P_1}{P_2}\left(\sigma_1 - \sigma_2\right)dZ^B \\
&= \frac{P_1}{P_2}\left(\sigma_1 - \sigma_2\right)\left(-\sigma_2 dt + dZ^B\right) \\
&\equiv \frac{P_1}{P_2}\left(\sigma_1 - \sigma_2\right)dZ^{P_2}
\end{aligned}
$$

Quindi si trova (su P_1 per simmetria):

$$dZ^{P_2} \equiv -\sigma_2 dt + dZ^B \tag{2.14}$$
$$dZ^{P_1} \equiv -\sigma_1 dt + dZ^B$$

In conclusione:

$$dP_1 = (r + \sigma_1\sigma_2)P_1 dt + \sigma_1 P_1 dZ^{P_2}$$
$$dP_2 = (r + \sigma_2^2)P_2 dt + \sigma_2 P_2 dZ^{P_2}$$

Per la misura $\wp^{P_1}$ si ha, analogamente:

$$dP_1 = (r + \sigma_1^2)P_1 dt + \sigma_1 P_1 dZ^{P_1}$$
$$dP_2 = (r + \sigma_1\sigma_2)P_2 dt + \sigma_2 P_2 dZ^{P_1}$$

Confrontando (2.13) e le SDE precedenti si nota che il cambiamento di misura lascia inalterato il parametro di volatilità mentre agisce sul drift.

Inoltre, da (2.14) si ha:

$$dZ^{P_2} \equiv -\sigma_2 dt + dZ^B = (\sigma_1 - \sigma_2)dt + dZ^{P_1} \tag{2.15}$$
$$dZ^{P_1} = (\sigma_2 - \sigma_1)dt + dZ^{P_2}$$

Le formule (2.14) e (2.15) rappresentano i moti browniani delle dinamiche dei prezzi sotto le varie misure di probabilità equivalenti, a partire dalla data misura risk-neutral.

2.6 Il pricing nel caso di processi diffusivi: il prezzo come PDE

2.6.1 Il pricing nel caso di un'unica variabile di stato

Si immagini un'economia a tempo continuo, guidata da una variabile di stato (*state variable*) di tipo diffusivo $X(t)$ con dinamica data dalla SDE:

$$dX(t) = a(X,t)dt + g(X,t)dZ(t)$$

in cui $Z(t)$ è un BM standard unidimensionale (v. l'Appendice).

Nell'ipotesi di mercati perfetti, i prezzi degli asset $V(t)$ sono funzioni della variabile di stato, $V(X,t)$, e quindi hanno una dinamica che, dal Lemma di Itô, è esprimibile come (Huang, 1985):

$$dV(X,t) \equiv (\mu_V(X,t) - \delta_V(X,t))\, V(t)dt + \sigma_V(X,t)V(t)dZ(t) \qquad (2.16)$$

$$(\mu_V(X,t) - \delta_V(X,t))\, V(t) \equiv \frac{\partial V}{\partial t} + \frac{\partial V}{\partial x}a(X,t) + \frac{1}{2}\frac{\partial^2 V}{\partial x^2}g^2(X,t)$$

$$\sigma_V(X,t)V(t) \equiv \frac{\partial V}{\partial x}g(X,t)$$

$$V(X,T) = \Psi(T)$$

dove $(\mu_V(X,t) - \delta_V(X,t))$ è il drift del prezzo, con $\mu_V(X,t)$ rendimento totale e $\delta_V(X,t)$ eventuale flusso di dividendo continuo, $\Psi(T)$ è il payoff a scadenza (es. $\Psi(T) = 1(T)$ per un titolo ZCB) e $\sigma_V(X,t)$ è il coefficiente di volatilità.

Esiste inoltre il titolo istantaneamente risk-free, vale a dire l'investimento continuo in un conto corrente che cresce al tasso istantaneo r:

$$dB(t) = r(t)B(t)dt$$

Osservazione 14. La differenza tra ZCB con scadenza istantanea e conto corrente sta solo nella condizione al contorno: $B(t + dt) = 1$ per lo ZCB e $B(0) = 1$ per il conto corrente.

La condizione di non arbitraggio comporta una restrizione sulla forma del drift. Per capirlo, costruiamo un **portafoglio d'arbitraggio** gestito attivamente in modo da replicare il titolo risk-free.

Infatti, si considerino 2 titoli quotati, immessi (o emessi) in un portafoglio secondo le quantità $w_i(t)$:

$$\Pi(t) = \sum_{i=1}^{2} w_i(t)V_i(t)$$

Si ha:

$$d\Pi(t) = \sum_{i=1}^{2} w_i(t)dV_i(t)$$

$$= \sum_{i=1}^{2} w_i(t)\, (\mu_{Vi}(X,t) - \delta_{Vi}(X,t))\, V_i(t)dt + \sum_{i=1}^{2} w_i(t)\sigma_{Vi}(X,t)V_i(t)dZ(t)$$

Grazie alla possibilità di ribilanciare continuamente le quantità di titoli possedute $w_i(t)$ (2 incognite), un investitore può annullare la componente stocastica del portafoglio imponendo la condizione:

$$\sum_{i=1}^{2} w_i(t)\sigma_{Vi}(X,t)V_i(t) = 0$$

In tal caso la dinamica del portafoglio è istantaneamente risk-free e quindi deve rendere come total return, per non arbitraggio, il tasso istantaneamente risk-free $r(t)$:

$$d\Pi(t) = \sum_{i=1}^{2} w_i(t) \left(\mu_{Vi}(X,t) - \delta_{Vi}(X,t) \right) V_i(t) dt = \left(r(t) - \delta_\Pi(t) \right) \Pi(t) dt$$

$$= \sum_{i=1}^{2} w_i(t) \left(r(t) - \delta_\Pi(t) \right) V_i(t) dt$$

che si può scrivere, raccogliendo i termini:

$$\sum_{i=1}^{2} w_i(t) \left(\mu_{Vi}(X,t) - r(t) \right) V_i(t) = 0$$

essendo:

$$\delta_\Pi(t) = \sum_{i=1}^{2} \delta_{Vi}(X,t) \frac{w_i(t) V_i(t)}{\Pi(t)}$$

Si ottiene così un sistema di 2 equazioni in 2 incognite (le quantità $w_i(t)$ da determinare ad ogni istante t):

$$\begin{cases} \displaystyle\sum_{i=1}^{2} w_i(t) \sigma_{Vi}(X,t) V_i(t) = 0 \\ \displaystyle\sum_{i=1}^{2} w_i(t) \left(\mu_{Vi}(X,t) - r(t) \right) V_i(t) = 0 \end{cases}$$

In forma matriciale:

$$\begin{bmatrix} \sigma_{V1} V_1 & \sigma_{V2} V_2 \\ (\mu_{V1} - r) V_1 & (\mu_{V2} - r) V_2 \end{bmatrix} \begin{bmatrix} w_1 \\ w_2 \end{bmatrix} = \begin{bmatrix} 0 \\ 0 \end{bmatrix}$$

L'esistenza di una soluzione implica che i vettori riga sono linearmente dipendenti, vale a dire che esiste una combinazione non nulla delle righe (indipendente dai 2 titoli scelti) che dà il vettore nullo. Di conseguenza esiste una funzione $\varphi(X,t)$:

$$\mu_V(X,t) - r(t) = \varphi(X,t) \sigma_V(X,t) \qquad (2.17)$$

$$= \varphi(X,t) \frac{\partial V}{\partial x} \frac{1}{V(t)} g(X,t)$$

Tale funzione prende il nome di coefficiente di aggiustamento per il rischio o anche **prezzo unitario del rischio** e nei modelli di equilibrio (es. CIR, 1985) risulta funzione dell'avversione al rischio degli investitori.

In particolare, il rendimento totale istantaneo, $\mu_V(X,t)$, è la somma del tasso risk-free $r(t)$ più un "premio al rischio" che dipende:

1. dal coefficiente di aggiustamento, φ;
2. dalla sensibilità del titolo alla variabile di stato, $\frac{\partial V}{\partial x}$;
3. dalla volatilità della variabile di stato, g.

L'espressione $\frac{\partial V}{\partial x} \frac{1}{V(t)} g(X, t)$ è interpretabile come **quantità di rischio** (istantaneo) del titolo V, con prezzo unitario φ. Prezzo per quantità danno il **premio al rischio** o *excess return* $\mu_V - r$.

La relazione (2.17) è una generalizzazione del CAPM (v. Cesari e Susini, 2005b, cap. 6 e 9) in quanto specifica, in condizioni di non arbitraggio, la forma del premio al rischio. Si noti che, interpretando $X(t)$ come il prezzo del portafoglio di mercato si ha, dal CAPM:

$$\mu_V(X, t) - r(t) = \rho_{X,V} \frac{\sigma_V}{\sigma_X} \left(\mu_X(X, t) - r(t)\right)$$

$$\varphi(X, t) = \frac{1}{\sigma_X} \left(\mu_X(X, t) - r(t)\right)$$

Osservazione 15. Premio al rischio e funzione di utilità. CIR (1985a, p. 376) dimostrano che in un modello di equilibrio generale l'excess return $\mu_V(X, t) - r(t)$ è rappresentabile, sotto opportune condizioni e semplificazioni, come:

$$\mu_V(X, t) - r(t) = -Cov(\frac{dV}{V}, \frac{dJ_W}{J_W})$$

$$= \frac{\partial V}{\partial x} \frac{1}{V(t)} \left(\frac{-J_{WW} W}{J_W}\right) Cov(\frac{dW}{W}, dX)$$

ove $\frac{-J_{WW} W}{J_W}$ è la misura di Arrow-Pratt di avversione relativa al rischio rispetto alla utilità indiretta $J(W, X, t)$ dell'investitore-consumatore rappresentativo. Cfr. Cesari e Susini (2005b) capp. 1 e 9.

Il drift del prezzo $\mu_V(X, t)$ risulta così vincolato sia dal calcolo stocastico (2.16) sia dalla condizione di non arbitraggio (2.17) in modo che, considerate congiuntamente, si ottiene:

$$\frac{\partial V}{\partial t} + \frac{\partial V}{\partial x} a(X, t) +$$
$$\frac{1}{2} \frac{\partial^2 V}{\partial x^2} g^2(X, t) + \left(\delta_V(X, t) - r(t)\right) V(t) - \varphi(X, t) \frac{\partial V}{\partial x} g(X, t) = 0$$

cioè:

$$\frac{1}{2} \frac{\partial^2 V}{\partial x^2} g^2(X, t) +$$
$$\frac{\partial V}{\partial x} [a(X, t) - \varphi(X, t) g(X, t)] + \frac{\partial V}{\partial t} + (\delta_V(X, t) - r(t)) V(t) = 0$$

Questa è un'equazione alle derivate parziali, lineare, di secondo ordine, parabolica (PDE) che dà luogo al sistema differenziale:

$$\begin{cases} \dfrac{1}{2}\dfrac{\partial^2 V}{\partial x^2}g^2(X,t) + \dfrac{\partial V}{\partial x}\left[a(X,t) - \varphi(X,t)g(X,t)\right] + \dfrac{\partial V}{\partial t} \\ \qquad + (\delta_V(X,t) - r(t))\,V(t) = 0 \\ V(X,T) = \Psi(T) \\ dX(t) = a(X,t)dt + g(X,t)dZ(t) \end{cases}$$

ove $V(X,T) = \Psi(T)$ rappresenta la condizione terminale (condizione al contorno, *boundary condition*) del prezzo.

Sotto le ipotesi del teorema di Girsanov, il sistema di SDE si può scrivere come:

$$\begin{cases} \dfrac{1}{2}\dfrac{\partial^2 V}{\partial x^2}g^2(X,t) + \dfrac{\partial V}{\partial x}\left[a(X,t) - \varphi(X,t)g(X,t)\right] + \dfrac{\partial V}{\partial t} + \\ \qquad (\delta_V(X,t) - r(t))\,V(t) = 0 \\ V(X,T) = \Psi(T) \\ dX(t) = \left[a(X,t) - \varphi(X,t)g(X,t)\right]dt + g(X,t)d\hat{Z}(t) \end{cases}$$

ove il processo $\hat{Z}$, definito da:

$$d\hat{Z}(t) \equiv \varphi(X,t)dt + dZ(t)$$

è un BM sotto una diversa misura di probabilità e la variabile di stato $X(t)$ ha subíto un aggiustamento nel drift.

In tal modo, la soluzione del sistema di PDE, vale a dire il prezzo di non arbitraggio $V(t)$, dal teorema di Feynman-Kac, ha la rappresentazione stocastica (Friedman, 1975, p. 147):

$$V(X,t) = \hat{E}_t\left(\Psi(T)e^{\int_t^T \delta_V(u)du}e^{-\int_t^T r(u)du}\right)$$

in cui il valor medio condizionato è calcolato con riferimento alla variabile di stato "risk-adjusted" nel nuovo set-up in cui $\hat{Z}(t)$ è un BM.

Si noti che la misura di probabilità del nuovo set-up coincide con la misura risk-neutral del teorema fondamentale (2.6): $\hat{E}_t = E_t^B$.

La dinamica del prezzo, nel vecchio e nel nuovo set-up è:

$$dV(X,t) = \left(r(t) - \delta_V(X,t) + \dfrac{\partial V}{\partial x}\dfrac{1}{V(t)}\varphi(X,t)g(X,t)\right)V(t)dt$$

$$\qquad + \dfrac{\partial V}{\partial x}g(X,t)dZ(t)$$

$$dV(X,t) = (r(t) - \delta_V(X,t))\,V(t)dt + \dfrac{\partial V}{\partial x}g(X,t)d\hat{Z}(t)$$

2.6.2 Il pricing nel caso di N variabili di stato correlate

Estendendo il caso precedente, si immagini un'economia a tempo continuo, guidata da un vettore di N variabili (*state variables*) diffusive $X_i(t)$ con dinamica data dalla SDE:

$$dX_i(t) = a_i(\mathbf{X}, t)dt + \sigma_i(\mathbf{X}, t)dW_i(t) \qquad i = 1, ..., N$$

$$dW_i(t)dW_j(t) = \rho_{ij}(t)dt \qquad\qquad\qquad i \neq j$$

in cui $\mathbf{W}(t)$ è un BM standard N-dimensionale correlato (v. l'Appendice).

Nell'ipotesi di mercati perfetti, i prezzi degli asset $V(t)$ sono funzioni delle variabili di stato, $V(\mathbf{X}, t)$, e quindi hanno una dinamica che, dal Lemma di Itô, è esprimibile come (Huang, 1985):

$$dV(\mathbf{X}, t) \equiv (\mu_V(\mathbf{X}, t) - \delta_V(\mathbf{X}, t)) V(t)dt + \sigma'_V(\mathbf{X}, t)V(t)d\mathbf{W}(t) \qquad (2.18)$$

$$(\mu_V(\mathbf{X}, t) - \delta_V(\mathbf{X}, t)) V(t) \equiv \frac{\partial V}{\partial t} + \sum_{i=1}^{N} \frac{\partial V}{\partial x_i} a_i(\mathbf{X}, t) +$$

$$+ \frac{1}{2} \sum_{i=1}^{N} \sum_{j=1}^{N} \frac{\partial^2 V}{\partial x_i \partial x_j} \sigma_i(\mathbf{X}, t)\sigma_j(\mathbf{X}, t)\rho_{ij}(t)$$

$$\sigma'_V(\mathbf{X}, t)V(t) \equiv \left[\frac{\partial V}{\partial x_i} \sigma_i(\mathbf{X}, t) \right]_{1 x N}$$

$$V(\mathbf{X}, T) = \Psi(T)$$

dove $(\mu_V(\mathbf{X}, t) - \delta_V(\mathbf{X}, t))$è il drift del prezzo, con $\mu_V(\mathbf{X}, t)$ rendimento totale e $\delta_V(\mathbf{X}, t)$ eventuale flusso di dividendo continuo, $\Psi(T)$ è il payoff a scadenza (es. $\Psi(T) = 1(T)$ per un titolo ZCB) e:

$$\sigma'_V(\mathbf{X}, t) = (\sigma_{V,1}(\mathbf{X}, t), \sigma_{V,2}(\mathbf{X}, t), ..., \sigma_{V,i}(\mathbf{X}, t), ..., \sigma_{V,N}(\mathbf{X}, t))$$

è il coefficiente di volatilità, con:

$$\sigma_{V,i}(\mathbf{X}, t)V(t) = \frac{\partial V}{\partial x_i} \sigma_i(\mathbf{X}, t)$$

Esiste inoltre il conto corrente:

$$dB(t) = r(t)B(t)dt$$

La condizione di non arbitraggio comporta una restrizione sulla forma del drift. Per capirlo, costruiamo un **portafoglio d'arbitraggio**, autofinanziato e gestito attivamente in modo da replicare il titolo risk-free.

Infatti, si considerino $N + 1$ titoli quotati, immessi (o emessi) in un portafoglio secondo le quantità $w_i(t)$:

$$\Pi(t) = \sum_{i=1}^{N+1} w_i(t)V_i(t)$$

Si ha:

$$d\Pi(t) = \sum_{i=1}^{N+1} w_i(t)dV_i(t)$$

$$= \sum_{i=1}^{N+1} w_i(t)\left(\mu_{Vi}(\mathbf{X},t) - \delta_{Vi}(\mathbf{X},t)\right)V_i(t)dt +$$

$$\sum_{i=1}^{N+1} w_i(t)\sigma'_{Vi}(\mathbf{X},t)V_i(t)d\mathbf{W}(t)$$

Grazie alla possibilità di ribilanciare continuamente le quantità di titoli possedute $w_i(t)$ ($N+1$ incognite), un investitore può annullare la componente stocastica del portafoglio imponendo la condizione:

$$\sum_{i=1}^{N+1} w_i(t)\sigma'_{Vi}(\mathbf{X},t)V_i(t) = \mathbf{0}'$$

In tal caso la dinamica del portafoglio è istantaneamente risk-free e quindi deve rendere come total return, per non arbitraggio, il tasso istantaneamente risk-free $r(t)$:

$$d\Pi(t) = \sum_{i=1}^{N+1} w_i(t)\left(\mu_{Vi}(\mathbf{X},t) - \delta_{Vi}(\mathbf{X},t)\right)V_i(t)dt = \left(r(t) - \delta_\Pi(t)\right)\Pi(t)dt$$

$$= \sum_{i=1}^{N+1} w_i(t)\left(r(t) - \delta_\Pi(t)\right)V_i(t)dt$$

che si può scrivere, raccogliendo i termini:

$$\sum_{i=1}^{N+1} w_i(t)\left(\mu_{Vi}(\mathbf{X},t) - r(t)\right)V_i(t) = 0$$

essendo:

$$\delta_\Pi(t) = \sum_{i=1}^{N+1} \delta_{Vi}(\mathbf{X},t)\frac{w_i(t)V_i(t)}{\Pi(t)}$$

Si ottiene così un sistema di $N+1$ equazioni in $N+1$ incognite (le quantità $w_i(t)$ da determinare ad ogni istante t):

$$\begin{cases} \displaystyle\sum_{i=1}^{N+1} w_i(t)\sigma_{Vi,k}(\mathbf{X},t)V_i(t) = 0 \qquad k = 1,...,N \\[2em] \displaystyle\sum_{i=1}^{N+1} w_i(t)\left(\mu_{Vi}(\mathbf{X},t) - r(t)\right)V_i(t) = 0 \end{cases}$$

In forma matriciale:

$$
\begin{bmatrix}
\sigma_{V1,1}V_1 & \sigma_{V2,1}V_2 & \cdots \sigma_{VN+1,1}V_{N+1} \\
\cdots & \cdots & \cdots\cdots \\
\sigma_{V1,i}V_1 & \sigma_{V2,i}V_2 & \cdots \sigma_{VN+1,i}V_{N+1} \\
\cdots & \cdots & \cdots\cdots \\
\sigma_{V1,N}V_1 & \sigma_{V2,N}V_2 & \cdots \sigma_{VN+1,N}V_{N+1} \\
(\mu_{V1}-r)V_1 & (\mu_{V2}-r)V_2 & \cdots (\mu_{VN+1}-r)V_{N+1}
\end{bmatrix}
\begin{bmatrix}
w_1 \\ w_2 \\ \cdots \\ \cdots \\ \cdots \\ w_{N+1}
\end{bmatrix}
=
\begin{bmatrix}
0 \\ \cdots \\ 0 \\ \cdots \\ 0 \\ 0
\end{bmatrix}
$$

Dai teoremi dell'algebra lineare sappiamo che un sistema omogeneo di $N+1$ equazioni in $N+1$ incognite ha soluzione non nulla se e solo se la matrice dei coefficienti non è invertibile vale a dire ha determinante nullo (cioè *rango* $<$ $N+1$ e quindi $\infty^{N+1-rango}$ soluzioni) e in tal caso i vettori riga (e i vettori colonna) sono linearmente dipendenti, vale a dire esiste una combinazione non nulla delle righe (indipendente dagli $N+1$ titoli scelti) che dà il vettore nullo. Di conseguenza si ha, per un qualche insieme di N coefficienti $\varphi_i(\mathbf{X},t)$:

$$
\mu_V(\mathbf{X},t) - r(t) = \sum_{i=1}^{N} \varphi_i(\mathbf{X},t)\sigma_{V,i}(\mathbf{X},t) \tag{2.19}
$$

$$
= \sum_{i=1}^{N} \varphi_i(\mathbf{X},t)\frac{\partial V}{\partial x_i}\frac{1}{V(t)}\sigma_i(\mathbf{X},t)
$$

Tali pesi prendono il nome di coefficienti di aggiustamento per il rischio o **prezzi unitari dei fattori di rischio** e nei modelli di equilibrio (es. CIR, 1985) risultano funzione dell'avversione al rischio degli investitori.

In particolare, il rendimento totale istantaneo, $\mu_V(\mathbf{X},t)$, è la somma del tasso risk-free $r(t)$ più un "premio al rischio" che dipende:

1. dai coefficienti di aggiustamento, φ_i;
2. dalla sensibilità del titolo alle variabili di stato, $\frac{\partial V}{\partial x_i}$;
3. dalla volatilità di queste ultime, σ_i.

Il drift del prezzo $\mu_V(\mathbf{X},t)$ risulta così vincolato sia dal calcolo stocastico (2.18) sia dalla condizione di non arbitraggio (2.19) in modo che, considerate congiuntamente, si ottiene:

$$
\frac{\partial V}{\partial t} + \sum_{i=1}^{N}\frac{\partial V}{\partial x_i}a_i(\mathbf{X},t) + \frac{1}{2}\sum_{i=1}^{N}\sum_{j=1}^{N}\frac{\partial^2 V}{\partial x_i \partial x_j}\sigma_i(\mathbf{X},t)\sigma_j(\mathbf{X},t)\rho_{ij}(t)+
$$

$$
(\delta_V(\mathbf{X},t) - r(t))\,V(t) - \sum_{i=1}^{N}\varphi_i(\mathbf{X},t)\frac{\partial V}{\partial x_i}\sigma_i(\mathbf{X},t) = 0
$$

cioè:

$$\frac{1}{2}\sum_{i=1}^{N}\sum_{j=1}^{N}\frac{\partial^2 V}{\partial x_i \partial x_j}\sigma_i(\mathbf{X},t)\sigma_j(\mathbf{X},t)\rho_{ij}(t)$$

$$+\sum_{i=1}^{N}\frac{\partial V}{\partial x_i}\left[a_i(\mathbf{X},t)-\varphi_i(\mathbf{X},t)\sigma_i(\mathbf{X},t)\right]+$$

$$\frac{\partial V}{\partial t}+\left(\delta_V(\mathbf{X},t)-r(t)\right)V(t)=0$$

Questa è un'equazione alle derivate parziali, lineare, di secondo ordine, parabolica (PDE) che dà luogo al sistema differenziale:

$$\begin{cases} \dfrac{1}{2}\displaystyle\sum_{i=1}^{N}\sum_{j=1}^{N}\dfrac{\partial^2 V}{\partial x_i \partial x_j}\sigma_i(\mathbf{X},t)\sigma_j(\mathbf{X},t)\rho_{ij}(t)+ \\[2mm] \displaystyle\sum_{i=1}^{N}\dfrac{\partial V}{\partial x_i}\left[a_i(\mathbf{X},t)-\varphi_i(\mathbf{X},t)\sigma_i(\mathbf{X},t)\right]+\dfrac{\partial V}{\partial t}+ \\[2mm] \left(\delta_V(\mathbf{X},t)-r(t)\right)V(t)=0 \\[2mm] V(\mathbf{X},T)=\Psi(T) \\[2mm] dX_i(t)=a_i(\mathbf{X},t)dt+\sigma_i(\mathbf{X},t)dW_i(t) \qquad i=1,...,N \end{cases}$$

ove $V(\mathbf{X},T) = \Psi(T)$ rappresenta la condizione terminale (condizione al contorno, *boundary condition*) del prezzo.

Sotto le ipotesi del teorema di Girsanov, il sistema PDE si può scrivere come:

$$\begin{cases} \dfrac{1}{2}\displaystyle\sum_{i=1}^{N}\sum_{j=1}^{N}\dfrac{\partial^2 V}{\partial x_i \partial x_j}\sigma_i(\mathbf{X},t)\sigma_j(\mathbf{X},t)\rho_{ij}(t)+ \\[2mm] \displaystyle\sum_{i=1}^{N}\dfrac{\partial V}{\partial x_i}\left[a_i(\mathbf{X},t)-\varphi_i(\mathbf{X},t)\sigma_i(\mathbf{X},t)\right]+ \\[2mm] \dfrac{\partial V}{\partial t}+\left(\delta_V(\mathbf{X},t)-r(t)\right)V(t)=0 \\[2mm] V(\mathbf{X},T)=\Psi(T) \\[2mm] dX_i(t)=\left[a_i(\mathbf{X},t)-\varphi_i(\mathbf{X},t)\sigma_i(\mathbf{X},t)\right]dt+\sigma_i(\mathbf{X},t)d\hat{W}_i(t) \qquad i=1,...,N \end{cases} \qquad (2.20)$$

ove il processo $\hat{W}_i$:

$$d\hat{W}_i(t)\equiv\varphi_i(\mathbf{X},t)dt+dW_i(t)$$

è un BM sotto una diversa misura di probabilità e le variabili di stato $X_i(t)$ hanno subíto un aggiustamento nel drift.

In tal modo, la soluzione del sistema di PDE, vale a dire il prezzo di non arbitraggio $V(t)$, dal teorema di Feynman-Kac, ha la rappresentazione stocastica (Friedman, 1975, p. 147):

$$V(\mathbf{X}, t) = \hat{E}_t \left(\Psi(T) e^{\int_t^T \delta_V(u)du} e^{-\int_t^T r(u)du} \right)$$

in cui il valor medio condizionato è calcolato con riferimento alle variabili di stato "risk-adjusted" nel nuovo set-up in cui $\hat{\mathbf{W}}(t)$ è un BM correlato.

Si noti che la misura di probabilità del nuovo set-up coincide con la misura risk-neutral del teorema fondamentale: $\hat{E}_t = E_t^B$.

Le dinamiche del prezzo, nel vecchio e nel nuovo set-up, sono:

$$dV(\mathbf{X}, t) = \left(r(t) - \delta_V(\mathbf{X}, t) + \sum_{i=1}^N \frac{\partial V}{\partial x_i} \frac{1}{V(t)} \varphi_i(\mathbf{X}, t) \sigma_i(\mathbf{X}, t) \right) V(t)dt +$$

$$\sum_{i=1}^N \frac{\partial V}{\partial x_i} \sigma_i(\mathbf{X}, t)dW_i(t)$$

$$dV(\mathbf{X}, t) = (r(t) - \delta_V(\mathbf{X}, t)) V(t)dt + \sum_{i=1}^N \frac{\partial V}{\partial x_i} \sigma_i(\mathbf{X}, t)d\hat{W}_i(t)$$

Esercizio 6. Si calcoli il sistema PDE per il pricing nel caso di N variabili di stato descritte da K BM standard **non** correlati:

$$dX_i(t) = a_i(\mathbf{X}, t)dt + g_i'(\mathbf{X}, t)d\mathbf{Z}(t) \qquad i = 1, \dots, N$$

in cui $\mathbf{Z}(t)$ è un BM standard K-dimensionale e $g_i'(\mathbf{X}, t)$ un vettore $1 \times K$ (v. l'Appendice).

Soluzione.
I prezzi degli asset $V(t)$ sono funzioni delle variabili di stato, $V(\mathbf{X}, t)$, e quindi hanno una dinamica che, dal Lemma di Itô, è esprimibile come:

$$dV(\mathbf{X}, t) \equiv (\mu_V(\mathbf{X}, t) - \delta_V(\mathbf{X}, t)) V(t)dt + \sigma_V'(\mathbf{X}, t)V(t)d\mathbf{Z}(t)$$

$$(\mu_V(\mathbf{X}, t) - \delta_V(\mathbf{X}, t)) V(t) \equiv \frac{\partial V}{\partial t} + \sum_{i=1}^N \frac{\partial V}{\partial x_i} a_i(\mathbf{X}, t) +$$

$$\frac{1}{2} \sum_{i=1}^N \sum_{j=1}^N \frac{\partial^2 V}{\partial x_i \partial x_j} g_i'(\mathbf{X}, t) g_j'(\mathbf{X}, t)$$

$$\sigma_V'(\mathbf{X}, t)V(t) \equiv \sum_{i=1}^N \frac{\partial V}{\partial x_i} g_i'(\mathbf{X}, t) \qquad \text{vettore } 1 \times K$$

$$V(\mathbf{X}, T) = \Psi(T)$$

dove $(\mu_V(\mathbf{X}, t) - \delta_V(\mathbf{X}, t))$ è il drift del prezzo, con $\mu_V(\mathbf{X}, t)$ rendimento totale e $\delta_V(\mathbf{X}, t)$ eventuale dividend yield, $\Psi(T)$ è il payoff a scadenza (es. $\Psi(T) = 1(T)$ per un titolo ZCB) e:

$$\sigma_V'(\mathbf{X}, t) = (\sigma_{V,1}(\mathbf{X}, t), \sigma_{V,2}(\mathbf{X}, t), \dots, \sigma_{V,k}(\mathbf{X}, t), \dots, \sigma_{V,K}(\mathbf{X}, t))$$

è il coefficiente di volatilità, con:

$$\sigma_{V,k}(\mathbf{X},t)V(t) = \sum_{i=1}^{N} \frac{\partial V}{\partial x_i} g_{i,k}(\mathbf{X},t)$$

Per neutralizzare le K fonti di rischio costruiamo un portafoglio d'arbitraggio costituito da $K+1$ titoli, con dinamica:

$$dΠ(t) = \sum_{i=1}^{K+1} w_i(t)dV_i(t)$$

$$= \sum_{i=1}^{K+1} w_i(t)\left(\mu_{Vi}(\mathbf{X},t) - \delta_{Vi}(\mathbf{X},t)\right)V_i(t)dt +$$

$$+ \sum_{i=1}^{K+1} w_i(t)\sigma'_{Vi}(\mathbf{X},t)V_i(t)d\mathbf{Z}(t)$$

in modo che, mediante il ribilanciamento continuo delle quantità di titoli possedute $w_i(t)$ ($K+1$ incognite), un investitore può annullare la componente stocastica del portafoglio imponendo la condizione K-dimensionale:

$$\sum_{i=1}^{K+1} w_i(t)\sigma'_{Vi}(\mathbf{X},t)V_i(t) = \mathbf{0}'_{1\times K}$$

In tal caso la dinamica del portafoglio è istantaneamente risk-free e quindi deve rendere, per non arbitraggio, il tasso istantaneamente risk-free $r(t)$ per cui:

$$\sum_{i=1}^{K+1} w_i(t)\left(\mu_{Vi}(\mathbf{X},t) - r(t)\right)V_i(t) = 0$$

Si ottiene così un sistema di $K+1$ equazioni in $K+1$ incognite (le quantità $w_i(t)$ da determinare ad ogni istante t):

$$\begin{cases} \sum_{i=1}^{K+1} w_i(t)\sigma_{Vi,k}(\mathbf{X},t)V_i(t) = 0 \qquad k=1,...,K \\ \\ \sum_{i=1}^{K+1} w_i(t)\left(\mu_{Vi}(\mathbf{X},t) - r(t)\right)V_i(t) = 0 \end{cases}$$

Pertanto, l'esistenza di una soluzione implica l'esistenza di K coefficienti $\varphi_k(\mathbf{X},t)$:

$$\mu_V(\mathbf{X},t) - r(t) = \sum_{k=1}^{K} \varphi_k(\mathbf{X},t)\sigma_{V,k}(\mathbf{X},t)$$

$$= \sum_{k=1}^{K} \varphi_k(\mathbf{X},t) \sum_{i=1}^{N} \frac{\partial V}{\partial x_i} \frac{1}{V(t)} g_{i,k}(\mathbf{X},t)$$

Il drift del prezzo $\mu_V(\mathbf{X},t)$ risulta così vincolato sia dal calcolo stocastico sia dalla condizione di non arbitraggio in modo che, considerate congiuntamente, si ottiene il sistema PDE:

$$
\left\{
\begin{array}{l}
\dfrac{1}{2}\sum_{i=1}^{N}\sum_{j=1}^{N}\dfrac{\partial^2 V}{\partial x_i \partial x_j}g'_i(\mathbf{X},t)g_j(\mathbf{X},t)+ \\[2em]
\qquad\sum_{i=1}^{N}\dfrac{\partial V}{\partial x_i}\left[a_i(\mathbf{X},t)-\sum_{k=1}^{K}\varphi_k(\mathbf{X},t)g_{i,k}(\mathbf{X},t)\right]+ \\[2em]
\qquad\dfrac{\partial V}{\partial t}+\left(\delta_V(\mathbf{X},t)-r(t)\right)V(t)=0 \\[1.5em]
V(\mathbf{X},T)=\Psi(T) \\[1em]
dX_i(t)=a_i(\mathbf{X},t)dt+\sum_{k=1}^{K}g_{i,k}(\mathbf{X},t)dZ_k(t) \qquad i=1,...,N
\end{array}
\right.
$$

che sotto le ipotesi del teorema di Girsanov, il sistema PDE si può scrivere come:

$$
\left\{
\begin{array}{l}
\dfrac{1}{2}\sum_{i=1}^{N}\sum_{j=1}^{N}\dfrac{\partial^2 V}{\partial x_i \partial x_j}g'_i(\mathbf{X},t)g_j(\mathbf{X},t)+ \\[2em]
\qquad\sum_{i=1}^{N}\dfrac{\partial V}{\partial x_i}\left[a_i(\mathbf{X},t)-\sum_{k=1}^{K}\varphi_k(\mathbf{X},t)g_{i,k}(\mathbf{X},t)\right]+\dfrac{\partial V}{\partial t}+ \\[2em]
\qquad\left(\delta_V(\mathbf{X},t)-r(t)\right)V(t)=0 \\[1.5em]
V(\mathbf{X},T)=\Psi(T) \\[1em]
dX_i(t)=\left[a_i(\mathbf{X},t)-\sum_{k=1}^{K}\varphi_k(\mathbf{X},t)g_{i,k}(\mathbf{X},t)\right]dt+ \\[2em]
\qquad\sum_{k=1}^{K}g_{i,k}(\mathbf{X},t)d\hat{Z}_k(t) \qquad i=1,...,N
\end{array}
\right.
$$

ove il processo $\hat{Z}_k$:

$$
d\hat{Z}_k(t) \equiv \varphi_k(\mathbf{X},t)dt+dZ_k(t)
$$

è un BM sotto una diversa misura di probabilità e le variabili di stato $X_i(t)$ hanno subíto un aggiustamento nel drift.

La dinamica del prezzo, nel vecchio e nel nuovo set-up è:

$$
dV(\mathbf{X},t)=\left(r(t)-\delta_V(\mathbf{X},t)+\sum_{i=1}^{N}\dfrac{\partial V}{\partial x_i}\dfrac{1}{V(t)}\sum_{k=1}^{K}\varphi_k(\mathbf{X},t)g_{i,k}(\mathbf{X},t)\right)V(t)dt+
$$

$$
\sum_{i=1}^{N}\dfrac{\partial V}{\partial x_i}\sum_{k=1}^{K}g_{i,k}(\mathbf{X},t)d\mathbf{Z}(t)
$$

$$
dV(\mathbf{X},t)=\left(r(t)-\delta_V(\mathbf{X},t)\right)V(t)dt+\sum_{i=1}^{N}\dfrac{\partial V}{\partial x_i}\sum_{k=1}^{K}g_{i,k}(\mathbf{X},t)d\hat{\mathbf{Z}}(t)
$$

2.6.3 Cinque prezzi facili

La variabile di stato è un prezzo di mercato

Se c'è un'unica variabile di stato che è anche prezzo di un asset $S(t)$ si assume la dinamica:

$$dS(t) = (\mu_S(S,t) - \delta_S(S,t))\, S(t)dt + \sigma_S(S,t)S(t)dZ(t)$$

ma per non arbitraggio, trattandosi di un prezzo, vale anche:

$$dS(t) = (r(S,t) - \delta_S(S,t))\, S(t)dt + \sigma_S(S,t)S(t)d\hat{Z}(t)$$

essendo $\hat{Z}$ il BM rispetto alla misura risk-neutral $\wp^B$:

$$d\hat{Z}(t) \equiv \varphi(S,t)dt + dZ(t)$$

$$\varphi(S,t) = \frac{\mu_S(S,t) - r(S,t)}{\sigma_S(S,t)}$$

Il sistema PDE per il prezzo del derivato V con dividend yield δ_V è:

$$\frac{1}{2}\frac{\partial^2 V}{\partial S^2}\sigma_S^2(S,t) + \frac{\partial V}{\partial S}\left[\mu_S(S,t) - \delta_S(S,t) - \varphi(S,t)\sigma_S(S,t)\right]S(t) + \quad (2.21)$$

$$\frac{\partial V}{\partial t} + (\delta_V(S,t) - r(S,t))\, V(t) = 0$$

$$dS(t) = (r(S,t) - \delta_S(S,t))\, S(t)dt + \sigma_S(S,t)S(t)d\hat{Z}(t)$$

che si semplifica sfruttando il fatto che $S(t)$ è un prezzo e quindi vale la relazione (2.17):

$$\mu_S(S,t) - r(t) = \varphi(S,t)\sigma_S(S,t) \qquad (2.22)$$

da cui:

$$\frac{1}{2}\frac{\partial^2 V}{\partial S^2}\sigma_S^2(S,t) + \frac{\partial V}{\partial S}\left[r(S,t) - \delta_S(S,t)\right]S(t) +$$

$$\frac{\partial V}{\partial t} + (\delta_V(S,t) - r(S,t))\, V(t) = 0 \quad (2.23)$$

$$dS(t) = (r(S,t) - \delta_S(S,t))\, S(t)dt + \sigma_S(S,t)S(t)d\hat{Z}(t)$$

Si noti che dal sistema spariscono il drift μ_S e il prezzo del rischio φ.

I prezzi hanno anche le dinamiche:

$$dS(t) = (r(S,t) - \delta_S(S,t) + \sigma_S(S,t)\varphi(S,t))\, S(t)dt + \sigma_S(S,t)S(t)dZ(t)$$

$$dV(t) = (r(S,t) - \delta_V(S,t))\, V(t)dt + \sigma_V(S,t)V(t)d\hat{Z}(t)$$

$$dV(t) = \left(r(S,t) - \delta_V(S,t) + \frac{\partial V}{\partial S}\frac{S(t)}{V(t)}\sigma_S(S,t)\varphi(S,t)\right)$$

$$V(t)dt + \sigma_V(S,t)V(t)dZ(t)$$

Osservazione 16. La relazione (2.22) si ottiene anche osservando che se $V(t) \equiv S(t)$ si ha $\frac{\partial^2 V}{\partial S^2} = \frac{\partial V}{\partial t} = 0$ e $\frac{\partial V}{\partial S} = 1$ per cui la PDE (2.21) diventa

$$[\mu_S(S,t) - \delta_S(S,t) - \varphi(S,t)\sigma_S(S,t)] \, S(t) + (\delta_S(S,t) - r(S,t)) \, S(t) = 0$$

cioè la (2.22).

La variabile di stato è il tasso d'interesse istantaneo

Se l'unica variabile di stato è il tasso d'interesse risk-free $r(t)$, con dinamica:

$$dr(t) = a(r,t)dt + g(r,t)dZ(t)$$

si ottiene il sistema PDE:

$$\frac{1}{2}\frac{\partial^2 V}{\partial r^2}g^2(r,t) + \frac{\partial V}{\partial r}\left[a(r,t) - g(r,t)\varphi(r,t)\right] +$$
$$\frac{\partial V}{\partial t} + (\delta_V(r,t) - r(t)) \, V(t) = 0 \quad (2.24)$$

$$dr(t) = \left[a(r,t) - g(r,t)\varphi(r,t)\right]dt + g(r,t)d\hat{Z}(t)$$
$$d\hat{Z}(t) \equiv \varphi(r,t)dt + dZ(t)$$

mentre valgono anche le dinamiche:

$$dV(r,t) = (r(t) - \delta_V(r,t)) \, V(t)dt + \frac{\partial V}{\partial r}g(r,t)d\hat{Z}(t)$$
$$dV(r,t) = \left(r(t) - \delta_V(r,t) + \frac{\partial V}{\partial r}\frac{1}{V(t)}g(r,t)\varphi(r,t)\right)V(t)dt + \frac{\partial V}{\partial r}g(r,t)dZ(t)$$

Osservazione 17. Variabili di stato strumentali ovvero: perché in alcuni modelli sparisce il prezzo di mercato del rischio? FAQ n. 7 (Carr, 2003). Una variabile di stato può essere sostituita da un'opportuna trasformata. Ad esempio, da (2.24), qualora si possa scrivere V(r,t)=H(P(r,t),t) con P(r,t) prezzo di uno ZCB, è possibile usare P come variabile di stato. Infatti, da (2.23) vale:

$$\frac{1}{2}\frac{\partial^2 V}{\partial r^2}g^2 + \frac{\partial V}{\partial r}\left[a - g\varphi\right] + \frac{\partial V}{\partial t} + (\delta - r)V = 0$$

$$\frac{1}{2}\frac{\partial^2 P}{\partial r^2}g^2 + \frac{\partial P}{\partial r}\left[a - g\varphi\right] + \frac{\partial P}{\partial t} - rP = 0$$

$$dP(t) = rPdt + \left(\frac{\partial P}{\partial r}g\right)d\hat{Z}(t)$$

e si ha:

$$\frac{\partial V}{\partial r} = \frac{\partial H}{\partial P}\frac{\partial P}{\partial r} \qquad \frac{\partial^2 V}{\partial r^2} = \frac{\partial^2 H}{\partial P^2}\left(\frac{\partial P}{\partial r}\right)^2 + \frac{\partial H}{\partial P}\frac{\partial^2 P}{\partial r^2} \qquad \frac{\partial V}{\partial t} = \frac{\partial H}{\partial P}\frac{\partial P}{\partial t} + \frac{\partial H}{\partial t}$$

da cui, sostituendo:

$$\frac{1}{2}\frac{\partial^2 H}{\partial P^2}\left(\frac{\partial P}{\partial r}g\right)^2 + \frac{\partial H}{\partial P}rP + \frac{\partial H}{\partial t} + (\delta - r)H = 0$$

Si capisce così che anche se il tasso r è stocastico e φ è un parametro esogeno, il mercato è completo se si includono titoli (gli ZCB) che dipendono da r e possono fungere da variabili di stato strumentali. In tal modo ogni derivato con payoff dipendente (al più) da r può essere replicato con cash e ZCB.

Prezzo e tasso come variabili di stato

Con entrambi i processi $S(t)$ e $r(t)$ come variabili di stato, con dinamica correlata:

$$dr(t) = a(r, S, t)dt + g(r, S, t)dW_r(t)$$

$$dS(t) = (\mu_S(r, S, t) - \delta_S(r, S, t))\,S(t)dt + \sigma_S(r, S, t)S(t)dW_S(t)$$

$$dW_r(t)dW_S(t) = \rho_{rS}(t)dt$$

si ottiene (senza esplicitare le dipendenze funzionali) il sistema PDE:

$$\frac{1}{2}\frac{\partial^2 V}{\partial r^2}g^2 + \frac{1}{2}\frac{\partial^2 V}{\partial S^2}\sigma_S^2 S^2 + \frac{\partial^2 V}{\partial r\partial S}g\sigma_S S\rho_{rS} + \tag{2.25}$$

$$+\frac{\partial V}{\partial S}\left[r - \delta_S\right]S + \frac{\partial V}{\partial r}\left[a - g\varphi_r\right] + \frac{\partial V}{\partial t} + (\delta_V - r)V = 0$$

$$dr(t) = (a - g\varphi_r)dt + gd\hat{W}_r(t)$$

$$dS(t) = (r - \delta_S)\,Sdt + \sigma_S Sd\hat{W}_S(t)$$

con dinamiche guidate dai nuovi BM correlati:

$$d\hat{W}_r(t) \equiv \varphi_r(r, S, t)dt + dW_r(t)$$

$$d\hat{W}_S(t) \equiv \frac{\mu_S - r}{\sigma_S}dt + dW_S(t)$$

$$d\hat{W}_r(t)d\hat{W}_S(t) = \rho_{rS}(t)dt$$

Il pricing con tasso di cambio

Si consideri un asset domestico $S(t)$ con dinamica:

$$dS(t) = (\mu_S - \delta_S)\,S(t)dt + \sigma_S S(t)dW_S(t)$$

e un tasso di cambio $E(t)$ con dinamica:

$$dE(t) = \mu_E E(t)dt + \sigma_E E(t)dW_E(t)$$

$$dW_S(t)dW_E(t) = \rho_{SE}(t)dt$$

Nei due paesi vi sono i conti correnti, nelle rispettive valute:

$$dB(t) = rB(t)dt$$

$$dB_f^*(t) = r^* B_f^*(t)dt$$

Per non arbitraggio, $\frac{B_f(t)}{B(t)} \equiv \frac{B_f^*(t)E(t)}{B(t)}$ deve essere una martingala sotto una misura equivalente (risk-neutral measure):

$$d\left(\frac{B_f(t)}{B(t)}\right) = (r^* + \mu_E - r)\frac{B_f(t)}{B(t)}dt + \frac{B_f(t)}{B(t)}\sigma_E dW_E(t)$$

$$= \frac{B_f(t)}{B(t)}\sigma_E \left[\frac{r^* + \mu_E - r}{\sigma_E}dt + dW_E(t)\right] \equiv \frac{B_f(t)}{B(t)}\sigma_E d\hat{W}_E(t)$$

ove:

$$d\hat{W}_E(t) \equiv \frac{r^* + \mu_E - r}{\sigma_E}dt + dW_E(t)$$

e dal teorema di Girsanov:

$$d\hat{\wp} = e^{-\int_0^T \left(\frac{r^* + \mu_E - r}{\sigma_E}\right)dW_E(s) - \frac{1}{2}\int_0^T \left(\frac{r^* + \mu_E - r}{\sigma_E}\right)^2 ds} d\wp$$

Nella misura risk-neutral, la dinamica dell'asset $S(t)$ e del tasso di cambio è quindi:

$$dS(t) = (r - \delta_S) S(t)dt + \sigma_S S(t)d\hat{W}_S(t)$$

$$dE(t) = (r - r^*)E(t)dt + \sigma_E E(t)d\hat{W}_E(t)$$

$$d\hat{W}_S(t)d\hat{W}_E(t) = \rho_{SE}(t)dt$$

Si noti che il drift del tasso di cambio nella misura risk-neutral è pari al differenziale tra tasso interno e tasso estero. Inoltre, le correlazioni tra i BM non cambiano sotto le diverse misure, dato che sono collegate da una variazione nel solo drift.

La PDE per il prezzo del derivato V con dividend yield δ_V è:

$$\frac{1}{2}\frac{\partial^2 V}{\partial E^2}\sigma_E^2 + \frac{1}{2}\frac{\partial^2 V}{\partial S^2}\sigma_S^2 S^2 + \frac{\partial^2 V}{\partial E \partial S}\sigma_E \sigma_S S \rho_{SE} + \frac{\partial V}{\partial S}\left[r - \delta_S\right]S +$$

$$+ \frac{\partial V}{\partial E}\left[r - r^*\right]E + \frac{\partial V}{\partial t} + \left(\delta_V - r\right)V = 0$$

Osservazione 18. La misura risk-neutral estera. Per non arbitraggio, la misura risk-neutral estera si ottiene imponendo la proprietà di martingala ai prezzi in valuta deflazionati:

$$\frac{B(t)}{B_f^*(t)E(t)} \qquad \frac{S(t)e^{\delta_S t}}{B_f^*(t)E(t)}$$

Nel primo caso si ottiene:

$$d\left(\frac{B(t)}{B_f^*(t)E(t)}\right) = \frac{B}{B_f^*E}\left(r - r^* - \mu_E + \sigma_E^2\right)dt - \frac{B}{B_f^*E}\sigma_E dW_E$$

$$= \frac{B}{B_f^*E}\sigma_E^2 dt - \frac{B}{B_f^*E}\sigma_E d\hat{W}_E$$

$$= \frac{B}{B_f^*E}\sigma_E d\hat{W}_E^f$$

$$d\hat{W}_E^f = \sigma_E dt - d\hat{W}_E$$

per cui, sotto la misura RN estera, $\hat{W}_E^f(t) = \int_0^t \sigma_E du - \hat{W}_E(t)$ è un BM.

Nel secondo caso si ha:

$$d\left(\frac{S(t)}{B_f^*(t)E(t)}\right) = \frac{S}{B_f^*E}\left(\mu_S - \delta_S - r^* - \mu_E + \sigma_E^2 - \rho_{SE}\sigma_S\sigma_E\right)dt +$$

$$\frac{S}{B_f^*E}(\sigma_S dW_S - \sigma_E dW_E)$$

$$= \frac{S}{B_f^*E}(-\rho_{SE}\sigma_S\sigma_E + \sigma_E^2)dt + \frac{S}{B_f^*E}(\sigma_S d\hat{W}_S - \sigma_E d\hat{W}_E)$$

$$= \frac{S}{B_f^*E}\left(\sigma_S d\hat{W}_S^f + \sigma_E d\hat{W}_E^f\right)$$

$$d\hat{W}_S^f = -\rho_{SE}\sigma_E dt + d\hat{W}_S \qquad d\hat{W}_E^f = \sigma_E dt - d\hat{W}_E$$

e quindi, sotto la misura RN estera, $\hat{W}_S^f(t) = -\int_0^t \rho_{SE}\sigma_E du + \hat{W}_S(t)$ è un BM.

Si noti che se l'asset S è funzione della variabile di stato r, $S(r,t)$, vale: $d\hat{W}_r^f = -\rho_{rE}\sigma_E dt + d\hat{W}_r$.

Il pricing con SPS estera

Si consideri un modello con tasso a breve domestico r ed estero r^* stocastici e tasso di cambio $E(t)$, tra loro correlati:

$$dr(t) = a(r,t)dt + g(r,t)dW_r(t)$$

$$dr^*(t) = a^*(r^*,t)dt + g^*(r^*,t)dW_{r*}(t)$$

$$dE(t) = \mu_E E(t)dt + \sigma_E E(t)dW_E(t)$$

$$dW_r dW_{r*} = \rho_{rr*}dt \quad dW_r dW_E = \rho_{rE}dt \quad dW_{r*}dW_E = \rho_{r*E}dt$$

Le dinamiche RN nelle rispettive valute sono:

$$dr(t) = (a - \varphi_r g)dt + gd\hat{W}_r(t) \qquad d\hat{W}_r = \varphi_r dt + dW_r$$

$$dr^*(t) = (a^* - \varphi_r^* g^*)dt + g^* d\hat{W}_{r*}^f(t) \qquad d\hat{W}_{r*}^f = \varphi_r^* dt + dW_{r*}$$

$$dE(t) = (\mu_E - \varphi_E \sigma_E)Edt + \sigma_E Ed\hat{W}_E(t) \qquad d\hat{W}_E = \varphi_E dt + dW_E$$

Dal caso precedente si ha:

$$\varphi_E \sigma_E = r^* + \mu_E - r$$

e, esprimendo anche la dinamica di r^* nella misura RN domestica, si ottiene:

$$dr^*(t) = (a^* - \varphi_r^* g^* - \rho_{r*E}\sigma_E g^*)dt + g^* d\hat{W}_{r*}(t) \qquad (2.26)$$

$$dE(t) = (r - r^*)Edt + \sigma_E Ed\hat{W}_E(t)$$

$$d\hat{W}_{r*}^f = -\rho_{r*E}\sigma_E dt + d\hat{W}_{r*} \qquad d\hat{W}_E = \varphi_E dt + dW_E$$

La PDE del prezzo del derivato V con dividend yield δ_V è:

$$\frac{1}{2}\frac{\partial^2 V}{\partial E^2}\sigma_E^2 + \frac{1}{2}\frac{\partial^2 V}{\partial r^2}g^2 + \frac{1}{2}\frac{\partial^2 V}{\partial r^{*2}}g^{*2} + \frac{\partial^2 V}{\partial E \partial r}\sigma_E g E \rho_{rE} + \frac{\partial^2 V}{\partial E \partial r^*}\sigma_E g^* E \rho_{r*E} +$$

$$\frac{\partial^2 V}{\partial r \partial r^*}gg^* \rho_{rr*} + \frac{\partial V}{\partial r}[a - \varphi_r g] + \frac{\partial V}{\partial r^*}[a^* - \varphi_r^* g^* - \rho_{r*E}\sigma_E g^*] +$$

$$\frac{\partial V}{\partial E}[r - r^*]E + \frac{\partial V}{\partial t} + (\delta_V - r)V = 0$$

2.7 Modelli della struttura per scadenza dei tassi d'interesse

Si consideri un modello univariato, in cui c'è un'unica variabile di stato.

Poiché i prezzi degli ZCB $P(t,T)$ sono il primo basilare elemento per ogni altra analisi, vogliamo analizzare tali prezzi in funzione della SPS del modello.

Al riguardo ricordiamo le relazioni di base (Cesari e Susini, 2005a, cap. 3):

$$R(t,T) = -\frac{\ln P(t,T)}{T - t} \qquad \qquad = \text{tasso spot per la scadenza } T$$

$$r_{FW}(t,T) = -\frac{\partial \ln P(t,T)}{\partial T} \qquad = \text{tasso forward istantaneo per}$$
$$\text{la scadenza } T$$

$$r(t) = \lim_{T \downarrow t} R(t,T) = \lim_{T \downarrow t} r_{FW}(t,T) = \text{tasso spot istantaneo}$$

Di conseguenza:

$$P(t,T) = e^{-R(t,T)(T-t)} = e^{-\int_t^T r_{FW}(t,v)dv}$$

$$R(t,T) = \frac{1}{T-t} \int_t^T r_{FW}(t,v)dv$$

$$Q(t,s,T) = \frac{P(t,T)}{P(t,s)} = e^{-\int_s^T r_{FW}(t,v)dv}$$

ove $P(t,T)$ è il prezzo spot di uno ZCB con scadenza T e $Q(t,s,T)$ è il prezzo forward con scadenza s di uno ZCB con scadenza T.

2.7.1 Modelli unifattoriali del tasso spot istantaneo: Merton, Vasicek, CIR etc.

Una famiglia di modelli parte dal tasso spot istantaneo $r(t)$ per sviluppare l'analisi di pricing. In questo modo anche i titoli ZCB, sebbene di solito considerati titoli elementari, risultano in realtà titoli derivati, con il conto corrente come sottostante: $P(t,T,r)$.

Da quanto visto in (2.24) il problema PDE per uno ZCB che scade in T è dato da:

$$\frac{1}{2}\frac{\partial^2 P}{\partial r^2}g^2(r,t) + \frac{\partial P}{\partial r}\left[a(r,t) - g(r,t)\varphi(r,t)\right] + \frac{\partial P}{\partial t} - r(t)P(t) = 0 \quad (2.27)$$

$$dr(t) = \left[a(r,t) - g(r,t)\varphi(r,t)\right]dt + g(r,t)d\hat{Z}(t)$$

$$P(T,T) = 1$$

con soluzione:

$$P(t,T) = \hat{E}_t\left(e^{-\int_t^T r(u)du}\right)$$
$$= E_t\left(e^{-\int_t^T r(u)du}e^{-\int_t^T \varphi(u)dZ(u) - \frac{1}{2}\int_t^T \varphi^2(u)du}\right) \quad (2.28)$$

in cui il valor medio $\hat{E}_t$ è calcolato rispetto alla dinamica risk-adjusted di $r(t)$.

Esercizio 7. Si ricavi il problema PDE (2.27) costruendo un portafoglio d'arbitraggio costituito da due titoli ZCB, $P(t,T_1)$ e $P(t,T_2)$ in quantità tali da replicare il titolo istantaneamente risk-free.

Esercizio 8. Si verifichi che (2.28) risolve il problema PDE (2.27).

Suggerimento:
Si definisca

$$V(u) = e^{-\int_t^u r(u)du}e^{-\int_t^u \varphi(u)dZ(u) - \frac{1}{2}\int_t^u \varphi^2(u)du}$$

e si calcoli il differenziale del prodotto $P(u)V(u)$. Si noti che è una $\wp$-martingala, si integri tra t e T e si calcoli il valor medio condizionato E_t.

Le assunzioni su $a(r,t)$, $\varphi(r,t)$, e $g(r,t)$ (funzioni endogene in un approccio di equilibrio generale) caratterizzano il modello assunto.

La letteratura finanziaria, a partire da Merton (1970), ha sviluppati varie ipotesi in proposito, suddivisibili in due gruppi:

1. modelli di non arbitraggio in presenza di prezzi osservabili arbitraggiabili (con conseguente over/under valuation dei titoli esistenti)
2. modelli di non arbitraggio perfettamente coerenti con i prezzi osservabili, che risultano così non arbitraggiabili.

Al primo gruppo appartengono i modelli univariati seguenti, sviluppati fino a metà degli anni '80 (e non esaustivi dell'ampia letteratura).

Autori	tipologia	drift	volatilità	premio al rischio
Merton (1970)	BM non standard	a costante	g costante	φ costante
Vasicek (1977)	Mean reverting	$a = k(\vartheta - r)$	g costante	φ costante
Cox (1975)	Constant elasticity of variance	$a = k(\vartheta - r)$	$g = \sigma r^{\beta}$	$\varphi = \lambda r^{\frac{1}{\beta}}$
Dothan (1978)	Lognormal	$a = kr$	$g = \sigma r$	φ costante
CIR (1985b)	Square root	$a = k(\vartheta - r)$	$g = \sigma\sqrt{r}$	$\varphi = \frac{\lambda}{\sigma}\sqrt{r}$
Longstaff (1989)	Double square root	$a = k(\vartheta - \sqrt{r})$	$g = \sigma\sqrt{r}$	$\varphi = \frac{\lambda}{\sigma}\sqrt{r}$

Nel secondo gruppo, sviluppato successivamente, a partire da Ho e Lee (1986), si impone un perfetto adattamento alla SPS corrente in modo da rendere esattamente compatibili (perfect fit) i prezzi osservati con l'ipotesi di non arbitraggio.

Una classificazione della modellistica è illustrata nella Figura 2.2.

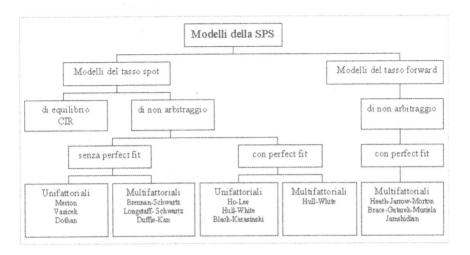

Figura 2.2. Una classificazione dei modelli della SPS

Il modello di Merton (1970)

Il tasso istantaneo è un BM non standard (random walk):

$$dr(t) = adt + gdZ(t)$$
$$a, g \text{ costanti}$$

con incrementi indipendenti e distribuzione condizionata normale:

$$r(s) \mid r(t) \sim N(r(t) + a(s - t), \; g^2(s - t))$$

Evidentemente c'è una probabilità positiva di tassi negativi:

$$Prob(r(s) < 0) = N\left(-\frac{r(t) + a(s - t)}{g\sqrt{s - t}}\right) > 0$$

I prezzi degli ZCB e quindi la SPS del modello si possono ottenere in due modi alternativi, applicabili ai diversi modelli in funzione della convenienza analitica e della facilità di calcolo.

Soluzione via teorema di Feyman-Kac. Un modo per ricavare la soluzione del problema PDE (2.27) è ricorrere alla sua rappresentazione come valor medio (teorema di Feynman-Kac) e calcolare:

$$P(t, T) = \hat{E}_t \left(e^{-\int_t^T r(u)du}\right)$$
$$dr(t) = (a - g\varphi)dt + gd\hat{Z}(t)$$

ove il prezzo unitario del rischio φ è assunto costante e l'aspettativa $\hat{E}_t$ è relativa a una variabile log-normale (l'integrale di v.a. normali è normale):

$$P(t, T) = \hat{E}_t \left(e^X\right) = e^{\hat{E}_t(X) + \frac{1}{2}V\hat{a}r_t(X)}$$

Ma:

$$X \equiv -\int_t^T r(u)du$$
$$= -\int_t^T [r(t) + (a - g\varphi)(s - t)]\, ds - g\int_t^T \left[\hat{Z}(s) - \hat{Z}(t)\right] ds$$
$$\hat{E}_t(X) = -r(t)(T - t) - (a - g\varphi)\frac{1}{2}(T - t)^2$$
$$V\hat{a}r_t(X) = g^2 \int_t^T (s - t)^2 ds = g^2 \frac{1}{3}(T - t)^3$$

quindi:

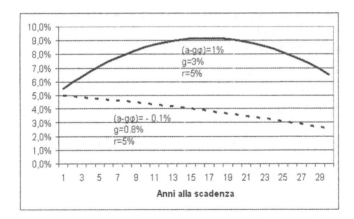

Figura 2.3. Possibili forme della SPS nel modello di Merton

$$P(t,T) = e^{-r(t)(T-t)-(a-g\varphi)\frac{(T-t)^2}{2}+g^2\frac{(T-t)^3}{6}} \qquad (2.29)$$

$$R(t,T) \equiv -\frac{\ln P(t,T)}{T-t} = r(t) + (a-g\varphi)\frac{(T-t)}{2} - g^2\frac{(T-t)^2}{6}$$

$$r_{FW}(t,T) = r(t) + (a-g\varphi)(T-t) - g^2\frac{(T-t)^2}{2}$$

che rappresenta una SPS anomala per T grande: $R(t,+\infty) = r_{FW}(t,+\infty) = -\infty$, $P(t,+\infty) = +\infty$. Come noto (v. sopra), un prezzo > 1 implica arbitraggio.

È facile dimostrare che la SPS è sempre decrescente per $a - g\varphi \leq 0$ e a gobba per $a - g\varphi > 0$.

Si noti che in approssimazione lineare:

$$P(t,T) \simeq 1 - r(t)\tau - (a-g\varphi)\frac{\tau^2}{2} + g^2\frac{\tau^3}{6}$$

per cui il prezzo dello ZCB è approssimato da una funzione cubica della durata τ (cfr l'approccio statistico alla SPS in Cesari e Susini, 2005a, par. 3.9.2).

Soluzione via sostituzione affine. Un modo alternativo per ricavare la soluzione del problema PDE (2.27) è ricorrere al metodo della sostituzione nella PDE di una soluzione-tentativo del tipo:

$$P(t,T) = F(t,T)e^{-r(t)G(t,T)}$$

Una soluzione di questo tipo prende il nome di soluzione o **modello affine** (Duffie, 1992, cap. 7) in quanto la connessa SPS è lineare (affine) nel tasso istantaneo r:

$$R(t,T) = -\frac{\ln P(t,T)}{T-t} = r(t)\frac{G(t,T)}{T-t} - \frac{\ln F(t,T)}{T-t}$$

Si tratta di determinare le funzioni $F(t,T)$ e $G(t,T)$ che soddisfino la PDE e la condizione finale (2.27).

In particolare deve aversi:

$$P(T,T) = F(T,T)e^{-r(T)G(T,T)} = 1 \qquad (2.30)$$

soddisfatta per le condizioni terminali:

$$F(T,T) = 1 \qquad G(T,T) = 0$$

Inoltre, dalle derivate parziali:

$$\frac{\partial P}{\partial r} = -PG \qquad\qquad (2.31)$$

$$\frac{\partial^2 P}{\partial r^2} = PG^2$$

$$\frac{\partial P}{\partial t} = P\frac{1}{F}\frac{\partial F}{\partial t} - rP\frac{\partial G}{\partial t}$$

si ottiene, sostituendo nella PDE:

$$\frac{1}{2}g^2 G^2 - [a - g\varphi]\,G + \frac{1}{F}\frac{\partial F}{\partial t} = r\big(\frac{\partial G}{\partial t} + 1\big)$$

ove si è messo a destra dell'uguale i termini che dipendono da r e a sinistra quelli indipendenti da r. Ne segue che l'uguaglianza sarà verificata per ogni r solo se:

$$\frac{\partial G}{\partial t} + 1 = 0$$

$$\frac{1}{2}g^2 G^2 - [a - g\varphi]\,G + \frac{1}{F}\frac{\partial F}{\partial t} = 0$$

Dalla prima eguaglianza e dalla condizione finale (2.30) si ottiene facilmente $G(t,T) = T - t$ che inserito nella seconda eguaglianza dà:

$$\frac{1}{2}g^2(T-t)^2 - [a - g\varphi]\,(T-t) = -\frac{\partial \ln F(t,T)}{\partial t}$$

la cui soluzione, tenuto conto della condizione finale (2.30), si ottiene integrando tra t e T:

$$\ln F(t,T) = \frac{1}{2}g^2\frac{(T-t)^3}{6} - [a - g\varphi]\frac{(T-t)^2}{2}$$

Si è così ricavata la medesima soluzione già ottenuta in (2.29).

Il modello di Vasicek (1977)

La dinamica del tasso istantaneo assunta da Vasicek (1977) è di tipo *mean-reverting* o di Ornstein-Uhlenbeck (v. l'Appendice):

$$dr(t) = k(\vartheta - r(t))dt + gdZ(t)$$

ove $k > 0$ è la velocità di aggiustamento, ϑ è il livello medio di lungo periodo per il tasso istantaneo e la soluzione della SDE è un p.s. con incrementi dipendenti condizionatamente normale:

$$r(s) \mid r(t) \sim N(r(t)e^{-k(s-t)} + \vartheta(1 - e^{-k(s-t)}), \ \frac{g^2}{2k}\left[1 - e^{-2k(s-t)}\right])$$

Anche in questo caso c'è una probabilità positiva di tassi negativi, tuttavia il processo è stazionario (Arnold, 1974, p. 33) essendo omogeneo nel tempo e con distribuzione di steady-state $N(\vartheta, \frac{g^2}{2k})$.

Esercizio 9. Calcolare la probabilità condizionata che il tasso istantaneo diventi negativo.

Soluzione.

$$\wp\left(r(s) < 0 \mid r(t)\right) = \wp\left(\frac{r(s) - E_t(r(s))}{\sqrt{\frac{g^2}{2k}\left[1 - e^{-2k(s-t)}\right]}} < \frac{-E_t(r(s))}{\sqrt{\frac{g^2}{2k}\left[1 - e^{-2k(s-t)}\right]}} \mid r(t)\right)$$

$$= \Phi\left(\frac{-\vartheta + e^{-k(s-t)}(\vartheta - r(t))}{\sqrt{\frac{g^2}{2k}\left[1 - e^{-2k(s-t)}\right]}}\right)$$

Procedendo come nel modello di Merton, con un prezzo del rischio φ costante si ottiene (Cairns, 2004, Appendice B e Minenna, 2006, par. 16.3.2.1) la soluzione del problema di PDE (2.27):

$$P(t,T) = F(t,T)e^{-r(t)G(t,T)} \tag{2.32}$$

$$G(t,T) = \frac{1 - e^{-k(T-t)}}{k}$$

$$\ln F(t,T) = -\frac{g^2}{4k}G(t,T)^2 + R_\infty\left(G(t,T) - (T-t)\right)$$

$$R_\infty = \vartheta - \frac{\varphi g}{k} - \frac{g^2}{2k^2}$$

$$R(t,T) = -\frac{\ln P(t,T)}{T-t} = R_\infty + (r(t) - R_\infty)\frac{G(t,T)}{T-t} + \frac{g^2}{4k}\frac{G(t,T)^2}{(T-t)}$$

$$r_{FW}(t,T) = R_\infty + e^{-k(T-t)}\left[\frac{g^2}{2k}G(t,T) + r(t) - R_\infty\right]$$

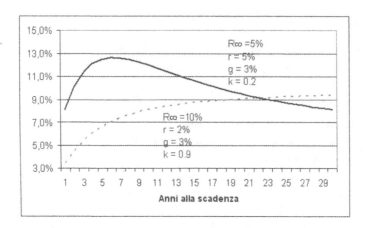

Figura 2.4. Possibili forme della SPS nel modello di Vasicek

Si noti che, a differenza del modello di Merton il limite destro della SPS è finito, costante:

$$\lim_{T \uparrow \infty} R(t, T) = \lim_{T \uparrow \infty} r_{FW}(t, T) = R_\infty$$

Per non arbitraggio deve aversi $R_\infty > 0$.

La SPS di Vasicek ha diverse forme possibili: è crescente per $r(t) < R_\infty - \frac{g^2}{4k^2}$, decrescente per $r(t) > R_\infty + \frac{g^2}{2k^2}$ e a gobba per valori intermedi di $r(t)$.

Si noti che la SPS è identificata da 3 parametri: R_∞, k, g^2 o anche $k\vartheta - \varphi g$, k, g^2 mentre la dinamica RN di $r(t)$ è:

$$dr(t) = k(\vartheta - \frac{\varphi g}{k} - r(t))dt + gd\hat{Z}(t)$$

$$d\hat{Z}(t) = \varphi dt + dZ(t)$$

Osservazione 19. Tassi forward e aspettative. Si noti (Cairns, 2004, p. 13) che il tasso forward istantaneo del modello di Vasicek si può scrivere anche come:

$$r_{FW}(t, T) = \left[r(t)e^{-k(T-t)} + \vartheta(1 - e^{-k(T-t)}) \right] - \varphi g G(t, T) - \frac{g^2}{2} G(t, T)^2$$

per cui risulta costituito da tre componenti: il valore atteso (naturale) del tasso futuro $r(T)$, un aggiustamento per il rischio, prezzo φ per quantità $gG(t, T)$, e un aggiustamento per la convessità derivante dalla diseguaglianza di Jensen (Cesari e Susini, 2005b, Appendice). Analoga scomposizione vale per il modello di Merton.

Il modello di Cox, Ingersoll e Ross (1985b)

CIR (1985b) propongono una dinamica square-root o di Feller (1951) per il tasso istantaneo:

$$dr(t) = k(\vartheta - r(t))dt + \sigma\sqrt{r(t)}dZ(t) \tag{2.33}$$

con k, ϑ, $\sigma > 0$. Come in Vasicek (1977), ϑ è il livello di lungo periodo verso cui tende il processo, con velocità d'aggiustamento k. In questo caso, tuttavia, la condizione $q = \frac{2k\vartheta}{\sigma^2} \geq 1$ rende l'origine 0 inaccessibile e il processo è sempre positivo, $r(t) > 0$, come plausibile per modellare tassi nominali.

La distribuzione di probabilità condizionata (probabilità di transizione tra t e s) è di tipo chi-quadro non centrale, con $2q$ gradi di libertà e parametro di non centralità $\frac{4kr(t)e^{-k(s-t)}}{\sigma^2(1-e^{-k(s-t)})}$.

Media e varianza condizionate sono date da:

$$E(r(s) \mid r(t)) = r(t)e^{-k(s-t)} + \vartheta(1 - e^{-k(s-t)})$$

$$Var(r(s) \mid r(t)) = r(t)\frac{\sigma^2}{k}(e^{-k(s-t)} - e^{-2k(s-t)}) + \vartheta\frac{\sigma^2}{2k}(1 - e^{-k(s-t)})^2$$

per cui la media coincide con quella di Vasicek, soluzione della parte deterministica della SDE (2.33).

Si noti che:

$$\lim_{k\uparrow\infty} E(r(s) \mid r(t)) = \vartheta \qquad \lim_{k\uparrow\infty} Var(r(s) \mid r(t)) = 0$$

$$\lim_{k\downarrow 0} E(r(s) \mid r(t)) = r(t) \qquad \lim_{k\downarrow 0} Var(r(s) \mid r(t)) = \sigma^2 r(t)(s - t)$$

Inoltre il processo è stazionario essendo omogeneo nel tempo e con distribuzione limite (per $s \uparrow \infty$) di tipo gamma, con media ϑ e varianza $\vartheta^2\frac{\sigma^2}{2k\vartheta} = \frac{\vartheta^2}{q}$ (v. Bianchi, Cesari e Panattoni, 1994).

La soluzione del problema della SPS (2.27) si ottiene assumendo con CIR (1985b) un prezzo del rischio funzione di r, $\varphi(t) \equiv \frac{\lambda}{\sigma}\sqrt{r(t)}$, per cui la dinamica RN del tasso istantaneo diventa:

$$dr(t) = [k(\vartheta - r(t)) - \lambda r(t)] dt + \sigma\sqrt{r(t)}d\hat{Z}(t)$$

$$= \left[(k + \lambda)(\frac{k\vartheta}{k + \lambda} - r(t))\right] dt + \sigma\sqrt{r(t)}d\hat{Z}(t)$$

$$\equiv [k°(\vartheta° - r(t))] dt + \sigma\sqrt{r(t)}d\hat{Z}(t)$$

e ricorrendo al metodo della sostituzione affine (Cairns, 2004, Appendice B e Minenna, 2006, par. 16.3.2.8) si ricava, per $\tau \equiv T - t$:

$$P(t,\tau) = F(\tau)e^{-r(t)G(\tau)} \qquad\qquad (2.34)$$

$$F(\tau) = \left[\frac{\phi_1 e^{\phi_2 \tau}}{\phi_2(e^{\phi_1 \tau} - 1) + \phi_1}\right]^{\phi_3}$$

$$G(\tau) = \frac{e^{\phi_1 \tau} - 1}{\phi_2(e^{\phi_1 \tau} - 1) + \phi_1} > 0$$

$$\phi_1 = \sqrt{(k+\lambda)^2 + 2\sigma^2} > \phi_2 \quad \phi_2 = \frac{k+\lambda+\phi_1}{2} > 0 \quad \phi_3 = q = \frac{2k\vartheta}{\sigma^2} > 0$$

$$\sigma^2 = 2\phi_2(\phi_1 - \phi_2)$$

$$R(t,\tau) = -\frac{\ln P(t,\tau)}{\tau} = r(t)\frac{G(\tau)}{\tau} - \frac{\ln F(\tau)}{\tau}$$

$$r_{FW}(t,\tau) = r(t) + G(\tau)(k+\lambda)\left(\frac{k\vartheta}{k+\lambda} - r(t)\right) - \frac{1}{2}\sigma^2 r(t)G(\tau)^2$$

L'ultima eguaglianza deriva dalle relazioni:

$$\frac{\partial P}{\partial \tau} = -\frac{\partial P}{\partial t} = P\left(\frac{1}{F(\tau)}\frac{\partial F}{\partial \tau} - r\frac{\partial G}{\partial \tau}\right)$$

$$\frac{1}{F(\tau)}\frac{\partial F}{\partial \tau} = -k\vartheta G(\tau)$$

$$\frac{\partial G(\tau)}{\partial \tau} = 1 - (k+\lambda)G(\tau) - \frac{1}{2}\sigma^2 G(\tau)^2$$

Tenendo conto dei limiti:

$$\text{per } \tau \downarrow 0: \quad G \downarrow 0, \quad F \uparrow 1, \quad \frac{G}{\tau} \longrightarrow 1, \quad \frac{\ln F}{\tau} \uparrow 0, \quad \frac{\ln F}{\tau^2} \longrightarrow -\frac{k\vartheta}{2}$$

$$\text{per } \tau \uparrow \infty: \quad F \downarrow 0, \quad G \longrightarrow \frac{2}{k+\lambda+\phi_1}$$

si ottengono i limiti della SPS:

$$\lim_{\tau\uparrow\infty} R(t,\tau) = \frac{2k\vartheta}{k+\lambda+\phi_1} = (\phi_1 - \phi_2)\phi_3 \equiv R_\infty > 0$$

$$\lim_{\tau\uparrow\infty} r_{FW}(t,\tau) = R_\infty + r(t)\left[1 - R_\infty\frac{k+\lambda}{k\vartheta} - \frac{1}{2}\frac{\sigma^2}{(k\vartheta)^2}R_\infty^2\right]$$

Kan (1992), correggendo CIR (1985b), dimostra che la SPS è crescente per $r(t) \leq \frac{k\vartheta}{\phi_1}$, a gobba (prima crescente e poi decrescente verso R_∞) per $\frac{k\vartheta}{\phi_1} < r(t) < \frac{k\vartheta}{k+\lambda}$, decrescente per $r(t) \geq \frac{k\vartheta}{k+\lambda}$ se $k+\lambda > 0$, sempre a gobba per $r(t) \geq \frac{k\vartheta}{k+\lambda}$ se $k+\lambda \leq 0$. Le forme della SPS sono quindi simili a quelle di Vasicek.

Si noti che la SPS di CIR è identificata da $r(t)$ e da 3 parametri: ϕ_1, ϕ_2, ϕ_3, ovvero, in alternativa, $k\vartheta$, $k+\lambda$, σ^2. Per un'applicazione del modello si veda il Capitolo 12.

Osservazione 20. Nel modello di CIR, la dinamica RN di uno ZCB con data di scadenza fissa T è:

$$
\begin{aligned}
dP(r,t) &= \frac{\partial P}{\partial r}dr + \frac{1}{2}\frac{\partial^2 P}{\partial r^2}(dr)^2 + \frac{\partial P}{\partial t} \\
&= \frac{\partial P}{\partial r}\left[k(\vartheta - r) - \lambda r\right]dt + \frac{1}{2}\frac{\partial^2 P}{\partial r^2}\sigma^2 r dt + \frac{\partial P}{\partial t} + \frac{\partial P}{\partial r}\sigma\sqrt{r}d\hat{Z} \\
&= rPdt - PG(\tau)\sigma\sqrt{r}d\hat{Z}
\end{aligned}
$$

ove la prima eguaglianza deriva dal lemma di Itô, la seconda dalla dinamica RN di $r(t)$ e nell'ultima eguaglianza si è sfruttata la PDE (2.27) e la soluzione (2.34).

La dinamica RN di uno ZCB con durata fissa $\bar{\tau}$ (constant maturity ZCB) nel modello di CIR è:

$$
\begin{aligned}
dP(r,\bar{\tau}) &= \frac{\partial P}{\partial r}dr + \frac{1}{2}\frac{\partial^2 P}{\partial r^2}(dr)^2 \\
&= \frac{\partial P}{\partial r}\left[k(\vartheta - r) - \lambda r\right]dt + \frac{1}{2}\frac{\partial^2 P}{\partial r^2}\sigma^2 r dt + \frac{\partial P}{\partial r}\sigma\sqrt{r}d\hat{Z} \\
&= P\left[-G(\bar{\tau})\left(k(\vartheta - r) - \lambda r\right) + \frac{1}{2}G(\bar{\tau})^2\sigma^2 r\right]dt - PG(\bar{\tau})\sigma\sqrt{r}d\hat{Z}
\end{aligned}
$$

Osservazione 21. Duration stocastica (CIR, 1979). La sensibilità del prezzo al tasso r è rappresentata dalla funzione $G(\tau)$:

$$
G(\tau) = -\frac{1}{P}\frac{\partial P}{\partial r}
$$

La funzione inversa darà la durata τ dello ZCB di cui G è la sensibilità al tasso:

$$
G^{-1}\left(G(\tau)\right) = \tau
$$

Per ricavare la funzione inversa nel modello di CIR si noti che:

$$
G(\tau) = \frac{2}{(k + \lambda) + \phi_1 \coth\left(\frac{\phi_1 \tau}{2}\right)}
$$

$$
\coth(x) = \frac{e^x + e^{-x}}{e^x - e^{-x}} = \frac{e^{2x} + 1}{e^{2x} - 1}
$$

$$
\text{arcoth}(y) = \frac{1}{2}\ln\left(\frac{y+1}{y-1}\right) \qquad y < -1,\ \ y > 1
$$

Sostituendo e semplificando si ottiene la funzione:

$$
G^{-1}(G) = \frac{1}{\phi_1}\ln\left[\frac{1 + (\phi_1 - \phi_2)G}{1 - \phi_2 G}\right]
$$

che può essere utilizzata come una nuova misura di duration (duration stocastica) per un titolo o portafoglio con sensibilità $-\frac{1}{H}\frac{\partial H}{\partial r}$: la duration stocastica sarà la durata dello ZCB con la data sensibilità (v. Cesari e Susini, 2005a, par. 3.3 e 4.4).

Un modello unifattoriale generalizzato: il modello affine prototipo

Si consideri una dinamica del tasso istantaneo con drift e varianza lineari in r:

$$dr(t) = [\beta + \gamma r(t)]\,dt + \sqrt{\sigma + \alpha r(t)}d\hat{Z}(t) \qquad (2.35)$$

e un problema PDE del tipo:

$$\frac{1}{2}\frac{\partial^2 P}{\partial r^2}(\sigma + \alpha r(t)) + \frac{\partial P}{\partial r}(\beta + \gamma r(t)) + \frac{\partial P}{\partial t} + (\delta + \varepsilon r(t))P(t) = 0$$

$$dr(t) = [\beta + \gamma r(t)]\,dt + \sqrt{\sigma + \alpha r(t)}d\hat{Z}(t)$$

$$P(T,T) = 1$$

con $\gamma^2 \geq 2\alpha\varepsilon$ e $\sigma, \alpha > 0$. I casi precedenti sono particolari specificazioni di tale modello generalizzato, con $\delta = 0$, $\varepsilon = -1$ e opportune condizioni sugli altri parametri.

La soluzione, ottenibile col metodo della sostituzione è:

$$P(t,\tau) = F(\tau)e^{-r(t)G(\tau)}$$

$$G(\tau) = \frac{2\varepsilon(e^{\psi\tau} - 1)}{(\psi - \gamma)(e^{\psi\tau} - 1) + 2\psi}$$

$$\ln F(\tau) = \frac{\sigma}{\alpha}G(\tau) + \frac{2(\beta - \frac{\sigma}{\alpha}\gamma)}{\alpha}\ln\left(\frac{2\psi e^{\left[\frac{\alpha(\delta - \frac{\sigma}{\alpha}\varepsilon)}{\beta - \frac{\sigma}{\alpha}\gamma} + (\psi - \gamma)\right]\frac{\tau}{2}}}{(\psi - \gamma)(e^{\psi\tau} - 1) + 2\psi}\right)$$

$$\psi = \sqrt{\gamma^2 - 2\alpha\varepsilon}$$

Si noti che la SPS è di tipo affine essendo lineare in r:

$$R(t,\tau) = r(t)G(\tau) - \ln F(\tau)$$

Teorema 4. di Duffie e Kan (1996) della SPS affine. *Una SPS è affine se e solo se è governata dal tasso istantaneo:*

$$P(t,\tau) = F(\tau)e^{-r(t)G(\tau)} \qquad (2.36)$$

$$dr(t) = [a(r,t) - g(r,t)\varphi(r,t)]\,dt + g(r,t)d\hat{Z}(t)$$

$$\equiv \hat{a}(r,t)dt + g(r,t)d\hat{Z}(t)$$

ove $\hat{a}(r,t) = \beta + \gamma r(t)$ e $g(r,t) = \sqrt{\sigma + \alpha r(t)}$.

Dimostrazione.
Sostituendo in (2.27) le derivate (2.31), si ottiene la PDE:

$$\frac{1}{2}G(\tau)^2 g^2(r,t) - G(\tau)\hat{a}(r,t) - \frac{\partial \ln F}{\partial \tau} + r\frac{\partial G}{\partial \tau} - r = 0$$

Derivando due volte rispetto a r si ottiene:

$$G(\tau)^2 g(r,t)\frac{\partial g}{\partial r} - G(\tau)\frac{\partial \hat{a}(r,t)}{\partial r} + \frac{\partial G}{\partial \tau} = 1$$

$$G(\tau)\left[\left(\frac{\partial g}{\partial r}\right)^2 + g(r,t)\frac{\partial^2 g}{\partial r^2}\right] = \frac{\partial^2 \hat{a}(r,t)}{\partial r^2}$$

e l'ultima condizione, per essere valida per ogni τ, richiede:

$$\frac{\partial^2 \hat{a}(r,t)}{\partial r^2} = 0$$

$$\left(\frac{\partial g}{\partial r}\right)^2 + g(r,t)\frac{\partial^2 g}{\partial r^2} = 0$$

da cui si ricava la linearità rispetto a r di $\hat{a}(r,t) = \beta + \gamma r(t)$ mentre $g(r,t)$ deve soddisfare la ODE:

$$gg'' = -g'g'$$

Integrando entrambi i membri, dal teorema di integrazione per parti si ricava $gg' = c$ e quindi $g(r,t) = \sqrt{\sigma + \alpha r(t)}$ e quindi la dinamica (2.35) del tasso istantaneo è necessaria e sufficiente per una SPS di tipo affine.

Osservazione 22. SPS affine non omogenea. Si noti che se i coefficienti $\hat{a}$ e g non dipendono dal tempo, $\hat{a}(r)$, $g(r)$, la SDE di r è autonoma e il tasso istantaneo è un processo omogeneo (e stazionario). Tuttavia il teorema vale anche per processi **non omogenei** con:

$$P(t,T) = F(t,T)e^{-r(t)G(t,T)} \tag{2.37}$$

$$dr(t) = [a(r,t) - g(r,t)\varphi(r,t)]\,dt + g(r,t)d\hat{Z}(t)$$

$$\equiv \hat{a}(r,t)dt + g(r,t)d\hat{Z}(t)$$

$$\hat{a}(r,t) = \beta(t) + \gamma(t)r(t)$$

$$g(r,t) = \sqrt{\sigma(t) + \alpha(t)r(t)}$$

2.7.2 Modelli multifattoriali di equilibrio

I modelli analizzati finora, che hanno solo $r(t)$ come variabile di stato, sono detti anche modelli unifattoriali lineari. Infatti:

1. il tasso istantaneo è il solo fattore di rischio;
2. i tassi della SPS, funzione lineare di r, sono tra loro perfettamente correlati;
3. la SPS ricavata dal modello non coincide perfettamente con la SPS osservata sul mercato, con la conseguenza che o il modello è inadeguato o i prezzi di mercato non sono esattamente arbitrage-free.

Si noti in particolare l'effetto della perfetta correlazione tra le variazioni dei tassi alle diverse scadenze, $dR(t, \tau_1)$, $dR(t, \tau_2)$. Sebbene tali correlazioni siano empiricamente elevata, tuttavia sono sempre inferiori all'unità e di conseguenza la volatilità di funzioni di tasso come il semplice spread $R(t, \tau_2) - R(t, \tau_1)$ viene sistematicamente sovrastimata dai modelli a un solo fattore, con conseguente errore di (sopra-)valutazione dei derivati di tasso.

I modelli multifattoriali, con più ricche strutture di correlazione e maggiore capacità di adattamento ai dati di mercato, rappresentano una possibile risposta ai problemi suddetti, sebbene a scapito della semplicità e facilità di implementazione (calibrazione).

Modello del tasso reale e del tasso d'inflazione (Richard, 1978)

L'economia è descritta da tre variabili di stato: il tasso reale r, il livello dei prezzi al consumo p e il tasso atteso d'inflazione y:

$$dr(t) = k_r(\vartheta_r - r)dt + \sigma_r\sqrt{r}dW_r(t) \qquad (2.38)$$

$$dp(t) = py(t)dt + \sigma_p\sqrt{y(t)}dW_p(t)$$

$$dy(t) = k_y(\vartheta_y - y)dt + \sigma_y\sqrt{y}dW_y(t)$$

$$dW_p(t)dW_y(t) = \rho dt$$

Per semplicità si assume l'indipendenza tra shock reali e shock monetari: $dW_r(t)dW_p(t) = dW_r(t)dW_y(t) = 0$.

Ne discende un modello della SPS di tipo affine, con la curva nominale somma della SPS reale e della SPS inflazionistica (v. Cesari, 1992a,b e il capitolo 3) e il tasso nominale istantaneo $i(t)$ somma del tasso reale istantaneo più il tasso atteso d'inflazione più un aggiustamento per la convessità:

$$I(t, T) = R(t, T) + \Pi(t, T)$$

$$i(t) = r(t) + y(t) - \sigma_p^2 y(t)$$

Si veda Richard (1978), CIR(1985b) e le applicazioni di Cesari (1992a,b), Pearson e Sun (1994), Berardi (2005, 2008), Castellani, De Felice e Moriconi (2006, cap. 9).

Esercizio 10. Dalla dinamica (2.38) si calcoli la SDE del potere d'acquisto $q(t) \equiv 1/p(t)$ e si mostri che ha tasso atteso di crescita $-y(t)(1 - \sigma_p^2)$ per cui il tasso nominale istantaneo è la somma del tasso reale e del tasso atteso di riduzione del potere d'acquisto. Si veda Fischer (1975).

Modello del tasso a breve e del tasso a lunga (Brennan e Schwartz, 1979)

L'economia è descritta da due variabili, il tasso a breve r e il tasso a lunghissimo termine L (*consol rate*), definito come il tasso di rendimento su un titolo irredimibile (perpetuità o *consol bond*) di prezzo P_∞ e cedola c nell'unità di tempo:

$$dr(t) = (a + b(r - L))dt + \sigma_r r dW_r(t)$$

$$dL(t) = L(e + fr + gL)dt + \sigma_L L dW_L(t)$$

Si noti che il tasso L, essendo il TIR della perpetuità, è $L = c/P_\infty$ (Cesari e Susini, 2005a, p. 46) ed è anche il tasso swap a lunghissimo termine (par consol) $1 = L/L$ (Cesari e Susini, 2005a, p. 130). Il modello non ha una soluzione analitica per la SPS.

Hogan (1993) ha dimostrato l'instabilità del modello di Brennan e Schwartz nel senso che la parametrizzazione scelta comporta (a.s.) l'esplosione di r o L in un tempo finito. Inoltre si noti che deve essere, in generale, per non arbitraggio, dato il flusso cedolare cdt:

$$P_\infty(t) = \frac{c}{L(t)} = c\hat{E}_t\left(\int_t^\infty e^{-\int_t^s r(u)du}ds\right)$$

per cui le dinamiche RN di r e L devono essere coerenti e il modello ha in realtà un'unica variabile di stato.

Esercizio 11. Dalla dinamica di Brennan e Schwartz del tasso $L(t)$ si calcoli la dinamica del prezzo $P_\infty(t)$ nella misura naturale e nella misura RN tenendo presente che la perpetuità ha un coupon periodico di c e quindi $\hat{E}_t(dP_\infty(t)) = (rP_\infty - c)dt$. Dal teorema di Girsanov si ricavi la forma del premio al rischio φ_L essendo $d\hat{W}_L = \varphi_L dt + dW_L(t)$. Si veda Cairns (2004, par. 6.3) e Rebonato (1998, cap. 15).

Schaefer e Schwartz (1984) usano come variabili di stato $L(t)$ e lo spread $S(t) = L(t) - r(t)$ con l'intento di sfruttare l'evidenza empirica di ortogonalità (non correlazione) tra L e S e fornire una soluzione analitica approssimata per la SPS.

Modello del tasso a breve e del tasso tendenziale (Balduzzi, Das e Foresi, 1998)

In un'economia con un tasso a breve con dinamica di tipo square-root generalizzato il livello tendenziale $\vartheta(t)$ è stocastico e rappresenta una seconda variabile di stato:

$$dr(t) = k(\vartheta(t) - r)dt + \sqrt{\sigma + \alpha r}dW_r(t)$$

$$d\vartheta(t) = (a + b\vartheta)dt + \sqrt{e + f\vartheta}dW_\vartheta(t)$$

Modello del tasso a breve e della varianza (Longstaff e Schwartz, 1992)

Il sistema è guidato da due variabili di stato con SDE non correlate:

$$dX(t) = (a - bX)dt + c\sqrt{X}dZ_X(t)$$

$$dY(t) = (e - fY)dt + g\sqrt{Y}dZ_Y(t)$$

Seguendo il modello d'equilibrio di CIR (1985a), Longstaff e Schwartz (1992) mostrano che:

$$r(t) = \frac{\alpha}{c^2}X(t) + \frac{\beta}{g^2}Y(t)$$

$$V(t) = \frac{\alpha^2}{c^2}X(t) + \frac{\beta^2}{g^2}Y(t)$$

e quindi le due variabili di stato X e Y possono essere sostituite, per linearità, da r e V, con dinamica:

$$dr(t) = (m_r - n_r r - p_r V)dt + \alpha\sqrt{\frac{\beta r - V}{\alpha(\beta - \alpha)}}dZ_X(t) + \beta\sqrt{\frac{V - \alpha r}{\beta(\beta - \alpha)}}dZ_Y(t)$$

$$dV(t) = (m_V - n_V r - p_V V)dt + \alpha^2\sqrt{\frac{\beta r - V}{\alpha(\beta - \alpha)}}dZ_X(t) + \beta^2\sqrt{\frac{V - \alpha r}{\beta(\beta - \alpha)}}dZ_Y(t)$$

Si noti che $(dr)^2 = V(t)dt$ e che, per $\alpha < \beta$, vale la diseguaglianza $\alpha r(t) < V(t) < \beta r(t)$. Inoltre, la SPS è lineare in r e V.

Un modello a n fattori di rischio (Duffie, 1992)

Si considerino n variabili di stato con dinamiche RN di tipo square root (alla CIR) non correlate (indipendenti):

$$dX_j(t) = \alpha_j(\mu_j - X_j)dt + \sigma_j\sqrt{X_j}d\hat{Z}_j(t)$$

Definendo il tasso istantaneo come:

$$r(t) = \sum_{j=1}^{n} X_j(t)$$

si ottiene:

$$P(t,T) = \hat{E}_t\left(e^{-\int_t^T r(u)du}\right) = \hat{E}_t\left(e^{-\sum_{j=1}^n \int_t^T X_j(u)du}\right) = \prod_{j=1}^{n}\hat{E}_t\left(e^{-\int_t^T X_j(u)du}\right)$$

$$= \prod_{j=1}^{n} F_j(t,T)e^{-X_j(t)G_j(t,T)}$$

ove F_j e G_j sono funzioni del tutto analoghe (con le dovute sostituzioni dei parametri) a F e G indicate in (2.34). Se le n variabili non sono osservabili l'implementazione del modello richiede anche la stima (*filtering*) dei processi X_j. Per il modello con dinamiche alla Vasicek si veda Babbs e Nowman (1999).

Esercizio 12. Date le dinamiche di tipo OU di n variabili di stato indipendenti con eguali coefficienti:

$$dX_j(t) = \alpha X_j dt + \sigma d\hat{Z}_j(t)$$

mostrare che il tasso istantaneo $r(t)$ definito da:

$$r(t) = \sum_{j=1}^{n} X_j^2(t)$$

detto processo squared Bessel ha dinamica square-root (2.33).

Suggerimento: si sfrutti l'eguaglianza in distribuzione:

$$\sum_{j=1}^{n} X_j(t) d\hat{Z}_j(t) \overset{D}{=} \sqrt{\sum_{j=1}^{n} X_j^2(t)} d\hat{Z}(t) \sim N(0, r(t)dt)$$

Un modello multifattoriale generalizzato: il caso affine (Duffie e Kan, 1996)

Si consideri una SDE n-dimensionale omogenea nella misura RN:

$$d\mathbf{X}(t) = (\mathbf{A} + B\mathbf{X}(t))dt + SD(\mathbf{X}(t))d\hat{\mathbf{Z}}(t)$$

con $\mathbf{A}$ vettore e B, S matrici costanti mentre $D(X(t)) = diag\left[\sqrt{\mathbf{H}_j'\mathbf{X}(t) + \mathbf{K}_j}\right]$ è una matrice diagonale con $\mathbf{H}_j$ e $\mathbf{K}_j$ vettori costanti, $j = 1, ..., n$.

Duffie e Kan (1996) dimostrano che la SPS è di tipo affine:

$$R(t, \tau) = F(\tau) + \mathbf{G}(\tau)'\mathbf{X}(t)$$

e che quindi n tassi di rendimento $\mathbf{R}(t, \boldsymbol{\tau}) = (R(t, \tau_1), ..., R(t, \tau_n))'$ possono essere utilizzati come variabili di stato:

$$\underset{nx1}{\mathbf{R}(t, \boldsymbol{\tau})} = \underset{nx1}{\mathbf{F_R}(\boldsymbol{\tau})} + \underset{nxn}{G_R(\boldsymbol{\tau})} \underset{nx1}{\mathbf{X}(t)}$$

$$\mathbf{X}(t) = G_R(\boldsymbol{\tau})^{-1} (\mathbf{R}(t, \boldsymbol{\tau}) - \mathbf{F_R}(\boldsymbol{\tau}))$$

$$\begin{aligned} R(t, v) &= F(v) + \mathbf{G}(v)'\mathbf{X}(t) \\ &= F(v) - \mathbf{G}(v)'G_R(\boldsymbol{\tau})^{-1}\mathbf{F_R}(\boldsymbol{\tau}) + \mathbf{G}(v)'G_R(\boldsymbol{\tau})^{-1}\mathbf{R}(t, \boldsymbol{\tau}) \\ &= \tilde{F}(v, \boldsymbol{\tau}) + \tilde{\mathbf{G}}(v, \boldsymbol{\tau})'\mathbf{R}(t, \boldsymbol{\tau}) \end{aligned}$$

Osservazione 23. Modelli multifattoriali quadratici. Ahn, Dittmar e Gallant (2002) hanno proposto un modello multifattoriale governato dalla SDE gaussiana di tipo OU generalizzato:

$$d\mathbf{X}(t) = (\mathbf{A} + B\mathbf{X}(t))dt + Sd\hat{\mathbf{Z}}(t)$$

con tasso spot istantaneo funzione quadratica delle variabili di stato (squared gaussian model) :

$$r(t) = a + \mathbf{b}'\mathbf{X}(t) + \mathbf{X}'(t)\Psi\mathbf{X}(t)$$

e SPS di tipo quadratico:

$$R(t, \tau) = F(\tau) + \mathbf{G}(\tau)'\mathbf{X}(t) + \mathbf{X}'(t)H(\tau)\mathbf{X}(t)$$

2.7.3 Modelli unifattoriali con perfetto adattamento: Ho-Lee e Hull-White

Per superare le deficienze dei modelli unifattoriali, invece di ampliare il nume-ro delle variabili di stato si è proposto, da parte di alcuni autori, il ricorso a dinamiche non autonome o non omogenee, vale a dire con parametri dipenden-ti direttamente dal tempo. Ciò ha fatto perdere la proprietà di stazionarietà dei processi ma ha consentito sufficiente flessibilità per ottenere un perfetto adattamento del modello alla SPS corrente, rendendo esattamente compatibili (*perfect fit*) i prezzi osservati (su mercati liquidi ed efficienti) coi prezzi teorici di non arbitraggio. In altre parole, la SPS corrente diventa un semplice input del modello teorico.

Ciò è particolarmente importante per i derivati di tasso, che hanno come sottostante la SPS: la presenza di differenze anche contenute tra SPS teorica e SPS di mercato si rifletterebbe in differenze significative nel prezzo dei derivati. Senza un perfect fit, gli stessi trader potrebbero essere tentati di fare arbitraggi contro i prodotto emessi dalla loro stessa società.

Il modello di Ho e Lee (1986) o Extended Merton

Ho e Lee (1986) hanno sviluppato (a tempo discreto) l'estensione del modello di Merton (o modello random walk) visto sopra. L'equivalente continuo del modello di Ho e Lee mantiene l'assunto del tasso istantaneo come variabile di stato ma assume il drift RN non più costante ma funzione deterministica del tempo, in modo da acquisire tutti i gradi di libertà necessari per l'adattamento del modello ai prezzi di mercato correnti.

In particolare, il problema (2.27) diventa:

$$\frac{1}{2}\frac{\partial^2 P}{\partial r^2}\sigma^2 + \frac{\partial P}{\partial r}\left[a(s) - \varphi(s)\sigma\right] + \frac{\partial P}{\partial s} - r(s)P = 0 \quad (2.39)$$

$$dr(s) = \left[a(s) - \varphi(s)\sigma\right]ds + \sigma d\hat{Z}(s)$$

$$P(T,T) = 1$$

con $a(s)$ e $\varphi(s)$ funzioni deterministiche del tempo.

Soluzione via teorema di Feynman-Kac. Si ha:

$$P(s,T) = \hat{E}_s\left(e^{-\int_s^T r(u)du}\right) \quad (2.40)$$

Si noti che $r(s)$ ha distribuzione normale e per calcolare (per via analitica o numerica) l'integrale occorre e basta conoscere σ e il drift corretto per il rischio $\hat{a}(s) \equiv a(s) - \varphi(s)\sigma$.

I prezzi osservabili sul mercato contengono l'informazione che cerchiamo: si tratta di sviluppare opportune tecniche di estrazione dei parametri impliciti.

Il primo parametro, per l'ipotesi di stazionarietà, può essere ricavato dalla serie storica dei tassi passati, essendo (Lo, 1988, Cesari, 1989):

$$\frac{1}{N} \sum_{i=1}^{N} (\Delta r_i)^2 \longrightarrow \frac{\int_u^t (dr(s))^2}{t-u} = \sigma^2$$

Esso infatti è invariante per cambiamenti di numerario e quindi è stimabile anche nella misura di probabilità naturale.

Il drift, che è una funzione continua del tempo, si può ottenere cross-section dai prezzi correnti in t degli ZCB (supposti osservabili per un continuo di scadenze T).

Infatti, nella (2.40), l'integrale in esponente si può esplicitare usando la SDE per $r(u)$:

$$\int_s^T r(u)du = \int_s^T \left[r(s) + \int_s^u \hat{a}(v)dv + \int_s^u \sigma d\hat{Z}(v) \right] du$$

Il teorema di Fubini per gli integrali (v. l'Appendice) consente di scambiare l'ordine di integrazione per cui:

$$\int_s^T r(u)du = r(s)(T-s) + \int_s^T \hat{a}(v)(T-v)dv + \int_s^T \sigma(T-v)d\hat{Z}(v)$$

e quindi l'integrale in esponente è condizionatamente normale di media $r(s)(T-s) + \int_s^T \hat{a}(v)(T-v)dv$ e varianza $\int_s^T \sigma^2(T-v)^2 dv = \frac{1}{3}\sigma^2(T-s)^3$.

Pertanto, il prezzo dello ZCB è lognormale e il valor medio è:

$$P(s,T) = e^{-r(s)(T-s) - \int_s^T \hat{a}(v)(T-v)dv + \frac{1}{6}\sigma^2(T-s)^3}$$

Come atteso da (2.37), dalla dinamica lineare (non omogenea) del tasso $r(s)$ deriva una SPS affine.

Noti i prezzi ZCB, il drift $\hat{a}(T)$ per ogni $T > t$ si ottiene facendo la trasformata logaritmica e derivando due volte (con la **formula di Leibnitz** (2.42)), considerato che la derivata del logaritmo del prezzo (corrente) è il tasso forward istantaneo (corrente) (v. Cesari e Susini, 2005a, paragrafo 3.7.5):

$$-\frac{\partial \ln P(t,T)}{\partial T} \equiv r_{FW}(t,T) = r(t) + \int_t^T \hat{a}(v)dv - \frac{1}{2}\sigma^2(T-t)^2$$

$$-\frac{\partial^2 \ln P(t,T)}{\partial T^2} = \frac{\partial r_{FW}(t,T)}{\partial T} = \hat{a}(T) - \sigma^2(T-t)$$

da cui, infine:

$$\hat{a}(v) = \frac{\partial r_{FW}(t,v)}{\partial v} + \sigma^2(v-t)$$

$$P(s,T) = e^{-r(s)(T-s) + r_{FW}(t,s)(T-s) - \int_s^T r_{FW}(t,v)dv - \frac{\sigma^2}{2}(s-t)(T-s)^2}$$

Dalla volatilità del tasso e dalla derivata seconda del prezzo corrente si ottiene il drift (futuro) del tasso istantaneo. In altre parole, un drift variabile permette di adattare perfettamente il modello alla SPS corrente:

infatti per $s \downarrow t$ il prezzo $P(s, T)$ futuro tende al valore noto corrente $P(t, T)$.

In questo modo la conoscenza della SPS al tempo t permette di conoscere la dinamica della variabile di stato, quella dei prezzi degli stessi ZCB e, in generale, la misura di probabilità per calcolare i valori dei titoli derivati. In particolare:

$$dr(s) = \hat{a}(s)ds + \sigma d\hat{Z}(s)$$

$$= \left[\frac{\partial r_{FW}(t, s)}{\partial s} + \sigma^2(s - t) \right] ds + \sigma d\hat{Z}(s)$$

con soluzione:

$$r(s) = r(t) + \int_t^s \hat{a}(v)dv + \sigma \left[\hat{Z}(s) - \hat{Z}(t) \right] \tag{2.41}$$

$$= r(t) + \int_t^s \frac{\partial r_{FW}(t, v)}{\partial v} dv + \int_t^s \sigma^2(v - t)dv + \sigma \left[\hat{Z}(s) - \hat{Z}(t) \right]$$

$$= r_{FW}(t, s) + \frac{\sigma^2}{2}(s - t)^2 + \sigma \left[\hat{Z}(s) - \hat{Z}(t) \right]$$

In particolare, la SPS è:

$$R(s, T) = r(s) - r_{FW}(t, s) + R(t, s, T) + \frac{\sigma^2}{2}(s - t)(T - s)$$

$$= R(t, s, T) + \frac{\sigma^2}{2}(s - t)(T - t) + \sigma \left[\hat{Z}(s) - \hat{Z}(t) \right]$$

Osservazione 24. Formula di Leibnitz per la derivata di integrali.

$$\frac{\partial}{\partial x} \int_{A(x)}^{B(x)} f(x, t)dt = \int_{A(x)}^{B(x)} \frac{\partial f(x, t)}{\partial x} dt + f(x, B)\frac{\partial B(x)}{\partial x} - f(x, A)\frac{\partial A(x)}{\partial x}$$

$$\frac{\partial}{\partial x} \int_{A(x)}^{B(x)} f(x, t)dZ(t) = \int_{A(x)}^{B(x)} \frac{\partial f(x, t)}{\partial x} dZ(t) + f(x, B)\frac{\partial B(x)}{\partial x} - f(x, A)\frac{\partial A(x)}{\partial x}$$

Cfr. Ingersoll (1987, p. 3) e Rebonato (1998, p. 385)

Soluzione via sostituzione affine. Dalla dinamica di $r(s)$ secondo Ho-Lee si può dedurre l'affinità del modello per cui:

$$P(s, T) = e^{A(s, T) - r(s)G(s, T)}$$

$$A(T, T) = 0 \quad G(T, T) = 0$$

Inoltre:

$$0 = A(T,T) = A(s,T) + \int_s^T \frac{\partial A(v,T)}{\partial v} dv$$

$$0 = G(T,T) = G(s,T) + \int_s^T \frac{\partial G(v,T)}{\partial v} dv$$

$$A(t,T) - r(t)G(t,T) = -\int_t^T r_{FW}(t,s)ds$$

$$\frac{\partial A(t,T)}{\partial T} - r(t)\frac{\partial G(t,T)}{\partial T} = -r_{FW}(t,T)$$

Il problema PDE (2.39) diventa:

$$\frac{\sigma^2}{2}G^2(s,T) - \hat{a}(s)G(s,T) + \left(\frac{\partial A(s,T)}{\partial s} - r(s)\frac{\partial G(s,T)}{\partial s}\right) - r(s) = 0$$

$$A(T,T) = 0$$

$$G(T,T) = 0$$

da cui, raccogliendo in r ed eguagliando a 0 separatamente:

$$\frac{\sigma^2}{2}G^2(s,T) - \hat{a}(s)G(s,T) + \frac{\partial A(s,T)}{\partial s} = 0$$

$$r(s)\left(\frac{\partial G(s,T)}{\partial s} + 1\right) = 0$$

L'ultima equazione, con la condizione $G(T,T) = 0$ dà subito $G(s,T) = T - s$, per cui $G(t,T) = T - t$ e $\frac{\partial G(t,T)}{\partial T} = 1$.
  Per $A(s,T)$, vale:

$$0 = A(s,T) + \int_s^T \frac{\partial A(v,T)}{\partial v} dv$$

$$= A(s,T) + \int_s^T \left(\hat{a}(v)(T-v) - \frac{\sigma^2}{2}(T-v)^2\right) dv$$

$$A(s,T) = \int_s^T \left(\frac{\sigma^2}{2}(T-v)^2 - \hat{a}(v)(T-v)\right) dv$$

$$= \frac{\sigma^2}{6}(T-s)^3 - \int_s^T \hat{a}(v)(T-v)dv$$

$$A(t,T) = \frac{\sigma^2}{6}(T-t)^3 - \int_t^T \hat{a}(v)(T-v)dv$$

$$\frac{\partial A(t,T)}{\partial T} = \frac{\sigma^2}{2}(T-t)^2 - \int_t^T \hat{a}(v)dv$$

Pertanto si ha, per definizione:

$$r_{FW}(t,T) = -\frac{\partial A(t,T)}{\partial T} + r(t)\frac{\partial G(t,T)}{\partial T}$$

$$= r(t) - \frac{\sigma^2}{2}(T-t)^2 + \int_t^T \hat{a}(v)dv$$

$$\hat{a}(v) = \frac{\partial r_{FW}(t,v)}{\partial v} + \sigma^2(v-t)$$

e quindi:

$$A(s,T) = \frac{\sigma^2}{6}(T-s)^3 - \int_s^T \left(\frac{\partial r_{FW}(t,v)}{\partial v} + \sigma^2(v-t)\right)(T-v)dv$$

$$= -\frac{\sigma^2}{2}(s-t)(T-s)^2 + r_{FW}(t,s)(T-s) - \int_s^T r_{FW}(t,v)dv$$

Il prezzo in s dello ZCB che scade in T diventa, come ottenuto sopra:

$$P(s,T) = e^{-\frac{\sigma^2}{2}(s-t)(T-s)^2 + r_{FW}(t,s)(T-s) - \int_s^T r_{FW}(t,v)dv - (T-s)r(s)}$$

$$= \frac{P(t,T)}{P(t,s)}e^{-\frac{\sigma^2}{2}(s-t)(T-s)^2 - (T-s)[r(s)-r_{FW}(t,s)]}$$

Si noti che l'espressione per il tasso forward istantaneo è, usando (2.41):

$$r_{FW}(s,T) = -\frac{\partial \ln P(s,T)}{\partial T} = r(s) + r_{FW}(t,T) - r_{FW}(t,s) + \sigma^2(s-t)(T-s)$$

$$= r_{FW}(t,T) + \sigma^2(s-t)(T-s) + \frac{\sigma^2}{2}(s-t)^2 + \sigma\left[\hat{Z}(s) - \hat{Z}(t)\right]$$

$$= r_{FW}(t,T) + \frac{\sigma^2}{2}\left[(T-t)^2 - (T-s)^2\right] + \sigma\left[\hat{Z}(s) - \hat{Z}(t)\right]$$

Il modello di Hull e White (1990) o Extended Vasicek

Come il modello di Ho-Lee generalizza il modello di Merton al caso di drift funzione deterministica del tempo, così Hull e White (1990) hanno generalizzato il modello di Vasicek rendendo la tendenza risk-adjusted di lungo periodo $\hat{\vartheta}(t) \equiv \frac{\hat{a}(s)}{k} \equiv \frac{a(s)-\varphi(s)\sigma}{k}$ funzione del tempo:

$$\frac{1}{2}\frac{\partial^2 P}{\partial r^2}\sigma^2 + \frac{\partial P}{\partial r}[\hat{a}(s) - kr(s)] + \frac{\partial P}{\partial s} - r(s)P = 0 \qquad (2.42)$$

$$dr(s) = [\hat{a}(s) - kr(s)]\,ds + \sigma d\hat{Z}(s)$$

$$P(T,T) = 1$$

Anche in questo caso la SPS corrente diventa un input del modello in quanto il drift viene definito in modo da far coincidere $P(s,T)$ con $P(t,T)$ per $s \downarrow t$.

Come nel caso di Ho-Lee, il tasso r è l'unica variabile di stato e ha distribuzione normale. Seguendo i passaggi svolti per il modello di Ho-Lee (si veda anche Nielsen (1999, par. 7.7) e Minenna (2006, par. 16.3.2.4)) si osserva che il modello è affine:

$$P(s,T) = e^{A(s,T)-r(s)G(s,T)}$$
$$A(T,T) = 0 \quad G(T,T) = 0$$

e la PDE diventa:

$$\frac{\sigma^2}{2}G^2(s,T) - [\hat{a}(s) - kr(s)]\,G(s,T) + \left(\frac{\partial A(s,T)}{\partial s} - r(s)\frac{\partial G(s,T)}{\partial s}\right) - r(s) = 0$$
$$A(T,T) = 0 \quad G(T,T) = 0$$

da cui, raccogliendo in r ed eguagliando a 0 separatamente:

$$\frac{\sigma^2}{2}G^2(s,T) - \hat{a}(s)G(s,T) + \frac{\partial A(s,T)}{\partial s} = 0$$
$$r(s)\left(-kG(s,T) + \frac{\partial G(s,T)}{\partial s} + 1\right) = 0$$

da cui:

$$G(s,T) = \frac{1 - e^{-k(T-s)}}{k}$$

$$A(s,T) = -\int_s^T \hat{a}(v)G(v,T)dv + \frac{\sigma^2}{2k^2}[(T-s) - G(s,T)] - \frac{\sigma^2}{4k}G^2(s,T)$$

$$\frac{\partial A(t,T)}{\partial T} = \frac{\sigma^2}{2}\left(\frac{1 - e^{-k(T-t)}}{k}\right)^2 - \int_t^T \hat{a}(v)e^{-k(T-v)}dv$$

Pertanto:

$$r_{FW}(t,T) = -\frac{\partial A(t,T)}{\partial T} + r(t)\frac{\partial G(t,T)}{\partial T} =$$
$$= r(t)e^{-k(T-t)} - \frac{\sigma^2}{2}\left(\frac{1 - e^{-k(T-t)}}{k}\right)^2 + \int_t^T \hat{a}(v)e^{-k(T-v)}dv$$

Derivando in T e aggiungendo $k\ r_{FW}(t,T)$ si ottiene, in T e quindi nel generico v:

$$\hat{a}(v) = k\ r_{FW}(t,v) + \frac{\partial r_{FW}(t,v)}{\partial v} + \frac{\sigma^2}{2k}\left(1 - e^{-2k(v-t)}\right)$$

che specifica la dinamica della SDE per r in funzione di k, σ, il tasso forward e la sua derivata.

A questo punto è possibile calcolare $A(s,T)$ ottenendo:

$$A(s,T) = -\frac{\sigma^2}{4k}G^2(s,T)(1 - e^{-2k(s-t)}) + r_{FW}(t,s)G(s,T) - \int_s^T r_{FW}(t,v)dv$$

e il prezzo del generico ZCB:

$$P(s,T) = \frac{P(t,T)}{P(t,s)}e^{\frac{\sigma^2}{4k^3}\left[e^{-k(T-t)}-e^{-k(s-t)}\right]^2(1-e^{-2k(s-t)})+G(s,T)[r(s)-r_{FW}(t,s)]}$$

La dinamica del tasso istantaneo è, dalle proprietà del processo OU generalizzato:

$$r(s) = r(t)e^{-k(s-t)} + \int_t^s \hat{a}(v)e^{-k(s-v)}dv + \sigma\int_t^s e^{-k(s-v)}d\hat{Z}(v)$$

$$= r_{FW}(t,s) + \frac{\sigma^2}{2}G^2(t,s) + \sigma\int_t^s e^{-k(s-v)}d\hat{Z}(v)$$

Osservazione 25. La stima della SPS corrente. Nei modelli con perfetto adattamento, la SPS di domani dipende dalla SPS di oggi, $P(t,T)\ \forall T$ e dalle sue derivate. Diventa quindi utile avere metodi di stima e di interpolazione dei tassi correntemente osservabili (a intervalli discreti e non equispaziati) sulla SPS in modo che la forma funzionale interpolante sia smussata (smooth) e derivabile. A tal fine sono utilizzati vari approcci statistici quali quelli proposti da Nelson e Siegel (1985) e Svensson (1994): si veda Cesari e Susini (2005a, par. 3.9.2). Metodi più raffinati (tension splines, monotonic splines) sono stati elaborati da Barzanti e Corradi (1997, 1998,1999, 2001). Per una rassegna si veda Barzanti (2000).

Osservazione 26. General Extended Vasicek model. La versione più generale del modello di Hull-White (1990) ha tutti i parametri time-dependent: $a(s)$, $k(s)$, $\sigma(s)$ (v. Nielsen, 1999, par. 7.7). Una versione intermedia ha time-dependent solo i parametri del drift, $a(s)$, $k(s)$ (Minenna, 2006 par. 16.3.2.5) o la tendenza e la volatilità. In quest'ultimo caso si ha (Crains, 2006, p. 98):

$$\hat{a}(v) = k\ r_{FW}(t,v) + \frac{\partial r_{FW}(t,v)}{\partial v} + \int_t^v \sigma^2(u)e^{-2k(v-u)}du$$

$$r(s) = r(t)e^{-k(s-t)} + \int_t^s \hat{a}(v)e^{-k(s-v)}dv + \int_t^s \sigma(v)e^{-k(s-v)}d\hat{Z}(v)$$

In modo analogo si può generalizzare il modello Extended Merton e il modello Extendend CIR (v. Hull e White, 1990).

La maggior flessibilità che deriva da nuovi parametri time-dependent consente al modello di adattarsi perfettamente non solo alla curva corrente dei tassi/prezzi spot ma anche alle curve di volatilità spot e forward. In particolare si noti che $G(t,T)\sigma(t)$ è la SPS delle volatilità dei tassi spot $R(t,T)$ che a sua volta determina la volatilità dei tassi forward $R(t,S,T)$. In particolare si può dimostrare (Nielsen, 1999, par. 7.7) che la velocità di aggiustamento $k(s)$ e il drift sono funzione delle curve di volatilità correnti (quindi note):

$$k(s) = -\frac{\partial^2 G(t,s)/\partial s^2}{\partial G(t,s)/\partial s}$$

$$\hat{a}(s) = -k(s)\frac{\partial A(t,s)}{\partial s} - \frac{\partial^2 A(t,s)}{\partial s^2} + \left[\frac{\partial G(t,s)}{\partial s}\right]^2 \int_t^s \left[\frac{\sigma(v)}{\partial G(t,v)/\partial v}\right]^2 dv$$

Il modello di Black, Derman e Toy (1990) e Black e Karasinski (1991)

Un limite dei modelli precedenti è la normalità della distribuzione condizionata dei tassi, con l'inevitabile conseguenza di tassi negativi con probabilità non nulla.

Black e Karasinski (1991) hanno proposto un modello di tipo Extended Vasicek lognormale, nel senso che un processo generalizzato OU descrive la dinamica di $\ln(r(s))$:

$$d\ln(r(s)) = [\hat{a}(s) - k(s)\ln(r(s))]\,ds + \sigma(s)d\hat{Z}(s)$$

In tal modo il processo del tasso $r(s)$ è certamente positivo e rappresenta una versione continua del modello discreto proposto da Black, Derman e Toy (1990) in cui $k(s) = \frac{-\sigma'(s)}{\sigma(s)}$. Essendo $\ln r(s)$ normale, $r(s)$ è log-normale:

$$\ln r(s) = H(s)H^{-1}(t)\ln r(t) + H(s)\int_t^s H^{-1}(v)\hat{a}(v)dv +$$

$$H(s)\int_t^s H^{-1}(v)\sigma(v)d\hat{Z}(v)$$

$$H(s) \equiv e^{-\int_0^s k(v)dv}$$

$$Var(\ln r(s) \mid r(t)) = H^2(s)\int_t^s H^{-2}(v)\sigma^2(v)dv$$

Pur mancando una formula chiusa per la SPS, il modello può essere implementato per via numerica. Più grave è il fatto, mostrato da Hogan e Weintraub (1993) e Sandmann e Sondermann (1997), che la dinamica lognormale implica a.s. l'esplosione dell'esponenziale $e^{\int rdv}$ del tasso r in un tempo finito e quindi l'esplosione dell'accumulazione attesa sul conto corrente $\hat{E}_t\left(\frac{B(s)}{B(t)}\right) = \infty$. Di qui il passaggio dalla capitalizzazione continua a modelli dei tassi a capitalizzazione semplice (Libor Market Model) illustrati più avanti nel capitolo.

2.7.4 Modelli multifattoriali con perfetto adattamento: Hull e White (1994) a più fattori

Il modello Hull-White del tasso spot e della sua tendenza

Hull e White (1994) hanno esteso i modelli con perfetto adattamento al caso bifattoriale. Un primo modello è definito dal sistema markoviano:

$$dr(s) = (\hat{a}(s) + x(s) - kr(s))ds + \sigma_r d\hat{W}_r(s)$$
$$dx(s) = -bx(s)ds + \sigma_x d\hat{W}_x(s)$$
$$d\hat{W}_r(s)d\hat{W}_x(s) = \rho ds$$

in cui $r(s)$ tende a $\frac{\hat{a}(s)+x(s)}{k}$ in cui $x(s)$ è una componente stocastica (BM elastico o equazione di Langevin) con mean-reversion verso 0.

Si noti che la tendenza a 0 per $x(s)$ non è restrittiva in quanto ogni altra componente deterministica si può considerare assorbita in $\hat{a}(s)$.

Come osservano Hull e White (1996, p. 274), il modello si può considerare la versione a perfetto adattamento del modello di Brennan e Schwartz (1979), in cui il tasso a breve tende al tasso a lunga, a sua volta convergente verso un livello di lungo periodo.

La dinamica lineare del modello implica una SPS affine:

$$P(s,T) = e^{A(s,T)-F(s,T)x(s)-G(s,T)r(s)}$$
$$A(T,T) = 0 \quad F(T,T) = 0 \quad G(T,T) = 0$$

mentre la PDE del prezzo dello ZCB è:

$$\frac{1}{2}\frac{\partial^2 P}{\partial r^2}\sigma_r^2 + \frac{1}{2}\frac{\partial^2 P}{\partial x^2}\sigma_x^2 + \frac{\partial^2 P}{\partial r \partial x}\rho\sigma_r\sigma_x + \frac{\partial P}{\partial r}[\hat{a}(s) + x - kr] - \frac{\partial P}{\partial x}bx + \frac{\partial P}{\partial s} - rP = 0$$

per cui, procedendo col metodo della sostituzione affine:

$$\frac{\partial G}{\partial s} - kG + 1 = 0$$
$$\frac{\partial F}{\partial s} - bF + G = 0$$
$$\frac{\partial A}{\partial s} - \hat{a}(s)G + \frac{1}{2}\sigma_r^2 G^2 + \frac{1}{2}\sigma_x^2 F^2 + \rho\sigma_r\sigma_x FG = 0$$

Di qui le soluzioni:

$$G(s,T) = \frac{1 - e^{-k(T-s)}}{k}$$

$$F(s,T) = \frac{1}{k(k-b)}e^{-k(T-s)} - \frac{1}{b(k-b)}e^{-b(T-s)} + \frac{1}{kb}$$

$$A(s,T) = \ln\frac{P(t,T)}{P(t,s)} + G(s,T)r_{FW}(t,s) + \phi(t,s)G(s,T) +$$
$$\int_t^s [\phi(t,v) - \phi(v,T)]\,dv$$

$$\hat{a}(s) = k\,r_{FW}(t,s) + \frac{\partial r_{FW}(t,s)}{\partial s} + k\,\phi(t,s) + \frac{\partial\phi(t,s)}{\partial s}$$

$$\phi(t,s) = \frac{1}{2}\sigma_r^2 G^2(t,s) + \frac{1}{2}\sigma_x^2 F^2(t,s) + \rho\sigma_r\sigma_x F(t,s)G(t,s)$$

Tenuto conto dell'ultima equazione si ha:

$$A(s,T) = \ln \frac{P(t,T)}{P(t,s)} + G(s,T)r_{FW}(t,s) - \eta$$

$$\eta = \frac{\sigma_r^2}{4k}(1 - e^{-2k(s-t)})G^2(s,T) - \rho\sigma_r\sigma_x[F(t,s)G(t,s)G(s,T) +$$

$$\gamma_4 - \gamma_2] - \frac{\sigma_x^2}{2}\left[F^2(t,s)G(s,T) + \gamma_6 - \gamma_5\right]$$

$$\gamma_1 = \frac{e^{-(k+b)(T-t)}\left[e^{(k+b)(s-t)} - 1\right]}{(k+b)(k-b)} - \frac{e^{-2k(T-t)}\left[e^{2k(s-t)} - 1\right]}{2k(k-b)}$$

$$\gamma_2 = \frac{1}{kb}\left[\gamma_1 + F(s,T) - F(t,T) + \frac{1}{2}\left(G^2(s,T) - G^2(t,T)\right)\right] +$$

$$\frac{1}{kb}\left[\frac{s-t}{k} - \frac{e^{-k(T-s)} - e^{-k((T-t)}}{k^2}\right]$$

$$\gamma_3 = -\frac{e^{-(k+b)(s-t)} - 1}{(k+b)(k-b)} + \frac{e^{-2k(s-t)} - 1}{2k(k-b)}$$

$$\gamma_4 = \frac{1}{kb}\left[\gamma_3 - F(t,s) - \frac{1}{2}G^2(t,s) + \frac{s-t}{k} + \frac{e^{-k(s-t)} - 1}{k^2}\right]$$

$$\gamma_5 = \frac{1}{2b}\left[F^2(s,T) - F^2(t,T) + 2\gamma_2\right]$$

$$\gamma_6 = \frac{1}{2b}\left[2\gamma_4 - F^2(t,s)\right]$$

Modello di Hull-White del tasso interno ed estero

Tenendo conto della relazione tra misura RN interna ed estera (2.26), il modello con SPS interna ed estera estera e tasso di cambio, proposto da Hull-White (1994) è:

$$dr(s) = [\hat{a}(s) - kr(s)]\,ds + \sigma_r d\hat{W}_r(s)$$

$$dr^*(s) = [\hat{a}^*(s) - k^*r^*(s) - \rho_{r*E}\sigma_{r*}\sigma_E]\,ds + \sigma_{r*}^* d\hat{W}_{r*}(s)$$

$$dE(s) = (r(s) - r^*(s))E(s)ds + \sigma_E E(s)d\hat{W}_E(s)$$

2.7.5 Modelli del tasso forward istantaneo: Heath, Jarrow e Morton (1992)

Il modello HJM unifattoriale

Il modello di Heath, Jarrow e Morton (HJM) è un modello di non arbitraggio con perfetto adattamento alla SPS corrente ma sviluppato non a partire dal tasso spot $r(t)$ bensì dalla dinamica del tasso forward istantaneo, $r_{FW}(t,T)$, assunta come processo stocastico molto generale (non necessariamente markoviano). Nel caso unidimensionale si assume la SDE:

$$dr_{FW}(s, T) = \mu_{FW}(s, T)ds + \sigma_{FW}(s, T)dZ(s)$$

$$r_{FW}(t, T) \text{ dato per ogni } T$$

ovvero, in forma integrale:

$$r_{FW}(s, T) = r_{FW}(t, T) + \int_t^s \mu_{FW}(u, T)du + \int_t^s \sigma_{FW}(u, T)dZ(u) \quad (2.43)$$

in cui $\sigma_{FW}(s, T)$ è la struttura per scadenza delle volatilità dei tassi forward.

Si noti che nella versione generale del modello HJM i coefficienti $\mu_{FW}(s, T)$ e $\sigma_{FW}(s, T)$ possono dipendere da tutta la curva forward $r_{FW}(s, u)$, $u \geq s$ (processo markoviano di dimensione infinita) o da tutta la storia precedente $r_{FW}(t, T)$, $t \leq s$ (processo non markoviano).

Il tasso spot istantaneo è un caso limite in quanto $r(t) = r_{FW}(t, t)$. Pertanto:

$$r(s) = r_{FW}(t, s) + \int_t^s \mu_{FW}(u, s)du + \int_t^s \sigma_{FW}(u, s)dZ(u) \quad (2.44)$$

non necessariamente markoviano.

Una delle motivazioni a favore di questa "nuova metodologia" sta nelle note relazioni dei tassi a capitalizzazione continua (Cesari e Susini, 2005a, par. 3.7.5) per cui sia la curva spot $R(t, T)$, sia la curva swap $R_{SW}(t, T)$ sono medie (ponderate) dei tassi forward:

$$R(t, T) = \frac{1}{T - t} \int_t^T r_{FW}(t, s)ds$$

$$R_{SW}(t, T) = \frac{\int_t^T r_{FW}(t, s)P(t, s)ds}{\int_t^T P(t, s)ds}$$

Ne segue che il tasso $r_{FW}(t, s)$ si può considerare l'elemento di base per ogni altra costruzione.

I prezzi degli ZCB sono legati ai tassi forward dalla relazione:

$$\ln P(s, T) = -\int_s^T r_{FW}(s, v)dv \equiv h(s, r_{FW})$$

per cui, dal lemma di Itô:

$$d\ln P(s, T) = \frac{\partial h}{\partial s}ds + \frac{\partial h}{\partial r_{FW}}dr_{FW} = r_{FW}(s, s)ds - \int_s^T dr_{FW}(s, v)dv$$

$$= r(s)ds - \int_s^T \mu_{FW}(s, v)dv \, ds - \int_s^T \sigma_{FW}(s, v)dv \, dZ(s)$$

e, sostituendovi la dinamica (2.43), si ricava la dinamica degli ZCB:

$$dP(s,T) \equiv \mu_{ZCB}(s,T)P(s,T)ds + \sigma_{ZCB}(s,T)P(s,T)dZ(s)$$

$$\mu_{ZCB}(s,T) = r(s) - \int_s^T \mu_{FW}(s,v)dv + \frac{1}{2}\sigma_{ZCB}^2(s,T)$$

$$\sigma_{ZCB}(s,T) = - \int_s^T \sigma_{FW}(s,v)dv$$

La condizione di non arbitraggio sui prezzi dei titoli implica che:

$$\mu_{ZCB}(s,T) - r(s) = \varphi(s)\sigma_{ZCB}(s,T)$$

e quindi, sostituendo:

$$- \int_s^T \mu_{FW}(s,v)dv + \frac{1}{2}\sigma_{ZCB}^2(s,T) = \varphi(s)\sigma_{ZCB}(s,T) \qquad (2.45)$$

$$\sigma_{ZCB}(s,T) = - \int_s^T \sigma_{FW}(s,v)dv$$

ovvero:

$$\varphi(s) = \frac{\mu_{ZCB}(s,T) - r(s)}{\sigma_{ZCB}(s,T)} = \frac{1}{2}\sigma_{ZCB}(s,T) - \frac{1}{\sigma_{ZCB}(s,T)} \int_s^T \mu_{FW}(s,v)dv$$

indipendente da T.

Dal teorema di Girsanov, sotto la condizione di non esplosione di $\varphi(s)$ (condizione di Novikov), esiste una misura $\hat{\wp}$, equivalente a $\wp$, tale che il processo $\hat{Z}$ definito da:

$$d\hat{Z}(s) \equiv dZ(s) + \varphi(s)ds$$

è un BM.

Derivando la (2.45) rispetto a T si ottiene:

$$-\mu_{FW}(s,T) + \sigma_{ZCB}(s,T)\frac{\partial \sigma_{ZCB}(s,T)}{\partial T} = \varphi(s)\frac{\partial \sigma_{ZCB}(s,T)}{\partial T}$$

$$\frac{\partial \sigma_{ZCB}(s,T)}{\partial T} = -\sigma_{FW}(s,T)$$

e quindi il vincolo di non arbitraggio di Heath-Jarrow-Morton :

$$\mu_{FW}(s,T) = \sigma_{FW}(s,T)(-\sigma_{ZCB}(s,T) + \varphi(s))$$

$$= \sigma_{FW}(s,T)\left(\int_s^T \sigma_{FW}(s,v)dv + \varphi(s)\right)$$

$$\hat{\mu}_{FW}(s,T) \equiv \sigma_{FW}(s,T)\left(\int_s^T \sigma_{FW}(s,v)dv\right)$$

Sostituendo tale risultato si ottiene la dinamica RN del tasso forward, con drift RN $\hat{\mu}_{FW}(s,T)$ funzione solo della volatilità:

$$dr_{FW}(s,T) \equiv \hat{\mu}_{FW}(s,T)ds + \sigma_{FW}(s,T)d\hat{Z}(s) \qquad (2.46)$$

$$= \sigma_{FW}(s,T)\left(\int_s^T \sigma_{FW}(s,v)dv\right)ds + \sigma_{FW}(s,T)d\hat{Z}(s)$$

$$r_{FW}(s,T) = r_{FW}(t,T) + \int_t^s \sigma_{FW}(u,T)\left(\int_u^T \sigma_{FW}(u,v)dv\right)du +$$

$$\int_t^s \sigma_{FW}(u,T)d\hat{Z}(u)$$

Si noti che la dinamica di r_{FW} si può scrivere anche in funzione della volatilità del prezzo dello ZCB con scadenza T:

$$dr_{FW}(s,T) \equiv \sigma_{ZCB}(s,T)\frac{\partial\sigma_{ZCB}(s,T)}{\partial T}ds - \frac{\partial\sigma_{ZCB}(s,T)}{\partial T}d\hat{Z}(s)$$

e, essendo $r_{FW}(s,T)$ funzione del prezzo $P(s,T)$, nella dinamica non appare il prezzo di mercato del rischio φ (v. l'Osservazione 17).

Il tasso spot, da (2.44) è:

$$r(s) = r_{FW}(t,s)+$$

$$\int_t^s \sigma_{FW}(u,s)\left(\int_u^s \sigma_{FW}(u,v)dv\right)du + \int_t^s \sigma_{FW}(u,s)d\hat{Z}(u) \quad (2.47)$$

Dal teorema di Fubini (v. Appendice):

$$\int_t^s \sigma_{FW}(u,s)d\hat{Z}(u) = \int_t^s \sigma_{FW}(u,u)d\hat{Z}(u) +$$

$$\int_t^s [\sigma_{FW}(u,s) - \sigma_{FW}(u,u)]d\hat{Z}(u)$$

$$= \int_t^s \sigma_{FW}(u,u)d\hat{Z}(u) + \int_t^s \int_u^s \frac{\partial\sigma_{FW}(u,v)}{\partial v}dvd\hat{Z}(u)$$

$$= \int_t^s \sigma_{FW}(u,u)d\hat{Z}(u) + \int_t^s \int_t^s \frac{\partial\sigma_{FW}(u,v)}{\partial v}d\hat{Z}(u)dv$$

$$\int_t^s \hat{\mu}_{FW}(u,s)du = \int_t^s \hat{\mu}_{FW}(u,u)du + \int_t^s \int_t^s \frac{\partial\hat{\mu}_{FW}(u,v)}{\partial v}dudv$$

e vale:

$$r_{FW}(t,s) = r_{FW}(t,t) + \int_t^s \frac{\partial r_{FW}(t,v)}{\partial v}dv$$

per cui, da (2.47):

$$r(s) = r(t) + \int_t^s \frac{\partial r_{FW}(t, v)}{\partial v} dv + \int_t^s \hat{\mu}_{FW}(u, u) du +$$

$$\int_t^s \int_t^s \frac{\partial \hat{\mu}_{FW}(u, v)}{\partial v} du dv + \int_t^s \sigma_{FW}(u, u) d\hat{Z}(u) +$$

$$\int_t^s \int_t^s \frac{\partial \sigma_{FW}(u, v)}{\partial v} d\hat{Z}(u) dv$$

$$dr(s) = \frac{\partial r_{FW}(t, s)}{\partial s} + \hat{\mu}_{FW}(s, s) ds + \int_t^s \frac{\partial \hat{\mu}_{FW}(u, s)}{\partial s} du\ ds +$$

$$\sigma_{FW}(s, s) d\hat{Z}(s) + \int_t^s \frac{\partial \sigma_{FW}(u, s)}{\partial s} d\hat{Z}(u) ds$$

e quindi:

$$dr(s) = \left[\frac{\partial r_{FW}(t, s)}{\partial s} + \int_t^s \sigma_{FW}^2(u, s) du \right] ds + \tag{2.48}$$

$$\left[\int_t^s \left(\frac{\partial \sigma_{FW}(u, s)}{\partial s} \int_u^s \sigma_{FW}(u, v) dv \right) du + \tag{2.49} \right.$$

$$\left. \int_t^s \frac{\partial \sigma_{FW}(u, s)}{\partial s} d\hat{Z}(u) \right] ds + \sigma_{FW}(s, s) d\hat{Z}(s)$$

in funzione della SPS forward corrente, $r_{FW}(t, s)$, della volatilità forward, σ_{FW} corrente e futura e del BM.

Si noti che il tasso spot $r(s)$, in generale, non è markoviano.

Teorema 5. sul tasso spot markoviano. *Se la volatilità del tasso forward* $\sigma_{FW}(s, T)$ *è deterministica il tasso spot* $r(s)$ *è markoviano. Viceversa, se il tasso spot è markoviano la volatilità è deterministica e si può scomporre come* $\sigma_{FW}(s, T) = g(s)h(T)$.

Dimostrazione: Musiela e Rutkowski (2005, par. 11.2)

Esempio 6. HJM e modello di Ho-Lee. Per σ_{FW} costante e $\varphi(s)$ funzione deterministica si ha:

$$\mu_{FW}(s, T) = \sigma_{FW} \left(\sigma_{FW}(T - s) + \varphi(s) \right) = \sigma_{FW}^2(T - s) + \sigma_{FW}\ \varphi(s)$$

$$r_{FW}(s, T) = r_{FW}(t, T) + \sigma_{FW}^2 \left[\frac{(T - t)^2}{2} - \frac{(T - s)^2}{2} \right] + \sigma_{FW} \left(\hat{Z}(s) - \hat{Z}(t) \right)$$

$$r(s) = r_{FW}(t, s) + \frac{1}{2}\sigma_{FW}^2(s - t)^2 + \sigma_{FW} \left(\hat{Z}(s) - \hat{Z}(t) \right)$$

e quindi si ricava, come caso particolare di HJM, il modello di Ho e Lee (2.41):

$$dr(s) = \left(\frac{\partial r_{FW}(t,s)}{\partial s} + \sigma_{FW}^2(s-t) \right) ds +$$

$$\sigma_{FW} d\hat{Z}(s) = \hat{a}(s)ds + \sigma_{FW} d\hat{Z}(s)$$

$$dr_{FW}(s,T) = \sigma_{FW}^2(T-s)ds + \sigma_{FW} d\hat{Z}(s)$$

$$\sigma_{ZCB}(s,T) = -\sigma_{FW}(T-s)$$

Osservazione 27. Limite di SDE e SDE del limite. Si noti che:

$$\lim_{T \downarrow s} dr_{FW}(s,T) \neq dr(s)$$

Infatti, da lemma di Itô:

$$dr(s) = dr_{FW}(s,s) = \lim_{T \downarrow s} \left[\frac{\partial r_{FW}(s,T)}{\partial T} dT + dr_{FW}(s,T) \right]$$

Cfr. Baxter e Rennie (1996, par. 5.2). Analogamente per la SPS $R(s,T)$ che ha come limite $R(s,s) = r(s)$.

Esempio 7. HJM e modello di Hull-White. Per $\sigma_{FW}(s,T) = \sigma e^{-k(T-s)}$ e $\varphi(s)$ funzione deterministica si ha il modello di Hull e White (1990) (2.42):

$$dr_{FW}(s,T) = -\frac{\sigma^2}{k} e^{-k(T-s)}(e^{-k(T-s)} - 1)dt + \sigma e^{-k(T-s)} d\hat{Z}(s)$$

$$\sigma_{ZCB}(s,T) = -\frac{\sigma}{k}(1 - e^{-k(T-s)})$$

$$dr(s) = k\left(\vartheta(s) - r(s)\right) ds + \sigma d\hat{Z}(s)$$

$$\vartheta(s) = r_{FW}(t,s) + \frac{1}{k} \frac{\partial r_{FW}(t,s)}{\partial s} + \frac{\sigma^2}{2k^2}(1 - e^{-2k(s-t)})$$

In generale, si può dimostrare (Baxter, 1997, Hunt e Kennedy, 2000) non solo che i modelli del tasso spot sono esprimibili come modelli del tasso forward ma anche viceversa, che i modelli del tasso forward hanno un equivalente in termini di tasso spot. Se si parte dal tasso forward, il tasso spot coerente col vincolo di non arbitraggio ha la dinamica espressa in (2.48). Viceversa, se si parte dal tasso spot si ottengono le condizioni di non arbitraggio sulla dinamica del tasso forward.

Esercizio 13. Data la dinamica del tasso spot:

$$dr(s) = \hat{a}(s)ds + g(s)d\hat{Z}(s)$$

dimostrare che il vincolo di non arbitraggio impone le condizioni:

$$\hat{\mu}_{FW}(s,T) \equiv \frac{\partial r_{FW}(s,T)}{\partial r} \hat{a}(s) + \frac{\partial r_{FW}(s,T)}{\partial s} + \frac{1}{2} \frac{\partial^2 r_{FW}(s,T)}{\partial r^2} g^2(s)$$

$$= \sigma_{FW}(s,T) \left(\int_s^T \sigma_{FW}(s,v)dv \right)$$

$$\sigma_{FW}(s,T) = \frac{\partial r_{FW}(s,T)}{\partial r} g(s)$$

Suggerimento: da $P(r, s, T)$ definire $r_{FW}(r, s, T)$ come derivata in T di $-\ln P$ e applicare al tasso forward il lemma di Itô.

Si noti che i modelli lognormali del tasso forward (detti anche *exponential Vasicek*: cfr. Black, Derman e Toy, 1990, Black e Karasinski, 1991 a tempo continuo) comportano il problema, già segnalato per i tassi spot, di esplosione in un tempo finito.

Teorema 6. Esplosione dei modelli lognormali. *Nell'ipotesi di non arbitraggio, un modello lognormale per il tasso forward istantaneo non è ammissibile.*

Dimostrazione.
Assumiamo $\sigma_{FW}(t, T) \equiv \sigma r_{FW}(t, T)$ e calcoliamo la dinamica da (2.46):

$$dr_{FW}(s, T) = \sigma r_{FW}(s, T) \left(\int_s^T \sigma r_{FW}(s, v)dv \right) ds + \sigma r_{FW}(s, T)d\hat{Z}(s)$$

(2.50)

Applicando il lemma di Itô per $\ln(r_{FW}(s, T))$ si ottiene:

$$d\ln(r_{FW}(s, T)) = \sigma^2 \left(\int_s^T r_{FW}(s, v)dv \right) ds - \frac{1}{2}\sigma^2 ds + \sigma d\hat{Z}(s)$$

e quindi, integrando tra t e s:

$$r_{FW}(s, T) = r_{FW}(t, T)e^{\sigma^2 \int_t^s \left(\int_u^T r_{FW}(u,v)dv \right)du - \frac{1}{2}\sigma^2(s-t)+\sigma\left(\hat{Z}(s)-\hat{Z}(t)\right)}$$

per cui i tassi forward istantanei esplodono (e i prezzi si annullano) con $\hat{Z}$ con probabilità positiva (e quindi in qualunque altra misura equivalente) e gli esponenziali degli integrali dei tassi esplodono (se positivi) e si annullano (se negativi) in un tempo finito (Miltersen, 1994, Sandmann e Sondermann, 1997).
In termini intuitivi (Shreve, 2004, p. 436) la (2.50), trascurando la componente stocastica, equivale, per $T \simeq s$ a:

$$\frac{dr(s)}{ds} = \sigma^2 r^2(s)$$

con soluzione, data la condizione iniziale $r(t)$:

$$r(s) = \frac{r(t)}{1 - (s - t)\sigma^2 r(t)}$$

che esplode in $s = t + 1/(\sigma^2 r(t))$.

L'inammissibilità dei tassi lognormali istantanei a capitalizzazione continua $r_{FW}(t, T)$ può essere ovviata considerando i tassi forward non istantanei a capitalizzazione semplice $R(t, s, T) = \frac{1}{T-s} \left(\frac{P(t,s)}{P(t,T)} - 1 \right)$ peraltro comunemente

usati sul mercato Libor (London InterBank Offered Rates). È questo l'approccio del c.d. Libor Market Model (LMM) o BGM (Brace, Garatek e Musiela,
1997 e Musiela e Rutkowski, 1997).

Il modello HJM multifattoriale

Il modello HJM si può sviluppare in termini multifattoriali a partire da un
BM K-dimensionale $\mathbf{Z}(t)$ ottenendo:

$$dr_{FW}(s,T) = \boldsymbol{\sigma}'_{FW}(s,T)\boldsymbol{\sigma}_{ZCB}(s,T)ds + \boldsymbol{\sigma}'_{FW}(s,T)d\hat{\mathbf{Z}}(s)$$

$$\boldsymbol{\sigma}'_{ZCB}(s,T) = -\int_s^T \boldsymbol{\sigma}'_{FW}(s,v)dv \quad \text{vettore } 1 \times K$$

$$\sigma_{FW,\,j}(s,T) = -\frac{\partial \sigma_{ZCB,\,j}(s,T)}{\partial T} \qquad j = 1,...,K$$

Ad esempio, nel caso bidimensionale la struttura di volatilità, di tipo Hull-
White, potrebbe essere la seguente:

$$\sigma_{FW,1}(s,T) = \sigma_{11}e^{-k_1(T-s)}$$

$$\sigma_{FW,2}(s,T) = \sigma_{21}e^{-k_1(T-s)} + \sigma_{22}e^{-k_2(T-s)}$$

Un esempio di modello multifattoriale è quello di Jarrow e Yildirim (2003)
con tassi forward istantanei nominali e reali, trattati in analogia con i tassi
del mercato interno ed estero: i tassi nominali sono tassi "interni", i tassi reali
sono tassi "esteri" nell'economia "estera" o reale e il livello dei prezzi è il tasso
di cambio tra l'economia nominale e l'economia reale. Si veda anche Brigo e
Mercurio (2006), Parte VI.

2.7.6 Libor Market Model e le misure forward

L'analisi precedente ha mostrato come il pricing dei derivati (come di qualunque titolo) si può esprimere nel calcolo di un opportuno valor medio.

Tale calcolo può essere più o meno complesso in base alla misura di probabilità scelta e il teorema del cambio di numerario può consentire di passare
a una misura che semplifica grandemente il compito.

Poiché molti derivati di tasso, sul mercato internazionale, dipendono contrattualmente dai tassi forward $R(t, t_{i-1}, t_i)$ (o Libor) diventa conveniente
modellare questi tassi per prezzare ed heggiare i derivati di interesse.

Il Libor Market Model (LMM, noto anche come modello BGM, da Brace, Gatarek e Musiela, 1997) è l'approccio focalizzato sui tassi forward del
mercato monetario. Esso costruisce una dinamica coerente con i prezzi di non
arbitraggio per n tassi forward, in funzione di parametri la cui stima (calibrazione) permette di calcolare i valori attesi per il pricing dei derivati di
tasso.

Storicamente, si è arrivati al LMM dall'analisi del modello lognormale per il tasso forward istantaneo, che, come si è visto, ha portato a evidenziarne l'incompatibilità con la condizione di non arbitraggio. La ricerca si è così orientata ai tassi forward su scadenze finite e non infinitesimali in capitalizzazione semplice (Sandmann e Sondermann, 1993; Brace, Gatarek e Musiela, 1997; Musiela e Rutkowski, 1997; Jamshidian, 1997):

$$R(t, t_i, t_{i+1}) = \frac{1}{\delta} \left(\frac{P(t, t_i)}{P(t, t_{i+1})} - 1 \right)$$

la cui lognormalità non pone le difficoltà viste sopra ma anzi rende agevole il pricing dei derivati.

Assumendo che ogni prezzo di ZCB $P_i \equiv P(t, t_i)$ abbia la dinamica:

$$dP_i = rP_i dt + P_i b_i dZ^B \qquad i = 1, ..., n$$

dall'analisi del cambiamento di misura (v. 2.13) si ha:

$$d\left(\frac{P_i}{P_{i+1}} \right) = \frac{P_i}{P_{i+1}} \left(b_{i+1}^2 - b_i b_{i+1} \right) dt + \frac{P_i}{P_{i+1}} \left(b_i - b_{i+1} \right) dZ^B$$

$$= \frac{P_i}{P_{i+1}} \left(b_i - b_{i+1} \right) dZ^{P_{i+1}}$$

e quindi, per $L_i \equiv R(t, t_i, t_{i+1})$, $i = 1, ..., n-1$ (es. tassi a $\delta = 3$ mesi per scadenza t_i sempre più lontane) si ottiene:

$$dL_i = \frac{1}{\delta} \frac{P_i}{P_{i+1}} \left(b_i - b_{i+1} \right) dZ^{P_{i+1}}$$

$$= \frac{1}{\delta} (1 + \delta L_i) \left(b_i - b_{i+1} \right) dZ^{P_{i+1}}$$

$$= L_i \left(\frac{1 + \delta L_i}{\delta L_i} \right) \left(b_i - b_{i+1} \right) dZ^{P_{i+1}} \equiv L_i \gamma_i dZ^{P_{i+1}} \qquad i = 1, ..., n-1$$

dove si è usata la definizione di γ_i:

$$\gamma_i(t, t_i, t_{i+1}) \equiv \left(\frac{1 + \delta L_i}{\delta L_i} \right) \left(b_i - b_{i+1} \right) \tag{2.51}$$

I risultati sul cambiamento di misura consentono di esprimere il legame tra processi che sono BM in spazi probabilistici diversi:

$$dZ^{P_{i+1}} = -b_{i+1} dt + dZ^B$$

$$dZ^{P_i} = -b_i dt + dZ^B$$

$$dZ^{P_{i+1}} = (b_i - b_{i+1}) dt + dZ^{P_i}$$

$$dZ^{P_n} = (b_{i+1} - b_n) dt + dZ^{P_{i+1}}$$

$$= \sum_{j=i+1}^{n-1} (b_j - b_{j+1}) dt + dZ^{P_{i+1}}$$

per cui:

$$dL_{n-1} = L_{n-1}\gamma_{n-1}dZ^{P_n} \tag{2.52}$$

$$dL_i = L_i\gamma_i dZ^{P_{i+1}} \qquad i = 1, ..., n-2$$

$$= L_i\gamma_i\left(-\sum_{j=i+1}^{n-1}(b_j - b_{j+1})dt + dZ^{P_n}\right)$$

$$= L_i\gamma_i\left(-\sum_{j=i+1}^{n-1}(b_j - b_{j+1})\right)dt + L_i\gamma_i dZ^{P_n}$$

$$= L_i\gamma_i\left(-\sum_{j=i+1}^{n-1}(b_j - b_{j+1})\right)dt + L_i\gamma_i dZ^{P_n}$$

$$= L_i\gamma_i\left[-\sum_{j=i+1}^{n-1}\gamma_j\left(\frac{\delta L_j}{1+\delta L_j}\right)\right]dt + L_i\gamma_i dZ^{P_n}$$

l'ultima eguaglianza derivando da (2.51).

L'equazione (2.52) per gli $n-1$ tassi forward uniperiodali rappresenta il modello LMM espresso nella misura dello ZCB a più lunga scadenza.

Per la calibrazione del modello sulla base delle quotazioni di opzioni di tasso si veda il Capitolo 9.

Osservazione 28. BGM(1997) derivano la dinamica dei Libor a partire dal modello di HJM per la dinamica di non arbitraggio del tasso forward istantaneo. In tal modo essi risolvono il parametro di volatilità del forward istantaneo in termini dei tassi Libor L_i e loro volatilità γ_i. Le volatilità b_i dei prezzi ZCB sono ricavate ricorsivamente in avanti (forward induction). Per γ_i deterministico si ha il modello BGM lognormale nella misura P_{i+1} (detto anche Log-LMM). Musiela e Rutkowski, 1997 risolvono il modello ricorsivamente all'indietro (backward induction) come sopra. Jamshidian (1997) usa il numerario $P(t, t_i)\prod_{j=1}^{i}\frac{1}{P(t_{j-1}, t_j)}$ che rappresenta il valore in t di un rollover sugli ZCB per ogni $t_{i-1} < t \le t_i$ chiamando la corrispondente misura *spot Libor measure* $\wp^L$. La misura corrispondente allo ZCB più lungo usato come numerario, $\wp^{P_n}$, è detta *terminal forward measure.*

2.7.7 Recenti sviluppi nella modellistica sui tassi d'interesse

I modelli per i tassi d'interesse, dagli anni '70 a oggi, hanno visto un progressivo sviluppo fino a raggiungere risultati rilevanti per generalità e significato. La situazione, tuttavia, non può dirsi ancora soddisfacente almeno sotto due punti vista.

Da un lato l'analisi dei fattori che muovono i tassi e il loro significato economico non è ancora paragonabile al livello di formalizzazione raggiunto e alla ricchezza degli strumenti matematici impiegati nella costruzione dei modelli.

Molto lavoro, sia teorico che empirico, deve ancora essere fatto sulle forze che muovono il livello e gli spread tra i tassi nei mercati globalizzati.

D'altro lato, i modelli visti sopra sono tutti incentrati su prezzi e tassi funzione del tempo t e della *data di scadenza* T: $P(t, T)$, $r_{FW}(t, T)$ etc. se non altro perché le relazioni di non arbitraggio valgono per i titoli obbligazionari esistenti sul mercato, tutti caratterizzati da una certa data di scadenza.

In pochissimi casi, ma in misura sempre più frequente, si è tentato di analizzare i titoli per data *durata*, x:

$$P(t, x), r_{FW}(t, x)$$

ricavando le relazioni precedenti nella nuova impostazione.

Uno dei primi a farvi riferimento e ad avviare una tale analisi è stato Musiela (1993) (tanto che l'espressione precedente a volte è chiamata parametrizzazione di Musiela), seguito da Brace e Musiela (1994) e Kennedy (1994) fino ai lavoro più recenti di Santa-Clara e Sorntette (2001), Bjork (2001), Goldys e Musiela (2001), Brody e Hughston (2001), Galluccio, Guiotto e Roncoroni (2005).

La dinamica per data durata è particolarmente importante per i tassi d'interesse che sono quotati e osservati per durata fissa (3 mesi, 6 mesi etc.) e non per data di scadenza fissa (con l'eccezione dei futures).

Volendo utilizzare l'ampia informazione cross-time disponibile occorre modellare la dinamica per data durata.

Per il prezzo $P(t, x)$ si ottiene:

$$d_t P(t, x) = dP(t, T)_{|T=t+x} + \frac{\partial P(t, T)}{\partial T} \big|_{T=t+x} dt$$

$$= (r(t) - r_{FW}(t, x)) P(t, x) dt + \sigma_{ZCB}(t, x) P(t, x) d\hat{Z}(t)$$

Per il tasso forward istantaneo, $r_{FW}(t, x)$ si ha:

$$d_t r_{FW}(t, x) = dr_{FW}(t, T)_{|T=t+x} + \frac{\partial r_{FW}(t, T)}{\partial T} \big|_{T=t+x} dt$$

$$= \left[\frac{\partial r_{FW}(t, x)}{\partial x} + \sigma_{FW}(t, x) \left(\int_0^x \sigma_{FW}(t, v) dv \right) \right] dt + \sigma_{FW}(t, x) d\hat{Z}(u)$$

ove si è usato il risultato di HJM (2.46).

Musiela (1993) ha chiamato tale equazione *partial SDE* poiché entra nel drift di non arbitraggio la derivata parziale del tasso rispetto alla durata x.

La soluzione è esprimibile come:

$$r_{FW}(s, x) = r_{FW}(t, x + s - t) + \int_t^s \sigma_{FW}(u, x + s - u)$$

$$\left(\int_0^{x+s-u} \sigma_{FW}(u, v) dv \right) du + \int_t^s \sigma_{FW}(u, x + s - u) d\hat{Z}(u)$$

Modelli più avanzati sostituiscono all'usuale BM $\hat{Z}(t)$ un funzionale $\hat{Z}(t, x)$ che, per dato x, è un normale processo stocastico mentre per dato t, $\hat{Z}(t,.)$ non è un numero ma una intera funzione in modo che $\hat{Z}(t, x)$ è un processo stocastico infinitamente dimensionale se x è un continuo di durate. Santa-Clara e Sornrette (2001) usano l'estensione a due dimensioni del BM (detta Brownian sheet o random field o stochastic string) in cui la fluttuazione nel tempo storico non genera una curva ma una superficie (realizzazione delle infinite possibili superficie) mentre Galluccio, Guiotto e Roncoroni (2005) definiscono $\hat{Z}(t, x)$ come somma di una serie di BM indipendenti:

$$\hat{Z}(t, x) = \sum_k g_k(t)\hat{Z}_k(t)f_k(x)$$

usando la teoria delle SDE in dimensioni infinite per estendere i risultati di HJM.

L'introduzione di processi generalizzati consente di modellare una gamma infinita di strutture di correlazione tra tassi con scadenze diverse, arrivando, al limite, a un perfetto adattamento non solo ai tassi osservati ma a tutti i momenti secondi della distribuzione temporale e per durata dei tassi stessi (strutture di covarianza e correlazione). Si cerca così di portare a compimento un intero filone di ricerca che ha richiesto oltre 30 anni di studi: dai primi modelli univariati (es. Vasicek, 1977) che imponevano una perfetta correlazione tra i tassi di scadenze diverse, in quanto tutti guidati dall'unica variabile di stato, ai modelli multivariati che consentivano una maggiore flessibilità, all'approccio di HJM che ha introdotto il perfetto adattamento alla curva dei tassi corrente, fino la nuova metodologia che dovrebbe rendere i modelli dei tassi d'interesse capaci di cogliere anche le dinamiche multiformi delle volatilità e delle superficie di correlazioni tra tutte le possibili scadenze. È probabile che da quest'ultimo approccio si producano, nei prossimi anni, risultati interessanti.

Osservazione 29. Brody e Hughston (2001, 2002) notano che il prezzo di uno ZCB $P(t, x)$ varia tra 0 e 1 e collegano l'analisi della SPS all'analisi delle funzioni di densità di probabilità $f(x)$ (information geometry). Infatti:

$$0 \leq F_t(x) \equiv 1 - P(t, x) \leq 1$$

$$f_t(x) = -\frac{\partial P(t, x)}{\partial x} = P(t, x)r_{FW}(t, x) > 0$$

$$\int_0^\infty f_t(x)dx = [-P(t, x)]_0^\infty = -P(t, \infty) + P(t, 0) = 1$$

e trovano, sotto la condizione di non arbitraggio, le SDE che guidano $f_t(x)$ e i suoi momenti.

2.8 Il calcolo dei prezzi dei derivati

Abbiamo visto che ci sono (almeno) due modi di risolvere il problema del pricing dei derivati:

1. come valor medio di una variabile aleatoria o di un processo stocastico: (2.9);
2. come soluzione di una PDE con appropriate condizioni al contorno: (2.20).

Il teorema di Feynman-Kac assicura l'eguaglianza dei due risultati.

A loro volta, i due modi di soluzione hanno due alternative:

- soluzione per via analitica, ove il problema sia risolvibile esattamente, in forma chiusa;
- soluzione per via numerica, ove, allo stato delle conoscenze, la soluzione analitica sia impraticabile o eccessivamente onerosa.

Nel primo caso servono i metodi di calcolo dei valori medi (quindi valori integrali con le opportune densità di probabilità nella funzione integranda) ovvero i metodi di soluzione (integrazione) di equazioni differenziali.

Nel secondo caso, si tratta di applicare metodi numerici che trasformino il problema continuo in problema discreto: differenze finite invece di derivate parziali, processi discreti ad albero e simulazioni Monte Carlo invece di processi diffusivi a tempo continuo.

Nel seguito vedremo come si può ottenere il prezzo di un derivato nei diversi approcci.

3

Forward

Cominciamo ad analizzare gli strumenti derivati partendo da una definizione data da un grande economista, J. R. Hicks, premio Nobel del 1972, che nel lavoro *Value and Capital* (1939, p. 141) ha suggerito una classificazione degli scambi di beni.

Uno scambio può avvenire in tre modi diversi:

1. *spot* transaction o scambio *a pronti*, quando le parti coinvolte eseguono lo scambio contestualmente: una dà il bene, l'altra paga il prezzo (detto prezzo spot) o dà un altro bene o servizio (economia di baratto);
2. *forward* transaction o scambio *a termine*, quando entrambe la parti scambiano ad una data futura;
3. *loan* transaction o *prestito*, quando una parte esegue subito e l'altra esegue ad una o più date future.

Della prima tipologia di scambi ci siamo occupati quando abbiamo introdotto la struttura per scadenza dei tassi di interesse: i tassi della SPS sono infatti tassi spot di ZCB così come sono spot i prezzi corrispondenti $P(t, T)$, in cui t è il tempo corrente e T è la data di scadenza.

La terza tipologia di scambio è stata trattata, a livello elementare, in Cesari e Susini (2005a, cap. 2), con riferimento alle problematiche di rimborso di un prestito e sarà ripresa nel seguito.

In questo capitolo vogliamo approfondire la seconda tipologia di scambio: le transazioni forward, ampiamente utilizzate nei mercati finanziari.

3.1 Prezzi e tassi forward (F)

Definizione 11. *Un contratto forward è un impegno, stipulato tra due controparti al tempo t, per lo scambio ad una data prefissata $S > t$ di un asset (reale o finanziario) detto sottostante (underlying) ad un prezzo Q detto prezzo forward e determinato al momento t della stipula del contratto. Il contratto*

Cesari R: Introduzione alla finanza matematica.
© Springer-Verlag Italia, Milano 2009

*a termine può essere di acquisto (long forward position) se il soggetto in esame ("acquirente") si impegna ad acquistare al tempo S il sottostante al prezzo stabilito Q, oppure di vendita (short forward position) se l'impegno del sottoscrittore analizzato ("venditore") è di vendere il sottostante alla data S al prezzo Q. Il prezzo Q (prezzo forward o prezzo a termine) non è il prezzo **del** contratto, ma è il prezzo scritto **nel** contratto al tempo t e da applicare alla data S > t detta data di scadenza (o di consegna o di delivery) del forward.*

Si noti che, per convenzione, non c'è scambio monetario al tempo t nè a favore dell'acquirente né a favore del venditore, per cui necessariamente il valore in t *del* contratto deve essere zero.

In secondo luogo, il contratto forward impegna a scadenza entrambe le parti, acquirente e venditore, obbligando entrambe all'esecuzione dello scambio (titolo sottostante contro prezzo forward). La parte che dovesse venir meno all'impegno andrebbe in fallimento o default (rischio di controparte).

Vogliamo, in primo luogo, determinare il prezzo forward $Q(t, S)$ e provare la sua proprietà di martingala.

Teorema 7. Prezzo forward di non arbitraggio. *Il prezzo forward per la scadenza S su un titolo con prezzo V(S) è:*

$$Q(t,S) = \frac{V_t(V(S))}{P(t,S)} = V_t(V(S))(1 + R(t,S))^{S-t}$$

ed è una P(t, S)-martingala.

Dimostrazione.
In primo luogo si noti che se V(S) è il prezzo spot in S del sottostante, a scadenza deve valere:

$$Q(S,S) = V(S)$$

cioè il prezzo forward di un contratto con scadenza immediata è il prezzo spot.

Inoltre, per non arbitraggio, il valore attuale del payoff del contratto forward deve essere nullo per cui:

$$0 = V_t (Q(t,S) - V(S))$$
$$= Q(t,S)V_t (1(S)) - V_t (V(S))$$
$$= Q(t,S)P(t,S) - V_t(V(S))$$

e quindi:

$$Q(t,S) = \frac{V_t(V(S))}{P(t,S)} = V_t(V(S))(1 + R(t,S))^{S-t}$$

La proprietà di martingala si ottiene dal teorema del cambio di numerario (Capitolo 2):

$$P(t,S)Q(t,S) = V_t \left(\frac{V(S)}{P(S,S)} \right)$$
$$= P(t,S)E_t^{P(t,S)} (V(S)) = P(t,S)E_t^{P(t,S)} (Q(S,S))$$

La corrispondente misura di probabilità, $\wp^{P(t,S)}$, prende il nome di S-forward measure.

Teorema 8. *CIR (1981)*. *Il prezzo forward, pur non essendo il prezzo spot di un titolo, è assimilabile al prezzo spot di un asset (fittizio) che paga in S l'ammontare $\frac{V(S)}{P(t,S)}$ (senza cash-flow intermedî tra t e S).*

Dimostrazione.
Infatti, come si è visto sopra:

$$Q(t,S) = \frac{V_t(V(S))}{P(t,S)} = V_t \left(\frac{V(S)}{P(t,S)} \right)$$

A questo punto si tratta di determinare esplicitamente, a seconda del sottostante, il valore di $V_t(V(S))$.

3.1.1 Prezzi forward su zero-coupon bond

Consideriamo il caso di un contratto forward di acquisto in S di uno ZCB con scadenza T.

Indichiamo con $Q(t,S,T)$ è il prezzo stabilito in t per la scadenza forward S relativo al sottostante ZCB con scadenza T, che avrà prezzo $P(S,T)$.

Naturalmente il prezzo forward alla scadenza forward è il prezzo spot del momento:

$$Q(S,S,T) = P(S,T)$$

Il ragionamento di non arbitraggio consente di ricavare il valore di $Q(t,S,T)$ compatibile con tale condizione.

Al tempo S l'acquirente del forward paga Q e riceve in cambio un titolo ZCB che scade in T, di valore $P(S,T)$, oggi incognito. Pertanto i flussi di cassa del contratto forward sono:

	t	**S**
contratto forward di acquisto	0	$-Q + P(S,T)$

Per determinare Q adottiamo la seguente strategia: "Emissione di uno zero-coupon con scadenza in T al prezzo $P(t,T)$ e riacquisto dello stesso titolo in S. Contestualmente, acquisto di una opportuna quantità $\delta = P(t,T)/P(t,S)$ di zero-coupon con scadenza in S e prezzo $P(t,S)$".

Nella tabella sono riportati i flussi generati:

	t	S
Emissione con riacquisto in S di uno ZCB(T)	$+P(t,T)$	$-P(S,T)$
Acquisto di δ unità di ZCB(S)	$-\frac{P(t,T)}{P(t,S)}P(t,S)$	$+\frac{P(t,T)}{P(t,S)}$
Totale netto	0	$+\dfrac{P(t,T)}{P(t,S) - P(S,T)}$

Mettendo insieme la strategia di trading appena descritta e la sottoscrizione del contratto a termine di acquisto si ottengono i seguenti flussi:

	t	S
Emissione con riacquisto in S di uno ZCB(T)	$+P(t,T)$	$-P(S,T)$
Acquisto di δ unità di ZCB(S)	$-\dfrac{P(t,T)}{P(t,S)}P(t,S)$	$+\dfrac{P(t,T)}{P(t,S)}$
Contratto a termine di acquisto		$-Q+P(S,T)$
Totale netto	0	$+\dfrac{P(t,T)}{P(t,S)}-Q$

Alla scadenza S si ottiene con certezza la quantità:

$$H = \frac{P(t,T)}{P(t,S)} - Q$$

e quindi, per non arbitraggio:

$$Q(t,S,T) = \frac{P(t,T)}{P(t,S)}$$

È stato così ottenuto, per non arbitraggio, il *prezzo forward* $Q(t,S,T)$ come rapporto tra i prezzi di due zero-coupon con scadenza rispettivamente in T e in S. Si noti che il prezzo cresce (ceteris paribus) al crescere della scadenza forward S.

Usando l'operatore valore attuale e le sue proprietà (capitolo 2) il risultato si ricava subito, a partire dalla relazione fondamentale:

$$
\begin{aligned}
0 &= V_t\left(Q - P(S,T)\right) \\
&= QV_t\left(1(S)\right) - V_t\left(V_S(1(T))\right) \\
&= QP(t,S) - P(t,T)
\end{aligned}
$$

ove la prima eguaglianza impone che il payoff in S del contratto forward valga oggi 0; la seconda tiene conto del fatto che Q è pagato in S e $P(S,T) = V_S(1(T))$; la terza sfrutta la proprietà di concatenazione del valore attuale.

Vale il seguente teorema di martingala.

Teorema 9. *Il prezzo forward è una $P(t,S)$-martingala.*

Dimostrazione.
Il prezzo forward è un rapporto tra prezzi e quindi, per il teorema del cambio di numerario (Capitolo 2) è una martingala rispetto al denominatore cioè una $P(t,S)$-martingala:

$$
\begin{aligned}
Q(t,S,T) = \frac{P(t,T)}{P(t,S)} &= E_t^{P(t,S)}\left(\frac{P(u,T)}{P(u,S)}\right) \qquad \forall \ \ t \leq u \leq S < T \\
&= E_t^{P(t,S)}\left(Q(u,S,T)\right)
\end{aligned}
$$

3.1.2 Tassi forward su zero-coupon bond

Definito il prezzo forward è possibile ricavare il corrispondente *tasso forward* o *tasso a termine*, in funzione della SPS spot e della durata forward $T - S$ (*tenor*).

In capitalizzazione semplice:

$$R(t, S, T) = \frac{1}{T - S} \left(\frac{1}{Q(t, S, T)} - 1 \right);$$

in capitalizzazione composta:

$$R(t, S, T) = \left(\frac{1}{Q(t, S, T)} \right)^{\frac{1}{T-S}} - 1;$$

in capitalizzazione continua:

$$R(t, S, T) = \frac{1}{T - S} \ln \left(\frac{1}{Q(t, S, T)} \right).$$

Sostituendo al prezzo $Q(t, S, T)$ la sua espressione:

$$Q(t, S, T) = \frac{P(t, T)}{P(t, S)};$$

otteniamo, ad esempio nel caso semplice:

$$R(t, S, T) = \frac{1}{T - S} \left(\frac{P(t, S)}{P(t, T)} - 1 \right) = \frac{P(t, S) - P(t, T)}{(T - S)P(t, T)}. \tag{3.1}$$

Nel caso composto:

$$R(t, S, T) = \left(\frac{P(t, S)}{P(t, T)} \right)^{\frac{1}{T-S}} - 1$$

$$1 + R(t, S, T) = \left(\frac{P(t, S)}{P(t, T)} \right)^{\frac{1}{T-S}}$$

Possiamo inoltre sostituire ai prezzi degli zero-coupon i corrispondenti *tassi spot* ottenendo:

$$[1 + R(t, S, T)]^{T-S} = \frac{1 + R(t, T)^{T-t}}{1 + R(t, S)^{S-t}}$$

e quindi:

$$[1 + R(t, S)]^{S-t} [1 + R(t, S, T)]^{T-S} = [1 + R(t, T)]^{T-t}$$

ovvero il tasso spot a lunga scadenza $R(t, T)$ deriva dal tasso a breve scadenza $R(t, S)$ combinato con il tasso forward tra le scadenze breve e lunga, $R(t, S, T)$, come mostrato in Figura 3.1:

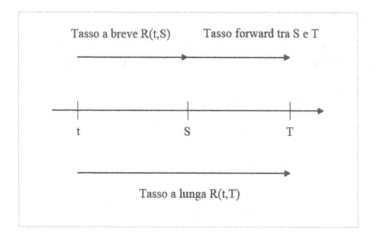

Figura 3.1. Relazione tra tassi forward e tassi spot

In capitalizzazione continua la relazione è semplicemente:

$$R(t,S)\frac{S-t}{T-t} + R(t,S,T)\frac{T-S}{T-t} = R(t,T)$$

per cui il tasso spot a lunga è la media ponderata dei tassi forward e spot a breve.

Si noti che per $\tau \equiv T - t$ e $v \equiv S - t$, mentre $R(t,\tau)$ rappresenta la SPS spot, $R(t,v,\tau)$ rappresenta *le SPS forward "v per τ"*. Ad esempio:

Scadenze	Tasso FW	Scadenze	Tasso FW	Scadenze	Tasso FW
3×4	3.4%	3×4	3.4%	3×4	3.4%
3×5	3.8%	6×7	4.2%	6×8	4.3%
3×6	4.1%	9×10	4.8%	9×12	5.0%
3×7	5.0%	12×13	5.1%	12×16	5.2%

Nel primo gruppo in tabella sono i tassi forward per scadenza forward 3 mesi (v fisso) su titoli ZCB a 1 (i.e.3x4), 2 (i.e.3x5), 3 (i.e.3x6), 4 (i.e.3x7) mesi; nel secondo gruppo sono i tassi forward per scadenza forward 3, 6, 9, 12 mesi su ZCB a 1 mese ($\tau - v$ fisso); nel terzo gruppo sono i tassi forward per scadenza forward 3, 6, 9, 12 mesi su ZCB a 1, 2, 3, 4 mesi.

3.1.3 Forward su tassi d'interesse (FRA)

Un forward rate agreement prefissato (FRA *in advance* o semplicemente FRA) è un contratto a termine legato direttamente a un tasso d'interesse da rilevare alla data S (es. fra 9 mesi) per la *scadenza del FRA* $T > S$, $R(S,T)$, es. Libor a 3 mesi $(T - S = 3 \text{ mesi})$: si parla in tal caso di FRA $(S - t) \times (T - t)$ (es. 9×12) o anche $S \times T$.

Alla scadenza T del FRA la parte "acquirente" incassa (se positivo) o paga (se negativo) l'ammontare:

$$(R(S,T) - R_{FRA}) \cdot (T - S) \cdot Nom$$

dove $R(S,T)$ è il tasso variabile sottostante rilevato in S e applicato in T (tasso di regolamento), $T - S$ è la durata di tale tasso (es. 3 mesi), R_{FRA} è il tasso prefissato nel contratto FRA e Nom è l'ammontare nominale (capitale nozionale convenzionale, es. 100 mila euro) usato come base di riferimento per il calcolo del pagamento finale.

La parte "venditrice" del FRA incassa/paga l'ammontare:

$$(R_{FRA} - R(S,T)) \cdot (T - S) \cdot Nom$$

Pertanto l'acquirente (*buyer*) incassa il tasso variabile (*floating leg*) e paga il tasso fisso R_{FRA} (*fixed leg*); all'opposto, il venditore (*seller*) incassa il tasso fisso e paga il tasso variabile, entrambi espressi in capitalizzazione semplice (tempo × tasso) e convenzione 30/360 (Cesari e Susini, 2005a, paragrafo 1.5).

È facile dimostrare che il tasso fisso R_{FRA} di non arbitraggio è il tasso forward $R(t, S, T)$ in capitalizzazione semplice.

Teorema 10. *Il tasso fisso del FRA è il tasso forward.*

Dimostrazione.
Il tasso fisso R_{FRA} deve, per non arbitraggio, essere quel tasso che annulla il valore attuale del payoff futuro (per nominale unitario):

$$\begin{aligned}
0 &= V_t \left[(R(S,T) - R_{FRA})(T - S) \odot 1(T) \right] \\
&= V_t \left[(1 + R(S,T)(T - S)) \odot 1(T) \right] - V_t \left[(1 + R_{FRA}(T - S)) \odot 1(T) \right] \\
&= V_t \left(V_S \left((1 + R(S,T)(T - S)) \odot 1(T) \right) \right) - (1 + R_{FRA}(T - S))P(t,T) \\
&= V_t(1(S)) - (1 + R_{FRA}(T - S))P(t,T) \\
&= P(t,S) - (1 + R_{FRA}(T - S))P(t,T)
\end{aligned}$$

ove, oltre alle proprietà del valore attuale, si è utilizzato il risultato per cui 1 euro in S produce $(1 + R(S,T)(T - S))$ euro in T e quindi 1 è il valore in S di tale ammontare:

$$\begin{aligned}
V_S \left((1 + R(S,T)(T - S)) \odot 1(T) \right) &= (1 + R(S,T)(T - S))V_S(1(T)) \\
&= (1 + R(S,T)(T - S))P(S,T) \\
&= 1(S)
\end{aligned}$$

Pertanto:

$$R_{FRA} = \frac{1}{T - S} \left(\frac{P(t,S)}{P(t,T)} - 1 \right) \equiv R(t, S, T)$$

Osservazione 30. I tassi Libor. I tassi Euribor, Eurodollar, Sterlina, Euroyen etc., detti genericamente Libor – London Interbank Offered Rate – quotati spot continuamente sui mercati telematici, rappresentano i tassi che le grandi banche internazionali europee applicano sui prestiti (rispettivamente in Euro, Dollari, Sterline, Yen etc.) ad altre banche internazionali per durate prefissate: da un giorno (tasso *overnight*) a 1 settimana, 1 mese, 3 mesi etc. Sono quindi paragonabili a tassi su ZCB emessi dal prenditore di fondi (banca debitrice) per la stessa scadenza. La rilevazione giornaliera viene curata dalla British Bankers Association (BBA) mediante un panel di banche associate. Per ogni scadenza e valuta, i tassi a cui ciascuna banca è disposta a prestare fondi vengono rilevati alle h.11:00 di Londra e ordinati facendo la media aritmetica dei due quartili centrali. La differenza tra tassi Libor e tassi su ZCB di Stato (es. BOT) sta solo nel diverso rischio di credito tra i due emittenti, che, su scadenze brevi, si può considerare, in genere, trascurabile.

Corollario 3. *Il FRA non cambia se invece del pagamento di* $(R(S,T) - R_{FRA})(T - S)$ *in* T *viene previsto il pagamento anticipato in* S *del suo valore attuale* $P(S,T)(R(S,T) - R_{FRA})(T - S)$.

Dunque, nel momento della stipula, il tasso fisso del FRA è il tasso forward e il FRA vale, in quel momento, zero:

$$V_t\left[(R(S,T) - R(t,S,T))(T - S) \odot 1(T)\right] = 0$$

Successivamente, il tasso fisso del FRA rimane stabilito mentre i tassi di mercato variano.

È facile determinare, al tempo t, il valore di un vecchio FRA stipulato al tempo t_0.

Teorema 11. Il prezzo del contratto FRA. *Il valore in* $t < S$ *di un vecchio FRA* $S \times T$, *stipulato in* $t_0 < t$, *al tasso* $\bar{K}$ *è:*

$$V_t\left[\left(R(S,T) - \bar{K}\right)(T - S) \odot 1(T)\right] = \left(R(t,S,T) - \bar{K}\right)(T - S)P(t,T)$$

Infatti:

$$V_t\left[\left(R(S,T) - \bar{K}\right)(T - S) \odot 1(T)\right]$$
$$= V_t\left[\left(R(S,T) - R(t,S,T) + R(t,S,T) - \bar{K}\right)(T - S) \odot 1(T)\right]$$
$$= V_t\left[\left(R(t,S,T) - \bar{K}\right)(T - S) \odot 1(T)\right]$$
$$= \left(R(t,S,T) - \bar{K}\right)(T - S)V_t\left[1(T)\right]$$
$$= \left(R(t,S,T) - \bar{K}\right)(T - S)P(t,T)$$

Esercizio 14. Oggi sottoscriviamo un FRA in acquisto al tasso forward 6×8 di 3.9%, con nominale 200 mila euro e tasso di riferimento Libor a 2 mesi, che quota oggi 3%. Dopo 6 mesi il tasso Libor è salito al 3.3%. Determinare scadenza e payoff del FRA.

Soluzione.
La scadenza è dopo 8 mesi dalla stipula e come acquirenti otteniamo il seguente payoff:

$$(3.3\% - 3.9\%)\frac{2}{12}200000 = -200$$

L'acquisto del FRA risulterà vantaggioso se i tassi spot futuri si collocheranno sopra i tassi forward correnti (aspettative di rialzo dei tassi).

La vendita del FRA risulterà vantaggiosa se i tassi spot futuri si collocheranno sotto i tassi forward correnti (aspettative di ribasso dei tassi).

Nel primo caso, tuttavia si corre un rischio di ribasso dei tassi; nel secondo un rischio di rialzo.

Esercizio 15. Una banca vende un FRA 3×9 su Libor al tasso forward 4.2% e acquista FRA 3×9 al tasso forward 3.9%. Determinare la scadenza del Libor, del FRA e il payoff per la banca sapendo che il nominale in entrambi i casi è 250 mila euro.

Soluzione.
La scadenza del Libor è 6 mesi; la scadenza del FRA è 9 mesi; il payoff sarà:

$$[(4.2\% - Libor) + (Libor - 3.9\%)]\frac{6}{12}250000 = 375$$

Si noti che il tasso variabile spot è il tasso forward con scadenza immediata, $R(S,T) = R(S,S,T)$ e vale il seguente importante risultato di martingala.

Teorema 12. *Il tasso forward $R(t,S,T)$ è una $P(t,T)$-martingala.*

Dimostrazione.
Il tasso forward è rappresentabile come rapporto tra prezzi:

$$R(t,S,T) = \frac{P(t,S) - P(t,T)}{(T-S)P(t,T)}$$

quindi, per il teorema del cambio di numerario, è una $P(t,T)$-martingala:

$$R(t,S,T) = E_t^{P(t,T)}\left(\frac{P(S,S) - P(S,T)}{(T-S)P(S,T)}\right) = E_t^{P(t,T)}\left(R(S,T)\right)$$

$$= E_t^{P(t,T)}\left(R(S,S,T)\right)$$

La corrispondente misura di probabilità, $\wp^{P(t,T)}$, prende il nome di T-forward measure.

Si noti che, da quanto visto sopra, il valor attuale del FRA si può esprimere come:

$$V_t\left[(R(S,T) - R(t,S,T))(T-S) \odot 1(T)\right]$$

$$= P(t,T)E_t^{P(t,T)}\left((R(S,T) - R(t,S,T))\right)(T-S) = 0$$

3.1.4 FRA in arriers

Nei FRA *in arriers (AFRA)* o allineati o arretrati, il payoff del contratto:

$$(R(S,T) - R_{AFRA}) \cdot (T - S) \cdot Nom$$

non è liquidato al tempo T ma già al tempo S in cui è osservato il tasso sottostante.

Chiaramente, il tasso fisso R_{AFRA} non può più essere il tasso forward del FRA valendo sempre la convenzione di valore nullo al momento della stipula:

$$V_t\left[(R(S,T) - R_{AFRA})(T - S)\right] = 0$$

vale a dire:

$$V_t\left(R(S,T)\right) = R_{AFRA}P(t,S) \tag{3.2}$$

Sapendo che il tasso forward è una $P(t,T)$-martingala, si può scrivere, con semplici passaggi:

$$V_t\left(R(S,T)\right) = V_t\left(\frac{R(S,T)}{P(S,T)} \odot 1(T)\right) = P(t,T)E_t^{P(t,T)}\left(\frac{R(S,T)}{P(S,T)}\right)$$

$$= P(t,T)E_t^{P(t,T)}\left[R(S,T)\left(1 + (T-S)R(S,T)\right)\right]$$

$$= P(t,T)E_t^{P(t,T)}\left[R(S,T) + (T-S)R^2(S,T)\right]$$

$$= P(t,T)\left[R(t,S,T) + (T-S)E_t^{P(t,T)}\left(R^2(S,T)\right)\right]$$

e quindi:

$$R_{AFRA}(t,S,T) = \frac{P(t,T)}{P(t,S)}\left[R(t,S,T) + (T-S)E_t^{P(t,T)}\left(R^2(S,T)\right)\right] \tag{3.3}$$

$$= \frac{R(t,S,T) + (T-S)E_t^{P(t,T)}\left(R^2(S,T)\right)}{1 + (T-S)R(t,S,T)}$$

Pertanto, il tasso R_{AFRA} è ottenibile dal tasso forward solo dietro un aggiustamento detto *convexity adjustment* in quanto, da (3.2), il tasso R_{AFRA} risulta sempre maggiore del tasso forward:

$$R_{AFRA} = \frac{1}{T-S}\left(\frac{1}{P(t,S)}V_t\left(\frac{1}{P(S,T)}\right) - 1\right)$$

$$= \frac{1}{T-S}\left(E_t^{P(t,S)}\left(\frac{1}{P(S,T)}\right) - 1\right)$$

$$> \frac{1}{T-S}\left(\frac{1}{E_t^{P(t,S)}(P(S,T))} - 1\right) = \frac{1}{T-S}\left(\frac{1}{Q(t,S,T)} - 1\right)$$

$$= R(t,S,T)$$

dove si è usata la diseguaglianza di Jensen per le funzioni convesse (v. Cesari e Susini, 2005b, Appendice).

Per avere un'espressione in forma chiusa del tasso R_{AFRA} occorre esprimere il momento condizionato $E_t^{P(t,T)}\left(R^2(S,T)\right)$ nella (3.3).

3.1.5 L'aggiustamento per la convessità nel tasso FRA in arriers

Assumendo $R(t,S,T)$ come BM geometrico lognormale (coefficienti deterministici, per semplicità costanti), ed essendo una $P(t,T)$-martingala deve aversi:

$$dR(t,S,T) = R(t,S,T)\sigma_{FW}(S,T)dZ^{P(t,T)}(t)$$

Quindi (v. l'Appendice) il valor medio $E_t^{P(t,T)}\left(R^2(S,T)\right)$ è calcolabile esattamente e si ha:

$$R_{AFRA}(t,S,T) = \frac{R(t,S,T) + (T-S)R^2(t,S,T)e^{\sigma_{FW}^2(S-t)}}{1+(T-S)R(t,S,T)}$$

$$= R(t,S,T)\frac{1+(T-S)R(t,S,T)e^{\sigma_{FW}^2(S-t)}}{1+(T-S)R(t,S,T)}$$

$$\simeq R(t,S,T)\left(1 + \frac{(T-S)R(t,S,T)\sigma_{FW}^2(S-t)}{1+(T-S)R(t,S,T)}\right)$$

ove l'ultima espressione utilizza l'approssimazione lineare $e^x \simeq 1+x$. Si noti che la volatilità $\sigma_{FW}(S,T)$ è assunta indipendente dal tempo ma dipendente da S e T.

3.1.6 Forward su titoli senza dividendi

Il ragionamento suddetto può essere facilmente applicato a qualunque sottostante che, per ipotesi, non generi né cedole o dividendi né costi di stoccaggio tra t e S.

Ragionando come sopra si ottiene il prezzo forward del sottostante per la scadenza S:

$$0 = V_t\left(Q(t,S) - V(S)\right)$$

$$= Q(t,S)V_t\left(1(S)\right) - V_t\left(V(S)\right)$$

$$= Q(t,S)P(t,S) - V_t(V(S))$$

$$Q(t,S) = \frac{V_t(V(S))}{P(t,S)} = \frac{V(t)}{P(t,S)} = V(t)(1+R(t,S))^{S-t} \qquad (3.4)$$

dato che, per un titolo senza cedole o dividendi, il prezzo corrente $V(t)$ è pari al valore attuale del prezzo futuro $V_t(V(S))$.

Per lo ZCB si aveva $V(t) = P(t, T) = V_t(P(S, T))$.
Si noti che:

$$Q(t, S) = \frac{V_t(V(S))}{P(t, S)} = \frac{P(t, S)E_t^{P(t,S)}(V(S))}{P(t, S)} = E_t^{P(t,S)}(V(S))$$

cioè il prezzo forward è il valore atteso del sottostante nella misura $P(t, S)$-neutrale.

Il prezzo forward, quindi, è il montante del prezzo spot del sottostante capitalizzato al tasso $R(t, S)$ della SPS spot e quindi, in particolare, chi acquista spot e vende forward guadagna, in termini annualizzati, il tasso spot risk-free $R(t, S)$.

Esercizio 16. Un titolo ZCB a 4 anni viene acquistato a pronti e venduto a termine a scadenza 1 anno ai tassi impliciti nella SPS seguente.

Anni alla scadenza	1	2	3	4
Tassi spot	3%	4%	5%	6%

Calcolare il tasso di rendimento dell'operazione.

Cash and Carry e Reverse Cash and Carry

Se la relazione (3.4) non fosse rispettata si potrebbero fare profitti illimitati. Vediamo i due casi:

1. $Q > V(t)(1 + R)^{S-t}$

   Se il prezzo forward è relativamente alto (quindi quello spot relativamente basso) conviene prendere a prestito il denaro e acquistare spot (cioè *cash*) il titolo, tenendolo (*carry*) fino alla scadenza e vendendolo a termine, con un profitto certo in S. Tale operazione è detta di *cash & carry* e il tasso di finanziamento $R(t, S)$ è detto anche *cost of carry*:

	t	S
Prendo a prestito l'ammontare $V(t)$	$+V(t)$	$-V(t)(1 + R(t, S))^{S-t}$
Acquisto spot il sottostante	$-V(t)$	
Vendo forward il sottostante		$+Q$
Totale netto	0	$+Q - V(t)(1 + R(t, S))^{S-t}$

   L'arbitraggista opererà finché il risultato netto, da positivo, non diventa negativo o nullo.

2. $Q < V(t)(1 + R)^{S-t}$

   Se il prezzo forward è relativamente basso (quello spot relativamente alto) conviene vendere spot, dare a prestito il ricavato e acquistare forward (operazione di *reverse cash & carry*). Se le vendite allo scoperto sono vietate, venderanno spot solo quelli che già detengono il titolo; altrimenti si prende a prestito il titolo per restituzione in S:

	t	S
Vendo spot il sottostante	$+V(t)$	
Dò a prestito il ricavato	$-V(t)$	$+V(t)(1 + R(t,S))^{S-t}$
Acquisto forward il sottostante		$-Q$
Totale netto	0	$+V(t)(1 + R(t,S))^{S-t} - Q$

Anche qui, l'arbitraggista opererà finché il risultato netto, da positivo, non diventa negativo o nullo.

In conclusione, l'unica configurazione che impedisce arbitraggi è:

$$Q(t,S) = \frac{V(t)}{P(t,S)} = V(t)(1 + R(t,S))^{S-t}$$

Osservazione 31. Diversi tassi di indebitamento e investimenti risk-free. Gli arbitraggisti sono, in genere, operatori specializzati appartenenti a grandi società finanziarie con ampio accesso al mercato del credito (interbancario). Si può quindi presumere che, in prima approssimazione, possano dare e prendere a prestito allo stesso tasso risk-free $R(t,S)$. Se tuttavia, con maggiore realismo, si assume che (per la presenza di intermediari: v. Cesari e Susini, 2005b, paragrafo 6.9.3) il tasso (bid, denaro) a cui si presta $R_{bid}(t,S)$ è minore del tasso (ask, lettera) a cui si prende a prestito $R(t,S)$, si ottiene, da quanto visto sopra:

$$+Q - V(t)(1 + R(t,S))^{S-t} \leq 0$$

$$+V(t)(1 + R_{bid}(t,S))^{S-t} - Q \leq 0$$

e quindi:

$$V(t)(1 + R_{bid}(t,S))^{S-t} \leq Q(t,S) \leq V(t)(1 + R(t,S))^{S-t}$$

vale a dire un *intervallo di non arbitraggio*, invece di una relazione puntuale, funzione dello spread tra i tassi bid e ask. Pertanto, in presenza di intermediari e del conseguente bid-ask spread, non c'è arbitraggio se il prezzo forward si mantiene nell'intervallo suddetto.

3.1.7 Forward su coupon bond

Consideriamo il caso di un titolo con cedola (CB), di prezzo spot $B(S,T,c)$ in S, scadenza forward.

Osservazione 32. Rateo, corso secco e corso tel quel. Il prezzo spot (o spot tel quel) di un CB è la somma del corso secco, quotato sul mercato, e del rateo di cedola maturato tra l'ultimo stacco e il prossimo. Con convenzione *actual/actual* (ISMA convention) e cedole semestrali si ha la formula:

$$Rateo = \frac{Tasso\ cedolare}{2} \frac{(data\ rif - data\ ultimo\ stacco)}{(data\ prossimo\ stacco - data\ ultimo\ stacco)}$$

ove *data rif* è in genere la data di regolamento (*settlement date*) della compravendita, posticipata rispetto alla data t di negoziazione (*trade date*) (per i BOT t+2 gg lavorativi, per BTP, CCT etc. t+3).

Ad esempio, per il BTP 3% 15.1.2010, che quota in $t = 4.8.2005$ (giovedì) un prezzo secco di 101.080 si ha il rateo:

$$Rateo = \frac{3}{2} \frac{9ago05 - 15lug05}{15gen06 - 15lug05} = 1.5\frac{25}{184} = 0.20380$$

considerato che 4 agosto (giovedì) + 3 giorni lavorativi fà 9 agosto (martedì). Il prezzo tel quel è quindi $B(t, T, 3\%) = 101.2838$.

Si veda anche Cesari e Susini (2005a) paragrafo 2.3.2.

Chi sottoscrive un contratto forward di acquisto, alla scadenza S pagherà il prezzo forward $Q(t, S, T, c)$ per ottenere il valore del sottostante pari a $B(S, T, c)$. Il prezzo di non arbitraggio forward dovrà essere calcolato in funzione del sottostante, pertanto, sempre per il principio di non arbitraggio, si ha la condizione:

$$V_t\left(B(S, T, c) - Q(t, S, T, c)\right) = 0$$

$$V_t(B(S, T, c)) - V_t(Q(t, S, T, c)) = 0$$

Poiché il prezzo forward è stabilito in t il suo valore in t corrisponde al prezzo stesso scontato da S a t:

$$V_t(Q(t, S, T, c)) = Q(t, S, T, c)P(t, S)$$

e quindi

$$V_t(B(S, T, c)) - Q(t, S, T, c)P(t, S) = 0$$

da cui

$$Q(t, S, T, c) = \frac{V_t(B(S, T, c))}{P(t, S)}$$

Per esplicitare il numeratore dobbiamo tenere di conto del fatto che il coupon bond può generare, tra t e S dei flussi per cui:

$$V_t(B(S, T, c)) \neq B(t, T, c)$$

Infatti, il valore attuale del prezzo futuro di un titolo che paga cedole è dato dal prezzo spot del titolo meno il valore attuale dei flussi

$$V_t(B(S,T,c)) = B(t,T,c) - I(t,S,c)$$

dove $I(t,S,c)$ corrisponde al valore attuale di tutti i flussi del titolo generati tra la data t e la data S. Se i flussi sono nulli, si ritorna al caso dello zero-coupon. Quindi il prezzo forward di un coupon bond corrisponde a

$$\begin{aligned}
Q(t,S,T,c) &= \frac{V_t(B(S,T,c))}{P(t,S)} \\
&= \frac{B(t,T,c) - I(t,S,c)}{P(t,S)} \\
&= \frac{B(t,T,c)}{P(t,S)} - \frac{I(t,S,c)}{P(t,S)} \\
&= (B(t,T,c) - I(t,S,c))(1 + R(t,S))^{S-t}
\end{aligned}$$

Esempio 8. Determinare in $t = 10sep05$ il prezzo a termine a 3 mesi del *BTP 1.11.2023 9%* con prezzo spot secco 167.58, sapendo che la SPS fino a 3 mesi è piatta al 3.4% (trade date=settlement date).

Soluzione.

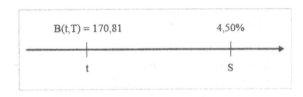

Dai dati forniti si ha:

$$Rateo = 4.5\frac{10sep05 - 1mag05}{1nov05 - 1mag05} = 3.22826$$

$$B(t,T,c) = 167.58 + 3.22826 = 170.80826$$

$$I(t,S,c) = 4.5(1+3.4\%)^{-\frac{1nov05-10sep05}{365}} = 4.47862$$

$$Q(t,S,T,c) = (170.80862 - 4.47862)(1+3.4\%)^{\frac{1nov05-10sep05}{365}} = 167.72193$$

Esempio 9. Nel caso precedente, se oggi è $t = 1aug05$ e quindi $S = t+3\ mesi$ coincide esattamente con una data di stacco cedola non è necessario calcolare il valore attuale del flusso cedolare e si ha:

$$Rateo = 4.5\frac{1aug05 - 1mag05}{1nov05 - 1mag05} = 2.25$$

$$B(t,T,c) = 167.58 + 2.25 = 169.83$$

$$I(t,S,c) = 4.5(1+3.4\%)^{-\frac{1nov05-1aug05}{365}} = 4.46224$$

$$\begin{aligned}
Q(t,S,T,c) &= (169.83 - 4.46224)(1+3.4\%)^{\frac{1nov05-1aug05}{365}} = 166.76727 \\
&= B(t,T,c)(1 + R(t,S))^{S-t} - \frac{c}{2}
\end{aligned}$$

Esempio 10. Determinare il prezzo forward a 3 mesi del BTP 1.9.2009 5% con prezzo tel quel 103.5 che paga la prossima cedola tra 6 mesi sapendo che il tasso spot a 3 mesi è del 4%.

Soluzione.

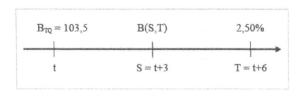

Il prezzo forward a 3 mesi del BTP è pari a:

$$Q(t, S, T, c) = 103.5 \cdot (1 + 4\%)^{\frac{3}{12}} = 104.51983$$
$$= B(t, T, c)(1 + R(t, S))^{S-t}$$

poiché tra t ed S non ci sono cedole intermedie.

3.1.8 Forward su titoli che pagano dividendi

Si consideri un titolo di prezzo $V(t)$, con dividendi di valore attuale $I(t, S)$ tra t e S. Attraverso una strategia di *cash & carry* si può prendere a prestito l'ammontare $V(t)$, usarlo per acquistare il titolo e vendere il titolo forward.

Il flusso di cassa in t è nullo mentre il flusso in S è:

$$-V(t)(1 + R(t, S))^{S-t} + I(t, S)(1 + R(t, S))^{S-t} + Q(t, S)$$

ove il primo termine riflette il rimborso del prestito, il secondo l'incasso dei dividendi e il terzo l'incasso del prezzo a termine.

Eguagliando a zero per non arbitraggio si ottiene:

$$Q(t, S) = (V(t) - I(t, S))(1 + R(t, S))^{S-t}$$

Caso dei dividendi continui

Si consideri un titolo (ad esempio un'azione) con un *dividend yield* periodico certo costante R_{div}.

Chiaramente, al passare del tempo, il prezzo, ceteris paribus, tende a scendere per effetto dei cash-flow in uscita: ad esempio, in tempo continuo, in assenza di altri fattori, la dinamica del prezzo sarebbe:

$$dV(t) = -R_{div}V(t)dt$$

Se il prezzo del titolo, nella realtà, passa da $V(t)$ a $V(S)$ ne segue che lo stesso titolo, se non staccasse dividendo, passerebbe da $V(t)$ a $V(S)(1 + R_{div})^{S-t}$ ovvero, in capitalizzazione continua, da $V(t)$ a $V(S)e^{R_{div}(S-t)}$.

Equivalentemente, in essenza di dividendo il prezzo del titolo andrebbe da $V(t)(1 + R_{div})^{-(S-t)}$ a $V(S)$.

Dunque, il prezzo forward in presenza di dividendi è:

$$Q(t,S) = \frac{V_t(V(S))}{P(t,S)} = \frac{V(t)(1 + R_{div})^{-(S-t)}}{P(t,S)} = V(t)\left(\frac{1 + R(t,S)}{1 + R_{div}}\right)^{S-t} \quad (3.5)$$
$$= V(t)e^{(R(t,S) - R_{div})(S-t)}$$

ove la prima eguaglianza deriva dalla condizione di non arbitraggio, la seconda dall'eguaglianza tra un titolo che vale $V(S)$ in S e paga dividendi noti tra t e S e un titolo che vale $V(S)$ in S ma non paga dividendi tra t e S, per cui il suo valore attuale è il valore:

$$V_t(V(S)) = V(t)(1 + R_{div})^{-(S-t)} < V(t)$$

e si può applicare la formula del forward su titoli senza dividendi. L'ultima eguaglianza in (3.5) esprime il risultato in capitalizzazione continua.

Si noti che chi acquista spot e vende forward guadagna come *total return*, tenendo conto del dividendo percepito, il tasso risk-free:

$$R(t,S) = . (R(t,S) - R_{div}) + R_{div}$$

Se R_{div} è più elevato del tasso d'interesse si ha che non solo il prezzo forward è minore del prezzo spot ma anche che prezzi forward con scadenze più lunghe sono minori di prezzi forward con scadenze brevi: il prezzo cala al crescere della scadenza S.

Osservazione 33. Forward su indici. La presenza di mercati su panieri di titoli, detti indici o benchmark (Cesari e Susini, 2005b, cap. 3), acquistabili con lo specifico veicolo costituito dagli ETF passivi (electronic traded funds), rende possibile contratti forward con un indice come sottostante. L'arbitraggio (index arbitrage), in tal caso, viene fatto con un portafoglio composto dai singoli titoli (o da un sottoinsieme rappresentativo) o direttamente con gli ETF.

3.1.9 Inflazione forward

Se $p(t)$ è il prezzo di paniere di beni di consumo, il prezzo a termine è:

$$Q_p(t,S) = \frac{V_t(p(S))}{P(t,S)} = \frac{p(t)V_t^R(1(S))}{P(t,S)}$$

essendo $V_t^R(1(S))$ l'operatore valore attuale in termini reali di un'unità reale.

Pertanto, l'inflazione forward $\Pi(t,S)$ è definita, in capitalizzazione continua, da:

$$\Pi(t,S) = -\frac{\ln(Q_p(t,S)/p(t))}{S-t} = -\frac{\ln(V_t^R(1(S))/V_t(1(S)))}{S-t}$$

3.1.10 Forward su merci con costi di deposito

Il calcolo dei prezzi forward su asset con significativi costi di deposito o di stoccaggio (es. grano, petrolio e altre commodities su cui esistono ampi mercati forward) comporta l'introduzione di tali costi nella relazione di non arbitraggio.

Tali costi possono essere assimilati a dividendi negativi prodotti dal titolo o asset sottostante il contratto a termine.

Sia $J(t,S)$ il valore attuale di tali costi e si consideri la strategia indicata nella tabella: "prendere a prestito l'ammontare $V(t)+J(t,S)$, comperare spot il bene e pagare i costi di deposito tra t e S, vendere forward il bene":

	t	S
Prendo a prestito l'ammontare		
$\quad V(t)+J(t,S)$	$+V(t)+J(t,S)$	$-(V(t)+J(t,S))(1+R(t,S))^{S-t}$
Acquisto spot il sottostante	$-V(t)-J(t,S)$	
Vendo forward il sottostante		$+Q$
Totale netto	0	$+Q-(V(t)+J(t,S))(1+R(t,S))^{S-t}$

Se la differenza netta è positiva l'attività di arbitraggio tende ad annullarla.

Si consideri la strategia opposta, consistente in:

	t	S
Dare in prestito l'ammontare		
$\quad V(t)+J(t,S)$	$-V(t)-J(t,S)$	$+(V(t)+J(t,S))(1+R(t,S))^{S-t}$
Vendere spot il sottostante	$+V(t)+J(t,S)$	
Acquistare forward il sottostante		$-Q$
Totale netto	0	$+(V(t)+J(t,S))(1+R(t,S))^{S-t}-Q$

ove la vendita spot del sottostante fa risparmiare i costi di deposito per un valore attuale pari a $J(t,S)$.

Di conseguenza l'arbitraggio implica:

$$Q(t,S) = (V(t)+J(t,S))(1+R(t,S))^{S-t}$$

Se i costi di deposito sono assimilabili a un flusso continuo, simile a un dividendo negativo, al tasso R_{dep} proporzionale al valore immagazzinato, si ha:

$$Q(t,S) = \frac{V_t(V(S))}{P(t,S)} = V(t)(1+R_{dep})^{S-t}(1+R(t,S))^{S-t}$$
$$= V(t)e^{(R(t,S)+R_{dep})(S-t)}$$

ove l'ultima espressione è in capitalizzazione continua.

Osservazione 34. Convenience yield, cost of carry e backwardation. Nell'ultima strategia, la vendita spot del sottostante e il suo acquisto forward fanno perdere la disponibilità della merce che, a differenza del denaro, potrebbe diventare scarsa e, comunque, essere utilizzata per finalità non di investimento finanziario, nel consumo, nella produzione etc. Ciò significa che il possesso del bene reale (a differenza dei titoli finanziari) ha una intrinseca convenienza (*convenience yield*) che potrebbe impedire che si realizzi l'eguaglianza indicata imponendo solo la diseguaglianza:

$$Q(t, S) \leq (V(t) + J(t, S))(1 + R(t, S))^{S-t}$$

Se il convenience yield si potesse quantificare R_{cv}, sarebbe assimilabile, a tutti gli effetti, al dividend yield R_{div}.

Considerando, ad un tempo, dividend yield, storage cost e convenience yield si ha:

$$\begin{aligned} Q(t, S) &= V(t) \left(\frac{(1 + R(t, S))(1 + R_{dep})}{(1 + R_{div})(1 + R_{cv})} \right)^{S-t} \\ &= V(t)e^{(R(t,S) + R_{dep} - R_{div} - R_{cv})(S-t)} \end{aligned}$$

e il cost of carry è definito dal tasso di finanziamento più i costi di deposito meno dividend yield e convenience yield:

$$Cost\ of\ carry = R(t, S) + R_{dep} - R_{div} - R_{cv}$$

La teoria di Hicks e Keynes (cfr. Keynes, 1930, II, p. 142; Hicks, 1939, p. 139) sul legame tra prezzi spot e forward assume un mercato a termine con eccesso di offerta (vendita forward per fini di copertura). Per indurre gli speculatori all'acquisto a termine, il prezzo forward deve essere inferiore al prezzo spot corrente e soprattutto futuro atteso (c.d. *backwardation*): è quanto si verifica di norma sui mercati a termine delle commodities. In caso contrario si parla di *contango*.

Definizione 12. *Backwardation e contango.* *Si ha backwardation quando il prezzo forward è minore del prezzo spot. Si ha contango quando il prezzo forward è superiore al prezzo spot. I costi di finanziamento e di deposito determinano il massimo contango. Dividend yield e convenience yield determinano la massima backwardation.*

3.1.11 Forward su tassi di cambio

Un particolare tipo di contratto forward è quello che fissa il tasso di cambio (a termine) tra due valute, una domestica (es. euro) e una estera (es. dollaro).

Per capire il meccanismo di non arbitraggio, occorre considerare che il tasso di cambio è il prezzo (in euro) di un particolare bene, la valuta estera, produttivo di un rendimento, vale a dire il tasso d'interesse privo di rischio a cui la stessa valuta si può investire.

Si consideri la Figura 3.2:

	t		t + 1	
	euro	dollari	dollari	euro
I alternativa	1			1 + R(t, t+1)
II alternativa	1	1/E$_t$	1/E$_t$ [1+ R*(t, t+1)]	Q$_E$(t, t+1)/ E$_t$ [1 + R*(t, t+1)]

Figura 3.2. Investimento in valuta domestica e in valuta estera

Supponiamo inizialmente di avere un orizzonte temporale uniperiodale $S = t + 1$ (un anno) e di trovarci di fronte a due diverse alternative. La prima alternativa (I) consiste nel depositare in un conto corrente un ammontare di denaro pari a 1 euro ottenendo in $t + 1$ un capitale pari a $1 + R(t, t + 1)$ euro. La seconda alternativa (II) è l'investimento del capitale di 1 euro sul mercato estero. Se $E(t)$ è il tasso di cambio spot euro/dollaro, significa che $E(t)$ rappresenta quanti euro sono necessari per avere un dollaro e quindi per ogni euro si ottiene un ammontare pari a $1/E(t)$ dollari (cambio dollaro/euro). Una volta cambiato l'euro nella valuta estera posso effettuare un deposito in una banca estera e alla fine del periodo $t + 1$ ottenere un capitale pari a $\frac{1}{E(t)}(1 + R^*(t, t + 1))$ dove $R^*(t, t + 1)$ è il tasso di interesse spot estero. Alla fine del periodo, posso tornare alla valuta locale in due modi:

a) a cambio aperto: andare sul mercato spot in $t + 1$ ed utilizzare il tasso di cambio spot tra un anno ottenendo un capitale di $E(t+1)\frac{1}{E(t)}(1+R^*(t,t+1))$ euro;

b) a cambio chiuso o coperto: stabilire in t il valore del cambio tra un anno, $t + 1$, ovvero il cambio forward $Q_E(t, t + 1)$ che mi permette di scambiare euro contro valuta estera in $t+1$ e ottenere la quantità $Q_E(t,t+1)\frac{1}{E(t)}(1+ R^*(t, t + 1))$.

Nel primo modo saprò solo in $t + 1$ a quale cambio rientro in euro.

Nel secondo modo ottengo un montante in euro, $Q_E(t, t + 1)\frac{1}{E(t)}(1 + R^*(t, t + 1))$ noto già in t, così come è noto il montante dell'alternativa I, pari a $1 + R(t, t + 1)$.

Per il principio di non arbitraggio i due montanti, ottenuti dallo stesso capitale, devono essere uguali:

$$Q_E(t, t + 1)\frac{1}{E(t)}(1 + R^*(t, t + 1)) = 1 + R(t, t + 1)$$

da cui:

$$\frac{Q_E(t,t+1)}{E(t)} = \frac{1+R(t,t+1)}{1+R^*(t,t+1)}$$

$$Q_E(t,t+1) = E(t)\frac{1+R(t,t+1)}{1+R^*(t,t+1)}$$

dove $Q_E(t,t+1)$ è il tasso di cambio forward per scadenza $t+1$.

Passando ai logaritmi possiamo determinare che il premio forward o tasso di variazione forward, vale a dire la variazione percentuale tra tasso di cambio spot e tasso di cambio forward, corrispondente al differenziale tra i tassi d'interesse interno ed estero:

$$\ln\left(\frac{Q_E(t,t+1)}{E(t)}\right) = \ln\left(\frac{1+R(t,t+1)}{1+R^*(t,t+1)}\right) \qquad (3.6)$$

$$\frac{Q_E(t,t+1)-E(t)}{E(t)} \simeq R(t,t+1) - R^*(t,t+1)$$

Tale relazione prende il nome di *parità coperta dei tassi di interesse* (*covered interest rate parity*). La relazione approssimata in (3.6) è molto utilizzata dagli operatori in quanto conoscendo il tasso interno (es. 4%), il tasso estero (es. 3%) e il cambio spot (es. 1.20), fornisce subito il valore del tasso di cambio forward ($1.20 \times 1.01 = 1.212$).

Osservazione 35. Carry trade. Il differenziale, se positivo, $R(t,t+1) - R^*(t,t+1)$ prende il nome di (currency-) carry trade e rappresenta il rendimento di un operatore che presta nella valuta a tasso elevato, $R(t,t+1)$, e prende a prestito nella valuta a tasso basso, $R^*(t,t+1)$. Il rischio sta, ovviamente, nei movimenti del saggio di cambio tra t e $t+1$ e in particolare nel rafforzamento del cambio della valuta di indebitamento. Tuttavia, la stessa operazione di carry trade tende a indebolire il cambio della valuta a tasso basso e a rafforzare quello della valuta a tasso alto (calo di $E(t+1)$), essendo la prima venduta in cambio dell'altra.

Osservazione 36. Uncovered interest rate parity. La relazione:

$$\frac{E_t\left(E(t+1)\right)-E(t)}{E(t)} \simeq R(t,t+1) - R^*(t,t+1)$$

è chiamata *parità scoperta* dei tassi d'interesse, in analogia con quella coperta e si esprime anche, equivalentemente, dicendo che il cambio forward è l'aspettativa del cambio spot futuro:

$$Q_E(t,t+1) = E_t\left(E(t+1)\right)$$

Tuttavia questa non è una relazione di non arbitraggio, necessariamente valida in mercati efficienti, bensì una *teoria* (falsificabile) sulla determinazione del tasso di cambio spot tra due valute. Essa dice che la variazione futura del cambio spot dovrebbe essere pari al differenziale corrente dei tassi d'interesse. Teorie più sofisticate introducono premi al rischio nel legame tra cambi e tassi. Tale relazione è del tutto analoga a quella che esprime i tassi d'interesse futuri attesi pari ai tassi forward correnti (Cesari e Susini, 2005a, paragrafo 3.8).

In generale, su una scadenza forward S:

$$Q_E(t,S) = \frac{V_t(E(S))}{P(t,S)} = V_t(E(S))(1 + R(t,S))^{S-t}$$

Nel capitolo 2 si è visto che:

$$V_t(E(S)) = E(t)V_t^*(1^*(S)) = E(t)P^*(t,S) = E(t)(1 + R^*(t,S))^{-(S-t)}$$

e quindi:

$$Q_E(t,S) = E(t)\frac{P^*(t,S)}{P(t,S)} = E(t)\left(\frac{1 + R(t,S)}{1 + R^*(t,S)}\right)^{S-t}$$

dove $P(t,S)$ è il prezzo spot per la scadenza S in valuta locale e $P^*(t,S)$ è il prezzo spot per la scadenza S in valuta estera.

Chiaramente $\frac{E(t)P^*(t,S)}{P(t,S)} = Q_E(t,S)$ è una $P(t,S)$-martingala e quindi:

$$E_t^{P(t,S)}(Q_E(S,S)) = E_t^{P(t,S)}(E(S)) = Q_E(t,S)$$

vale a dire il tasso di cambio forward è una $P(t,S)$-martingala.

Il paradosso di Siegel: il cambio come valore atteso

Siegel (1972), nello studio della relazione tra tassi di cambio e tassi d'interesse, notò che se si assume la teoria pura della parità scoperta dei tassi d'interesse (o teoria delle aspettative), per cui il cambio forward, es. euro/dollaro, è il valore atteso del cambio spot futuro:

$$Q_E(t,S) = E_t(E(S))$$

questa stessa relazione, paradossalmente, non può valere per il cambio reciproco, dollaro/euro, a causa della diseguaglianza di Jensen poiché:

$$Q_E^*(t,S) \equiv \frac{1}{Q_E(t,S)} = \frac{1}{E_t(E(S))} < E_t\left(\frac{1}{E(S)}\right) \equiv E_t(E^*(S))$$

In particolare si ha:

$$E_t\left(\frac{1}{E(S)}\right) = \frac{1}{E_t(E(S))}\left(1 - Cov_t(E(S), \frac{1}{E(S)})\right)$$

ove la covarianza condizionata è certamente negativa.

In termini di relazioni di non arbitraggio (quindi svincolate da particolari teorie su tassi e cambi) si ha che $Q_E(t, S)$ è una $P(t, S)$-martingala mentre $Q_E^*(t, S)$ è una $P^*(t, S)$-martingala:

$$E_t^{P(t,S)}(E(S)) = Q_E(t, S) = \frac{1}{Q_E^*(t, S)} = \frac{1}{E_t^{P^*(t,S)}(E^*(S))}$$

Dunque il paradosso mette in crisi la teoria pura della parità scoperta ma non la condizione di non arbitraggio.

Il paradosso di Siegel: la dinamica del cambio

Dalla dinamica del cambio si è ottenuto:

$$dE = \mu_E E dt + \sigma_E E dW_E$$
$$dE = (r - r^*)E dt + \sigma_E E d\hat{W}_E$$

Pertanto, essendo $E^* = 1/E$ si ricava:

$$dE^* = -E^* \frac{dE}{E} + E^* \left(\frac{dE}{E}\right)^2$$
$$\equiv E^* \mu_E^* dt + \sigma_E E^* dW_E^*$$

con $\mu_E^* \equiv -\mu_E + \sigma_E^2$ e $W_E^* \equiv -W_E$. Tuttavia, nella misura RN il drift sembra diverso da quello presumibile:

$$dE^* = (r^* - r + \sigma_E^2)E^* dt - E^* \sigma_E d\hat{W}_E$$

ma tenendo conto che la misura RN estera implica che il BM è $d\hat{W}_E^f = \sigma_E dt - d\hat{W}_E$ ne segue che la simmetria del cambio è ripristinata nella misura RN estera:

$$dE^* = (r^* - r)E^* dt + E^* \sigma_E d\hat{W}_E^f$$

3.2 Prestiti monetari e prestiti di titoli (F)

Uno ZCB è essenzialmente un prestito monetario (per l'investitore: danaro che esce oggi, $-P(t, T)$, in cambio di danaro che entra domani, $+1$, il valore facciale unitario, per di più rappresentato da un'obbligazione con un mercato secondario).

In generale, un prestito non è sempre accompagnato dall'emissione di un titolo con un mercato a cui il creditore-investitore si può rivolgere in ogni momento per liquidare la posizione; né un prestito è sempre relativo a danaro, potendo riguardare anche beni e titoli.

Secondo la definizione di Hicks (1939), un prestito è una transazione in cui una parte esegue subito mentre l'altra esegue a una o più date future. In tal senso, anche i pagamenti anticipati e posticipati (beni G contro denaro D) sono forme di prestito.

Vale il risultato per cui ogni prestito è scomponibile in tre parti: un prestito monetario, uno scambio spot e uno scambio forward.

3.2.1 Pagamento posticipato

Un pagamento posticipato è un contratto per avere ora, tempo t, un titolo G che vale $V(t)$ in cambio di un pagamento futuro in danaro, D, pari al prezzo Q al tempo S.

	t	S
pagamento posticipato	$+V(t)$	$-Q$
prendere a prestito	$+D$	$-D$
acquisto spot	$+G - D$	

Se $V(t)$ è il prezzo spot del bene e $Q(t,S)$ è il prezzo posticipato deve aversi:

$$V(t) - V_t(Q(t,S)) = 0$$

da cui:

$$Q(t,S) = \frac{V(t)}{P(t,S)}$$

Per non arbitraggio, il pagamento posticipato equivale al prezzo forward.

3.2.2 Pagamento anticipato

Un pagamento anticipato è un contratto che consiste nel pagare ora un ammontare H per avere in S un titolo $V(S)$.

	t	S
pagamento anticipato	$-H$	$+V(S)$
dare in prestito	$-D$	$+D$
acquisto forward		$+G - D$

Deve aversi:

$$-H(t,S) + V_t(V(S)) = 0$$

da cui:

$$H(t,S) = Q(t,S)P(t,S)$$

Dunque il pagamento anticipato è il valore attuale del prezzo forward.

3.2.3 Prestito di titoli

Un prestito di un titolo consiste nel prestare una certa quantità $\alpha(t)$ del titolo in cambio di una unità dello stessi titolo in futuro.

	t	S
prestito di titolo	$-\alpha V(t)$	$+V(S)$
vendita spot	$+D-G$	
dare in prestito	$-D$	$+D$
acquisto forward		$+G-D$

Deve aversi:

$$-\alpha(t,S)V(t) + V_t(V(S)) = 0$$

da cui:

$$\alpha(t,S) = \frac{Q(t,S)P(t,S)}{V(t)}$$

Si noti che il tasso d'interesse *reale* del prestito, in capitalizzazione semplice, è:

$$\rho(t,S) = \frac{1}{S-t}\left(\frac{1-\alpha(t,S)}{\alpha(t,S)}\right)$$

e rappresenta l'aumento percentuale della *quantità* di titolo attuato col prestito.

In capitalizzazione continua si ottiene:

$$\rho(t,S) = \frac{1}{S-t}\ln\left(\frac{1}{\alpha(t,S)}\right)$$

$$= \frac{1}{S-t}\ln\left(\frac{1}{P(t,S)}\right) - \frac{1}{S-t}\ln\left(\frac{Q(t,S)}{V(t)}\right)$$

$$= R(t,S) - \pi(t,S)$$

ove $\pi(t,S)$ è il tasso di variazione tra prezzo forward e prezzo spot. e prende il nome di **tasso di riporto**.

Naturalmente, se l'attività non paga dividendi o cedole, $V_t(V(S)) = V(t)$ e $\alpha = 1$, $\rho = 0$ e il tasso di riporto eguaglia il tasso d'interesse: $R = \pi$.

In caso di backwardation $Q(t,S) < V(t)$ e $\pi < 0$ per cui $\rho > R$.

Tale risultato si deve a Sraffa (1932, p. 50): se esiste un mercato forward, i tassi in termini "reali" (*own rates of interest*) sono sempre implicitamente stabiliti dalla relazione di non arbitraggio.

Nel caso di un prestito uno-a-uno (una quantità prestata, una quantità restituita), il contratto prende il nome di leasing e vale, per il debitore o locatario (*lessee*):

$$Lease(t) = V(t) - V_t(V(S)) = V(t) - Q(t,S)P(t,S) \gtreqless 0$$

Se il flusso che l'asset genera (dividend yield e convenience yield) è costante, δ_V si ha:

$$Lease(t) = V(t) - V(t)e^{-\delta_V(S-t)} = V(t)(1 - e^{-\delta_V(S-t)})$$

Il prestito di titoli consente di realizzare le c.d. vendite allo scoperto (*short selling*), vale a dire le vendite senza possesso del titolo venduto. Questo viene preso in prestito e venduto spot in t, con conseguente incasso e quindi restituito in S assieme ai flussi cedolari generati tra t e S, con un profitto lordo di:

$$V(t) - V(S) - cedole(t, S)$$

In alcuni casi le vendite allo scoperto possono essere proibite dall'Autorità di Vigilanza.

3.2.4 Pronti contro termine (PCT) e contratti di riporto

Il contratto pronti contro termine (PCT, *repurchase agreement* o *repo*) è una tipologia di investimento (o di finanziamento) offerta dalle banche e da altri intermediari.

Il *PCT di investimento* consiste in un contratto di acquisto di un titolo a pronti (dalla banca) con patto di rivendita a termine (alla banca stessa): chiaramente, il sottoscrittore acquista al prezzo spot e vende al prezzo forward. In tal modo egli investe un capitale per in dato tempo S ottenendo un tasso che coincide col tasso della SPS per la scadenza S.

Il *PCT di finanziamento*, al contrario, consiste in un contratto di vendita di un titolo a pronti (alla banca) con patto di riacquisto a termine (dalla banca stessa): il sottoscrittore vende al prezzo spot e riacquista al prezzo forward. In tal modo egli si fa finanziare per in dato tempo S pagando il tasso della SPS per la scadenza S, mentre il titolo è in mano al creditore come garanzia di esecuzione.

Nei tre esempi precedenti il tasso repo annualizzato semplice si può calcolare, approssimativamente, come:

$$\left(\frac{167.72}{170.81} - 1 + \frac{4.5}{170.81} \right) 4 = 3.30\%$$

$$\left(\frac{166.77}{169.83} - 1 + \frac{4.5}{169.83} \right) 4 = 3.39\%$$

$$\left(\frac{104.52}{103.50} - 1 \right) 4 = 3.94\%$$

Nella realtà, nel primo PCT di investimento la banca applica un tasso denaro, nel secondo caso un tasso lettera. Queste considerazioni possono portare i prezzi applicati lontano da quelli di arbitraggio.

In Borsa i PCT prendono il nome di contratti di riporto, in cui il riportato presta titoli e prende a prestito denaro (PCT di finanziamento) mentre il riportatore presta denaro e prende a prestito titoli (PCT di investimento). In caso di titoli azionari, il riportatore, coi titoli avuti in prestito, ha diritto di voto in assemblea ma deve trasferire gli eventuali dividendi al riportato. Si noti che un PCT di investimento è scomponibile come somma di dare un prestito monetario guadagnando $R(t, S)$ più prendere in prestito titoli pagando il tasso $\rho(t, S)$ (viceversa per un PCT di finanziamento). Se il prestito di titoli avviene ad un tasso non nullo, ρ, allora il tasso di rendimento del PCT (repo rate) è inferiore al tasso della SPS:

$$\pi(t, S) = R(t, S) - \rho(t, S)$$

Si parla in tal caso di *special repo rate* (Duffie, 1996) e in genere, per i zero-coupon bond, risulta influenzato dalla illiquidità/indisponibilità del titolo preso a prestito (bond on special).

Per approfondimenti sui prestiti di titoli e i contratti di riporto, con particolare riferimento alla Borsa italiana, si veda Williams e Barone (1991).

3.3 Il prezzo *del* contratto forward (F)

Finora abbiamo parlato di prezzo forward, ma è possibile determinare il prezzo *del* contratto forward una volta che è stato stipulato al tempo t_0.

Sia $V_{FW}(t, S; t_0)$ il prezzo al tempo t del vecchio forward in acquisto, nato in t_0 con scadenza S e sia $Q_0 \equiv Q(t_0, S)$ il vecchio prezzo (*nel*) forward, fissato contrattualmente per tutta la vita del contratto.

Naturalmente al tempo t_0 il prezzo del forward era nullo:

$$V_{FW}(t_0, S; t_0) = 0$$

Poiché il payoff in S del vecchio forward è per contratto:

$$V(S) - Q_0$$

il suo valore attuale è:

$$V_{FW}(t, S, Q_0) = V_t(V(S) - Q_0) = V_t(V(S)) - Q_0 P(t, S)$$
$$= (Q(t, S) - Q_0) P(t, S)$$

positivo, nullo o negativo a seconda che il prezzo forward corrente $Q(t, S)$ è maggiore, uguale o minore del vecchio prezzo forward Q_0.

Si noti che il valore del contratto si ricava anche mettendo, nel payoff finale, il prezzo forward al posto del prezzo futuro $V(S)$ e attualizzando il tutto col fattore di sconto.

È facile determinare la strategia di arbitraggio che verifica questo risultato.

Prendiamo il caso del sottostante ZCB, per cui $V(S) = P(S, T)$ e mettiamo in atto la seguente compravendita:

"acquisto di un contratto forward stabilito in t_0, di prezzo V_{FW}, che in S mi permetterà di incassare il prezzo del sottostante $P(S,T)$ a meno del prezzo forward scritto sul contratto, Q_0; dò a prestito, con scadenza S un nominale di Q_0; emetto il sottostante per ricomprarlo in S".

In questo modo otteniamo i seguenti flussi di cassa:

	t	S
	t	S
Acquisto il vecchio forward	$-V_{FW}$	$P(S,T) - Q_0$
Presto Q_0	$-Q_0 P(t,S)$	$+Q_0$
Emetto e riacquisto spot	$P(t,T)$	$-P(S,T)$
Totale netto	$P(t,T) - V_{FW} - Q_0 P(t,S)$	0

Per il principio di non arbitraggio deve essere:

$$P(t,T) - V_{FW} - Q_0 P(t,S) = 0$$

e quindi:

$$V_{FW}(t, S, Q_0) = P(t,T) - Q_0 P(t,S)$$
$$= (Q(t,S,T) - Q_0) P(t,S)$$

Tale formula è generale; se il sottostante paga in dividendo continuo si ottiene, da (3.5):

$$V_{FW}(t, S, Q_0) = V(t)e^{-R_{div}(S-t)} - Q_0 P(t,S)$$

Esercizio 17. Dimostrare che se un titolo di prezzo $G(t)$ deve assumere prezzo 0 a una certa data futura T, allora, per non arbitraggio, avrà valore nullo a ogni data $t \leq T$.

3.4 Hedging e trading con i forward (F)

3.4.1 Hedging

La copertura dei rischi, o *hedging*, è la principale ragion d'essere dei contratti forward.

Fare hedging vuol dire ridurre/eliminare i rischi.

Supponiamo ad esempio di aver acquistato un titolo ZCB a lunga scadenza T, mentre il nostro orizzonte di investimento è più breve, $S < T$.

La nostra posizione risulta essere a rischio, poiché non è noto, al momento t, il valore del titolo in S, $P(S,T)$. Se siamo in una situazione in cui prevediamo un aumento dei tassi, il prezzo del titolo in S potrebbe diminuire rispetto al valore corrente e generare in conto economico una minusvalenza; potrebbe invece verificarsi una diminuzione dei tassi e quindi una (gradita) plusvalenza in conto economico: tale incertezza è nota come rischio di tasso (Cesari e Susini, 2005a, cap. 4).

I contratti forward offrono la possibilità di eliminare questo rischio vendendo a termine il titolo e fissando quindi, da subito, il prezzo di vendita $Q(t, S, T)$. Il payoff del contratto alla data S sarà pertanto

$$Q(t, S, T) - P(S, T)$$

Supponiamo ad esempio di aver acquistato il titolo al prezzo $P(t, T) = 90$ e di aver stipulato un contratto forward con prezzo forward $Q(t, S, T) = 93$. In una prospettiva di aumento dei tassi potrebbe verificarsi che il prezzo del titolo in S diminuisca e ad esempio sia pari a $P(S, T) = 85$; questo determina un payoff del forward di $93 - 85 = +8$; in caso di diminuzione dei tassi invece, potrebbe verificarsi $P(S, T) = 95$, con payoff del forward di $93 - 95 = -2$. Nel primo caso sembra esserci un guadagno e nel secondo caso una perdita ma in realtà si è semplicemente eliminata l'incertezza. Infatti, avendo il titolo in portafoglio, la posizione complessiva (titolo + vendita forward) si colloca al valore prefissato di 93, con conseguente eliminazione dell'incertezza.

Dal punto di vista geometrico osserviamo il grafico riportato in Figura 3.3.

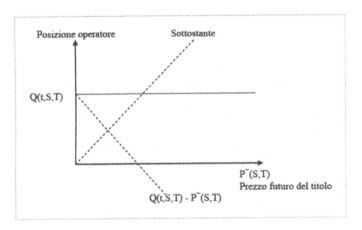

Figura 3.3. Contratto forward

L'asse delle ascisse rappresenta i possibili valori futuri, in S, del titolo ZCB, $P(S, T)$, tra 0 e $+\infty$; l'asse delle ordinate rappresenta, invece, i corrispondenti possibili valori futuri del portafoglio dell'investitore.

La posizione nel solo titolo sottostante (*naked position*) è rappresentata dalla bisettrice del primo quadrante; il contratto di vendita forward è rappresentato dalla retta $Q(t, S, T) - P(S, T)$ con coefficiente angolare pari a -1 e intercetta in $Q(t, S, T)$. La somma dei due *asset* determina la posizione coperta pari a: $P(S, T) + (Q(t, S, T) - P(S, T)) = Q(t, S, T)$.

Essendo il valore futuro del portafoglio $Q(t, S, T)$ completamente noto, il rischio è stato completamente eliminato.

Pertanto, una posizione lunga spot nel sottostante e una posizione corta forward determinano un portafoglio totalmente coperto.

Analogamente, se si fosse avuta spot una posizione corta, quale ad esempio un'emissione obbligazionaria con scadenza T, sottoposta al rischio di calo dei tassi (e conseguente aumento del valore del debito), $-P(S, T)$, la copertura totale si poteva ottenere acquistando forward il sottostante, con conseguente *lock-in* sia del tasso di finanziamento sia del valore della posizione debitoria in S:

$$-P(S, T) + (P(S, T) - Q(t, S, T)) = -Q(t, S, T)$$

Pertanto, una posizione corta spot nel sottostante e una posizione lunga forward determinano un debito totalmente coperto.

Proposizione 1. *Regola di copertura forward*. *Fai oggi sul mercato forward ciò che avresti fatto domani sul mercato spot in assenza di copertura.*

Posizione spot	Hedging forward
Lunga	Vendo forward
Corta	Acquisto forward

Esempio 11. Hedging con FRA. Un investitore ha acquistato, per 2 milioni di euro, ZCB a 6 mesi al tasso semplice del 5% e ha contratto un debito di pari importo a 9 mesi al 4.7%.

Oggi il tasso a 3 mesi è al 5%. Il rischio è che fra 6 mesi, alla scadenza del titolo ZCB, i tassi siano scesi e il reinvestimento del capitale non possa più essere fatto a tassi vantaggiosi rispetto all'indebitamento. Il tasso di riferimento è il tasso spot a 3 mesi e poiché si troverà lungo sul tale tasso, l'investitore si copre vendendo FRA 6 × 9 per nominale 2 milioni al tasso forward 4.9%.

Dopo 6 mesi il tasso a 3 mesi è effettivamente sceso dal 5% al 4%.

Ecco il calcolo di redditività con e senza copertura:

Caso tassi in calo	tempo	Con copertura FRA	Senza copertura
ZCB	t+6	$2000000(1 + 5\%\frac{6}{12}) = 2050000$	$2000000(1 + 5\%\frac{6}{12}) = 2050000$
reinvestimento	t+9	$2050000(1 + 4\%\frac{3}{12}) = 2070500$	$2050000(1 + 4\%\frac{3}{12}) = 2070500$
FRA	t+9	$2000000(4.9\% - 4\%)\frac{3}{12} = 4500$	
Debito	t+9	$-2000000(1 + 4.9\%\frac{9}{12}) = -2073500$	$-2000000(1 + 4.9\%\frac{9}{12}) = -2073500$
Totale netto	t+9	+1500	−3000

La vendita di FRA ha compensato il calo che si sarebbe verificato reinvestendo a tassi più bassi.

Se i tassi a 3 mesi fossero rimasti stabili al 5% si avrebbe il seguente risultato:

Caso tassi stabili	tempo	Con copertura FRA	Senza copertura
ZCB	t+6	$2000000(1 + 5\%\frac{6}{12}) = 2050000$	$2000000(1 + 5\%\frac{6}{12}) = 2050000$
reinvestimento	t+9	$2050000(1 + 5\%\frac{3}{12}) = 2075625$	$2050000(1 + 5\%\frac{3}{12}) = 2075625$
FRA	t+9	$2000000(4.9\% - 5\%)\frac{3}{12} = -500$	
Debito	t+9	$-2000000(1 + 4.9\%\frac{9}{12}) = -2073500$	$-2000000(1 + 4.9\%\frac{9}{12}) = -2073500$
Totale netto	t+9	$+1625$	$+2125$

Si noti che il nominale FRA è stato fissato in cifra tonda sebbene l'ammontare da reinvestire fosse prevedibile in anticipo.

3.4.2 Trading

Lo stesso contratto forward, come ogni derivato, può anche determinare l'aumento dei rischi in portafoglio.

Quando ciò viene fatto deliberatamente, l'operazione viene definita di trading, o più esplicitamente, di *speculazione*. Infatti speculare significa prevedere il futuro lontano formulando aspettative e sfruttandole per trarre (se realizzate) il profitto speculativo.

Ad esempio, supponiamo di avere un'aspettativa di aumento dei tassi e quindi di riduzione dei prezzi futuri dei titoli.

Per trarre profitto da tale aspettativa, vendo forward il titolo, incassando in S la differenza:

$$Q(t, S, T) - P(S, T)$$

Se effettivamente si sarà verificata la previsione di rialzo dei tassi otterrò una somma positiva senza l'utilizzo di alcun capitale iniziale (tasso di rendimento $+\infty$) mentre se avrò sbagliato la previsione (calo dei tassi) otterrò una perdita (tasso di rendimento $-\infty$).

Poiché ex-ante l'esito è incerto, la posizione speculativa è molto rischiosa.

Naturalmente, un'aspettativa di diminuzione dei tassi suggerisce un acquisto forward.

Si noti che la posizione speculativa forward, per definizione, non prende in considerazione il portafoglio in essere ma solo l'aspettativa circa i movimenti futuri del mercato.

Se la speculazione è sul mercato dei cambi, un attesa di deprezzamento della valuta domestica (euro) implica un aumento del tasso di cambio da $E(t)$ a $E(S)$ e quindi suggerisce di acquistare forward incassando in S:

$$E(S) - Q_E(t, S)$$

Viceversa per un'attesa di apprezzamento del cambio.

Proposizione 2. Regola di speculazione forward. *Fai oggi sul mercato forward l'opposto di ciò che avresti fatto domani sul mercato spot in assenza di speculazione.*

Aspettativa	*Posizione speculativa forward*
Aumento tassi (calo prezzi)	Vendo forward
Calo tassi (aumento prezzi)	Acquisto forward
Aumento del cambio (deprezzamento)	Acquisto forward
Calo del cambio (apprezzamento)	Vendita forward

3.5 Prezzi forward, prezzi attesi e investitori neutrali al rischio (F)

Il ragionamento di non arbitraggio ha consentito di determinare il prezzo forward come valore corrente capitalizzato del prezzo futuro:

$$Q(t, S) = V_t(V(S))(1 + R(t, S))^{S-t}$$

Se si potesse scrivere che $Q(t, S)$ è anche l'aspettativa corrente del prezzo futuro $Q(t, S) = E_t(V(S))$ si avrebbe che:

1. il valore atteso del profitto speculativo si annulla:

$$E_t(Q(t, S) - V(S)) = 0;$$

2. l'operatore valore attuale sarebbe semplicemente:

$$V_t(V(S))(1 + R(t, S))^{S-t} = E_t(V(S))$$

cioè il valore atteso scontato con la SPS risk-free:

$$V_t(.) = \frac{E_t(.)}{(1 + R(t, S))^{S-t}} \, .$$

L'ipotesi di prezzo forward come prezzo atteso non deriva dalla condizione di non arbitraggio ed è quindi un'ipotesi teorica che può risultare vera o falsa senza compromettere l'equilibrio di mercato.

Irving Fisher (1900) e altri economisti classici l'hanno suggerita da tempo e l'ipotesi è stata sottoposta, sui vari mercati, a una grande mole di verifiche empiriche, senza trovare, tuttavia, solidi riscontri.

Se il valore attuale è anche il prezzo corrente (caso di un titolo senza cedole o dividendi) si può scrivere:

$$V(t)(1 + R(t, S))^{S-t} = E_t(V(S))$$

e quindi l'ipotesi vincola la dinamica attesa dei prezzi:

$$E_t \left(V(S) - \frac{V(t)}{P(t, S)} \right) = 0$$

o, più precisamente, dei prezzi "capitalizzati":

$$E_t \left(\frac{V(S)}{P(S,S)} - \frac{V(t)}{P(t,S)} \right) = 0$$

che vengono così assunti essere martingale rispetto al set-up standard e alla misura naturale $\wp$(v. l'Appendice):

$$E_t \left(\frac{V(S)}{P(S,S)} \right) = \frac{V(t)}{P(t,S)}$$

Tale condizione, da ipotesi di partenza, diventa un risultato quando gli investitori sono neutrali al rischio (utilità lineare; v. Cesari e Susini, 2005a, cap. 1 e cap. 9). Pertanto, in un'economia *risk-neutral*, prezzi forward e prezzi attesi (ovvero prezzi correnti e prezzi attesi scontati al tasso risk-free) coincidono.

In un'economia *risk-averse*, il legame tra prezzi forward (osservabili) e prezzi attesi (non osservabili) si fa meno stretto, sebbene, sotto certe condizioni, continui a sussistere una relazione tra le due grandezze (per l'applicazione ai tassi della SPS si veda Cesari e Susini, 2005a, paragrafo 3.8). Di qui il motivo per cui si continua a cercare di cogliere, dai movimenti dei prezzi e tassi forward correnti, le informazioni sulle aspettative di mercato degli andamenti futuri di prezzi e tassi spot.

Esempio 12. La probabilità di convergenza dell'Italia nell'euro. Durante gli anni precedenti la creazione della moneta unica europea, nata il 1° gennaio 1999, gli operatori si interrogavano sulla probabilità che l'Italia riuscisse a far parte da subito (come poi avvenne) del gruppo di Paesi dell'EMU (con Germania, Francia, Olanda, Belgio, Lussemburgo). Un metodo utilizzato consisteva nell'assumere il tasso forward italiano a 3 mesi per la scadenza forward 1.1.1999 pari al tasso corrente tedesco a 3 mesi moltiplicato per la probabilità di adesione più il tasso corrente a 3 mesi italiano per la probabilità di non adesione:

$$R^{IT}(t,1999,3m) = R^{GE}(t,3m)\pi(t) + R^{IT}(t,3m)(1-\pi(t))$$

da cui:

$$\pi(t) = \frac{R^{IT}(t,1999,3m) - R^{IT}(t,3m)}{R^{GE}(t,3m) - R^{IT}(t,3m)}$$

3.6 Esercizi

Esercizio 18. Determinare il prezzo e il tasso forward di un BOT a 3 mesi con consegna 9 mesi quando la SPS è data da:

scadenza	SPS
3	5.5%
6	5.3%
9	6.1%
12	6.4%

Soluzione. 98.25 e 7.31%.

Esercizio 19. Determinare il prezzo tel quel e il prezzo forward per consegna 6 mesi del BTP 7% 1.1.2018 sapendo che oggi, 1.10.2008, il titolo ha corso secco 104.72 e la SPS è quella dell'esercizio precedente.

Soluzione. 106.47 e 106.04.

Esercizio 20. Determinare il cambio a termine dollaro/euro per scadenza forward 3 mesi, sapendo che il tasso euro a 3 mesi è 4.6%, il tasso dollaro è 2.6% e il cambio a pronti è 1.51.

Soluzione. 1.50

4

Futures

4.1 Le caratteristiche dei futures (F)

I futures si differenziano dai forward più per le peculiarità dei meccanismi di scambio che per le diversità concettuali dei due contratti.

Con riferimento a quanto detto nel Capitolo 1, i futures sono contratti a termine scambiati su mercati regolamentati mentre i forward sono contratti a termine scambiati sui mercati OTC.

Come i forward, i contratti futures si dividono in *commodity futures*, scritti su sottostanti che sono beni reali (es. futures sul grano, sul rame, sul petrolio) e *financial futures* scritti su attività finanziarie (es. futures su tassi di cambio, su bond, su azioni).

Come i forward, i futures servono a stabilire in anticipo, al tempo t, i termini di uno scambio futuro, da fare alla scadenza S del contratto future; a tale data l'acquirente del future (più precisamente, la parte contrattuale che si è impegnata a comprare) paga un ammontare prestabilito (prezzo future) e riceve una unità del sottostante; il venditore del future (i.e. la controparte, che si è parallelamente impegnata a vendere il sottostante) riceve l'ammontare prestabilito e dà il sottostante (*physical delivery* o *physical settlement*) o l'equivalente monetario (*cash delivery* o *cash settlement*).

Essendo scambiati su mercati regolamentati, i futures sono contratti **standardizzati**. Tale standardizzazione comporta contratti uguali per:

1. sottostante;
2. dimensione minima (lotto);
3. date di scadenza;
4. regole di negoziazione.

In particolare, i contratti futures:

1. hanno un sottostante standardizzato (es. petrolio di data qualità) per cui, in sede di hedging, sarà necessario cercare un contratto future che abbia un sottostante il più simile possibile a quello da coprire;

2. hanno un importo minimo fisso (lotto, es. 100 mila euro), per cui si possono scambiare solo multipli interi di tale importo;
3. hanno scadenze standardizzate (marzo, giugno, settembre, dicembre di ogni anno);
4. hanno prefissati orari di contrattazione, variazioni minime di prezzo (tick), modalità di liquidazione e luoghi di consegna;
5. hanno una Clearing House (CH) che regola le transazioni tra gli operatori in futures e diventa a tutti gli effetti la controparte verso cui avviene lo scambio (v. Capitolo 1);
6. consentono sempre la chiusura della posizione (in acquisto o in vendita) con l'apertura di una posizione opposta (rispettivamente in vendita e in acquisto, *offsetting contract*) sul medesimo sottostante e sulla medesima scadenza;
7. comportano la creazione di un deposito cauzionale (*margine iniziale*) e di un sistema articolato di margini per permettere alla CH di tutelarsi dai rischi d'insolvenza nelle negoziazioni;
8. movimentano il conto margini con gli accrediti e addebiti generati dal processo giornaliero detto di *marking to market*.

In sintesi il confronto tra future e forward vede:

Contratto future	Contratto forward
in mercati regolamentati	in mercati OTC
standardizzato	non standardizzato
con la CH	bilaterale
marking-to-market giornaliero	a scadenza
possibile chiusura anticipata	solo chiusura a scadenza
liquido	illiquido
risk-free	rischio di controparte

Osservazione 37. Tori in Borsa e un cowboy in Banca. Raramente i futures sono portati a scadenza; quasi sempre le posizioni sono chiuse con un contratto di segno opposto. Hull (2006, cap. 2) racconta il caso di un giovane impiegato di banca che invece di chiudere, come richiesto dal cliente, un contratto future lungo sul bestiame vivo nell'ultimo giorno di negoziazione al CME, passò per errore un ordine di acquisto di un altro contratto (circa 18 mila chili di bestiame). Il giorno successivo la situazione non era più rimediabile poiché il contratto non era più negoziato e il ragazzo dovette seguire la questione. Alla parte corta spetta decidere dove consegnare il bestiame (physical delivery) in una lista predefinita di mercati e fu scelto un paese (distante oltre 3000 km dalla banca) dove ogni martedì si svolge il mercato del bestiame. La parte corta comprò il bestiame all'asta e lo consegnò al giovane. Questi, però, per rivenderlo, dovette aspettare l'asta del martedì successivo, mantenendo qualcosa come 90 mucche per una settimana.

4.2 La Clearing House e il sistema dei margini (F)

La Clearing House o Cassa di Compensazione e Garanzia è un organo della Borsa che agisce da controparte in tutte le contrattazioni futures, garantendo il regolare funzionamento degli scambi e la solvibilità degli impegni. Intervenendo in tutti i contratti, la CH non assume mai posizioni aperte, essendo i contratti in acquisto (posizioni lunghe) sempre uguali a quelli in vendita (posizioni corte). La somma di tutte le posizioni lunghe e corte prende il nome di *open interest*. La CH opera esclusivamente con gli intermediari aderenti (*clearing members*), dotati di specifici requisiti di patrimonializzazione e professionalità. Gli altri broker e gli investitori in genere possono accedere al mercato future solo attraverso i soci della CH. In tutte le contrattazioni viene adottato il sistema dei margini, finalizzato anch'esso a minimizzare i rischi di insolvenza. Il suo funzionamento è il seguente.

1. Al momento dell'apertura di una posizione future (lunga o corta) entrambe le parti versano il *margine iniziale* (*initial margin*) su un apposito conto fruttifero detto *conto margini* (*margin account*). Tale margine iniziale è proporzionale al numero di contratti e, per ogni contratto, riflette la volatilità del sottostante: maggiore la volatilità, maggiore il margine iniziale richiesto. A volte il margine iniziale (deposito cauzionale) può essere costituito con titoli di Stato a breve scadenza mentre in caso di operazioni con chiusura in giornata (*day trades*) o di operazioni di *spread* (posizioni lunghe e posizioni corte con diversa scadenza) il margine richiesto è ridotto.

2. A ogni fine giornata, la CH effettua il *marking to market* dei contratti e calcola il conseguente guadagno/perdita ottenuto da ciascuna parte con la variazione del prezzo future verificatasi tra quel giorno e il precedente. Chi ha una perdita subisce un addebito che viene girato come accredito sul conto della controparte che ha avuto invece un guadagno (gioco a somma zero).

3. Se il saldo del conto margini scende sotto il *margine di mantenimento* (*mainteinance margin*), fissato in genere al 75% del margine iniziale, la CH chiede un'integrazione (*margin call*) per riportare il saldo al livello del margine iniziale. Il versamento che ne consegue (pena la chiusura della posizione) prende il nome di *margine di variazione* (*variation margin*). Le eccedenze sopra il margine iniziale possono essere prelevate dall'intestatario del conto.

Nel caso dei soci della CH, il conto margini prende il nome di *margine di compensazione* (*clearing margin*) e varia giornalmente col numero di contratti (in base netta o lorda se le posizioni lunghe e corte si compensano o meno) e col movimento dei prezzi futures. Non essendo previsto un margine di mantenimento sotto quello iniziale, i movimenti negativi di prezzo richiedono giornalmente versamenti (variation margins) per ripristinare il livello iniziale.

4.3 Marking to market dei contratti futures (F)

Il meccanismo del marking to market è caratteristico dei futures e rappresenta un ulteriore strumento di tutela del buon funzionamento del mercato e di riduzione dei rischi di inadempimento contrattuale. Vediamo in dettaglio il suo funzionamento.

Come analizzato nel capitolo precedente, in un contratto forward con scadenza S il payoff a scadenza, visto dal lato acquirente, è:

$$V(S) - Q(t, S)$$

Nel future la tale differenza viene suddivisa in tante variazioni giornaliere: in particolare tra la data t e la data S vi sono tanti giorni intermedî, $t+1$, $t+2$,..., $S-1$, alle fine dei quali il contratto viene "marcato sul mercato" (*marked to market*), calcolando la variazione del prezzo future q tra la fine della giornata precedente e quella corrente:

$$q(t + 1, S) - q(t, S)$$

e accreditando (addebitando se negativa) tale variazione nel conto margini dall'acquirente e addebitandola (accreditandola se negativa) sul conto margini del venditore. In tal modo è come se alla fine della giornata $t + 1$ (e di ogni altra giornata) il contratto future, pur di scadenza S, venisse liquidato nel payoff $q(t + 1, S) - q(t, S)$ e riscritto al nuovo prezzo future $q(t + 1, S)$.

Idem per la data $t + 2$:

$$q(t + 2, S) - q(t + 1, S)$$

etc. fino alla scadenza del contratto future in cui si liquida:

$$q(S, S) - q(S - 1, S)$$

Tenendo conto che a scadenza il prezzo future è necessariamente pari al prezzo spot:

$$q(S, S) = V(S)$$

la somma di tutte le variazioni tra $t + 1$ e S è pari al payoff forward:

$$\sum_{u=t}^{S-1} (q(u + 1, S) - q(u, S)) = q(S, S) - q(t, S)$$

$$= V(S) - q(t, S)$$

e quindi nel contratto future il processo di marking to market liquida la variazione $V(S) - q(t, S)$ non in un'unica soluzione a scadenza ma a rate, un po' ogni giorno, liquidando quotidianamente il differenziale e rivalutando il future ai prezzi di mercato.

In generale, a ogni data u, il conto margini dell'acquirente (trascurando gli interessi) ha subito una variazione pari a quella tra il il prezzo future in u e il prezzo future alla data di acquisto t: $q(u, S) - q(t, S)$.

Per chiarire meglio il funzionamento del sistema dei margini a garanzia dei contratti futures facciamo il seguente esempio.

Esempio 13. Supponiamo di aver acquistato un contratto future del valore nominale di 100 mila euro di azioni al prezzo future 9.26 euro. Al momento della negoziazione del contratto, t, sia l'acquirente che il venditore dovrà versare alla CH il margine iniziale pari all' 1.5% del valore nominale del contratto e quindi pari a 1500 euro, con margine di mantenimento a 1125 euro. Se la quotazione il giorno successivo è pari a 9.06 il meccanismo del marking to market porterà la CH ad addebitare all'acquirente la differenza tra il prezzo di acquisto al giorno t ed il prezzo al giorno successivo in $t + 1$ moltiplicato per il valore nominale della posizione assunta:

$$(q(t+1, S) - q(t, S)) \frac{1}{100} Nom = (9.06 - 9.26)\frac{1}{100} \cdot 100000 = -200$$

Tale somma viene subito accreditata dalla CH sul conto margini del venditore, e così fino alla chiusura della posizione. In $t+2$ il conto margini dell'acquirente scende sotto il livello di mantenimento e la CH effettua un margin call di 520 euro che viene eseguito nella giornata successiva.

Data	Quotazione	Valore di mercato dei future	Marking-to-market %	Totale	Margini Acquirente	Richiesta Margini
t	9,26	926.000 euro			1.500 euro	
t + 1	9,06	906.000 euro	-0,2	-200 euro	1.300 euro	
t + 2	8,74	874.000 euro	-0,32	-320 euro	980 euro	520 euro
t + 3	8,96	896.000 euro	0,22	-220 euro	1.720 euro	
t + 4	9,06	906.000 euro	0,1	100 euro	1.820 euro	
t + 5	8,86	886.000 euro	-0,2	-200 euro	1.620 euro	
		Totale	-0,4	-400 euro	1.620 euro	

Figura 4.1. Marking to market del contratto future

Come si osserva dalla tabella, tra la data t e la data $t+5$ il valore del future è sceso da 9.26 euro a 8.86 euro con addebito per l'acquirente di 400 euro, pari a $1620 - 520 - 1500$; questo ammontare corrisponde esattamente alla somma algebrica dei versamenti e degli accreditamenti giornalieri effettuati dalla CH sui conti delle controparti per effetto del processo di marking to market. Quando, alla data $t + 5$, viene chiusa la posizione la perdita netta di -400 euro cumulata dall'acquirente corrisponde esattamente al guadagno netto del venditore del future.

4.4 Pricing dei futures

Si è visto nel precedente capitolo come ricavare il prezzo forward di non arbitraggio.

Secondo alcuni autori (Hull, 2003 p. 57) "le differenze teoriche tra prezzi forward e prezzi futures sono nella maggior parte dei casi sufficientemente piccole da poter essere trascurate".

Nel caso dei futures, tuttavia, pur trascurando varie peculiarità quali la remunerazione del margine iniziale, le indivisibilità dovute ai lotti minimi, il diverso rischio di liquidità e di controparte, una differenza significativa consiste nel suddetto meccanismo di marking to market.

Tenendo conto di ciò, Cox, Ingersoll e Ross (1981) hanno dimostrato il seguente risultato.

Teorema 13. *del prezzo future (CIR, 1981)*

a) *Il prezzo future $q(t,S)$, pur non essendo il prezzo di un titolo, equivale al prezzo di un asset fittizio che paga a scadenza S l'ammontare $V(S)e^{\int_t^S r(u)du}$ ovvero, equivalentemente, l'ammontare in capitalizzazione composta $V(S)\prod_{u=t}^{S-1}(1+R(u,u+1))$:*

$$q(t,S) = V_t\left(V(S)e^{\int_t^S r(u)du}\right)$$

$$= V_t\left(V(S)\prod_{u=t}^{S-1}(1+R(u,u+1))\right)$$

in cui $r(u)$ è il tasso spot istantaneo in tempo continuo, $R(u,u+1)$ è il tasso spot a breve in tempo discreto sulla scadenza uniperiodale (Cesari e Susini, 2005a, paragrafo 3.7.5), $e^{\int_t^S r(u)du}$ è il fattore montante in capitalizzazione continua tra t e S, mentre $\prod_{u=t}^{S-1}(1+R(u,u+1))$ è il fattore equivalente in capitalizzazione composta.

b) *Il prezzo future è il prezzo di un asset fittizio che paga a scadenza S l'ammontare $V(S)$ e paga in ogni momento u (tra t e S), un dividendo continuo pari a $r(u)q(u,S)du$ ovvero, in tempo discreto, paga in $u+1$ (con u tra t e $S-1$) un dividendo di $R(u,u+1)q(u,S)$.*

c) *Il prezzo future è il valore $q(t,S)$ che annulla in t la differenza $V(S) - q(t,S)$ capitalizzata al tasso risk-free:*

$$V_t\left((V(S)-q(t,S))e^{\int_t^S r(u)du}\right) = 0$$

$$V_t\left((V(S)-q(t,S))\prod_{u=t}^{S-1}(1+R(u,u+1))\right) = 0$$

Dimostrazione.
Per a) e b) si veda CIR (1981, proposition 2 e 7).
Per c) si applica ad a) il seguente Lemma.

Lemma 1. *Una unità monetaria continuamente reinvestita tra t e S al tasso a breve (roll-over strategy) produce a scadenza il fattore montante (usando la capitalizzazione continua)* $e^{\int_t^S r(u)du}$ *e il fattore* $\prod_{u=t}^{S-1}(1+R(u,u+1))$ *usando la capitalizzazione discreta. Pertanto:*

$$1 = V_t \left(e^{\int_t^S r(u)du} \right) = V_t \left(\prod_{u=t}^{S-1}(1 + R(u,u+1)) \right)$$

Equivalentemente, il prezzo di un titolo (floater bond) che paga una cedola continua $r(u)du$ *è 1.*

Teorema 14. *Il prezzo future è una* $B(t)$*-martingala.*

Dimostrazione.
Dai teoremi fondamentali del pricing:

$$q(t,S) = V_t \left(q(S,S)\frac{B(S)}{B(t)} \right) = E_t^B \left(q(S,S)\frac{B(S)}{B(t)}\frac{B(t)}{B(S)} \right) = E_t^B \left(q(S,S) \right)$$

In particolare, nel caso di uno ZCB con scadenza T:

$$q(t,S,T) = E_t^B \left(P(S,T) \right) \tag{4.1}$$

Teorema 15. *Black (1976)*

a) *Se i tassi d'interesse sono non stocastici prezzi futures e prezzi forward sono uguali.*
b) *Se il prezzo del titolo sottostante $V(S)$ è non stocastico allora prezzi forward, futures e spot sono tra loro uguali.*

Dimostrazione. Parte a)
Infatti se non c'è incertezza, la condizione di non arbitraggio implica che prezzi e tassi forward sono uguali a prezzi e tassi spot futuri (Cesari e Susini, 2005a, paragrafo 3.8.1).
  In particolare, se $R(t,S,T)$ è il tasso forward $T-S$ stabilito in t per la scadenza S e se $r_{FW}(t,v)$ è il tasso forward istantaneo stabilito in t per la scadenza v allora:

$$R(t,S,T) = R(S,T)$$
$$r_{FW}(t,v) = r(v)$$

e quindi (cfr. Cesari e Susini, 2005a, paragrafo 3.7.5):

$$P(t,S) = e^{-\int_t^S r_{FW}(t,v)dv} = e^{-\int_t^S r(v)dv}$$

da cui:

$$Q(t,S) = \frac{V_t(V(S))}{P(t,S)} = e^{\int_t^S r(v)dv}V_t(V(S)) = q(t,S)$$

Dimostrazione. Parte b)
Infatti:

$$Q(t,S) = \frac{V_t(V(S))}{P(t,S)} = \frac{V(S)V_t(1(S))}{P(t,S)} = V(S)$$

$$q(t,S) = V_t\left(V(S)e^{\int_t^S r(u)du}\right) = V(S)V_t\left(e^{\int_t^S r(u)du}\right) = V(S)$$

ove l'ultima eguaglianza deriva da Lemma precedente.

Osservazione 38. Si rammenti che ogni risultato con una legge di capitalizzazione (es. continua) può essere riscritto in termini di una diversa legge (es. composta o semplice) (Cesari e Susini, 2005a, paragrafo 1.6). La scelta della legge è spesso legata alla convenienza analitica o all'aderenza alla convenzione di mercato.

4.5 Futures su coupon bond (F)

Alcune tipologie di coupon bond governativi a breve (2 anni), media (5 anni), lunga scadenza (8-10 anni) e lunghissima scadenza (oltre 24 anni) sono il sottostante di una importante categoria di financial futures.

Nel 2004 (dati BIS), a fronte di titoli governativi dei Paesi sviluppati (BTP, Bund, OAT, Bond etc.) in circolazione per circa 944 miliardi di dollari, i futures su tassi d'interesse scambiati nell'anno hanno superato i 783000 miliardi.

Vista la grande varietà di CB per cedola e scadenza, non potendosi creare tanti mercati tanti quanti sono i diversi CB in circolazione, il contratto future fa riferimento a un titolo CB fittizio detto nozionale con un dato range di scadenza (breve, medio, lungo e lunghissimo) e un dato tasso cedolare (6% o 4%).

Il prezzo future che si forma sul mercato rappresenta il prezzo da pagare alla scadenza standard S (10 marzo, giugno, settembre, dicembre prossimi) per il nozionale contrattuale.

Alla scadenza (*physical settlement*) il venditore future ha la possibilità di scegliere per la cessione (*delivery option*) un CB all'interno di un paniere di titoli consegnabili (*deliverable basket*).

Con riferimento al titolo nozionale dovrebbe aversi, a scadenza S, tenuto conto del meccanismo del marking-to-market, il payoff dell'acquirente:

$$[B^{sec}(S,T_s,c_{noz}) - q(t,S,T_s)]\, e^{\int_t^S r(u)du}$$

ma essendo consegnabili K titoli realmente esistenti, con corso secco $B^{sec}_j = B^{sec}(S,T_j,c_j)$ $j=1,..,K$, attraverso il sistema dei **fattori di conversione** FC_j si determina il payoff:

$$\min_j(B^{sec}_1 - qFC_1, ..., B^{sec}_j - qFC_j, ..., B^{sec}_K - qFC_K)e^{\int_t^S r(u)du}$$

Sul mercato europeo, per il contratto detto Euro-Schatz future i titoli consegnabili hanno tra 1.75 e 2.25 anni alla scadenza; per il contratto Euro-Bobl future, tra 4.5 e 5.5 anni; per il contratto Euro-Bund future, tra 8.5 e 10.5; per il contratto Euro-Buxl future, tra 24 e 35 anni.

Il paniere dei titoli consegnabili è stabilito dalla CH che stabilisce anche il fattore di conversione da utilizzare per "equiparare" il titolo nozionale ai diversi titoli deliverable. Infatti, a seconda del titolo consegnato, l'importo che l'acquirente future paga al venditore è il prezzo future aggiustato mediante un fattore moltiplicativo che cerca di rendere equivalenti i vari titoli deliverable, trasformando il prezzo future quotato, relativo al titolo nozionale, nel prezzo future dello specifico CB consegnabile. Poiché tale "equiparazione" non è perfetta, il venditore sceglierà il titolo j, detto CTD (*cheapest to deliver*), che minimizza il suo esborso.

4.5.1 Fattore di conversione e calcolo del CTD

L'equiparazione tra i titoli consegnabili viene fatta sotto ipotesi eroiche. Infatti la formula definitoria del fattore di conversione ipotizza che a scadenza S la SPS sia piatta, pari alla cedola nozionale annua $c_{noz} = 6\%$. In tal modo, il corso secco del nozionale stesso, alla scadenza S, è 100 in quanto il nozionale diventa un *par bond* che quota (a ogni stacco cedolare) esattamente alla pari (TIR= cedola; Cesari e Susini, 2005a, paragrafo 2.4.5).

Il corso secco del j-esimo CB consegnabile, con cedola c_j, $j = 1,..,K$, è calcolabile, nelle ipotesi fatte, come:

$$corso\ secco_j = \frac{100}{(1 + c_{noz})^{t_1 - S}}$$
$$\left[\frac{c_j}{c_{noz}} \left((1 + c_{noz}) - (1 + c_{noz})^{-n} \right) + (1 + c_{noz})^{-n} \right] - c_j 100 \frac{S - t_0}{t_1 - t_0}$$

ove t_0 è la data dell'ultimo stacco cedolare rispetto a S, t_1 è la data dello stacco successivo, n è il numero intero di anni, da t_1 alla scadenza del CB consegnabile (per titoli con cedola semestrale n diventa il numero di semestri). Si noti che il termine in parentesi quadra è il valore del CB in t_1 (applicando la formula in Cesari e Susini, 2005a, paragrafo 2.5.3); il fattore moltiplicativo di tale termine porta il valore in S e l'ultimo elemento dell'equazione è il rateo da togliere per ricavare il corso secco.

Pertanto, il fattore di conversione del CB j-esimo tra i possibili deliverable è definito come il rapporto tra il corso secco in S del consegnabile e il corso secco (100) del nozionale:

$$FC_j = \frac{1}{(1 + c_{noz})^{t_1 - S}}$$
$$\left[\frac{c_j}{c_{noz}} \left((1 + c_{noz}) - (1 + c_{noz})^{-n} \right) + (1 + c_{noz})^{-n} \right] - c_j \frac{S - t_0}{t_1 - t_0}$$

Approssimativamente, il fattore di conversione sarà $\geqq 1$ a seconda che la cedola c_j del CB sia $\geqq c_{noz}$.

Esempio 14. Calcoliamo il fattore di conversione del CB 3% 1.11.2008 per il future con consegna marzo 2005.

Si ha S=10mar05, t_0=1nov04, t_1=1nov05, n=3, c_{noz}=6%:

$$FC_j = \frac{1}{1.06^{\frac{236}{365}}} \left[\frac{3}{6} \left(1.06 - 1.06^{-3} \right) + 1.06^{-3} \right] - 0.03 \frac{129}{365} = 0.904088$$

Inutile dire che l'equiparazione via fattore di conversione, per le ipotesi semplificatrici fatte, riesce solo in parte nell'intento di rendere i titoli *deliverable* egualmente convenienti.

Infatti, se il venditore del future ha sottoscritto contratti per un valore nominale Nom, l'ammontare che riceve, per il CB j-esimo è:

$$ricavo_j = (q(S,S)FC_j + Rateo_j) \frac{Nom}{100}$$

consegnando il titolo che costa, sul mercato spot:

$$costo_j = \left(B_j^{\text{sec}} + Rateo_j \right) \frac{Nom}{100}$$

essendo B_j^{sec} il corso secco spot in S del CB j-esimo.

Di conseguenza, il venditore future, cui spetta la scelta del titolo da consegnare, opterà per il c.d. *cheapest to deliver*, CTD, vale a dire per quel titolo j^*, tra i consegnabili, per il quale è minima (*cheapest*) la differenza tra prezzo secco e future moltiplicato per il fattore di conversione (costo netto o guadagno netto se negativa):

$$j^* = \arg\min_j(B_1^{\text{sec}} - qFC_1, ..., B_j^{\text{sec}} - qFC_j, ..., B_K^{\text{sec}} - qFC_K) \qquad (4.2)$$

Definizione 13. *Si dice cheapest to deliver (CTD) il titolo j^*, nel paniere di titoli consegnabili, che rende minima la differenza netta in (4.2).*

Esempio 15. Supponiamo che il venditore di un future debba consegnare alla scadenza un titolo e debba scegliere tra i tre titoli riportati nella tabella ipotizzando che il prezzo future quotato sia pari a $q = 94.25$

Titolo	Fattore conversione	Incasso del venditore	Corso secco	Differenziale
j	FC_j	$q \cdot FC_j$	B_j	$B_j - q \cdot FC_j$
1	1.0366	97.70	99.30	+1.60
2	1.4376	135.50	141.50	+6.00
3	1.2622	118.96	120.25	+1.29

Il CTD è il titolo 3 che minimizza le perdite del venditore future (-1.29 per ogni 100 di valore facciale) e quindi i guadagni dell'acquirente.

Osservazione 39. Delivery option e timing option. Il venditore del future ha, in genere, due opzioni che può esercitare nei confronti dell'acquirente: una è la scelta del titolo da consegnare nel paniere dei deliverables, l'altra, presente ad esempio sul mercato future americano, è la scelta del giorno di consegna all'interno del mese di scadenza (delivery month) del future. Entrambe le opzioni riducono il prezzo future rispetto a un ipotetico contratto che ne fosse privo in quanto si tratta di "valori" che di fatto sono venduti dall'acquirente e acquistati dal venditore del future e pagati da questi alla scadenza mediante un minor incasso rispetto a quello ipotetico.

4.6 Arbitraggio, hedging e trading con bond futures (F)

Essendo concettualmente simili ai forward, i futures consentono analoghe operazioni di arbitraggio, trading e hedging, tenuto conto, naturalmente, del loro specifico meccanismo di funzionamento.

4.6.1 Arbitraggio

Come già detto in precedenza, l'arbitraggio consiste nello sfruttamento senza rischio di temporanei disallineamenti tra i prezzi dei titoli quotati:

1. **Cash and carry**: se il prezzo future è superiore al suo livello di non arbitraggio si acquista il titolo spot e lo si vende future;
2. **Reverse cash and carry**: se il prezzo future è inferiore al livello di non arbitraggio si vende il titolo spot (il CB presunto CTD) e lo si acquista future; in questo caso, tuttavia, il risultato finale non è scontato in quanto alla scadenza il venditore future consegnerà il CTD del momento che potrebbe essere diverso da quello acquistato dall'arbitraggista all'inizio dell'operazione.

Esempio 16. Cash and carry con bond futures. Il prezzo futures scadenza 10 marzo è $q = 117.04$; un bund consegnabile con fattore 1.044342 quota oggi, vale a dire 39 giorni prima della scadenza, tel quel 123.25.

Mi finanzio al 4.25% ottenendo tale cifra che uso per acquistare spot il titolo da vendere future.

A scadenza marzo (dopo 39 giorni) rimborso il prestito con gli interessi:

$$123.25 \cdot (1 + 4.25\% \cdot \frac{39}{365}) = 123.8097$$

Il profitto d'arbitraggio, assumendo che il rateo del CB in S sia 1.68 diventa:

$$117.04 \cdot 1.044342 + 1.68 - 123.8097 = +0.10$$

vale a dire 0.10 euro per ogni cento di nominale (un per mille).

Osservazione 40. Squeezing. In presenza di vincoli giuridici sulle vendite allo scoperto, alcuni operatori possono essere indotti a prendere consistenti posizioni lunghe sia sul future sia sul CTD spot, in modo da far lievitare il prezzo spot in prossimità della scadenza del future e "spremere" (fino a far collassare) il mercato futures.

4.6.2 Hedging

Come già visto con i forward, la principale finalità dei futures è la copertura di posizioni a rischio nel portafoglio dell'investitore.

Ma se i forward consentono una copertura perfetta nel momento in cui si vende a termine il titolo in portafoglio, i futures in genere non consentono di eliminare del tutto il rischio per la probabile differenza tra titolo in portafoglio e sottostante (CTD) del future e/o tra orizzonte di copertura S e scadenza (standard) del future $T > S$.

Il rischio residuale prende il nome di rischio base (*basis risk*) essendo la base definita dalla differenza tra prezzo spot e prezzo future:

$$base(S) = V(S) - q(S, T)$$

Se fosse $T = S$ e $q(S, S) = V(S)$, la copertura sarebbe perfetta (stessa scadenza e stesso sottostante).

I vari metodi di hedging cercano di determinare il numero ottimale di contratti futures per unità di posizione in portafoglio (*hedge ratio*) in modo da coprire al meglio il titolo o portafoglio posseduto.

Duration-based hedge

Si consideri un portafoglio di valore corrente (nominale per prezzo) $B_\pi(t)$ e duration modificata D_π. Come noto, la duration modificata rappresenta la variazione percentuale che, sotto ipotesi semplificatrici, si determina nel prezzo del portafoglio al variare di un punto dei tassi d'interesse (Cesari e Susini, 2005a, paragrafo 4.2).

Se N_d è il numero di contratti futures, ciascuno di size 100 mila euro, e se $q(t)$ è il prezzo future corrente, la posizione coperta è:

$$B_\pi(t) + N_d \cdot Size \cdot (q(t-1) - q(t)) \frac{1}{100}$$

ed è esposta al rischio di tasso:

$$\frac{\partial B_\pi}{\partial r} - N_d \cdot Size \cdot \frac{\partial q}{\partial r} \frac{1}{100} = -D_\pi B_\pi + N_d \cdot Size \cdot D_{CTD} \frac{B_{CTD}}{FC_{CTD}} \frac{1}{100} \quad (4.3)$$

ove si è usata l'uguaglianza tra future e CTD:

$$qFC_{CTD} = B_{CTD}$$

$$\frac{\partial q}{\partial r}FC_{CTD} = \frac{\partial B_{CTD}}{\partial r} = -D_{CTD}B_{CTD}$$

Il numero ottimale di contratti è determinato in modo da annullare il rischio di tasso in (4.3):

$$N_d = \frac{D_\pi}{D_{CTD}}\frac{B_\pi}{Si\,ze \cdot B_{CTD}}100FC_{CTD}$$

Esempio 17. Una posizione in BTP di duration 6.52 e valore di mercato 2.9 milioni di euro deve essere coperta dal rischio di rialzo dei tassi vendendo futures su Bund con CTD di prezzo 122.47, duration 6.27 e fattore di conversione 1.044342.

Il numero ottimale di contratti per la copertura è calcolato come:

$$N_d = \frac{6.52}{6.27}\frac{2900000}{100000 \cdot 122.47}104.4342 = 25.72$$

Pertanto la copertura ottimale consiste nella vendita future di 26 contratti (size 100 mila euro).

Regression-based hedge

Supponiamo che si voglia coprire una posizione lunga in CB, di prezzo unitario $B(t)$, rispetto a una data futura che non coincide con le date di scadenza dei futures: ad esempio, alla data $t = giugno$ voglio coprire la posizione in titoli con scadenza $S = ottobre$. La standardizzazione delle scadenze nei mercati regolamentati non prevede alcun contratto future con scadenza ottobre: le due scadenze più vicine sono settembre e dicembre.

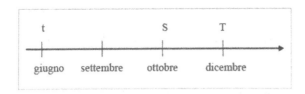

Alla data S il titolo vale $B(S)$ e la copertura con forward in vendita sarebbe perfetta:

$$B(S) + (Q(t,S) - B(S)) = Q(t,S)$$

Si noti, tuttavia, che se il sottostante del forward $V(S)$ fosse diverso dal titolo in portafoglio $B(S)$ si avrebbe un rischio residuo di *proxy-hedging*:

$$B(S) + (Q(t,S) - V(S)) = Q(t,S) + [B(S) - V(S)]$$
$$= Q(t,S) + [B(S) - Q(S,S)]$$

Mediante futures, decido in t di vendere con scadenza T (dicembre) mentre in S (ottobre) compro futures sempre con scadenza T, chiudendo la posizione a termine. Si tratta di stabilire il numero ottimale N_r di titoli da vendere.

La posizione del future in vendita determina un payoff dato dall'incasso del prezzo future e dalla vendita del sottostante, mentre la la posizione del future in acquisto determina un payoff pari all'incasso del sottostante e alla vendita del prezzo future:

	S	T
Posizione lunga nel titolo	$B(S)$	
Vendita in t di futures scadenza T		$N_r\left[q\left(t,T\right)-B\left(T\right)\right]$
Acquisto in S di futures scadenza T		$N_r\left[B\left(T\right)-q\left(S,T\right)\right]$
Totale netto	$B(S)$	$N_r\left[q\left(t,T\right)-q\left(S,T\right)\right]$

Al netto, otteniamo in S la posizione sul sottostante e in T una posizione di acquisto e vendita sul future a prezzi diversi. Attualizzando in S il payoff della posizione future presente in T (ma nota già in S) si ha:

$$\Pi\left(S\right) = B(S) + N_r P(S,T)\left[q\left(t,T\right)-q\left(S,T\right)\right]$$

se aggiungiamo e togliamo il prezzo corrente $B(t)$ otteniamo

$$\Pi\left(S\right) = B(t) + \left[B\left(S\right)-B\left(t\right)\right] - N_r P\left(S,T\right)\left[q\left(S,T\right)-q\left(t,T\right)\right]$$
$$= B(t) + \Delta B\left(S\right) - N_r P\left(S,T\right)\Delta q\left(S\right)$$

dove $\Delta B(S)$ è la variazione del prezzo del sottostante e $\Delta q(S)$ è la variazione del prezzo future.

Assumendo $P(S,T) \simeq 1$ (essendo $T-S$ di regola inferiore a 3 mesi) si può calcolare la varianza condizionata del portafoglio coperto $\Pi\left(S\right)$ ottenendo:

$$Var_t\left[\Pi\left(S\right)\right] = Var_t\left[\Delta B\left(S\right)\right] + N_r^2 Var_t\left[\Delta q\left(S\right)\right] - 2N_r Cov_t\left[\Delta B(S),\Delta q\left(S\right)\right]$$
$$\equiv \left[\sigma_{tB}^2 + N_r^2\sigma_{tq}^2 - 2N_r\sigma_{tBq}\right]$$
$$= \left[\sigma_{tB}^2 + N_r^2\sigma_{tq}^2 - 2N_r\rho_{tBq}\sigma_{tB}\sigma_{tq}\right]$$

Tale varianza è minima (annullando la derivata prima e verificando la derivata seconda) per:

$$N_r = \frac{\sigma_{tBq}}{\sigma_{tq}^2} = \rho_{tBq}\frac{\sigma_{tB}}{\sigma_{tq}}$$

che rappresenta, quindi, il numero di contratti che minimizza la varianza del portafoglio coperto. Da notare che tale valore, in ipotesi di stazionarietà, è anche il coefficiente della regressione lineare delle variazioni del prezzo spot del sottostante sulle variazioni del prezzo future:

$$\Delta B = \alpha + \beta \Delta q + \varepsilon$$

Infatti, secondo il principio dei minimi quadrati (OLS):

$$\beta = \frac{Cov\,(\Delta B, \Delta q)}{\sigma_q^2} = \frac{\rho_{Bq}\sigma_q\sigma_B}{\sigma_q^2} = \rho_{Bq}\frac{\sigma_B}{\sigma_q} = N_r$$

per cui diventa estremamente facile calcolare l'hedge ratio da una serie storica di prezzi spot e futures.

La varianza (minima) del portafoglio è:

$$Var_t\,[\Pi\,(S)] = \sigma_{tB}^2(1 - \rho_{tBq}^2)$$

per cui, se esiste perfetta correlazione tra i prezzi spot e futures ($\rho_{tBq} = 1$), allora la copertura è perfetta (varianza nulla) con:

$$N_r = \frac{\sigma_{tB}}{\sigma_{tq}}$$

In generale, la correlazione non è perfetta anche se positiva e molto vicina all'unità, $0 < \rho_{tBq} < 1$: maggiore la correlazione, migliore la copertura regression-based.

Si noti che se la posizione in portafoglio consiste di titoli per un nominale di Nom il numero di contratti è:

$$N_r = \frac{Nom}{Size}\rho_{tBq}\frac{\sigma_{tB}}{\sigma_{tq}}$$

essendo $Size$ la dimensione di un contratto (es. 100 mila euro).

Naturalmente, l'hedging regression-based, a differenza di quello duration-based, può essere applicato a qualunque sottostante, per coprire qualunque rischio di mercato (es. rischio di cambio con sottostante in valuta estera, rischio azionario etc.).

Rolling hedge e il caso Metallgesellschaft

In genere, né sui mercati regolamentati né sugli OTC sono possibili contratti a termine per scadenze lunghe di anni. Se l'orizzonte di copertura, S, è superiore alla scadenza più lunga futures, si può cercare di coprire la posizione con futures a breve rinnovati periodicamente n volte (*rollover* dei futures). Ciò naturalmente non consente una copertura completa ma l'esposizione a $n - 1$ rischi base.

Sia t la data corrente, S l'orizzonte di copertura e t_1, t_2,....,t_n le scadenze futures intermedie tra t e S, con $t_n \geq S$ prima scadenza future successiva a S. Il sottostante più la vendita future ripetuta n volte generano il payoff a scadenza (non capitalizzato):

$$B(S) + (q(t, t_1) - B(t_1)) + (q(t_1, t_2) - B(t_2)) + ... +$$
$$(q(t_{n-1}, t_n) - B(t_n)) + (B(t_n) - q(S, t_n))$$
$$= B(S) + q(t, t_1) - q(S, t_n) + (q(t_1, t_2) - B(t_1)) + (q(t_2, t_3) - B(t_2)) + ... +$$
$$(q(t_{n-1}, t_n) - B(t_{n-1}))$$

ove l'incertezza è rappresentata dalle $n - 1$ basi future, incerte in t.

Questo tipo di hedging fu messo in pratica in un caso divenuto famoso per il fallimento che ne conseguì: la società tedesca **Metallgesellschaft Refining and Marketing** aveva venduto forward a lungo termine S grandi quantità di petrolio al prezzo Q, coprendosi con acquisti di futures a 1 mese rolling. Questa la sua posizione (non capitalizzata) se fosse arrivata a scadenza:

$$[Q(t, S) - V(S)] +$$
$$[(V(t_1) - q(t, t_1)) + (V(t_2) - q(t_1, t_2)) + ... + (V(S) - q(S - 1, S))]$$

Nel 1993, con il calo del prezzo del petrolio $V(t_i)$, la società dovette far fronte a continue perdite immediate (la liquidazione dei contratti a breve) solo in teoria coperte dai guadagni (contabili) sulla posizione forward. Il continuo assorbimento di liquidità (cash shortfall con credit rationing) causato dalla strategia costrinse la società capogruppo a chiudere la posizione con oltre 1 miliardo di dollari di perdite.

Si noti che la situazione non sarebbe cambiata anche in presenza di futures con scadenza a lungo termine S:

$$[Q(t, S) - V(S)] +$$
$$[(q(t_1, S) - q(t, S)) + (q(t_2, S) - q(t_1, S)) + ... + (V(S) - q(S - 1, S))]$$

in quanto il meccanismo del marking to market avrebbe ugualmente richiesto, a fronte del calo dei prezzi spot e futures del petrolio, una continua richiesta di ricostituzione del conto margini.

Naturalmente, il caso, reale, non potrebbe sopravvivere nel mondo astratto dei mercati perfetti, dove, per ipotesi, la liquidità è sempre disponibile al tasso di mercato (nessun razionamento del credito) e tutti i contratti (forward inclusi) sono prontamente liquidabili al prezzo di mercato (nessun forma di non liquidabilità o non marketability degli assets). Sul caso, si vedano Edwards e Canter (1995), Mello e Parsons (1995), Bollen e Whaley (1998) e Glasserman (2001).

L'esempio mostra che la copertura con futures comporta un rilevante rischio di liquidità legato alla dinamica del conto margini:

$$dM(t) = r(t)M(t)dt + dq(t)$$

e alla proabilità che scenda sotto il livello di mantenimento.

Osservazione 41. I rischi della copertura dei rischi. Come osservato da Hull (2003 p. 82), sebbene sia perfettamente razionale coprire il rischio di un portafoglio mediante futures e forward, tuttavia la decisione di copertura presenta dei rischi per l'hedger. In primo luogo si pensi al caso di un'impresa che produce motori elettrici. Il direttore finanziario potrebbe pensare di coprirsi dal rischio di aumento del prezzo del rame (materia prima del processo produttivo) comprando rame a termine. Se il prezzo spot del rame dovesse salire il guadagno sulla posizione futures ridurrà il costo per gli acquisti di rame. Ciò tuttavia non tiene conto del fatto che in presenza di aumenti delle materie prime, anche i prezzi di vendita dei prodotti finiti tenderanno a salire e quindi salirà anche il fatturato dell'impresa. Se l'impresa non si copre, un aumento del prezzo del rame fa salire costi e ricavi; una riduzione del prezzo fa scendere (in condizioni concorrenziali) costi e ricavi. Il profitto dell'impresa che non si copre tende quindi a essere stabile; quello dell'impresa che si copre tende invece ad essere molto variabile (alto quando crescono le materie prime; basso quando calano) e ciò potrebbe non essere gradito da shareholder e stakeholder (es. banche) dell'impresa. Morale: la copertura senza tener conto di entrambi i lati del bilancio (*asset and liability management*) può aumentare invece che ridurre il rischio complessivo.

In secondo luogo, i futures offrono una copertura simmetrica, che fa guadagnare in un caso e perdere nell'altro. Sebbene in entrambe le eventualità il rischio è coperto, registrare il guadagno piace, contabilizzare la perdita dispiace e non sempre l'aver coperto un rischio che poteva manifestarsi (ma non l'ha fatto...) viene considerata una giustificazione sufficiente nei livelli superiori della catena di comando. Nell'esempio precedente, se alla fine si verifica un calo del prezzo del rame (nonostante il temuto aumento che ha suggerito la copertura), l'acquisto a termine comporta ovviamente una perdita (rispetto alle più basse quotazioni spot) e può essere difficile far capire al top management che un calo del prezzo delle materie prime ha generato perdite invece dei profitti erroneamente attesi (e annunciati dai concorrenti). Morale: dietro ogni copertura c'è una speculazione latente; la prima è sempre efficace ma è la seconda che può farvi licenziare. Per evitare equivoci, le scelte di copertura con futures (viste le loro conseguenze a termine) devono essere comprese in tutti gli aspetti e decise, almeno nelle linee di indirizzo, ai massimi livelli manageriali.

4.6.3 Trading

Il trader o speculatore (rider, scalper etc.) prende posizione lunga o corta sul mercato in considerazione delle proprie aspettative sui movimenti della SPS (cfr. Cesari e Susini, 2005a, cap. 4).

Le strategie possibili sono numerose, sia di tipo long, sia di tipo short sia di tipo long-short (spread trading).

Esempio 18. Short trading. In gennaio, in vista di un rialzo dei tassi il trader vende 5 contratti futures di nominale 100 mila euro ciascuno su Bund al prezzo futures scadenza giugno di 105.9.

In febbraio il rialzo c'è stato e il future quota 102.9; il trader chiude la posizione short acquistando 5 futures scadenza giugno.

Il profitto totale è:

$$(105.9 - 102.9)\frac{1}{100} \cdot 5 \cdot 100000 = 15000$$

Esempio 19. Calendar spread trading. Il trader sfrutta le proprie aspettative sui movimenti dei tassi futuri acquistando/vendendo un contratto con una scadenza e contestualmente vendendo/acquistando un contratto con una scadenza diversa (posizione long-short).

Il future scadenza marzo quota oggi 117.28 mentre quello con scadenza giugno quota 116.73. Il differenziale è di 0.55 (55 tick, essendo il tick il movimento minimo di prezzo, fissato a 0.01 su 100 di nominale). Il future marzo è legato al tasso R(t,marzo); il future giugno è legato al tasso R(t,giugno) cioè R(t,marzo) e al tasso forward a tre mesi R(t,marzo,giugno). Un'attesa di calo dei tassi con steepening di curva porta ad aumentare entrambi i prezzi futures ma con maggiore effetto maggiore sulla scadenza corta. Il trader comprerà il future-marzo e venderà il future-giugno. Supponiamo che l'attesa si sia realizzata per cui il future-marzo quota 117.5 e il future-giugno quota 116.8 (spread di 0.70) quando il trader chiude la posizione con contratti opposti. Il profitto per 100 nominali è:

$$(117.5 - 117.28) + (116.73 - 116.8) = (117.5 - 116.8) - (117.28 - 116.73)$$
$$= 0.70 - 0.55 = 0.15$$

Esempio 20. Intra-market spread trading e inter-market spread trading. Il trader apre una posizione long-short su futures con la stessa scadenza ma diversi sottostanti di uno stesso emittente (intra-market) o di emittenti diversi (inter-market: es. Bund tedesco e Bond americano).

Ad esempio, a maggio un trader ha aspettative di steepening di curva a fine anno con rialzo a lunga maggiore del rialzo a breve. Ne segue che si aspetta un calo dei prezzi sul Bund (titolo a 10 anni) maggiore del calo sul Bobl (titolo a 5 anni).

L'intra-market spread consiste nel vendere futures sul Bund scadenza dicembre e comprare futures sul Bobl sulla stessa scadenza.

Usando il duration-based hedge ratio il trader può copre il portafoglio da movimenti di shift additivo della SPS lasciando scoperta solo l'esposizione al twist di curva (e agli altri movimenti) che rappresenta la sua scommessa di profitto (bet).

Se il duration-based hedge ratio Bund/Bobl è 2 significa che occorrono 2 contratti Bobl ogni contratto Bund per neutralizzare l'effetto shift.

Esempio 21. Rolling trading. Il trader acquista futures a lunga, scadenza t_n e vende futures a breve alle scadenze intermedie t_i, $i = 1, ..., n$ (rolling dei contratti futures). Il risultato in termini di payoff grezzo (non capitalizzàto) è:

$$(B(t_n) - q(t, t_n)) + (q(t, t_1) - B(t_1)) + (q(t_1, t_2) - B(t_2)) + ... +$$
$$(q(t_{n-1}, t_n) - B(t_n))$$
$$= q(t, t_1) - q(t, t_n) + (q(t_1, t_2) - B(t_1)) + (q(t_2, t_3) - B(t_2)) + ... +$$
$$(q(t_{n-1}, t_n) - B(t_{n-1}))$$

e la scommessa è che l'accumulo dei contango $(q(t_i, t_{i+1}) > B(t_i))$ sia superiore al term spread $(q(t, t_1) < q(t, t_n))$.

4.7 Futures su tassi d'interesse

I futures su tassi d'interesse, diversamente dai bond futures, sono direttamente legati all'andamento di un tasso di mercato, di solito a breve scadenza (es. Libor a 3 mesi).

LIFFE e CME sono i due mercati mondiali più attivi su futures su tassi, rispettivamente Euribor e Eurodollaro.

Il future su Libor è simile al FRA anticipato, con le tipiche peculiarità dei contratti futures. In particolare:

1. scadenze standardizzate (marzo, giugno, settembre e dicembre per 5 o più anni in avanti) al terzo mercoledì del mese;
2. il tasso di regolamento $R(S, T)$ (EDSP, exchange delivery settlement price) in capitalizzazione semplice, actual/360;
3. nominale di 1 milione di euro per contratto.

Inoltre, la quotazione future q osservabile è fatta come (100-tasso future annualizzato):

$$q(t, S, T) \equiv 100 - r(t, S, T)100$$

per cui l'ammontare da regolare (ignorando il marking to market) è stabilito come:

$$\{[100 - r(t, S, T)(T - S)100] - [100 - R(S, T)(T - S)100]\} \frac{Nom}{100}$$
$$= (R(S, T) - r(t, S, T)) \cdot (T - S) \cdot Nom$$

Applicando il teorema di CIR (1981) sui prezzi futures si può ricavare un'espressione per il tasso future e la dimostrazione della sua proprietà di $B(t)$-martingala.

Teorema 16. *Il tasso future è una $B(t)$-martingala data da:*

$$r(t, S, T) = \frac{1}{T - S} \left(E_t^B \left(\frac{1}{P(S, T)} \right) - 1 \right)$$

Dimostrazione.
Per unità di nominale, si ha, dal teorema del prezzo future:

$$V_t\left[(R(S,T) - r(t,S,T))(T-S)e^{\int_t^S r(u)du}\right] = 0$$

Con semplici passaggi:

$$V_t\left[(1 + R(S,T)(T-S))\,e^{\int_t^S r(u)du}\right] = V_t\left[(1 + r(t,S,T)(T-S))\,e^{\int_t^S r(u)du}\right]$$

$$V_t\left(\frac{1}{P(S,T)}e^{\int_t^S r(u)du}\right) = 1 + r(t,S,T)(T-S)$$

$$E_t^B\left(\frac{1}{P(S,T)}\right) = 1 + r(t,S,T)(T-S)$$

ove si è usato il teorema fondamentale del pricing per cui:

$$V_t\left(\frac{1}{P(S,T)}e^{\int_t^S r(u)du}\right) = E_t^B\left[\left(\frac{1}{P(S,T)}e^{\int_t^S r(u)du}\right)e^{-\int_t^S r(u)du}\right]$$

$$= E_t^B\left(\frac{1}{P(S,T)}\right)$$

In conclusione:

$$r(t,S,T) = \frac{1}{T-S}\left(E_t^B\left(\frac{1}{P(S,T)}\right) - 1\right)$$

$$= E_t^B\left[\frac{1}{T-S}\left(\frac{1}{P(S,T)} - 1\right)\right] = E_t^B\left(R(S,T)\right) = E_t^B\left(r(S,S,T)\right)$$

Osservazione 42. Si noti che il tasso future analizzato sopra (e quotato sul mercato) non è la trasformata del prezzo future (4.1) (di cui, al momento, non esistono mercati futures attivi).

Teorema 17. *Tassi futures e tassi forward. Se i tassi sono autocorrelati positivamente il tasso future $r(t,S,T)$ è superiore al tasso forward $R(t,S,T)$.*

Dimostrazione.

$$P(t,T) = E_t^B\left(e^{-\int_t^T r(u)du}\right) = E_t^B\left(e^{-\int_t^S r(u)du}e^{-\int_S^T r(u)du}\right)$$

$$= E_t^B\left(e^{-\int_t^S r(u)du}\right)E_t^B\left(e^{-\int_S^T r(u)du}\right) + Cov_t^B\left(e^{-\int_t^S r(u)du}, e^{-\int_S^T r(u)du}\right)$$

$$> E_t^B\left(e^{-\int_t^S r(u)du}\right)E_t^B\left(e^{-\int_S^T r(u)du}\right)$$

$$= P(t,S)E_t^B\left(E_S^B\left(e^{-\int_S^T r(u)du}\right)\right) = P(t,S)E_t^B\left(P(S,T)\right)$$

Quindi:

$$Q(t,S,T) = \frac{P(t,T)}{P(t,S)} > E_t^B\left(P(S,T)\right)$$

e infine, per la diseguaglianza di Jensen su funzioni convesse:

$$r(t, S, T) = \frac{1}{T-S}\left(E_t^B\left(\frac{1}{P(S,T)}\right) - 1\right) > \frac{1}{T-S}\left(\frac{1}{E_t^B\left(P(S,T)\right)} - 1\right)$$

$$> \frac{1}{T-S}\left(\frac{1}{Q(t,S,T)} - 1\right) = R(t, S, T)$$

Osservazione 43. Doppio aggiustamento per la convessità. La diseguaglianza tra tassi futures e tassi forward appena vista implica che per ricavare quest'ultimo si deve ridurre il primo per una componente che potremmo chiamare di doppio aggiustamento per la conessità. La sua formula dipende dalla specifica dinamica dei tassi assunta. Ad esempio, nel modello di Ho e Lee (1986) (v. cap. 2) con capitalizzazione continua si ha:

$$r(t, S, T) = R(t, S, T) + \sigma^2 \frac{(S-t)(T-t)}{2}$$

In alternativa si può utilizzare un'approssimazione ricavabile dal teorema del cambiamento di misura, dato che $R(t, S, T)$ in capitalizzazione semplice è una $P(t, T)$-martingala:

$$r(t, S, T) = E_t^B\left(R(S,T)\right) = E_t^{P(t,T)}\left(R(S,T)\frac{B(T)/B(t)}{P(S,T)/P(t,T)}\right)$$

$$= P(t,T)E_t^{P(t,T)}\left(R(S,T)e^{\int_t^T r(u)du}\left(1+(T-S)R(S,T)\right)\right)$$

$$\simeq P(t,T)E_t^{P(t,T)}\left(R(S,T)\left(1+(T-S)R(S,T)\right)^2\right)$$

$$= \frac{R(t,S,T) + 2R^2(t,S,T)(T-S)e^{\sigma_{FW}^2(S-t)} + R^3(t,S,T)(T-S)^2 e^{3\sigma_{FW}^2(S-t)}}{1+(T-t)R(t,T)}$$

in cui σ_{FW} è la volatilità istantanea del processo (log-normale) $R(t, S, T)$, indipendente dal tempo per ipotesi semplificatrice ma dipendente in generale da S e T.

4.8 Futures su azioni e indici azionari (F)

Singole azioni e indici di borsa possono fare da sottostante a contratti futures. Nel caso italiano, ad esempio, 33 delle azioni che compongono l'indice S&P/Mib e lo stesso indice sono utilizzati per il mercato IDEM (Italian Derivative Market) dei futures, funzionante dal novembre 1994.

Gli **stock futures** sull'Idem hanno 6 scadenze (marzo, giugno, settembre e dicembre più le due mensili più vicine) al terzo venerdì del mese.

Il prezzo di regolamento del sottostante è quello di apertura nel giorno di scadenza S; la liquidazione (in $S + 3$) avviene con la consegna dei titoli (*physical delivery*). Ogni azione ha un lotto minimo (numero minimo di titoli scambiabili) per cui la dimensione di un contratto è prezzo future×lotto minimo.

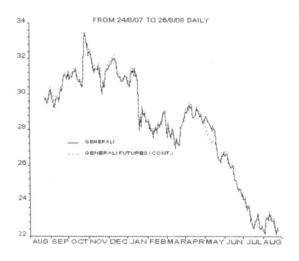

Figura 4.2. Azioni Generali: prezzi spot e futures

Gli **index futures** hanno come sottostante il livello di un indice di borsa (v. Cesari e Susini, 2005b, cap. 3).

All'IDEM, il future sull'indice S&P/Mib (FIB, già quotato dal 1995 sul MIB30) ha le 4 scadenze trimestrali (terzo venerdì del mese). Il prezzo di regolamento del sottostante è quello dell'indice calcolato sui prezzi di apertura delle azioni componenti nel giorno di scadenza S; la liquidazione (in $S + 1$) avviene per contanti (*cash settlement*). Il future è quotato in punti indice, con un valore di 5 euro per punto, per cui la dimensione di un contratto è prezzo future×5. Il movimento minimo del prezzo future (*tick*) è di 5 punti (25 euro).

Dal luglio 2000 è stato introdotto il MiniFIB, un contratto simile al FIB ma pensato per la clientela *retail*. Il valore del punto indice è in questo caso pari a 1 euro e il margine di garanzia richiesto è del 10% (es. MiniFIB a 33800, margine richiesto 3380 euro).

Ne segue che l'investimento nel MiniFIB ha una **leva** di 10, potendo far guadagnare o perdere 10 volte la variazione dell'indice future:

$$\frac{q(t+1) - q(t)}{0.1q(t)} = 10\frac{q(t+1) - q(t)}{q(t)}.$$

Le scadenze quotate sono le due più vicine del ciclo trimestrale e l'investitore può specificare uno *stop loss*, vale a dire un ammontare di perdita (punti) oltre il quale la posizione è chiusa automaticamente con un offsetting contract.

4.8.1 Arbitraggio, hedging e trading con index futures

Poiché i titoli sottostanti l'indice staccano, di norma, dividendi periodici e l'indice è di tipo price (non total return), la formula di non arbitraggio per il

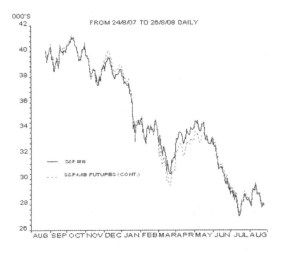

Figura 4.3. S&PMIB: prezzi spot e futures (FIB)

prezzo future contempla un aggiustamento per il flusso in uscita dei dividendi.

In mercati poco efficienti l'arbitraggista può prendere posizione contemporaneamente sul future e sui titoli componenti ovvero sui fondi (ETF passivi) che replicano l'indice al fine di sfruttare, con le classiche operazioni di cash & carry, disallineamenti temporanei.

Un index future può anche consentire di coprire il rischio di mercato azionario o rischio sistematico, vale a dire il rischio non eliminabile attraverso la diversificazione di portafoglio (Cesari e Susini, 2005b, cap. 6).

Ad esempio, se $V_\pi(t)$ è il valore corrente di un portafoglio ben diversificato, il numero di contratti da vendere per la copertura è:

$$N = \frac{V_\pi(t)}{5 \cdot q(t, S)}$$

Tuttavia, anche se il portafoglio da coprire non è ben diversificato è possibile coprire il portafoglio utilizzando un *beta-based hedge ratio*:

$$N_\beta = \beta_{\pi M} \frac{V_\pi(t)}{5 \cdot q(t, S)}$$

in cui il beta di Sharpe, $\beta_{\pi M}$, vale a dire la sensibilità del portafoglio ai movimenti dell'indice di mercato (Cesari e Susini, 2005b, cap. 6), fornisce il rapporto ottimale di copertura.

Una copertura parziale (partial hedge) si ottiene vendendo solo una percentuale dei contratti necessari alla copertura totale. In tal caso si ottiene un portafoglio parzialmente coperto il cui beta $\beta_{\pi M}^*$ (inferiore al precedente) può essere agevolmente controllato con la formula di copertura parziale:

$$N_\beta^* = (\beta_{\pi M} - \beta_{\pi M}^*) \frac{V_\pi(t)}{5 \cdot q(t, S)}$$

Osservazione 44. Si noti che l'hedging del portafoglio azionario fa guadagnare il tasso risk-free $R(t, S)$ per cui lo stesso risultato si poteva ottenere vendendo spot il portafoglio e acquistando uno ZCB. Tuttavia l'hedging alla scadenza S può far parte di una strategia di asset management azionario di più lungo periodo e la vendita in t più il riacquisto in S del portafoglio potrebbero risultare troppo costose in termini di costi di transazione.

Anche l'attività di trading può sfruttare la presenza di index futures. In particolare, oltre al controllo del beta (sovra-sotto esposizione al mercato) l'index future consente l'*unbundling* (scomposizione) del rischio sistematico, coperto col future, dal rischio non sistematico, lasciato aperto per cogliere solo la scommessa di *stock picking* sui titoli (Cesari e Susini, 2005b, paragrafo 8.1.6). Tali strategie *long-short* sono molti utilizzate dai gestori di *hedge funds* per creare portafogli *market-neutral* (vale a dire non correlati col rischio sistematico) ed esposti solo a specifiche tipologie di rischi.

4.9 Esercizi

Esercizio 21. Determinare la variazione del conto margine dell'acquirente di un future con valore nominale di 300 mila euro sapendo che il prezzo del future ha avuto il seguente andamento

	Prezzo future
t	103.1
$t+1$	107.4
$t+2$	101.6

Soluzione.
Per determinare il margine di variazione per l'acquirente è necessario determinare prima di tutto la variazione percentuale del prezzo del future

$$107.4 - 103.1 = 4.3\%$$

e successivamente calcolare la variazione in termini di capitale moltiplicando per il valore nominale di 300 mila euro

$$\frac{4.3}{100} \cdot 300.000 = +12.900$$

questi 12.900 corrispondono ad un accreditamento da parte della Clearing House sul proprio conto di variazione. Lo stesso deve essere effettuato per la variazione di prezzo tra $t+1$ e $t+2$ ottenendo un debito per l'acquirente pari a

$$101.6 - 107.4 = -5.8$$
$$\frac{-5.8}{100} \cdot 300.000 = -17.400$$

Esercizio 22. Calcolare il CTD tra i seguenti titoli consegnabili di un future che quota 109.5:

Titolo	Fattore di conversione	quotazione a pronti
BTP1	1.0246	106.8
BTP2	0.9902	110.7
BTP3	1.0657	108.6

Soluzione.
Il titolo CTD è il BTP3 in quanto:

$$\arg\min(BTP_j - qFC_j) = \arg\min(-5.3937, +2.2731, -8.09415) = 3$$

Esercizio 23. Calcolare il cambio a termine dollaro/euro per scadenza 18 mesi sapendo che il cambio spot è 1.40, il tasso Usa a 18 mesi è 5.9% e il tasso euro a 18 mesi è 4.5%.

Soluzione.

$$Q_{\$/e} = 1.40\frac{1.059^{1.5}}{1.045^{1.5}} = 1.43$$

Esercizio 24. Calcolare il prezzo forward a 3 mesi di un barile di petrolio che quota spot 60.5 euro sapendo che non ha costi di deposito e il tasso a 3 mesi è il 4.21%.

Soluzione.

$$Q(t, t+3) = 60.5(1 + 4.21\%)^{\frac{3}{12}} = 61.13$$

Esercizio 25. Calcolare il prezzo a termine per scadenza 6 mesi di un BTP che ha prezzo a pronti tel quel 108.2 e staccherà tra 6 mesi una cedola di 5, sapendo che il tasso a 6 mesi è 4.9%.

Soluzione.

$$Q(t, t+6) = 108.2(1 + 4.9\%)^{0.5} - 5 = 105.82$$

Esercizio 26. Data la SPS in tabella, determinare il tasso forward a 12 mesi per scadenza 6 mesi (tasso FRA 6x18):

Scadenza	Tassi spot
6	7.5%
12	8.1%
18	9.3%

Soluzione.

$$R(t, t+6, t+18) = \frac{[1 + R(t, t+18)]^{\frac{18}{12}}}{[1 + R(t, t+6)]^{\frac{6}{12}}} - 1 = \frac{[1 + 9.3\%]^{\frac{18}{12}}}{[1 + 7.5\%]^{\frac{6}{12}}} - 1$$
$$= 10.21\%$$

5

Floaters

Diamo innanzitutto una definizione generale.

Definizione 14. *I floaters (floating rate notes, variable rate bonds) sono titoli a indicizzazione finanziaria, i cui flussi sono legati contrattualmente all'andamento di predefiniti tassi d'interesse.*

Si prenda a riferimento un titolo a cedola fissa (impropriamente detto "a tasso fisso" o "a reddito fisso") come il "Bund 5% 5 anni" i cui flussi sono illustrati in Figura 5.1.

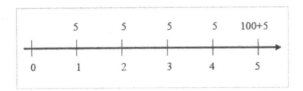

Figura 5.1. Struttura di un Bund 5% a 5 anni

Il corrispondente floater ha una cedola aleatoria $\tilde{c}_s$, determinata in base al valore che un dato tasso spot di mercato $R(s, s + \nu)$ assume all'inizio s di ciascun periodo di godimento:

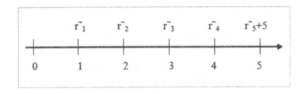

Figura 5.2. Struttura di un floater a 5 anni

Cesari R: Introduzione alla finanza matematica.
© Springer-Verlag Italia, Milano 2009

Vogliamo determinare il prezzo di non arbitraggio di un floater con cedola indicizzata al tasso d'interesse a breve.

5.1 Il prezzo dei floaters: un ragionamento euristico (F)

Prendiamo ad esempio un titolo che tra 1 anno restituisce una unità monetaria più il tasso a un anno: quanto dovrò investire oggi?

Dovrò investire esattamente una unità monetaria poiché il valore oggi di $(1 + R(0,1))$ è

$$V_0\left(1 + R(0,1)\right) = 1$$

Consideriamo ora l'analogo titolo a due anni: questo darà il montante:

$$\left(1 + R(0,1)\right)\left(1 + R(1,2)\right)$$

dove $R(0,1)$ è il tasso a 1 anno di oggi e $R(1,2)$ è il tasso a 1 anno che sarà presente tra un anno (da incassare al tempo 2):

L'ammontare ottenuto alla fine del primo anno viene infatti reinvestito senza stacchi cedolari.

Di nuovo, il valore oggi di $(1 + R(0,1))\,(1 + R(1,2))$ non può che essere 1:

$$V_0\left[\left(1 + R(0,1)\right)\left(1 + R(1,2)\right)\right] = 1$$

Immaginando stacchi cedolari pari al tasso di interesse (posticipato) guadagnato nel periodo si ricava che l'investimento di 1 unità monetaria all'inizio del periodo dà la possibilità di prelevare alla fine del primo anno una cedola pari a $R(0,1)$ con reinvestimento nel secondo anno del capitale maturato residuo, pari a:

$$(1 + R(0,1)) - R(0,1) = 1$$

In tal modo, alla fine del secondo anno si ottiene esattamente la quantità:

$$(1 + R(1,2))$$

come mostrato nella Figura 5.1:

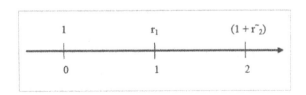

Con un esborso iniziale di 1, il flusso di cassa ottenuto è esattamente quello di un floater puro che, pertanto, quota alla pari.

Dunque: il valore di un floater subito dopo lo stacco cedolare è 1 (ovvero 100, secondo la convenzione di mercato).

5.2 Il prezzo dei floaters: approccio di non arbitraggio (F)

Il prezzo di un floater è, al solito, il valore attuale dei flussi futuri. Questi sono dati dai tassi spot futuri (Libor) per cui una tipica cedola, calcolata al tempo t_{i-1} e pagata al tempo t_i è $R(t_{i-1}, t_i)(t_i - t_{i-1})$ in ipotesi di capitalizzazione semplice.

Vogliamo valutare in t tale cedola:

$$V_t\left(R(t_{i-1},t_i)(t_i - t_{i-1}) \odot 1(t_i)\right) = V_t\left(\frac{1(t_i)}{P(t_{i-1},t_i)} - 1(t_i)\right)$$

$$= V_t\left(V_{t_{i-1}}\left(\frac{1(t_i)}{P(t_{i-1},t_i)}\right)\right) - P(t,t_i)$$

$$= V_t\left(\frac{P(t_{i-1},t_i)}{P(t_{i-1},t_i)}\right) - P(t,t_i) = V_t(1(t_{i-1})) - P(t,t_i)$$

$$= P(t,t_{i-1}) - P(t,t_i) = P(t,t_i)\left(\frac{P(t,t_{i-1})}{P(t,t_i)} - 1\right)$$

$$= P(t,t_i)R(t,t_{i-1},t_i)(t_i - t_{i-1})$$

Dunque il valore attuale della cedola legata al tasso spot è pari al valore attuale della cedola legata al tasso forward corrispondente.

Ciò giustifica (**ma solo a fini di pricing**) la pratica degli operatori di sostituire le cedole future incerte con i tassi noti forward.

Il prezzo in t, con $t_0 < t < t_1$, del floater che paga cedole ai tempi $t_1, t_2, ..., t_n$, incluso il valore facciale unitario a scadenza $t_n = T$ è:

$$F(t,T) = V_t \left(R(t_0,t_1)(t_1 - t_0) \odot 1(t_1) \oplus \right. \tag{5.1}$$

$$\left. \oplus \sum_{i=2}^{n} R(t_{i-1},t_i)(t_i - t_{i-1}) \odot 1(t_i) \oplus 1(t_n) \right)$$

$$= P(t,t_1)R(t_0,t_1)(t_1 - t_0) + \sum_{i=2}^{n} P(t,t_i)R(t,t_{i-1},t_i)(t_i - t_{i-1}) + P(t,t_n)$$

$$= P(t,t_1)R(t_0,t_1)(t_1 - t_0) + \sum_{i=2}^{n} \left(P(t,t_{i-1}) - P(t,t_i) \right) + P(t,t_n)$$

$$= P(t,t_1)R(t_0,t_1)(t_1 - t_0) + P(t,t_1) = \frac{P(t,t_1)}{P(t_0,t_1)} = \begin{cases} 1 & \text{per } t = t_0 \\ \gtreqqless 1 & \text{per } t_0 < t < t_1 \end{cases}$$

essendo $R(t_0, t_1)$ il tasso della prima cedola stabilito in data precedente a t.

Si noti che il valore del floater puro è del tutto indipendente dalla scadenza finale del titolo, T, pur essendo sempre un titolo obbligazionario a lunga.

Il prezzo dipende solo dalla scadenza t_1 della prossima cedola e dalla data della precedente, t_0.

Questo ha, come si vedrà, importanti effetti sulla rischiosità del titolo.

I titoli concretamente emessi sul mercato (es. CCT, Certificati di Credito del Tesoro) hanno varie caratteristiche che li differenziano dai floaters puri analizzati sopra. In particolare:

1. la prima cedola è predeterminata dall'emittente (in genere per avere un prezzo di emissione sotto la pari);
2. le cedole dopo la prima non sono fissate alla data d'inizio del godimento cedolare, t_{i-1}, ma come media dei tassi del bimestre che precede di un mese tale data;
3. alle cedole dopo la prima è aggiunto uno spread costante (es. Libor +30 bp).

Di conseguenza le formule di pricing devono tener conto anche di tali peculiarità al fine di ottenere il prezzo corretto dei titoli a tasso variabile (v. Barone e Cesari, 1986, Barone e Folonari, 1992, Barone e Risa, 1995).

Esempio 22. Data la SPS della tavola, determinare il prezzo in emissione di un floater a 2 anni, Libor 6 mesi + 30 bp.

Scadenza in mesi	Tasso Libor (in cap.semplice)
6	4.5%
12	4.8%
18	5.0%
24	4.9%

Svolgimento.

$$F(t_0, 2y) = 100 + \frac{0.15}{(1 + 0.5 \cdot 4.5\%)} + \frac{0.15}{(1 + 4.8\%)} + \frac{0.15}{(1 + 1.5 \cdot 5\%)} + \frac{0.15}{(1 + 2 \cdot 4.9\%)}$$

$$= 100.565976$$

5.3 Il prezzo dei floaters in un modello stocastico univariato

Ipotizziamo che il tasso istantaneo $r(t)$ sia l'unica variabile di stato.

Da quanto visto nel Capitolo 2, il problema PDE per un titolo generico che paga una cedola continua $\delta(r, t)$ e scade in T è dato da:

$$\frac{1}{2}\frac{\partial^2 V}{\partial r^2}g^2(r, t) + \frac{\partial V}{\partial r}\left[a(r, t) - \varphi(r, t)g(r, t)\right] + \frac{\partial V}{\partial t} + (\delta(r, t) - r(t))\,V(t) = 0 \tag{5.2}$$

$$dr(t) = \left[a(r, t) - \varphi(r, t)g(r, t)\right]dt + g(r, t)d\hat{Z}(t)$$

$$V(T) = \Psi(T)$$

Per un floater puro che paga una cedola continua si ha $V(T) = 1$, $\delta(r, t) = r(t)$ e il problema diventa:

$$\frac{1}{2}\frac{\partial^2 V}{\partial r^2}g^2(r, t) + \frac{\partial V}{\partial r}\left[a(r, t) - \varphi(r, t)g(r, t)\right] + \frac{\partial V}{\partial t} = 0$$

$$dr(t) = \left[a(r, t) - \varphi(r, t)g(r, t)\right]dt + g(r, t)d\hat{Z}(t)$$

$$V(T) = 1$$

con soluzione $V(t) = 1$. In altre parole, un floater con cedola continua vale sempre il valore facciale 1: un floater perfetto non fluttua; è la moneta dell'economia o uno strumento esattamente equivalente ad essa.

5.4 Reverse Floater (F)

Un reverse floater è un titolo obbligazionario la cui cedola è inversamente indicizzata ai tassi di mercato. Ad esempio, la cedola del reverse floater potrebbe essere definita come:

$$10\% - Libor$$

Ciò significa che la cedola cala al crescere dei tassi e cresce, al contrario, quando i tassi di mercato calano.

Dalle proprietà di linearità del valore attuale, si vede subito che il pricing del reverse floater si ricava dal prezzo di un normale CB con cedola fissa

$c = 10\%$, a cui si sottrae il valore di un floater al netto del valore attuale del valore facciale:

$$F^R(t, T, c) = B(t, T, c) - \left(\frac{P(t, t_1)}{P(t_0, t_1)} - P(t, T) \right) \qquad (5.3)$$
$$= B(t, T, c) - F(t, t_1) + P(t, T)$$

Spesso, le cedole dei reverse floaters hanno la clausola di non negatività, in assenza della quale la cedola potrebbe diventare negativa in presenza di forti rialzi dei tassi (nell'esempio: sopra il 10%), costringendo l'investitore a pagare la cedola all'emittente invece che viceversa. Si pone, pertanto in contratto un *floor* (pavimento) a zero:

$$\max(0, 10\% - Libor)$$

In tal modo, la cedola non diventerà mai negativa.

Se anche il tasso Libor non può diventare negativo (escludendo quindi il c.d. scenario giapponese, per la lunga esperienza di tassi d'interesse negativi), il valore 10% è anche il tasso cedolare massimo o tasso *cap* (tetto).

La formula del prezzo del reverse floater (5.3) è significativa per le sue componenti. Infatti è costituita da tre elementi: una posizione lunga nel CB, una posizione corta nel floater e una posizione lunga nello ZCB.

Se i tre titoli sono disponibili sul mercato, la relazione dà una regola di arbitraggio per lucrare eventuali differenze tra la quotazione del reverse floater e quella degli altri tre titoli.

In aggiunta, l'intermediario che ha venduto reverse floater può coprire ("heggiare" dicono gli operatori) la posizione comprando invece che un equivalente reverse floater un portafoglio composto dal CB e dallo ZCB in posizione long e dal floater in posizione short.

5.5 La duration dei floaters e dei reverse floaters (F)

Il floater, pur essendo un titolo formalmente a lunga scadenza (T), ha una sensibilità ai tassi d'interesse molto diversa da un normale CB a cedola fissa.

Come noto (Cesari e Susini, 2005a, cap. 4), la principale misura per il rischio di tasso dei titoli obbligazionari è data dalla duration ovvero dalla modified duration D^M, definita attraverso la derivata del prezzo rispetto al tasso:

$$\frac{\partial F}{\partial R} = -D^M F$$

Tale misura, sotto ipotesi stringenti per la sua validità (curva piatta, shift additivi, variazione infinitesimale dei tassi) misura il rischio di tasso del titolo.

Per il floater di prezzo (5.1) la derivata è:

$$\frac{\partial F}{\partial R} = \frac{\partial}{\partial R}\left(\frac{P(t,t_1)}{P(t_0,t_1)}\right) = \frac{\partial}{\partial R}\left(\frac{1}{P(t_0,t_1)(1+R(t,t_1))^{t_1-t}}\right)$$

$$= -(t_1-t)\frac{1}{P(t_0,t_1)}\frac{1}{(1+R(t,t_1))^{t_1-t+1}} = -\left[\frac{(t_1-t)}{1+R(t,t_1)}\right]F$$

ove in parentesi quadra è la duration modificata del floater.

Come si può notare, la duration è semplicemente la distanza tra la data corrente e il prossimo stacco cedolare, quindi un massimo di 6 mesi per i titoli a cedola semestrale, progressivamente decrescente all'avvicinarsi dello stacco.

Ne deriva che il floater è un titolo a basso rischio. Al limite, nell'ipotesi teorica di cedola continua, il rischio è nullo e il prezzo ($= 1$) è del tutto insensibile ai movimenti dei tassi d'interesse.

Il motivo è facilmente intuibile considerando che un titolo a cedola fissa, quando i tassi aumentano, ha solo la possibilità della riduzione di prezzo per offrire ai nuovi investitori il nuovo livello di rendimento prevalente sul mercato. Pertanto, a fronte di un rialzo dei tassi, il prezzo del CB deve scendere sensibilmente (come misurato dalla duration) per accrescere il rendimento su un numero elevato di anni; un floater, invece, grazie all'indicizzazione della cedola, offre automaticamente ai nuovi investitori cedole periodiche più elevate e non deve quindi variare di prezzo in misura apprezzabile. Di qui la bassa duration del floater.

In previsione di tassi crescenti, l'investimento in floaters garantisce un crescente flusso reddituale e un prezzo stabile contro le minusvalenze attese dall'investimento in CB.

È facile estendere il ragionamento ai reverse floaters.

Dall'equazione del prezzo (5.3) si ricava:

$$\frac{\partial F^R}{\partial R} = \frac{\partial B(t,T,c)}{\partial R} - \frac{\partial F(t,T)}{\partial R} + \frac{\partial P(t,T)}{\partial R}$$

$$= -\left(D_{CB}^M\frac{B}{F^R} - \frac{(t_1-t)}{1+R}\frac{F}{F^R} + \frac{(T-t)}{1+R}\frac{P}{F^R}\right)F^R$$

che è, grazie alle proprietà della duration, una semplice media ponderata (con peso negativo sul floater) delle duration dei titoli impliciti nel reverse floater: D_{CB}^M per la duration modificata del CB, $\frac{(t_1-t)}{1+R}$ per la duration modificata del floater e $\frac{(T-t)}{1+R}$ per la duration modificata dello ZCB.

Poiché quest'ultima è elevata rispetto alle altre, la duration del reverse floater è decisamente maggiore di quella di un CB: alla sensibilità del titolo a cedola fissa si aggiunge l'effetto amplificante di cedole indicizzate negativamente ai tassi, per cui se questi aumentano il reverse floater perde sia sul CB implicito sia sullo ZCB (così come, in caso di calo dei tassi, guadagna su entrambi).

Il confronto tra CB, floater e reverse floater, in termini di sensibilità ai tassi, è riassunto nella tabella.

	Tassi Cedola	crescenti Prezzo	Tassi Cedola	calanti Prezzo
Floater	↑	stabile	↓	stabile
CB	stabile	↓	stabile	↑
Reverse floater	↓	↓↓	↑	↑↑

5.6 Esercizi

Esercizio 27. Calcolare il prezzo in emissione di un floater a 2 anni con cedola semestrale indicizzata al tasso a 6 mesi più uno spread di 0.30% quando la struttura dei tassi spot è piatta al 5%.

Svolgimento.

$$y_s = (1 + 5\%)^{\frac{1}{2}} - 1 = 2.4695\%$$

$$F(t, 2y) = V_t \left(\frac{R(t, t+6)}{2} + 0.15 \oplus \ldots \oplus 100 + \frac{R(t+18, t+24)}{2} + 0.15 \right)$$

$$= 100 + 0.15 \sum_{i=1}^{4} (1 + y_s)^{-i}$$

$$= 100 + \frac{0.15}{y_s} (1 - (1 + y_s)^{-4}) = 100.56471$$

Esercizio 28. Nelle ipotesi dell'esercizio precedente, calcolare la duration modificata di un reverse floater a 2 anni con cedola annua 5% − *Libor*

Svolgimento.
Si noti che il CB implicito è un par bond (Cesari e Susini, 2005a, cap. 3). Pertanto:

$$F^R(t, 2y) = \frac{100}{1.05^2} = 90.70295$$

$$D^M_{CB} = \frac{1}{0.05} (1 - 1.05^{-2}) = 1.85941$$

$$D^M_{ZCB} = \frac{2}{1.05} = 1.904762$$

$$D^M_F = \frac{1}{1.05} = 0.952381$$

$$D^M_{FR} = (1.85941 - 0.952381) \frac{100}{90.70295} + 1.904762 = 2.904762$$

6

Swaps

I contratti swap sono un'importante tipologia di derivati che estende al caso multiperiodale il singolo flusso di scambio (swap) definito nel contratto FRA (v. capitolo 3).

In generale, i contratti swap prevedono lo scambio tra diverse variabili (tasso fisso contro variabile ma anche tasso variabile contro variabile, fisso contro fisso, valuta domestica contro valuta estera) o tra diversi titoli (asset swap), sebbene l'interest rate swap (IRS, tasso fisso contro variabile) è la tipologia più nota e diffusa (v. capitolo 1).

Infatti, da quando fu introdotto sul mercato, all'inizio degli anni '80, l'IRS è diventato un contratto tra i più attivamente scambiati nel mercato dei derivati e una delle strutture più analizzate nella recente letteratura teorica ed empirica (Brace, Gatarek e Musiela, 1997; Jamshidian, 1997; De Jong, Driessen e Pelsser, 2001; Galluccio, Huang, Ly e Scaillet, 2005).

Nel seguito vogliamo analizzare le caratteristiche del contratto swap su tassi d'interesse, il suo pricing di non arbitraggio e le proprietà di hedging che ne hanno fatto uno strumento così apprezzato dagli operatori.

Dopo l'analisi degli IRS si prenderanno in esame i currency swaps (swaps tra valute diverse) e gli equity swaps (swaps tra azioni e obbligazioni).

6.1 Interest rate swap: plain vanilla

Definizione 15. *L'interest rate swap (IRS), nella sua forma semplice (plain vanilla swap), è un contratto in base al quale le due parti contraenti, senza alcun pagamento iniziale, assumono il reciproco impegno di scambiarsi periodici interessi su un capitale di riferimento (capitale nozionale) per un periodo di tempo prefissato (durata dello swap).*

Nella tipologia fisso contro variabile (fixed for floating), una parte, detta payer o buyer, paga tasso fisso TF e riceve tasso variabile TV (posizione lunga rispetto al tasso variabile); l'altra parte, detta receiver o seller, paga tasso variabile e riceve tasso fisso (posizione corta rispetto al tasso variabile).

Cesari R: Introduzione alla finanza matematica.
© Springer-Verlag Italia, Milano 2009

Il contratto IRS, dunque, estende a più periodi la caratteristica del FRA di scambiare un tasso fisso con un tasso variabile; la durata dello swap è quindi tipicamente pluriennale, arrivando anche a 50 anni.

Come nel FRA, mentre il tasso fisso (*fixed leg*) è fissato al momento della stipula del contratto, il tasso variabile (*floating leg*, es. Libor a 6 mesi) è quello rilevato sul mercato alle varie date future.

Ad esempio, si supponga una durata triennale e lo scambio al tempo i (periodicità annuale) di tre flussi pari al differenziale (*receiver*):

$$TF - R(i - 1, i)$$

per ogni $i = 1, 2, 3$ come mostrato in Figura 6.1:

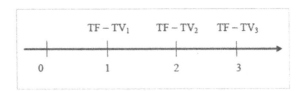

Figura 6.1. Flussi del contratto swap

Il tasso fisso prestabilito prende il nome di tasso swap a 3 anni mentre il tasso variabile viene osservato sul mercato al tempo $i - 1$ e pagato al tempo i per $i = 1, 2, 3$ (swap *in advance*)

Più precisamente e in generale, la parte lunga riceve, al tempo t_i:

$$(TF - R(t_{i-1}, t_i)) \cdot \delta_i \cdot Nom$$

ove il tasso variabile $R(t_{i-1}, t_i)$ (es. Libor a 3 o 6 mesi) ha scadenza pari al periodo di liquidazione degli interessi $\delta_i \equiv (t_i - t_{i-1})$, in genere 3 mesi o 6 mesi, misurato secondo la convenzione di conteggio dei giorni (es. actual/360) mentre Nom è il capitale nozionale di riferimento.

6.1.1 Il pricing dei contratti swap: derivazione euristica (F)

Come nei capitoli precedenti, il ragionamento di non arbitraggio consente di risolvere il problema del pricing dello swap.

Swap e par bond

Consideriamo una strategia che consiste nel comperare un floater, pagando 100 e incassando periodicamente le cedole variabili e il capitale a scadenza, come mostrato in Figura 6.2:

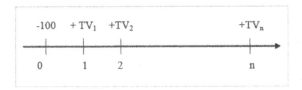

Figura 6.2. Acquisto di un floater

e nell'emettere contemporaneamente un titolo a cedola fissa, ottenendo i flussi descritti dalla Figura 6.3:

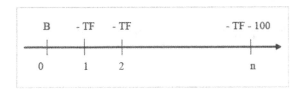

Figura 6.3. Emissione di un CB a cedola fissa

dove B è il prezzo del CB. Sommando le due posizioni una in emissione e l'altra in acquisto otteniamo i flussi globali dell'operazione descritti in Figura 6.4:

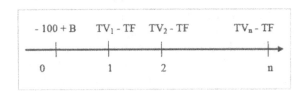

Figura 6.4. Flussi netti della strategia

Considerando un CB che quota alla pari $(B = 100)$, vale a dire un par bond (Cesari e Susini, 2005a, paragrafo 3.2.4) si ottiene la replica esatta del contratto swap e quindi, per non arbitraggio, uno swap (in acquisto) consiste in una posizione lunga nel par bond e in una posizione corta nel floater:

$$V_{SW} = B_{PB}(t, t_n, TF) - F(t, t_n) \qquad (6.1)$$

Pertanto il tasso fisso è la cedola (e il TIR) del par bond di pari durata:

$$TF_{SW} = \frac{1 - P(t, t_n)}{\sum_{i=1}^{n} \delta_i P(t, t_i)}$$

Si noti che il valore del contratto è zero al momento della sottoscrizione per poi diventare positivo o negativo al variare di tassi di mercato. In altre parole, solo al momento dell'emissione il titolo a cedola fissa implicito nel contratto swap è un par bond.

Swap e FRA

In alternativa all'analisi con par bond e floater, il contratto swap può essere visto come un portafoglio di tanti FRA quante sono le date di pagamento di fisso contro variabile. In tal modo, vendendo swap e acquistando FRA si ha, a ogni data t_i:

$$(TF_{SW} - TV) + (TV - TF_{FW}) = TF_{SW} - TF_{FW}$$

Di conseguenza, considerando tutte le date di pagamento $(t_1, t_2, ..., t_n)$ e i risultati sui FRA (capitolo 3) si ha, attualizzando i flussi ed equagliando a 0 tale valore attuale:

$$\sum_{i=1}^{n} TF_{SW} P(t, t_i) - \sum_{i=1}^{n} R(t, t_{i-1}, t_i) P(t, t_i) = 0$$

e quindi:

$$TF_{SW} = \frac{\sum_{i=1}^{n} R(t, t_{i-1}, t_i) P(t, t_i)}{\sum_{i=1}^{n} P(t, t_i)}$$

Si noti che anche in questo caso (come già per i floater) a fini di pricing il tasso swap si ricava come se i tassi variabili futuri incogniti venissero sostituiti dai tassi forward correnti per le varie scadenze.

Poiché il tasso swap è una media ponderata, con pesi decrescenti, dei tassi forward il *valore* dei singoli pagamenti componenti lo swap acquistato sarà positivo per le scadenze vicine (tasso swap maggiore del tasso forward) e negativo per le scadenze lontane (tasso swap minore del tasso forward) se la SPS forward è crescente. Viceversa, il *valore* dei singoli pagamenti componenti lo swap acquistato sarà negativo per le scadenze vicine (tasso swap minore del tasso forward) e positivo per le scadenze lontane (tasso swap maggiore del tasso forward) se la SPS forward è decrescente (cfr. Cesari e Susini, 2005a, paragrafo 3.7.5).

Osservazione 45. In alternativa il contratto swap può essere replicato con cap e floor come si vedrà in seguito nell'analisi delle opzioni. Inoltre il ragionamento richiede qualche adattamento se le date dei due flussi non sono coincidenti e/o i capitali nominali non sono costanti.

6.1.2 Il pricing dei contratti swap: derivazione analitica

In modo più formalizzato, si tratta di determinare al tempo t il tasso fisso $R_{SW}(t, n, \delta)$ (detto tasso swap) che eguaglia a zero il valore attuale dei flussi futuri scambiati alle date $(t_1, t_2, ..., t_n)$ (*tenor structure of settlement dates*), con $t_i \equiv t + i\delta$, $i = 1, ..., n$, $t_0 \equiv t$, $t_i - t_{i-1} = \delta$ (periodicità costante per semplicità), essendo $(t_0, t_1, ..., t_{n-1})$ le *reset dates* (*in advance*) in cui si fissano i tassi:

$$V_t \left[\sum_{i=1}^{n} \left(R_{SW}(t,n,\delta) - R(t_{i-1},t_i) \right) \delta \odot 1(t_i) \right] = 0$$

da cui, per le proprietà del valore attuale:

$$V_t \left(\sum_{i=1}^{n} R_{SW}(t,n,\delta) \delta \odot 1(t_i) \right) - V_t \left(\sum_{i=1}^{n} R(t_{i-1},t_i) \delta \odot 1(t_i) \right) = 0 \qquad (6.2)$$

e sommando una unità a scadenza:

$$V_t \left(\sum_{i=1}^{n} R_{SW}(t,n,\delta) \delta \odot 1(t_i) \oplus 1(t_n) \right)$$

$$= V_t \left(\sum_{i=1}^{n} R(t_{i-1},t_i) \delta \odot 1(t_i) \oplus 1(t_n) \right) = 1$$

l'ultima eguaglianza derivando dal valore in emissione di un floater puro, ricavata nel capitolo precedente.

Dunque, poiché al momento della sottoscrizione del contratto swap non avviene nessuno scambio, così come alla scadenza ci si limita a scambiare l'ultimo differenziale d'interessi, il contratto swap, in mercati perfetti, equivale all'acquisto di un par bond (titolo a cedola fissa di valore unitario) e all'emissione di un floater (titolo con cedola variabile, anch'esso di valore unitario).

Ne segue che il tasso swap di non arbitraggio è semplicemente il tasso cedolare (nonché il TIR) del par bond, calcolabile come:

$$V_t \left(\sum_{i=1}^{n} R_{SW}(t,n,\delta) \delta \odot 1(t_i) \oplus 1(t_n) \right) = 1$$

$$\sum_{i=1}^{n} \left(R_{SW}(t,n,\delta) \delta V_t \left(1(t_i) \right) \right) + V_t \left(1(t_n) \right) =$$

$$R_{SW}(t,n,\delta) \sum_{i=1}^{n} \delta P(t,t_i) + P(t,t_n) = 1$$

e quindi:

$$R_{SW}(t,n,\delta) = \frac{1 - P(t,t_n)}{\sum_{i=1}^{n} \delta P(t,t_i)}$$

ove $P(t,t_i) \equiv P(t,t+\delta i)$ è il prezzo dello ZCB cha scade in t_i.

Il tasso swap è quindi funzione della SPS spot e può facilmente ricavarsi da questa (tasso swap spot).

Si noti che il tasso swap è rappresentabile anche come media ponderata dei tassi forward di durata δ sulle scadenze tra t e t_{n-1} :

$$R_{SW}(t, n, \delta) = \frac{1 - P(t, t_n)}{\sum_{i=1}^{n} \delta P(t, t_i)} = \frac{\sum_{i=1}^{n} (P(t, t_{i-1}) - P(t, t_i))}{\sum_{i=1}^{n} \delta P(t, t_i)} \qquad (6.3)$$

$$= \sum_{i=1}^{n} \frac{P(t, t_i)}{\sum_{i=1}^{n} P(t, t_i)} R(t, t_{i-1}, t_i)$$

e lo stesso risultato si può ricavare osservando che, dalla definizione di tasso swap:

$$V_t \left(\sum_{i=1}^{n} R_{SW}(t, n, \delta) \odot 1(t_i) \right) = V_t \left(\sum_{i=1}^{n} R(t_{i-1}, t_i) \odot 1(t_i) \right)$$

$$R_{SW}(t, n, \delta) \sum_{i=1}^{n} P(t, t_i) = \sum_{i=1}^{n} V_t \left(R(t_{i-1}, t_i) \odot 1(t_i) \right)$$

$$= \sum_{i=1}^{n} P(t, t_i) E_t^{P(t, t_i)} \left(R(t_{i-1}, t_i) \right)$$

$$= \sum_{i=1}^{n} P(t, t_i) R(t, t_{i-1}, t_i)$$

da cui (6.3).

Si noti anche che vale il viceversa e i tassi forward sono rappresentabili in funzione dei tassi swap. Ad esempio:

$$R(t, t_{i-1}, t_i) = \frac{A(t, i, \delta) R_{SW}(t, i, \delta) - A(t, i - 1, \delta) R_{SW}(t, i - 1, \delta)}{P(t, t_i)} \qquad (6.4)$$

ove $A(t, n, \delta) \equiv \sum_{i=1}^{n} \delta P(t, t_i)$ è detta anche *annuity*.

Teorema 18. *Il tasso swap $R_{SW}(t, n, \delta)$, essendo un rapporto tra prezzi, è anche una $A(t, n, \delta)$-martingala e la corrispondente misura di probabilità $\wp^A$, detta swap-measure, è:*

$$R_{SW}(t, n, \delta) = \frac{1 - P(t, t_n)}{\sum_{i=1}^{n} \delta P(t, t_i)} = E_t^{A(t, n, \delta)} \left(\frac{1 - P(u, t_n)}{\sum_{i=1}^{n} \delta P(u, t_i)} \right)$$

$$= E_t^{A(t, n, \delta)} \left(R_{SW}(u, n, \delta) \right) \qquad \forall u \leq t_1$$

Esercizio 29. Calcolare il valore di un contratto receiver "swap" (in advance) al tasso fisso arbitrario K.

Svolgimento.

$$V_{SW}(t, n, K) = V_t \left[\sum_{i=1}^{n} (K - R(t_{i-1}, t_i)) \delta \odot 1(t_i) \right]$$

$$= \sum_{i=1}^{n} (1 + \delta K) P(t, t_i) - \sum_{i=1}^{n} V_t ((1 + \delta R(t_{i-1}, t_i)) P(t_{i-1}, t_i))$$

$$= \sum_{i=1}^{n} P(t, t_i) + K\delta \sum_{i=1}^{n} P(t, t_i) - \sum_{i=1}^{n} V_t (1(t_{i-1}))$$

$$= \sum_{i=1}^{n} P(t, t_i) + K\delta \sum_{i=1}^{n} P(t, t_i) - \sum_{i=1}^{n} P(t, t_{i-1})$$

$$= P(t, t_n) + K\delta \sum_{i=1}^{n} P(t, t_i) - 1$$

Ovviamente, un payer "swap" vale

$$-V_{SW}(t, n, K) = 1 - P(t, t_n) - K\delta \sum_{i=1}^{n} P(t, t_i).$$

6.1.3 Bootstrapping the yield curve via swap (F)

Come è possibile ricavare il tasso swap dalla SPS, così è possibile anche il viceversa, attraverso il procedimento detto di *bootstrapping* (Cesari e Susini, 2005a, paragrafo 3.9.1).

L'obiettivo è quello di ricavare dai tassi swap $R_{SW}(i)$ per le scadenze (annue, per semplicità) $i = 1, ..., n$ i tassi $R_1, R_2, ..., R_n$ della SPS. Si ha, per la scadenza a 1 anno:

$$1 = \frac{1 + R_{SW}(1)}{1 + R_1}$$

$$R_1 = \frac{1 + R_{SW}(1)}{1} - 1$$

$$R_1 = R_{SW}(1)$$

Per la scadenza a 2 anni:

$$1 = \frac{R_{SW}(2)}{1 + R_1} + \frac{1 + R_{SW}(2)}{(1 + R_2)^2}$$

$$R_2 = \left(\frac{1 + R_{SW}(2)}{1 - \frac{R_{SW}(2)}{1 + R_1}} \right)^{\frac{1}{2}} - 1$$

In generale:

$$R_i = \left(\frac{1 + R_{SW}(i)}{1 - \sum_{j=1}^{i-1} \frac{R_{SW}(i)}{(1 + R_j)^j}} \right)^{\frac{1}{i}} - 1$$

Poichè i tassi swap sono quotati fino anche a lunghe scadenze come 30–50 anni, mentre i tassi ZCB (i.e. Libor) sono osservabili sino a 1-2 anni, la tecnica del bootsrapping consente di ricavare molto semplicemente la SPS implicita nelle quotazioni dei tassi swap. Si veda l'applicazione illustrata nel Capitolo 12.

6.1.4 Le finalità dei contratti swap: asset swap e arbitraggio (F)

Lo scambio di flussi reso possibile dal contratto swap consente di costruire titoli sintetici non disponibili sul mercato (ingegneria finanziaria).

In particolare l'investimento in un titolo sul mercato più l'acquisto/vendita di un contratto swap determina quello che si chiama un asset swap.

Ad esempio, un investitore può acquistare BTP (alla pari) a 5 anni al tasso del 7% ovvero CCT indicizzati a Libor +10 bp (assumiamo per semplicità l'equivalenza tra il tasso Libor e il tasso BOT).

Se l'investitore può vendere un IRS al tasso swap a 5 anni del 6.5% con l'acquisto del BTP il suo portafoglio è caratterizzato dai seguenti flussi:

$$BTP - Swap = +7\% - (6.5\% - Libor) = Libor + 50\ bp$$

Con lo swap è come se avesse scambiato (alla pari) il BTP a cedola fissa con un titolo (sintetico) a tasso variabile indicizzato a Libor +50 bp, più conveniente dell'alternativa rappresentata dal CCT con cedole a Libor +10 bp.

Se poi l'acquisto del BTP è stato finanziato con un indebitamento a tasso variabile a Libor +20 bp si ricava il differenziale:

$$BTP - Swap - Finaziamento =$$
$$+ 7\% - (6.5\% - Libor) - (Libor + 20\ bp) = +30\ bp$$

6.1.5 Le finalità dei contratti swap: ALM e risk management (F)

Anche per i contratti swap, la finalità di *hedging* è quella più rilevante.

Dall'equazione (6.1) si ha che la duration modificata di uno swap è la media ponderata (rispettivamente con un peso sopra 1 e un peso negativo) tra duration del (l'ex-) par bond e duration del floater:

$$\frac{\partial V_{SW}}{\partial R} = \frac{\partial B_{PB}(t,T,R_{SW})}{\partial R} - \frac{\partial F(t,T)}{\partial R} = -\left(D_{PB}^M \frac{B_{PB}}{V_{SW}} - \frac{(t_1 - t)}{1 + R}\frac{F}{V_{SW}}\right) V_{SW}$$

Un operatore con attività a cedola fissa (es. BTP) che dovesse emettere passività a tasso variabile si troverebbe un bilancio esposto al rischio di tasso: se i tassi crescono, in termini di cash-flow i flussi in uscita aumentano rispetto a quelli (fissi) in entrata; in termini di valori di mercato, il valore degli assets (CB) scende mentre quello delle liabilities (floater) resta stabile.

Il contratto swap è lo strumento di ALM (*asset and liability management*) che consente l'immunizzazione del bilancio eliminando (o riducendo) il mismatching dei flussi.

Schematicamente, se prima del contratto swap, il bilancio (in termini di flussi di cassa) era:

Flussi Attività	Flussi Passività	Saldo
TF	TV	$(TF - TV)$

dopo l'acquisto del contratto swap diventa:

Flussi Attività	Flussi Passività	Saldo con swap
TF	TV	$(TF - TV) - (TF - TV) = 0$

Se, invece, prima del contratto swap, il bilancio (sempre in termini di flussi di cassa) era:

Flussi Attività	Flussi Passività	Saldo
TV	TF	$(TV - TF)$

dopo la vendita del contratto swap diventa:

Attività	Passività	mall Saldo con swap
TV	TF	$(TV - TF) + (TF - TV) = 0$

Naturalmente, come sappiamo, lo strumento di copertura diventa speculativo se utilizzato senza il sottostante in portafoglio.

Con aspettative di tassi crescenti, lo speculatore acquista swap F-CB (paga fisso e incassa variabile); con aspettative di tassi decrescenti vende swap CB-F (incassa fisso e paga variabile). Infatti, i movimenti dei tassi si riflettono solo sulla parte fissa (CB) che nel primo caso cala di prezzo e nel secondo cresce.

6.1.6 Le finalità dei contratti swap: credit arbitrage (F)

Solitamente si ricorre alla teoria dei vantaggi comparati di indebitamento per spiegare i motivi che spingono le parti a stipulare un contratto di swap.

Contratto swap senza intermediazione

Supponiamo che due società A e B abbiano accesso al mercato del credito; in particolare, la società A si può indebitare a 5 anni al tasso fisso del 10% (es. emettendo CB) o accendere un prestito bancario (rolling, cioè con rinnovo periodico) al tasso variabile Libor a 6 mesi più uno spread di 30 bp; la società B può indebitarsi al tasso fisso 11.20% o al tasso variabile Libor a 6 mesi più uno spread di 100 bp.

Società	Mercato TF	Mercato TV
A	10%	Libor 6m +0.30%
B	11.20%	Libor 6m +1%
differenziale B-A	+1.2%	+0.7%

Si noti che la società B è considerata più rischiosa di A in quanto su entrambi i mercati, del tasso fisso e del tasso variabile, B ottiene tassi di indebitamento più elevati di A.

Tuttavia, in termini relativi, il differenziale presente sul mercato del tasso variabile è più basso del differenziale sul mercato del tasso fisso per 50 bp. In altre parole, la società B ha un vantaggio comparato sul mercato a tasso variabile, mentre la società A, simmetricamente, lo ha sul mercato del tasso fisso. Se B decide di indebitarsi a tasso variabile, va direttamente nel mercato comparativamente più vantaggioso.

Ma se B, per altre considerazioni, preferisce l'indebitamento a tasso fisso mentre A preferisce l'indebitamento a tasso variabile può essere profittevole per entrambe indebitarsi sul mercato dove ciascuna ha un vantaggio comparato (rispettivamente A sul fisso e B sul variabile) e fare un contratto di swap in cui A riceve fisso e paga variabile (A receiver, posizione lunga) e B paga fisso e riceve variabile (B payer, posizione corta).

Così facendo, la società A paga il tasso fisso 10% e la società B paga il variabile Libor +1% ma in aggiunta stipulano un contratto swap su Libor al tasso (per ipotesi) 9.95% che permette di ridurre il costo dell'indebitamento per entrambe le società (Figura 6.5).

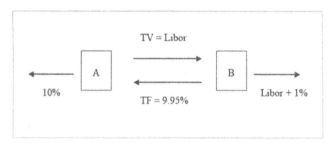

Figura 6.5. Flussi complessivi di A e B

In questo modo la società A si troverà a pagare:

$$-10\% + (9.95\% - Libor) = -(Libor + 0.05\%)$$

che significa un debito a 5 anni al tasso Libor + 5 bp contro Libor + 30 bp richiesto dal mercato.

La società B si troverà a pagare:

$$-(Libor + 1\%) - (9.95\% - Libor) = -10.95\%$$

che significa un debito a 5 anni al tasso fisso 10.95% contro 11.20% richiesto dal mercato

Il risparmio sui tassi applicati è di 25 bp per ciascuna società: il disallineamento iniziale di 50 bp è stato distribuito in parti uguali ad entrambe.

Naturalmente, questo risultato dipende dal livello del tasso swap (nell'esempio pari a 9.95%).

Infatti deve essere:

$$- TF_A + (R_{SW} - Libor) \geq -(Libor + Spread_A)$$

$$- (Libor + Spread_B) - (R_{SW} - Libor) \geq -TF_B$$

da cui:

$$TF_A - Spread_A \leq R_{SW} \leq TF_B - Spread_B$$

$$10\% - 0.30\% = 9.7\% \leq R_{SW} \leq 10.2\% = 11.2\% - 1\%$$

Il tasso swap, per rendere vantaggiosa l'operazione per entrambi, deve collocarsi tra 9.7% e 10.2%, in un range proprio di 50 bp: a seconda di dove si colloca, più verso 9.7% (tutto il vantaggio a B) o più verso 10.2% (tutto il vantaggio a A) il tasso swap distribuisce il differenziale iniziale in parti più o meno uguali.

Nell'esempio numerico, essendo R_{SW} esattamente a metà (9.95%) tra 9.7% e 10.2%, ripartisce in parti uguali il differenziale.

Contratto swap con intermediazione

Nella realtà, tuttavia, i contratti swap sono domandati e offerti sui mercati OTC da intermediari bancari che quindi entrano nel deal come controparti dei contratti swap, acquistando uno swap dal receiver-seller (A) e vendendone uno dal payer-buyer (B).

Ciò significa che il guadagno potenziale dell'operazione (50 bp nell'esempio) viene ora suddiviso tra la società A, la società B e la banca.

In particolare, la banca compra swap da A pagando un tasso fisso di (esempio) 9.90% (tasso bid, denaro) e incassando Libor e vende uno swap a B incassando il tasso fisso del 10% (tasso ask, lettera) e pagando il tasso variabile Libor, come mostrato nella Figura 6.6:

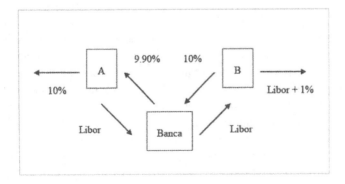

Figura 6.6. Swap attraverso un intermediario

Il risultato di questa operazione può essere riassunto nella seguente tabella:

$$A: \quad -10\% + (9.90\% - Libor) = -(Libor + 0.10\%)$$
$$B: \quad -(Libor + 1\%) - (10\% - Libor) = -11\%$$
$$Banca: \ -(9.90\% - Libor) + (10\% - Libor) = +0.10\%$$

In termini di guadagni, i tre operatori ricavano tutti un profitto:

$$A: \quad +0.20\%$$
$$B: \quad +0.20\%$$
$$Banca: +0.10\%$$
$$Totale +0.50\%$$

In particolare, la società A si indebita a tasso variabile con uno spread minore di 20 bp, la società B si indebita ad un tasso fisso minore di 20 bp, la banca guadagna 10 bp (il bid-ask spread) dall'operazione.

Il termini generali, il bid-ask spread dei tassi swap deve collocarsi entro un range definito per rendere vantaggiosa per tutti l'operazione:

$$-TF_A + (R_{SW}(Bid) - Libor) \geq -(Libor + Spread_A)$$
$$-(Libor + Spread_B) - (R_{SW}(Ask) - Libor) \geq -TF_B$$

da cui:

$$TF_A - Spread_A \leq R_{SW}(Bid) < R_{SW}(Ask) \leq TF_B - Spread_B$$
$$10\% - 0.30\% = 9.7\% \leq R_{SW}(Bid) < R_{SW}(Ask) \leq 10.2\% = 11.2\% - 1\%$$

Un tasso swap bid a 9.7% e un tasso swap ask a 10.2% farebbe guadagnare tutto il differenziale di 50 bp solo alla banca, togliendo ogni vantaggio alle due società.

Osservazione 46. La valutazione del merito di credito. Alla base del credit arbitrage illustrato sopra c'è la diversa valutazione del merito di credito di A e di B fatta dai due mercati del tasso fisso e del tasso variabile.

Tale diversa valutazione (50 bp nell'esempio) può riflettere un'imperfezione dei mercati (es. asimmetria informativa) o un'effettiva diversa rischiosità di ciascuna società sui due mercati. In quest'ultimo caso, ad esempio, se il merito di credito è variabile nel tempo (con possibilità di un successivo downgrading del rating), sul mercato del tasso variabile il creditore può adeguare i tassi periodicamente (es. ogni 6 mesi) variando lo spread, mentre non può farlo sul mercato del tasso fisso. Se una società più rischiosa (società B) ha maggiore probabilità di downgrading nel tempo, avrà tassi sui prestiti a medio-lungo termine a tasso fisso relativamente più alti che sul mercato dei prestiti a breve rolling. Ciò significa che gli spread su Libor sono in realtà variabili e non fissi e non c'è vantaggio comparato.

Si noti che chi compra lo swap da B si sta assumendo un rischio di controparte non adeguatamente prezzato mentre A riesce a rendere fisso uno spread su Libor variabile.

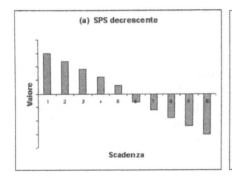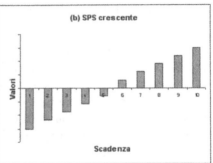

Figura 6.7. Valori dei flussi di uno swap per il payer

Il caso di imperfezione dei mercati, tuttavia, non è irrealistico: se l'intermediario bancario ha informazione aggiuntiva sull'effettivo merito di credito delle due società (Goodhart, 1987), in particolare su quella ritenuta dal mercato più rischiosa in quanto più sconosciuta, allora può fare un effettivo arbitraggio informativo e guadagnare sul differenziale.

6.1.7 Contratti swap e rischio di controparte (F)

Un contratto swap vincola le due parti a onorare l'impegno di scambio. All'inizio il contratto ha valore nullo mentre in seguito ha un valore positivo o negativo per una parte (e negativo o positivo per l'altra). Se, nel corso della vita dello swap, una delle due parti viene meno per insolvenza, l'altra ha un danno se il contratto swap è per lei positivo (annullamento di un'attività) mentre ha un vantaggio se il contratto è per lei negativo (annullamento di un debito). Nel primo caso, potrà forse farsi valere legalmente in sede di procedura di liquidazione fallimentare; nel secondo caso può essere che il soggetto fallito o il liquidatore venda il credito posseduto ad altri. In tal modo si può ridurre il danno nel primo caso e annullare il vantaggio nel secondo. In particolare, per uno swap acquistato (payer-buyer) è probabile che si abbia, dopo il momento della sottoscrizione, un valore negativo se la SPS è crescente e positivo se la SPS è decrescente: Figura 6.7. Viceversa per uno swap venduto (receiver-seller).

Osservazione 47. Il book dei contratti swap. L'intermediario bancario compra e vende swap a diverse controparti cercando il matching delle posizioni in modo da eliminare il rischio tasso e gestire solo il rischio di controparte. Se non c'è perfetto matching dei flussi, la banca deve non solo controllare il rischio di credito ma anche coprire il portafoglio swap dal rischio di variazione dei tassi.

6.1.8 Tassi swap e credit spread (F)

La disponibilità di quotazioni di tassi swap in diverse valute rende agevole stimare il credit spread tra due emittenti di aree valutarie diverse.

Se SEU è una società europea che ha emesso un CB con TIR $y(t)$ e SUS una società americana emittente del CB con TIR $y^*(t)$ il confronto grezzo $y(t) - y^*(t)$ non è rappresentativo del solo differenziale di merito di credito in quanto include anche il differenziale di tasso reale, tasso d'inflazione e term spread tra le due aree (Cesari e Susini, 2005a, paragrafo 3.2.1):

$$y(t) - y^*(t) = \text{ diff.tasso reale} + \text{diff.inflazione} + \text{diff.term spread} + \text{credit spread}$$

Per neutralizzare le componenti non pertinenti si può considerare il doppio differenziale:

$$Credit\ spread = (y(t) - R_{SW}(t)) - (y^*(t) - R^*_{SW}(t))$$

in cui i tassi swap di pari durata delle due aree servono ad annullare i differenziali diversi dal credit spread. In particolare, il rischio di credito dei tassi swap nelle diverse valute è considerato (salvo eccezioni come la crisi dei *subprime mortgages* americani dell'estate 2007 e i suoi riflessi internazionali) sostanzialmente il medesimo trattandosi dello stesso tipo di emittente (banca internazionale con elevato rating).

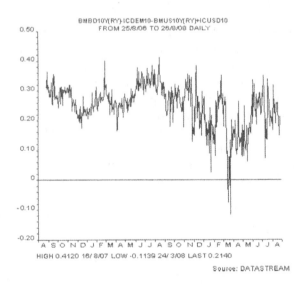

Figura 6.8. Stima del credit spread

6.2 Interest rate swap: tipologie complesse

6.2.1 Swap in arrears

In analogia con i contratti FRA, il contratto swap a Libor allineato (in breve *swap in arrears*) prevede che il flusso periodico:

$$(TF - R(t_{i-1}, t_i)) \cdot \delta \cdot Nom$$

sia pagato al tempo t_{i-1} (quando viene determinato) invece che al tempo t_i dello swap plain vanilla.

Il pricing di non arbitraggio (per unità di nominale e δ costante) richiede l'eguaglianza a zero del valore attuale dei flussi futuri:

$$V_t \left[\sum_{i=1}^{n} (R_{ASW}(t, n, \delta) - R(t_{i-1}, t_i)) \delta \right] = 0$$

cioè, come già visto nel caso dei FRA in arriers:

$$R_{ASW}(t, n, \delta) \sum_{i=1}^{n} P(t, t_{i-1}) = V_t \left(\sum_{i=1}^{n} R(t_{i-1}, t_i) \right)$$

$$= \sum_{i=1}^{n} P(t, t_i) E_t^{P(t, t_i)} \left(\frac{R(t_{i-1}, t_i)}{P(t_{i-1}, t_i)} \right)$$

$$= \sum_{i=1}^{n} P(t, t_i) E_t^{P(t, t_i)} \left(R(t_{i-1}, t_i)(1 + \delta R(t_{i-1}, t_i)) \right)$$

$$= \sum_{i=1}^{n} P(t, t_i) E_t^{P(t, t_i)} \left(R(t_{i-1}, t_i)(1 + \delta R(t_{i-1}, t_i)) \right)$$

$$= \sum_{i=1}^{n} P(t, t_i) \left[R(t, t_{i-1}, t_i) + \delta E_t^{P(t, t_i)} \left(R^2(t_{i-1}, t_i) \right) \right]$$

$$= \sum_{i=1}^{n} \frac{R(t, t_{i-1}, t_i) + \delta E_t^{P(t, t_i)} \left(R^2(t_{i-1}, t_i) \right)}{1 + \delta R(t, t_{i-1}, t_i)} P(t, t_{i-1})$$

In conclusione:

$$R_{ASW}(t, n, \delta) = \sum_{i=1}^{n} \frac{R(t, t_{i-1}, t_i) + \delta E_t^{P(t, t_i)} \left(R^2(t_{i-1}, t_i) \right)}{1 + \delta R(t, t_{i-1}, t_i)} \frac{P(t, t_{i-1})}{\sum_{i=1}^{n} P(t, t_{i-1})}$$

Anche qui, l'aggiustamento per la convessità deriva sal fatto che:

$$R_{ASW}(t, n, \delta) = \sum_{i=1}^{n} \frac{P(t, t_{i-1})}{\sum_{i=1}^{n} P(t, t_{i-1})} \frac{1}{\delta} \left[E_t^{P(t, t_{i-1})} \left(\frac{1}{P(t_{i-1}, t_i)} \right) - 1 \right]$$

$$> \sum_{i=1}^{n} \frac{P(t, t_{i-1})}{\sum_{i=1}^{n} P(t, t_{i-1})} \frac{1}{\delta} \left[\frac{1}{E_t^{P(t, t_{i-1})} (P(t_{i-1}, t_i))} - 1 \right]$$

$$= \sum_{i=1}^{n} \frac{P(t, t_{i-1})}{\sum_{i=1}^{n} P(t, t_{i-1})} R(t, t_{i-1}, t_i)$$

6.2.2 L'aggiustamento per la convessità nello swap in arrears

Per quanto visto nei FRA in arriers, nell'ipotesi di tasso forward lognormale
con volatilità istantanea σ_{FW} si ha:

$$
\begin{aligned}
E_t^{P(t,t_{i-1})}\left(R(t_{i-1},t_i)\right) &= \frac{R(t,t_{i-1},t_i)+\delta E_t^{P(t,t_i)}\left(R^2(t_{i-1},t_i)\right)}{1+\delta R(t,t_{i-1},t_i)} \\
&= R(t,t_{i-1},t_i)\frac{1+\delta R(t,t_{i-1},t_i)e^{\sigma_{FW}^2(t_{i-1}-t)}}{1+\delta R(t,t_{i-1},t_i)}
\end{aligned}
$$

e quindi:

$$
\begin{aligned}
R_{ASW}(t,n,\delta) &= \sum_{i=1}^{n}\frac{P(t,t_{i-1})}{\sum_{i=1}^{n}P(t,t_{i-1})}R(t,t_{i-1},t_i)\frac{1+\delta R(t,t_{i-1},t_i)e^{\sigma_{FW}^2(t_{i-1}-t)}}{1+\delta R(t,t_{i-1},t_i)} \\
&\simeq \sum_{i=1}^{n}\frac{P(t,t_{i-1})}{\sum_{i=1}^{n}P(t,t_{i-1})}R(t,t_{i-1},t_i)\left(1+\frac{\delta R(t,t_{i-1},t_i)\sigma_{FW}^2(t_{i-1}-t)}{1+\delta R(t,t_{i-1},t_i)}\right)
\end{aligned}
$$

Si noti che, come in precedenza, σ_{FW} è assunto indipendente dal tempo ma
dipendente da t_{i-1} e t_i.

Esercizio 30. Si calcoli il valore di un contratto receiver "swap in arrears" al tasso
fisso arbitrario K.

Svolgimento.

$$
\begin{aligned}
V_{ASW}(t,n,K) &= V_t\left[\sum_{i=1}^{n}(K-R(t_{i-1},t_i))\delta\right] \\
&= \delta K\sum_{i=1}^{n}P(t,t_{i-1})-\delta\sum_{i=1}^{n}V_t\left(R(t_{i-1},t_i)\right) \\
&= \delta K\sum_{i=1}^{n}P(t,t_{i-1})-\delta\sum_{i=1}^{n}P(t,t_i)E_t^{P(t,t_i)}\left(R(t_{i-1},t_i)\left(1+\delta R(t_{i-1},t_i)\right)\right) \\
&= \delta K\sum_{i=1}^{n}P(t,t_{i-1})-\delta\sum_{i=1}^{n}P(t,t_i)\left[E_t^{P(t,t_i)}(R(t_{i-1},t_i))+\delta E_t^{P(t,t_i)}\left(R^2(t_{i-1},t_i)\right)\right] \\
&= \delta K\sum_{i=1}^{n}P(t,t_{i-1})-\delta\sum_{i=1}^{n}P(t,t_i)\left[R(t,t_{i-1},t_i)+\delta R^2(t,t_{i-1},t_i)e^{\sigma_{FW}^2(t_{i-1}-t)}\right]
\end{aligned}
$$

ove l'ultima eguaglianza vale in caso di lognormalità del tasso forward.

6.2.3 Forward swap

Un contratto swap forward (o deferred swap) è definibile come un contratto
swap fissato oggi, t, con avvio dilazionato in S. In altre parole è un contratto
a termine su un contratto swap, ove il tasso fisso è stabilito da subito, al
tempo t.

In particolare, in un contratto forward swap di scadenza S e durata n si scambia a termine il tasso variabile spot zero di durata δ con un tasso prefissato swap forward $R_{SW}(t, S, n, \delta)$.

Tale contratto è quindi un derivato che ha come sottostante il tasso variabile spot.

Come al solito, per la convenzione di mercato, poiché non c'è scambio monetario in t, il tasso fisso sarà fissato in modo da annullare il valore attuale dei flussi futuri:

$$V_t \left[\sum_{i=1}^{n} (R_{SW}(t, S, n, \delta) - R(S_{i-1}, S_i)) \, \delta \odot 1(S_i) \right] = 0$$

ove $S_i \equiv S + i\delta$, $i = 1, ..., n$, $S_0 \equiv S$.

In analogia all'analisi precedente:

$$R_{SW}(t, S, n, \delta) \sum_{i=1}^{n} P(t, S_i) = V_t \left(\sum_{i=1}^{n} R(S_{i-1}, S_i) \right)$$

$$= \sum_{i=1}^{n} P(t, S_i) E_t^{P(t, S_i)} (R(S_{i-1}, S_i))$$

$$= \sum_{i=1}^{n} P(t, S_i) R(t, S_{i-1}, S_i)$$

e quindi:

$$R_{SW}(t, S, n, \delta) = \sum_{i=1}^{n} \frac{P(t, S_i)}{\sum_{i=1}^{n} P(t, S_i)} R(t, S_{i-1}, S_i) \qquad (6.5)$$

$$= \frac{P(t, S) - P(t, S_n)}{\sum_{i=1}^{n} \delta P(t, S_i)}$$

Naturalmente, se la scadenza forward è la data corrente, $t = S$, il tasso swap forward coincide col tasso swap spot:

$$R_{SW}(t, t, n, \delta) = R_{SW}(t, n, \delta)$$

Per il teorema del cambiamento di numerario, il tasso swap forward $R_{SW}(t, S, n, \delta)$, essendo un rapporto tra prezzi, è anche una $A(t, S, n, \delta)$-martingala, ove $A(t, S, n, \delta) = \sum_{i=1}^{n} \delta P(t, S_i)$ (*forward annuity*) e $\wp^{AF}$ è la corrispondente misura di probabilità detta *forward-swap-measure*:

$$R_{SW}(t, S, n, \delta) = E_t^{A(t, S, n, \delta)} \left(\frac{P(v, S) - P(v, S_n)}{\sum_{i=1}^{n} \delta P(v, S_i)} \right)$$

$$= E_t^{A(t, S, n, \delta)} (R_{SW}(v, S, n, \delta)) \qquad \forall \, v \le S$$

Esercizio 31. Ricavare il tasso fisso di non arbitraggio di uno swap forward *in arrears* (flussi in S_{i-1} invece che in S_i) e applicare l'aggiustamento per la convessità per ottenere la forma chiusa in caso di lognormalità dei tassi forward.

Soluzione:

$$R_{ASW}(t,S,n,\delta) = \sum_{i=1}^{n} \frac{P(t,S_{i-1})}{\sum_{i=1}^{n} P(t,S_{i-1})} R(t,S_{i-1},S_i) \times$$

$$\times \frac{1 + \delta R(t,S_{i-1},S_i) e^{\sigma_{FW}^2 (S_{i-1}-t)}}{1 + \delta R(t,S_{i-1},S_i)}$$

Esercizio 32. Ricavare il valore di un contratto receiver "swap forward" stipulato al tasso generico K.

Svolgimento.

$$V_{SW}(t,S,n,K) = V_t \left[\sum_{i=1}^{n} (K - R(S_{i-1},S_i)) \, \delta \odot 1(S_i) \right]$$

$$= \sum_{i=1}^{n} (1 + \delta K) P(t,S_i) - \sum_{i=1}^{n} V_t \left((1 + \delta R(S_{i-1},S_i)) P(S_{i-1},S_i) \right)$$

$$= \sum_{i=1}^{n} P(t,S_i) + K\delta \sum_{i=1}^{n} P(t,S_i) - \sum_{i=1}^{n} V_t \left(1(S_{i-1}) \right)$$

$$= \sum_{i=1}^{n} P(t,S_i) + K\delta \sum_{i=1}^{n} P(t,S_i) - \sum_{i=1}^{n} P(t,S_{i-1})$$

$$= P(t,S_n) + K\delta \sum_{i=1}^{n} P(t,S_i) - P(t,S)$$

Chiaramente, il valore di un payer "swap forward" è $-V_{SW}(t,S,n,K)$.

6.2.4 Constant Maturity Swap

In un contratto CMS (Constant Maturity Swap) si entra spot per la durata n in un contratto swap con floating leg data dal tasso swap futuro di durata n_s (diversa da n e periodicità δ_s per semplicità qui assunta pari a δ), osservato alle date t_{i-1} e pagato in t_i, in cambio di un tasso prefissato.

Si tratta quindi di un derivato che ha come sottostante il tasso variabile swap di durata n_s invece del Libor.

Se il sottostante è il TIR di un titolo di Stato di durata n_s si parla di CMT (Constant Maturity Treasury).

Il pricing del contratto CMS si basa sulla condizione usuale di valore zero in sottoscrizione:

$$V_t \left[\sum_{i=1}^{n} (R_{CMS}(t,n,\delta) - R_{SW}(t_{i-1},n_s,\delta)) \, \delta \odot 1(t_i) \right] = 0$$

Al solito, si ha:

$$R_{CMS}(t,n,\delta) \sum_{i=1}^{n} P(t,t_i) = V_t \left(\sum_{i=1}^{n} R_{SW}(t_{i-1},n_s,\delta) \odot 1(t_i) \right) \qquad (6.6)$$

$$= \sum_{i=1}^{n} P(t,t_i) E_t^{P(t,t_i)} \left(R_{SW}(t_{i-1},n_s,\delta) \right)$$

e si tratta di calcolare i valori medi condizionato indicati.

Omettendo il parametro δ, poiché il tasso swap $R_{SW}(t_{i-1},n_s)$ è una $A(t,n_s)$-martingala si può cambiare misura applicando il teorema del cambiamento numerario da $P(t,t_i)$ a $A(t,n_s) = \sum_{i=1}^{n_s} \delta P(t,t_i)$ e si ottiene:

$$E_t^{P(t,t_i)} \left(R_{SW}(t_{i-1},n_s) \right) = E_t^{A(t,n_s)} \left(R_{SW}(t_{i-1},n_s) \frac{P(t_{i-1},t_i)/P(t,t_i)}{A(t_{i-1},n_s)/A(t,n_s)} \right)$$

$$= \frac{A(t,n_s)}{P(t,t_i)} E_t^{A(t,n_s)} \left(R_{SW}(t_{i-1},n_s) \frac{P(t_{i-1},t_i)}{A(t_{i-1},n_s)} \right)$$

Il modello di Hunt e Kennedy (2000)

Un'ipotesi semplificatrice è quella di una relazione lineare affine tra tasso swap e prezzi ZCB nel nuovo numerario:

$$\frac{P(t,t_i)}{A(t,n_s)} = F(t_i) + G(t_i) R_{SW}(t,n_s)$$

In particolare, poiché entrambe le espressioni sono $A(t,n_s)$-martingale:

$$E_t^{A(t,n_s)} \left(\frac{P(t_{i-1},t_i)}{A(t_{i-1},n_s)} \right) = \frac{P(t,t_i)}{A(t,n_s)} = F(t_i) + G(t_i) R_{SW}(t,n_s)$$

cioè:

$$G(t_i) = \frac{\frac{P(t,t_i)}{A(t,n_s)} - F(t_i)}{R_{SW}(t,n_s)}$$

$$\sum_{i=1}^{n_s} \frac{P(t,t_i)}{A(t,n_s)} = \frac{1}{\delta} = \sum_{i=1}^{n_s} \left(F(t_i) + G(t_i) R_{SW}(t,n_s) \right)$$

$$= \sum_{i=1}^{n_s} F(t_i) + R_{SW}(t,n_s) \sum_{i=1}^{n_s} G(t_i)$$

che impone le restrizioni, per $F(t_i) = F$ costante:

$$\sum_{i=1}^{n_s} F(t_i) = F n_s = \frac{1}{\delta}$$

essendo il vincolo $\sum_{i=1}^{n_s} G(t_i) = 0$ automaticamente soddisfatto dal precedente.

Sotto queste ipotesi il pricing dei contratti swap CMS si ricava da (6.6):

$$R_{CMS}(t,n,\delta) = \sum_{i=1}^{n} \frac{P(t,t_i)}{\sum_{i=1}^{n} P(t,t_i)} E_t^{P(t,t_i)}\left(R_{SW}(t_{i-1},n_s,\delta)\right)$$

$$= \sum_{i=1}^{n} \frac{P(t,t_i)}{\sum_{i=1}^{n} P(t,t_i)} \frac{A(t,n_s)}{P(t,t_i)} E_t^{A(t,n_s)} \times$$

$$\times \left[R_{SW}(t_{i-1},n_s)\left(F(t_i) + G(t_i)R_{SW}(t_{i-1},n_s)\right)\right]$$

Essendo il tasso swap $R_{SW}(t,n_s)$ una $A(t,n_s)$-martingala, la sua dinamica è esprimibile come SDE senza drift e con volatilità istantanea σ_{SWs} costante (o deterministica) in modo che il tasso è lognormale e si può calcolare facilmente il momento secondo in analogia con quanto visto nel contratto swap in arriers.

Si ottiene così:

$$R_{CMS}(t,n,\delta) = \sum_{i=1}^{n} \delta \left[R_{SW}(t,n_s)F(t_i) + G(t_i)E_t^{A(t,n_s)}\left(R_{SW}^2(t_{i-1},n_s)\right)\right]$$

$$= R_{SW}(t,n_s) + \delta \sum_{i=1}^{n} G(t_i)R_{SW}^2(t,n_s)e^{\sigma_{SWs}^2(t_{i-1}-t)}$$

$$= R_{SW}(t,n_s) + R_{SW}^2(t,n_s)\delta \sum_{i=1}^{n} G(t_i)e^{\sigma_{SWs}^2(t_{i-1}-t)}$$

$$\simeq R_{SW}(t,n_s) + R_{SW}^2(t,n_s)\sigma_{SWs}^2\delta \sum_{i=1}^{n} G(t_i)(t_{i-1}-t)$$

Si noti che $G(t_i)$ è osservabile dai prezzi degli ZCB e dal tasso swap per la scadenza n_s mentre σ_{SWs}^2 è la volatilità istantanea del tasso $R_{SW}(t,n_s)$.

6.2.5 CMS in arrears

In un contratto CMS in arrears si entra spot per la durata n in un contratto swap con floating leg data dal tasso swap futuro di durata n_s (diversa da n e periodicità δ_s per semplicità qui assunta pari a δ), osservato **e pagato** alle date t_{i-1} in cambio di un tasso prefissato.

Il pricing del contratto si basa sulla condizione usuale di valore zero in sottoscrizione:

$$V_t\left[\sum_{i=1}^{n}\left(R_{ACMS}(t,n,\delta) - R_{SW}(t_{i-1},n_s,\delta)\right)\delta \odot 1(t_{i-1})\right] = 0$$

Al solito, si ha:

$$R_{ACMS}(t,n,\delta)\sum_{i=1}^{n} P(t,t_{i-1}) = V_t\left(\sum_{i=1}^{n} R_{SW}(t_{i-1},n_s,\delta)\right) \qquad (6.7)$$

$$= \sum_{i=1}^{n} P(t,t_{i-1})E_t^{P(t,t_{i-1})}\left(R_{SW}(t_{i-1},n_s,\delta)\right)$$

e si tratta di calcolare i valori medi condizionati indicati.

Il metodo del TIR (Hull, 2000)

Il tasso swap è il TIR di un par bond: $B_{PB}(t_{i-1}, R_{SW}(t_{i-1}, n_s, \delta))$.

Il prezzo forward con scadenza t_{i-1} di tale PB è una $P(t, t_{i-1})$-martingala (v. Capitolo 3):

$$Q_{PB}(t, t_{i-1}, R_{SW}(t, n_s, \delta)) = E_t^{P(t,t_{i-1})} \left(B_{PB}(t_{i-1}, R_{SW}(t_{i-1}, n_s, \delta)) \right)$$

Indicando $y(t) \equiv R_{SW}(t, n_s, \delta)$, e assumendo che $y(t)$ sia descritto dalla SDE (nella t_{i-1}-misura forward):

$$dy(s) = \mu_{SW} y(s) ds + \sigma_{SWs} y(s) dZ^{P(t,t_{i-1})}$$

si ha, dal lemma di Itô:

$$dQ_{PB}(s) = Q'_{PB}(s) dy(s) + \frac{1}{2} Q''_{PB}(s) (dy(s))^2$$

$$= \left(Q'_{PB}(s) \mu_{SW} y(s) + \frac{1}{2} Q''_{PB}(s) \sigma_{SWs}^2 y^2(s) \right) ds +$$

$$+ Q'_{PB}(s) \sigma_{SWs} y(s) dZ^{P(t,t_{i-1})}$$

con Q'_{PB}, Q''_{PB} derivate prima e seconda del prezzo in funzione del TIR ed esprimibili (in capitalizzazione composta o continua) in funzione della duration e convexity modificate del par bond (Cesari e Susini, 2005a, paragrafo 4.2):

$$Q'_{PB}(t) = -D_{PB}^M Q_{PB}(t) = -\left[\frac{1 - (1 + y(t))^{-n_s \delta}}{y(t)} \right] Q_{PB}(t)$$

$$Q''_{PB}(t) = C_{PB}^M Q_{PB}(t)$$

Essendo il prezzo forward una martingala, deve aversi drift nullo e quindi:

$$\mu_{SW} = -\frac{1}{2} \frac{Q''_{PB}(s)}{Q'_{PB}(s)} \sigma_{SWs}^2 y(s)$$

Sostituendo tale parametro nella SDE del tasso swap e risolvendo via trasformata logaritmica (v. l'Appendice) si ha:

$$y(t_{i-1}) = y(t) e^{-\int_t^{t_{i-1}} \left(\frac{1}{2} \frac{Q''_{PB}(s)}{Q'_{PB}(s)} \sigma_{SWs}^2 y(s) + \frac{1}{2} \sigma_{SWs}^2 \right) ds + \int_t^{t_{i-1}} \sigma_{SWs} dZ^P(s)}$$

il cui valor medio, approssimando $y(s)$ con $y(t)$ diventa (per σ_{SWs} costante):

$$E_t^{P(t,t_{i-1})} (y(t_{i-1}))$$

$$\simeq y(t) e^{-\frac{1}{2} \frac{Q''_{PB}(t)}{Q'_{PB}(t)} \sigma_{SWs}^2 y(t)(t_{i-1}-t) + \frac{1}{2} \sigma_{SWs}^2 (t_{i-1}-t)} E_t^{P(t,t_{i-1})} \left(e^{\int_t^{t_{i-1}} \sigma_{SWs} dZ^P(s)} \right)$$

$$= y(t) e^{-\frac{1}{2} \frac{Q''_{PB}(t)}{Q'_{PB}(t)} \sigma_{SWs}^2 y(t)(t_{i-1}-t)} \simeq y(t) - \frac{1}{2} \frac{Q''_{PB}(t)}{Q'_{PB}(t)} \sigma_{SWs}^2 \cdot y^2(t)(t_{i-1}-t)$$

dove l'ultima eguaglianza deriva dal fatto che per σ_{SWs} costante o deterministica $e^{\int_t^{t_{i-1}} \sigma_{SWs}^2 dZ^P(s)}$ è condizionatamente lognornale e ha media $e^{\frac{1}{2}\int_t^{t_{i-1}} \sigma_{SWs}^2 ds}$ mentre l'ultima approssimazione (non indispensabile) usa $e^x \simeq 1 + x$.

Pertanto:

$$E_t^{P(t,t_{i-1})}\left(R_{SW}(t_{i-1}, n_s, \delta)\right) = R_{SW}(t, n_s, \delta) e^{-\frac{1}{2}\frac{Q''_{PB}(t)}{Q'_{PB}(t)}\sigma_{SWs}^2 R_{SW}(t,n_s,\delta)(t_{i-1}-t)}$$

e il tasso CMS swap in arriers è (cfr. Hull, 2003, p. 580), da (6.7):

$$R_{ACMS}(t, n, \delta) = R_{SW}(t, n_s, \delta)\frac{\sum_{i=1}^n P(t, t_{i-1}) e^{-\frac{1}{2}\frac{Q''_{PB}(t)}{Q'_{PB}(t)}\sigma_{SWs}^2 R_{SW}(t,n_s,\delta)(t_{i-1}-t)}}{\sum_{i=1}^n P(t, t_{i-1})}$$

$$\simeq R_{SW}(t, n_s, \delta) - \frac{1}{2}\frac{Q''_{PB}(t)}{Q'_{PB}(t)}R_{SW}^2(t, n_s, \delta)\frac{\sum_{i=1}^n P(t, t_{i-1})\sigma_{SWs}^2(t_{i-1} - t)}{\sum_{i=1}^n P(t, t_{i-1})}$$

6.2.6 Forward CMS

Un contratto CMS forward è un contratto swap CMS fissato oggi, t, con avvio dilazionato in S. In altre parole è un contratto a termine su un contratto CMS, ove il tasso fisso è stabilito da subito, al tempo t.

Come al solito, per la convenzione di mercato, poiché non c'è scambio monetario in t, il tasso fisso sarà fissato in modo da annullare il valore attuale dei flussi futuri:

$$V_t\left[\sum_{i=1}^n \left(R_{CMS}(t, S, n, \delta) - R_{SW}(S_{i-1}, n_s, \delta)\right)\delta \odot 1(S_i)\right] = 0$$

ove $S_i \equiv S + i\delta$, $i = 1, ..., n$, $S_0 \equiv S$.

In analogia all'analisi precedente:

$$R_{CMS}(t, S, n, \delta)\sum_{i=1}^n P(t, S_i) = V_t\left(\sum_{i=1}^n R_{SW}(S_{i-1}, n_s, \delta)1(S_i)\right)$$

$$= \sum_{i=1}^n P(t, S_i)E_t^{P(t,S_i)}\left(R_{SW}(S_{i-1}, n_s, \delta)\right)$$

e dato che il tasso swap forward $R_{SW}(t, S, n, \delta)$ è una $A(t, S, n, \delta)$-martingala, ove $A(t, S, n, \delta) = \sum_{i=1}^n \delta P(t, S_i)$ si procede come nel contratto CMS. Lo sviluppo è lasciato come esercizio.

Osservazione 48. Si noti che per $n = 1$:

$$R_{CMS}(t, S, 1, \delta) = E_t^{P(t,S_1)}\left(R_{SW}(S, n_s, \delta)\right)$$

e quindi $R_{CMS}(t, S, 1, \delta)$ è il prezzo forward in t di un pagamento di $R_{SW}(S, n_s, \delta)$ in S_1.

Esercizio 33. Calcolare il tasso CMS forward applicando il modello di Hunt e Kennedy visto per il contratto CMS spot.

6.2.7 Altre tipologie complesse di IRS

Le tipologie di swaps create sui mercati internazionali richiederebbero un volume solo per essere elencate. Trattandosi di contratti OTC, solo la fantasia delle istituzioni finanziare e le effettive esigenze degli operatori ne limitano la proliferazione. Nel seguito elenchiamo solo le più diffuse.

Basis swap

Nel contratto di basis swap si prevede lo scambio di due tassi variabili (floating/floating swap), es. Libor e tasso BOT, Libor e CMS, CMS e CMT.

Chiamando base il differenziale tra i due tassi, si comprende che il contratto ha per oggetto tale differenziale ed è utile nell'ALM di istituzioni con attività e passività a tassi variabili ma indicizzate a tassi di mercato diversi.

Trattandosi di due tassi variabili, la valutazione, seguendo il metodo usuale, determina un valore iniziale non necessariamente nullo.

Esercizio 34. Calcolare il prezzo di non arbitraggio di una contratto floating CMS di durata n che prevede lo scambio di un tasso swap di durata n_s contro Libor.

Suggerimento:
Si tratta di valutare:

$$FloatingCMS = V_t \left[\sum_{i=1}^{n} (R(t, t_{i-1}, t_i) - R_{SW}(t_{i-1}, n_s, \delta)) \delta \odot 1(t_i) \right]$$

che per non arbitraggio non è in generale nullo.

Amortizing swap e step-up swap

Nel contratto di *amortizing swap* il capitale nozionale diminuisce nel tempo (es del 10% all'anno) al fine di poter utilizzare lo swap per la copertura di mutui e prestiti con piano di ammortamento predefinito (Cesari e Susini, 2005a, paragrafo 2.5). Al contrario, swaps con nozionali crescenti si dicono step-up swaps.

Compounding swap

Nel *compounding swap* c'è un unico flusso scambiato a scadenza e costituito, per la parte fissa dagli interessi sul capitale nozionale accumulati al tasso fisso swap "compounding" e per la parte variabile, dagli interessi sul capitale nozionale accumulati ai tassi variabili.

Esercizio 35. Calcolare in base al ragionamento di non arbitraggio il tasso swap compounding di un contratto a n anni con capitale nozionale unitario.

6.3 Swap Market Model e le misure swap

Lo Swap Market Model, SMM, in alternativa al Libor Market Model, LMM, del Capitolo 2, usa i tassi swap come pivot per lo sviluppo delle dinamiche e quindi per la valutazione dei derivati. Chiaramente, i derivati dipendenti dai tassi swap saranno più agevolmente valutati nel caso SMM che nel caso LMM.

Si considerino i tassi swap forward detti *co-terminal* o a data di scadenza del contratto swap S_n in comune:

$$R_{SW}(t, S_j, n_j) = \frac{P(t, S_j) - P(t, S_n)}{\sum_{i=j+1}^{n} \delta P(t, S_i)} \equiv \frac{P(t, S_j) - P(t, S_n)}{A_j(t, S_n, n_j)} \qquad j = 0, ..., n-1$$

ove $S_n = S_j + \delta n_j$, $n_j \equiv n - j$ e $A_j(t, S_n, n_j)$ è la *co-terminal swap measure*. La durata dei swaps sottostanti è rispettivamente $n, n - 1, ..., 1$.

Jamshidian (1997) ha dimostrato che:

$$dR_{SW}(t, S_j, n_j) = R_{SW}(t, S_j, n_j)\nu_j dZ^{A_{j+1}} \qquad j = 0, ..., n - 1$$

Analogamente, considerando i tassi *co-initial*, con una data $S = S_0$ di scadenza forward in comune e durate dei contratti swap sottostanti il forward pari, rispettivamente, a $1, 2, ..., n$:

$$R_{SW}(t, S_0, k) = \frac{P(t, S_0) - P(t, S_k)}{\sum_{i=1}^{k} \delta P(t, S_i)} \equiv \frac{P(t, S_0) - P(t, S_k)}{A_k(t, S_0, k)} \qquad k = 1, ..., n$$

si ha, rispetto alla *co-initial swap measure*:

$$dR_{SW}(t, S_0, k) = R_{SW}(t, S_0, k)\nu_k dZ^{A_k} \qquad k = 1, ..., n$$

Una terza tipologia considera i tassi swap con pari durata H (e quindi diversa data iniziale e finale), detti *co-sliding*:

$$R_{SW}(t, S_h, H) = \frac{P(t, S_h) - P(t, S_{h+H})}{\sum_{i=h+1}^{h+H} \delta P(t, S_i)} \equiv \frac{P(t, S_h) - P(t, S_{h+H})}{A_h(t, H)}$$

$$h = 0, ..., n - H$$

si ha, analogamente, rispetto alla *co-sliding swap measure*:

$$dR_{SW}(t, S_h, H) = R_{SW}(t, S_h, H)\nu_h dZ^{A_h} \qquad h = 0, ..., n - H$$

Si noti che per $H = 1$ il tasso swap forward (forward su swap) coincide col tasso forward usuale (forward su ZCB).

Tuttavia, in generale, nel caso classico lognormale (volatilità deterministiche) è facile comprendere che SMM e LMM sono tra loro incompatibili. Infatti si è visto in (6.5) che i tassi swap sono una media ponderata di tassi forward mentre i tassi forward sono facilmente ricavabili da una media ponderata (con pesi anche negativi) di due tassi swap (v.6.4). Ma medie di lognormali non sono lognormali e quindi LMM e SMM non possono essere validi entrambi. In termini intuitivi, è chiaro che l'approccio SMM è preferibile per i derivati su tassi swap e più problematico per i derivati sul Libor mentre per l'approccio LMM vale il viceversa. Se interessano entrambi i derivati di tasso, la modellizzazione degli swaps sembra avere il vantaggio di una più facile formula di definizione dei Libor in termini di tassi swap. Si apre così un'importante area di ricerca empirica sulla performance relativa dei due modelli che non ha ancora dato risultati definitivi (v. De Jong, Diessen e Pelsser, 2001; Galluccio, Huang, Ly e Scaillet, 2005; Musiela e Rutkowski, 2005 cap. 13).

6.4 Currency swap (F)

6.4.1 Currency swap fixed for fixed

Il contratto swap su valute, o currency swap, riguarda lo scambio tra tassi d'interesse (fissi o variabili) denominati in valute diverse: ad esempio in un currency swap un operatore paga periodicamente un tasso fisso in dollari, 5%, e riceve periodicamente un tasso fisso in euro, 4%.

Si parla in tal caso di currency swap *fixed for fixed*.

In tal modo il contratto consente la trasformazione di flussi denominati in una valuta in flussi denominati in una valuta diversa e sulla base di quanto detto per gli IRS, il currency swap (nell'esempio) può essere visto come l'acquisto di un CB 4% in euro e l'emissione di un CB 5% in dollari.

I valori nominali dei due titoli vengono effettivamente scambiati a scadenza mentre al momento della stipula vengono adeguati in modo da annullare il valore iniziale del contratto.

Se $E(t)$ è il tasso di cambio euro/dollaro e l'asterisco $*$ indica i valori in valuta estera si ha, per il currency swap di acquisto della valuta estera:

$$E(t)B^*(t, c^*, n) \cdot Nom^* - B(t, c, n) \cdot Nom = 0 \qquad (6.8)$$

per cui si avrà:

$$\frac{Nom}{Nom^*} = \frac{E(t_0)B^*(t_0, c^*, n)}{B(t_0, c, n)}$$

Nei periodi successivi vi è lo scambio del flusso, valutato al cambio del momento:

$$E(t_i)c^* Nom^* - cNom \qquad i = 1, ..., n-1$$

mentre a scadenza entrano anche i valori nominali:

$$E(t_n)(1^* + c^*)Nom^* - (1 + c)Nom$$

Esercizio 36. Dimostrare che la (6.8) equivale al valore attuale dei flussi tra t_1 e t_n.

Suggerimento:

Fare la somma del valore attuale dei flussi usando i risultati sul cambio a termine del Capitolo 3 che consentono di scrivere, per il valore in t del generico flusso:

$$E(t)\frac{1}{(1 + R^*(t, t_i))^{t_i - t}}c^* Nom^* - cNom\frac{1}{(1 + R(t, t_i))^{t_i - t}} \qquad (6.9)$$

Evidentemente, anche in questo caso, dopo la scadenza, il valore del contratto di currency swap può diventare positivo o negativo, a seconda dell'evoluzione del tasso di cambio (e quindi dei tassi nelle due aree valutarie).

Il contratto comporta infatti un rischio di cambio simmetrico tra le parti coinvolte.

Naturalmente, tale rischio può trovare compensazione nel bilancio complessivo dell'operatore.

6.4.2 Hedging con currency swaps

Si immagini un'impresa europea EU che si è indebitata in dollari al 5% per 3 anni. Chiaramente è esposta al rischio di cambio per i prossimi 3 anni dovendo procurarsi dollari per i tre periodi di pagamento.

Per coprirsi da tale rischio può comprare a termine dollari sottoscrivendo tre contratti forward, ovvero può comprare da una banca un'unico contratto di currency swap dollaro contro euro (vendere un contratto euro contro dollaro). Siano 5% $ e 4% Euro fisso contro fisso i termini del currency swap. In tal caso si ha:

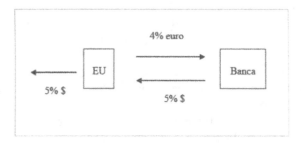

Figura 6.9. Hedging con currency swap

e l'impresa si copre dal rischio di cambio.

6.4.3 Credit arbitrage e rischio di controparte nei currency swaps

Come nel caso degli IRS, può essere conveniente entrare in un currency swap per sfruttare il vantaggio comparato che due imprese hanno su due diverse valute di indebitamento.

Supponiamo che due società SEU e SUS abbiano accesso al mercato del internazionale del credito; in particolare, la società SEU, europea, si può indebitare a 5 anni in euro al tasso fisso del 6% o in dollari al tasso fisso del 10%; la società SUS, americana, può indebitarsi in euro al tasso fisso del 5% o in dollari al tasso fisso dell'8%.

Società	Area euro	Area dollaro
SUS	5%	7.5%
SEU	6%	10%
differenziale SEU-SUS	+1%	+2.5%

Si noti che la società SEU è considerata più rischiosa di SUS in entrambe le aree valutarie ma ha un vantaggio comparato nell'area euro, dove potrebbe risultare più conosciuta e apprezzata. Simmetricamente, SUS ha un vantaggio comparato sull'area dollaro e c'è la possibilità di risparmiare 2.5%-1%=1.5% di interessi.

Se SEU ha necessità di indebitarsi in dollari e SUS in euro avranno convenienza indebitarsi nelle aree più vantaggiose e nel contempo sottoscrivere un currency swap.

Immaginando realisticamente la presenza di un intermediario finanziario si ha che SEU si indebita in euro al 6% e compra un currency swap dollaro-euro 9.6%$ contro 6% euro e SUS si indebita in dollari al 7.5% e vende un currency swap dollaro-euro 7.5% contro 4.5% euro.

In tal modo SEU, al netto, paga dollari al 9.6% (con un risparmio di 40 bp), SUS paga euro al 4.5% (con un risparmio di 50 bp) e l'intermediario ha uno spread di −1.5% euro e di +2.1% dollari (+60 bp) con rischio di cambio da coprire nel book dei currency swaps.

Figura 6.10. Flussi di un currency swap con intermediario

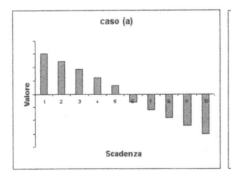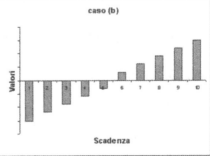

Figura 6.11. Valore dei flussi di currency swap per chi: (a) paga basso; (b) paga alto

Si noti che il currency swap prevede lo scambio dei nominali a scadenza e quindi comporta un rischio di credito sensibilmente più alto che in un IRS dove tale scambio è assente (nominali uguali).

In particolare, la presenza del nominale a scadenza implica che il valore del currency swap, nullo inizialmente, tenda poi a essere negativo per chi incassa il tasso alto e paga il tasso basso e positivo per chi paga il tasso alto e incassa il tasso basso.

Ne discende che l'eventuale default di una parte del currency swap ha sensibili riflessi sull'altra. Se fallisce l'acquirente che incassa il tasso alto di un currency swap la controparte subisce un danno poiché vede annullarsi un'attività; se fallisce il venditore cha paga il tasso alto, la controparte ha un vantaggio in quanto, se il fallito non cede il credito, vede annullarsi una passività.

Tuttavia, l'ipotesi di cessione del credito è molto verosimile per cui nel primo caso c'è un danno, nel secondo nessun vantaggio.

Per un intermediario, il fallimento di una controparte può aprire un significativo rischio di cambio in un book di currency swaps prima coperto.

Ad esempio, nel caso numerico precedente, SEU paga il tasso alto mentre SUS paga il tasso basso. Per l'intermediario, il contratto con SEU è, dopo l'emissione, tendenzialmente negativo mentre il contratto con SUS è tenden- zialmente positivo. Di conseguenza, vista l'asimmetria degli effetti del rischio di fallimento, il default di SEU non ha effetti sull'intermediario (che incassava il tasso alto) mentre il default di SUS (a cui l'intermediario pagava il tasso alto) può avere ripercussioni importanti. Per l'intermediario, il monitoraggio delle controparti a cui paga il tasso alto e incassa il tasso basso è più rilevante. I derivati creditizi consentono il controllo del rischio di credito.

Parallelamente, per tali contratti e in certe condizioni, è meno rilevante il rischio di tasso dato che, ceteris paribus, la duration dei CB impliciti cala al crescere dei tassi (Cesari e Susini, 2005a, paragrafo 4.2.1).

Esercizio 37. Dimostrare che la duration modificata di un currency swap di acqui- sto della valuta estera è la differenza ponderata delle duration dei CB impliciti:

$$D_{CS}^M = D^M \frac{B(t)Nom}{CS(t)} - D^{M*} \frac{\partial R^*}{\partial R} \frac{E(t)B^*(t)Nom^*}{CS(t)}$$

ove $CS(t)$ è il valore in t del currency swap.

6.4.4 Differential swap

Nel contratto di *differential swap* o *diff swap* o anche *quanto swap*, ci si scam- bia due tassi variabili (*currency swap floater for floater*), espressi in valute diverse, tipicamente una domestica, euro, e una estera, dollaro, ma applica- ti entrambi a un capitale nozionale in valuta domestica. Si parla anche di *domestic currency swap.*

Il valore attuale del diff swap sarà:

$$V_t \left[\sum_{i=1}^{n} (R^*(t_{i-1}, t_i) - R(t_{i-1}, t_i) - c) \delta \odot 1(t_i) \cdot Nom \right]$$

ove c è lo spread (o margin rate) fissato al momento della stipula, t_0, in modo da annullare in quel momento il valore del contratto.

Per valutare tale contratto consideriamo il singolo flusso in t_i il cui valore attuale, trascurando il valore nominale, è:

$$V_t \left[(R^*(t_{i-1}, t_i) - R(t_{i-1}, t_i) - c) \delta \odot 1(t_i) \right] =$$
$$V_t \left(R^*(t_{i-1}, t_i) \delta \odot 1(t_i) \right) - V_t \left(R(t_{i-1}, t_i) \delta \odot 1(t_i) \right) - c \delta P(t, t_i)$$

Vogliamo calcolare i due valori attuali.

Il secondo è già stato visto ed è risolvibile sfruttando la proprietà di $P(t, t_i)$-martingala del tasso forward:

$$V_t \left(R(t_{i-1}, t_i) \odot 1(t_i) \right) = P(t, t_i) E_t^{P(t, t_i)} \left(R(t_{i-1}, t_i) \right)$$
$$= P(t, t_i) R(t, t_{i-1}, t_i) = P(t, t_{i-1}) - P(t, t_i)$$

Il primo è:

$$V_t \left(R^*(t_{i-1}, t_i) \odot 1(t_i) \right) = P(t, t_i) E_t^{P(t, t_i)} \left(R^*(t_{i-1}, t_i) \right)$$
$$= P(t, t_i) E_t^{P^*(t, t_i)} \left(R^*(t_{i-1}, t_i) \frac{P(t_i, t_i)/P(t, t_i)}{P^*(t_i, t_i)/P^*(t, t_i)} \frac{1}{E(t_i)/E(t)} \right)$$
$$= E_t^{P^*(t, t_i)} \left(R^*(t_{i-1}, t_i) \frac{1}{E(t_i)} \right) P^*(t, t_i) E(t)$$
$$= E_t^{P^*(t, t_i)} \left(R^*(t_{i-1}, t_i) E_{t_{i-1}}^{P^*(t, t_i)} \left(\frac{1}{E(t_i)} \right) \right) P^*(t, t_i) E(t)$$
$$= E_t^{P^*(t, t_i)} \left(R^*(t_{i-1}, t_i) \frac{1}{Q_E(t_{i-1}, t_i)} \right) P(t, t_i) Q_E(t, t_i)$$

ove la prima uguaglianza usa il teorema fondamentale del pricing; la seconda usa il teorema del cambiamento di numerario in presenza di unità di conto diverse; la terza opera alcune semplificazioni; la quarta applica la proprietà di concatenazione del valor medio condizionato e la quinta usa il fatto che il reciproco del cambio spot (o forward) euro/dollaro è il cambio spot (o forward) dollaro/euro: $1/E(t_i) = E^*(t_i)$ e vale la proprietà di martingala del cambio forward (Capitolo 3) per cui:

$$E_{t_{i-1}}^{P^*(t, t_i)} \left(E^*(t_i) \right) = Q_E^*(t_{i-1}, t_i) = \frac{1}{Q_E(t_{i-1}, t_i)}$$

In conclusione:

$$V_t \left(R^*(t_{i-1}, t_i) \odot 1(t_i) \right) = P(t, t_i) E_t^{P^*(t, t_i)} \left(R^*(t_{i-1}, t_i) \frac{Q_E^*(t_{i-1}, t_i)}{Q_E^*(t, t_i)} \right)$$
$$= P(t, t_i) R^*(t, t_{i-1}, t_i) e^{\rho_{R^*, Q^*} \sigma_{R^*} \sigma_{Q^*}(t_{i-1} - t)}$$

l'ultima equazione derivando dall'assunzione che $Q_E^*(t, t_i)$ e $R^*(t_{i-1}, t_i)$ siano lognormali rispetto alla misura $P^*(t, t_i)$, con correlazione tra tasso estero forward R^* e cambio forward (dollaro/euro) pari a $\rho_{R^*Q^*}$ (v. l'Appendice). Si noti che tale correlazione riguarda il tasso estero forward e il cambio estero su domestico forward.

Il valore del diff swap sarà quindi:

$$\sum_{i=1}^{n} P(t, t_i) \left(R^*(t, t_{i-1}, t_i) e^{\rho_{R^*, Q^*} \sigma_{R^*} \sigma_{Q^*} (t_{i-1} - t)} - R(t, t_{i-1}, t_i) - c \right) \delta Nom$$

$$(6.10)$$

Al momento della stipula, lo spread c è fissato in modo da annullare il valore del contratto:

$$c = \frac{\sum_{i=1}^{n} P(t_0, t_i) \left(R^*(t_0, t_{i-1}, t_i) e^{\rho_{R^*, Q^*} \sigma_{R^*} \sigma_{Q^*} (t_{i-1} - t_0)} - R(t_0, t_{i-1}, t_i) \right)}{\delta Nom \sum_{i=1}^{n} P(t_0, t_i)}$$

Osservazione 49. Si noti che il pricing del diff swap (6.10) ottenuto via misure forward-neutral estere è più semplice del pricing che si otterrebbe con le misura RN . Il motivo sta nel fatto che R^* e Q_E^* sono P^*-martingale ma non B^*-martingale. Si veda in proposito il modello di Wei (1994) e l'estensione (con correzioni) di Chang, Chung e Yu (2002).

6.4.5 Altre tipologie di currency swaps

In un currency swap floating for floating i tassi applicati ai due capitali nominali sono entrambi variabili mentre in un currency swap fixed for floating (detto anche *cross-currency swap*) si applica a un capitale un tasso fisso e all'altro capitale un tasso variabile.

La procedura di pricing è la medesima vista sopra con l'uguaglianza a zero del valore attuale garantita nel floating for floating da uno spread su Libor e nel cross-currency swap dal tasso fisso del contratto.

6.5 Equity swap

Un equity swap è un contratto di scambio in cui periodicamente i flussi di dividendi e di guadagni in c/capitale di un indice di titoli azionari vengono scambiati contro un tasso fisso (*equity for fixed*) o variabile (*equity for floating*).

In tal modo il flusso di un investimento azionario viene convertito in un flusso obbligazionario.

Sia $I(t)$ un indice azionario total return, che prevede quindi il reinvestimento dei proventi (Cesari e Susini, 2005b, cap. 3). Senza perdita di generalità ribasiamo a 1 (riproporzionando le quantità del basket) l'indice al momento t_0 della sottoscrizione dell'equity swap (di tipo equity for floating).

Se l'indice desse i rendimenti periodici $\frac{I(t_i)-I(t_{i-1})}{I(t_{i-1})}$ total return (preleva-
menti se positivi; versamenti se negativi), il suo valore alle date t_i sarebbe
sempre 1. Analogamente, un floater che paga il flusso $R(t_{i-1}, t_i)\delta$ alle stesse
date per unità di capitale vale analogamente 1 (Capitolo 5).

Ne segue che il valore attuale della differenza dei due flussi deve essere
nullo:

$$\begin{array}{c} Equity\ swap \\ for\ floating \end{array} = V_t\left[\sum_{i=1}^{n}\left(\frac{I(t_i)-I(t_{i-1})}{I(t_{i-1})} - R(t_{i-1}, t_i)\delta\right)1(t_i)Nom\right] = 0$$

$$(1 - P(t, t_n)) - (1 - P(t, t_n)) = 0$$

Osservazione 50. Nella simbologia di Ross (1978):

$$V_t\left(\int_t^\infty da\right) = 1 = V_{t_n}\left(\int_{t_n}^\infty da\right)$$

$$V_t\left(\int_t^{t_n} da\right) = V_t\left(\int_t^\infty da - \int_{t_n}^\infty da\right) = 1 - P(t, t_n)$$

Quindi l'equity swap vale zero al momento della sottoscrizione. Ma con
analogo ragionamento si ricava che vale 0 a ogni data di pagamento.

Per chi riceve il rendimento azionario e paga Libor, il valore dell'equity
swap al tempo t, tra due date di pagamento, $t_{i-1} < t < t_i$, si ricava facilmente
attualizzando, da t_i a t, il differenziale del prossimo flusso :

$$V_t\left[\left(\frac{I(t_i)-I(t_{i-1})}{I(t_{i-1})} - R(t_{i-1}, t_i)\delta\right)1(t_i)Nom\right]$$

$$= V_t\left[\left(\frac{I(t_i)}{I(t_{i-1})} - 1(t_{i-1}) - R(t_{i-1}, t_i)\delta\right)1(t_i)\right]Nom$$

$$= \left[\frac{V_t\left(I(t_i)\right)}{I(t_{i-1})} - \frac{V_t\left(1(t_i)\right)}{P(t_{i-1}, t_i)}\right]Nom$$

$$= \left[\frac{I(t)}{I(t_{i-1})} - \frac{P(t, t_i)}{P(t_{i-1}, t_i)}\right]Nom$$

in cui si è tenuto conto del fatto che in t il prossimo Libor $R(t_{i-1}, t_i)$ è noto
mentre il valore attuale dell'indice in t_i, non essendoci stacchi intermedi, è per
definizione il valore corrente $I(t)$.

Un equity swap di tipo equity for fixed si può vedere come la somma di
un equity swap for floating più un IRS:

$$V_t\left[\sum_{i=1}^{n}\left(\frac{I(t_i)-I(t_{i-1})}{I(t_{i-1})} - R_{SW}\cdot\delta\right)1(t_i)Nom\right]$$

$$= \left(\begin{array}{c}Equity\ swap \\ for\ floating\end{array}\right) + V_t\left[\sum_{i=1}^{n}(R(t_{i-1}, t_i) - R_{SW})\delta 1(t_i)Nom\right]$$

$$= 0$$

6.6 Esercizi

Esercizio 38. Determinare i tassi swap a 1 e 2 anni dalla SPS dei tassi spot indicata in tabella:

durata	tasso spot
1 anno	3.9%
2 anni	5.2%

Svolgimento.

$$100 = \frac{100 + R_{SW}(1)}{1 + 3.9\%} \qquad \Rightarrow \qquad R_{SW}(1) = 3.9\%$$

$$100 = \frac{R_{SW}(2)}{1 + 3.9\%} + \frac{100 + R_{SW}(2)}{(1 + 5.2\%)^2} \qquad \Rightarrow \qquad R_{SW}(2) = 5.17\%$$

Esercizio 39. Due imprese possono indebitarsi a tasso fisso e a tasso variabile secondo la seguente tabella:

impresa	tasso fisso	tasso variabile
A	10%	Euribor +0.5%
B	12%	Euribor +1.5%

Se A vuole indebitarsi a tasso variabile e B a tasso fisso verificare se hanno convenienza a sottoscrivere un contratto swap di tasso d'interesse.

Svolgimento.
B ha un differenziale relativo sul mercato del tasso fisso di +2% e sul mercato del tasso variabile di +1%. Quindi B ha una convenienza relativa all'indebitamento a tasso variabile e A a tasso fisso; quindi le due imprese hanno convenienza a entrare in un IRS.

Opzioni *plain vanilla*

Sebbene conosciute da secoli e periodicamente trattate (e bandite) sui mercati più sviluppati, le opzioni finanziarie hanno conosciuto la loro rivoluzione teorica e pratica all'inizio degli anni '70 del secolo scorso (Chance, 1995).

Infatti, nell'aprile 1973 fu creato il Chicago Board Option Exchange (CBOE), la prima Borsa ufficiale in opzioni, e contemporaneamente fu pubblicata, nello stesso anno, la formula analitica del prezzo di non arbitraggio di un'opzione da parte di Fisher Black e Myron Scholes.

Entrambi gli eventi furono significativi ma il secondo fu il motore dell'enorme sviluppo del primo. Come ricorda Merton (1997), nella Nobel Lecture per il premio ricevuto con Myron Scholes "for a new method to determine the value of derivatives" (Fisher Black era morto prematuramente due anni prima), l'impatto anche pratico del loro lavoro fu tale che già nel 1977, in un'epoca senza personal computer, la Texas Instruments commerciava un calcolatore tascabile con la formula di Black e Scholes e i relativi hedge ratio incorporati.

L'impressionante turbolenza dei mercati di quegli anni (crisi petrolifera, inflazione a due cifre, volatilità dei cambi e dei tassi mai sperimentata nel decennio precedente) contribuì non poco al successo dei prodotti derivati e all'approfondimento delle ricerche teoriche in argomento.

Oggi si può dire che un'intera industria mondiale e un'impressionante team di ricercatori teorici ed empirici sono attivi ogni giorno nel mondo producendo contratti sempre più complessi e modelli sempre più sofisticati, utilizzando, come già fecero i due fondatori, tecniche e metodi in precedenza sconosciuti in economia.

In realtà, lo strumento matematico usato da Black e Scholes, vale a dire il calcolo stocastico, era noto agli specialisti e rappresentativo di un altro fruttuoso connubio (sia pure ad effetto ritardato) tra economia e matematica: il 29 marzo 1900 Louis Bachelier presentò la sua tesi di dottorato in probabilità dal titolo "Théorie de la spéculation", in cui i fondamenti del moto browniano (BM) e il suo utilizzo pratico sui dati di Borsa vennero alla luce contemporaneamente.

Cesari R: Introduzione alla finanza matematica.
© Springer-Verlag Italia, Milano 2009

La teoria probabilistica fu ripresa da Einstein (1905) e Wiener (1921) mentre l'edificio del calcolo stocastico fu costruito da Kihoshi Itô (1946), non senza riconoscere l'influenza di Bachelier, considerato ormai unanimemente il padre della Finanza Matematica (Courtault et al., 2000).

Osservazione 51. Quando Bachelier presentò la sua tesi, aveva già 30 anni e un notevole ritardo nella carriera accademica a causa di disgrazie famigliari che lo avevano costretto a interrompere gli studi per continuare l'attività di commercio di vini del padre e crescere una sorella e un fratello più piccoli. Correlatore della tesi di Bachelier fu il matematico Henri Poicaré che vide subito l'importanza del lavoro del ricercatore. Come è scritto nella relazione di presentazione "... i prezzi di mercato di vari tipi di operazioni devono obbedire a certe leggi ... Chi compra crede in un probabile aumento, altrimenti non comprerebbe, ma se compera è perché qualcun altro gli vende, e questo venditore ovviamente crede in una probabile discesa. Da ciò discende che il mercato, considerato come un tutt'uno, porta a zero la media matematica di tutte le operazioni e di tutte le combinazioni di operazioni ... Sotto queste condizioni il principio delle media matematica è sufficiente a determinare la distribuzione di probabilità; si ottiene la ben nota legge Gaussiana degli errori. ... Il modo in cui il Signor Bachelier deduce la legge di Gauss è veramente originale e può essere esteso ... Una volta stabilita la legge Gaussiana, si possono dedurre facilmente certe conseguenze suscettibili di verifica empirica. Un esempio è la relazione tra il valore di un'opzione e la deviazione dal sottostante... Il principio della media matematica vale nel senso che, se fosse violato, ci sarebbero sempre persone che interverrebbero in modo da ristabilirlo". Il testo completo è in Courtault et al. (2000). Itô ebbe a confidare a Merton, nel 1994, che la tesi di Bachelier aveva avuto su di lui un'influenza maggiore degli stessi lavori di Wiener. Si veda Jarrow (1999).

La grande novità di Black e Scholes, l'idea geniale e dirompente, in linea con l'intuizione di Bachelier, non fu di tipo tecnico ma di tipo economico, vale a dire l'uso sistematico del ragionamento di non arbitraggio per il pricing dei derivati e delle opzioni in particolare.

Queste ultime, infatti, come testimoniano i lavori precedenti sul tema (Cootner, 1964), davano luogo a formule di valutazione in cui immancabilmente entrava un parametro legato alla funzione di utilità degli investitori, un concetto, questo, cruciale in tutta la teoria economica ma anche, salvo rari casi, una garanzia di astrattezza e imprecisione ogni volta che si vuole passare dalla teoria all'applicazione pratica del modello.

All'epoca, un'altra grande formula era nota in economia finanziaria, quella del CAPM (Cesari e Susini, 2005b, cap. 6) e da lì Fisher Black aveva preso le mosse, alla fine degli anni '60, per prezzare, a tempo continuo, le opzioni. In collaborazione con Myron Scholes e col significativo contributo di Robert Merton (1973), si arrivò a scrivere e a risolvere un'equazione alle derivate parziali rappresentativa del prezzo del derivato (v. Black, 1989).

La soluzione di Black, Scholes e Merton, priva di ogni ipotesi sulla funzione di utilità e quindi pronta per la verifica empirica, mette in campo per la prima volta quel ragionamento che abbiamo già più volte incontrato e utilizzato nei capitoli precedenti ma che trova qui non solo una sua importante generalizzazione ma anche l'ambito migliore per dispiegare la sua efficacia e le sue potenzialità.

7.1 Opzioni put e call: concetti e tipologie (F)

L'opzione, non diversamente da ciò che il nome può evocare, rappresenta un diritto, esercitabile o meno dal possessore.

Sebbene ci concentreremo sulle opzioni finanziarie, va tenuto presente che la definizione generale ingloba qualunque tipo di diritto e quindi di applicazione.

Una prima distinzione, nell'ambito delle opzioni finanziarie, riguarda tale diritto: per il diritto a comperare si parla di opzione call; per il diritto a vendere si parla di opzione put: call e put sono due tipologie elementari di opzioni.

Una seconda distinzione riguarda l'esercizio di tale diritto: se l'esercizio è possibile solo in una precisa data, detta data di scadenza dell'opzione, si parla di opzione europea, con riferimento all'area che vedeva in passato la maggiore diffusione di tale tipologia; se l'esercizio è possibile in ogni momento *entro* una certa data si parla di opzione americana; a metà strada le opzioni Bermuda (le isole Bermuda essendo tra Europa ed America ...) che prevedono l'esercizio solo ad alcune date prima della scadenza.

Si ha così la seguente definizione:

Definizione 16. *Una **call europea** è un contratto che dà diritto a comprare un titolo finanziario, di prezzo $S(T)$, detto sottostante dell'opzione, ad una certa data T detta data di esercizio o data di scadenza (maturity) dell'opzione (entro la data T per la **call americana**), ad un dato prezzo predefinito K detto prezzo di esercizio o strike price.*

Si noti che il sottostante può essere qualunque tipo di titolo, elementare (es. opzioni standard su azioni, obbligazioni, cambi) o a sua volta derivato (es. opzioni su futures, swap, opzioni su opzioni e altre forme "esotiche").

Dalla definizione di call europea si deduce che alla scadenza, il possessore del diritto, se vuole, può decidere di pagare il prezzo di esercizio K incassando un'unità del sottostante e quindi l'ammontare $S(T) - K$. L'opzione è un derivato proprio perché dipende dal prezzo (futuro) del sottostante. Il diritto (non l'obbligo) di esercizio dell'opzione permette di esercitarla solo nel caso in cui la quantità incassata sia positiva ovvero quando $S(T) - K > 0$. Se a scadenza il differenziale di prezzo fosse negativo allora l'opzione, ovviamente, non verrebbe esercitata e scadrebbe senza valore. Il cash-flow o payoff a scadenza generato dalla call europea è pertanto:

$$Call(T, K) = \max\left(0, S(T) - K\right)$$

Il grafico del payoff dell'opzione call europea è mostrato nella Figura 7.1 in cui l'asse delle ascisse, tra 0 e infinito, ha i possibili valori del prezzo futuro $S(T)$, tra cui K e $S(t)$, il prezzo corrente del sottostante, mentre l'asse delle ordinate rappresenta il valore finale del contratto, o, in generale, del portafoglio:

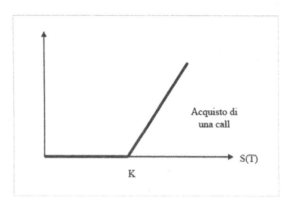

Figura 7.1. Payoff a scadenza di una call acquistata

Il payoff disegnato in figura è di tipo convesso a differenza del payoff dei contratti forward che invece è lineare. La differenza fondamentale è che con il contratto forward siamo obbligati ad effettuare lo scambio a scadenza, sia esso positivo (incasso) o negativo (pagamento) mentre il diritto d'opzione permette, per definizione, la scelta se esercitare o meno.

Osservazione 52. Il grafico del payoff a scadenza non contiene il prezzo pagato per l'opzione (prezzo che era nullo nel forward). Se tale prezzo, come a volte avviene, venisse pagato alla scadenza T, il grafico verrebbe abbassato del prezzo dell'opzione, diventando così anche negativo a indicare la **profittabilità** (positiva o negativa) dell'investimento e non il valore (payoff). Spesso, anche se il prezzo viene pagato al momento dell'acquisto t si preferisce, graficamente, operare tale abbassamento. Naturalmente ciò non deve essere interpretato come una guida all'esercizio dell'opzione poiché anche opzioni che danno un profitto negativo possono essere convenienti da esercitare in quanto senza l'esercizio il risultato sarebbe anche peggiore. Per evitare fraintendimenti ci sembra meglio tenere separati prezzo pagato in t e payoff (lordo) incassato in T.

Definizione 17. *Una **put europea** è un contratto che conferisce il diritto di vendere il sottostante $S(T)$ alla data di esercizio T (maturity) o entro la data T per la **put americana**, ad un prezzo prestabilito K (strike).*

In questo caso l'opzione verrà esercitata soltanto se il differenziale tra K e $S(T)$ è positivo per cui il payoff a scadenza è:

$$Put(T, K) = \max\left(0, K - S(T)\right)$$

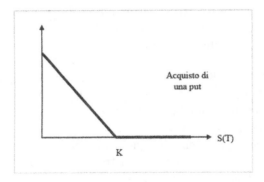

Figura 7.2. Payoff a scadenza di una put acquistata

Rappresentando graficamente il valore a scadenza di un'opzione put europea otteniamo il grafico mostrato in Figura 7.2.

Le Figure 7.1 e 7.2 definiscono i payoff del possessore dell'opzione (*buyer*) mentre la controparte (*seller, writer*) si troverà ad avere un payoff simmetrico rispetto all'asse delle ascisse come mostrato nelle Figure 7.3 e 7.4:

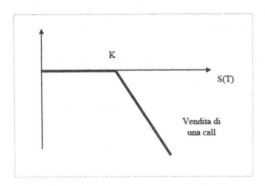

Figura 7.3. Payoff a scadenza di una call venduta

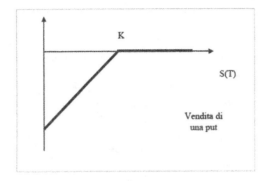

Figura 7.4. Payoff a scadenza di una put venduta

Si noti che la vendita di call è la vendita di un diritto a comprare (e quindi di un obbligo a vendere) mentre la vendita di put è la vendita del diritto a vendere (e quindi dell'obbligo a comprare).

Le opzioni call e put definite sopra prendono il nome di opzioni *plain vanilla* o standard, per distinguerle da forme più complesse (per sottostante, scadenza, strike e altre caratteristiche contrattuali), tipicamente scambiate sui mercati OTC, dette opzioni esotiche.

Poiché l'opzione, a differenza del contratto forward, non obbliga all'esercizio, il suo prezzo, a differenza di quello del forward, non può mai essere negativo o nullo. Il prezzo dell'opzione (detto anche premio) deve necessariamente avere un valore positivo poiché esiste sempre una probabilità positiva, per quanto piccola, che il payoff cada nella zona di guadagno.

In termini formali, essendo il prezzo nient'altro che il valore attuale del payoff a scadenza, esso deve essere, per $t < T$, positivo sia per la call sia per la put:

$$Call(t, K) = V_t\left[Call\left(T\right)\right] = V_t\left[\max\left(0, S(T) - K\right)\right] > 0$$
$$Put(t, K) = V_t\left[Put\left(T\right)\right] = V_t\left[\max\left(0, K - S(T)\right)\right] > 0$$

Definizione 18. *Moneyness.* *Un'opzione si dice **at the money** (ATM) se il prezzo corrente del sottostante coincide con lo strike $S(t) = K$; **in the money** (ITM) se, immaginando l'esercizio immediato, darebbe un payoff positivo (dunque se $S(t) > K$ per le call e $S(t) < K$ per le put); **out of the money** (OTM) se, nell'ipotesi di esercizio immediato, darebbe un payoff nullo (dunque se $S(t) < K$ per le call e $S(t) > K$ per le put).*

Da tale definizione discendono altri due concetti utili:

Definizione 19. *Si dice **valore intrinseco** di un'opzione il suo payoff nell'ipotesi che venga esercitata immediatamente:*

$$Valore\ intrinsec\ o\ della\ Call = \max\left(0, S(t) - K\right)$$
$$Valore\ intrinsec\ o\ della\ Put = \max\left(0, K - S(t)\right)$$

*Pertanto, si può scrivere che il valore di un'opzione è scomponibile in due parti, il valore intrinseco e il **valore temporale**, essendo questo definito per differenza:*

$$Valore\ opzione = Valore\ intrinsec\ o + Valore\ temporale$$

Il valore intrinseco può essere positivo o nullo; il valore temporale è sempre positivo e in particolare rappresenta, quando l'opzione è ATM o OTM, la probabilità che comunque l'opzione scada ITM.

Definizione 20. *Un'opzione si dice **at the money forward** (ATMFW) se il prezzo forward del sottostante coincide con lo strike $Q(t, T) = K$; **in the money forward** (ITMFW) se, immaginando l'esercizio con sottostante al prezzo forward, darebbe un payoff positivo (dunque se $Q(t, T) > K$ per le*

call e $Q(t, T) < K$ *per le put); out of the money forward (OTMFW) se,
nell'ipotesi di esercizio con sottostante al prezzo forward, darebbe un payoff
nullo (dunque se* $Q(t, T) < K$ *per le call e* $Q(t, T) > K$ *per le put).*

Intuitivamente, viene da pensare che, ceteris paribus, il valore temporale e
quindi il valore dell'opzione cresca al crescere della durata dell'opzione, essendoci maggiore possibilità di scadere ITM. Come si vedrà, tale intuizione vale
per le call (su sottostanti senza dividendi) ma non sempre per le put, sebbene
in pratica è spesso riscontrata.

Dal payoff di put e call si ricava anche che, necessariamente, al crescere di
K, il prezzo della call cala e quello della put aumenta:

$$\frac{\partial Call(t)}{\partial K} < 0$$

$$\frac{\partial Put(t)}{\partial K} > 0$$

In particolare, nel caso limite $K = 0$ si ha, in assenza di dividendi del
sottostante:

$$Call(t, 0) = S(t)$$

$$Put(t, 0) = 0$$

Pertanto, ceteris paribus, la call OTM vale meno della call ITM e la put OTM
vale meno della put ITM:

$$Call_{OTM} < Call_{ATM} < Call_{ITM}$$

$$Put_{OTM} < Put_{ATM} < Put_{ITM}$$

Analogamente all'effetto dello strike, si deve avere:

$$\frac{\partial Call(t)}{\partial S(t)} > 0$$

$$\frac{\partial Put(t)}{\partial S(t)} < 0$$

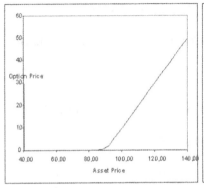 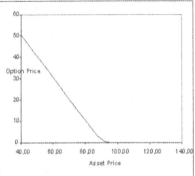

Figura 7.5. Prezzo di call (sinistra) e put (destra) in funzione di $S(t)$

Osservazione 53. Quando il sottostante stacca dividendi. Come si vedrà nel Capitolo 8 e come del resto è intuibile, se il sottostante (es. un'azione) paga dividendi, il diritto a ricevere $max(0, S(T) - K)$ in T non è insensibile alla presenza di tali dividendi e il valore dell'opzione cambia in funzione dei dividendi stessi. In particolare, nel caso estremo $K = 0$, chiaramente si avrà $Call(t, 0) = S(t) - D(t, T) < S(t)$ essendo $D(t, T)$ il valore attuale dei dividendi staccati tra t e T.

Se non specificato diversamente assumiamo sottostanti che non staccano dividendi.

Osservazione 54. Stock splits, stock dividends, dividendi straordinari. Se il sottostante è un'azione e questa subisce un'operazione di frazionamento (stock split), es. due azioni vecchie per un nuova, 2×1, poiché l'operazione ha valore solo contabile, il prezzo dell'azione $S(T)$ si riduce della metà e così anche il prezzo di esercizio K dell'opzione mentre il numero di azioni su cui è scritta l'opzione raddoppia:

$$\max(0, 2S'(T) - 2K') \equiv \max(0, 2\frac{S(T)}{2} - 2\frac{K}{2}) = \max(0, S(T) - K)$$

ove $S'(T)$ e K' sono il nuovo prezzo e il nuovo strike.

L'assegnazione di azioni gratuite (stock dividends), analogamente, non cambia il valore della società emittente. Ad esempio uno stock dividend del 20% significa l'assegnazione di un'azione ogni 5 possedute per cui si ha una situazione simile a uno stock split 6 × 5 (6 post contro 5 pre) e si ha:

$$\frac{6}{5}\max(0, S'(T) - K') \equiv \frac{6}{5}\max(0, \frac{5}{6}S(T) - \frac{5}{6}K)$$

La distribuzione di dividendi straordinari D il giorno t (es. 0.25 per azione) determina anch'essa la rettifica del prezzo di esercizio a partire da $t + 1$:

$$K' = K - D$$

con sospensione in $t - 1$ dell'eventuale facoltà di esercizio anticipato (caso americano).

Viceversa, i normali stacchi di dividendi non comportano aggiustamenti nelle condizioni contrattuali delle opzioni (dividend-unprotected options).

7.2 La redditività delle operazioni con put e call (F)

La redditività di un acquisto di call si ricava da:

$$\frac{\max(0, S(T) - K) - Call(t, K)}{Call(t, K)} = \begin{cases} -100\% & \text{se } S(T) \leq K \\ \frac{S(T) - K - Call(t, K)}{Call(t, K)} & \text{se } S(T) > K \end{cases}$$

per cui, in caso di mancato esercizio, tutto l'investimento viene perso e la redditività è -100% (massimo rischio limitato al capitale investito). In caso contrario $(S(T) > K)$ si può avere rendimento negativo o positivo (e illimitato) se $S(T) \lessgtr K + Call(t,K) \equiv break - even$.

Nel caso di vendita di call (vendita del diritto a comprare) la situazione cambia di segno: c'è un massimo di redditività (incasso corrente a fronte di nessun esborso futuro) se la call scade OTM mentre c'è un **tasso di costo** $-\frac{S(T)-K-Call(t,K)}{Call(t,K)}$ potenzialmente illimitato se $S(T) > K + Call(t,K)$. Di qui il rischio elevato insito nella vendita di call.

La redditività di un acquisto di put si ricava da:

$$\frac{\max(0, K - S(T)) - Put(t,K)}{Put(t,K)} = \begin{cases} \frac{K-S(T)-Put(t,K)}{Put(t,K)} & \text{se } S(T) < K \\ -100\% & \text{se } S(T) \geq K \end{cases}$$

per cui, in caso di mancato esercizio $(S(T) \geq K)$ tutto l'investimento viene perso e la redditività è -100% (massimo rischio) mentre in caso contrario $(S(T) < K)$ si può avere rendimento negativo o positivo (e limitato al massimo tasso teorico $\frac{K-Put}{Put}$) se $S(T) \gtrless K - Put(t,K) \equiv break - even$.

Nel caso di vendita di put (vendita del diritto a vendere), c'è un massimo di redditività in caso di non esercizio (incasso corrente a fronte di nessun esborso futuro) se la put scade OTM mentre c'è un tasso di costo massimo (teorico) pari a $-\frac{K-Put(t,K)}{Put(t,K)}$ se si dovesse essere costretti ad acquistare al prezzo K un titolo divenuto privo di valore.

In tal caso, a differenza della vendita di call, non c'è un'esposizione potenzialmente illimitata al rischio di perdita ma una perdita massima quantificabile in $K - Put$.

Esempio 23. Long call. Il titolo ABC quota 28.88 il 19 febbraio 2004. A tale data acquistiamo una call Gennaio 2005 con strike $K = 27.5$ a 4.38. Immaginando di tenere la call fino a scadenza, la eserciteremo se $S(T) > 27.5$ e avremo un guadagno o un costo se:

$$\frac{S(T) - 27.5 - 4.38}{4.38} \gtrless 0$$

cioè se $S(T) \gtrless 27.5 + 4.38 = 31.88$ (break-even). Pertanto, per guadagnare a scadenza con l'acquisto della call, il sottostante deve crescere del $\frac{31.88-28.88}{28.88} = +10.39\%$ in circa 11 mesi (strategia rialzista o *bullish*).

Esempio 24. Short call. Il titolo ABC quota 28.88 il 19 febbraio 2004. A tale data vendiamo una call Marzo 2004 con strike $K = 30$ a 0.90. La call sarà esercitata dalla controparte se $S(T) > 30$ e avremo un guadagno o un costo a scadenza se:

$$\frac{30 - S(T) + 0.90}{0.90} \gtrless 0$$

cioè se $S(T) \lessgtr 30.90$ (break-even). Pertanto, per guadagnare a scadenza con la vendita della call il sottostante non deve crescere più del $\frac{30.90-28.88}{28.88} = +6.99\%$

in circa un mese (strategia ribassista o solo moderatamente rialzista). Il cuscino (*cushion*) prima di avere perdite è $28.88 - 30.90 = -2.02$, pari al -6.99% del prezzo corrente.

Esempio 25. Long put. Il titolo ABC quota 28.88 il 19 febbraio 2004. A tale data acquistiamo una put Gennaio 2005 con strike $K = 30$ a 4.35. Eserciteremo la put se $S(T) < 30$ e avremo un guadagno o un costo a scadenza se:

$$\frac{30 - S(T) - 4.35}{4.35} \gtrless 0$$

cioè se $S(T) \lessgtr 25.65$. Pertanto, per guadagnare a scadenza con l'acquisto della put il sottostante deve scendere almeno del $\frac{25.65-28.88}{28.88} = -11.18\%$ in circa 11 mesi (strategia ribassista o *bearish*).

Il massimo tasso di rendimento conseguibile è $\frac{25.65}{4.35} = 5.90\%$ in circa 11 mesi.

Esempio 26. Short put. Il titolo ABC quota 27.35 il 12 maggio 2004. A tale data vendiamo una put Giugno 2004 con strike $K = 25$ a 1.05. La put sarà esercitata dalla controparte se $S(T) < 25$ e avremo un guadagno o un costo a scadenza se:

$$\frac{S(T) - 25 + 1.05}{1.05} \gtrless 0$$

cioè se $S(T) \gtrless 23.95$. Pertanto, per guadagnare a scadenza con la vendita della put il sottostante non deve scendere più del $\frac{23.95-27.35}{27.35} = -12.43\%$ in circa un mese (strategia moderatamente ribassista o rialzista). Il cuscino (*cushion*) prima di avere perdite è $27.35 - 23.95 = 3.40$, pari al 12.43% del prezzo corrente. Il tasso di costo massimo è $-\frac{23.95}{1.05} = -22.81\%$ in circa un mese.

7.3 Copertura e speculazione con put e call (F)

Come per tutti i derivati, la finalità di copertura è un aspetto importante dell'esistenza delle opzioni, anche se, nel passato più e meno recente, le opzioni sono servite per furibonde speculazioni di mercato, enormi guadagni e altrettanto grandi fallimenti, e il loro nome si è spesso accompagnato a quello di raider e corsari della finanza. Non a caso, nella storia dei mercati, le opzioni sono state spesso letteralmente bandite con provvedimenti delle autorità pubbliche come misura estrema di salvaguardia del funzionamento dei mercati e garanzia di ordinato svolgimento degli scambi (Chance, 1995).

Osservazione 55. Tulip mania. Un caso clamoroso di bolla speculativa capace di disintegrare il meccanismo di mercato si ebbe in Olanda tra il 1600 e il 1637 quando la moda del tulipano (importato dalla Turchia a partire dal 1593) e la conseguente attività speculativa a pronti e a termine fecero esplodere il prezzo di quel fiore esotico fino all'incredibile cifra di 2500 fiorini a bulbo (6000 per le specie più rare), pari a oltre 15 anni di salario medio dell'epoca. La possibilità di grandi guadagni speculativi soppiantò ben presto l'interesse estetico e i prezzi crebbero semplicemente in vista di nuovi aumenti. Molti vendettero case e terreni in cambio di tulipani e dei loro bulbi: tra gli speculatori, c'era chi riusciva a guadagnare anche 60 mila fiorini al mese. Nel 1610 lo Stato vietò i contratti a termine dichiarandoli giochi d'azzardo e quindi privi di cogenza ma la speculazione proseguì fino al febbraio del 1637 quando i trader cominciarono a vendere facendo precipitare il prezzo. Gli acquirenti a termine poterono legalmente venir meno all'impegno contrattuale con conseguente rovina delle controparti che avevano venduto tutti gli averi per comprarsi dei bulbi ormai privi di valore. Una situazione non dissimile si ebbe a fine anni '90 con la bolla speculativa della New Economy e delle imprese dot.com: qualunque società legata a Internet cresceva di prezzo in modo esponenziale, fino al crollo nell'aprile del 2000.

Si immagini un operatore o istituzione finanziaria che ha una posizione in un titolo (c.d. posizione nuda, *naked position*). Il suo payoff corrisponde alla bisettrice del primo quadrante della Figura 7.6. L'acquisto di una put at the money (ATM) sul sottostante consente di eliminare il downside risk come mostrato nella stessa Figura 7.6:

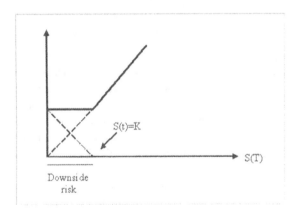

Figura 7.6. Sottostante e Put ATM: $S(T) + Put(T, S(t))$

La somma dei due payoff, sottostante + put (o protective put), è data, algebricamente, da:

$$Posizione\ coperta = S(T) + \max(0, K - S(T)) = \max(S(T), K)$$

che corrisponde a:

$$\begin{cases} S(T) + K - S(T) = K & per\ S(T) > K \\ S(T) + 0 = S(T) & per\ S(T) < K \end{cases}$$

In questo modo viene costruito un portafoglio protetto, il cui valore non scenderà mai sotto il valore dello strike (*floor*). Al contrario dei forward, tramite le opzioni si può eliminare il *downside risk* senza eliminare anche l'*upside potential*. Ma mentre il forward ha costo zero, il costo dell'opzione è dato dal suo prezzo o premio, esattamente come il premio di un contratto assicurativo.

Analogamente, come per i forward, l'uso dell'opzione senza avere in portafoglio il sottostante espone a un rischio invece che coprirlo.

L'acquisto di una call rappresenta una speculazione rialzista ovvero una scommessa sul rialzo del mercato del sottostante. Idem la vendita di una put, che, come appare dalle figure precedenti, rappresenta anch'essa una scommessa sul rialzo del mercato del sottostante poiché in caso di verifica delle aspettative si incassa il premio e la put finisce OTM.

Una speculazione sul ribasso del mercato del sottostante può effettuarsi anche tramite l'acquisto di una put mentre con la vendita di una call si incassa immediatamente il premio con la speranza del non esercizio da parte dell'acquirente.

	Call		Put	
	Acquisto	Vendita	Acquisto	Vendita
Attese di rialzo	X			X
Attese di ribasso		X	X	

Si noti che il rischio delle posizioni in acquisto e in vendita è molto diverso: in una speculazione al rialzo, l'acquisto di una call mette a repentaglio il prezzo pagato $Call(t)$ e in caso di scommessa rialzista persa (mercati in ribasso) la call si estingue senza valore; viceversa, la stessa speculazione fatta vendendo (emettendo) la put fa guadagnare il prezzo incassato oggi ma può far perdere cifre rilevanti se l'aspettativa dovesse rivelarsi infondata e i mercati scendere. Naturalmente la massima perdita sarebbe $-K$ (il prezzo del sottostante si è annullato): v. Figura 7.4.

Peggiore il caso della speculazione al ribasso: se fatta con acquisto di put mette a rischio solo il prezzo pagato per la put ma se fatta con vendita di call presenta perdite potenziali illimitate: v. Figura 7.3.

In altre parole, la vendita di opzioni può essere molto rischiosa. L'unico caso in cui non aumenta il rischio è quello della vendita di call coperta dal sottostante (covered call), con payoff:

$$S(T) - \max(0, S(T) - K)$$

Se il sottostante supera il prezzo K, la posizione cessa di crescere per l'esercizio della call venduta. Ciò significa che si è ceduto il c.d. upside in cambio del prezzo della call e la posizione non aumenta il rischio ma si limita a ridurre il rendimento.

Osservazione 56. Relazioni tra min e max. Si notino le seguenti egua-glianze:

$$a + b = \max(a, b) + \min(a, b)$$
$$\min(a, b) = -\max(-a, -b)$$
$$\max / \min(a, b) = \max / \min(b, a)$$
$$\max / \min(a, b) = a + \max / \min(0, b - a)$$
$$\max / \min(a, b, c) = \max / \min(a, \max / \min(b, c))$$
$$|a| = \max(0, a) - \min(0, a)$$
$$a - |a| = 2\min(0, a)$$

Inoltre, se χ_a è la funzione indicatore di a ($\chi_a = 0$ se $a \leq 0$ e $\chi_a = 1$ se $a > 0$) si ha:

$$\max(0, a) = a\chi_a$$
$$\min(0, a) = a(1 - \chi_a)$$

7.4 Put-call parity (F)

La simmetria di put e call nella speculazione è presente anche nella copertura.

Per comprendere come call e put sono entrambe strumenti di copertura si parta dalla seguente definizione:

$$S(T) - K \equiv \max(0, S(T) - K) + \min(0, S(T) - K) \qquad (7.1)$$
$$= \max(0, S(T) - K) - \max(0, K - S(T))$$
$$= Call(T, K) - Put(T, K)$$

Graficamente:

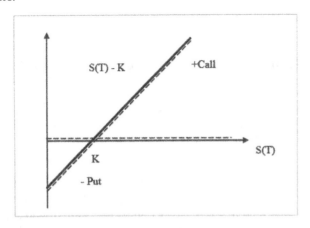

Figura 7.7. Forward sintetico di acquisto: $Call(T, K) - Put(T, K)$

In altre parole si può replicare un payoff simile al forward acquistato (ma attenzione, K non è necessariamente il prezzo forward del sottostante) con un portafoglio fatto da una call acquistata (posizione lunga) e una put venduta (posizione corta). Si è così ottenuto un (quasi-) forward *artificiale* o *sintetico*. Ovviamente un forward in vendita si ottiene con Put meno Call (*long put* e *short call*).

Se attualizziamo il payoff dell'equazione (7.1) si ottiene, se il sottostante non paga dividendi o cedole:

$$V_t\left(S\left(T\right) - K\right) = S(t) - KP(t,T) = Call(t,K) - Put(t,K)$$

Di qui la relazione di non arbitraggio nota come *put-call parity*:

$$S(t) + Put(t,K) = Call(t,K) + KP(t,T)$$

La relazione dice che una posizione nel sottostante più una put è uguale a una posizione nella call più uno ZCB con valore facciale pari allo strike.

Per convincersene, basta confrontare il grafico della copertura in Figura 7.6 con quello che si ottiene acquistando una call con strike K e uno ZCB con valore facciale esattamente pari a K, in Figura 7.8:

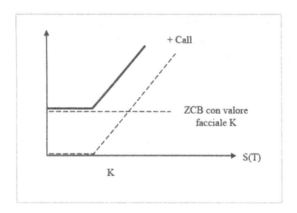

Figura 7.8. Posizione coperta: $Call(T,K) + ZCB(T)$

Algebricamente si ha:

$$\begin{cases} S(T) - K + K = S(T) & per\ S(T) > K \\ 0 + K = K & per\ S(T) < K \end{cases}$$

In realtà, sebbene sottostante + put equivalga a call + ZCB, i due punti di partenza sono diversi: nel primo caso si possiede un titolo rischioso (es. azionario) e si aggiunge una put a copertura; nel secondo caso si ha un titolo privo di rischio e gli si aggiunge (pagando il premio) un upside per cogliere l'eventuale crescita del mercato azionario; nel primo caso si toglie il downside;

nel secondo caso si aggiunge l'upside e il risultato è il medesimo essendo diversi i titoli di partenza.

Come caso particolare, si noti che se K è pari al prezzo forward $Q(t,T)$ del sottostante, allora il valore corrente del payoff è nullo e si ha:

$$Call(t,Q) = Put(t,Q)$$

Di conseguenza, per $K < Q(t,T)$ si ha $Call(t,K) > Put(t,K)$ mentre vale il viceversa per $K > Q(t,T)$. Tipicamente, $Call_{ATM} > Put_{ATM}$ se $S(t) < Q(t,T)$.

7.5 Portafogli di opzioni e strategie di trading (F)

La put-call parity è un esempio di ciò che si può ottenere combinando i quattro ingredienti, sottostante, ZCB, put e call europee, con le operazioni di acquisto (posizione long) e vendita (posizione short).

Si ottengono così portafogli che contengono **strategie (statiche) in opzioni**. Ecco alcuni esempi importanti.

7.5.1 Straddle e *vol trade* (call+put)

La strategia detta *straddle* si ottiene acquistando una call e una put con lo stesso strike e lo stesso sottostante.

Il payoff della posizione diventa:

$$Straddle = \max(0, S(T) - K) + \max(0, K - S(T))$$
$$= \begin{cases} K - S(T) & per\ S(T) < K \\ S(T) - K & per\ S(T) > K \end{cases}$$

che graficamente dà la Figura 7.9:

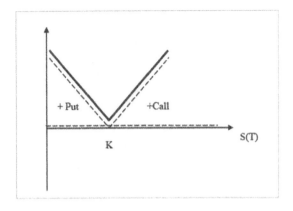

Figura 7.9. Straddle: $Call(T,K) + Put(T,K)$

Se le opzioni sono ATM significa che K è anche il prezzo corrente del sottostante e quindi chi acquista lo straddle ATM costruisce un portafoglio che dà payoff positivo ogni volta che il sottostante si muove dalla posizione corrente, in un senso o nell'altro. La scommessa è quindi non sulla direzione del mercato (rialzista o ribassista) ma sulla volatilità del sottostante. Chi compra straddle scommette su un'alta volatilità del mercato.si dice anche che chi compra lo straddle compra volatilità; chi vende lo straddle, vende volatilità (*vol trade*). Il prezzo è chiaramente:

$$Straddle(t) = Call(t) + Put(t)$$

7.5.2 Strangle e *kurtosis trade* (OTM call+put)

Le possibilità di combinazioni e di strategie aumentano esponenzialmente se si considera la possibilità di comprare e vendere call e put con strike diversi.

Ad esempio, lo *strangle* consiste nell'acquisto di una call con strike pari a K_2 e una put con strike pari a $K_1 < K_2$, stesso sottostante. L'effetto immediato è un minor costo della strategia rispetto allo straddle (opzioni con lo stesso strike) in quanto si sta acquistando una put con strike basso e quindi OTM e/o una call con strike alto e quindi anch'essa OTM.

In termini analitici, il payoff della posizione è:

$$Strangle = \max(0, K_1 - S(T)) + \max(0, S(T) - K_2)$$
$$= \begin{cases} K_1 - S(T) & per\ S(T) < K_1 \\ 0 & per\ K_1 < S(T) < K_2 \\ S(T) - K_2 & per\ S(T) > K_2 \end{cases}$$

disegnato in Figura 7.10.

Come si vede, il minor costo della strategia, rispetto allo straddle, ha in compenso una zona, tra K_1 e K_2, in cui il payoff è nullo. Dunque la strategia scommette su un'alta volatilità (in qualunque direzione) mentre una bassa vo-

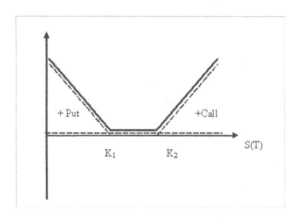

Figura 7.10. Strangle: $Put(T, K_1) + Call(T, K_2)$

latilità sarebbe insufficiente a rendere la strategia profittevole. Si parla anche di *kurtosis trade*.

7.5.3 Range forward e *skewness trade* (OTM call-put)

Una scommessa su movimenti asimmetrici positivi (positive skewness trade) del mercato è possibile acquistando una call OTM con strike K_2 e vendendo una put OTM con strike $K_1 < K_2$, determinando una posizione che punta al rialzo e perde in caso di ribasso, detta range forward o combo o *collar* o *fence*. Con un range forward, si acquisisce il diritto (senza obbligo) acquistare il sottostante a un prezzo compreso tra K_1 e K_2.

In termini analitici, il payoff della posizione è:

$$Long\ Range\ forward = \max\left(0, S(T) - K_2\right) - \max\left(0, K_1 - S\left(T\right)\right)$$
$$= \begin{cases} S(T) - K_1 & per\ S(T) < K_1 \\ 0 & per\ K_1 < S(T) < K_2 \\ S(T) - K_2 & per\ S(T) > K_2 \end{cases}$$

Si noti che per opportuni strike il valore è nullo come in un contratto forward (zero-cost collar). La parametrizzazione

$$\max\left(0, S(T) - K_2\right) - \gamma \max\left(0, K_1 - S\left(T\right)\right)$$

prende il nome di *partecipating forward*. Il grafico del range forward è in Figura 7.11.

La posizione opposta si ha acquistando la put OTM e vendendo la call OTM (negative skewness trade o short range o short combo):

$$Short\ Range\ forward = \max\left(0, K_1 - S(T)\right) - \max\left(0, S(T) - K_2\right)$$

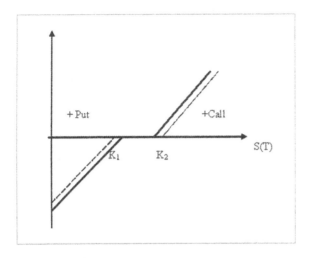

Figura 7.11. Long range forward: $Call(T, K_2) - Put(T, K_1)$

Un portafoglio con il sottostante e uno short collar è:

$$S(T) + Short\ Range\ forward = S(T) + \max(0, K_1 - S(T)) -$$
$$- \max(0, S(T) - K_2)$$
$$= \max(S(T), K_1) - \max(0, S(T) - K_2)$$
$$= K_1 + \max(0, S(T) - K_1) -$$
$$- \max(0, S(T) - K_2)$$
$$= \min(\max(S(T), K_1), K_2)$$

per cui l'investitore rinuncia alla crescita oltre K_2 in cambio della protezione sotto K_1.

7.5.4 Vertical spread

Col termine *vertical spread* si intendono le combinazioni lunghe e corte di call (*call spread*) e di put (*put spread*), orientate al rialzo (*long/bull spread*) o al ribasso (*short/bear spread*).

Ad esempio, una scommessa sulla crescita dei mercati è possibile acquistando una call con strike K_1 e vendendone un'altra con strike $K_2 > K_1$, determinando una posizione moderatamente rialzista detta *bull call spread* o call spread al rialzo o anche *capped call*. La differenza $K_2 - K_1$ si dice ampiezza (width) dello spread.

In termini analitici, il payoff della posizione è:

$$Bull\ Call\ spread = \max(0, S(T) - K_1) - \max(0, S(T) - K_2)$$
$$= \max(0, \min(S(T), K_2) - K_1)$$
$$= \begin{cases} 0 & per\ S(T) < K_1 \\ S(T) - K_1 & per\ K_1 < S(T) < K_2 \\ K_2 - K_1 & per\ S(T) > K_2 \end{cases}$$

Il grafico è in Figura 7.12:

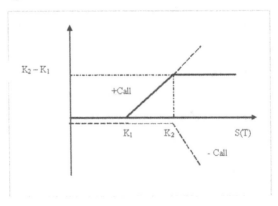

Figura 7.12. Bull call spread: $Call(T, K_1) - Call(T, K_2)$

Se il mercato sale molto, oltre K_2, la call venduta, che viene esercitata, blocca la crescita del payoff della call acquistata al livello di $K_2 - K_1$.

Il minor guadagno sul rialzo è compensato dall'incasso conseguente alla vendita della call, con cui si è venduto parte dell'upside (*capped reward*).

Si noti che vale l'uguaglianza:

$$K_1 + Bull\ Call\ Spread = S(T) + Short\ Range\ forward$$

Una versione *levereged* si ottiene comprando una call con strike K_1 e vendendo non una ma due call con strike K_2 (*ratio call spread*) creando così una posizione con rendimento massimo limitato ma rischio illimitato (*uncapped risk*). Lasciamo al lettore lo sviluppo analitico e grafico di tale strategia.

Utilizzando le put si può costruire una *long/bull put spread* o uno *short/bear put spread* o *floored put* come:

$$Bear\ Put\ spread = \max\left(0, K_2 - S(T)\right) - \max\left(0, K_1 - S\left(T\right)\right)$$
$$= \max(0, K_2 - \max\left(S(T), K_1\right))$$
$$= \begin{cases} K_2 - K_1 & per\ S(T) < K_1 \\ K_2 - S\left(T\right) & per\ K_1 < S(T) < K_2 \\ 0 & per\ S(T) > K_2 \end{cases}$$

7.5.5 Butterfly spread

Chi vuole scommettere sulla bassa volatilità del mercato sottostante potrebbe vendere uno straddle o uno strangle ottenendo un payoff che è il simmetrico, rispetto all'ascissa, delle figure 7.9 e 7.10. In tal caso però, la scommessa persa (l'aspettativa non realizzata: un'eventualità da tenere sempre presente) si tradurrebbe in perdite potenziali illimitate con rischi difficilmente sostenibili. In alternativa è possibile costruire una posizione, detta *long call butterfly spread*, che consiste nell'acquisto di una call con strike K_1 (ITM), nella vendita di due call con strike K_2 (ATM) e nell'acquisto di una call con strike K_3 (OTM), con $K_1 < K_2 < K_3$. Tale butterfly spread equivale alla differenza tra due call spread.

In termini analitici, il payoff della posizione è:

$$Long\ call\ butterfly\ spread$$
$$= \max\left(0, S(T) - K_1\right) - 2\max\left(0, S(T) - K_2\right) + \max\left(0, S(T) - K_3\right)$$
$$= \left[\max\left(0, S(T) - K_1\right) - \max\left(0, S(T) - K_2\right)\right] -$$
$$- \left[\max\left(0, S(T) - K_2\right) - \max\left(0, S(T) - K_3\right)\right]$$
$$= \begin{cases} 0 & per\ S(T) < K_1 \\ S\left(T\right) - K_1 & per\ K_1 < S(T) < K_2 \\ K_2 - S(T) & per\ K_2 < S(T) < K_3 \\ 0 & per\ S(T) > K_3 \end{cases}$$

con grafico in Figura 7.13:

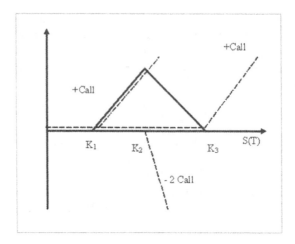

Figura 7.13. Long butterfly spread

Chiaramente, K_1 e K_3 rappresentano il range di profittabilità all'interno del quale ci si aspetta che si manterrà il prezzo del sottostante fino a scadenza.

7.5.6 Covered call

L'acquisto del sottostante e la vendita di una call, in genere OTM, rappresentano un modo di ridurre il costo dell'investimento $S(t)$ mediante la rinuncia a una parte dell'upside del titolo. In termini analitici si ha il payoff:

$$Covered\ call = S(T) - \max(0, S(T) - K) = \begin{cases} S(T) \ per \ S(T) < K \\ K \quad\ per \ S(T) \geq K \end{cases}$$

Si tratta quindi di call vendute ma coperte dal sottostante (*covered short call*). Il portafoglio è detto anche *buy-write*.

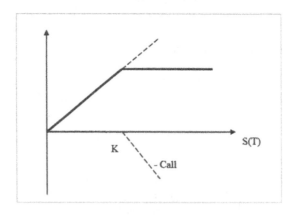

Figura 7.14. Covered call: $S(T) - Call(T, K)$

7.5.7 Calendar spread

Un calendar spread si ottiene acquistando e vendendo opzioni dello stesso tipo, con eguali strike (in genere ATM) ma diverse scadenze.

Ad esempio, un *calendar call spread* consiste nell'acquistare una call a lunga scadenza T_2 e vendere una call a breve scadenza T_1.

Si noti che la posizione ha un costo positivo poiché il prezzo della call a lunga è di regola superiore a quello della call a breve.

In apparenza, la strategia è simile alla covered call, con la call a lunga che sostituisce la posizione nel titolo sottostante.

In termini analitici, il payoff alla scadenza breve, immaginando la vendita dalla call non ancora scaduta al prezzo di mercato, è:

$$Calendar\ call\ spread = Call(T_1, T_2, K) - \max(0, S(T_1) - K)$$
$$= \begin{cases} Call(T_1, T_2, K) & per\ S(T_1) < K \\ Call(T_1, T_2, K) - S(T_1) + K & per\ S(T_1) \geq K \end{cases}$$

da cui la Figura 7.15:

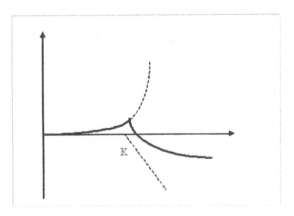

Figura 7.15. Calendar spread

Si noti che il payoff del calendar spread è simile a quello di un butterfly spread, con la differenza che per aumenti sensibili del prezzo del sottostante il calendar spread può generare perdite dovute al fatto che il prezzo della call a lunga non cresce nella stessa misura del prezzo del sottostante e non riesce a compensare l'esborso dovuto all'esercizio della call venduta.

7.5.8 Classificazione delle strategie

In analogia con gli esempi visti (da considerare sia lunghi che corti), si possono costruire altri tipi di strategie: bear spread o spread al ribasso, ottenuto mediante call (bear call spread) o mediante put (bear put spread) o butterfly spread con call o put con tre diversi prezzi d'esercizio (long call / long put; short call / short put butterfly spread).

Le combinazioni indicate sono solo alcune delle numerose possibili (provi il lettore ad analizzare alcuni casi seguendo la propria fantasia). La casistica, infatti, è sterminata potendosi combinare:

1. due tipi di opzioni (call e put);
2. due tipi di operazioni (acquisto e vendita);
3. vari strike sia rispetto al sottostante (OTM, ATM, ITM) sia rispetto alle altre opzioni in portafoglio (strike uguali, maggiori o minori);
4. scadenze uguali o diverse dei derivati considerati ;
5. quantità uguali o diverse delle opzioni (es. una call acquistata e due vendute).

Anche la terminologia è, di conseguenza, molto ricca (Cohen, 2005):

1. se è presente il sottostante in posizione opposta rispetto all'esposizione dell'opzione si parla di posizione coperta: es. *covered call* = acquisto del sottostante e vendita di call OTM; *covered put* = vendita del sottostante e vendita di put OTM;
2. se lo stesso tipo d'opzione è in posizione corta e lunga con uguali scadenza ma con due diversi strike si parla di *vertical spread* (call spread, put spread) di tipo bull se scommette (implicitamente) su un rialzo del prezzo del sottostante, di tipo bear se scommette su un ribasso;
3. se lo stesso tipo d'opzione è in posizione corta e lunga con uguali strike ma due diverse scadenze si parla di *horizontal spread* o *calendar spread*; se sia le scadenze sia gli strike sono diversi si parla di *diagonal spread*;
4. se vi sono opzioni lunghe e corte con tre diversi strike (ITM, ATM e OTM) si parla di *butterfly*; con 4 diversi strike si parla di *condor*.

Una classificazione alternativa, di tipo funzionale, raggruppa le strategie in base alle finalità che perseguono. Seguendo ancora Cohen (2005) si possono individuare 6 gruppi diversi:

1. strategie reddituali (*yield enhancement*), tipicamente di breve o brevissima durata (es. un mese), finalizzate a obiettivi di redditività immediata, spesso mediante la vendita di opzioni (es. covered call);
2. strategie verticali, in genere di investimento netto a più lungo termine, che giocano sulle differenze di strike prendendo sia posizioni lunghe che corte (es. bull call spread);
3. strategie di volatilità, in cui si cerca di guadagnare dai movimenti di mercato, indipendentemente dalla loro direzione (es. straddle e strangle);
4. strategie di livello, in cui, all'opposto del caso precedente, si scommette sulla permanenza del prezzo del sottostante al di sopra in un dato "supporto" o al di sotto di una data "resistenza" (per usare il gergo dell'analisi tecnica: v. Cesari e Susini, 2005b, paragrafo 7.2.4) (es. long call butterfly);

5. strategie a leva, in cui il numero di opzioni in acquisto (vendita) è multiplo rispetto al numero di opzioni in vendita (acquisto) (es. ratio call spread);

6. strategie sintetiche, utili per replicare artificialmente altri titoli o portafogli (azioni, bond, futures, le stesse opzioni) e quindi per ristrutturare portafogli senza necessariamente liquidare le posizioni.

Osservazione 57. Un test di non arbitraggio. Carr e Madan (2005) si chiedono come stabilire che un dato set di prezzi di opzioni di varie scadenze e strike sia coerente con l'ipotesi di non arbitraggio. A tal fine mostrano che la verifica delle seguenti tre condizioni è sufficiente per il non arbitraggio:

1. i prezzi dei vertical spread (per certe quantità di opzioni lunghe e corte) devono essere tra 0 e 1;
2. i prezzi dei butterfly spread devono essere non negativi;
3. i prezzi dei calendar spread devono essere non negativi.

7.6 Diseguaglianze di non arbitraggio (F)

Le equaglianze precedenti, a cominciare dalla put-call parity vincolano i prezzi dei titoli sulla base di considerazioni di non arbitraggio.

In altri casi, il ragionamento di non arbitraggio arriva a determinare solo delle diseguaglianze e non delle strette eguaglianze tra i prezzi. Nondimeno si tratta di diseguaglianze significative per la cui dimostrazione si rinvia a Cox e Rubinstein (1985) o Ingersoll (1987, cap. 14). Per ipotesi il sottostante non paga dividendi.

7.6.1 Diseguaglianze senza dividendi

1. **Le opzioni europee valgono meno delle americane**
   La prima diseguaglianza riguarda il prezzo di una call americana $Call^A(t)$ e di una call europea $Call(t)$. Necessariamente:

   $$Call(t) \leq Call^A(t)$$

   dato che la call americana ha tutte le opportunità della call europea più la facoltà di esercizio anticipato che non può avere valore negativo. Analogamente:

   $$Put(t) \leq Put^A(t)$$

2. **Limiti superiori per le opzioni**
   Una call americana con strike nullo, $K = 0$, e scadenza infinita equivale al sottostante. In generale, per qualunque scadenza finita, se $K = 0$ si ha, in assenza di dividendi, $Call(t) = S(t)$ per cui, per ogni $K > 0$:

   $$Call(t) \leq Call^A(t) \leq S(t)$$
   $$Put(t) \leq KP(t,T) < K \qquad Put^A(t) \leq K$$

3. **Limiti inferiori per le opzioni**
   Via put-call parity si ricava:

$$\max(0, S(t) - K) < \max(0, S(t) - KP(t,T)) \leq Call(t) \leq Call^A(t)$$
$$\max(0, KP(t,T) - S(t)) \leq Put(t) \leq Put^A(t)$$

e la prima diseguaglianza, in particolare, indica che la call vale più del suo valore intrinseco (valore a scadenza quando $t = T$) e quindi, ceteris paribus, la call cala di prezzo nel tempo (*time-decay*).
Inoltre, le opzioni americane, grazie alla facoltà di esercizio, non possono mai valere meno del valore intrinseco, poiché se ciò avvenisse, verrebbero subito acquistate ed esercitate:

$$\max(0, S(t) - K) \leq Call^A(t)$$
$$\max(0, K - S(t)) \leq Put^A(t)$$

4. **Una call americana vale come un'europea**
   Si noti che $\max(0, S(t) - K) < \max(0, S(t) - KP(t,T)) \leq Call^A(t)$ per cui una call americana vale strettamente più del suo valore intrinseco. Di conseguenza non è mai ottimale esercitare prima della scadenza una call americana scritta su un sottostante che non paga dividendi (si dice che una call americana vale "più viva che morta"). Di conseguenza il valore della call americana coincide con quello della corrispondente europea:

$$Call(t) = Call^A(t)$$

La stessa cosa è falsa per la put americana in quanto $\max(0, K - S(t)) > \max(0, KP(t,T) - S(t))$ e quindi non si può più dedurre che la put americana supera sempre il valore intrinseco e quindi in certi casi può essere ottimale esercitare la put (sebbene scritta su un titolo che non paga dividendi) prima della scadenza. In tal caso, se $t^* \geq t$ è il momento ottimale di esercizio anticipato si ha:

$$Put^A(t^*) = K - S(t^*)$$

e il momento ottimo (*optimal stopping time*) si avrà quando il prezzo del sottostante è sufficientemente basso:

$$t^* = \arg \max_{u \geq t}(K - S(u))$$

5. **Put-call parity americana senza dividendi**
   La put-call parity per le opzioni americane è, da quella per le opzioni europee:

$$Call^A(t) + KP(t,T) \leq Put^A(t) + S(t)$$
$$S(t) - K < Call^A(t) - Put^A(t) < S(t) - KP(t,T)$$

7.6.2 Diseguaglianze con dividendi

1. **Limiti inferiori per le opzioni**
   Se il sottostante, nel corso della vita dell'opzione, paga dividendi di valore attuale $D(t, T)$ e le opzioni non sono aggiustate per tale stacco (*dividend-unprotected options*) valgono i limiti inferiori per call e put:

$$S(t) - D(t, T) - KP(t, T) \leq Call(t) \leq Call^A(t) \qquad (7.2)$$
$$D(t, T) + KP(t, T) - S(t) \leq Put(t) \leq Put^A(t)$$

2. **Put-call parity con dividendi**
   Se il sottostante, nel corso della vita dell'opzione, paga dividendi di valore attuale $D(t, T)$ e le opzioni non sono aggiustate per tale stacco si hanno le put-call parity europea e americana:

$$Put(t) + S(t) = Call(t) + D(t, T) + KP(t, T)$$
$$S(t) - D(t, T) - K \leq Call^A(t) - Put^A(t) \leq S(t) - KP(t, T)$$

Si noti che in questo caso non si può più affermare che la call americana è sempre strettamente sopra il valore intrinseco, per cui può essere ottimale esercitarla prima della scadenza (in genere, prima dello stacco dei dividendi).

7.7 Il pricing delle opzioni: il modello binomiale (F)

Il prezzo di non arbitraggio delle opzioni fu determinato per la prima volta da Black e Scholes (1973) con un approccio analitico a tempo continuo. Una semplificazione che è stata fruttifera di molti sviluppi e applicazioni fu proposta qualche anno dopo da Cox, Ross e Rubinstein (1979) sviluppando un'idea di William Sharpe, nota come approccio binomiale o metodo degli alberi.

7.7.1 Modello binomiale a uno stadio

Si consideri un esempio volutamente irrealistico ma utile per comprendere gli aspetti essenziali dell'approccio.

Un'azione vale oggi 20 euro e in 1 mese può salire a $S_u = 22$ (valore up) con probabilità p oppure scendere a $S_d = 18$ (valore down) con probabilità $1 - p$.

Riusciamo a valutare una call europea con strike $K = 19$ e scadenza $T = t + 2$ *mesi*?

Chiaramente:

$$Call(T) = \max(0, S(T) - K) = \begin{cases} C_u \equiv \max(0, 22 - 19) = 3 \\ C_d \equiv \max(0, 18 - 19) = 0 \end{cases}$$

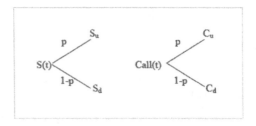

Figura 7.16. Albero binomiale a uno stadio

Il valore atteso scontato col tasso risk-free:

$$(C_u p + C_d(1-p)) \, P(t,T) \tag{7.3}$$

non è la risposta poiché, anche assumendo di conoscere la probabilità oggettiva p, esso fornisce il valore dell'opzione in un mondo di operatori neutrali al rischio ma non nel mondo reale, dove di regola prevale l'avversione al rischio (Cesari e Susini, 2005b, cap. 1).

Come risolvere il quesito?

Su questo mercato semplificato ci sono 3 tipi di titoli: la call, l'azione sottostante e il titolo ZCB a 2 mesi, con tasso risk-free ad esempio $r = 6\%$ (in capitalizzazione continua).

Dato il legame positivo tra call e sottostante, il ragionamento di non arbitraggio suggerisce di costruire un portafoglio contenente la call in posizione corta e l'azione per la quantità Δ in posizione lunga. Il portafoglio oggi vale:

$$\Pi(t) = \Delta \, S(t) - Call(t)$$

mentre a scadenza si ha:

$$\Pi(T) = \Delta \, S(T) - Call(T) = \begin{cases} \Pi_u \equiv \Delta \, S_u - C_u = \Delta \, 22 - 3 \\ \Pi_d \equiv \Delta \, S_d - C_d = \Delta \, 18 - 0 \end{cases}$$

Se scegliamo Δ in modo da eguagliare il valore up e il valore down del portafoglio abbiamo ottenuto un portafoglio che in ogni caso (quindi con certezza, quindi senza rischio) raggiunge tale valore:

$$\Pi_u = \Delta \, 22 - 3 = \Delta \, 18 - 0 = \Pi_d$$

$$\Delta^\circ = \frac{C_u - C_d}{S_u - S_d} = \frac{3 - 0}{22 - 18} = \frac{3}{4}$$

Pertanto, con la quantità Δ° il portafoglio vale a scadenza l'ammontare certo:

$$\Pi(T) = \Delta^\circ \, S_d - C_d = \frac{3}{4} 18 - 0 = 13.5$$

Ma allora:

$$\Pi(t) = \Delta^\circ \, S(t) - Call(t) = \frac{3}{4} 20 - Call(t) = (\Delta^\circ \, S_d - C_d) \, P(t,T)$$

$$= 13.5 \, e^{-0.06 \frac{2}{12}} = 13.36567$$

e quindi:

$$Call(t) = \Delta^\circ S(t) - (\Delta^\circ \cdot S_d - C_d)\, P(t,T) = 15 - 13.36567$$
$$= 1.63433$$

Si è così trovato il prezzo di non arbitraggio della call. Si noti che per ottenere un valore non nullo della call deve essere $K < S_u$.

In termini formali si può scrivere:

$$Call(t) = \Delta^\circ \left(S(t) - S_d P(t,T) \right) + C_d P(t,T) \tag{7.4}$$

$$= \frac{C_u - C_d}{S_u - S_d} \left(S(t) - S_d P(t,T) \right) + C_d P(t,T)$$

$$= (C_u - C_d) \frac{S(t) - S_d P(t,T)}{S_u - S_d} + C_d P(t,T)$$

$$= P(t,T) \left[C_u \frac{\frac{S(t)}{P(t,T)} - S_d}{S_u - S_d} + C_d (1 - \frac{\frac{S(t)}{P(t,T)} - S_d}{S_u - S_d}) \right]$$

$$\equiv P(t,T) \left[C_u \hat{p} + C_d (1 - \hat{p}) \right]$$

dove la pseudo-probabilità $\hat{p}$, definita in funzione della dinamica del sottostante e del suo prezzo forward $\frac{S(t)}{P(t,T)}$, determina il prezzo della call "come se" si fosse in un modo risk-neutral (v. equazione (7.3)) ma con le probabilità $\hat{p}$ invece di quelle naturali p. Per questo motivo tali probabilità sono dette "risk neutral" o "risk adjusted". Nell'esempio numerico $\hat{p} = 55.025\%$:

$$\hat{p} \equiv \frac{\frac{S(t)}{P(t,T)} - S_d}{S_u - S_d} = \frac{20 e^{0.06 \frac{2}{12}} - 18}{22 - 18} = 55.025\%$$

Definizione 21. *Risk neutral pricing.* *Il prezzo di non arbitraggio di un titolo si ottiene scontando al tasso risk-free il valore atteso del titolo, calcolato usando le c.d. probabilità risk-neutral.*

La formula del risk neutral pricing si presta a varie osservazioni:

1. le probabilità naturali p non giocano, apparentemente, alcun ruolo in quanto del tutto assenti dalla formula;
2. la formula è (formalmente) valida anche per il sottostante:

$$S(t) = P(t,T) \left[S_u \hat{p} + S_d (1 - \hat{p}) \right]$$

come può verificarsi sostituendo la definizione di $\hat{p}$ (che dipende da $S(t)$). Se si definisce $S_d \equiv S(t)d$, $S_u \equiv S(t)u$, con u e d fattori costanti di variazione del titolo sottostante, $0 < d < e^{r\delta} < u$, si ottiene $\hat{p}$ indipendente da $S(t)$:

$$\hat{p} \equiv \frac{\frac{1}{P(t,T)} - d}{u - d} \tag{7.5}$$

3. nel mondo risk neutral tutti i titoli hanno una crescita attesa pari al tasso risk-free r:

$$[C_u\hat{p} + C_d(1-\hat{p})] = Call(t)\ e^{r\delta}$$
$$[S_u\hat{p} + S_d(1-\hat{p})] = S(t)\ e^{r\delta}$$
$$1 = P(t,T)\ e^{r\delta}$$

4. il prezzo di una put si ricava analogamente come:

$$Put(t) = P(t,T)\left[P_u\hat{p} + P_d(1-\hat{p})\right]$$

ottenibile sia direttamente, applicando l'approccio al payoff della put $max(0, K - S(T))$, sia indirettamente, via put-call parity:

$$Put(t) = Call(t) + KP(t,T) - S(t)$$
$$= P(t,T)\left[C_u\hat{p} + C_d(1-\hat{p}) + K\right] - S(t)$$

Nell'esempio numerico visto si ottiene:

$$Put(t) = e^{-0.06\frac{2}{12}}(0 \times 55.025\% + 1 \times (1 - 55.025\%)) = 0.445274$$

5. la quantità di azioni $\Delta°$ che ha reso il portafoglio di non arbitraggio privo di rischio ha un'espressione significativa risultando la variazione del prezzo della call sulla variazione del prezzo del sottostante:

$$\Delta° = \frac{C_u - C_d}{S_u - S_d}$$

È facile immaginare che per processi continui l'espressione diventerà la *derivata* del prezzo della call rispetto al prezzo del sottostante.

Osservazione 58. Perché le probabiltà naturali non appaiono nella formula del prezzo dell'opzione? FAQ n. 2 (Carr, 2003). La formula rappresenta un pricing relativo dell'opzione dato il prezzo $S(t)$ del sottostante. Le probabilità naturali influenzano $S(t)$ che, a sua volta, influenza il prezzo dell'opzione.

7.7.2 Modello binomiale a più stadi

L'approccio a uno stadio si estende facilmente a più stadi, in modo da rendere tale metodo più realistico e concretamente applicabile (es. ogni stadio rappresenta un intervallo temporale δ non di due mesi come sopra ma più piccolo come un mese, un giorno o un'ora).

Nel caso a due stadi si ha una situazione come quella descritta in Figura 7.17:

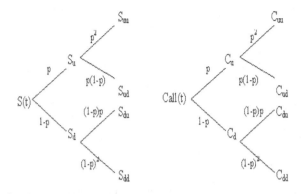

Figura 7.17. Albero binomiale a due stadi

Si tratta di un albero binomiale a 2 stadi ricombinante poiché il percorso up-down e il percorso down-up portano allo stesso valore.

La soluzione per il prezzo della call in t si ricava con procedimento a ritroso (*backward*) che parte da $t + 2\delta$ e riflette quanto visto nel caso a uno stadio ricavando il valore in $t + \delta$ e di qui ripetendo il procedimento per arrivare al tempo corrente t.

Dalla definizione di call option:

$$C_{uu} = \max(0, S_{uu} - K)$$
$$C_{ud} = C_{du} = \max(0, S_{ud} - K)$$
$$C_{dd} = \max(0, S_{dd} - K)$$

Dall'equazione (7.4) si ricava, per r costante:

$$C_u = e^{-r\delta}(C_{uu}\hat{p}_{uu} + C_{ud}(1 - \hat{p}_{uu}))$$
$$C_d = e^{-r\delta}(C_{ud}\hat{p}_{ud} + C_{dd}(1 - \hat{p}_{ud}))$$
$$Call(t) = e^{-r\delta}(C_u\hat{p}_u + C_d(1 - \hat{p}_u))$$

Se anche i fattori di variazione $u = \frac{S_u}{S(t)}$ e $d = \frac{S_d}{S(t)}$ sono costanti nel tempo, tali sono anche le probabilità risk neutral e il risultato si può scrivere:

$$Call(t) = e^{-r2\delta}(C_{uu}\hat{p}^2 + 2\hat{p}(1 - \hat{p})C_{ud} + C_{dd}(1 - \hat{p})^2)$$

ove $\hat{p}$ è data da (7.5) e $\hat{p}^2, 2\hat{p}(1 - \hat{p}), (1 - \hat{p})^2$ sono le pseudo-probabilità dei valori C_{uu}, C_{ud}, C_{dd} rispettivamente.

Pertanto, il prezzo di non arbitraggio della call, anche nel modello a più stadi, è esprimibile come valore scontato al tasso risk free (su n periodi) dell'aspettativa calcolata con le probabilità risk-neutral.

Si noti che sia direttamente sia indirettamente (via put call parity) si può ricavare il prezzo della put corrispondente:

$$Put(t) = e^{-r2\delta}(P_{uu}\hat{p}^2 + 2\hat{p}(1 - \hat{p})P_{ud} + P_{dd}(1 - \hat{p})^2)$$

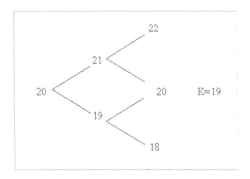

Figura 7.18. Albero a due stadi per il sottostante della call

Esempio 27. Si consideri l'esempio numerico precedente relativo alla call con strike $K = 19$ e scadenza 2 mesi, ma in un approccio a due stadi, come disegnato in Figura 7.18 con $\delta = 1$ *mese*. Si ottiene, procedendo a ritroso:

$$C_{uu} = 3, \ C_{ud} = 1, \ C_{dd} = 0$$
$$\Delta_u = 1, \ C_u = 2.094763, \ \Delta_d = 0.5, \ C_d = 0.5$$
$$\Delta_0 = 0.797382, \ Call(t) = 1.37045$$

Esempio 28. Nel caso di una put con strike $K = 20$ e scadenza 2 mesi, costruendo un portafoglio d'arbitraggio costituito da Δ unità del sottostante e da una put acquistata si ottiene:

$$P_{uu} = 0, \ P_{ud} = 0, \ P_{dd} = 2$$
$$\Delta_u = 0, \ P_u = 0, \ \Delta_d = 1, \ P_d = 0.90025$$
$$\Delta_0 = 0.450125, \ Put(t) = 0.40298$$

7.7.3 Il prezzo delle opzioni americane nel modello binomiale

Nel modello binomiale è particolarmente agevole prezzare le opzioni americane che, per la presenza dell'opzione di esercizio anticipato, sono di difficile trattazione analitica. Si tratta, infatti, di confrontare a ogni nodo il valore dell'opzione (calcolato come sopra) e il valore intrinseco ottenibile con l'esercizio anticipato. L'opzione americana varrà il massimo tra i due a ogni data intermedia e tale valore verrà usato nella procedura a ritroso.

Per illustrare la procedura si consideri il caso della put dell'esempio precedente, con strike $K = 20$ e durata 2 mesi..

La differenza con la put europea è nella possibilità di esercizio anticipato nello stadio intermedio, nel qual caso la put vale il valore intrinseco $max(0, K - S(t+\delta))$. L'opzione sarà esercitata se il valore intrinseco è maggiore del prezzo di mercato. Poiché nel caso down il valore intrinseco è $20 - 19 = 1 > 0.90025$ si ottiene, con la procedura a ritroso:

$$P_{uu}^A = 0, \ P_{ud}^A = 0, \ P_{dd}^A = 2$$
$$\Delta_u = 0, \ P_u^A = 0, \ \Delta_d = 1, \ P_d^A = \max(0.90025, 1) = 1$$
$$\Delta_0 = 0.5, \ Put^A(t) = 0.447631$$

Come si nota, il prezzo della put americana, anche se il sottostante non paga dividendi, è maggiore di quello della corrispondente put europea.

Sulle procedure numeriche per l'implementazione dell'approccio binomiale si veda il Capitolo 12.

Osservazione 59. La convergenza dal discreto al continuo. Cox, Ross e Rubinstein (1979) hanno dimostrato la convergenza dell'approccio binomiale al modello a tempo continuo di Black e Scholes (1973). Il risultato riflette il teorema centrale del limite nel caso particolare della convergenza di variabili binomiali alla distribuzione normale. Si veda anche Minenna (2006) p. 280.

7.7.4 Il prezzo delle call americane: l'approssimazione di Black (1975)

Si è dimostrato che se il sottostante non paga dividendi, non è mai ottimale esercitare la call americana e il suo prezzo eguaglia quello della call europea. Se il sottostante paga dividendi, D_i alle date $t_1, t_2, ..., t_i, ...t_n$ tra t e T potrebbe essere ottimale esercitare la call americana un attimo prima di una data di stacco. Consideriamo l'ultima, t_n. Dalla diseguaglianza (7.2) si ha:

$$S(t_n) - D_n - KP(t_n, T) \leq Call^A(t_n)$$

per cui l'opzione vale più viva che morta se:

$$S(t_n) - K \leq S(t_n) - D_n - KP(t_n, T)$$

cioè se:

$$D_n \leq K(1 - P(t_n, T))$$

Se t_n è vicino a T e $S(t_n)$ elevato può essere che tale diseguaglianza non sia soddisfatta.

Consideriamo ora t_{n-1}. Si ha:

$$S(t_{n-1}) - D(t_{n-1}, T) - KP(t_{n-1}, T) \leq Call^A(t_{n-1})$$

Assumendo anche:

$$S(t_{n-1}) - D_{n-1} - KP(t_{n-1}, t_n) \leq Call^A(t_{n-1})$$

la call non è esercitata se:

$$S(t_{n-1}) - K \leq S(t_{n-1}) - D_{n-1} - KP(t_{n-1}, t_n)$$

cioè:

$$D_{n-1} \leq K(1 - P(t_{n-1}, t_n))$$

e in generale:

$$D_i \leq K(1 - P(t_i, t_{i+1})) \simeq Kr(t_{i+1} - t_i)$$

che significa, per $K \simeq S(t)$, un dividend yield inferiore al tasso risk-free, una condizione che si può considerare realistica. Dunque, l'unico momento in cui è verosimile che possa essere ottimale esercitare la call è prima dell'ultimo stacco t_n prima della scadenza. Pertanto, seguendo Black (1975, p. 41), si può approssimare il valore della call americana come massimo tra la call europea che scade in t_n e la call europea che scade in T:

$$Call^A(t, T) \simeq \max(Call(t, t_n), Call(t, T))$$

Un'approssimazione più precisa (secondo l'analisi empirica di Whaley, 1982) è stata ottenuta da Roll (1977), Geske (1979, 1981) e Whaley (1981). Si veda Hull (2003, app. 12B p. 292) e Hull (2006, Nota tecnica n.8).

Esempio 29. Opzioni Iso-alfa. Sul mercato regolamentato IDEM (Italian Derivative Market) dal febbraio 1996 sono quotate opzioni call e put americane, dette Iso-alfa, sui 31 principali titoli azionari italiani.

Le scadenze delle opzioni sono marzo, giugno, settembre e dicembre e i due mesi più vicini, al terzo venerdì del mese, con consegna fisica dei titoli (*physical delivery*) cinque giorni lavorativi dopo l'esercizio dell'opzione.

Si noti che se si è esercitata l'opzione call (put) e nei cinque successivi giorni il titolo è sceso (salito) sensibilmente rispetto allo strike, la liquidazione non viene eseguita.

Ad ogni titolo sottostante corrisponde un lotto minimo di azioni (es. Eni: 500 azioni; Pirelli: 1000 azioni; Bnl: 5000 azioni; etc.) per cui la dimensione di un contratto è Strike*Lotto e il prezzo è Call*Lotto. Sono quotati 9 stikes, 1 ATM, 4 ITM e 4 OTM; il movimento minimo di prezzo (tick) è 0.0005 euro. A scadenza, le opzioni ITM sono esercitate automaticamente mentre quelle ATM e OTM solo su richiesta (esercizio per eccezione, con consegna fisica dei titoli).

Osservazione 60. Le opzioni "italiane". Barone e Cuoco (1988, 1991) hanno analizzato i contratti d'opzione scambiati sul mercato italiano. I contratti nella Borsa italiana sono suddivisi in tre categorie: contratti di riporto, contratti per contanti (a giorni) e contratti a termine. Questi si distinguono in contratti a termine fermo (o "a fisso") e contratti a premio, esercitabili fino al giorno della "risposta premi" e regolati nel giorno di liquidazione. I principali contratti a premio sono il Dont (call), il Put, lo Stellage (ritiro o consegna del titolo sottostante), lo Strip (ritiro di 1 titolo o consegna di 2), lo Strap (ritiro di 1 titolo o consegna di 0.5 titoli). L'esercizio è di tipo americano e i premi sono pagati solo alla scadenza, alla data di liquidazione. Dalle accurate analisi dei due autori emergono le inefficienze del mercato e le opportunità di arbitraggi sulla base delle quotazioni a pronti e a termine.

7.8 Risk neutral pricing: un esempio suggestivo (F)

Supponiamo ci siano due squadre di calcio, A e B, con probabilità (oggettiva o naturale) di vincere un confronto diretto (senza possibilità di pareggio) rispettivamente di $\frac{2}{3}$ e $\frac{1}{3}$ (A è più forte, odds: $\frac{2/3}{1/3} = 2 : 1$).

Un bookmaker (commissioni a parte) potrebbe essere disposto a ricevere 2 per la scommessa di: pagare 3 se vince A e 0 in caso contrario e ricevere 1 per la scommessa di: pagare 3 se vince B e 0 in caso contrario. Le due scommesse sono eque (Cesari e Susini, 2005b, cap. 1) poiché:

$$\frac{2}{3}(2 - 3) + \frac{1}{3}(2 - 0) = 0$$
$$\frac{1}{3}(1 - 3) + \frac{2}{3}(1 - 0) = 0$$

Chiaramente, 2 è il prezzo della prima scommessa e 1 il prezzo della seconda:

$$2 = V_t(3\chi_A) = 3V_t(\chi_A)$$
$$1 = V_t(3\chi_B) = V_t\left(3(1 - \chi_A)\right) = 3 - 3V_t(\chi_A)$$

ove χ_A è la variabile aleatoria indicatore della vittoria di A, pari a 1 se A vince e 0 se A non vince:

$$\chi_A = \begin{cases} 0 & \frac{1}{3} \\ 1 & \frac{2}{3} \end{cases}$$

Il prezzo del titolo rappresentato da χ_A (*Arrow-Debreu security*) che paga 1 se A vince e 0 in ogni altro caso è dunque facilmente ricavabile ed è pari alla probabilità dell'evento ($V_t(\chi_A) = \frac{2}{3}$).

Supponiamo che 80 persone scommettono su A e 20 su B.

Il profitto atteso del bookmaker è ovviamente 0:

$$80\left[\frac{2}{3}(2 - 3) + \frac{1}{3}(2 - 0)\right] + 20\left[\frac{1}{3}(1 - 3) + \frac{2}{3}(1 - 0)\right] = 0$$

Tuttavia la variabilità del profitto è elevata tra -60 e $+120$:

$$\begin{cases} 2 \cdot 80 - 3 \cdot 80 + 20 = 180 - 3 \cdot 80 = -60 & \text{se vince } A \\ 2 \cdot 80 + 20 - 3 \cdot 20 = 180 - 3 \cdot 20 = +120 & \text{se vince } B \end{cases}$$

e il profitto nullo si ricaverebbe solo su un alto numero di ripetizioni della gara.

Evidentemente, non è la stessa cosa avere un solo cliente e ripetere la gara 100 volte o avere 100 clienti e fare una sola partita.

Nel primo caso opera la legge dei grandi numeri, nel secondo no.

Si immagini che il bookmaker (il mercato) abbia la possibilità di cambiare i termini della scommessa (la vincita di 3) in modo da annullare la variabilità nei due casi:

$$180 - h_A 80 = 0$$
$$180 - h_B 20 = 0$$

da cui:

$$h_A = \frac{180}{80}$$
$$h_B = \frac{180}{20}$$

Evidentemente le singole scommesse non sono più eque; per il bookmaker la prima è favorevole, la seconda sfavorevole (viceversa per i suoi clienti):

$$\frac{2}{3}(2 - \frac{180}{80}) + \frac{1}{3}(2 - 0) = \frac{1}{2}$$
$$\frac{1}{3}(1 - \frac{180}{20}) + \frac{2}{3}(1 - 0) = -2$$

ma lo diventano per il bookmaker sommando tutti i clienti (cioè aggregando tutto il mercato) poiché oltre ad annullare la variabilità dei profitti danno un profitto atteso nullo:

$$80\left[\frac{2}{3}(2 - \frac{180}{80}) + \frac{1}{3}(2 - 0)\right] + 20\left[\frac{1}{3}(1 - \frac{180}{20}) + \frac{2}{3}(1 - 0)\right] = 40 - 40 = 0$$

Le nuove scommesse sono quindi preferibili in quanto annullano sia il profitto aggregato sia la sua variabilità.

Sarebbero eque, nel senso usuale, se le probabilità fossero diverse: non le probabilità naturali $\left(\frac{2}{3}, \frac{1}{3}\right)$ bensì le probabilità "risk-neutral" $\left(\hat{p} = \frac{160}{180}, 1 - \hat{p} = \frac{20}{180}\right)$:

$$\hat{p}(2 - \frac{180}{80}) + (1 - \hat{p})(2 - 0) = 0$$
$$(1 - \hat{p})(1 - \frac{180}{20}) + \hat{p}(1 - 0) = 0$$

Quindi si può pensare che il bookmaker fissi le scommesse "come se" dovessero essere eque rispetto alle probabilità risk-neutral e non alle probabilità oggettive.

Il caso precedente si formalizza come segue: sia p_A, V_A, g_A rispettivamente la probabilità di vincita, il prezzo della scommessa e la vincita della scommessa su A (erano rispettivamente $\frac{2}{3}$, 2, 3). La condizione di scommessa equa implica (analogamente per B):

$$p_A(V_A - g_A) + (1 - p_A)(V_A - 0) = 0$$
$$ovvero \ V_A = p_A \cdot g_A$$

che per $g_A = 1$ dà il prezzo dell'Arrow-Debreu security χ_A associata all'evento A.

Se N_A e N_B sono il numero di clienti delle due scommesse la variabilità del profitto è:

$$\begin{cases} N_A V_A + N_B V_B - N_A g_A \text{ se vince } A \\ N_A V_A + N_B V_B - N_B g_B \text{ se vince } B \end{cases}$$

che, nell'ipotesi di scommesse eque, si annullano se $N_A g_A = N_B g_B$ mentre in generale si annullano, se:

$$g'_A = \frac{N_A V_A + N_B V_B}{N_A}$$

$$g'_B = \frac{N_A V_A + N_B V_B}{N_B}$$

Queste sono quindi le vincite fissate dal bookmaker ai dati prezzi V_A e V_B al fine di annullare la variabilità del profitto.

Le probabilità "risk-neutral" (o prezzi di Arrow-Debreu) sono quindi i prezzi per unità di vincita:

$$p'_A = \frac{V_A}{g'_A} = \frac{N_A V_A}{N_A V_A + N_B V_B}$$

$$p'_B = \frac{V_B}{g'_B} = \frac{N_B V_B}{N_A V_A + N_B V_B}$$

Esse possono essere usate per prezzare altre scommesse legate alle precedenti applicando la formula "come se" fossero eque. Si noti che il ragionamento non ha determinato i prezzi V_A e V_B che sono un dato esogeno.

Osservazione 61. L'esempio del bookmaker che fa profitto nullo è molto simile all'idea che aveva Bachelier (1900) del mercato di Borsa come aggregato di speculatori: "Sembra che il mercato, l'insieme degli speculatori, non creda né in una crescita né in un calo dei prezzi poiché, per ciascun prezzo quotato, ci sono tanti acquirenti quanti venditori [...] La media matematica per lo speculatore è zero" (ivi, pp. 31–34)

Osservazione 62. Cesari e D'Adda (2005) sviluppano un semplice modello per il calcolo dei prezzi d'equilibrio. Nella versione a 2 momenti, i prezzi sono determinati a partire dal prezzo per unità di media, P_μ ($= 1$ in questo caso), e per unità di volatilità, P_σ. Per la variabile χ_A si ha:

$$V_t(\chi_A) = p_A + P_\sigma \sqrt{p_A(1 - p_A)}$$

essendo p_A la media e $\sqrt{p_A(1 - p_A)}$ la sua volatilità (distribuzione di Bernoulli) e quindi (idem per V_B):

$$V_A = N_A g_A \left(p_A + P_\sigma \sqrt{p_A(1 - p_A)} \right)$$

Per l'intero "mercato" si ha:

$$V_M = N_A g_A \chi_A + N_B g_B \chi_B = N_B g_B + \chi_A(N_A g_A - N_B g_B)$$

e quindi:

$$V_t(V_M) = N_A g_A \left(p_A + P_\sigma \sqrt{p_A(1-p_A)}\right) + N_B g_B \left(1 - p_A - P_\sigma \sqrt{p_A(1-p_A)}\right)$$
$$\equiv N_A g_A \cdot p_A'' + N_B g_B \cdot p_B''$$

da cui si confermano le probabilità risk-neutral (prezzi di Arrow-Debreu o probabilità aggiustate per il rischio) in funzione delle probabilità naturali e del prezzo della volatilità P_σ:

$$p_A'' = p_A + P_\sigma \sqrt{p_A(1-p_A)}$$
$$p_B'' = 1 - p_A - P_\sigma \sqrt{p_A(1-p_A)}$$

Si veda anche Cesari e Susini (2005b) paragrafo 1.5.

7.9 Il pricing delle opzioni: il modello di Black e Scholes

Nella derivazione originaria, Black e Scholes (1973) (BS) hanno sviluppato l'analisi a tempo continuo. Il modello è stato poi generalizzato sotto vari punti di vista da Merton (1973), Black(1976), Roll (1977) e molti altri e viene spesso indicato anche come modello di Black, Scholes e Merton per il contributo di quest'ultimo alla comprensione e generalizzazione del risultato.

Osservazione 63. Per sviluppare l'analisi sono necessari i concetti del calcolo stocastico riportati nell'Appendice.

Oltre alle usuali ipotesi di mercati perfetti (Capitolo 2) assumiamo che:

1. il sottostante sia un titolo elementare senza dividendi, il cui prezzo sia descritto da un BM geometrico:

$$dS(t) = \mu_S S(t)dt + \sigma_S S(t)dZ(t)$$

con μ_S (drift) e σ_S (volatilità istantanea) costanti;
2. esista un titolo istantaneamente risk-free (conto corrente) che cresce al tasso costante r:

$$dB(t) = rB(t)dt$$

Vogliamo determinare il prezzo della call europea con scadenza T e strike price K, che vale a scadenza:

$$Call(T, S(T), K) = \max(0, S(T) - K)$$

Si tratta cioè di determinare:

$$Call(t, S(t), K) = V_t(\max(0, S(T) - K))$$

e arriveremo alla soluzione in due modi diversi:

1. seguendo la strada, più lunga ma economicamente più chiara, del portafoglio d'arbitraggio (ovvero della strategia di replica), aperta, per la prima volta dai due pionieri della Finanza Matematica;
2. applicando il metodo del valor medio equivalente, che rappresenta una strada certamente più corta ma anche più sofisticata e probabilistica.

7.9.1 Metodo del portafoglio d'arbitraggio o della PDE

Dal lemma di Itô possiamo ricavare un'espressione che vincola la dinamica del prezzo, scritto C, (**vincolo stocastico**) senza, tuttavia, identificarla completamente:

$$dC(t) = \frac{\partial C}{\partial t}dt + \frac{\partial C}{\partial S}dS + \frac{1}{2}\frac{\partial^2 C}{\partial S^2}(dS)^2 \qquad (7.6)$$
$$\equiv \mu_C C(t)dt + \sigma_C C(t)dZ(t)$$
$$\mu_C C(t) \equiv \frac{\partial C}{\partial t} + \frac{\partial C}{\partial S}\mu_S S(t) + \frac{1}{2}\frac{\partial^2 C}{\partial S^2}\sigma_S^2 S^2(t)$$
$$\sigma_C C(t) \equiv \frac{\partial C}{\partial S}\sigma_S S(t)$$

Il ragionamento di non arbitraggio fornisce un vincolo ulteriore (**vincolo economico**). Costruiamo un portafoglio con Δ azioni in posizione lunga e una call in posizione corta:

$$\Pi(t) = \Delta S(t) - C(t)$$

La dinamica del portafoglio è:

$$d\Pi = \Delta dS - dC \qquad (7.7)$$
$$= \Delta dS - \frac{\partial C}{\partial t}dt - \frac{\partial C}{\partial S}dS - \frac{1}{2}\frac{\partial^2 C}{\partial S^2}(dS)^2$$
$$= (\Delta - \frac{\partial C}{\partial S})\sigma_S S(t)dZ(t) + (\Delta - \frac{\partial C}{\partial S})\mu_S S(t)dt - \frac{\partial C}{\partial t}dt - \frac{1}{2}\frac{\partial^2 C}{\partial S^2}(dS)^2$$

e ponendo:

$$\Delta = \frac{\partial C}{\partial S}$$

il portafoglio diventa privo di rischio e per non arbitraggio, identico al conto corrente per cui:

$$d\Pi = -\frac{\partial C}{\partial t}dt - \frac{1}{2}\frac{\partial^2 C}{\partial S^2}(dS)^2 \qquad (7.8)$$
$$= r\Pi dt$$
$$= r\left(\frac{\partial C}{\partial S}S(t) - C(t)\right)dt$$

Eguagliando le due espressioni del drift si ha la PDE di tipo parabolico

(vincolo economico-stocastico):

$$\frac{1}{2}\frac{\partial^2 C}{\partial S^2}\sigma_S^2 S^2(t) + r\frac{\partial C}{\partial S}S(t) + \frac{\partial C}{\partial t} - rC(t) = 0$$

È utile fare subito alcune osservazioni.

1. Innanzi tutto, si noti che, da (7.7) e da (7.8), si può scrivere:

$$\frac{\partial C}{\partial S}S(t)\mu_S - C(t)\mu_C = r\left(\frac{\partial C}{\partial S}S(t) - C(t)\right)$$

$$\frac{\partial C}{\partial S}S(t)\left(\mu_S - r\right) = C(t)\left(\mu_C - r\right)$$

$$C(t)\frac{\sigma_C}{\sigma_S}\left(\mu_S - r\right) = C(t)\left(\mu_C - r\right)$$

da cui l'eguaglianza, in condizioni di non arbitraggio, degli indici di Sharpe nel continuo (cfr. Cesari e Susini, 2005b, paragrafo 6.3):

$$\frac{\mu_S - r}{\sigma_S} = \frac{\mu_C - r}{\sigma_C} = \varphi$$

ovvero:

$$\mu_S = r + \varphi\sigma_S \tag{7.9}$$

$$\mu_C = r + \varphi\sigma_C$$

a indicare che il tasso atteso di rendimento di ogni titolo, per la condizione di non arbitraggio, è pari al tasso privo di rischio più un premio al rischio proporzionale alla volatilità istantanea del titolo stesso. Il valore φ è chiamato anche prezzo di mercato del rischio.

2. In secondo luogo, nel mondo risk-neutral anche i derivati hanno tasso di rendimento atteso pari al risk-free. Infatti, da (7.6) e dalla PDE ricavata sopra si ottiene che, quando $\mu_S = r$, anche $\mu_C = r$.

Si è così ottenuto il problema PDE:

$$\begin{cases} \dfrac{1}{2}\dfrac{\partial^2 C}{\partial S^2}\sigma_S^2 S^2(t) + \dfrac{\partial C}{\partial S}rS(t) + \dfrac{\partial C}{\partial t} - rC(t) = 0 \\ dS(t) = rS(t)dt + \sigma_S S(t)d\hat{Z}(t) \\ C(T) = \max(0, S(T) - K) \end{cases} \tag{7.10}$$

in cui:

$$d\hat{Z}(t) \equiv \frac{\mu_S - r}{\sigma_S}dt + dZ(t) \equiv \varphi dt + dZ(t) \tag{7.11}$$

e, per il teorema di Girsanov, $\hat{Z}$ è un BM sotto una opportuna misura di probabilità $\wp^B$ equivalente a quella naturale (v. l'Appendice per ricavare la derivata di Radon-Nicodym di $\wp^B$ rispetto a $\wp$).

Si noti che l'equazione PDE in (7.10) ha validità generale, nel senso che deve essere soddisfatta da qualunque derivato o portafoglio $\Pi(t, S(t))$ dipendente da $S(t)$. L'unica differenza, naturalmente, è la condizione terminale $\Pi(T)$ specifica del derivato considerato.

Dal teorema di Feynman-Kac la soluzione del problema di PDE (7.10) è:

$$Call(t, S(t), K) = \hat{E}_t \left(\max(0, S(T) - K)e^{-\int_t^T r du} \right) \qquad (7.12)$$
$$= e^{-r(T-t)} \hat{E}_t \left(\max(0, S(T) - K) \right)$$
$$= e^{-r(T-t)} \int_K^{+\infty} (S(T) - K)\hat{f}_S dS$$

ove il valor medio è calcolato rispetto alla distribuzione di probabilità rappresentata dalla dinamica risk-adjusted o risk-neutral:

$$dS(t) = rS(t)dt + \sigma_S S(t)d\hat{Z}(t) \qquad (7.13)$$

La condizione di non arbitraggio ha consentito di trasformare il generico operatore valore attuale $V_t(.)$ in un valor medio ben preciso $\hat{E}_t(.)$ da scontare al tasso privo di rischio.

Si noti che in termini della misura naturale la valorizzazione richiede la conoscenza di μ_S ovvero del prezzo del rischio φ e risulta più impegnativa:

$$Call(t, S(t), K) = e^{-r(T-t)} \hat{E}_t \left(\max(0, S(T) - K) \right)$$
$$= e^{-r(T-t)} E_t \left(\max(0, S(T) - K)e^{-\int_t^T \varphi(s)dZ(s) - \frac{1}{2}\int_t^T \varphi^2(s)ds} \right)$$

7.9.2 Metodo del valor medio equivalente o della EMM

Per il teorema fondamentale del pricing di non arbitraggio, il prezzo della call è una $B(t)$-martingala, vale a dire una martingala rispetto alla misura risk-neutral associata al numerario conto corrente (*equivalent martingale measure* EMM; v. Capitolo 2). Pertanto:

$$Call(t, S(t), K) = B(t)\hat{E}_t \left(\frac{\max(0, S(T) - K)}{B(T)} \right)$$
$$= \hat{E}_t \left(\max(0, S(T) - K)e^{-\int_t^T r du} \right)$$
$$= e^{-r(T-t)} \hat{E}_t \left(\max(0, S(T) - K) \right)$$

ove il valor medio è calcolato rispetto alla dinamica risk-neutral:

$$dS(t) = rS(t)dt + \sigma_S S(t)d\hat{Z}(t) \qquad (7.14)$$

ottenuta sostituendo al drift μ_S del sottostante il tasso risk-free r.

7.10 Il calcolo del prezzo

I due metodi esposti hanno portato a esprimere il prezzo dell'opzione, l'uno come soluzione di un problema differenziale, PDE, l'altro come risultato del calcolo di un particolare valor medio; il teorema di Feynman-Kac garantisce l'eguaglianza dei due risultati e quindi l'equivalenza dei due approcci.

I due metodi si riflettono anche nelle procedura di calcolo del prezzo. Questo, infatti, può essere trovato: o risolvendo, con le tecniche appropriate, la PDE o calcolando l'integrale che definisce l'expectation $\hat{E}_t(.)$.

Tutte le strade portano a Roma (se non si fanno errori) ma non tutte sono uguali in termini di difficoltà e implementabilità.

È utile quindi tenerle presenti entrambe al fine di usare quella che, in ciascun problema di pricing, risulta la meno costosa in termini di sforzo, calcolo, tempo etc.

Si noti anche che non tutti i problemi PDE e quindi non tutti gli integrali hanno una soluzione in forma chiusa, vale a dire esplicita o analitica.

Come si vedrà, vari problemi, anche semplici, portano all'impossibilità ad esprimere analiticamente il prezzo.

In tal caso, per entrambe le metodologie, si apre un'opzione (!): calcolare la formula esatta di un problema approssimato o calcolare una formula approssimata di un problema esatto.

Nel primo caso, il problema originario viene sostituito con un problema più semplice, "vicino" al primo ma analiticamente risolvibile. L'abilità consiste nel garantire, in qualche modo, la vicinanza dei risultati, l'approssimato (noto) e l'esatto (ignoto).

Vedremo un esempio in tal senso nel caso delle *spread option*, che hanno payoff $max(0, S_1 - S_2 - K)$.

Nel secondo caso si abbandona la strada analitica per quella numerica, trasformando il problema da tempo continuo a tempo discreto (le procedure numeriche sono sempre discrete, dovendo essere implementate dai calcolatori) e risolvendo in modo deterministico o stocastico (es. metodo di Monte Carlo) il modello discreto approssimato. Sulle procedure numeriche (a tempo discreto) sarà dedicato il Capitolo 12.

La situazione è riassunta nella Figura 7.19.

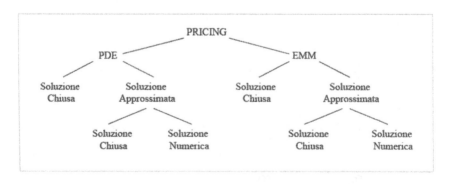

Figura 7.19. Soluzioni per il pricing dei derivati

Osservazione 64. L'arte del modellatore. Un filone teorico ritiene essere i modelli a tempo continuo solo un'approssimazione del "vero" processo di pricing, che si svolge nel tempo reale e quindi, per definizione, discreto. La realtà, tuttavia, è sempre più complessa di qualunque modello, continuo o discreto che sia, e ogni semplificazione utile a discriminare ciò che conta da ciò che non conta rispetto alle variabili di interesse (prezzi, rischi, previsioni etc.) deve essere ben accetta. In tale lavoro di semplificazione consiste l'arte del modellatore: individuare ciò che è rilevante e trascurare il resto.

7.10.1 Il prezzo come soluzione della PDE: dalla fisica alla finanza

Le equazioni alle derivate parziali sono uno strumento di grande utilizzo nei modelli della fisica, dove una variabile rappresenta il tempo e le altre lo spazio o altre grandezze fisiche. Lo stesso moto browniano, inteso prima come fenomeno fisico (il movimento delle particelle immerse in un fluido) e poi come modello (uno dei modelli) di spiegazione del fenomeno stesso è legato a una PDE in quanto la sua distribuzione di probabilità (c.d. probabilità di transizione, dallo stato x al tempo 0 allo stato y al tempo t) è la soluzione della PDE:

$$\frac{1}{2}\frac{\partial^2 p}{\partial x^2} = \frac{\partial p}{\partial t}$$

che fornisce la densità normale o gaussiana:

$$p(0, t; x, y) = \frac{1}{\sqrt{2\pi t}} e^{-\frac{(y-x)^2}{2t}}$$

Un'analoga PDE fu ottenuta da Joseph Fourier (1807) nella sua fondamentale teoria analitica della diffusione del calore nei solidi (heat equation), scritta, nel caso unidimensionale:

$$v\frac{\partial^2 C}{\partial S^2} = \frac{\partial C}{\partial t} \tag{7.15}$$
$$C(0, S) = \Psi(S) \qquad \text{initial condition}$$
$$C(t, 0) = 0 \qquad \text{boundary condition}$$

dove S è lo spazio (ma sembra lo stock), C è il calore (ma sembra la call), v è il coefficiente di diffusione termica del solido (ma sembra il doppio della varianza), $\Psi(S)$ è la condizione iniziale (che diventa il payoff finale della call se si interpreta t coma la durata o maturity).

Per inciso, Fourier fu inviato da Napoleone come ingegnere capo nella famosa spedizione in Egitto (1798). Lì pare abbia apprezzato molto il clima torrido al punto da vivere, anche dopo il ritorno a Parigi, solo in stanze surriscaldate.

Il problema PDE di Black e Scholes è, con la condizione finale e le condizioni al contorno necessarie per l'unicità della soluzione (Gleit, 1978):

$$\frac{1}{2}\frac{\partial^2 C}{\partial S^2}\sigma_S^2 S^2(t) + \frac{\partial C}{\partial S}rS(t) + \frac{\partial C}{\partial t} - rC(t) = 0 \qquad (7.16)$$

$$C(T, S(T)) = \max(0, S(T) - K)$$

$$C(t, 0) = 0$$

La soluzione può essere trovata applicando vari metodi, quali la trasformazione e la separazione delle variabili.

Ad esempio, le trasformate:

$$u(\tau, x) = \frac{C(t, S)}{K}e^{+\frac{1}{2}(c-1)x+\frac{1}{4}(c+1)^2\tau}$$

$$x = \ln\left(\frac{S}{K}\right)$$

$$\tau = (T - t)\frac{\sigma_S^2}{2}$$

$$c = \frac{2r}{\sigma_S^2}$$

consentono di riscrivere il problema nella forma standard dell'equazione del calore, di cui è nota la soluzione:

$$\frac{\partial^2 u}{\partial x^2} = \frac{\partial u}{\partial \tau}$$

$$u(0, x) = \max(0, e^{\frac{1}{2}(c+1)x} - e^{\frac{1}{2}(c-1)x})$$

In alternativa si può usare la trasformata di Laplace o di Fourier (v. esercizio) o, infine, il teorema di Feynman-Kac (v. Appendice) la cui applicazione riporta il problema al calcolo del valor medio:

$$Call(t, S(t), K) = \hat{E}_t\left(\max(0, S(T) - K)e^{-\int_t^T r\,du}\right)$$

$$= e^{-r(T-t)}\hat{E}_t\left(\max(0, S(T) - K)\right)$$

Esercizio 40. (Duffie, 1988, p. 256). Per risolvere il problema PDE (7.16) si applichino le trasformate $\tau = T - t$, $y = ln(S)$, per cui $c(\tau, y) \equiv C(t, S)$ e si applichi la trasformata di Fourier di $c(\tau, y)$:

$$F(\tau, \xi) = \frac{1}{\sqrt{2\pi}}\int_{-\infty}^{+\infty} c(\tau, y)e^{i\xi y}dy$$

con i numero complesso $i = \sqrt{-1}$ e la si sostituisca in (7.16) dopo aver calcolato le derivate parziali di c in termini di F. Si risolva in $F(\tau, \xi)$ l'equazione ordinaria che ne discende e si ricavi $c(\tau, y)$ dalla trasformata inversa di Fourier:

$$c(\tau, y) = \frac{1}{\sqrt{2\pi}}\int_{-\infty}^{+\infty} F(\tau, \xi)e^{-i\xi y}d\xi$$

Per la soluzione del modello di BS via trasformata di Fourier si veda anche Minenna (2006, p. 308).

7.10.2 Il prezzo calcolato come valor medio

Dalla dinamica (7.14) sappiamo che $S(t)$ è log-normale (rispetto alla misura risk-neutral), in funzione di r e del parametro di volatlità σ_S e quindi $ln(S(T)) = y(T)$ ha distribuzione condizionata:

$$ \ln(S(T)) \mid S(t) \sim N\left(\ln(S(t)) + (r - \frac{1}{2}\sigma_S^2)(T-t), \; \sigma_S^2(T-t) \right) $$

Pertanto il valor medio è calcolabile, con le usuali regole degli integrali, come:

$$ \hat{E}_t\left(\max(0, S(T) - K)\right) = \int_K^{+\infty} (S(T) - K)\hat{f}_S dS \tag{7.17} $$

$$ = \int_{\ln K}^{+\infty} (e^{y(T)} - K)\hat{f}_y dy $$

$$ = \int_{\ln K}^{+\infty} e^{y(T)}\hat{f}_y dy - K \int_{\ln K}^{+\infty} \hat{f}_y dy $$

$$ = \hat{E}_t(S(T))N(d_1) - KN(d_2) $$

$$ = S(t)e^{r(T-t)}N(d_1) - KN(d_2) $$

ove si è definito:

$$ d_1 = \frac{\ln(\frac{S(t)}{K}) + (r + \frac{\sigma_S^2}{2})(T-t)}{\sigma_S\sqrt{T-t}} \equiv d_1^{BS}(S(t), K, r, \sigma_S, T-t) \tag{7.18} $$

$$ d_2 = \frac{\ln(\frac{S(t)}{K}) + (r - \frac{\sigma_S^2}{2})(T-t)}{\sigma_S\sqrt{T-t}} \equiv d_2^{BS}(S(t), K, r, \sigma_S, T-t) $$

$$ = d_1 - \sigma_S\sqrt{T-t} $$

e $N(x) = 1 - N(-x)$ è la probabilità di estrarre un numero $\leq x$ da una distribuzione normale standard $N(0,1)$.

In conclusione, il valore della call europea è dato dalla ormai classica formula di Black e Scholes:

$$ Call(t, S(t), K) = e^{-r(T-t)}\left[S(t)e^{r(T-t)}N(d_1) - KN(d_2) \right] \tag{7.19} $$

$$ = S(t)N(d_1) - Ke^{-r(T-t)}N(d_2) $$

mentre per la put europea (al solito ricavabile direttamente o via put-call parity) si ottiene:

$$ Put(t, S(t), K) = Ke^{-r(T-t)}N(-d_2) - S(t)N(-d_1) \tag{7.20} $$

Osservazione 65. Si noti che per l'opzione ATM, $K = S(t)$ e:

$$ d_1 = \frac{(r + \frac{\sigma_S^2}{2})(T-t)}{\sigma_S\sqrt{T-t}} $$

Osservazione 66. Si veda l'Appendice per i valori medi condizionati $E_t^A(S(T))$, $E_t^A(\max(0, S(T) - K))$, $E_t^A(\max(0, K - S(T)))$, per una qualunque misura di probabilità $\wp^A$ rispetto a cui $S(T)$ è condizionatamente lognormale o normale.

Osservazione 67. Si noti che la soluzione si può scrivere come:

$$Call(t, S(t), K) = e^{-r(T-t)} \hat{E}_t \left(S(T) \chi_{S(T)>K} \right) - e^{-r(T-t)} \hat{E}_t \left(K \chi_{S(T)>K} \right)$$

ove $\chi_{S(T)>K}$ è la funzione indicatore dell'evento $S(T) > K$. Ma

$$\hat{E}_t \left(K \chi_{S(T)>K} \right) = K Prob\hat{\ }(S(T) > K)$$

e:

$$e^{-r(T-t)} \hat{E}_t \left(S(T) \chi_{S(T)>K} \right) = V_t(S(T) \chi_{S(T)>K}) = S(t) E_t^{S(t)} \left(\frac{S(T) \chi_{S(T)>K}}{S(T)} \right)$$
$$= S(t) Prob^{S(t)}(S(T) > K)$$

essendo $Prob^{S(t)}$ la misura (equivalente alla misura naturale) per cui il processo $\frac{B(t)}{S(t)}$ è una martingala ($S(t)$-martingala) e $Prob\hat{\ }$ la misura RN, per la quale $\frac{S(t)}{B(t)}$ è una martingala ($B(t)$-martingala). Dunque:

$$Call(t, S(t), K) = S(t) Prob^{S(t)}(S(T) > K) - e^{-r(T-t)} K Prob\hat{\ }(S(T) > K)$$
$$= S(t) P_1 - e^{-r(T-t)} K P_2$$
$$= S(t) N(d_1) - e^{-r(T-t)} K N(d_2)$$

Esercizio 41. Usando il lemma di Itô $\frac{S(t)}{B(t)}$ e $\frac{B(t)}{S(t)}$ si dimostri che i BM nelle due misure equivalenti sono:

$$d\hat{Z}(t) = \frac{\mu_S - r}{\sigma_S} dt + dZ(t)$$

$$dZ^{S(t)}(t) = \frac{r - \mu_S + \sigma_S^2}{\sigma_S} dt - dZ(t) = \sigma_S dt - d\hat{Z}(t)$$

Osservazione 68. La storia della formula di BS+M. La formula di Black-Scholes e Merton è il risultato due percorsi di ricerca separati ma convergenti. Fisher Black (1989) ha raccontato il suo percorso. Nel 1965 Black lavorava con Jack Treynor alla Arthur D. Little Inc. e Treynor aveva elaborato fin dal 1961 un modello simile al CAPM per il prezzo degli asset rischiosi. Di Treynor era anche un'equazione differenziale per la valutazione di cash flow e Black cominciò, nel 1968–69 ad applicarla al caso dei warrant, opzioni quotate in Borsa, mentre put e call erano quotate OTC in mercati largamente inefficienti. Ne venne fuori la ora ben nota PDE che tuttavia egli non seppe risolvere ("I spent many, many days trying to find the solution") né collegare all'equazione del calore. La soluzione risultava indipendente sia dalla scomposizione tra rischio sistematico e idiosincratico (Cesari e Susini, 2005b, p. 170) essendo rilevante solo il rischio totale σ_S, sia dal tasso di rendimento atteso del sottostante μ_S: "That fascinated me". Nel 1969 Myron Scholes invita Black a fare ricerca al MIT e assieme arrivano alla soluzione: se il prezzo non dipende da μ_S allora si può assumere $\mu_S = r$; Case Sprenkle aveva pubblicato una formula per il valore atteso di un'opzione call in funzione di μ_S e da qui, calcolando il valore atteso e scontandolo al tasso r Black e Scholes arrivarono a una formula del prezzo del warrant che soddisfaceva l'equazione differenziale: avevano trovato la soluzione. Il working paper con la formula di BS porta la data del 1° ottobre 1970 ed il titolo "A theoretical valuation formula for options, warrants and other securities". Robert Merton stava seguendo un percorso diverso. Come studente di Samuelson al MIT egli aveva seguito il maestro da anni al lavoro, sia pure in modo discontinuo, sul prezzo dei warrant (Samuelson, 1965). In quegli anni, Samuelson aveva fatto anche tradurre il lavoro di Bachelier e con Merton arrivarono al modello del 1969, in cui, tuttavia è presente la funzione di utilità dell'investitore. Merton conobbe nel 1970 il lavoro ormai ultimato di Black e Scholes e suggerì il ragionamento del portafoglio di non arbitraggio a tempo continuo. Tale dimostrazione fu inserita da BS nella versione finale del lavoro, "because it seemed to be the most general derivation". Il lavoro venne rifiutato da varie riviste finché, su interessamento di Merton Miller e Eugene Fama di Chicago, il Journal of Political Economy lo riesaminò e lo accettò con modifiche nell'agosto del 1971. La versione finale arrivò al JPE nel maggio 1972 e fu pubblicata nel numero di maggio-giugno 1973. Merton sviluppò anche numerose generalizzazioni del modello, raccolte nell'articolo del 1973, citato anche da BS. Come notato da Ross (1976), l'idea del portafoglio d'arbitraggio era già in Arrow (1953). L'ampia letteratura sui derivati tra il 1900 e il 1999 è elencata e annotata in Rubinstein (1999).

Osservazione 69. Il modello di Bachelier (1900). Un'attenta lettura del lavoro originario di Bachelier (1900) consente di formulare, in termini moderni, il modello utilizzato dal fondatore della moderna Finanza Matematica per le opzioni quotate alla Borsa di Parigi (nelle peculiari convenzioni dell'epoca).

Come mostrato da Schachermayer e Teichmann (2005), la dinamica del sottostante secondo Bachelier è rappresentabile in termini di prezzi forward $Q(u,T) = S(u)e^{r(T-u)}$ come:

$$dQ(u) = \sigma_S Q_t d\hat{Z}(u)$$

con prezzo forward corrente $Q(t,T) = Q_t$, da cui:

$$Q(u) = Q_t \left(1 + \sigma_S \left(\hat{Z}(u) - \hat{Z}(t)\right)\right)$$

ovvero:

$$dS(u) = rS(u)du + \sigma_S S(t)e^{r(u-t)}d\hat{Z}(u)$$

contro il modello di Black e Scholes che implica:

$$Q(u) = Q_t e^{\sigma_S \left(\hat{Z}(u) - \hat{Z}(t) \right) - \frac{\sigma_S^2}{2}(u-t)}$$

La soluzione di Bachelier per il prezzo della call è quindi, in termini di prezzi spot:

$$Call(t) = (S(t) - Ke^{-r(T-t)})N(d) + S(t)\sigma_S\sqrt{T-t}\,N'(d)$$

$$d = \frac{S(t) - Ke^{-r(T-t)}}{S(t)\sigma_S\sqrt{T-t}}$$

ove si è scritto $N'(x)$ per la densità della normale standard: $N'(x) = \frac{1}{\sqrt{2\pi}}e^{-\frac{x^2}{2}}$.

La differenza tra i due modelli ricorda quella tra interessi semplici e interessi composti continuamente (Cesari e Susini, 2005a, cap. 1). Sulle scadenze brevi i due modelli danno risultati molto simili.

Si tenga presente altri autori, es. Smith (1976, Appendix A) e Musiela e Rutkowsky (2005, par.3.3), attribuiscono a Bachelier la dinamica del BM aritmetico, con $r = 0$:

$$dS(u) = rS(u)du + \sigma_S d\hat{Z}(u)$$

7.10.3 Alcune considerazioni sulla formula di BS

Sulla soluzione di Black e Scholes (7.19) si possono fare alcune osservazioni che dedichiamo alla call ma valgono, con le opportune variazioni, anche per la put (7.20).

1. Il prezzo della call dipende da 6 elementi (d_1 e d_2 sono variabili):
   a) il tempo t;
   b) il prezzo del sottostante $S(t)$;
   c) lo strike K;
   d) la data di scadenza T;
   e) la volatilità del sottostante σ_S;
   f) il tasso d'interesse r.

   Bisognerebbe scrivere, per completezza $Call(t, S(t), K, T, \sigma_S, r)$. Queste dipendenze funzionali sono alla base delle formule di hedging per i portafogli di opzioni.

2. Si noti la proprietà di linearità (meglio: omogeneità di primo grado) in $S(t)$ e K del prezzo della call; per ogni costante a vale:

$$Call(t, aS(t), aK) = aCall(t, S(t), K)$$

3. Il prezzo di una call risulta la differenza di due elementi, uno in $S(t)$ e l'altro in K. Ne segue che chi acquista opzioni si compra un "portafoglio" in parte lungo e in parte corto. Poiché la parte corta corrisponde a una sorta di emissione, c'è un grado di indebitamento (*leverage*) in ogni opzione.

4. In particolare, la formula fa assomigliare la call a un portafoglio costituito da $N(d_1)$ unità del sottostante acquistate (posizione lunga) e $KN(d_2)$ quantità di ZCB vendute (posizione corta), con le quantità non costanti ma variabili con tempo e il sottostante. Questa peculiarità è alla base della replica di opzioni (*synthetic options*) ottenuta mediante il trading di azioni e obbligazioni: comprando e vendendo azioni e ZCB in modo da averne continuamente in portafoglio nella quantità $N(d_1)$ e $-KN(d_2)$ si costruisce artificialmente una call. Di qui anche la procedura di *portfolio insurance* proposta da Leland (1980) e Rubinstein e Leland (1981).

5. Anche se non se ne sente la mancanza, va notato che nella formula non appare il rendimento atteso dell'azione μ_S che sembra quindi non influenzare il prezzo delle opzioni.

6. L'unica variabile non osservabile sul mercato in modo diretto è il parametro di volatilità σ_S, assunto costante. Ciò significa che per prezzare una call occorre: o stimare σ_S da una serie storica dei prezzi dell'azione (considerato che la dinamica risk-neutral e quella naturale hanno drift diversi ma lo stesso coefficiente di volatilità); oppure ricavarlo da oltre opzioni sul medesimo sottostante già quotate sul mercato, usando il procedimento detto della *implied volatility*.

7. Le ipotesi di costanza di r e σ_S possono sembrare irrealistiche. Entrambe sono state eliminate dando luogo ai modelli a tasso stocastico e a volatilità stocastica.

Osservazione 70. Perché il tasso di rendimento atteso dell'azione non entra nella formula del prezzo dell'opzione? FAQ n. 3 (Carr, 2003). Nella formula di BS non appare il rendimento atteso dell'azione μ_S che sembra quindi ininfluente: opzioni call scritte su azioni ad elevata crescita varrebbero quanto quelle a crescita bassa. Tuttavia, da (7.9), sappiamo che il rendimento atteso dipende da r, σ_S e φ, tutti ingredienti presenti nella formula (l'ultimo è nella misura del BM) e che il prezzo corrente $S(t)$ dell'azione contiene già tutta l'informazione sul titolo (incluso il rendimento atteso: cfr. il CAPM) valutata dal mercato. In tal senso, il prezzo della call è un prezzo relativo rispetto a quello del sottostante.

7.11 Le lettere greche (F)

Nel modello di Black e Scholes, dei 6 elementi da cui dipende il prezzo dell'opzione europea, due sono variabili, sottostante $S(t)$ e tempo, due sono costanti per contratto, T e K, e due sono costanti per ipotesi, σ_S e r. Si possono tuttavia calcolare le derivate parziali rispetto a tutti gli elementi, in vista anche delle estensioni del modello a ipotesi più generali. A ogni derivata è stata attribuita una lettera greca o un simbolo di un alfabeto pseudo-greco. Si rammenti che una derivata parziale ipotizza (irrealisticamente) la variazione infinitesimale di un solo elemento mantenendo costanti tutti gli altri. Con questo caveat vanno interpretate le "greche" che seguono mentre i grafici, sviluppati col software Derivagem di Hull (2006) sono solo indicativi e riguardano un sottostante azionario senza dividendi con $S(t) = 40$, $\sigma_S = 40\%$, $r = 5\%$, $K = 50$ e $T - t = 0.5$ (sei mesi).

7.11.1 Delta

Il delta, Δ, è la derivata del prezzo dell'opzione call rispetto al sottostante $S(t)$:

$$\Delta_C = \frac{\partial Call}{\partial S} = N(d_1) \qquad \in \;]0, 1[$$

$$\Delta_P = \frac{\partial Put}{\partial S} = -N(-d_1) = \Delta_C - 1 \qquad \in \;] - 1, 0[$$

Il delta è positivo per una call a indicare che al crescere del sottostante la call (ceteris paribus) tende a crescere; negativo per la put. Il delta del sottostante è ovviamente 1. Si noti che nel calcolo del delta si sfrutta la semplificazione:

$$S(t)N'(d_1) - Ke^{-r(T-t)}N'(d_2) = 0$$

ove si è scritto $N'(x)$ per la densità della normale standard: $N'(x) = \frac{1}{\sqrt{2\pi}}e^{-\frac{x^2}{2}}$.

Come si è visto nella derivazione del prezzo, il delta rappresenta la quantità di azioni necessaria per rendere istantaneamente risk-free un portafoglio costituito da sottostante e da una posizione corta nella call. Dopo l'acquisto di Δ_C azioni il portafoglio diventa:

$$\Pi = \Delta_C S - C$$

la cui derivata parziale rispetto a $S(t)$ è:

$$\frac{\partial \Pi}{\partial S} = \Delta_C - \frac{\partial Call}{\partial S} = 0$$

e quindi il portafoglio è istantaneamente coperto (*hedged*) dal rischio di variazioni del sottostante.

Infatti, in termini di differenziale, da (7.7) si ottiene:

$$d\Pi = -\frac{\partial Call}{\partial t}dt - \frac{1}{2}\frac{\partial^2 Call}{\partial S^2}(dS)^2$$

che è istantaneamente privo di rischio essendo $(dS)^2 \propto dt$.

L'avverbio istantaneamente è necessario poiché il delta è una funzione (un processo stocastico) dipendente da tutte le 6 variabili viste sopra:

$$\Delta_C(t, S(t), K, T, \sigma_S, r) = \int_{-\infty}^{d_1} N'(x)dx$$

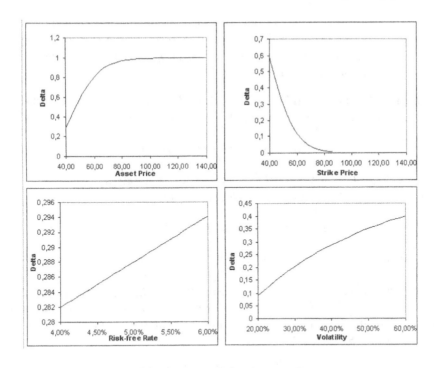

Figura 7.20. Delta di una call

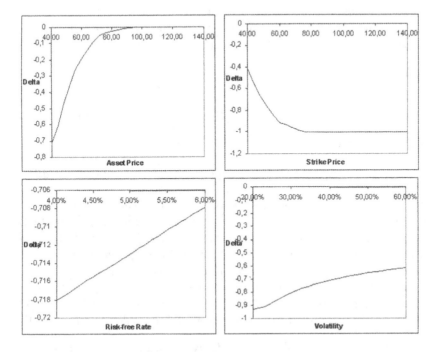

Figura 7.21. Delta di una put

Di conseguenza, essendo la quantità Δ_C variabile, le azioni in portafoglio vanno continuamente ribilanciate in modo da averne sempre, in ogni istante, Δ_C e preservare la copertura del portafoglio. L'attività di continuo ribilanciamento prende il nome di *delta hedging*.

Esempio 30. Delta hedging di uno straddle. Uno straddle è un portafoglio costituito da una call più una put: $\Pi = Call + Put$. Pertanto:

$$\Delta_\Pi = \Delta_C + \Delta_P = 2N(d_1) - 1$$

Per $d_1 = 0$ i.e. $K = S(t)e^{(r+\frac{\sigma^2}{2})(T-t)}$ la posizione è heggiata.

Considerando il portafoglio $\Pi = hCall + Put$ si ha:

$$\Delta_\Pi = h\Delta_C + \Delta_P = (h+1)N(d_1) - 1$$

e la posizione è heggiata per $h = \frac{1-N(d_1)}{N(d_1)}$.

Osservazione 71. Delta hedging discreto e hedging error. L'emittente di una call $Call(t, S(t))$ si coprirà creando una posizione sintetica lunga nella stessa call, costituita da Δ_C unità di sottostante e un indebitamento di ammontare $\Delta_C S - C(t, S)$:

$$\Delta_C S - [\Delta_C S - Call(t, S)] = Call(t, S)$$

Non essendo possibile un ribilanciamento continuo, nel periodo successivo, $t + \Delta t$, la posizione sintetica non è più perfetta (hedging error, HE) e l'errore è, al tempo t, una v.a. calcolabile come (Boyle e Emanuel, 1980):

$$\begin{aligned} Hedging\ Error &= \Delta_C(S + \Delta S) - (1 + r\Delta t)\left[\Delta_C S - Call(t, S)\right] - \\ &\quad - Call(t + \Delta t, S + \Delta S) \\ &= \Delta_C\,(\Delta S) - (\Delta Call) - r\Delta t\left[\Delta_C S - Call(t, S)\right] \end{aligned}$$

con varianza condizionata:

$$Var_t(HE) = \Delta_C^2 Var_t\,(\Delta S) + Var_t\,(\Delta Call) - 2\Delta_C Cov_t(\Delta S, \Delta Call)$$

Come si vede, pricing e hedging sono attività strettamente collegate. Le tecniche di pricing sono (e devono essere) le medesime per l'hedging dei portafogli. Si può anzi sostenere, alla luce del lavoro di Black, Scholes e Merton, che è attraverso l'hedging che si è trovato il pricing delle opzioni e dei derivati in generale. Tuttavia non va dimenticato il salto logico tra un modello teorico e i risultati della sua applicazione pratica ai mercati finanziari, spesso lontani dal conformarsi alle ipotesi del modello. Per un'approfondita analisi del gap tra teoria e pratica nell'option risk management si veda Taleb (1997, parte II).

Osservazione 72. Perché non si deriva il delta? FAQ n.4 (Carr, 2003). Il portafoglio di copertura è definito da $\Pi = \Delta_C S - C$ e la sua derivata, da annullare, è calcolata come $\frac{\partial \Pi}{\partial S} = \Delta_C - \frac{\partial C}{\partial S}$ come se Δ_C fosse costante. Poiché in realtà il delta dipende dal tempo e da S, la derivata dovrebbe tenerne conto. C'è quindi un errore nel ragionamento di Black e Scholes? In realtà, non va calcolata la derivata rispetto a S ma la redditività o derivata totale (capital gain e dividend yield, qui assunto nullo) del portafoglio di non arbitraggio:

$$\Delta_C \, dS - dC = \Delta_C \, dS - \frac{1}{2}\frac{\partial^2 C}{\partial S^2}(dS)^2 - \frac{\partial C}{\partial S}dS - \frac{\partial C}{\partial t}$$

per cui la scelta $\Delta_C = \frac{\partial C}{\partial S}$ rende il guadagno privo di rischio e dunque pari al tasso r:

$$-\frac{1}{2}\frac{\partial^2 C}{\partial S^2}(dS)^2 - \frac{\partial C}{\partial t} = r(\frac{\partial C}{\partial S}S - C)dt$$

7.11.2 Theta

Il theta, Θ, è la derivata dell'opzione rispetto al tempo, detta anche *time-decay*:

$$\Theta_C = \frac{\partial Call}{\partial t} = -\frac{S(t)N'(d_1)\sigma_S}{2\sqrt{T-t}} - rKe^{-r(T-t)}N(d_2) \ < 0$$

$$\Theta_P = \frac{\partial Put}{\partial t} = -\frac{S(t)N'(d_1)\sigma_S}{2\sqrt{T-t}} + rKe^{-r(T-t)}N(-d_2) \gtrless 0$$

Si noti che il tempo gioca sempre contro il prezzo della call: col passare del tempo la call, ceteris paribus, cala di prezzo, dato che lo ZCB in posizione corta implicito aumenta di prezzo. Al contrario, una put, che ha lo ZBC in posizione lunga, potrebbe anche apprezzarsi, soprattutto se ITM ($K > S(t)$).

Si noti che il tempo entra sempre come durata ($T-t$) per cui $\partial t = -\partial(T-t) = -\partial T$ e si può scrivere anche:

$$\frac{\partial Call}{\partial T} = -\Theta_C > 0$$

$$\frac{\partial Put}{\partial T} = -\Theta_P \lessgtr 0$$

In particolare, opzioni call a più lunga scadenza tendono a essere più care.

Esempio 31. Si calcoli in theta di un range forward: $\Pi = Call - Put$.

$$\Theta_\Pi = \Theta_C - \Theta_P = -rKe^{-r(T-t)}$$

Se $K = Q(t,T) = S(t)e^{r(T-t)}$ cioè se lo strike è il prezzo forward si ottiene $\Theta_\Pi = -rS(t)$ cioè il time decay di un forward è il tasso per il prezzo del sottostante.

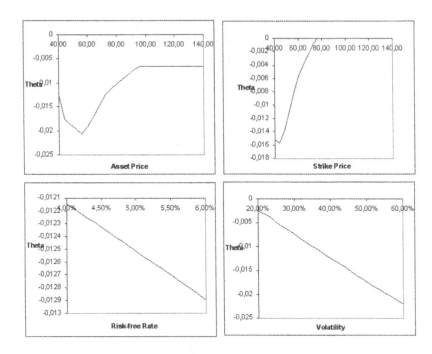

Figura 7.22. Theta di una call

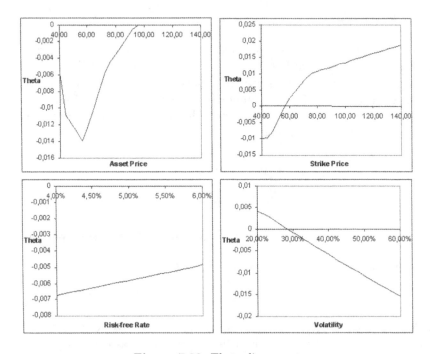

Figura 7.23. Theta di una put

7.11.3 Vega

Il vega è la derivata del prezzo rispetto al parametro di volatilità. Chiaramente, se questa è costante, la derivata è priva di senso ma l'ipotesi di costanza è chiaramente una semplificazione ed è significativo valutare la sensibilità dell'opzione al variare della volatilità del sottostante.

$$Vega = \frac{\partial Call}{\partial \sigma_S} = \frac{\partial Put}{\partial \sigma_S} = S(t)\sqrt{T-t}N'(d_1) > 0$$

Il vega è lo stesso per call e put e sempre positivo: un aumento della volatilità fa apprezzare le opzioni (almeno quelle plain vanilla) poiché il valore dell'opzione è vincolato sopra zero e una maggiore volatilità rende più probabile per il sottostante trovarsi sopra K.

Esempio 32. Si calcoli vega di uno straddle: $\Pi = Call + Put$.

$$Vega_\Pi = 2S(t)\sqrt{T-t}N'(d_1)$$

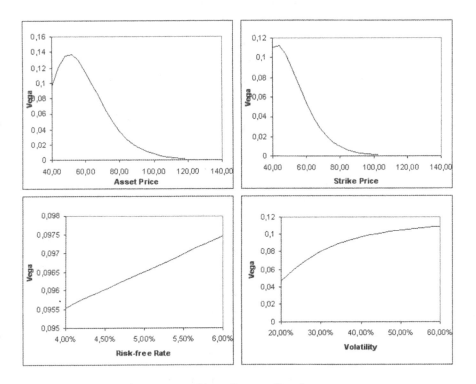

Figura 7.24. Vega di una call e di una put

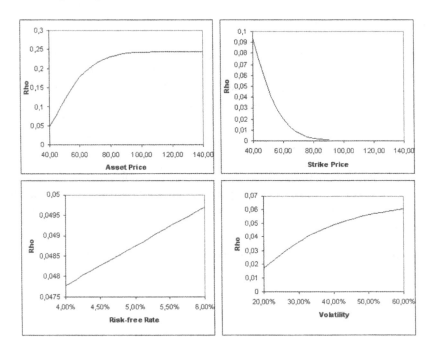

Figura 7.25. Rho di una call

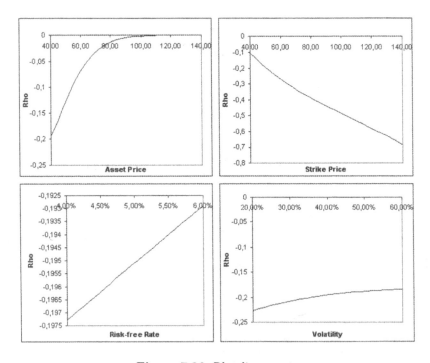

Figura 7.26. Rho di una put

7.11.4 Rho

La derivata rispetto al tasso d'interesse prende il nome di rho:

$$Rho_C = \frac{\partial Call}{\partial r} = K(T-t)e^{-r(T-t)}N(d_2) > 0$$

$$Rho_P = \frac{\partial Put}{\partial r} = -K(T-t)e^{-r(T-t)}N(-d_2) < 0$$

Il diverso comportamento è legato allo ZCB implicito nell'opzione: un aumento di r riduce il valore dello ZCB e quindi aumenta il valore della call (dove lo ZCB è idealmente short) e abbassa il prezzo della put (dove lo ZCB è in posizione lunga).

7.11.5 Kappa

Anche il prezzo di esercizio, come la scadenza, è un parametro contrattuale, tuttavia, esistendo opzioni con diversi prezzi di esercizio ci si può chiedere, ceteris paribus, l'effetto di un aumento di K.

Il risultato è significativo:

$$Kappa_C = \frac{\partial Call}{\partial K} = e^{-r(T-t)}\left(N(-d_2) - 1\right)$$
$$= -e^{-r(T-t)}Prob^{\hat{}}\left(S(T) > K\right) < 0$$
$$Kappa_P = \frac{\partial Put}{\partial K} = e^{-r(T-t)}N(-d_2) = e^{-r(T-t)}Prob^{\hat{}}\left(S(T) < K\right) > 0$$

e lo si può ottenere a prescindere dalla formula di Black e Scholes, derivando il prezzo in (7.17) con la regola di Leibnitz (analogamente per la put):

$$Kappa_C = \frac{\partial Call}{\partial K} = e^{-r(T-t)}\left(Prob^{\hat{}}\left(S(T) < K\right) - 1\right) < 0$$
$$Kappa_P = \frac{\partial Put}{\partial K} = e^{-r(T-t)}Prob^{\hat{}}\left(S(T) < K\right) > 0$$

Si noti non tanto il segno, in verità scontato, quanto il fatto che tale derivata fa emergere la probabilità risk-neutral che il prezzo futuro non superi lo strike (Breeden e Litzenberger, 1978).

Derivando una seconda volta si ottiene la densità di probabilità moltiplicata per il fattore di sconto:

$$\frac{\partial^2 Call}{\partial K^2} = \frac{\partial^2 Put}{\partial K^2} = e^{-r(T-t)}\hat{f}_S(K) > 0$$

Poiché tale risultato è generale, avendo a disposizione le quotazioni di put e call per numerosi strike si potrebbe immaginare di ottenere una stima della probabilità risk-neutral implicita anche quando questa non è riassunta, come nel modello di Black e Scholes, dal solo parametro σ_S.

7.11.6 Greche doppie: gamma

Le greche delle opzioni, come si è visto, non sono affatto costanti al variare degli altri parametri. Ci si può chiedere, quindi, come esse stesse variano al variare di altri elementi.

Il gamma, Γ, è la variazione del delta al variare di $S(t)$, dunque la derivata seconda del prezzo della call (delta del delta):

$$\Gamma = \frac{\partial^2 Call}{\partial S^2} = \frac{\partial^2 Put}{\partial S^2} = \frac{N'(d_1)}{S(t)\sigma_S\sqrt{T-t}} > 0$$

Si noti che il gamma è uguale per call e put e sempre positivo. Una derivata seconda positiva indica una funzione convessa e il gamma misura tale convessità: il prezzo dalla call e della put, al pari del payoff a scadenza, sono funzioni convesse del prezzi del sottostante: Figura 7.5.

L'utilità del gamma è facilmente intuibile.

Si consideri un portafoglio $\Pi(t, S(t))$. Dal lemma di Itô si può calcolare il differenziale:

$$d\Pi(t) = \frac{\partial\Pi}{\partial t}dt + \frac{\partial\Pi}{\partial S}dS + \frac{1}{2}\frac{\partial^2\Pi}{\partial S^2}(dS)^2 \qquad (7.21)$$

$$= \Theta_\Pi dt + \Delta_\Pi dS + \frac{1}{2}\Gamma_\Pi(dS)^2$$

per cui, anche se il portafoglio è delta-hedged ($\Delta_\Pi = 0$) può subire variazioni significative se il gamma Γ_Π è elevato. In particolare, qualunque sia la direzione della variazione del sottostante, il portafoglio delta-hedged aumenta essendo il gamma sempre positivo.

La relazione è del tutto simile a quella tra il prezzo di un CB, la duration (delta) e la convexity (gamma) (Cesari e Susini, 2005a, paragrafo 4.2.2).

Poiché il gamma del sottostante è sempre zero, il *gamma-hedging* si ottiene solo introducendo nel portafoglio derivati non lineari rispetto a $S(t)$.

Ad esempio, si introduca nel portafoglio una posizione corta in call e put per rendere il portafoglio *gamma-delta hedged*: vogliamo determinare le quantità di call e put necessarie per tale copertura:

$$\Pi^H = \Pi - h_1 Call - h_2 Put$$

$$\Delta_\Pi^H = \Delta_\Pi - h_1\Delta_C - h_2\Delta_P = 0$$

$$\Gamma_\Pi^H = \Gamma_\Pi - h_1\Gamma_C - h_2\Gamma_P = 0$$

e il sistema lineare si risolve con le quantità:

$$\begin{bmatrix} h_1 \\ h_2 \end{bmatrix} = \begin{bmatrix} \Delta_C & \Delta_P \\ \Gamma_C & \Gamma_P \end{bmatrix}^{-1} \begin{bmatrix} \Delta_\Pi \\ \Gamma_\Pi \end{bmatrix}$$

$$= \frac{1}{\Delta_C\Gamma_P - \Delta_P\Gamma_C} \begin{bmatrix} \Delta_\Pi\Gamma_P - \Delta_P\Gamma_\Pi \\ -\Delta_\Pi\Gamma_C + \Delta_C\Gamma_\Pi \end{bmatrix}$$

In alternativa, si potrebbero considerare due call in posizione corta con diverso strike, $Call(K_1)$, $Call(K_2)$, $K_1 < K_2$ ottenendo un analogo risultato.

7.11.7 Volga, Vanna, Charm, Speed, Color

Per un hedging meglio approssimato vengono utilizzate le derivate di ordine superiore del prezzo dell'opzione come nel seguente prospetto con $\tau = T - t$:

$$Volga = \frac{\partial^2 Call}{\partial \sigma_S^2} = \frac{\partial Vega}{\partial \sigma_S} = Vega\frac{d_1 d_2}{\sigma_S}$$

$$Vanna = \frac{\partial^2 Call}{\partial S \partial \sigma_S} = \frac{\partial Delta}{\partial \sigma_S} = \frac{Vega}{S(t)}(1 - \frac{d_1}{\sigma_S \sqrt{\tau}})$$

$$Charm_C = \frac{\partial^2 Call}{\partial S \partial t} = \frac{\partial Delta_C}{\partial t} = N'(d_1)\frac{2r\tau - d_2\sigma_S\sqrt{\tau}}{2\tau\sigma_S\sqrt{\tau}}$$

$$Charm_P = \frac{\partial^2 Put}{\partial S \partial t} = \frac{\partial Delta_P}{\partial t} = -N'(d_1)\frac{2r\tau - d_2\sigma_S\sqrt{\tau}}{2\tau\sigma_S\sqrt{\tau}}$$

$$Speed = \frac{\partial^3 Call}{\partial S^3} = \frac{\partial Gamma}{\partial S} = -\frac{Gamma}{S(t)}(1 + \frac{d_1}{\sigma_S\sqrt{\tau}})$$

$$Color = \frac{\partial^3 Call}{\partial S^2 \partial t} = \frac{\partial Gamma}{\partial t} = -\frac{N'(d_1)}{2S(t)\tau\sigma_S\sqrt{\tau}}\left(1 + d_1\frac{2r\tau - d_2\sigma_S\sqrt{\tau}}{2\tau\sigma_S\sqrt{\tau}}\right)$$

Osservazione 73. La relazione tra le greche. L'equazione PDE (7.10), valida per qualunque derivato dipendente da $S(t)$, $\Pi(t, S(t))$, si può scrivere in termini di greche:

$$\frac{1}{2}\Gamma_\Pi \sigma_S^2 S^2(t) + \Delta_\Pi rS(t) + \Theta_\Pi = r\Pi(t)$$

per cui c'è un legame funzionale tra gamma, delta e theta nel modello di Black e Scholes a tasso e volatilità costante. In particolare, per $\Delta_\Pi = 0$ si ha che il time-decay tende a compensare il gamma.

Osservazione 74. La Vigilanza bancaria e il metodo delta-plus. A fini di vigilanza prudenziale, la Banca d'Italia ha emanato le Istruzioni sui requisiti patrimoniali minimi che le banche devono rispettare in presenza di derivati in portafoglio. La regolamentazione, disponibile su www.bancaditalia.it, prevede requisiti in funzione di tre fattori di rischio: delta, gamma e vega (c.d. metodo delta-plus). Si hanno così requisiti patrimoniali a fronte, rispettivamente, del rischio "generico" di variazione del sottostante, di riduzione del delta (gamma netto negativo) e di variazione della volatilità. Il delta viene utilizzato anche per i requisiti di rischio "specifico", legato al merito creditizio dell'emittente.

7.12 Il prezzo delle opzioni americane: l'approssimazione di Barone-Adesi e Whaley (1987)

Si è ora in grado di apprezzare l'approssimazione proposta da Barone-Adesi e Whaley (1987) per il prezzo sia delle call sia delle put americane nel caso di un sottostante che paga un dividend yield continuo δ_S, nelle ipotesi standard di BS.

Essi partono dall'osservazione che, poiché sia il prezzo dell'opzione americana sia il prezzo dell'opzione europea (call o put) soddisfano la PDE di non arbitraggio, anche la loro differenza, detta premio per l'esercizio anticipato (*early exercise premium*), $\varepsilon(t) = Call^A(t) - Call(t)$ (analogamente per le put) soddisfa la medesima PDE:

$$\frac{1}{2}\sigma_S^2 S^2 \frac{\partial^2 \varepsilon}{\partial S^2} + (r - \delta_S)S\frac{\partial \varepsilon}{\partial S} + \frac{\partial \varepsilon}{\partial t} - r\varepsilon = 0$$

Per la soluzione si adottano le seguenti trasformate:

$$\tau = T - t, \quad h(\tau) = 1 - e^{-r\tau}, \quad \varepsilon(t, S) = h(\tau)\eta(h, S)$$

ottenendo la PDE:

$$S^2 \frac{\partial^2 \eta}{\partial S^2} + \frac{2(r - \delta_S)}{\sigma_S^2} S\frac{\partial \eta}{\partial S} - (1 - h)\frac{2r}{\sigma_S^2}\frac{\partial \eta}{\partial h} - \frac{2r}{h\sigma_S^2}\eta = 0$$

L'approssimazione proposta suggerisce di annullare il penultimo termine in quanto vale 0 sia per $\tau \downarrow 0$ ($\frac{\partial \eta}{\partial h} \simeq 0$) sia per $\tau \uparrow \infty$ ($h = 1$).

Si ottiene così una ODE di secondo ordine la cui soluzione si ottiene per sostituzione da $\eta = bS^\gamma$. Infatti si ha:

$$bS^\gamma \left(\gamma^2 + (\beta - 1)\gamma - \frac{\alpha}{h}\right) = 0$$

$$\beta = \frac{2(r - \delta_S)}{\sigma_S^2}, \qquad \alpha = \frac{2r}{\sigma_S^2}$$

ove l'equazione di secondo grado ha soluzioni:

$$\gamma_{1,2} = \frac{-(\beta - 1) \mp \sqrt{(\beta - 1)^2 + 4\frac{\alpha}{h}}}{2}$$

con $\gamma_1 < 0$. Assumendo per le call $\frac{\partial \eta}{\partial S} > 0$ si scarta γ_1 e si ottiene:

$$Call^A(t) = Call(t) + (1 - e^{-r\tau})bS^{\gamma_2}$$

Il parametro b si ricava indicando con S^* il livello sopra il quale la call americana viene esercitata, valendo $S - K$, e imponendo la continuità in S^* del delta dell'opzione.

$$S^* - K = Call(t, S^*) + (1 - e^{-r\tau})bS^{*\gamma_2}$$
$$1 = e^{-\delta_S \tau}N(d_1(S^*)) + (1 - e^{-r\tau})b\gamma_2 S^{*(\gamma_2 - 1)}$$

Si ottiene così un sistema di 2 equazioni nelle due incognite S^* e b con b ricavabile dalla seconda e S^* ottenibile per via numerica dalla prima equazione:

$$S^* - K = Call(t, S^*) + \frac{1}{\gamma_2}(1 - e^{-\delta_S \tau} N(d_1(S^*)))S^*$$

Il risultato è quindi:

$$Call^A(t, S) = \begin{cases} Call(t, S) + a_2 \left(\frac{S}{S^*}\right)^{\gamma_2} & per \ S(t) < S^* \\ S - K & per \ S(t) \geq S^* \end{cases}$$

$$a_2 = \frac{S^*}{\gamma_2}\left[1 - e^{-\delta_S \tau} N(d_1(S^*))\right]$$

Con ragionamento analogo si ottiene il prezzo approssimato della put americana:

$$Put^A(t) = Put(t) + (1 - e^{-r\tau})cS^{\gamma_1}$$

Il parametro c si ricava indicando con S^{**} il livello sotto il quale la put americana viene esercitata, valendo $K - S$, e imponendo la continuità in S^{**} del delta dell'opzione.

$$K - S^{**} = Put(t, S^{**}) + (1 - e^{-r\tau})cS^{**\gamma_1}$$
$$-1 = -e^{-\delta_S \tau} N(-d_1(S^{**})) + (1 - e^{-r\tau})c\gamma_1 S^{**(\gamma_1 - 1)}$$

Si ottiene così un sistema di 2 equazioni nelle due incognite S^{**} e c con c ricavabile dalla seconda e S^{**} ottenibile per via numerica dalla prima equazione:

$$K - S^{**} = Put(t, S^{**}) - \frac{1}{\gamma_1}(1 - e^{-\delta_S \tau} N(-d_1(S^{**})))S^{**}$$

Il risultato è quindi:

$$Put^A(t, S) = \begin{cases} K - S & per \ S(t) \leq S^* \\ Put(t, S) + a_1 \left(\frac{S}{S^{**}}\right)^{\gamma_1} & per \ S(t) > S^* \end{cases}$$

$$a_1 = -\frac{S^{**}}{\gamma_1}\left[1 - e^{-\delta_S \tau} N(-d_1(S^{**}))\right]$$

Per un approccio alternativo si veda Geske e Johnson (1984).

7.13 Volatilità storica e volatilità implicita (F)

Si è detto che il parametro di volatilità è l'unico elemento, nel prezzo di Black e Scholes, non direttamente osservabile.

Disponendo di $n + 1$ osservazioni del prezzo del sottostante a intervalli equispaziati: S_{t_0}, S_{t_1}, ...,S_{t_n} su un periodo storico passato, tra t_0 e t_n, si ricava una stima classica della *volatilità storica* (v. Capitolo 12):

$$\hat{\sigma}_S = \sqrt{\frac{1}{n-1} \sum_{i=1}^{n} \left(\ln(S_{t_i}) - \ln(S_{t_{i-1}}) - \hat{\alpha}\right)^2}$$

$$\hat{\alpha} = \frac{1}{n} \sum_{i=1}^{n} \left(\ln(S_{t_i}) - \ln(S_{t_{i-1}})\right) = \frac{\ln(S_{t_n}) - \ln(S_{t_0})}{n} = \frac{1}{n} \ln\left(\frac{S_{t_n}}{S_{t_0}}\right)$$

che rappresenta la volatilità che si è manifestata nel periodo (passato) usato per la stima e che, sotto l'ipotesi di stazionarietà del processo, rappresenta una stima ottima (in senso statistico) del parametro sottostante.

Un'alternativa importante è offerta dalla formula di Black e Scholes in presenza di opzioni quotate sul medesimo sottostante $S(t)$.

Si ha infatti che la formula (7.19) (analogamente per la put) vista come funzione della sola volatilità σ_S è numericamente invertibile nel senso che, dato il prezzo di mercato $Call(t)$, esiste un'unico σ_S^I positivo che soddisfa la:

$$Call(t) = Call^{BS}(\sigma_S) \equiv S(t)N\left(d_1(\sigma_S)\right) - Ke^{-r(T-t)}N\left(d_2(\sigma_S)\right)$$

Tale σ_S^I prende il nome di volatilità implicita (*implied volatility*) della call e si può ricavare per via numerica applicando, ad esempio, l'algoritmo iterativo di Newton (v. Cesari e Susini, 2005a, paragrafo 2.4.1):

$$\sigma_{S,j+1} = \sigma_{S,j} + \frac{Call(t) - Call^{BS}(\sigma_{S,j})}{Vega(\sigma_{S,j})}$$

fino a convergenza.

In tal modo l'implied vol ha una corrispondenza 1 a 1 con i prezzi di mercato e il modello di BS viene utilizzato convenzionalmente (anche quando si hanno modelli più avanzati) per trasformare i prezzi delle opzioni (metrica dell'euro) in volatilità implicite (metrica dei tassi).

L'implied volatility, nella teoria di Black e Scholes, dovrebbe risultare costante:

$$\sigma_S^I(t, S(t), K, T, Call(t), r) = \text{costante}$$

nel senso che le volatilità ricavate in tempi t diversi, con diversi livelli del sottostante $S(t)$, con diversi strike K e diverse scadenze dell'opzione T dovrebbero, per ipotesi, essere le stesse.

In realtà non solo l'implied σ_S^I è diversa dall'historical $\hat{\sigma}_S$, tendendo a sottostimarla (Jackwerth e Rubinstein, 1996) ma è anche diversa:

1. nel tempo, per il fenomeno detto della volatilità stocastica;
2. per diversi strike, per il fenomeno detto dello smile e dello smirk;
3. per diverse scadenze, per il fenomeno detto della struttura per scadenza della volatilità.

L'analisi della volatilità stocastica sarà affrontata nel capitolo 8.

7.14 Il tasso di rendimento di un derivato (F)

Se scriviamo l'equazione (7.21) in forma di rendimenti istantanei si ottiene:

$$\frac{d\Pi(t)}{\Pi(t)} = \frac{\Theta_\Pi dt}{\Pi} + \Delta_\Pi \frac{S}{\Pi} \frac{dS}{S} + \frac{1}{2} \Gamma_\Pi \frac{S^2}{\Pi} \left(\frac{dS}{S}\right)^2$$

$$R_\Pi \equiv \tau_\Pi + \Delta_\Pi \frac{S}{\Pi} R_S + \frac{1}{2} \Gamma_\Pi \frac{S^2}{\Pi} R_S^2$$

per cui il *beta* del derivato, inteso come sensibilità del suo rendimento al rendimento del sottostante (Cesari e Susini, 2005b, paragrafo 6.4) è definibile come delta per il rapporto tra prezzo del sottostante e prezzo del derivato ovvero come l'elasticità del prezzo del derivato rispetto al sottostante:

$$\beta_{\Pi,S} \equiv \Delta_\Pi \frac{S}{\Pi} = \frac{\partial \Pi/\Pi}{\partial S/S} = \eta_{\Pi,S}$$

Tuttavia, a differenza dei prodotti lineari, entra in gioco anche la sensibilità al rendimento quadratico del sottostante, riflesso dell'asimmetria (momento terzo) della distribuzione del derivato ovvero della convessità del suo payoff:

$$\gamma_{\Pi,S} \equiv \frac{1}{2} \Gamma_\Pi \frac{S^2}{\Pi}$$

Se la covarianza tra rendimento del derivato e rendimento del sottostante R_S riflette il prezzo di mercato del delta-risk, la covarianza tra rendimento del derivato e quadrato del rendimento del sottostante R_S^2 riflette il prezzo di mercato del gamma-risk o convexity-risk.

Si noti che da (7.6) e dal CAPM per $S(t)$ rispetto al portafoglio di mercato $M(t)$ si ricava una relazione sul rendimento atteso del derivato di tipo CAPM:

$$\mu_\Pi = r + \frac{\partial \Pi}{\partial S} \frac{S}{\Pi} (\mu_S - r) = r + \beta_{\Pi,S} \beta_{S,M} (\mu_M - r)$$
$$\equiv r + \beta_{\Pi,M} (\mu_M - r)$$

Tale relazione ha rappresentato, storicamente, la strada seguita da Black e Scholes per arrivare alla soluzione del problema del pricing delle opzioni.

7.15 Option pricing e CAPM

7.15.1 La derivazione originaria della PDE via CAPM

Prima del suggerimento di Merton a Black e Scholes circa la possibilità di prezzare le opzioni attraverso il portafoglio di non arbitraggio (si veda la nota 3 in Black e Scholes, 1973 p. 641), il ragionamento dei due autori era arrivato alla PDE di valutazione partendo dal CAPM a tempo continuo (ivi, p. 645).

Il CAPM in forma di tassi di rendimento istantanei implica una relazione lineare tra l'excess return del titolo (la call come il sottostante) e l'excess return del mercato (Cesari e Susini, 2005b, par.6.4):

$$E_t(\frac{dC}{C}) = rdt + \beta_{C,M}\left(E_t(\frac{dM}{M}) - rdt\right) \tag{7.22}$$

$$E_t(\frac{dS}{S}) = rdt + \beta_{S,M}\left(E_t(\frac{dM}{M}) - rdt\right)$$

ove il beta è definito dal rapporto tra covarianza tra titolo e mercato e varianza del mercato. Ad esempio:

$$\beta_{C,M} = \frac{Cov_t(\frac{dC}{C}, \frac{dM}{M})}{Var_t(\frac{dM}{M})}$$

Da (7.6) si ha:

$$dC(t) = \frac{\partial C}{\partial t}dt + \frac{\partial C}{\partial S}dS + \frac{1}{2}\frac{\partial^2 C}{\partial S^2}(dS)^2$$

e quindi:

$$\beta_{C,M} = \frac{\partial C}{\partial S}\frac{S}{C}\beta_{S,M}$$

Pertanto, da (7.6) e (7.22) si ottiene:

$$E_t(dC) = \frac{\partial C}{\partial t}dt + \frac{\partial C}{\partial S}E_t(dS) + \frac{1}{2}\frac{\partial^2 C}{\partial S^2}(dS)^2$$

$$= \frac{\partial C}{\partial t}dt + \frac{\partial C}{\partial S}rSdt + \frac{\partial C}{\partial S}S\beta_{S,M}\left(E_t(\frac{dM}{M}) - rdt\right) + \frac{1}{2}\frac{\partial^2 C}{\partial S^2}(dS)^2$$

$$E_t(dC) = rCdt + \beta_{C,M}C\left(E_t(\frac{dM}{M}) - rdt\right)$$

$$= rCdt + \frac{\partial C}{\partial S}S\beta_{S,M}\left(E_t(\frac{dM}{M}) - rdt\right)$$

e, mettendo assieme le due equazioni e semplificando si ricava la classica PDE:

$$\frac{1}{2}\frac{\partial^2 C}{\partial S^2}\sigma_S^2 S^2 + \frac{\partial C}{\partial S}rS + \frac{\partial C}{\partial t} - rC = 0$$

7.15.2 La EMM secondo il CAPM a tempo discreto

È stato messo in evidenza (Capitolo 2) che l'approccio option pricing e in particolare il modello proposto da Black e Scholes consentono di determinare il prezzo di qualunque titolo derivato, dipendente da $S(t)$ come:

$$\Psi(t) = e^{-r(T-t)}\hat{E}_t(\Psi(S(T)))$$

vale a dire come valor medio condizionato rispetto alla misura risk-neutral secondo cui:

$$dS(t) = rS(t)dt + \sigma_S S(t)d\hat{Z}(t)$$

Lo stesso sottostante verifica la formula del prezzo in quanto vale:

$$S(t) = e^{-r(T-t)}\hat{E}_t\left(S(T)\right)$$

Tuttavia, nel tipico curriculum universitario non solo italiano, il tema dei derivati si affronta dopo aver studiato i modelli di portafoglio e il CAPM dove lo studente attento aveva appreso che anche il Capital asset pricing model è un modello capace di valutare qualunque tipo di titolo attraverso la formula (Cesari e Susini, 2005b, par. 6.6):

$$S(t) = E_t(S(T))e^{-r(T-t)} - \frac{Cov_t(S(T), M(T))}{Var_t(M(T))}\left(E_t(M(T))e^{-r(T-t)} - M(t)\right)$$

in cui $M(t)$ è il prezzo del portafoglio di mercato.

Ci si può chiedere, dunque, se le due formule sono compatibili.

La risposta si ottiene riscrivendo il CAPM come:

$$S(t) = E_t(S(T))e^{-r(T-t)} -$$
$$- \frac{E_t\left(S(T)\left(M(T) - E_t(M(T))\right)\right)}{Var_t(M(T))}\left(E_t(M(T))e^{-r(T-t)} - M(t)\right)$$
$$= E_t(S(T))e^{-r(T-t)} -$$
$$- E_t\left(S(T)\left(M(T) - E_t(M(T))\right)\frac{\left(E_t(M(T))e^{-r(T-t)} - M(t)\right)}{Var_t(M(T))}\right)$$
$$= E_t\left(S(T)\left[1 + \left(M(T) - E_t(M(T))\right)\frac{\left(E_t(M(T)) - M(t)e^{r(T-t)}\right)}{Var_t(M(T))}\right]\right)e^{-r(T-t)}$$

da cui si evince che nel modello di equilibrio di Sharpe (1964) il fattore di aggiustamento per il rischio (derivata di Radon-Nicodym $\frac{d\wp^B}{d\wp}\mid_t$) è dato dalla espressione in parentesi quadra, per cui, in generale:

$$\hat{E}_t\left((\cdot)\right) \tag{7.23}$$
$$= E_t\left((\cdot)\left[1 - \frac{\left(M(T) - E_t(M(T))\right)\left(M(t)e^{r(T-t)} - E_t(M(T))\right)}{E_t((M(T) - E_t(M(T)))^2)}\right]\right)$$
$$= E_t\left((\cdot)e^{-\int_t^T \varphi(s)dZ(s) - \frac{1}{2}\int_t^T \varphi^2(s)ds}\right)$$

Dybvig e Ingersoll (1982), tuttavia, mostrano che la formula di pricing del CAPM non è compatibile con l'ipotesi di non arbitraggio in mercati completi (i.e. non identifica l'unica EMM di non arbitraggio) poiché dà prezzi negativi a payoff (non lineari) positivi o nulli.

Teorema 19. di Dybvig e Ingersoll (1982). *La formula di pricing del CAPM (7.23) non è compatibile con l'ipotesi di non arbitraggio in mercati completi.*

Dimostrazione.
Si consideri una call sul portafoglio di mercato $M(T)$ con strike $K \equiv E_t(M(T)) + \frac{1}{\gamma_t}$ ove:

$$\gamma_t \equiv \frac{M(t)e^{r(T-t)} - E_t(M(T))}{E_t((M(T) - E_t(M(T)))^2)} > 0$$

Si noti che γ_t è positivo per avversione al rischio essendo $E_t(M(T)) = M(t)e^{\mu_M(T-t)}$ e $\mu_M > r$.
  Si ha:

$$
\begin{aligned}
Call(t) &= e^{-r(T-t)} E_t \left(\max(0, M(T) - K) \left[1 - \gamma_t \left(M(T) - E_t(M(T)) \right) \right] \right) \\
&= -\gamma_t e^{-r(T-t)} E_t \left(\max(0, M(T) - K) \left[M(T) - K \right] \right) \\
&= -\gamma_t e^{-r(T-t)} E_t \left([M(T) - K]^2 \chi_{M(T) > K} \right) < 0
\end{aligned}
$$

Quindi la formula del CAPM dà prezzo negativo a un titolo (call) con payoff non negativo: comprare il titolo determina un incasso a pronti invece di un esborso e quindi un arbitraggio.

Come si concilia, dunque, la derivazione originaria vista sopra col teorema di Dybvig-Ingersoll?
  La risposta sta nel fatto che il CAPM discreto che determina la formula (7.23) è una relazione valida per i rendimenti semplici sul periodo $[t, T]$, con la conseguenza che l'eventuale normalità dei rendimenti si riflette nella normalità dei prezzi. Viceversa, la versione compatibile col non arbitraggio è quella del CAPM istantaneo (7.22), riscrivibile come:

$$E_t(dS - rSdt) = \frac{Cov_t(dS, dM)}{Var_t(dM)} E_t(dM - rMdt)$$

con lognormalità dei prezzi in caso di normalità dei rendimenti istantanei.
  Si noti che in termini di rendimenti logaritmici si ottiene una diversa versione del CAPM:

$$E_t(d\ln S - rdt) = \frac{Cov_t(d\ln S, d\ln M)}{Var_t(d\ln M)} E_t(d\ln M - rdt)$$

Per un confronto tra option pricing e CAPM si vedano anche Rubinstein(1976) e Cesari e D'Adda (2008).

7.16 Esercizi

Esercizio 42. Si calcoli con modello binomiale a uno stadio il prezzo di una call europea a 3 mesi con strike $K = 16$ sapendo che il sottostante vale 21 e può salire a 26 o scendere a 18 con eguale probabilità e tenendo conto che il tasso risk-free a 3 mesi composto è il 5%.

Esercizio 43. Si calcoli analiticamente e si disegni il payoff a scadenza T di un portafoglio costituito da due put acquistate e una call venduta.

Esercizio 44. Si calcoli il valore temporale di una put europea con strike 18 che quota 5.25 mentre il sottostante quota 15.54.

Opzioni e modelli non standard

Ben presto, a partire dal lavoro di Merton del 1973, sono state proposte importanti generalizzazioni del modello standard lognormale di Balck e Scholes. Tali generalizzazioni hanno riguardato sia la tipologia dei sottostanti (non solo azioni ma anche obbligazioni, tassi di cambio, tassi d'interesse) sia le ipotesi semplificatrici adottate nel lavoro originario (tassi d'interesse e volatilità costanti, processi a traiettorie continue senza salti, assenza di costi di transazione e di tassazione, mercati sempre funzionanti etc.).

Seguendo Smithson (2007), l'albero genealogico dei modelli delle opzioni dal 1973 ai nostri giorni è rappresentato in Figura 8.1, con "estensioni" quando nuovi sottostanti e nuovi payoff sono stati analizzati e valutati e "riconciliazioni" quando il confronto coi dati di mercato ha portato a ipotesi e modelli di maggiore generalità. Da notare che le principali "riconciliazioni" hanno interessato, in primis, la componente di volatilità per le opzioni su azioni e la componente di drift per le opzioni su tassi.

In questo capitolo analizzeremo alcune di queste generalizzazioni, a partire dal caso di un sottostante azionario con dividendi. Le opzioni su tassi saranno considerate nel Capitolo 9 mentre altre forme di opzioni generalizzate e di estensioni, note come opzioni esotiche, saranno prese in esame nel Capitolo 10.

L'analisi seguente è sviluppata per il caso della call ma si può facilmente riportare (direttamente o via put call-parity) alla put.

8.1 Una parametrizzazione del modello di Black e Scholes

Nel seguito verrà utile un'estensione parametrica del modello BS. Si consideri la PDE:

$$\begin{cases} \dfrac{1}{2}\dfrac{\partial^2 C}{\partial S^2}\sigma_S^2 S^2(t) + \dfrac{\partial C}{\partial S}\beta S(t) + \dfrac{\partial C}{\partial t} - rC(t) = 0 \\ dS(t) = \beta S(t)dt + \sigma_S S(t)d\tilde{Z}(t) \\ C(T) = \max(0, S(T) - K) \end{cases} \tag{8.1}$$

Cesari R: Introduzione alla finanza matematica.
© Springer-Verlag Italia, Milano 2009

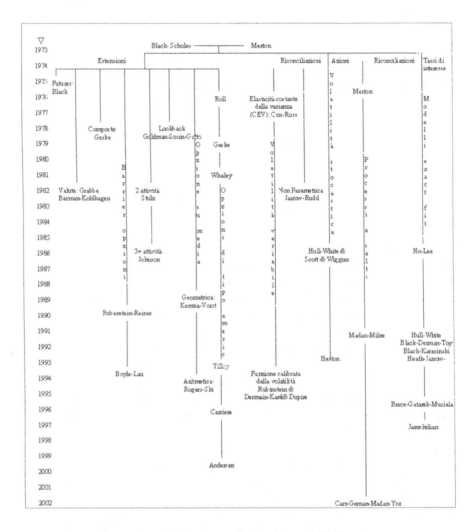

Figura 8.1. L'albero genealogico dei modelli d'opzione

in cui la componente di drift è pari a un generico coefficiente costante β e $\tilde{Z}(t)$ è un BM sotto una misura di probabilità equivalente a quella naturale.

La sua soluzione, procedendo come nel capitolo precedente, è calcolabile come:

$$Call(t, S(t), K) = e^{-r(T-t)} \tilde{E}_t \left[\max(0, S(T) - K)\right] \qquad (8.2)$$
$$= e^{-r(T-t)} \left[\tilde{E}_t \left(S(T)\right) N(d_1) - KN(d_2)\right]$$
$$= e^{-r(T-t)} \left[S(t)e^{\beta(T-t)} N(d_1) - KN(d_2)\right]$$

$$d_1 = \frac{\ln(\frac{\tilde{E}_t(S(T))}{K}) + \frac{\sigma_S^2}{2}(T-t)}{\sigma_S\sqrt{T-t}} = \frac{\ln(\frac{S(t)}{K}) + (\beta + \frac{\sigma_S^2}{2})(T-t)}{\sigma_S\sqrt{T-t}}$$

$$d_2 = d_1 - \sigma_S\sqrt{T-t}$$

mentre la put corrispondente vale:

$$Put(t, S(t), K) = e^{-r(T-t)}\left[KN(-d_2) - S(t)e^{\beta(T-t)}N(-d_1)\right]$$

8.2 Opzioni su titoli che staccano dividendi

Il modello di Black e Scholes va leggermente modificato quando il sottostante dell'opzione è un titolo che stacca dividendi durante la vita dell'opzione stessa (tra t e T).

Il caso più semplice è quello di dividendi noti, prodotti in modo continuo al tasso δ_S (*dividend yield*) .

In tal caso il total return istantaneo atteso del titolo (Cesari e Susini, 2005b, paragrafo 2.4) è costituito da due parti, capital gain e dividend yield:

$$\mu_S dt = E_t(\frac{dS}{S}) + \delta_S dt$$

mentre la dinamica del prezzo è, coerentemente:

$$dS(t) = (\mu_S - \delta_S)S(t)dt + \sigma_S S(t)dZ(t) \tag{8.3}$$

Anche in questo caso, vogliamo determinare il prezzo della call europea con scadenza T e strike price K, che vale a scadenza:

$$Call(T, S(T), K, \delta_S) = \max(0, S(T) - K)$$

e utilizziamo le due strade del portafoglio di arbitraggio e del valor medio equivalente.

8.2.1 Metodo del portafoglio d'arbitraggio

Dal lemma di Itô possiamo ricavare il **vincolo stocastico** alla dinamica del prezzo:

$$dC(t) \equiv \mu_C C(t)dt + \sigma_C C(t)dZ(t)$$

$$= \frac{\partial C}{\partial t}dt + \frac{\partial C}{\partial S}dS + \frac{1}{2}\frac{\partial^2 C}{\partial S^2}(dS)^2$$

$$\mu_C C(t) \equiv \frac{\partial C}{\partial t} + \frac{\partial C}{\partial S}(\mu_S - \delta_S)S(t) + \frac{1}{2}\frac{\partial^2 C}{\partial S^2}\sigma_S^2 S^2(t)$$

$$\sigma_C C(t) \equiv \frac{\partial C}{\partial S}\sigma_S S(t)$$

e, come in precedenza, costruiamo un portafoglio con Δ azioni e una call in posizione corta:

$$\Pi(t) = \Delta S(t) - C(t)$$

La dinamica del portafoglio è:

$$
\begin{aligned}
d\Pi &= \Delta dS - dC \\
&= \Delta dS - \frac{\partial C}{\partial t}dt - \frac{\partial C}{\partial S}dS - \frac{1}{2}\frac{\partial^2 C}{\partial S^2}(dS)^2
\end{aligned}
$$

e ponendo:

$$\Delta = \frac{\partial C}{\partial S}$$

il portafoglio diventa privo di rischio:

$$d\Pi = -\frac{\partial C}{\partial t}dt - \frac{1}{2}\frac{\partial^2 C}{\partial S^2}(dS)^2$$

Per non arbitraggio, il total return del portafoglio (includendo l'incasso dei dividendi) deve essere identico a quello del conto corrente:

$$d\Pi + \frac{\partial C}{\partial S}\delta_S S(t)dt = r\Pi dt$$

ovvero:

$$
\begin{aligned}
d\Pi &= -\frac{\partial C}{\partial t}dt - \frac{1}{2}\frac{\partial^2 C}{\partial S^2}(dS)^2 \\
&= r\Pi dt - \frac{\partial C}{\partial S}\delta_S S(t)dt \\
&= r\left(\frac{\partial C}{\partial S}S(t) - C(t)\right)dt - \frac{\partial C}{\partial S}\delta_S S(t)dt
\end{aligned}
$$

Eguagliando le due espressioni del drift si ha il **vincolo economico-stocastico**:

$$\frac{1}{2}\frac{\partial^2 C}{\partial S^2}\sigma_S^2 S^2(t) + (r - \delta_S)\frac{\partial C}{\partial S}S(t) + \frac{\partial C}{\partial t} - rC(t) = 0$$

Il problema PDE con dividendi è diventato:

$$
\begin{cases}
\frac{1}{2}\frac{\partial^2 C}{\partial S^2}\sigma_S^2 S^2(t) + \frac{\partial C}{\partial S}(r - \delta_S)S(t) + \frac{\partial C}{\partial t} - rC(t) = 0 \\
dS(t) = (r - \delta_S)S(t)dt + \sigma_S S(t)d\hat{Z}(t) \\
C(T) = \max(0, S(T) - K)
\end{cases}
$$

in cui, come prima, $d\hat{Z}(t)$ è il BM risk-neutral, definito in (8.8).

Dal teorema di Feynman-Kac la soluzione del problema di PDE è rappresentabile come:

$$Call(t, S(t), K, \delta_S) = \hat{E}_t \left(\max(0, S(T) - K) e^{- \int_t^T r du} \right)$$

$$= e^{-r(T-t)} \hat{E}_t \left(\max(0, S(T) - K) \right)$$

ove il valor medio è calcolato rispetto alla dinamica risk-neutral in presenza di dividendi:

$$dS(t) = (r - \delta_S) S(t) dt + \sigma_S S(t) d\hat{Z}(t) \tag{8.4}$$

Dalla soluzione generale (8.2) per $\beta = r - \delta_S$ si ottiene la soluzione:

$$Call^d(t, S(t), K, \delta_S) = e^{-r(T-t)} \left[S(t) e^{(r - \delta_S)(T-t)} N(d_1) - K N(d_2) \right] \tag{8.5}$$

$$= S(t) e^{-\delta_S(T-t)} N(d_1) - e^{-r(T-t)} K N(d_2)$$

ove si è definito:

$$d_1 = \frac{\ln(\frac{S(t)}{K}) + (r - \delta_S + \frac{\sigma_S^2}{2})(T-t)}{\sigma_S \sqrt{T-t}} \equiv d_1^{BSd}(S(t), K, r, \delta_S, \sigma_S, T - t) \tag{8.6}$$

$$d_2 = \frac{\ln(\frac{S(t)}{K}) + (r - \delta_S - \frac{\sigma_S^2}{2})(T-t)}{\sigma_S \sqrt{T-t}} \equiv d_2^{BSd}(S(t), K, r, \delta_S, \sigma_S, T - t)$$

$$= d_1 - \sigma_S \sqrt{T-t}$$

a cui va abbinata la formula per la put europea, al solito ricavabile direttamente o via put-call parity:

$$Put^d(t, S(t), K, \delta_S) = e^{-r(T-t)} \left[K N(-d_2) - S(t) e^{(r - \delta_S)(T-t)} N(-d_1) \right] \tag{8.7}$$

La put-call parity con dividendi (certi e continui) è:

$$S(t) e^{-\delta_S(T-t)} + Put(t) = K P(t, T) + Call(t)$$

Si noti che il risultato in presenza di dividendi coincide con quello standard dopo aver scontato tra T e t, al tasso del dividend yield, il prezzo corrente del sottostante.

8.2.2 Metodo del valor medio equivalente

Essendo $S(t)$ un prezzo di un titolo con dividend yield δ_S, si ha:

$$Call(t, S(t), K, \delta_S) = B(t) \hat{E}_t \left(\frac{\max(0, S(T) - K)}{B(T)} \right)$$

e la dinamica del rapporto tra montanti $S^B(t) \equiv \frac{S(t) e^{\delta_S t}}{B(t)}$ è:

$$dS^B(t) = (\mu_S - r) S^B(t) dt + \sigma_S S^B(t) dZ(t)$$

che è una martingala (per ottenere prezzi di non arbitraggio) in uno spazio probabilistico in cui $\mu_S = r$ (condizione di EMM) con BM:

$$d\hat{Z}(t) = \frac{\mu - r}{\sigma_S}dt + dZ(t) \tag{8.8}$$

Pertanto:

$$\begin{aligned}
Call(t, S(t), K, \delta_S) &= B(t)\hat{E}_t\left(\frac{\max(0, S(T) - K)}{B(T)}\right) \\
&= \hat{E}_t\left(\max(0, S(T) - K)e^{-\int_t^T rdu}\right) \\
&= e^{-r(T-t)}\hat{E}_t\left(\max(0, S(T) - K)\right)
\end{aligned}$$

ove il valor medio è calcolato rispetto alla dinamica risk-neutral:

$$dS(t) = (r - \delta_S)S(t)dt + \sigma_S S(t)d\hat{Z}(t)$$

ottenuta sostituendo al total return μ_S il tasso risk-free r.

8.2.3 Le greche in presenza di dividendi continui

La formula di BS, generalizzata al caso di dividendi continui al tasso δ, dà luogo alle seguenti sensitività (greche) del prezzo di call e put, in cui .

Il delta è la derivata rispetto al prezzo del sottostante e diventa:

$$\begin{aligned}
\Delta_C &= \frac{\partial Call}{\partial S} = e^{-\delta(T-t)}N(d_1) \qquad \in\ ]0, 1[\\
\Delta_P &= \frac{\partial Put}{\partial S} = -e^{-\delta(T-t)}N(-d_1) \quad \in\ ]-1, 0[
\end{aligned}$$

Il theta, Θ, è la derivata dell'opzione rispetto al tempo:

$$\begin{aligned}
\Theta_C &= \frac{\partial Call}{\partial t} \\
&= -e^{-\delta(T-t)}\frac{S(t)N'(d_1)\sigma_S}{2\sqrt{T-t}} - rKe^{-r(T-t)}N(d_2) + \delta e^{-\delta(T-t)}S(t)N(d_1) \\
\Theta_P &= \frac{\partial Put}{\partial t} \\
&= -e^{-\delta(T-t)}\frac{S(t)N'(d_1)\sigma_S}{2\sqrt{T-t}} + rKe^{-r(T-t)}N(-d_2) - \\
&\quad - \delta e^{-\delta(T-t)}S(t)N(-d_1) \gtrless 0
\end{aligned}$$

Il vega è la derivata del prezzo rispetto al parametro di volatilità:

$$Vega = \frac{\partial Call}{\partial \sigma_S} = \frac{\partial Put}{\partial \sigma_S} = e^{-\delta(T-t)}S(t)\sqrt{T-t}N'(d_1) > 0$$

La derivata rispetto al tasso d'interesse (rho) e al prezzo d'esercizio (kappa) sono quelle già viste nel capitolo precedente:

$$Rho_C = \frac{\partial Call}{\partial r} = K(T-t)e^{-r(T-t)}N(d_2) > 0$$

$$Rho_P = \frac{\partial Put}{\partial r} = -K(T-t)e^{-r(T-t)}N(-d_2) < 0$$

$$Kappa_C = \frac{\partial Call}{\partial K} = e^{-r(T-t)}\left(N(-d_2) - 1\right)$$

$$= -e^{-r(T-t)}Prob^{\hat{}}\left(S(T) > K\right) < 0$$

$$Kappa_P = \frac{\partial Put}{\partial K} = e^{-r(T-t)}N(-d_2) = e^{-r(T-t)}Prob^{\hat{}}\left(S(T) < K\right) > 0$$

La derivata rispetto al dividend yield è:

$$Dhi_C = \frac{\partial C}{\partial \delta} = (T-t)S(t)e^{-\delta(T-t)}N(d_1) > 0$$

$$Dhi_P = \frac{\partial P}{\partial \delta} = -(T-t)S(t)e^{-\delta(T-t)}N(-d_1) < 0$$

Il gamma, Γ, è la variazione del delta al variare di $S(t)$, dunque la derivata seconda del prezzo della call (delta del delta):

$$\Gamma = \frac{\partial^2 Call}{\partial S^2} = \frac{\partial^2 Put}{\partial S^2} = e^{-\delta(T-t)}\frac{N'(d_1)}{S(t)\sigma_S\sqrt{T-t}} > 0$$

Analogamente si ricavano le derivate di ordine superiore:

$$Volga = \frac{\partial^2 Call}{\partial \sigma_S{}^2} = \frac{\partial Vega}{\partial \sigma_S} = Vega\frac{d_1 d_2}{\sigma_S}$$

$$Vanna = \frac{\partial^2 Call}{\partial S \partial \sigma_S} = \frac{\partial Delta}{\partial \sigma_S} = \frac{Vega}{S(t)}\left(1 - \frac{d_1}{\sigma_S\sqrt{\tau}}\right)$$

$$Charm_C = \frac{\partial^2 Call}{\partial S \partial t} = \frac{\partial Delta_C}{\partial t} = -\delta e^{-\delta\tau}N(d_1) +$$

$$+ e^{-\delta\tau}N'(d_1)\frac{2(r-\delta)\tau - d_2\sigma_S\sqrt{\tau}}{2\tau\sigma_S\sqrt{\tau}}$$

$$Charm_P = \frac{\partial^2 Put}{\partial S \partial t} = \frac{\partial Delta_P}{\partial t} = +\delta e^{-\delta\tau}N(-d_1) -$$

$$- e^{-\delta\tau}N'(d_1)\frac{2(r-\delta)\tau - d_2\sigma_S\sqrt{\tau}}{2\tau\sigma_S\sqrt{\tau}}$$

$$Speed = \frac{\partial^3 Call}{\partial S^3} = \frac{\partial Gamma}{\partial S} = -\frac{Gamma}{S(t)}\left(1 + \frac{d_1}{\sigma_S\sqrt{\tau}}\right)$$

$$Color = \frac{\partial^3 Call}{\partial S^2 \partial t} = \frac{\partial Gamma}{\partial t} = -e^{-\delta\tau}\frac{N'(d_1)}{2S(t)\tau\sigma_S\sqrt{\tau}} \times$$

$$\times \left(1 + 2\delta\tau + d_1\frac{2(r-\delta)\tau - d_2\sigma_S\sqrt{\tau}}{2\tau\sigma_S\sqrt{\tau}}\right)$$

Esempio 33. Opzioni MIBO. Sul mercato ufficiale italiano dei derivati, IDEM, sono quotate dal novembre 1995 opzioni call e put europee sull'indice S&P/Mib, dette MIBO.

Le scadenze delle opzioni sono, al solito, marzo, giugno, settembre e dicembre nonché i due mesi più vicini, al terzo venerdì del mese, con liquidazione per contanti (*cash settlement*) il giorno dopo la scadenza ($S+1$). Il contratto è quotato in punti indice, con un valore di 2.5 euro per punto (moltiplicatore) per cui la dimensione di un contratto è strike $\times 2.5$ e il valore è prezzo opzione $\times 2.5$. Il movimento minimo del prezzo (*tick*) è di 1 punto (2.5 euro) e sono quotati 9 strikes, 1 ATM, 4 ITM e 4 OTM, con intervalli di 500 punti.

Osservazione 75. Il valore oggi di un prezzo futuro e la nuda proprietà. Sappiamo che se un titolo non paga dividendi si ha che il valore oggi del prezzo futuro è il prezzo oggi (v. Capitolo 2):

$$V_t(S(T)) = S(t)$$

Se il titolo paga un dividendo (certo) al tasso δ_S, il valore oggi del prezzo futuro è la c.d. nuda proprietà (cfr. Cesari e Susini, 2005a, paragrafo 2.8) e è assimilabile al prezzo di un derivato su un sottostante che paga dividendi e vale $S(T)$ a scadenza:

$$\Psi(t,T) \equiv V_t(S(T)) = \Psi(t, S(t), T)$$

Il problema è:

$$\begin{cases} \frac{1}{2}\frac{\partial^2 \Psi}{\partial S^2}\sigma_S^2 S^2(t) + \frac{\partial \Psi}{\partial S}(r - \delta_S)S(t) + \frac{\partial \Psi}{\partial t} - r\Psi(t) = 0 \\ dS(t) = (r - \delta_S)S(t)dt + \sigma_S S(t)d\hat{Z}(t) \\ \Psi(T) = S(T) \end{cases}$$

con soluzione:

$$\begin{aligned} \Psi(t, S(t), T) &= \hat{E}_t\left(S(T)e^{-\int_t^T r du}\right) \\ &= e^{-r(T-t)}\hat{E}_t\left(S(T)\right) \\ &= e^{-r(T-t)}e^{(r-\delta_S)(T-t)}S(t) \\ &= e^{-\delta_S(T-t)}S(t) \end{aligned}$$

Si noti che $\Psi(t)$ ha la dinamica di $S(t)$ senza dividendi:

$$\begin{aligned} d\Psi(t) &= \Psi(t)\frac{dS(t)}{S(t)} + \Psi(t)\delta_S dt \\ &= r\Psi(t)dt + \sigma_S\Psi(t)d\hat{Z}(t) \end{aligned}$$

Quindi il valore oggi del prezzo futuro di un titolo che paga dividendi è il prezzo oggi scontato al tasso del dividend yield δ_S.

In particolare, la teorema del cambiamento di numerario, essendo la nuda proprietà il prezzo di un titolo che non dà dividendi, per ogni asset $V(t)$ vale:

$$V(t) = \Psi(t) E_t^{\Psi(t)} \left(\frac{V(T)}{\Psi(T)} \right)$$

$$= e^{-\delta_S(T-t)} S(t) E_t^{\Psi(t)} \left(\frac{V(T)}{S(T)} \right)$$

ove $S(T) = \Psi(T)$ ha la dinamica senza dividendi.

8.3 Opzioni su tassi di cambio

Garman e Kohlhagen (1983) hanno considerato il caso di una call europea sul tasso di cambio (es. euro/dollaro) $E(t)$, con payoff:

$$Call(T, E(T), K) = \max(0, E(T) - K)$$

Tale contratto, detto *currency option*, oltre a rappresentare un titolo molto diffuso sul mercato, è interessante in quanto rappresenta un'opzione su una variabile, il tasso di cambio $E(t)$, che per ipotesi ha la solita dinamica geometrica:

$$dE(t) = \mu_E E dt + \sigma_E E dZ(t)$$

ma che non è rappresentativa del prezzo di un titolo esistente sul mercato essendo solo un fattore di conversione da un'unità di conto a un'altra.

Il titolo esistente è invece il conto corrente in valuta estera $B^*(t)$ che consente di costruire un portafoglio d'arbitraggio.

8.3.1 Metodo del portafoglio d'arbitraggio

Sul mercato domestico, la dinamica del conto corrente è, come noto:

$$dB(t) = rB(t)dt$$

Sul mercato estero, analogamente:

$$dB^*(t) = r^* B^*(t)dt$$

che si converte al cambio corrente in $B_f(t) \equiv B^*(t)E(t)$ la cui dinamica, dal calcolo ordinario, è:

$$dB_f(t) = E dB^* + B^* dE$$
$$= B_f(r^* + \mu_E)dt + B_f \sigma_E dZ(t)$$

Costruiamo un portafoglio con Δ posizioni nel conto corrente estero una call in posizione corta:

$$\Pi(t) = \Delta B_f(t) - C(t)$$

La dinamica del portafoglio è:

$$dΠ = ΔdB_f - dC$$

$$= ΔdB_f - \frac{∂C}{∂t}dt - \frac{∂C}{∂E}dE - \frac{1}{2}\frac{∂^2C}{∂E^2}(dE)^2$$

$$= ΔB_f(r^* + μ_E)dt - \frac{∂C}{∂t}dt - \frac{∂C}{∂E}Eμ_Edt - \frac{1}{2}\frac{∂^2C}{∂E^2}(dE)^2$$

$$+ \left(ΔB_f - \frac{∂C}{∂E}E\right)σ_EdZ(t)$$

e ponendo:

$$Δ = \frac{E}{B_f}\frac{∂C}{∂E}$$

il portafoglio diventa privo di rischio.

Per non arbitraggio, il total return del portafoglio deve essere identico a quello del conto corrente domestico:

$$dΠ = rΠdt$$

ovvero:

$$dΠ = \frac{E}{B_f}\frac{∂C}{∂E}B_f(r^* + μ_E)dt - \frac{∂C}{∂t}dt - \frac{∂C}{∂E}Eμ_Edt - \frac{1}{2}\frac{∂^2C}{∂E^2}(dE)^2$$

$$= rΠdt$$

$$= r\left(\frac{E}{B_f}\frac{∂C}{∂E}B_f - C\right)dt$$

Eguagliando le due espressioni del drift si ha:

$$\frac{1}{2}\frac{∂^2C}{∂E^2}σ_E^2E^2(t) + (r - r^*)E\frac{∂C}{∂E} + \frac{∂C}{∂t} - rC(t) = 0$$

Il problema PDE è diventato:

$$\begin{cases} \frac{1}{2}\frac{∂^2C}{∂E^2}σ_E^2E^2(t) + (r - r^*)E\frac{∂C}{∂E} + \frac{∂C}{∂t} - rC(t) = 0 \\ dE(t) = (r - r^*)E(t)dt + σ_EE(t)d\hat{Z}(t) \\ C(T) = \max(0, E(T) - K) \end{cases}$$

con il differenziale $r - r^*$ che sostituisce la variazione attesa del cambio $μ_E$ e $\hat{Z}(t)$ che rappresenta, dal teorema di Girsanov, un BM sotto una misura di probabilità equivalente.

La soluzione, di nuovo, si ottiene dal caso generale (8.2) ponendo $β = r - r^*$ ed è analoga al caso dell'azione che paga un dividendo pari al tasso estero r^*:

$$Call(t, E(t), K) = E(t)e^{-r^*(T-t)}N(d_1^e) - Ke^{-r(T-t)}N(d_2^e) \qquad (8.9)$$

$$d_1^e = \frac{\ln(\frac{E(t)}{K}) + (r - r^* + \frac{\sigma_E^2}{2})(T - t)}{\sigma_E\sqrt{T - t}}$$

$$d_2^e = \frac{\ln(\frac{E(t)}{K}) + (r - r^* - \frac{\sigma_E^2}{2})(T - t)}{\sigma_E\sqrt{T - t}} = d_1^e - \sigma_E\sqrt{T - t}$$

a cui va abbinata la formula per la put europea:

$$Put(t, E(t), K) = Ke^{-r(T-t)}N(-d_2^e) - E(t)e^{-r^*(T-t)}N(-d_1^e)$$

Si noti che si può scrivere, equivalentemente, in termini di ZCB:

$$Call(t, E(t), K) = E(t)P^*(t, T)N(d_1^e) - KP(t, T)N(d_2^e)$$

ovvero, usando la IRP:

$$Q_E(t, T) = E(t)\frac{P^*(t, T)}{P(t, T)}$$
$$C(t, E(t), K) = P(t, T)\left[Q_E(t, T)N(d_1^e) - KN(d_2^e)\right]$$

8.3.2 Metodo del valor medio equivalente

Si ha che $E(t)$ non è un prezzo di un titolo mentre lo è $B^*(t)E(t)$. Pertanto:

$$Call(t, E(t), K) = B(t)\hat{E}_t\left(\frac{\max(0, E(T) - K)}{B(T)}\right)$$

e la dinamica del rapporto $B_f^B(t) \equiv \frac{B^*(t)E(t)}{B(t)}$ è:

$$dB_f^B(t) = (r^* + \mu_E - r)B_f^B(t)dt + \sigma_E B_f^B(t)dZ(t)$$

La condizione di non arbitraggio (o di EMM) impone che $B_f^B(t)$ sia una martingala sullo spazio RN e quindi in tale spazio il drift del tasso di cambio vale $\mu_E = r - r^*$ (c.d. parità scoperta dei tassi d'interesse).

Pertanto:

$$\begin{aligned} Call(t, E(t), K) &= B(t)\hat{E}_t\left(\frac{\max(0, E(T) - K)}{B(T)}\right) \\ &= \hat{E}_t\left(\max(0, E(T) - K)e^{-\int_t^T rdu}\right) \\ &= e^{-r(T-t)}\hat{E}_t\left(\max(0, E(T) - K)\right) \end{aligned}$$

ove il valor medio è calcolato rispetto alla dinamica RN:

$$dE(t) = (r - r^*)E(t)dt + \sigma_E E(t)d\hat{Z}(t)$$

Per una semplice estensione al caso di tassi d'interesse (e quindi ZCB) stocastici si veda Grabbe (1983).

Osservazione 76. Implied correlations tra valute. Si supponga che siano quotate currency options su dollaro/yen (E_1), dollaro/euro (E_2) e euro/yen (E_3). Poiché $E_3 = E_1/E_2$ si ottiene:

$$\sigma_{E_3}^2 = \sigma_{E_1}^2 + \sigma_{E_2}^2 - 2\rho_{12}\sigma_{E_1}\sigma_{E_2}$$

$$\rho_{12} = \frac{\sigma_{E_1}^2 + \sigma_{E_2}^2 - \sigma_{E_3}^2}{2\sigma_{E_1}\sigma_{E_2}}$$

8.4 Opzioni su titoli in valuta e *quantos*

Analizziamo ora quattro tipi di opzioni apparentemente simili, con riferimento a indici di mercato:

1. opzioni su indici interni: $\max(0, I(T) - K)$;
2. opzioni su indici esteri, quotate in valuta domestica: $E(T)\max(0, I^*(T) - K^*)$;
3. opzioni su indici esteri "quanto" valuta domestica: $\max(0, I^*(T) - K)$;
4. opzioni su indici esteri quotati in valuta domestica: $\max(0, E(T)I^*(T) - K)$.

Si noti che il caso 2. e 4. coincidono se $E(T)K^* = K$.

Un'opzione su un indice di mercato domestico non presenta difficoltà particolari in quanto il livello dell'indice, $I(t)$, è interpretabile come il prezzo di un dato portafoglio (basket) di azioni o altri titoli scambiati sul mercato (Cesari e Susini, 2005b, cap. 3)

L'acquisto e la vendita dell'indice, in assenza di costi di transazione, può essere fatta comperando e vendendo, nelle date proporzioni presenti nell'indice, i titoli componenti.

In alcuni casi, poi, sono stati sviluppati dei prodotti, detti *electronic traded fund*, ETF, o fondi passivi, che rappresentano portafogli continuamente quotati e scambiabili sul mercato, che quindi consentono di comprare o vendere l'intero basket con un unico scambio.

Assumendo un dividend yield δ_I (media ponderata dei dividend yield dei titoli componenti) e una dinamica lognormale per l'indice (price index):

$$dI(t) = (\mu_I - \delta_I)I(t)dt + \sigma_I I(t)dZ(t)$$

e ragionando nel modo usuale si ricava il prezzo della call $Call(t, I(t), K)$ con payoff:

$$\max(0, I(T) - K)$$

esattamente come nel caso di un titolo azionario con dividendo continuo.

Analogamente si ottiene il prezzo in valuta domestica della call estera con payoff $\max(0, I^*(T) - K^*)$, prezzo che si traduce in valuta domestica con $E(t)C^*(t, I^*(t), K^*)$.

Una complicazione deriva dal caso di call su indici cross-currency, vale a dire opzioni (dette *quantos*) che rappresentano payoff in valuta domestica stabiliti in funzione di indici in valuta estera, ad es. opzioni sul Nasdaq *quanto* euro.

Sia $I^*(t)$ l'indice in valuta estera (es. dollaro) con dinamica:

$$dI^*(t) = (\mu_I^* - \delta_I^*)I^*(t)dt + \sigma_I^* I^*(t)dZ^*(t)$$

e sia $E(t)$ il tasso di cambio della valuta estera in termini di quella domestica (es. euro/dollaro):

$$dE(t) = \mu_E E dt + \sigma_E E dZ(t)$$

Nel modello sono presenti due BM, uno che influisce sul mercato estero, $Z^*(t)$, e uno che influisce sul tasso di cambio, $Z(t)$. In generali i due BM sono correlati, con correlazione ρ:

$$dZ^*(t)dZ(t) = \rho dt$$

L'opzione call da esaminare ha il payoff:

$$\max(0, I^*(T) - K)$$

ove, si noti, $I^*(T)$ pur essendo un prezzo estero ha un ruolo, come K, di ammontare in moneta domestica (titolo estero *quanto* euro).

L'obiettivo è calcolare il prezzo di tale call.

8.4.1 Metodo del portafoglio d'arbitraggio

Vogliamo costruire un portafoglio d'arbitraggio che risulti privo di rischio a partire dai titoli disponibili che sono il paniere estero $I^*(t)$, valutato in valuta domestica $E(t)I^*(t)$, il conto corrente estero in valuta domestica, $B_f(t)$, già visto sopra:

$$dB_f(t) = B_f(r^* + \mu_E)dt + B_f \sigma_E dZ(t)$$

e il conto corrente interno $B(t)$.

Definiamo:

$$\Pi(t) = \Delta^* E(t)I^*(t) - C(t) - \Delta B_f(t)$$

con Δ^* e Δ quantità da determinare.

Si tratta di un portafoglio lungo Δ^* quantità nell'indice estero, corto nella call e corto Δ quantità nel conto corrente estero.

Si noti che essendoci due fonti di rischio, sono necessari tre titoli diversi per costruire l'arbitraggio.

La dinamica del portafoglio è:

$$dΠ = Δ^* (I^* dE + E dI^* + dE dI^*) - dC - Δ d B_f$$

$$= Δ^* I^* E μ_E dt + Δ^* I^* E σ_E dZ(t) + Δ^* E I^* (μ_I^* - δ_I^*) dt + Δ^* E I^* σ_I^* dZ^*(t) +$$

$$+ Δ^* E I^* σ_E σ_I^* ρ dt - \frac{∂C}{∂t} dt - \frac{∂C}{∂I^*} dI^* - \frac{1}{2} \frac{∂^2 C}{∂I^{*2}} (dI^*)^2 -$$

$$- Δ B_f (r^* + μ_E) dt - Δ B_f σ_E dZ(t)$$

$$= Δ^* I^* E μ_E dt + Δ^* E I^* (μ_I^* - δ_I^*) dt + Δ^* E I^* σ_E σ_I^* ρ dt -$$

$$- \frac{∂C}{∂t} dt - \frac{∂C}{∂I^*} I^* (μ_I^* - δ_I^*) dt - \frac{1}{2} \frac{∂^2 C}{∂I^{*2}} I^{*2} σ_I^{*2} dt - Δ B_f (r^* + μ_E) dt +$$

$$+ (Δ^* I^* E σ_E - Δ B_f σ_E) dZ(t) + \left(Δ^* E I^* σ_I^* - \frac{∂C}{∂I^*} I^* σ_I^* \right) dZ^*(t)$$

e ponendo:

$$Δ^* = \frac{1}{E} \frac{∂C}{∂I^*}$$

$$Δ = \frac{1}{B_f} Δ^* I^* E = \frac{I^*}{B_f} \frac{∂C}{∂I^*}$$

si annullano le fonti di rischio (i BM) e il portafoglio diventa non rischioso.
La dinamica del portafoglio d'arbitraggio si semplifica in:

$$dΠ = \frac{1}{E} \frac{∂C}{∂I^*} I^* E μ_E dt + \frac{1}{E} \frac{∂C}{∂I^*} E I^* (μ_I^* - δ_I^*) dt + \frac{1}{E} \frac{∂C}{∂I^*} E I^* σ_E σ_I^* ρ dt$$

$$- \frac{∂C}{∂t} dt - \frac{∂C}{∂I^*} I^* (μ_I^* - δ_I^*) dt - \frac{1}{2} \frac{∂^2 C}{∂I^{*2}} I^{*2} σ_I^{*2} dt$$

$$- \frac{I^*}{B_f} \frac{∂C}{∂I^*} B_f (r^* + μ_E) dt$$

$$= - \frac{∂C}{∂I^*} I^* (r^* - σ_E σ_I^* ρ) dt - \frac{∂C}{∂t} dt - \frac{1}{2} \frac{∂^2 C}{∂I^{*2}} I^{*2} σ_I^{*2} dt$$

e per il vincolo di non arbitraggio, il total return del portafoglio deve eguagliare il tasso r:

$$dΠ + \frac{1}{E} \frac{∂C}{∂I^*} E δ_I^* I^* dt = r Π dt$$

$$= r \left(\frac{1}{E} \frac{∂C}{∂I^*} E I^* - C - \frac{I^*}{B_f} \frac{∂C}{∂I^*} B_f \right) dt$$

Combinando i due risultati si ottiene:

$$- \frac{∂C}{∂I^*} I^* (r^* - σ_E σ_I^* ρ) - \frac{∂C}{∂t} - \frac{1}{2} \frac{∂^2 C}{∂I^{*2}} I^{*2} σ_I^{*2} + \frac{1}{E} \frac{∂C}{∂I^*} E δ_I^* I^* = -rC$$

da cui il problema di PDE:

$$\begin{cases} \frac{1}{2}\frac{\partial^2 C}{\partial I^{*2}}I^{*2}\sigma_I^{*2} + \frac{\partial C}{\partial I^*}I^*(r^* - \sigma_E\sigma_I^*\rho - \delta_I^*) + \frac{\partial C}{\partial t} - rC = 0 \\ dI^*(t) = (r^* - \sigma_E\sigma_I^*\rho - \delta_I^*)I^*(t)dt + \sigma_I^* I^*(t)d\hat{Z}^*(t) \\ C(T) = \max(0, I^*(T) - K) \end{cases}$$

che, dalla soluzione generale (8.2) per $\beta = r^* - \sigma_E\sigma_I^*\rho - \delta_I^*$ dà la soluzione cercata.

Si noti che nei quantos, oltre a una volatilità implicita c'è una **correlazione implicita** tra tasso di cambio e sottostante: al crescere di ρ il prezzo della call (put) cala (cresce).

8.4.2 Metodo del valor medio equivalente

Si ha:

$$Call(t, I^*(t), K) = B(t)\hat{E}_t\left(\frac{\max(0, I^*(T) - K)}{B(T)}\right)$$

Il rapporto tra montanti è:

$$I_f^B(t) \equiv \frac{E(t)I^*(t)e^{\delta_I^* t}}{B(t)}$$

con dinamica:

$$dI_f^B(t) = (\mu_E + \mu_I^* - r + \sigma_E\sigma_I^*\rho)I_f^B(t)dt + \sigma_E I_f^B(t)dZ(t) + \sigma_I^* I_f^B(t)dZ^*(t)$$

che è una martingala per:

$$\mu_I^* = r - \mu_E - \sigma_E\sigma_I^*\rho$$
$$= r^* - \sigma_E\sigma_I^*\rho$$

ove la seconda eguaglianza deriva dalla condizione di non arbitraggio sul mercato monetario, $B^*(t)$.

In altre parole, dal teorema di Girsanov, i p.s. definiti da:

$$d\hat{Z}(t) = \frac{\mu_E + r^* - r}{\sigma_E}dt + dZ(t)$$
$$d\check{Z}^*(t) = \frac{\mu_I^* - r^* + \sigma_E\sigma_I^*\rho}{\sigma_{I^*}}dt + dZ^*(t)$$

sono BM in una EMM (RN measure) in cui i prezzi $I_f^B(t)$ sono $B(t)$-martingale.

Pertanto:

$$Call(t, I^*(t), K) = e^{-r(T-t)}\hat{E}_t\left(\max(0, I^*(T) - K)\right)$$

ove il valor medio è calcolato rispetto alla dinamica RN:

$$dI^*(t) = (r^* - \delta_I^* - \sigma_E\sigma_I^*\rho)I^*(t)dt + \sigma_I^* I^*(t)d\check{Z}^*(t)$$

Esercizio 45. Sia $J(t) = E(t)I^*(t)$ l'indice estero espresso in valuta domestica. Nell'ipotesi di lognormalità dei processi $E(t)$ e $I^*(t)$ calcolare la dinamica di $J(t)$ ed esprimere la correlazione ρ tra I^* ed E in funzione delle volatilità di $J(t)$, $E(t)$ e $I^*(t)$.

Soluzione.

$$\rho = \frac{\sigma_J^2 - \sigma_E^2 - \sigma_I^{*2}}{2\sigma_E \sigma_I^*}$$

Osservazione 77. Opzioni estere e opzioni su titoli esteri. Si confrontino i risultati precedenti con il caso di opzioni su titoli esteri convertiti in valuta locale al tasso di cambio spot $E(t)$.

Il payoff è:

$$\max(0, E(T)I^*(t) - K) = E(T)\max(0, I^*(t) - \frac{K}{E(T)})$$

Per non arbitraggio, $I_f(t) \equiv E(t)I^*(t)e^{\delta_I^* t}$ è, deflazionato con $B(t)$, una RN-martingala e quindi:

$$Call(t, I_f(t), K) = e^{-r(T-t)}\hat{E}_t\left(\max(0, I_f(T) - K)\right)$$

ove il valor medio è calcolato rispetto alla dinamica RN:

$$dI_f(t) = (r - \delta_I^*)I_f(t)dt + \sigma_E I_f(t)d\hat{Z}(t) + \sigma_I^* I_f(t)d\check{Z}^*(t)$$

8.5 Warrant ed Executive stock option

8.5.1 Warrant

Le opzioni standard su titoli azionari comportano, se del caso, l'acquisto o la vendita a scadenza di azioni quotate a fronte pagamento del prezzo di esercizio stabilito nel contratto. Nel caso di esercizio di una call con *physical delivery*, l'emittente del derivato si procurerà il sottostante per cederlo all'acquirente del derivato in cambio del prezzo strike. La società per azioni emittente del sottostante non viene in alcun modo coinvolta.

Al contrario, i warrant sono particolari opzioni call su titoli azionari emesse dalla stessa società per azioni emittente del sottostante.

In genere i warrant sono emessi assieme a un'emissione obbligazionaria (obbligazioni cum warrant), con scadenze anche lunghe e dopo l'emissione, si staccano dall'obbligazione e si scambiano indipendentemente da questa.

Ogni warrant, in genere, dà diritto ad acquistare, alla scadenza, γ azioni al prezzo unitario K per azione.

In caso di esercizio la società non compera sul mercato le azioni da cedere ma fa fronte all'impegno emettendo nuovi titoli azionari.

Tale emissione di nuovi titoli determina una diluizione del capitale sociale che influenza il prezzo di mercato e richiede un aggiustamento importante nella formula di BS.

Per comprendere i termini dell'aggiustamento si consideri una società con N azioni e M warrant europei di scadenza T. Se $V(T^-)$ è il valore dell'attivo della società un istante prima dell'esercizio, si ha, nel bilancio a prezzi correnti:

Attivo	Passivo
$V(T^-)$	$M\,Warr(T^-)$
	$NS(T^-)$

ove $Warr(T^-) = \gamma \max(0, S(T^-) - K)$.

In caso di esercizio dei warrant, il bilancio, in T^+, diventa:

Attivo	Passivo
$V(T^-)$	
$M\gamma K$	$(N + M\gamma)S(T^+)$

essendo $M\gamma K$ l'incasso per la vendita delle azioni e $M\gamma$ il numero di nuove azioni emesse (diluizione del capitale). Si noti che il patrimonio è più alto per l'incasso a fronte delle nuove emissioni.

Pertanto:

$$S(T^+) = \frac{V(T^-) + M\gamma K}{N + M\gamma} = \frac{V(T^-) - M\,Warr(T^-)}{N} = S(T^-)$$

Dunque, per continuità dei prezzi, $S(T^-) = S(T^+) = S(T)$, si ha:

$$Warr(T) = \gamma \max(0, \frac{V(T^-) + M\gamma K}{N + M\gamma} - K)$$

$$= \frac{N\gamma}{N + M\gamma} \max(0, \frac{V(T^-)}{N} - K)$$

Pertanto il prezzo di un warrant, invece che come γ call sull'azione, si può valutare come il prezzo di $\frac{N\gamma}{N+M\gamma}$ call sul sottostante $\frac{V(T)}{N}$, pari al valore dell'attivo (pre esercizio) sul numero di azioni in circolazione (pre esercizio).

Per la dinamica di $\frac{V(T)}{N}$ si noti che al tempo corrente t:

$$V(t) = NS(t) + M\,Warr(t)$$

per cui:

$$\frac{V(t)}{N} = S(t) + \frac{M}{N}Warr(t)$$

La formula di BS diventa quindi:

$$Warr(t) = \frac{N\gamma}{N + M\gamma} \left[\left(S(t) + \frac{M}{N}Warr(t) \right) N(d_1) - Ke^{-r(T-t)}N(d_2) \right]$$

$$d_1 = \frac{\ln(\frac{S(t)+\frac{M}{N}Warr(t)}{K}) + (r + \frac{\sigma_V^2}{2})(T - t)}{\sigma_V\sqrt{T - t}}$$

$$d_2 = d_1 - \sigma_V\sqrt{T - t}$$

ove σ_V è la volatilità dell'attivo (e del passivo: azioni più warrant) e non della sola componente azionaria.

Poiché la formula non è chiusa in quanto il prezzo del warrant dipende da sé stesso, il suo valore è ricavabile per via numerica mediante una procedura iterativa.

8.5.2 Executive stock option

Le Executive o Incentive stock option o opzioni di incentivazione sono opzioni emesse da una società per i propri dirigenti. Sono quindi assimilabili a warrant, in genere di tipo americano, emessi ATM per durate anche decennali e oltre, riservati al top management, cui sono assegnati per creare un interesse comune tra gli obiettivi dei manager e quelli gli azionisti, spingendo i primi a operare a beneficio dei secondi in termini di risultati della società e di crescita del suo valore di mercato.

Per contratto, le Executive stock option non possono essere esercitate prima di alcuni anni (*forward start option*) e non possono essere vendute. Un'analisi approfondita e aggiornata è stata fatta da Luca Barone (2004).

Osservazione 78. Il valore della marketability di un titolo. Longstaff (1995a) analizza il caso di un titolo (senza dividendi) il cui possessore ha una restrizione alla vendita (non marketability) fino al tempo T. L'obiettivo è quello di fornire un limite superiore $H(t, T)$ al valore di tale opzione di vendita (vendibilità) e quindi valutare il massimo danno (rispetto al prezzo di mercato) che subisce il possessore a causa di tale vincolo di non commerciabilità.

Assumiamo un tasso costante r e una dinamica lognormale del titolo:

$$dV(t) = \mu_V V(t)dt + \sigma_V V(t)dZ(t)$$

Se il possessore potesse liberamente vendere l'asset, nell'ipotesi di perfetto market timing (vendita ai massimi) e di investimento dei proventi in conto corrente, il suo montante al tempo T sarebbe, invece di $V(T)$, l'ammontare:

$$M(T) = \max_{t \leq s \leq T} e^{r(T-s)}V(s)$$

Il limite superiore, $H(t, T)$, al valore della marketability è quindi il valore attuale della differenza (positiva) $M(T) - V(T)$:

$$H(t, T) = e^{-r(T-t)}\hat{E}_t(M(T)) - e^{-r(T-t)}\hat{E}_t(V(T))$$

Usando la distribuzione di probabilità del massimo di un BM (v. Harrison, 1985, p. 11–13) si ricava:

$$H(t, T) = \left(2 + \frac{\sigma_V^2(T-t)}{2}\right)V(t)N\left(\frac{\sqrt{\sigma_V^2(T-t)}}{2}\right) +$$

$$+ V(t)e^{-\frac{\sigma_V^2(T-t)}{8}}\sqrt{\frac{\sigma_V^2(T-t)}{2\pi}} - V(t)$$

Ad esempio, per una volatilità del 5%, una restrizione di 3 mesi determina un danno massimo al possessore valutabile in 2.01% del prezzo del titolo. Longstaff (1995b) analizza anche il danno derivante da ritardi nell'esecuzione di un ordine di vendita a causa dell'illiquidità del mercato (market thinness e thinly-traded securities).

8.6 Opzioni su forward

Le opzioni su prezzi forward e futures sono particolarmente diffuse nel mondo finanziario a motivo del funzionamento semplice ed efficace del mercato sottostante. Non è raro il caso che il mercato futures sia molto più liquido e ben funzionante del mercato a pronti. Così è, ad esempio, per le commodities, i cui prezzi spot non sono sempre disponibili mentre la gestione fisica è problematica e costosa contro quella semplice, trasparente e sicura dei contratti futures sui mercati regolamentati. In altri casi (indici di borsa) può esistere il mercato futures e non il mercato spot. In altri casi ancora (titoli di Stato) il mercato futures è molto più ampio, efficiente e "profondo" del mercato di ogni singola emissione governativa, per quanto ampia.

Inoltre, il mercato futures consente facilità di posizioni sia lunghe che corte (queste ultime spesso impraticabili sul mercato spot), presenta minori costi di transazione ed è solitamente impostato in termini di cash-delivery e non di consegna fisica del sottostante, con ulteriori, notevoli semplificazioni.

Nelle ipotesi di Black e Scholes, con tassi costanti, non è difficile considerare l'opzione su un forward.

In particolare, essendo il tasso r costante, forward e futures coincidono (Capitolo 4).

Analizziamo dapprima l'opzione sul prezzo forward Q e poi l'opzione sul prezzo *del* forward, V_{FW} (v. Capitolo 3).

8.6.1 Opzioni sul prezzo forward: caso senza dividendi (Black, 1976)

In un famoso lavoro del 1976 Fisher Black estese il modello BS al caso dei futures su commodity e, in generale, al caso di forward e futures su un qualunque sottostante (si ricordi che con tassi costanti prezzi forward e futures coincidono).

Come si vedrà, il risultato ha una validità più ampia delle ipotesi semplificatrici che lo determinano.

Si consideri il caso di un'opzione call sul prezzo forward $Q(t, T_{FW})$ del sottostante senza dividendi $S(t)$, con T_{FW} scadenza del contratto forward.

Dal Capitolo 3 sappiamo che il prezzo forward è:

$$Q(t, T_{FW}) = \frac{S(t)}{P(t, T_{FW})} = S(t)e^{r(T_{FW}-t)} \qquad (8.10)$$

mentre, essendo $T \leq T_{FW}$ la scadenza della call, il suo payoff a scadenza è:

$$Call(T, Q, K) = \max(0, Q(T, T_{FW}) - K)$$

Il valore attuale si può scrivere:

$$Call(t, Q, K) = V_t \left(\max(0, Q(T, T_{FW}) - K) \right)$$

Si noti subito che se $T = T_{FW}$ (scadenza call uguale alla scadenza forward) il prezzo forward è il prezzo spot: $Q(T, T) = S(T)$ e la call ha il prezzo di Black e Scholes (7.19).

Lasciando implicito il riferimento a T_{FW} calcoliamo la dinamica del prezzo forward (8.10):

$$dQ(t) = e^{r(T_{FW}-t)} dS(t) + S(t) e^{r(T_{FW}-t)}(-r) dt$$
$$= Q \frac{dS}{S} - rQ dt$$
$$= Q (\mu_S - r) \, dt + Q\sigma_S dZ(t)$$

Confrontando tale dinamica con (8.3) si ha che:

1. con tassi costanti, il prezzo forward è una martingala rispetto alla misura risk-neutral (8.8):

$$dQ = Q\sigma_S \left(\frac{\mu_S - r}{\sigma_S} dt + dZ(t) \right)$$
$$= \sigma_S Q d\hat{Z}(t)$$

(con tassi stocastici è una $P(t, T_{FW})$-martingala: Capitolo 3);

2. il prezzo forward è simile al prezzo del sottostante come se questo staccasse un dividend yield pari al tasso risk-free r;

3. i prezzi di call e put si ottengono subito dalla formula (8.5) per $\delta = r$ ovvero dalla formula generale (8.2) ponendo $\beta = 0$:

$$Call^q(t, Q(t), K) = e^{-r(T-t)} \left[Q(t)N(d_1^q) - KN(d_2^q) \right]$$

$$Put^q(t, Q(t), K) = e^{-r(T-t)} \left[KN(-d_2^q) - Q(t)N(-d_1^q) \right]$$

$$d_1^q = \frac{\ln(\frac{Q(t)}{K}) + \frac{\sigma_S^2}{2}(T-t)}{\sigma_S\sqrt{T-t}}$$

$$d_2^q = \frac{\ln(\frac{Q(t)}{K}) - \frac{\sigma_S^2}{2}(T-t)}{\sigma_S\sqrt{T-t}} = d_1^q - \sigma_S\sqrt{T-t}.$$

Tale risultato prende anche il nome di formula di Black, che per primo l'ha proposta nel 1976. Si noti l'ulteriore semplificazione quando l'opzione è ATM forward, vale a dire quando $K = Q(t)$.

Osservazione 79. Opzioni su prezzi spot, prezzi forward e valute. Da quanto visto, il prezzo delle opzioni nel modello di BS è dato da una medesima formula nel caso di titoli con dividend yield certo, nel caso di forward e nel casi di tassi di cambio. La differenza principale, una volta tenuto conto del sottostante e della sua volatilità, sta nella correzione per il δ, pari, rispettivamente al dividend yield δ_S (azioni e indici), al tasso a breve r (forward e futures) e al tasso estero r^* (tasso di cambio).

8.6.2 Opzioni sul prezzo forward: caso con dividendi

Se il sottostante stacca dividendi continui al tasso noto δ sappiamo che il prezzo forward è:

$$Q(t, T_{FW}) = \frac{S(t)e^{-\delta(T_{FW}-t)}}{P(t, T_{FW})} = S(t)e^{(r-\delta)(T_{FW}-t)}$$

pertanto il prezzo forward ha una dinamica simile a quella del sottostante se questi staccasse un dividend yield pari a $r - \delta$ e l'analisi prosegue come nel caso precedente. I prezzi di call e put si ottengono subito da (8.5) e (8.7) sostituendo δ con $r - \delta$ (ovvero $\beta = -\delta$ nella formula generale 8.4):

$$Call^{qd}(t, Q(t), K) = Q(t)e^{-(r-\delta)(T-t)}N(d_1^{qd}) - Ke^{-r(T-t)}N(d_2^{qd})$$
$$Put^{qd}(t, Q(t), K) = Ke^{-r(T-t)}N(-d_2^{qd}) - Q(t)e^{-(r-\delta)(T-t)}N(-d_1^{qd})$$

ove:

$$d_1^{qd} = \frac{\ln(\frac{Q(t)}{K}) + (\delta + \frac{\sigma_S^2}{2})(T-t)}{\sigma_S\sqrt{T-t}}$$

$$d_2^{qd} = \frac{\ln(\frac{Q(t)}{K}) + (\delta - \frac{\sigma_S^2}{2})(T-t)}{\sigma_S\sqrt{T-t}} = d_1^{qd} - \sigma_S\sqrt{T-t}$$

Osservazione 80. Opzioni su spot e opzioni su forward. Si noti che un'opzione europea su un prezzo spot si può interpretare come un'opzione europea sul prezzo forward in cui la scadenza forward eguaglia la scadenza dell'opzione. Vale infatti la condizione:

$$Q(T, T) = S(T)$$

per cui:

$$\max(0, S(T) - K) = \max(0, Q(T, T) - K)$$

Essendo il prezzo forward (nel caso a tassi costanti) una martingala rispetto alla misura risk-neutral, può essere conveniente calcolare il valor medio rispetto alla dinamica forward.

Ad esempio, nel caso già visto del tasso di cambio (Capitolo 3):

$$Q_E(t, T) = E(t)e^{(r-r^*)(T-t)} \qquad (8.11)$$

e, dal modello di Black:

$$C(t, Q_E(t), K) = e^{-r(T-t)} [Q_E(t)N(d_1^q) - KN(d_2^q)]$$

$$d_1^q = \frac{\ln(\frac{Q_E(t)}{K}) + \frac{\sigma_E^2}{2}(T-t)}{\sigma_E\sqrt{T-t}}$$

$$d_2^q = d_1^q - \sigma_E\sqrt{T-t}$$

Se si sostituisce la formula del cambio forward in termini del cambio spot (8.11) si ottiene il risultato già ottenuto in (8.9). Pertanto il prezzo della call sul cambio a pronti coincide con il prezzo della call sul cambio forward quando la scadenza forward è anche quella dell'opzione.

Tale risultato è generale. Infatti la formula di BS, considerato che $Q(t, T) = S(t)e^{r(T-t)}$ è il prezzo forward in assenza di dividendi, si riscrive:

$$Call(t, S(t), K) = e^{-r(T-t)} [Q(t, T)N(d_1) - KN(d_2)]$$

$$d_1 = \frac{\ln(\frac{Q(t,T)}{K}) + \frac{\sigma_S^2}{2}(T-t)}{\sigma_S\sqrt{T-t}}$$

$$d_2 = d_1 - \sigma_S\sqrt{T-t}$$

L'equivalenza non vale più nel caso delle opzioni americane. In tal caso, infatti, conta anche la dinamica del sottostante prima della scadenza T e prezzi spot e forward, pur eguagliandosi in T, hanno dinamiche diverse. Ad esempio, con prezzi forward maggiori dei prezzi spot, una call americana sul forward vale di più di una call americana sullo spot (viceversa per la put e se i prezzi forward sono minori dei prezzi spot).

8.6.3 Opzioni sul prezzo *del* forward

Sappiamo dal capitolo 3 che una volta sottoscritto, il contratto forward ha un prezzo V_{FW} non più necessariamente nullo, variando al variare delle condizioni di mercato e in particolare del differenziale tra prezzi forward correnti e prezzo forward Q_0 stabilito al momento della sottoscrizione. Nel caso senza dividendi:

$$V_{FW}(t, T_{FW}, Q_0) = V_t(S(T_{FW})) - Q_0 e^{-r(T_{FW}-t)}$$
$$= (Q(t, T_{FW}) - Q_0) e^{-r(T_{FW}-t)}$$
$$= S(t) - Q_0 e^{-r(T_{FW}-t)}$$

e volendo calcolare la dinamica del prezzo V_{FW} si ottiene:

$$dV_{FW}(t) = dS(t) - Q_0 e^{-r(T_{FW}-t)}r dt$$
$$= (\mu_S S - Q_0 e^{-r(T_{FW}-t)}r)dt + \sigma_S S dZ(t)$$
$$= rV_{FW} dt + \sigma_S \left(V_{FW} + Q_0 e^{-r(T_{FW}-t)}\right) d\hat{Z}(t)$$

Nell'ipotesi di lognormalità per $S(t)$ si ha la soluzione in T della dinamica risk-neutral del prezzo del forward:

$$V_{FW}(T) = \Phi(T)V_{FW}(t) - \Phi(T)\sigma_S^2 Q_0 \int_t^T \Phi^{-1}(s)e^{-r(T_{FW}-s)}ds +$$

$$+\Phi(T)\sigma_S Q_0 \int_t^T \Phi^{-1}(s)e^{-r(T_{FW}-s)}d\hat{Z}(s)$$

$$\Phi(T) = e^{(r-\frac{\sigma_S^2}{2})(T-t)+\sigma_S(\hat{Z}(T)-\hat{Z}(t))}$$

Si noti che la distribuzione (condizionata) di probabilità di $V_{FW}(T)$ non è né normale (come $Z(T)$) né lognormale (come $S(T)$ e $\Phi(T)$) risultando dalla somma di lognormali.

Sembrerebbe, dunque, inevitabile valutare l'opzione attraverso la strada, sempre aperta, della simulazione Monte Carlo.

Tuttavia, si osservi che:

$$Call(t, V_{FW}(t), K) = e^{-r(T-t)}\hat{E}_t\left(\max(0, V_{FW}(T) - K)\right)$$

$$= e^{-r(T-t)}\hat{E}_t\left(\max(0, S(T) - Q_0 e^{-r(T_{FW}-T)} - K)\right)$$

Trattandosi di un'opzione europea, possiamo assumere $Q_0 e^{-r(T_{FW}-T)} + K$ come uno strike fisso (senza definire uno strike variabile in modo deterministico, $H(t) = Q_0 e^{-r(T_{FW}-t)} + K$, necessario nel caso americano), ricavando il prezzo dalla formula standard:

$$Call(t, V_{FW}(t), K) = S(t)N(d_1) - \left(Q_0 e^{-r(T_{FW}-T)} + K\right)e^{-r(T-t)}N(d_2)$$

$$d_1 = \frac{\ln\left(\frac{S(t)}{Q_0 e^{-r(T_{FW}-T)}+K}\right) + (r + \frac{1}{2}\sigma_S^2)(T - t)}{\sigma_S\sqrt{T - t}}$$

$$d_2 = d_1 - \sigma_S\sqrt{T - t}$$

8.7 Un modello generalizzato a parametri affini *time-varying*

Si immagini di voler calcolare il prezzo di non arbitraggio di una call europea scritta sul sottostante con prezzo $S(t)$ descritto dalla SDE:

$$dS(t) = (A(t)S(t) + a(t))\,dt + (D(t)S(t) + b(t))\,dZ(t)$$

con A, a, D, b funzioni deterministiche del tempo, tali da garantire un'unica soluzione positiva per $S(t)$.

Tale SDE è lineare e non omogenea (se a e b sono non nulli) e ha sempre soluzione globale $\forall\, t$ (teorema di esistenza e unicità, v. Arnold, 1974, teorema

8.1.5). Inoltre, per $D(t) = 0$ la soluzione è un processo gaussiano (ivi, teorema 8.2.10) ed è stazionario (condizione sufficiente) se $A(t) = A < 0$ costante negativa, $a(t) = 0$ e $D(t) = D$ costante.

Si noti che il modello di Black e Scholes è un caso particolare per $A(t) = \mu$, $D(t) = \sigma$ costanti e $a(t) = b(t) = 0$.

La soluzione (Arnold, 1974 teorema 8.4.2) è:

$$S(T) = \Phi(T)S(t) + \Phi(T) \int_t^T \Phi^{-1}(u)\,(a(u) - D(u)b(u))\,du + \quad (8.12)$$

$$+\Phi(T) \int_t^T \Phi^{-1}(u)b(u)dZ(u)$$

$$\Phi(T) = e^{\int_t^T \left(A(u) - \frac{D^2(u)}{2} \right) du + \int_t^T D(u)dZ(u)}$$

Per calcolare il prezzo della call si procede come nel modello standard.

La dinamica del prezzo $C(t, S(t), K)$ ha un vincolo stocastico, dato dall'applicazione del lemma di Itô, e un vincolo economico, dato dalla condizione di non arbitraggio.

Dal lemma di Itô:

$$dC(t) = \frac{\partial C}{\partial t}dt + \frac{\partial C}{\partial S}dS + \frac{1}{2}\frac{\partial^2 C}{\partial S^2}(dS)^2 \quad (8.13)$$

$$\equiv (\mu_C C(t) + \nu_C)\,dt + (\sigma_C C(t) + \rho_C)\,dZ(t)$$

$$\mu_C C(t) + \nu_C \equiv \frac{\partial C}{\partial t} + \frac{\partial C}{\partial S}(A(t)S + a(t)) + \frac{1}{2}\frac{\partial^2 C}{\partial S^2}(D(t)S + b)^2$$

$$\sigma_C C(t) + \rho_C \equiv \frac{\partial C}{\partial S}(D(t)S + b)$$

Il ragionamento di non arbitraggio fornisce il vincolo economico. Costruiamo un portafoglio con Δ azioni in posizione lunga e una call in posizione corta:

$$\Pi(t) = \Delta S(t) - C(t)$$

Per fare ciò si noti l'importanza che $S(t)$ sia un prezzo di un titolo trattato sul mercato.

La dinamica del portafoglio è:

$$d\Pi = \Delta dS - dC$$

$$= \Delta dS - \frac{\partial C}{\partial t}dt - \frac{\partial C}{\partial S}dS - \frac{1}{2}\frac{\partial^2 C}{\partial S^2}(dS)^2$$

e ponendo:

$$\Delta = \frac{\partial C}{\partial S}$$

il portafoglio diventa privo di rischio e per non arbitraggio, identico al conto corrente per cui:

$$d\Pi = -\frac{\partial C}{\partial t}dt - \frac{1}{2}\frac{\partial^2 C}{\partial S^2}(dS)^2$$

$$= r\Pi dt$$

$$= r\left(\frac{\partial C}{\partial S}S(t) - C(t)\right)dt$$

Eguagliando le due espressioni del drift si ha:

$$\frac{1}{2}\frac{\partial^2 C}{\partial S^2}(D(t)S(t) + b(t))^2 + r\frac{\partial C}{\partial S}S(t) + \frac{\partial C}{\partial t} - rC(t) = 0$$

e il problema di PDE è:

$$\begin{cases} \frac{1}{2}\frac{\partial^2 C}{\partial S^2}(D(t)S(t) + b(t))^2 + \frac{\partial C}{\partial S}rS(t) + \frac{\partial C}{\partial t} - rC(t) = 0 \\ dS(t) = rS(t)dt + (D(t)S(t) + b(t))\left(\frac{A(t)S+a(t)-r}{D(t)S+b(t)}dt + dZ(t)\right) \\ C(T) = \max(0, S(T) - K) \end{cases}$$

in cui:

$$\frac{A(t)S(t) + a(t) - r}{D(t)S(t) + b(t)}dt + dZ(t) \equiv d\hat{Z}(t)$$

è un BM nella misura $\hat{\wp}$ equivalente a $\wp$.

Dal teorema di Feynman-Kac la soluzione del problema di PDE è:

$$Call(t, S(t), K) = \hat{E}_t\left(\max(0, S(T) - K)e^{-\int_t^T r du}\right)$$

$$= e^{-r(T-t)}\hat{E}_t\left(\max(0, S(T) - K)\right)$$

ove il valor medio è calcolato rispetto alla dinamica risk-adjusted:

$$dS(t) = rS(t)dt + (D(t)S(t) + b(t))d\hat{Z}(t)$$

8.7.1 Una semplificazione: modello lognormale

Se assumiamo $b(t) = 0$ il modello diventa lognormale come nel caso BS ma con la volatilità deterministica e variabile nel tempo, $\sigma_S(t) = D(t)$:

$$\begin{cases} \frac{1}{2}\frac{\partial^2 C}{\partial S^2}D^2(t)S^2(t) + \frac{\partial C}{\partial S}rS(t) + \frac{\partial C}{\partial t} - rC(t) = 0 \\ dS(t) = rS(t)dt + D(t)S(t)d\hat{Z}(t) \\ C(T) = \max(0, S(T) - K) \end{cases}$$

mentre $S(T)$ è esplicitabile, da (8.12) come:

$$S(T) = S(t)e^{\int_t^T\left(r - \frac{D^2(u)}{2}\right)du + \int_t^T D(u)d\hat{Z}(u)}$$

che è condizionatamente lognormale:

$$\ln S(T) \sim N\left(\ln S(t) + r(T-t) - \frac{1}{2}\int_t^T D^2(u)du \; , \; \int_t^T D^2(u)du\right)$$

per cui la soluzione per il prezzo della call nel caso di coefficienti *time-varying* ha la forma standard di BS con $v^2(t,T) = \int_t^T D^2(u)du$ al posto di $\sigma_S^2(T-t)$:

$$Call(t, S(t), K) = e^{-r(T-t)}\hat{E}_t(\max(0, S(T)-K))$$
$$= S(t)N(d_1) - Ke^{-r(T-t)}N(d_2)$$
$$d_1 = \frac{\ln(\frac{S(t)}{K}) + r(T-t) + \frac{v^2(t,T)}{2}}{v(t,T)}$$
$$d_2 = d_1 - v(t,T)$$

8.7.2 Una semplificazione: modello normale

Se assumiamo $D(t) = 0$ il modello cambia natura, diventando normale invece che lognormale. In particolare $S(T)$ può assumere valori negativi con probabilità positiva (anche se piccola, in funzione dei parametri). La PDE diventa:

$$\begin{cases} \frac{1}{2}\frac{\partial^2 C}{\partial S^2}b(t)^2 + \frac{\partial C}{\partial S}rS(t) + \frac{\partial C}{\partial t} - rC(t) = 0 \\ dS(t) = rS(t)dt + b(t)d\hat{Z}(t) \\ C(T) = \max(0, S(T)-K) \end{cases}$$

mentre $S(T)$ è esplicitabile, da (8.12) come:

$$S(T) = e^{r(T-t)}\left(S(t) + \int_t^T e^{-r(u-t)}b(u)dZ(u)\right) \sim N\left(e^{r(T-t)}S(t), H^2\right)$$

$$H^2 \equiv e^{2r(T-t)}\int_t^T e^{-2r(u-t)}b^2(u)du$$

per cui la soluzione per il prezzo della call nel caso di normalità è (v. Appendice):

$$Call(t, S(t), K) = e^{-r(T-t)}\hat{E}_t\left(\max(0, S(T)-K)\right)$$
$$= S(t)N\left(\frac{e^{r(T-t)}S(t) - K}{H}\right) +$$
$$+ e^{-r(T-t)}HN'\left(\frac{e^{r(T-t)}S(t) - K}{H}\right) -$$
$$- e^{-r(T-t)}KN\left(\frac{e^{r(T-t)}S(t) - K}{H}\right)$$

8.8 Il pricing dei derivati con tassi d'interesse stocastici

8.8.1 Opzioni su prezzi spot: il pricing risk-neutral di Merton (1973)

Una delle prime estensioni apportate da Merton (1973) al modello di Black e Scholes è stata la considerazione di tassi variabili $R(t,T)$ in sostituzione del tasso costante r.

Sia:

$$dS(t) = \mu(t,S)S(t)dt + \sigma_S(t)S(t)dW_S(t) \qquad (8.14)$$

la dinamica con volatilità time-varying (deterministica) del sottostante di una call europea.

Merton (1973) assume un tasso istantaneo normale, guidato dalla SDE a coefficienti costanti:

$$dr(t) = a\,dt + g\,dW_r(t)$$
$$dW_r dW_S = \rho\,dt$$

e attraverso il ragionamento di non arbitraggio ottiene il prezzo dello ZCB $P(t,T,r)$ (v. capitolo 2) come:

$$P(t,T) = e^{-r(t)(T-t) - (a-g\varphi)\frac{(T-t)^2}{2} + g^2 \frac{(T-t)^3}{6}}$$

$$R(t,T) \equiv -\frac{\ln P(t,T)}{T-t} = r(t) + (a - g\varphi)\frac{(T-t)}{2} - g^2 \frac{(T-t)^2}{6}$$

Si noti che la dinamica dello ZCB è, sotto la misura risk-neutral:

$$dP(t,T) \equiv r(t)P(t,T)dt + \sigma_P(t,T)P(t,T)d\hat{W}_r(t) \qquad (8.15)$$

ove la volatilità è $\sigma_P(t,T) = -g(T-t)$.

Dinamiche più generali, come in Vasicek (1977), modificano la forma della volatilità dello ZCB lasciandola deterministica (ad esempio $\sigma_P(t,T) = -g\frac{1-e^{-k(T-t)}}{k}$ nel modello di Vasicek). Analogamente avviene per modelli alla Vasicek estesi (v. capitolo 2).

In generale, tutti i modelli della SPS c.d. affini (nel tasso a breve) si risolvono in forma chiusa con ZCB di tipo esponenziale e tassi spot affini dati rispettivamente da:

$$P(t,T) = e^{F(t,T) - r(t)G(t,T)}$$

$$R(t,T) = \frac{G(t,T)r(t) - F(t,T)}{T-t}$$

per cui $\sigma_P(t,T) = -g(t,r)G(t,T)$.

Con riferimento alle dinamiche (8.14) e (8.15), assumendo $\sigma_S(t)$ e $\sigma_P(t,T)$ deterministici (quindi $g(t,r) = g(t)$), il prezzo della call ha ancora la forma di BS con:

$$Call(t, S(t), K) = S(t)N(d_1) - KP(t,T)N(d_2)$$

$$d_1 = \frac{\ln(\frac{S(t)}{K}) - \ln P(t,T) + \frac{v^2(t,T)}{2}}{v(t,T)}$$

$$d_2 = d_1 - v(t,T)$$

$$v^2(t,T) = \int_t^T \left(\sigma_S^2(u) - 2\rho\sigma_S(u)\sigma_P(u,T) + \sigma_P^2(u,T) \right) du$$

La formula, come ora vedremo, è anche esprimibile in termini di prezzo forward $Q(t,T) = \frac{S(t)}{P(t,T)}$ fornendo l'estensione della formula di Black.

8.8.2 Opzioni su prezzi spot: il pricing forward-neutral di Black (1976)

Una strada alternativa per calcolare il prezzo delle opzioni europee con tassi stocastici è quella che ricorre alla misura forward-neutral (Capitolo 2).

Vale, infatti, il risultato generale:

$$Call(t) = P(t,T)E_t^{P(t,T)} \left(\max(0, S(T) - K)\right)$$
$$= P(t,T)E_t^{P(t,T)} \left(\max(0, Q(T,T) - K)\right)$$

dove il valor medio è calcolato rispetto alla misura forward-neutral e $Q(t,T)$ è il prezzo forward del sottostante.

Questo, come già visto, è una $P(t,T)$-martingala e la sua dinamica è esprimibile come:

$$dQ(t,T) = \sigma_Q Q dZ^{P(t,T)}(t)$$

per cui, assumendo una volatilità costante o deterministica si può applicare il modello generalizzato (8.2) ottenendo:

$$Call(t, Q(t,T), K) = P(t,T)E_t^{P(t,T)} \left(\max(0, S(T) - K)\right)$$
$$= P(t,T) \left[Q(t,T)N(d_1) - KN(d_2)\right]$$

$$d_1 = \frac{\ln(\frac{Q(t,T)}{K}) + \frac{\sigma_Q^2}{2}(T-t)}{\sigma_Q\sqrt{T-t}}$$

$$d_2 = d_1 - \sigma_Q\sqrt{T-t}$$

Il risultato ci dice che la formula di Black (1976), valida per opzioni su prezzi forward (=futures) a tassi costanti diventa utile, se si mantiene l'ipotesi di volatilità costante, per il caso di opzioni su prezzi spot a tassi stocastici.

Detto altrimenti, il modello che andava bene per le opzioni su forward con tassi deterministici va bene per le opzioni su spot con tassi (deterministici e) stocastici.

Si noti la condizione di equivalenza dei due risultati, risk-neutral e forward-neutral, essendo:

$$\sigma_Q^2 = v^2(t,T) = \int_t^T \left(\sigma_S^2(u) - 2\rho\sigma_S(u)\sigma_P(u,T) + \sigma_P^2(u,T) \right) du$$

8.8.3 Opzioni su prezzi forward e su prezzi futures

Ci si può chiedere come cambia la formula di Black per le opzioni su forward e su futures quando i tassi sono stocastici.

Al solito, consideriamo la call europea sul prezzo forward $Q(t, T_{FW})$ quando la scadenza dell'opzione è $T < T_{FW}$.

Poiché il prezzo forward è una $P(t, T_{FW})$-martingala si potrebbe esprimere il prezzo della call come:

$$
Call(t, Q(t, T_{FW}), K) = P(t, T_{FW}) E_t^{P(t, T_{FW})} \left(\frac{\max(0, Q(T, T_{FW}) - K)}{P(T, T_{FW})} \right)
$$
$$
= P(t, T) E_t^{P(t, T)} \left(\max(0, Q(T, T_{FW}) - K) \right)
$$

ma nel primo caso $\frac{Q(T, T_{FW})}{P(T, T_{FW})}$ e $\frac{K}{P(T, T_{FW})}$ non sono $P(t, T_{FW})$-martingale mentre nel secondo caso $Q(T, T_{FW})$ non è una $P(t, T)$-martingala.

Di conseguenza è necessario conoscere i drift (sotto le corrispondenti misure) dei processi coinvolti per poter calcolare i valori attesi.

Il calcolo non si semplifica nel caso dei prezzi futures.

Sia $q(t, T_{FU})$ il prezzo futures con scadenza $T_{FU} > T$. Sappiamo dal Capitolo 4 che $q(t, T_{FU})$ è una $B(t)$-martingala ma ciò non aiuta (anche nell'ipotesi di dinamica lognormale) a ricavare il prezzo della call:

$$
Call(t, q(t, T_{FU}), K) = \hat{E}_t \left(\max(0, q(T, T_{FU}) - K) e^{-\int_t^T r(u) du} \right)
$$

Un caso più facilmente trattabile si ha quando il payoff dell'opzione dipende solo dai tassi d'interesse.

Si parla in tal caso di derivati di tasso e ad essi dedichiamo il Capitolo 9.

8.9 Il pricing dei derivati con volatilità stocastica

Numerose evidenze hanno portato ad estendere il modello di BS al caso di volatilità non costante.

Quando gli stessi Black e Scholes (1972) applicarono per la prima volta il loro modello ai dati di mercato (2059 call e 3052 straddle scritti tra il 1966 e il 1969) trovarono: a) conferma dell'efficienza dei prezzi di mercato delle opzioni una volta tenuto conto dei costi di transazione; b) una sovrastima dei prezzi di mercato nel caso di stock con alta volatilità storica $\hat{\sigma}_1$ e una sottostima nel caso di stock a bassa volatilità storica $\hat{\sigma}_0$.

Quest'ultimo risultato, in termini di volatilità implicita σ^I si potrebbe tradurre come:

$$
\sigma_0^I < \hat{\sigma}_0 < \hat{\sigma}_1 < \sigma_1^I
$$

Naturalmente, non sorprende che sottostanti diversi abbiano volatilità (storiche e implicite) diverse. Tuttavia il risultato, sostanzialmente confermato anche in indagini successive (Galai, 1977), indica che l'uso della volatilità storica determina stime distorte dei prezzi di mercato. In altre parole, data la validità del modello di pricing, la volatilità storica non risulta una buona proxy della volatilità ex ante (o futura) che influenza implicitamente i prezzi delle opzioni. Una volatilità stocastica, vale a dire non costante può essere la causa di tale bias.

Più di recente, con lo sviluppo dei mercati d'opzione, è stato possibile mettere a confronto opzioni call e put sullo stesso sottostante, la stessa scadenza e diverso strike.

Osservazione 81. La definizione di implied vol comporta una stessa implied per call e put se vale la put-call parity sia teorica che empirica:

$$Call(t) = Call^{BS}(t, \sigma_c^I)$$
$$Put(t) = Put^{BS}(t, \sigma_p^I)$$
$$Call^{BS}(t, \sigma^I) - Put^{BS}(t, \sigma^I) = S(t) - KP(t, T)$$
$$= Call(t) - Put(t)$$
$$= Call^{BS}(t, \sigma_c^I) - Put^{BS}(t, \sigma_p^I)$$

Si noti che l'implied vol risulta (ex post) sistematicamente maggiore della (futura) realized vol. Si dimostra che l'implied variance è l'aspettativa RN della realized variance (v. Musiela e Rutkowski, 2005, p. 250).

Se $Call(K_j)$, $j = 1, ..., n$ sono i prezzi osservati di n opzioni (call) con n strike diversi si ottengono altrettante vol implicite $\sigma_j^I = \sigma^I(t, K_j)$ (*strike-structure* della vol) con andamenti convessi, detti *smile* (sorriso, se simmetrici) e *skew* o *smirk* (sorrisetto, se asimmetrici), con valori minimi intorno agli strike ATM (forward), Figura 8.2.

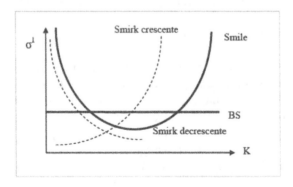

Figura 8.2. Smile e smirk di opzioni

L'esame di opzioni quotate con stesso strike e scadenze diverse T_h ha portato analogamente a implied vol dipendenti dalla scadenza $\sigma_h^I = \sigma^I(t, T_h)$ (*term-structure* della vol), simile, a prima vista, alla SPS dei tassi d'interesse. Queste due evidenze congiuntamente considerate portano a stimare, al tempo t, interpolando opportunamente strike e scadenze osservate (es. Tompkins, 2001), una **superficie di volatilità implicita**, $\sigma^I = \sigma^I(t, K, T)$ (*implied volatilty surface*) dipendente dallo strike e dalla scadenza (Figura 8.3).

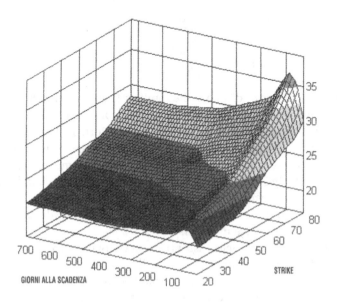

Figura 8.3. Superficie di volatilità

Ne segue che o la volatilità non è costante o, pur essendo costante, il modello di BS non è valido.

Osservazione 82. Si noti che se la superficie di volatilità dipendesse solo dalla scadenza e non dallo strike, $\sigma^I(t, T)$, il modello di BS con opportuna volatilità deterministica $\sigma(t)$ sarebbe sufficiente per ottenere un perfetto adattamento alla curva osservata, stante:

$$\sigma^I(t, T)^2 = \frac{1}{T - t} \int_t^T \sigma^2(u) du$$

$$\sigma^2(T) = \sigma^I(t, T)^2 + 2(T - t)\sigma^I(t, T)\frac{\partial \sigma^I(t, T)}{\partial T}$$

8.9.1 La probabilità implicita

La presenza di uno smile (o smirk) fa mettere sotto il riflettore la distribuzione di probabilità dei rendimenti logaritmici del sottostante ($\Delta \ln S \simeq \Delta S/S$).

Nelle ipotesi di BS questa è normale e la volatilità costante (smile piatto). Come visto nel Capitolo 7, Breeden e Litzenberger (1978) hanno mostrato che disponendo di un continuo di strike quotati la distribuzione implicita si ottiene dalla derivata seconda del prezzo rispetto a K:

$$\frac{\partial^2 Call}{\partial K^2} = \frac{\partial^2 Put}{\partial K^2} = e^{-r(T-t)} \hat{f}_S(K)$$

$$\hat{f}_S(K) \propto \frac{\partial^2 Call}{\partial K^2}$$

Chiaramente, la presenza di uno smile significa (rispetto all'ipotesi di normalità) prezzi alti per strike sia molto bassi sia molto alti (call molto ITM e molto OTM) e quindi densità di probabilità più forti nelle code (*fat tails*). Se lo smile è asimmetrico verso sinistra, si otterranno code spesse a sinistra e basse a destra. Quest'ultimo caso è diventato particolarmente evidente dopo il crash del 19 ottobre 1987 (Jackwerth e Rubinstein, 1996), a indicare che le probabilità RN sono skewed più di quelle naturali, includendo un aggiustamento per il rischio di crollo del mercato. A riprova, lo smile asimmetrico si accentua nelle fasi negative di borsa.

Tra le regolarità empiriche riscontrate nei movimenti dello smile e dell'intera superficie di volatilità, che la modellistica deve cercare di spiegare, si segnalano anche la regola *stiky strike* (l'implied vol di un'opzione che diventa ATM per il movimento del sottostante non cambia) e la regola *stiky delta* (l'implied vol non dipende dal livello del sottostante ma dalla *moneyness S/K* ovvero dal delta).

Osservazione 83. Delta modificato. Quando la volatilità dipende dal prezzo del sottostante si è suggerito di usare, nell'hedging, un delta modificato che tenga conto di tale dipendenza:

$$\Delta^{Mod} = \frac{\partial Call}{\partial S} + \frac{\partial Call}{\partial \sigma} \frac{\partial \sigma}{\partial S}$$

ove appare il delta di BS più il prodotto tra vega e il "delta della vol" $\frac{\partial \sigma}{\partial S}$. Poiché in genere quest'ultimo è negativo, il delta modificato risulta minore del delta di BS, sia per le call sia per le put. Se tuttavia si calcola il delta modificato rispetto alla vol implicita σ^I, uno smirk decrescente in K risulta crescente in S/K e quindi $\frac{\partial \sigma^I}{\partial S} > 0$.

Il conseguente abbandono dell'ipotesi di volatilità costante ha portato a due classi di modelli: a volatilità locale e a volatilità stocastica.

8.9.2 Modelli a volatilità locale

Si consideri un modello diffusivo con dinamica RN del tipo:

$$dS(t) = (r - \delta_S)S(t)dt + S(t)\sigma(t, S)d\hat{Z}(t) \tag{8.16}$$

La funzione $\sigma(S, t)$ prende il nome di *local volatility* (LV) o *implied volatility function* (IVF) e rappresenta un'estensione generale del modello di BS. Dupire, nel 1993 ha dimostrato il seguente teorema.

Teorema 20. *Dupire (1994)*. *Dato un insieme (continuo) di prezzi osservati sul mercato di opzioni call plain vanilla, $Call(t, K, T)$, se la local volatility è data da:*

$$\sigma(t, S) = 2\frac{\frac{\partial Call}{\partial T} + (r - \delta_S)S\frac{\partial Call}{\partial K} + \delta_S Call}{S^2 \frac{\partial^2 Call}{\partial K^2}}$$

allora il prezzo di una call plain vanilla è il valore attuale dell'aspettativa RN del payoff della call rispetto alla dinamica (8.16) e coincide con i dati prezzi di mercato:

$$Call(t, K, T) = e^{-r(T-t)}\hat{E}_t(\max(0, S(T) - K))$$

Il risultato di Dupire consente di passare dai prezzi delle opzioni plain vanilla alla vol del sottostante coerente con essi. Inoltre il mercato generato dal modello LV è completo, nel senso che le opzioni sono ridondanti, replicabili con strategie dinamiche in stock e cash.

Prima del suo risultato, erano state proposte alcune generalizzazioni della dinamica lognormale di BS che pur non consentendo un perfetto fit alla superficie di volatilità potevano rappresentare diverse forme di "variabilità" della vol. In tal modo, data la dinamica del sottostante si è cercato di rappresentare al meglio le volatilità implicite nei prezzi di mercato.

Modello CEV

In precedenza, una forma di volatilità stocastica era state proposte da Cox (1975) nella forma del modello CEV (*constant elasticity of variance*):

$$dS(t) = (r - \delta_S)S(t)dt + \alpha S^\beta(t)d\hat{Z}(t)$$
$$\sigma(t, S) = \alpha S^{\beta-1}(t)$$

Per $\beta = 1$ si ha il modello lognormale di BS, con vol costante α; per $\beta = 0$ si ha il modello normale di Bachelier (Capitolo 7), con vol α/S. L'evidenza empirica di volatilità negativamente correlate col livello dei prezzi suggerisce $0 < \beta < 1$. Tuttavia per $0 < \beta < 1/2$ la soluzione della SDE non è *pathwise unique* e si assume la restrizione $1/2 \leq \beta < 1$. Le probabilità di transizione della dinamica CEV sono note e, almeno in linea di principio, il valore atteso di qualunque payoff è calcolabile, sebbene non in forma chiusa. Per di più, le opzioni sono replicabili con stock e cash e il mercato (senza le opzioni) è completo.

Una generalizzazione del modello CEV è:

$$dS(t) = (r - \delta_S)S(t)dt + \alpha(t)g(S)d\hat{Z}(t)$$

che consente un migliore adattamento alla superficie di volatilità stimata sui prezzi di mercato $\sigma^I(t, K, T)$.

Modello shifted lognormal

Una semplice generalizzazione del modello di BS consiste nella dinamica (Rubinstein, 1983):

$$dS(t) = (r - \delta_S)S(t)dt + (\sigma_1 S(t) + \sigma_2)d\hat{Z}(t)$$

che equivale a BS se $\sigma_2 = 0$ e a Bachelier se $\sigma_1 = 0$. In tal caso call e put hanno prezzi con formule chiuse. Si veda sopra (8.12).

8.9.3 Modelli a volatilità stocastica

Un approccio alternativo ai modelli LV è quello della volatilità come processo stocastico $\sigma(t)$ non perfettamente correlato con il sottostante. La volatilità diventa così un processo diffusivo che induce nel mercato un autonomo fattore di rischio (*volatility risk*) e rende il mercato, in senso stretto, incompleto, con derivati non più replicabili con stock e cash.

Il modello a volatilità stocastica (SV) assume la dinamica naturale bidimensionale:

$$dS(t) = (\mu_S - \delta_S)S(t)dt + \sigma(t)S(t)dW_S(t)$$
$$d\sigma(t) = a_\sigma(t)dt + g_\sigma(t)dW_\sigma(t)$$
$$dW_S(t)dW_\sigma(t) = \rho(t)dt$$

Usando i risultati del Capitolo 2, la PDE del prezzo $V(t)$ di un derivato diventa:

$$\frac{1}{2}\frac{\partial^2 V}{\partial\sigma^2}g_\sigma^2 + \frac{1}{2}\frac{\partial^2 V}{\partial S^2}\sigma^2 S^2 + \frac{\partial^2 V}{\partial\sigma\partial S}g_\sigma\sigma S\rho + \frac{\partial V}{\partial S}\left[r - \delta_S\right]S +$$
$$\frac{\partial V}{\partial\sigma}\left[a_\sigma - g_\sigma\lambda\right] + \frac{\partial V}{\partial t} - rV = 0$$

La dinamica RN è ora costituita dalle SDE:

$$dS(t) = (r - \delta_S)S(t)dt + \sigma(t)S(t)d\hat{W}_S(t)$$
$$d\sigma(t) = \hat{a}_\sigma(t)dt + g_\sigma(t)d\hat{W}_\sigma(t)$$
$$d\hat{W}_S(t)d\hat{W}_\sigma(t) = \rho(t)dt$$

una delle quali rappresenta l'andamento della vol, con un suo drift $a_\sigma(t)$ e una sua vol $g_\sigma(t)$ (volvol)

Si noti che l'esistenza di una misura equivalente rispetto a cui $S(t)/B(t)$ è una martingala richiede condizioni non banali sul processo della vol (Sin, 1998).

Inoltre, dal teorema di Girsanov, il drift RN della vol è descrivibile come trasformata del drift naturale (v. Capitolo 2) attraverso il "prezzo" $\lambda(t)$ del volatility risk:

$$\hat{a}_\sigma(t) = a_\sigma(t) - \lambda(t)g_\sigma(t)$$

Tuttavia, $\lambda(t)$ è esogeno e la misura RN non è unica. In altre parole, il mercato non è completo e i derivati non sono replicabili con stock e cash (ma i derivati completano il mercato). Ponendo per semplicità $\delta_S = 0$, si ha il teorema dell'approccio SV.

Teorema 21. del modello SV (Romano e Touzi, 1997). *Sotto una delle misure RN, il prezzo di una call si può ottenere come opportuno valor medio della funzione di BS:*

$$Call(t) = \tilde{E}_t\left(Call^{BS}(t, S(t)e^{H(T)}, K, \Sigma(T))\right)$$

$$H(T) = \int_t^T \rho(u)\sigma(u)d\hat{W}_\sigma(u) - \frac{1}{2}\int_t^T \rho^2(u)\sigma^2(u)du$$

$$\Sigma(T) = \int_t^T (1 - \rho^2(u))\sigma^2(u)du$$

essendo $Call^{BS}(t, S, K, \Sigma)$ il prezzo di una call nel modello standard di BS con volatilità costante, pari a $\sigma^{BS} \equiv \sqrt{\frac{\Sigma}{T-t}}$:

$$Call^{BS}(t, S, K, \Sigma) = SN(d_1) - Ke^{-r(T-t)}N(d_2)$$

$$d_{1,2} = \frac{\ln(S/K) + r(T-t) \pm \frac{1}{2}\Sigma}{\sqrt{\Sigma}}$$

Se la correlazione è nulla, $\rho = 0$, si ha il modello di Hull e White (1987) con smile simmetrico attorno allo strike ATM forward.

Il modello di Heston (1993)

Una particolare modello SV è stato proposto da Heston (1993):

$$dS(t) = rS(t)dt + S(t)\sqrt{v(t)}d\hat{W}_S(t)$$

$$dv(t) = k(\hat{v} - v(t))dt + \eta\sqrt{v(t)}d\hat{W}_v(t)$$

$$d\hat{W}_S(t)d\hat{W}_\sigma(t) = \rho dt$$

con $v(t)$ processo della varianza (quadrato della vol), con dinamica di tipo square-root mean reverting (cfr. il modello CIR nel Capitolo 2).

La soluzione in forma chiusa del prezzo di una call europea è:

$$Call(t) = S(t)P_1 - Ke^{-r(T-t)}P_2$$

con $P_{1,2}$ probabilità che $S(T) > K$ in opportuni spazi probabilistici ottenibili via trasformata di Fourier. Si veda Minenna (2006, p. 367) per la derivazione completa e le greche. Per $\rho > 0$ (< 0) il modello di Heston mostra uno smirk crescente (decrescente) mentre per $\rho = 0$ si ottiene uno smile simmetrico. La dinamica della varianza del modello di Heston (1993) è un esempio di processo continuo ottenibile come limite di dinamiche discrete dette a Generalized Autoregressive Conditional Heteroskedasticity (GARCH), proposte nella letteratura econometrica da Bollerslev (1986) e Engle.

Il modello SABR

Per catturare lo smile e la sua dinamica futura Hagan, Kumar, Lesniewski e Woodward (2002) hanno proposto il modello SV detto SABR (sigma alpha beta rho), con dinamica del prezzo forward $Q(t) = S(t)e^{r(T-t)}$ data da:

$$dQ(t) = \sigma(t)Q^\beta(t)d\hat{W}_Q(t)$$
$$d\sigma(t) = \alpha\sigma(t)d\hat{W}_\sigma(t)$$
$$d\hat{W}_Q(t)d\hat{W}_\sigma(t) = \rho dt$$

Si noti che per $\alpha = 0$ si ottiene il modello CEV.

Osservazione 84. Modelli con salti. Una terza classe di modelli (Geman, 2002) in grado di spiegare gli effetti di smile è quella dei modelli a salti o processi di Lévy, caratterizzati da incrementi indipendenti e stazionari ma con traiettorie (escluso il solo caso normale o browniano) discontinue (continue da destra). Si noti che nonostante i salti, tali traiettorie sono a variazione finita mentre la variazione quadratica è aleatoria. Merton (1976) estese per primo il modello di BS aggiungendo alla dinamica lognormale dello stock quella di un processo di Poisson (jump-diffusion model). Per l'analisi del modello di Merton si veda anche Minenna (2006, p. 344). Modelli di tipo pure jump (es. iperbolici, normal inverse Gaussian, variance gamma, CGMY di Carr, Geman, Madan e Yor, 2002, 2003) sembrano avere ottime capacità di modellazione della volatilità. Ad esempio, nel modello variance gamma, un processo a salti sempre positivi, g, (subordinator) consente un cambiamento aleatorio del tempo (da tempo storico a tempo economico o business time g) detto random time change che determina prezzi condizionatamente lognormali con volatilità $\sigma\sqrt{g}$ invece della classica $\sigma\sqrt{T-t}$.

Osservazione 85. VIX e VIX derivatives. A partire dal 1993, il CBOE ha costruito un indice, detto VIX, che riflette la volatilità implicita delle opzioni quotate sull'S&P500 (in origine sull'S&P100) e contestualmente ha avviato scambi su derivati aventi come sottostante il livello futuro del VIX e della

varianza realizzata RV. Si noti che il prezzo futures corrente del VIX è l'a-
spettativa RN del VIX futuro e il quadrato del VIX corrente è l'aspettativa
RN della varianza realizzata dell'S&P500, RV, tra t e T (scadenza delle opzioni
sottostanti il VIX) :

$$q^{vix}(t, s) = \hat{E}_t(VIX(s))$$
$$VIX(t)^2 = \hat{E}_t(RV(T))$$

Per un'analisi del VIX e dei suoi derivati si veda Carr e Wu (2006).

9

Opzioni su tassi d'interesse

I derivati di tasso sono contratti il cui payoff futuro dipende dal livello dei tassi d'interesse.

L'ipotesi di tassi stocastici, considerata negli altri casi un miglioramento in termini di realismo del modello, diventa, qui, una generalizzazione assolutamente indispensabile: se i tassi fossero deterministici, i derivati di tasso sarebbero del tutto privi di senso.

Il punto di partenza, quindi, è la variabilità stocastica dei tassi sulla base di dinamiche più o meno semplici, da specificare.

Alcune tipologie di derivati di tasso sono già state esaminate: forward, futures, floater e swap sono infatti esempi di contratti con payoff (lineare) dipendente dal livello dei tassi d'interesse. Si possono, tuttavia, immaginare casi di maggiore complessità: una call che paga alla scadenza T la differenza tra il tasso a 3 mesi del momento e un tasso K prefissato è un caso (noto come *caplet*) di derivato di tasso con payoff non lineare:

$$\max(0, R(T, T + 3m) - K)$$

Cap, floor e swaption sono altri esempi importanti.

Oggi, i derivati di tasso, trattati per lo più sui mercati OTC, coprono una quota superiore al 75% (in termini di valore nozionale) dell'intero volume di derivati esistenti.

La determinazione del prezzo e la gestione dinamica dei portafogli contenenti derivati di tasso sono, al riguardo, due aspetti chiave sia dal punto di vista teorico sia dal punto di vista pratico.

Negli ultimi decenni, infatti, l'importanza anche quantitativa assunta dai mercati obbligazionari, la variabilità sperimentata dai tassi d'interesse e le esigenze di copertura dei rischi hanno determinato un grande sviluppo del mercato dei derivati di tasso mentre parallelamente si è avvertita l'esigenza di sviluppare modelli sufficientemente complessi, coerenti e generali per tener conto della realtà degli scambi, delle esigenze della clientela e della forte spinta innovativa impressa dall'offerta.

Cesari R: Introduzione alla finanza matematica.
© Springer-Verlag Italia, Milano 2009

9.1 Peculiarità dei tassi stocastici: la struttura delle volatilità

Come sottolineato da Hull (2003, cap. 22), i derivati di tasso presentano maggiori difficoltà analitiche rispetto ai derivati su azioni o valute. Si pensi al fatto che:

1. i tassi sono coinvolti sia nel payoff futuro del derivato sia nel fattore di attualizzazione necessario per ricavare il prezzo corrente;
2. a differenza di un'azione, un'obbligazione ha una dinamica che non è pienamente libera bensì è vincolata a convergere al valore facciale alla scadenza;
3. a differenza delle diverse azioni, i tassi relativi a scadenze diverse sono tra loro collegati da relazioni di non arbitraggio che determinano la c.d. struttura per scadenza del tassi d'interesse (v. capitolo 2). Modellare i tassi significa modellare una curva con dinamica parzialmente vincolata;
4. le volatilità dei tassi, variando col tempo e le scadenze, descrivono un'intera superficie, concettualmente suggestiva ma analiticamente impegnativa.

Per comprendere le peculiarità dell'analisi dei tassi d'interesse, si consideri il caso, relativamente semplice, di uno ZCB che scade in T.

In un'economia a tempo continuo e con incertezza modellata da BM si può ritenere che il prezzo $P(t,T)$ dello ZCB sia descritto dalla generica dinamica:

$$dP(t,T) = a(t,T)P(t,T)dt + b(t,T)P(t,T)dZ(t)$$

Un primo set di vincoli a tale dinamica deriva dalle proprietà dello ZCB all'avvicinarsi della scadenza:

$$\lim_{t \uparrow T} P(t,T) = 1 \qquad \text{convergenza al valore facciale (pull to par)}$$

$$\lim_{t \uparrow T} b(t,T) = 0 \qquad \text{annullamento dell'incertezza (vol)}$$

$$\lim_{T \downarrow t} a(t,T) = r(t) \qquad \text{trasformazione del drift in tasso istantaneo}$$

Un secondo set di vincoli deriva dalla condizione di non arbitraggio che si traduce in un legame tra drift $a(t,T)$ e volatilità $b(t,T)$.

Per vederlo, si considerino due titoli $P(t,T_1)$ e $P(t,T_2)$ e si costruisca un portafoglio d'arbitraggio:

$$\Pi(t) = \Delta P_1 - P_2$$

che avrà dinamica:

$$
\begin{aligned}
d\Pi(t) &= \Delta dP_1 - dP_2 \\
&= (\Delta a_1 P_1 - a_2 P_2)dt + (\Delta b_1 P_1 - b_2 P_2)dZ(t)
\end{aligned}
$$

Fissando la quantità dinamica Δ come:

$$\Delta = \frac{b_2 P_2}{b_1 P_1}$$

il portafoglio diventa privo di rischio e deve rendere il tasso risk-free:

$$
\begin{aligned}
d\Pi(t) &= \left(\frac{b_2 P_2}{b_1 P_1} a_1 P_1 - a_2 P_2 \right) dt \\
&= r(t)\Pi(t)dt \\
&= r(t) \left(\frac{b_2 P_2}{b_1 P_1} P_1 - P_2 \right) dt
\end{aligned}
$$

Eguagliando i due drift si ottiene, dopo una semplificazione, la condizione:

$$\frac{a_1 - r}{b_1} = \frac{a_2 - r}{b_2}$$

Poiché essa deve valere per qualunque coppia di scadenze T_1 e T_2 ne segue che il rapporto $\frac{a-r}{b}$ è una funzione, $\varphi(t)$, (prezzo di mercato del rischio) indipendente dalla scadenza T, vale a dire:

$$a(t,T) = r(t) + \varphi(t)b(t,T)$$

in cui il drift del prezzo dipende dalla sua volatilità e dal prezzo del rischio ed è scomponibile nel tasso risk-free più un premio al rischio che dipende dalla quantità di rischio (la volatilità dello ZCB) e dal prezzo del rischio $\varphi(t)$.

La stessa condizione di non arbitraggio si traduce in un vincolo alla dinamica dei tassi. Infatti, per definizione di tasso forward istantaneo, $r_{FW}(t,s)$ (Cesari e Susini, 2005a, paragrafo 3.7.5) si ha:

$$P(t,T) = e^{-R(t,T)(T-t)} = e^{-\int_t^T r_{FW}(t,s)ds}$$

e quindi, assumendo la generica dinamica (v. capitolo 2):

$$dr_{FW}(t,T) = \mu_{FW}(t,T)dt + \sigma_{FW}(t,T)dZ(t)$$

si ricava, dal lemma di Itô:

$$
\begin{aligned}
a(t,T) &= r(t) - \int_t^T \mu_{FW}(t,v)dv + \frac{1}{2}b^2(t,T) \\
b(t,T) &= -\int_t^T \sigma_{FW}(t,v)dv
\end{aligned}
$$

per cui:

$$\int_t^T \mu_{FW}(t,v)dv = \frac{1}{2}b^2(t,T) - \varphi(t)b(t,T)$$

e quindi, derivando rispetto a T, si ha il risultato (Heath, Jarrow e Morton, 1992):

$$\mu_{FW}(t,T) = \sigma_{FW}(t,T)\left(\int_t^T \sigma_{FW}(t,v)dv + \varphi(t)\right)$$

per cui il drift del tasso forward istantaneo dipende dalla sua volatilità e dal prezzo del rischio.

Infine, la condizione di non arbitraggio si trasferisce ai tassi spot in base alle definizioni:

$$r(t) = \lim_{T\downarrow t} r_{FW}(t,T)$$

$$R(t,T) = \frac{1}{T-t}\int_t^T r_{FW}(t,s)ds$$

In linea di principio, dunque, non è possibile risolvere in modo semplice il problema del pricing dei derivati di tasso assumendo, ad esempio, una dinamica lognormale per $R(t,T_s)$ e calcolando il valor medio scontato del payoff dato che $R(t,T_s)$ e $r(t)$ interagiscono via arbitraggio e le ipotesi su $R(t,T_s)$ devono essere coerenti con quelle su $R(t,T_v)$ pena il calcolo di prezzi inconsistenti che generano arbitraggi.

9.2 Opzioni su obbligazioni

9.2.1 Opzioni su zero-coupon bond

Si consideri il caso di un'opzione call europea con scadenza T su uno ZCB con scadenza $T_s > T$.

Il payoff è:

$$\max(0, P(T,T_s) - K)$$

e dai teoremi fondamentali del pricing si può scrivere:

$$\begin{aligned}
Call(t, P(t,T_s), K) &= V_t(\max(0, P(T,T_s) - K)) \qquad (9.1)\\
&= V_t((P(T,T_s) - K)\chi_{P(T,T_s)>K})\\
&= V_t(P(T,T_s)\chi_{P(T,T_s)>K}) - KV_t(\chi_{P(T,T_s)>K})\\
&= P(t,T_s)E_t^{P(t,T_s)}\left(\frac{P(T,T_s)\chi_{P(T,T_s)>K}}{P(T,T_s)}\right) - KP(t,T)E_t^{P(t,T)}\left(\frac{\chi_{P(T,T_s)>K}}{P(T,T)}\right)\\
&= P(t,T_s)E_t^{P(t,T_s)}(\chi_{P(T,T_s)>K}) - KP(t,T)E_t^{P(t,T)}(\chi_{P(T,T_s)>K})
\end{aligned}$$

ove χ_a è la funzione indicatore di a (=1 quando a è vero e 0 nel caso opposto) e tali valori medi dipendono dalla distribuzione di $P(T,T_s)$ rispetto alle due misure.

Caso dei modelli affini della SPS

Se si è assunto un modello della SPS come quelli analizzati nel capitolo 2, a partire dalla dinamica di r (o r_{FW}) si ottiene in modo esplicito la dinamica del prezzi ZCB e quindi il calcolo del valor medio (9.1) può essere fatto analiticamente.

Nel caso di modelli affini della SPS, in particolare, si ha:

$$P(T, T_s) = F(T, T_s)e^{-G(T,T_s)r(T)}$$

e quindi:

$$P(T, T_s) > K \quad \text{se e solo se } r(T) < \frac{\ln F(T, T_s) - \ln K}{G(T, T_s)} = r^*$$

e si ha:

$$Call(t, P(t, T_s), K) \qquad (9.2)$$
$$= P(t, T_s)Prob_t^{P(t,T_s)}(r(T) < r^*) - KP(t, T)Prob_t^{P(t,T)}(r(T) < r^*)$$

Ad esempio nel modello di Vasicek, la dinamica RN di $r(t)$ è:

$$dr(t) = k(\vartheta - \frac{g\varphi}{k} - r(t))dt + gd\hat{Z}(t)$$

e quindi, con riferimento alle misure $P(t, T_s)$-forward e $P(t, T)$-forward si ha:

$$dZ^{P(t,T_s)} = -G(t, T_s)gdt - d\hat{Z}(t)$$
$$dZ^{P(t,T)} = -G(t, T)gdt - d\hat{Z}(t)$$

da cui è possibile ricavare le distribuzioni di $r(T)$ e le probabilità in (9.2) (si noti che i coefficienti di drift non sono più costanti).

In particolare, per i modelli di Merton e Ho-Lee e Vasicek e Hull-White, se si pone:

$$\sigma^* = g(T_s - T)\sqrt{T - t} \qquad \text{Merton e Ho-Lee}$$

$$\sigma^* = \frac{g}{k}\left(1 - e^{-k(T_s - T)}\right)\sqrt{\frac{1 - e^{-2k(T-t)}}{2k}} \qquad \text{Vasicek e Hull-White}$$

si ottiene un risultato simile alla formula standard di BS:

$$Call(t, P(t, T_s), K) = P(t, T_s)N(d_1^{ZCB}) - KP(t, T)N(d_2^{ZCB}) \qquad (9.3)$$
$$d_1^{ZCB} = \frac{\ln(\frac{P(t,T_s)/P(t,T)}{K}) + \frac{\sigma^{*2}}{2}}{\sigma^*}$$
$$d_2^{ZCB} = d_1^{ZCB} - \sigma^*$$

Per lo sviluppo dei passaggi si veda Cairns (2004, pag. 65 e Appendice B1).

Il sottostante come prezzo forward

Si osservi, tuttavia, che il prezzo forward:

$$Q(t, T, T_s) = \frac{P(t, T_s)}{P(t, T)}$$

è una $P(t, T)$-martingala che coincide col prezzo spot $P(T, T_s)$ al tempo T e ha la rappresentazione dinamica:

$$dQ(t, T, T_s) = \sigma_Q Q dZ^{P(t,T)}(t)$$

In assenza di un modello della SPS si assume σ_Q costante (ma funzione di T e T_s) e si può scrivere:

$$
\begin{aligned}
Call(t, Q(t, T, T_s), K) &= P(t, T)E_t^{P(t,T)} \left(\max(0, P(T, T_s) - K) \right) \quad (9.4) \\
&= P(t, T) \left[Q(t, T, T_s)N(d_1) - KN(d_2) \right] \\
d_1 &= \frac{\ln(\frac{Q(t,T,T_s)}{K}) + \frac{\sigma_Q^2}{2}(T - t)}{\sigma_Q \sqrt{T - t}} \\
d_2 &= d_1 - \sigma_Q \sqrt{T - t}
\end{aligned}
$$

Per la put, si ha, analogamente:

$$
\begin{aligned}
Put(t, Q(t, T, T_s), K) &= P(t, T)E_t^{P(t,T)} \left(\max(0, K - P(T, T_s)) \right) \\
&= P(t, T) \left[KN(-d_2) - Q(t, T, T_s)N(-d_1) \right]
\end{aligned}
$$

Tale risultato, come visto nel Capitolo precedente, mostra la validità del modello di Black (1976) (nato per le opzioni su forward con tassi deterministici) per le opzioni su prezzi spot con tassi stocastici. Il pricing richiede la stima della volatilità $\sigma_Q(T, T_s)$ del (logaritmo del) prezzo forward (*forward volatility* del prezzo spot), ottenibile, con approssimazione lineare, via duration dalla vol del tasso forward (v. sotto).

In presenza di un modello della SPS, come quello di Vasicek, si ricava la forma specifica di σ_Q:

$$dQ(t, T, T_s) = Qg(G(t, T) - G(t, T_s))dZ^{P(t,T)}(t)$$

Pertanto, sotto la misura $P(t, T)$-forward si ha, calcolando gli integrali:

$$\ln Q(T, T, T_s) \sim N \left(\ln Q(t, T, T_s) - \frac{1}{2}H^2(t, T), \quad H^2(t, T) \right)$$

$$
\begin{aligned}
H(t, T) &= g\sqrt{\int_t^T (G(s, T) - G(s, T_s))^2 \, ds} \\
&= \frac{g}{k} \left(1 - e^{-k(T_s - T)} \right) \sqrt{\frac{1 - e^{-2k(T - t)}}{2k}}
\end{aligned}
$$

e quindi, sfruttando i risultati sulle distribuzioni (log-)normali (v. Appendice), si può calcolare il valor medio troncato ottenendo il risultato già visto in (9.3).

Per la soluzione nel caso del modello square root si veda CIR (1985b) e Cairns (2004, p. 67 e Appendice B2). In questo caso le probabilità coinvolte non sono più normali ma chi-quadro non centrali.

9.2.2 Opzioni su coupon bond

Il ragionamento precedente si estende al caso del coupon bond.

Il sottostante come prezzo forward

Si consideri una call europea su un CB di prezzo in T, $B(T, T_s, c)$. Si è visto, nel Capitolo 3, che il prezzo forward di non arbitraggio è:

$$Q(t, T, T_s, c) = \frac{B(t, T_s, c) - I(t, T, c)}{P(t, T)}$$

essendo $I(t, T, c)$ il valore in t dei flussi cedolari (noti) tra t e T generato dal CB.

Il prezzo forward è, al solito, una $P(t, T)$-martingala e il modello precedente può essere applicato.

Valgono due considerazioni pratiche:

1. i prezzi considerati nei modelli teorici sono prezzi *tel quel* (*dirty price*). Se, come in genere avviene nella pratica, le quotazioni di mercato e i valori di strike sono intesi come prezzi secchi (*clean price*), per utilizzarli nel pricing devono essere trasformati in prezzi tel quel aggiungendo, sia alle quotazioni sia allo strike K, il rateo (con convenzione ISMA actual/actual);
2. la volatilità σ_Q richiesta nella formula è la volatilità del logaritmo del *prezzo* forward $Q(t, T, T_s, c)$. Se è disponibile una stima della volatilità del *tasso* forward $R_{FW}(t, T, T_s)$, si può ricavare una stima di σ_Q via duration (Cesari e Susini, 2005b, paragrafo 4.7). Infatti:

$$\sigma_Q \equiv \sigma\left(\frac{\Delta Q}{Q}\right) \simeq D \, R_{FW} \sigma\left(\frac{\Delta R_{FW}}{R_{FW}}\right) \equiv D \, \sigma_{FW}$$

essendo D la duration in T del titolo sottostante. Si noti che per dato T_s (durata del CB sottostante) la duration e quindi la volatilità σ_Q calano al crescere della scadenza T dell'opzione. Per un sottostante ZCB si ottiene il modello normale di Merton e Ho-Lee visto sopra:

$$\sigma_Q \simeq g(T_s - T).$$

Caso dei modelli unifattoriali della SPS

Jamshidian (1989) ha mostrato che in un modello unifattoriale, con variabile di stato $r(t)$, un'opzione su coupon bond equivale a un portafoglio di opzioni su ZCB.

Si voglia calcolare il prezzo della call:

$$Call(t, B(t, T_s, c, r), K) = V_t \left(\max(0, B(T, T_s, c, r) - K) \right)$$

Sia $r°$ il tasso per cui:

$$B(T, T_s, c, r°) = \sum_{i=1}^{n} c_i P(T, t_i, r°) = K$$

ove la prima eguaglianza riflette il risultato di non arbitraggio del CB come portafoglio di ZCB e la seconda definisce implicitamente $r°$. Si ha:

$$Call(t, B(t, T_s, c, r), K) = V_t \left(\max \left(0, \sum_{i=1}^{n} c_i P(T, t_i, r(T)) - \sum_{i=1}^{n} c_i P(T, t_i, r°) \right) \right)$$

$$= V_t \left(\max \left(0, \sum_{i=1}^{n} c_i \left(P(T, t_i, r(T)) - K_i \right) \right) \right)$$

Ma tutti i prezzi degli ZCB sono funzione decrescente di $r(T)$ per cui rileva solo (per la call) $r(T) < r°$ nel qual caso tutti gli addendi sono positivi e si può scrivere:

$$Call(t, B(t, T_s, c, r), K) = V_t \left(\sum_{i=1}^{n} c_i \max \left(0, P(T, t_i, r(T)) - K_i \right) \right)$$

$$= \sum_{i=1}^{n} c_i V_t \left(\max \left(0, P(T, t_i, r(T)) - K_i \right) \right)$$

$$= \sum_{i=1}^{n} c_i Call \left(t, P(t, t_i), K_i \right)$$

La call sul CB è quindi uguale a un portafoglio di call sugli ZCB componenti il CB usando come strike $K_i \equiv P(T, t_i, r°)$.

9.3 Opzioni su tassi Libor

9.3.1 Caplet e floorlet

Un *caplet* è un contratto d'opzione call europea che ha come sottostante un tasso d'interesse a pronti $R(S, T)$ (in capitalizzazione semplice, tasso Libor) osservato in S per la durata $T - S$ e che, se l'opzione viene esercitata, paga alla scadenza T (caplet in advance) il payoff:

$$\max(0, R(S, T) - K) \cdot (T - S) \cdot Nom$$

in cui Nom è l'ammontare nominale (capitale nozionale) usato come base di riferimento per il calcolo del pagamento finale.

Esempio 34. Il payoff di un caplet di 20 milioni di euro di nominale sul Libor a 3 mesi con strike 4.5%, per scadenza 4 mesi è, una volta osservato in $t + 1$ il Libor $R(t + 1, t + 4) = 5.1\%$:

$$\max(0, 5.1\% - 4.5\%)\frac{3}{12}20mil = 30000$$

Chi compra un caplet riceve un pagamento solo se il tasso sottostante supera un livello prefissato K. Di conseguenza, il caplet può convenire a chi riceve un tasso fisso, per sfruttare rialzi del mercato o a chi paga un tasso variabile, per ridurre l'esborso se i tasso dovessero salire:

$$K + \max(0, R(S, T) - K) = \max(K, R(S, T))$$
$$-R(S, T) + \max(0, R(S, T) - K) = \max(-R(S, T), -K) = -\min(R(S, T), K)$$

Trascurando il nozionale, notiamo che il payoff si può scrivere in termini di tasso Libor forward $R(S, S, T) = R(S, T)$, che, dal Capitolo 3, sappiamo essere una $P(t, T)$-martingala.

Pertanto:

$$C(t, R(t, S, T), K) = V_t\left(\max(0, R(S, T) - K) \odot 1(T)\right)(T - S)$$
$$= P(t, T)E_t^{P(t,T)}\left(\max(0, R(S, S, T) - K)\right)(T - S)$$

Assumendo $R(t, S, T)$ lognormale con **volatilità deterministica** $\gamma_{FW}(t, S, T)$:

$$dR(t, S, T) = \gamma_{FW}(t, S, T)R(t, S, T)dZ^{P(t,T)}(t)$$

si può applicare la formula di Black che dà:

$$C(t, R(t, S, T), K) = (T - S)P(t, T)\left[R(t, S, T)N(d_1) - KN(d_2)\right]$$
$$d_1 = \frac{\ln(\frac{R(t,S,T)}{K}) + \frac{\Gamma_{FW}^2}{2}}{\Gamma_{FW}}$$
$$d_2 = d_1 - \Gamma_{FW}$$
$$\Gamma_{FW}^2 = \int_t^S \gamma_{FW}^2(t, S, T)dt$$

Si noti che si può anche scrivere:

$$
\begin{aligned}
C(t, R(t, S, T), K) &= V_t \left(\max(0, R(S, T) - K) \odot 1(T) \right) (T - S) \\
&= V_t \left(\max(0, R(S, T) - K) V_S(1(T)) \right) (T - S) \\
&= V_t \left(\max(0, R(S, T) - K) P(S, T) \right) (T - S) \\
&= V_t \left(\max(0, 1 + (T - S)R(S, T) - (1 + (T - S)K)) P(S, T) \right) \\
&= V_t \left(\max(0, 1(S) - (1 + (T - S)K) P(S, T)) \right) \\
&= (1 + (T - S)K) V_t \left(\max(0, \frac{1(S)}{1 + (T - S)K} - P(S, T)) \right)
\end{aligned}
$$

per cui un caplet (una call sul tasso) è interpretabile come una put europea con scadenza S su $(1 + (T - S)K)$ ZCB con scadenza T e strike unitario.

Un *floorlet* è un contratto d'opzione put europea che ha come sottostante un tasso d'interesse a pronti $R(S, T)$ (in capitalizzazione semplice, tasso Libor) osservato in S per la durata $T - S$ e che, se esercitato, paga alla scadenza T (floorlet in advance) il payoff:

$$
\max(0, K - R(S, T)) \cdot (T - S) \cdot Nom
$$

Ragionando come per il caplet si ha:

$$
P(t, R(t, S, T), K) = (T - S)P(t, T) \left[KN(-d_2) - R(t, S, T)N(-d_1) \right]
$$

ove d_1 e d_2 sono stati definiti sopra.

Una floorlet è equivalente a un'opzione call europea con scadenza S su $(1 + (T - S)K)$ ZCB con scadenza T e strike unitario.

Dalle definizione date si ricava che la differenza tra un caplet e un florlet dà un contratto di tipo FRA (il FRA ha $K = R(t, S, T)$):

$$
\max(0, R(S, T) - K) - \max(0, K - R(S, T)) = R(S, T) - K
$$
$$
caplet - floorlet = \text{``}FRA\text{''}
$$

Osservazione 86. Un Nobel ai trader. Prima che Jamshidian, nel 1989, ricavasse la formula chiusa per i derivati di tasso mediante l'uso delle misure forward-neutrali, gli operatori, ormai familiari con la formula di Black (1976) per i prezzi futures, avevano già cominciato a quotare le *interest rate options* (presenti sui mercati già dai primi anni '80) con il modello standard lognormale, sostituendo ai prezzi i tassi forward.

9.3.2 Caplet e floorlet in arrears

Un *caplet in arrears* (cioè con tassi Libor fissati in concomitanza col pagamento) è un contratto d'opzione call europea che paga l'eventuale payoff allo stesso tempo S in cui è osservato il tasso Libor $R(S, T)$. Pertanto:

$$C^a(t, R(t, S, T), K) = V_t \left(\max(0, R(S, T) - K)\right)(T - S)$$
$$= P(t, S)E_t^{P(t,S)} \left(\max(0, R(S, S, T) - K)\right)(T - S)$$

Si noti, tuttavia, che il tasso forward $R(t, S, T)$ non è una $P(t, S)$-martingala ma una $P(t, T)$-martingala.

A tal fine si può considerare la relazione:

$$C^a(t, R(t, S, T), K) = P(t, T)E_t^{P(t,T)} \left(\frac{\max(0, R(S, S, T) - K)}{P(S, T)}\right)(T - S)$$
$$= P(t, T)E_t^{P(t,T)} \left(\max(0, R(S, S, T) - K)(1 + (T - S)R(S, S, T))\right)(T - S)$$
$$= P(t, T)E_t^{P(t,T)} \left(\max(0, (T - S)R^2(S, S, T) + \right.$$
$$\left. + R(S, S, T)(1 - (T - S)K) - K)\right)(T - S)$$

e usare un'approssimazione per la distribuzione di $aR^2 + bR$.

9.3.3 Cap e floor spot

Un *cap* è un portafoglio di caplet (portafoglio di call su Libor), vale a dire un contratto che alle date $(t_1, t_2, ..., t_n)$, con $t_i = t + i\delta$, $i = 1, ..., n$, $t_0 \equiv t$, $t_n \equiv T$, paga i caplet (set in advance):

$$\max(0, R(t_{i-1}, t_i) - K) \cdot \delta \cdot Nom \odot 1(t_i) \qquad i = 1, ..., n$$

Si tratta quindi di un contratto spot con particolari flussi "opzionali" (funzioni max) nel payoff. In altre parole è un titolo che contiene opzioni.

Trascurando il nominale, il primo flusso è noto in t e vale:

$$\delta \cdot P(t, t_1) \max(0, R(t, t_1) - K)$$

mentre per tutti gli altri, $i = 2, ..., n$ si ha, nell'ipotesi di lognormalità dei tassi forward con volatilità deterministiche:

$$C(t, R(t, t_{i-1}, t_i), K) = \delta \cdot P(t, t_i) \left[R(t, t_{i-1}, t_i)N(d_1) - KN(d_2)\right]$$
$$d_1 = \frac{\ln(\frac{R(t, t_{i-1}, t_i)}{K}) + \frac{\Gamma_{i-1}^2}{2}(t_{i-1} - t)}{\Gamma_{i-1}\sqrt{t_{i-1} - t}}$$
$$d_2 = d_1 - \Gamma_{i-1}\sqrt{t_{i-1} - t}$$
$$\Gamma_{i-1}^2 = \frac{1}{t_{i-1} - t} \int_t^{t_{i-1}} \gamma^2(t, t_{i-1}, t_i)dt$$

e il valore del cap sarà la somma dei valori dei caplet:

$$Cap(t, n, \delta, K) = \delta \, V_t \left(\sum_{i=2}^n \max(0, R(t_{i-1}, t_i) - K) \odot 1(t_i)\right) +$$
$$+ \delta \, P(t, t_1) \max(0, R(t, t_1) - K)$$
$$= \sum_{i=2}^n C(t, R(t, t_{i-1}, t_i), K) + \delta \cdot P(t, t_1) \max(0, R(t, t_1) - K)$$

Un *floor* è un portafoglio di floorlet (portafoglio di put su Libor) con valore:

$$Floor(t, n, \delta, K) = \sum_{i=2}^{n} P(t, R(t, t_{i-1}, t_i), K) + \delta \cdot P(t, t_1) \max(0, K - R(t, t_1))$$

Si noti la *cap-floor parity* per cui la differenza tra un cap e un floor è un contratto di tipo swap (un contratto swap ha $K = R_{SW}(t, n, \delta)$):

$$\sum_{i=1}^{n} \max(0, R(t_{i-1}, t_i) - K)\delta \odot 1(t_i) - \sum_{i=1}^{n} \max(0, K - R(t_{i-1}, t_i))\delta \odot 1(t_i)$$

$$= \sum_{i=1}^{n} (R(t_{i-1}, t_i) - K)\delta \odot 1(t_i)$$

$$cap(K) - floor(K) = \text{"swap"}(K)$$

Ovviamente si possono definire cap e floor in arrears.

9.3.4 Cap e floor forward

Cap e floor forward (set in advance) hanno come date di pagamento $T_i = T + i\delta$, $i = 1, ..., n$, $T_0 = T > t$ in cui:

$$cap\ forward = \sum_{i=1}^{n} \max(0, R(T_{i-1}, T_i) - K) \odot 1(T_i)$$

$$floor\ forward = \sum_{i=1}^{n} \max(0, K - R(T_{i-1}, T_i)) \odot 1(T_i)$$

In tal caso, la sola differenza rispetto al caso precedente è che le opzionalità presenti nei flussi non partono da subito ma da una data successiva T. Ovviamente, per $T = t$ si hanno le cap e floor spot viste sopra.

Chiaramente si ha la cap-floor parity forward:

$$cap\ forward(K) - floor\ forward(K) = \text{"swap forward"}(K)$$

in cui K prende il posto del tasso swap forward $R_{SW}(t, T, n, \delta)$.

9.3.5 La coerenza delle dinamiche di volatilità

Il problema della struttura delle volatilità, vale a dire della coerenza tra le dinamiche dei tassi, è ineludibile nel caso di cap e floor.

Infatti, nel prezzo di ciascun caplet componente, ogni tasso Libor forward $L_i \equiv R(t, t_i, t_{i+1})$, $i = 1, ..., n - 1$, è una martingala solo rispetto alla "sua" misura forward in $P_{i+1} \equiv P(t, t_{i+1})$ (Capitolo 6) per cui si ha:

$$dL_i = L_i \gamma_i(t, t_i, t_{i+1}) dZ^{P_{i+1}}$$

$$\gamma_i = \left(\frac{1 + \delta L_i}{\delta L_i} \right) (b_i - b_{i+1})$$

essendo b_i la volatilità dello ZCB P_i.

L'insieme $(\gamma(t, t_1, t_2), \gamma(t, t_2, t_3), ..., \gamma(t, t_{n-1}, t_n))$ prende il nome di struttura per scadenza delle volatilità dei Libor (v. Capitolo 6).

Chiaramente, non è possibile assumere volatilità arbitrarie per i prezzi ZCB e per i tassi Libor.

Inoltre, per il pricing dei derivati sui Libor risulta più conveniente e diretto modellare questi tassi piuttosto che ricavarli da modelli del tasso spot o forward istantaneo.

Nello stesso tempo, però, i modelli dei Libor (Libor Market Model) devono essere arbitrage-free, congiuntamente coerenti con i vincoli di HJM ricavati dall'ipotesi di non arbitraggio. In tal senso, il modello di Brace, Gatarek e Musiela (1997) e Musiela e Rutkowski (1997), sviluppato in forma lognormale (BGM o Log-LMM) è caratterizzato da volatilità deterministiche dei tassi e da funzioni di prezzo coerenti con la formula standard di BS.

9.3.6 La calibrazione del LMM via cap e floor

La disponibilità di quotazioni su cap e floor consente di calibrare il log-LMM.

Siano $\hat{\Gamma}_i$ le volatilità stimate. Data una forma funzionale per $\gamma_{i-1} = \gamma(s, t_{i-1}, t_i)$, dall'equazione definitoria si ricava una stima di γ_{i-1}:

$$\Gamma_{i-1}^2 = \int_s^{t_{i-1}} \gamma^2(u, t_{i-1}, t_i) du$$

Ad esempio, nel caso costante (in generale deterministico):

$$\hat{\gamma}_{i-1} = \hat{\Gamma}_{i-1} / \sqrt{t_{i-1} - s}$$

Dalle SDE dei tassi Libor (v. Capitolo 2) si hanno le dinamiche di non arbitraggio nella medesima misura (*terminal forward measure*):

$$dL_{n-1} = L_{n-1} \gamma_{n-1} dZ^{P_n} \qquad\qquad (9.5)$$

$$dL_i = L_i \gamma_i \left[- \sum_{j=i+1}^{n-1} \gamma_j \left(\frac{\delta L_j}{1 + \delta L_j} \right) \right] dt + L_i \gamma_i dZ^{P_n} \quad i = 1, ..., n-2$$

Noti i tassi forward al tempo iniziale t la (9.5) consente di ricavare ricorsivamente L_{n-1} da cui L_{n-2} etc. fino a $L_1 = R(s, t_1, t_2)$.

Infine, data una forma funzionale della volatilità del prezzo degli ZCB, coerente col vincolo di prezzo unitario a scadenza (*pull to par* condition):

$$b_i(s) = b(s, t_i)$$

$$b_i(t_i) = b(t_i, t_i) = 0$$

si ricavano, dato b_1, ricorsivamente le altre volatilità e quindi le dinamiche degli ZCB dall'equazione:

$$\gamma_i \equiv \left(\frac{1 + \delta L_i}{\delta L_i}\right)(b_i - b_{i+1}) \tag{9.6}$$

$$b_{i+1} = b_i - \frac{\delta L_i}{1 + \delta L_i}\gamma_i \quad i = 1, ..., n-1$$

In tal modo, l'intero modello Log-LMM della SPS è specificato in coerenza con i tassi Libor e i prezzi di cap e floor osservati in t.

9.4 Opzioni su tassi swap

9.4.1 Swaption

Abbiamo analizzato i contratti swap nel Capitolo 6.

Un investitore che dovesse stipulare uno swap alla data futura T, può, da subito, stipulare uno swap forward, fissato oggi a valere da T, ovvero, in alternativa, acquistare oggi un'opzione su uno swap con scadenza T, detta swaption.

Definizione 22. *Una **swaption**, o swap option è un'opzione su un contratto swap con tasso prefissato K.*

In particolare, l'acquirente della payer swaption, alla scadenza T dell'opzione, ha diritto a entrare in un contratto payer swap di durata n anni in cui paga il tasso fisso K e riceve il tasso variabile Libor. L'acquirente della receiver swaption, alla scadenza T, ha diritto a entrare in un contratto receiver swap di durata n anni i cui incassa il tasso fisso K e paga il Libor.

Dalla definizione si ricava quindi che una swaption è un'opzione su un contratto swap di tasso, mentre cap e floor rappresentano contratti su opzioni di tasso. Come per tutte le opzioni, alla data di scadenza T l'acquirente eserciterà o meno l'opzione in base alla sua convenienza.

In particolare, alla data T il tasso swap presente sul mercato è $R_{SW}(T, n, \delta)$ e chiunque può entrare (a costo nullo per definizione) in un payer swap di mercato con tasso fisso $R_{SW}(T, n, \delta)$ da pagare contro Libor.

Chiaramente, alle date di pagamento $T_i = T + i\delta$, $i = 1, ..., n$ il contratto payer swap di mercato implica gli incassi:

$$(R(T_{i-1}, T_i) - R_{SW}(T, n, \delta))\delta \quad i = 1, ..., n$$

mentre il contratto payer swap sottostante la swaption implica gli incassi:

$$(R(T_{i-1}, T_i) - K)\delta \quad i = 1, ..., n$$

e quindi converrà esercitare la payer swaption se questi ultimi superano i precedenti, cioè se il tasso swap prevalente sul mercato in T è superiore al tasso fisso K scritto nella swaption: $R_{SW}(T,n,\delta) > K$. Il valore della payer swaption sarà il valore attuale di tali differenze:

$$Callsw(t, R_{SW}(t,n,\delta), K) = V_t \left(\sum_{i=1}^{n} \max(0, R_{SW}(T,n,\delta) - K)\delta \odot 1(T_i) \right)$$

$$= V_t \left(\max(0, R_{SW}(T,n,\delta) - K) \sum_{i=1}^{n} \delta P(T,T_i) \right)$$

All'opposto, con la receiver swaption, se esercitata, si incassa in T_i:

$$(K - R(T_{i-1},T_i))\,\delta \qquad i = 1, ..., n$$

contro l'incasso nel receiver swap di mercato:

$$(R_{SW}(T,n,\delta) - R(T_{i-1},T_i))\,\delta \qquad i = 1, ..., n$$

per cui l'esercizio è conveniente se $R_{SW}(T,n,\delta) < K$ e la receiver swap vale:

$$Putsw(t, R_{SW}(t,n,\delta), K) = V_t \left(\sum_{i=1}^{n} \max(0, K - R_{SW}(T,n,\delta))\delta \odot 1(T_i) \right)$$

$$= V_t \left(\max(0, K - R_{SW}(T,n,\delta)) \sum_{i=1}^{n} \delta P(T,T_i) \right)$$

Ne segue che una payer swaption è simile a un cap forward starting sul tasso swap (quindi a un portafoglio di call), mentre una receiver swaption è simile a un floor forward starting sul tasso swap (quindi a un portafoglio di put).

Nel capitolo 6 abbiamo ricavato la formula di non arbitraggio per il tasso swap:

$$R_{SW}(T,n,\delta) = \frac{1(T) - P(T,T_n)}{\sum_{i=1}^{n} \delta P(T,T_i)} \equiv \frac{1(T) - P(T,T_n)}{A(T,n,\delta)}$$

che, in quanto rapporto tra prezzi, risulta una $A(t,n,\delta)$-martingala.

Ne segue che, in caso di lognormalità, con volatilità deterministica $\sigma_{SW}(t,n,\delta)$:

$$Callsw(t, R_{SW}(T,n,\delta), K) = V_t \left(\max(0, R_{SW}(T,n,\delta) - K) \sum_{i=1}^{n} \delta P(T,T_i) \right)$$

$$= A(t,n,\delta) E_t^{A(t,n,\delta)} \left(\max(0, R_{SW}(T,n,\delta) - K) \right)$$

$$= [R_{SW}(t,n,\delta)N(d_1) - KN(d_2)] \sum_{i=1}^{n} \delta P(t,T_i)$$

ove:

$$d_1 = \frac{\ln\left(\frac{R_{SW}(t,n,\delta)}{K}\right) + \frac{\Sigma_{SW}^2}{2}}{\Sigma_{SW}}$$

$$d_2 = d_1 - \Sigma_{SW}$$

$$\Sigma_{SW}^2 = \int_t^T \sigma_{SW}^2(u,n,\delta)\,du$$

mente la receiver swaption vale:

$$Putsw(t, R_{SW}(T,n,\delta), K) = V_t\left(\max(0, K - R_{SW}(T,n,\delta))\sum_{i=1}^n \delta P(T,T_i)\right)$$

$$= A(t,n,\delta)E_t^{A(t,n,\delta)}\left(\max(0, K - R_{SW}(T,n,\delta))\right)$$

$$= [KN(-d_2) - R_{SW}(t,n,\delta)N(-d_1)]\sum_{i=1}^n \delta P(t,T_i)$$

Si noti che la differenza tra payer swaption e receiver swaption è uno "swap froward":

$$\sum_{i=1}^n \max(0, R_{SW}(T,n,\delta) - K)\delta \odot 1(T_i) -$$

$$- \sum_{i=1}^n \max(0, K - R_{SW}(T,n,\delta))\delta \odot 1(T_i)$$

$$= \sum_{i=1}^n ([R(T_{i-1},T_i) - K] - [R(T_{i-1},T_i) - R_{SW}(T,n,\delta)])\delta \odot 1(T_i)$$

$$payer\ swaption(K)\ - receiver\ swaption(K)$$

$$= \text{``}swap\ forward\text{''}(K)\ -\ swap(R_{SW})$$

essendo T la scadenza comune e tenuto conto del fatto che il valore di uno swap di mercato in T è nullo per convenzione.

Ne discende la relazione di non arbitraggio (cap-swaption parity) per cui:

$$payer\ swaption(K)\ - receiver\ swaption(K)\ \cdot$$

$$= cap\ forward(K) - floor\ forward(K)$$

Osservazione 87. In modo equivalente, si può ricavare il valore della swaption a partire dal valore di un contratto "swap" stabilito a un tasso K non necessariamente uguale al tasso swap (che è l'unico tasso che annulla il valore del contratto).

Dal Capitolo 6 sappiamo che il valore in T di un payer "swap" stipulato al tasso K è:

$$V_{PSW}(T,n,K) = 1(T) - P(T,T_n) - K\delta\sum_{i=1}^n P(T,T_i)$$

mentre quello di un payer swap al tasso swap $R_{SW}(T, n, \delta)$ è ovviamente 0. Dunque, una payer swaption europea sarà esercitata se $V_{PSW}(t, n, K) > 0$ e vale in t:

$$Callsw(t, R_{SW}(T, n, \delta), K) = V_t\left(\max(0, V_{PSW}(T, n, K))\right)$$

$$= V_t\left(\max(0, 1(T) - P(T, T_n) - K\delta\sum_{i=1}^{n} P(T, T_i))\right)$$

$$= V_t\left(\max(0, R_{SW}(T, n, \delta) - K)\sum_{i=1}^{n} \delta P(T, T_i)\right)$$

che è il risultato già ottenuto.

Dalla seconda eguaglianza si vede come la payer swaption è equivalente a una put con strike 1 e scadenza T su un particolare CB che scade in T_n e ha cedola $K\delta$ alle date $T_1, T_2, ..., T_n$.

Analogamente, un receiver "swap" vale $V_{RSW}(t, n, K) = -V_{PSW}(t, n, K)$ e la receiver swaption vale in t:

$$Putsw(t, R_{SW}(T, n, \delta), K) = V_t\left(\max(0, -V_{PSW}(T, n, K))\right)$$

$$= V_t\left(\max(0, P(T, T_n) + K\delta\sum_{i=1}^{n} P(T, T_i) - 1(T))\right)$$

per cui la receiver swaption è equivalente a una call con strike 1 e scadenza T su un particolare CB che scade in T_n e ha cedola $K\delta$ alle date $T_1, T_2, ..., T_n$.

9.4.2 Spread option

Una spread option è un'opzione scritta sullo spread (o differenziale) tra due tassi.

Nel caso di due tassi swap con scadenza rispettivamente n_1 e n_2 alla scadenza T dell'opzione il payoff della call europea è:

$$\max(0, R_{SW}(T, n_1, \delta) - R_{SW}(T, n_2, \delta) - K)$$

Chiaramente, si tratta di un'opzione su due sottostanti (multi-asset option) e, nel caso particolare $K = 0$ ha la forma delle opzioni di scambio (Margrabe, 1978).

Una forma generalizzata è la basket option:

$$\max(0, \sum_{s=1}^{S} w_s R_{SW}(T, n_s, \delta) - K)$$

definita su S sottostanti legati da una relazione lineare.

La difficoltà del pricing delle spread options sta nel fatto che se si assume la lognormalità dei due tassi (ma si noti che uno è una $A(t, n_1, \delta)$-martingala, l'altro una $A(t, n_2, \delta)$-martingala e quindi sotto la stessa misura non possono avere lo stesso drift), il differenziale non è certamente lognormale e il modello di BS non può essere applicato.

In particolare, il modello teorico più corretto è il co-initial Swap Market Model (v. Capitolo 6), dato che il derivato è costituito da due tassi che hanno la stessa data d'inizio e diverse date di scadenza (Galluccio e Hunter, 2003; Musiela e Rutkowski, 2005, paragrafo 13.4).

Un'approssimazione grezza consiste nell'assumere il differenziale dei tassi come un processo normale rispetto alla misura $A(t, n_1, \delta)$ prezzando la call con la formula chiusa di BS in ipotesi di normalità (Capitolo 8).

9.5 Opzioni su futures e futures su opzioni: le opzioni *futures-style*

9.5.1 Opzioni nei bond futures

Sui mercati internazionali sono molto diffuse le opzioni su futures su titoli governativi.

All'Eurex, in particolare, esistono 3 tipi di contratto che hanno come sottostante, rispettivamente, l'Euro-Schatz futures (bond a 2 anni), l'Euro-Bobl futures (bond a 5 anni) e l'Euro-Bund futures (bond a 10 anni) (v. Capitolo 4).

Come noto, il prezzo futures si forma con riferimento a un titolo nozionale per cui dovrebbe aversi, a scadenza T, tenuto conto del meccanismo del marking-to-market, il payoff dell'acquirente:

$$[B^{\text{sec}}(T, T_{Noz}, c_{Noz}) - q(t, T, T_N)] e^{\int_t^T r(u)du}$$

essendo T_{Noz} la scadenza del nozionale sottostante (2,5 o 10 anni).

Tuttavia, essendo consegnabili K titoli realmente esistenti, con corso secco $B_j^{\text{sec}} = B^{\text{sec}}(T, T_{sj}, c_j)$ $j = 1, .., K$, attraverso il sistema dei fattori di conversione si determina il payoff:

$$\min_j (B_1^{\text{sec}} - qFC_1, ..., B_j^{\text{sec}} - qFC_j, ..., B_K^{\text{sec}} - qFC_K) e^{\int_t^T r(u)du}$$

La scelta tra i K titoli rappresenta un'opzione di tipo multi-asset (delivery option) *implicita* nel contratto futures (Cherubini e Esposito, 1995).

9.5.2 Opzioni su bond futures

Una call su bond futures ha come payoff:

$$\max(0, q(T, T_s, T_{Noz}) - K) \tag{9.7}$$

essendo T la scadenza dell'opzione, $T_s \geq T$ la scadenza del futures (di regola, marzo, giugno, settembre e dicembre) e T_{Noz} la scadenza del sottostante del futures (2, 5, 10 anni per il mercato Eurex).

Come si è visto, il prezzo futures è una $B(t)$-martingala ogni volta che a scadenza T_s esso converge al titolo sottostante $B(T_s, T_{Noz})$.

Il prezzo della call, quindi, si può calcolare come:

$$C(t, q(t, T_s, T_{Noz}), K) = \hat{E}_t \left(\max(0, q(T, T_s, T_{Noz}) - K)e^{-\int_t^T r(u)du} \right)$$

Una peculiarità di mercato che semplifica il pricing consiste nell'applicazione del meccanismo del marking-to-market al payoff (9.7).

Si parla in tal caso di opzioni *futures-style*, contro le usuali *spot-style*.

Infatti, le opzioni su bond futures sono, in realtà, contratti futures su un payoff opzionale, nel senso che il prezzo quotato è un prezzo futures, marked-to-market, il cui sottostante è $\max(0, q(T, T_s, T_{Noz}) - K)$.

Pertanto, il pricing diventa, dai risultati del Capitolo 4:

$$C_{FU}(t, q(T, T_s, T_{Noz}), K) = \hat{E}_t \left(\max(0, q(T, T_s, T_{Noz}) - K) \right)$$
$$= q(t, T_s, T_{Noz})N(d_1) - KN(d_2)$$

ove:

$$d_1 = \frac{\ln(\frac{q(T, T_s, T_{Noz})}{K}) + \frac{1}{2}\sigma_{FU}^2(T - t)}{\sigma_{FU}\sqrt{T - t}}$$
$$d_2 = d_1 - \sigma_{FU}\sqrt{T - t}$$

In altre parole, $C_{FU}(t, q(T, T_s, T_{Noz}), K)$ è il prezzo futures che si forma sul mercato a fronte di ciascuno strike K e σ_{FU} è la volatilità del prezzo futures $q(T, T_s, T_{Noz})$.

Esempio 35. Opzioni sull'Euro Bund Futures. Le opzioni sull'Euro Bund Futures (idem per l'Euro Schatz,a 2 anni, e l'Euro Bobl, a 5 anni), quotate al mercato Euronext, sono contratti futures su un payoff opzionale, pari alla differenza tra il prezzo futures del Bund (risp. Schatz e Bobl) e lo strike.

Le scadenze quotate sono $T = i$ 3 mesi successivi più il ciclo marzo, giugno, settembre e dicembre, al 10 del mese. Nel ciclo trimestrale l'opzione e il futures sottostante hanno la stessa scadenza: $T = T_s$.

L'esercizio può avvenire in qualunque momento (stile americano) e in tal caso si entra in un contratto futures in acquisto (opzione call) o in vendita (opzione put). I prezzi di esercizio quotati sono almeno 9 per call e put: 1 ATM, 4 OTM, 4 ITM.

Il capitale nozionale di un contratto è 100 mila euro e la variazione minima di prezzo dell'opzione è 0.01% (0.01/100*100000= 10 euro).

9.5.3 Opzioni su tassi futures

La situazione è analoga per le opzioni sui tassi futures.

Sappiamo dal Capitolo 4 che i tassi futures $r(t, T_s, U)$ sono i tassi che si formano sul mercato che scambia, con la modalità futures del *marking-to-market*, il differenziale tra il tasso futures e un tasso spot futuro $R(T_s, U)$.

Un'opzione call su futures ha quindi, alla scadenza $T \leq T_s < U$, il payoff, per unità di nominale:

$$\max(0, r(T, T_s, U) - K)(U - T_s) \qquad (9.8)$$

Si rammenti che la quotazione di mercato segue la convenzione $100 - r(T, T_s, U)$ per cui la call viene chiamata "put" con strike $100 - K$ (viceversa per la put). Nella pratica, quindi, i mercati scrivono:

$$K^\circ \equiv 100 - K$$
$$q^\circ(t, T_s, U) \equiv 100 - r(t, T_s, U)$$

e le "put" del mercato sono call e viceversa:

"put" $= \max(0, K^\circ - q^\circ(T, T_s, U)) = \max(0, r(T, T_s, U) - K) = $ call
"call" $= \max(0, q^\circ(T, T_s, U) - K^\circ) = \max(0, K - r(T, T_s, U)) = $ put

Nel seguito usiamo i nomi sostanziali e non quelli convenzionali.

Per $T = T_s$ la call scade col futures e il sottostante è anche il tasso spot: $r(T, T, U) = R(T, U)$. In tal caso, l'opzione assomiglia a un caplet sebbene questo (caplet in advance) paga in U e non in T. Per $T < T_s$ si parla di *mid-curve option*.

Avendo dimostrato che il tasso futures è una $B(t)$-martingala, la valutazione si può esprimere come:

$$C(t, r(t, T_s, U), K) = \hat{E}_t \left(\max(0, r(T, T_s, U) - K) e^{-\int_t^T r(u)du} \right) (U - T_s)$$

Anche qui, una peculiarità di mercato che semplifica il pricing consiste nell'applicazione del meccanismo del marking-to-market al payoff (9.8).

Si parla in tal caso di opzioni *futures-style*, contro le usuali *spot-style*.

Infatti, le opzioni, soprattutto su tassi futures a 3 mesi, scambiate in quantità rilevanti al LIFFE (options on 3 month Euribor futures) e al CME (options on futures on 3 month eurodollar) sono, in realtà, **contratti futures su payoff opzionali con tasso futures come sottostante** (Duffie, 1989): il prezzo quotato è il prezzo futures, marked-to-market, con sottostante $\max(0, r(T, T_s, U) - K)$. Pertanto, le opzioni su tassi futures quotate sui mercati regolamentati (in alternativa a quelle OTC) non sono pagate al venditore al momento della sottoscrizione ma, come in tutti i contratti futures, acquirente e venditore aprono conti fruttiferi e ricevono/pagano i margini di variazione in base alla variazione giornaliera del prezzo futures.

In tal caso si può dimostrare (Chen e Scott, 1993) che le opzioni Americane si riducono a quelle Europee e il pricing diventa, dai risultati del Capitolo 4:

$$C_{FU}(t, r(t, T_s, U), K) = \hat{E}_t (\max(0, r(T, T_s, U) - K))$$
$$= r(t, T_s, U)N(d_1) - KN(d_2)$$

ove:

$$d_1 = \frac{\ln(\frac{r(t, T_s, U)}{K}) + \frac{1}{2}\sigma_{FU}^2 (T - t)}{\sigma_{FU}\sqrt{T - t}}$$
$$d_2 = d_1 - \sigma_{FU}\sqrt{T - t}$$

Per un'applicazione empirica dello smile sui contratti su Euribor a 3 mesi e la stima della probabilità implicita si veda il Capitolo 12.

Esempio 36. Opzioni su tasso Euribor futures a 3 mesi. Le opzioni sul tasso futures Euribor a 3 mesi quotate al LIFFE-Euronext (Short-Term Interest Rate contract, STIR) sono contratti futures su un payoff opzionale, pari alla differenza tra il tasso futures a 3 mesi e lo strike.

Le scadenze quotate sono $T = $ i 3 mesi successivi e il ciclo marzo, giugno, settembre e dicembre, al terzo mercoledì del mese. Nel ciclo trimestrale l'opzione e il futures sottostante hanno la stessa scadenza: $T = T_s$.

L'esercizio può avvenire in qualunque momento (stile americano) e in tal caso si entra in un contratto futures in acquisto (opzione call) o in vendita (opzione put). I prezzi di esercizio quotati sono almeno 9 per call e put: 1ATM, 4 OTM, 4 ITM.

Il capitale nozionale di un contratto è 1 milione di euro e la variazione minima di prezzo dell'opzione è $0.005\%(0.005/100 * 1000000/4 = 12.5$ euro).

9.5.4 Scalping gamma con straddle su Bund futures

Uno *straddle* (Capitolo 7) è una posizione lunga sia di call che di put, che espone il portafoglio ai soli rialzi di volatilità, indipendentemente dalla direzione di movimento del sottostante. In altre parole si è lunghi di vol e si scommette sul suo aumento.

Si consideri il seguente esempio (Mouscher, 2007).

Il Bund futures è a 112 e al tempo t si acquistano 50 lotti di straddle 112 (i.e. 50 call e 50 put ATM) con scadenza 45 giorni. Se il tasso è 4% e la vol 6% call e put quotano uguale a 0.9375. Il costo è $50 * 2 * 0.9375/100 * 100000 = 93750$ euro.

Il delta delle call è circa 0.50 e quello delle put -0.50. Pertanto la posizione è delta-neutral. Il gamma è 0.17 e quindi il gamma totale è $100 * 0.17 = 17$.

Se dopo 45 giorni il futures fosse sempre a 112 lo straddle scade senza valore con una perdita di -93750.

Tuttavia sono importanti i movimenti nel durante.

Scenario up-down (112-113-112). Se in $t+1$ il futures sale a 113 (dunque ribasso dei tassi), a parità di vol, le call valgono ciascuna 1.516 e le put 0.531, per un totale di $50 * 1.516 + 50 * 0.531 = 102.35$ migliaia di euro. Il guadagno potenziale è di $102350 - 93750 = 8600$.

Si noti che la posizione non è più delta-neutral: il delta delle call è $0.67=0.5+0.17$ e quello delle put $-0.33 = -0.5 + 0.17$ e la posizione totale ha delta $+17$.

Infatti il gamma (delta del delta) misura la variazione del delta al variare del sottostante.

Come la convessità di un'obbligazione (Cesari e Susini, 2005a, p. 164) il gamma è sempre positivo e indica che il delta si muoverà sempre nella direzione favorevole: un aumento per call e put se il sottostante cresce e un calo per entrambe se il sottostante cala.

Per bloccare (*lock-in*) il guadagno potenziale, dopo il rialzo da 112 a 113 si riporta la posizione a delta-neutral con la vendita (posizione corta) di 17 contratti futures.

Se il futures dovesse ritornare in $t+2$ a 112 lo straddle varrebbe 0 ma dai futures si ricaverebbe, come short-seller, $17 * (113 - 112) = 17$ mila euro. Il continuo delta-hedging (in t e in $t+1$), porta circa 8600 euro per il rialzo e altrettanti per il ribasso e si è realizzato un profitto con lo scalping del gamma (i.e. del delta).

Scenario down-up (112-111-112). Del tutto simile sarebbe la situazione in caso di calo-rialzo invece che di rialzo-calo. Se Infatti, se in $t+1$ il futures fosse sceso a 111, a parità di vol, le call sarebbero passate a 0.516 e le put a 1.516, per un totale di 101.60 migliaia di euro, con guadagno potenziale di 7850 (si noti l'asimmetria degli effetti di rialzi e ribassi che comporta movimenti non simmetrici dei prezzi delle opzioni, a causa della asimmetria della lognormale vale a dire del limite minimo a 0 dei prezzi o *limited liability provision*). Il delta delle call sarebbe passato a $0.33 = 0.5 - 0.17$ e quello delle put a $-0.67 = -0.5 - 0.17$. Il delta totale sarebbe stato di -17 da neutralizzare con l'acquisto di 17 futures, con guadagno finale di $17 * (112 - 111) = 17$ mila euro.

Scenario up-up (112-113-114). Un rialzo continuo non è a detrimento della strategia di scalping. Se da 113 il futures passa a 114, le call passano, sempre a parità di vol, a 2.250 e le put a 0.265 per un totale di 125750 euro. La crescita di prezzo dello straddle è di 23400 euro, con una perdita di 17000 sul futures per un guadagno netto di 6400 euro. Il delta dello straddle è ora di $+30$ e la posizione ha delta di $+30 - 17 = +13$. Occorre quindi vendere 13 contratti futures. Il guadagno sullo straddle supera la perdita sui futures, sebbene in misura via via minore al crescere del sottostante.

Scenario down-down (112-111-110). Un calo continuo diventa ugualmente fonte di profitto. Se da 112 il futures passa a 111, il profitto potenziale sarebbe di 7850 e il delta totale di −17. Con l'acquisto di 17 futures si riporta la posizione delta-neutral. Il successivo calo da 111 a 110 fa passare la call a 0.250 e le put a 2.250. La posizione vale 125 mila euro con una crescita di 125000 − 101600 = 23400. Al netto della perdita di 17000 sui futures lunghi si ha un guadagno netto di 6400.

In sintesi partendo da una posizione delta-neutral e long-gamma, si ha che: 1) ogni movimento del sottostante genera profitti; 2) coi movimenti al rialzo (ribasso) si diventa lunghi (corti) di delta; 3) lo scalping (delta hedging), **ceteris paribus**, determina il lock-in dei profitti.

Si noti che nello scenario up-up, la vendita di 17 futures per ritornare delta-neutral ha poi comportato una perdita in uno scenario al rialzo. Se il rialzo ulteriore da 113 a 114 fosse stato certo sarebbe stato meglio restare lunghi di delta. Tuttavia vale il detto "se annaffi il prato, puoi star sicuro che pioverà": se si fosse rimasti lunghi il futures calava; avendolo venduto, il futures è salito ancora..... L'aspetto fondamentale della strategia è fare incondizionatamente il delta-hedging: es. a ogni fine giornata (*time-rebalancing*) o a ogni punto di movimento del sottostante (*price-rebalancing*).

La strategia ovviamente, non è senza rischi (sarebbe un arbitraggio). Il rischio sta nella posizione di volatilità. Poiché il vega iniziale delle opzioni è 0.16 si è lunghi vol di 16 nello straddle. Se la volatilità cala (contro l'ipotesi di costanza assunta sopra), la posizione perde. Inoltre, nel tempo, le call e le put perdono di valore (theta o time-decay) e diventa una gara della vol contro il tempo. Se le opzioni sono quotate su mercati efficienti, gamma e time-decay si compensano (Capitolo 7) e si avrà un guadagno solo se la scommessa sulla vol viene vinta. Per l'analisi delle posizioni in opzioni si veda Natenberg (1994, cap. 17) e Taleb (1997, cap. 16).

10

Opzioni esotiche

In questo capitolo sono esaminate alcune tipologie di opzioni e derivati che, per la peculiarità dei payoff e delle clausole contrattuali rispetto alle opzioni plain vanilla, sono state chiamate "esotiche". Numerose motivazioni concorrono a spiegare l'enorme successo delle opzioni esotiche:

1. sul lato della domanda (demand side), la loro flessibilità per la copertura di specifiche e complesse posizioni e profili di payoff;
2. la riduzione di costo che esse consentono rispetto alle opzioni plain vanilla;
3. le opportunità di *yield enhancement* che aprono, in un'epoca, come gli anni a cavallo del nuovo secolo, caratterizzata da livelli eccezionalmente bassi di tassi d'interesse;
4. la forza dell'offerta (supply side) e della rete distributiva degli intermediari che ha fortemente spinto il collocamento di prodotti che hanno mostrato di possedere significativi margini di profitto (e di non trasparenza) in un'epoca di tendenziale riduzione dei margini d'interesse e delle fonti tradizionali di utile;
5. lo sviluppo incessante delle capacità di calcolo che ha consentito l'implementazione e l'uso corrente delle complesse procedure numeriche di pricing e hedging di opzioni esotiche;
6. l'attenzione, anche da parte delle Autorità di vigilanza e di regolamentazione del mercato, ai rischi assunti dagli intermediari e alle necessarie coperture.

I prezzi e le greche di numerose tipologie di opzioni esotiche sono raccolti nel manuale di Zhang (1998) cui si rinvia per i riferimenti ai lavori originari, spesso pubblicati nella sezione "Cutting edge" della rivista *Risk*. Un'analisi approfondita, sebbene non formalizzata, dei problemi di hedging di esotiche è in Taleb (1997, capp. 17–23).

Cesari R: Introduzione alla finanza matematica.
© Springer-Verlag Italia, Milano 2009

10.1 Una classificazione delle opzioni esotiche (F)

Le opzioni c.d. esotiche sono da tempo sul mercato (Snyder, 1969) e il loro successo, soprattutto dalla fine degli anni '70, è diretta conseguenza della loro caratteristica di venire incontro a specifiche esigenze di esposizione/copertura a/di particolari fattori di rischio attraverso un disegno contrattuale concepito per dar luogo a payoff contingenti (contingent claims) decisamente non usuali. Utilizzando Zhang (1998) è possibile tentare una (parziale) classificazione delle opzioni esotiche in alcune tipologie.

10.1.1 Opzioni discontinue

Le opzioni con payoff discontinuo o a salti (step function payoff) presentano una (o più) discontinuità nel payoff a scadenza. Il caso elementare è rappresentato dall'opzione digitale o binaria il cui payoff è la funzione a gradino (Heaviside function) con un salto in corrispondenza del parametro di gap H.

Esempio 37. Una call digital option europea su Fiat paga un'azione Fiat alla scadenza T=20.6.2010 se a quella data la quotazione Fiat è sopra 11.8 euro.

Si hanno due tipologie elementari di opzioni digitali: cash-or-nothing e asset-or nothing, call o put.

1. Digital cash-or-nothing, con payoff:

$$call\ cash-or-nothing = H\chi_{S(T)>K}$$
$$put\ cash-or-nothing = H\chi_{S(T)<K}$$

Per $H = 1$ si ha la digitale elementare *1-or-nothing*.

2. Digital asset-or-nothing, con payoff:

$$call\ asset-or-nothing = S(T)\chi_{S(T)>K}$$
$$put\ asset-or-nothing = S(T)\chi_{S(T)<K}$$

3. Le digital gap options si ottengono dalle precedenti per differenza:

$$call\ gap = (S(T) - H)\chi_{S(T)>K}$$
$$put\ gap = (H - S(T))\chi_{S(T)<K}$$

Per $H = K$ le gap options coincidono con le opzioni standard.

Nel caso americano, le opzioni digitali (*one-touch digital* o *American digital*) pagano non appena $S(u) > K$. Se $t^*(S, K) = \min\{u\epsilon]t, T] : S(u) > K\}$ con $S(t) < K$ si ha, in T il payoff:

$$American\ call\ cash-or-nothing = H\chi_{t^*(S,K)}$$

Analogamente per gli altri casi.

4. Si parla di opzioni *double-digital* quando l'opzione paga un ammontare prefissato o un'unità di asset se il prezzo a scadenza è all'interno di un dato range. Nel caso cash-or-nothing si ha:

$$double - digital\ cash - or - nothing = H\chi_{L<S(T)<K}$$

mentre una double-digital asset-or-nothing prende il nome di *supershare*:

$$supershare = S(T)\chi_{L<S(T)<K}$$

5. Un caso di opzione discontinua è l'opzione *pay-later* o *continget-premium* option, per la quale il premio Pr è pagato a scadenza solo se l'opzione è esercitata:

$$(S(T) - K - \text{Pr})\chi_{S(T)>K}$$

Tale premio a scadenza si ottiene facilmente annullando il valore attuale dell'opzione. Una partial pay-later fa pagare in sottoscrizione solo una quota del premio dell'opzione standard determinando per non arbitraggio il restante premio a scadenza. Un'opzione *reverse pay-later*, al contrario, fa pagare il premio a scadenza solo nel caso OTM e ha payoff:

$$(S(T) - K)\chi_{S(T)>K} - \text{Pr}^\circ\chi_{S(T)\leq K}$$

La forma generale di una contingent-premium option è definita da un'opzione ordinaria più una serie di double-digital (Kat, 1994).

10.1.2 Opzioni path-dependent

Sono sentiero-dipendenti le opzioni il cui payoff dipende da uno o più valori assunti in passato dal prezzo del sottostante.

Esempio 38. Una call path-dependent europea su ENI paga a scadenza T=31.12.2011 la differenza (se positiva) tra la media delle 12 quotazioni mensili del 2011 e lo strike K=21.65.

1. Opzioni *forward-start*, con $t < t_1 < T$:

$$fwstart(T) = \max(0, S(T) - S(t_1))$$

Si noti che una forward start è per definizione ATM.

2. Opzioni *one-clique*, con $t < t_1 \leq T$:

$$\max(0, S(T) - K, S(t_1) - K) = \max(\max(0, S(T) - K), \max(0, S(t_1) - K))$$

che equivalgono alle plain vanilla se $t_1 = T$ e avranno payoff e prezzi maggiori delle opzioni standard se $t_1 < T$ poiché includono una possibilità di esercizio al tempo predefinito t_1 oltre che a scadenza. Si noti la relazione tra one-clique e forward-start option:

$$\max(0, S(T) - K, S(t_1) - K) + (K - S(t_1)) = \max(K - S(t_1), fw - start(T))$$

3. Opzioni asiatiche o *average options*, dipendenti da una media temporale (aritmetica, geometrica etc.) dei prezzi del sottostante, di tipo average-underlying o average-strike, con payoff (analogamente per le put):

$$\max(0, \bar{S}_{t_0, T} - K), \ \max(0, S(T) - \bar{S}_{t_0, T})$$

Si noti che rispetto a una plain vanilla, un'asiatica riduce sensibilmente la volatilità del sottostante e il rischio di un crash finale.

Esempi di medie aritmetiche e geometriche, nel discreto e nel continuo, sono:

$$\bar{S}_{t_0, T} = \frac{1}{n} \sum_{j=1}^{n} S(t_j), \quad \left(\prod_{j=1}^{n} S(t_j) \right)^{\frac{1}{n}}$$

$$\bar{S}_{t_0, T} = \frac{1}{T - t_0} \int_{t_0}^{T} S(u) du, \quad e^{\frac{1}{T - t_0} \int_{t_0}^{T} \ln(S(u)) du}$$

4. Opzioni *lookback*, in cui lo strike è pari al prezzo min/max raggiunto dal sottostante (*floating strike call/put lookback*):

$$S(T) - \min_{t \leq u \leq T} S(u), \quad \max_{t \leq u \leq T} S(u) - S(T)$$

ovvero il sottostante è il min/max del prezzo (*fixed strike call/put lookback*):

$$\max(0, \min / \max_{t \leq u \leq T} S(u) - K), \quad \max(0, \ K - \min / \max_{t \leq u \leq T} S(u)),$$

Si noti che l'opzione lookback consente di ottimizzare l'entrata (sui minimi) e l'uscita (sui massimi) dal mercato.

Fractional lookback options si ottengono quando, a fini di riduzione del premio, solo una quota $0 < \lambda < 1$ del max ($1/\lambda$ del min) entra nel payoff:

$$\max(0, S(T) - \frac{1}{\lambda} \min_{t \leq u \leq T} S(u)), \quad \max(0, \lambda \max_{t \leq u \leq T} S(u) - S(T))$$

Un premio ridotto si ottiene anche con le *partial lookback options* (di tipo early-ending e window), caratterizzate, invece, da un intervallo di osservazione ristretto tra t_1 e t_2:

$$\max(0, S(T) - \min_{t_1 \leq u \leq t_2} S(u)), \quad \max(0, \max_{t_1 \leq u \leq t_2} S(u) - S(T))$$

5. Opzioni con barriera, in cui l'opzione nasce o muore se il sottostante passa sopra o sotto un dato livello H:

$$\max(0, S(T) - K)\chi_{A(S,H)}$$

essendo $A(S, H)$ un evento del tipo $\min/\max_{t \le u \le T} S(u) \ge H$ ovvero $\min/\max_{t \le u \le T} S(u)$ $< H$. Le combinazioni di min/max sopra/sotto H danno luogo a 4 tipologie di barrier call (up-and-out, up-and-in, down-and-out, down-and-in) e altrettante di barrier put. In alcuni casi la barriera è variabile $H(t)$ o efficace fino a una certa data $< T$ (*early-ending barrier*) o entro un certo periodo (*window barrier*) $H\chi_{t_1 < t < t_2}$. In quest'ultimo caso, l'opzione si scompone in una forward-start e in una early-ending barrier option. Per evitare manipolazioni di mercato, si può usare come sottostante dell'evento $A(H)$ un prezzo medio, $\min/\max \bar{S}_{t_0,T} \gtrless H$, invece del prezzo puntuale. In generale, le opzioni con barriera valgono meno delle corrispondenti opzioni plain vanilla per l'ulteriore vincolo che impongono al payoff. È tuttavia frequente l'introduzione di un *rebate* $G(T)$ a scadenza (crescente con la durata) se l'evento di esistenza non si verifica, in modo da attenuare l'effetto tutto/niente dell'opzione:

$$\max(0, S(T) - K)\chi_{A(S,H)} + G(T)(1 - \chi_{A(S,H)})$$

Si noti che $\chi_{A(S,H)}$ rappresenta un'opzione digitale con barriera 1-or-nothing.

Un'ulteriore tipologia di opzioni con barriera sono le *correlation barrier options* (o *outside barrier options* o *switch options*) in cui il sottostante del payoff (*payoff asset*) è diverso dal sottostante dell'evento (*measurement asset*):

$$\max(0, S_1(T) - K)\chi_{A(S_2,H)}$$

In presenza di due barriere U e L si parla di *dual-barrier option* o *corridor option*: se il measurement asset tocca una delle due barriere, l'opzione è knocked-in/out, essendo $L < S(t) < U$, ed essendo $L < min < max < U$ l'evento di attivazione/estinzione, senza distinzione sulla direzione di approccio alla barriera. Si hanno così due tipologie di call (dual-barrier in/out call) e due di put (dual-barrier in/out put), con prezzo inferiore rispetto alle corrispondenti *single-barrier option* a causa dell'ulteriore vincolo per l'esistenza dell'opzione.

6. Opzioni *ladder*, in cui si pone un floor al prezzo del sottostante se durante la vita dell'opzione questo raggiunge certi livelli predefiniti (ladders). Il payoff, nel caso di un solo ladder L è:

$$\max(0, \max(S(T), L\chi_{\max_{t \le u \le T} S(u) \ge L}) - K)$$

$$= \max(0, S(T) - K, L\chi_{\max_{t \le u \le T} S(u) \ge L} - K)$$

$$= \max(K - L\chi_{\max_{t \le u \le T} S(u) \ge L}, S(T) - L\chi_{\max_{t \le u \le T} S(u) \ge L}, 0) + L\chi_{\max_{t \le u \le T} S(u) \ge L} - K$$

Se $\chi = 0$ si ha un'opzione standard mentre se $\chi = 1$ si ha per $L \leq K$ di nuovo una opzione standard e per $L > K$ il payoff:

$$\max(0, S(T) - L, 0) + L - K$$

Pertanto l'opzione ladder equivale a un'opzione standard se $L \leq K$ mentre per $L > K$ si ha:

$$ladder = \max(0, S(T) - K)(1 - \chi_{\max_{t \leq u \leq T} S(u) \geq L}) +$$
$$+ \max(0, S(T) - L, 0)\chi_{\max_{t \leq u \leq T} S(u) \geq L} + (L - K)\chi_{\max_{t \leq u \leq T} S(u) \geq L}$$
$$= uo(K, L) + ui(L, L) + (L - K)digital - ui(L)$$

vale a dire è un portafoglio di tre opzioni: up-and-out + up-and-in + $(L - K)$ digital up-and-in 1-or-nothing.

Le opzioni ladder sono path-dependent in misura mediana tra le lookback e le barrier options, con prezzo intermedio tra un'opzione standard e una lookback.

7. Opzioni *shout* o gridate, in cui il possessore, durante la vita dell'opzione, può gridare un prezzo $S(u)$ che diventa lo strike dell'opzione alla scadenza T. L'opzione call shout è quindi:

$$\max(0, S(T) - S(u))$$

con il tempo u deciso in modo ottimale dall'investitore. Si noti la somiglianza con le lookback, sebbene le shout siano molto meno care. In termini formali le shout sono simili alle forward-start con starting date decisa dall'investitore. In altri casi (Hull, 2006, p. 562) le shout sono definite come one-clique con *clique date* decisa dall'investitore.

8. Opzioni *cliquet* o *ratchet*, in cui il sottostante è un valore ottenuto dalle sole performance positive:

$$\max(0, S^\circ(T) - K)$$
$$\text{con} \quad S^\circ(T) \equiv S(t_0) + \sum_{i=1}^{n} \max(0, S(t_i) - S(t_{i-1}))$$

Per $K = S(t_0)$ la cliquet è ATM e diventa semplicemente un portafoglio di opzioni call con *restrike* ai livelli passati del sottostante. Ogni singola call è forward start in t_{i-1} con differimento del payoff in T.

9. *Passport options*, in cui l'investitore decide, alle date t_i, la sua posizione lunga ($k_i = 1$) o corta ($k_i = -1$) nel prossimo periodo tra t_i e t_{i+1}, ottenendo come payoff il saldo di un conto gestito o il differenziale di un valore o un prezzo:

$$\max\left(0, \sum_{i=1}^{n} k_{i-1}(S(t_i) - S(t_{i-1}))\right)$$

10.1.3 Opzioni multi-asset

Quando il contratto d'opzione coinvolge due o più asset si parla di opzione multi-asset o *rainbow option* o *correlation option*. Infatti, un ruolo importante, in tali opzioni, è giocato dalla correlazione tra i titoli coinvolti, assunta in genere costante sebbene in realtà sia anch'essa variabile (Zhang, 1998, cap. 28). Spesso le opzioni multi-asset sono l'estensione a più asset dei casi precedenti.

Esempio 39. Un'opzione call multi-asset europea paga a scadenza T la differenza (purché positiva) tra la peggiore performance dei titoli componenti l'indice S&PMIB e il 5%.

1. Opzioni di scambio (*exchange option*):

$$\max(0, S_1(T) - S_2(T))$$

legate al valore del min/max tra due asset. Infatti vale:

$$\max(S_1(T), S_2(T)) = \max(0, S_1(T) - S_2(T)) + S_2(T)$$
$$\min(S_1(T), S_2(T)) = S_1(T) - \max(0, S_1(T) - S_2(T))$$

Nel caso di *floored max* e *capped min option* si ottiene:

$$\max(S_1(T), S_2(T), K) = \max(S_1(T), \max(S_2(T), K))$$
$$= \max(0, S_1(T) - K, S_2(T) - K) + K$$
$$\min(S_1(T), S_2(T), K) = \min(S_1(T), \min(S_2(T), K))$$
$$= K - \max(0, K - S_1(T), K - S_2(T))$$

dette anche opzioni *best/worst and cash*.
   Nel caso di diversi strike si hanno le *dual-strike options*, con payoff (nel caso call-call):

$$\max(0, S_1(T) - K_1, S_2(T) - K_2)$$

2. Opzioni digitali multi-asset (*correlation digital*):

$$correlation\ call\ gap = (S_1(T) - K_1)\chi_{S_2(T) > K_2}$$

formula che include le opzioni discontinue viste sopra, inclusa la cash-or-nothing ($S_1 = H$, $K_1 = 0$).

3. Opzioni somma o *basket options*, usate per copertura o esposizione rispetto a un portafoglio o indice (basket) rappresentativo del sottostante dell'opzione:

$$\max\left(0, \sum_{j=1}^{n} a_j S_j(T) - K\right)$$

Si noti che senza perdita di generalità il sottostante si può considerare la media aritmetica ponderata dei titoli del basket, $\sum_{j=1}^{n} a_j S_j(T) / \sum_{j=1}^{n} a_j$, a sua volta approssimabile con un'opportuna media geometrica (Zhang, 1998, ch.6). La versione put è finalizzata a proteggere l'investitore dal rischio di underperformance.

4. Opzioni quoziente o ratio options:

$$\max(0, \frac{S_1(T)}{S_2(T)} - K)$$

5. Opzioni prodotto:

$$\max(0, S_1(T)S_2(T) - K)$$

presenti, ad esempio, se $S_1 = S^*$ è un titolo estero quotato in valuta estera e $S_2 = E$ è il tasso di cambio. Si noti che un'opzione estera espressa in valuta domestica è:

$$E(T) \max(0, S^*(T) - K^*)$$

mentre un'opzione valutaria *equity-linked* è:

$$S^*(T) \max(0, E(T) - K)$$

Nel primo caso la call (put) mette un floor (cap) al prezzo del titolo; nel secondo caso, la call (put) mette un floor (cap) al tasso di cambio.

6. Opzioni *quanto*, in cui la variabile in valuta estera è trattata come se fosse in valuta domestica:

$$\max(0, S^*(T) - K)$$

in modo da isolare (e coprire) il solo rischio del sottostante.

7. Opzioni potenza o power options o convex options, di tipo asimmetrico o simmetrico:

$$\max(0, S^q(T) - K), \qquad \max(0, (S(T) - K)^q)$$

8. Opzioni *n-color rainbow*, in cui il sottostante è il min/max di n assets. Nel caso *2-color rainbow*, analizzato da Stulz (1982) (ma così nominato da Rubinstein, 1991) si hanno, per call e put, i payoff:

$$Call_M = \max(0, \max(S_1(T), S_2(T)) - K),$$
$$Call_m = \max(0, \min(S_1(T), S_2(T)) - K)$$
$$Put_M = \max(0, K - \max(S_1(T), S_2(T))),$$
$$Put_m = \max(0, K - \min(S_1(T), S_2(T))$$

Si noti che per la put sul min vale l'uguaglianza (derivante dalla proprietà $max(a,b) = -min(-a,-b)$):

$$Put_m = K - \min(K, S_1(T), S_2(T))$$

Inoltre si hanno le relazioni, facilmente verificabili (si veda Stulz, 1982):

$$Call_M + Call_m = Call(S_1, K) + Call(S_2, K)$$
$$Put_M = K - S_1 + Call_M - Call(S_1, S_2)$$
$$Put_m = K - S_2 + Call_m + Call(S_1, S_2)$$

essendo $Call(S, K)$ il payoff della call ordinaria e $Call(S_1, S_2)$ il payoff dell'opzione di scambio.

Johnson (1987) ha generalizzato il caso precedente alle n-color rainbow.

9. Opzioni differenza o *spread options*, con payoff (per le call):

$$\max(0, S_1(T) - S_2(T) - K)$$

che diventano exchange option per $K = 0$ e si generalizzano in:

$$\max(0, aS_1(T) - bS_2(T) - K)$$

Nonostante l'apparente semplicità delle spread option il pricing è complicato a causa del fatto che, anche nel modello BS, la somma o differenza di due log-normali non è lognormale. Inoltre l'assunto che lo spread sia lognormale implica la sua non-negatività, un'ipotesi appropriata solo in certi casi (es. spread tra petrolio raffinato e petrolio grezzo). Molto diffuse sono le yield spread option, in cui lo spread è rappresentato da due tassi swap (es. 10-2 yield spread). Spread multipli hanno payoff del tipo:

$$\max(0, \sum a_j S_j(T) - \sum b_h S_h(T) - K)$$

Spread options su max e min sono dette *spread over-the-rainbow* o *absolute options* poiché:

$$\max(0, \max(S_1, S_2) - \min(S_1, S_2) - K) = \max(0, | S_1 - S_2 | -K)$$

Si noti che, se si potesse assumere $\min(S_1, S_2) < K_1 < K_2 < \max(S_1, S_2)$, varrebbe la relazione con le 2-color rainbows:

$$Call_M(K_2) + Put_m(K_1) = \max(0, \max(S_1, S_2) - \min(S_1, S_2) - (K_2 - K_1))$$

10. Opzioni *best/worst-of-two*, con payoff, rispettivamente:

$$\max(\max(0, aS_1 - K_1), \max(0, bS_2 - K_2)) = \max(0, aS_1 - K_1, bS_2 - K_2)$$
$$\min(\max(0, aS_1 - K_1), \max(0, bS_2 - K_2))$$

Si noti che si possono avere in un'unica opzione vari "esotismi", come nel caso di un'opzione con barriera di tipo forward-start e con sottostante asiatico, nel caso di una digital basket o barrier basket option. Il caso di opzioni su opzioni merita particolare attenzione.

10.1.4 Opzioni composte

1. Le compound options, analizzate per la prima volta da Geske (1977, 1979a), sono opzioni scritte su opzioni che ne rappresentano il sottostante. Se queste ultime sono opzioni put/call standard, si parla di plain vanilla compound option. Si hanno così 4 tipologie base: call scritte su call o put e put scritte su call o put. Ad esempio, se T_1 è la scadenza della compound option e $T_2 > T_1$ è la scadenza della call sottostante si ha il payoff:

$$Call^{call}(T_1) = \max(0, Call(T_1, T_2, K_2) - K_1)$$

La put-call parity implica:

$$Call^{call}(T_1) - Put^{call}(T_1) = Call(T_1, T_2, K_2) - K_1$$

Non essendoci limiti alle combinazioni, la categoria delle opzioni composte non plain vanilla è vastissima. Ad esempio le barrier compound options sono compound option su barrier option, con 16 tipologie base: call su call down-and out/in o up-and-out/in, call su put down-and out/in o up-and-out/in, put su call down-and out/in o up-and-out/in, put su put down-and out/in o up-and-out/in.

2. Una *chooser option* consente di scegliere tra una call e una put:

$$\max(Call(T_1, T_c, K_c), Put(T_1, T_p, K_p))$$

essendo T_1 la data di scadenza delle chooser europea, $T_1 \leq T_c, T_p$

Assumendo, per semplicità, opzioni sottostanti con stessa scadenza T_2, stesso strike K e stesso sottostante $S(T_2)$ il payoff è, sfruttando la put-call parity:

$$\begin{aligned}
&\max(Call(T_1, T_2, K), Put(T_1, T_2, K)) \\
&= \max(Call(T_1, T_2, K), Call(T_1, T_2, K) + e^{-r(T_2-T_1)}K - S(T_1)) \\
&= Call(T_1, T_2, K) + \max(0, e^{-r(T_2-T_1)}K - S(T_1)) \\
&= \max(Put(T_1, T_2, K) + S(T_1) - e^{-r(T_2-T_1)}K, Put(T_1, T_2, K)) \\
&= Put(T_1, T_2, K) + \max(0, S(T_1) - e^{-r(T_2-T_1)}K)
\end{aligned}$$

per cui l'opzione chooser è un portafoglio costituito da due opzioni elementari facilmente valutabili nelle ipotesi standard: una call con scadenza T_2 e strike K più una put con scadenza T_1 e strike $e^{-r(T_2-T_1)}K$ ovvero una put con scadenza T_2 e strike K più una call con scadenza T_1 e strike $e^{-r(T_2-T_1)}K$.

Si noti che per $T_1 = T_2$ il payoff (e il prezzo) della chooser option è la somma del payoff (prezzo) della put e della call sottostanti. Casi più complessi si hanno con strike K_c, K_p, scadenze T_c, T_p e/o sottostanti diversi.

10.1.5 Opzioni geografiche

Un aggettivo geografico aggiunto a un'opzione può indicare una caratteristica esotica. Note le tipologie europea e americana, si parla di opzione *Bermuda* o *Mid-Atlantic*, a metà strada tra Europa e America, quando l'esercizio dell'opzione può essere fatto a più date prefissate nella vita dell'opzione. Come già visto, l'aggettivo Asiatico indica l'introduzione nel payoff dell'opzione di una media temporale. L'opzione Russa (*Russian option*) è esercitabile come l'Americana ma con payoff pari al massimo prezzo raggiunto fino alla data d'esercizio, scontato al momento dell'emissione. L'opzione *Boston* ha costo zero e payoff:

$$Boston = Q - K + \max(0, S(T) - Q)$$

essendo Q il prezzo forward del sottostante. Lo "strike" K viene fissato in modo da soddisfare un prezzo nullo, pertanto:

$$K = Q + e^{r(T-t)} Call(t, S, Q)$$

L'opzione parigina (*Parisian option*) è un'opzione con barriera con in più la caratteristica "asiatica" per cui l'evento "in" o "out" tipico delle barrier options non si attiva appena il prezzo passa la barriera ma solo con il permanere sopra o sotto la barriera per un prefissato lasso di tempo.

10.1.6 Opzioni su sottostanti esotici

Il grado di esotismo è relativo. Nel tempo, opzioni inizialmente considerate esotiche hanno poi finito per diventare molto comuni sul mercato e di (relativamente) facile gestione nei book degli intermediari per cui l'aggettivo esotico si è mantenuto solo per tradizione. Oggi, 2009, si possono considerare ancora esotici in senso proprio alcuni derivati con particolari sottostanti quali i derivati energetici, sulla quantità di energia acquistabile nel mese, i derivati atmosferici, sulle cumulate dei gradi di riscaldamento e raffreddamento giornalieri, i derivati assicurativi, sui rischi catastrofali (*cat risks*) e sui rischi demografici (*mortality/longevity risks*).

10.2 I prezzi delle opzioni esotiche

Analizziamo alcune tipologie di opzioni esotiche ricavando i prezzi di non arbitraggio.

10.2.1 Opzioni forward start

Un'opzione forward start è una opzione emessa in t per scadenza T_2 che non può essere esercitata prima di T_1 ($< T_2$) quando viene fissato lo strike, di solito ATM. La durata dell'opzione forward start è quindi $T_2 - T_1$.

Nel caso di una call europea si ha il payoff in T_2:

$$\max(0, S(T_2) - K(T_1))$$

Si noti che, nel caso particolare $K(T_1) = K$, l'opzione europea forward start si riduce a una opzione standard mentre l'opzione americana forward start deve scontare l'impossibilità all'esercizio tra t e T_1.

In genere $K(T_1) = S(T_1)$, vale a dire l'opzione è fissata ATM in T_1.

In tal caso, il valore della call forward start europea è:

$$
\begin{aligned}
C^{fs}(t, T_1, T_2) &= V_t\left(\max(0, S(T_2) - S(T_1))\right) \\
&= V_t\left(V_{T_1}\left(\max(0, S(T_2) - S(T_1))\right)\right) \\
&= V_t\left(C(T_1, S(T_1), T_2)\right) \\
&= V_t\left(S(T_1)N(d_1) - S(T_1)e^{-r(T_2 - T_1)}N(d_2)\right)
\end{aligned}
$$

ove $C(T_1, S(T_1), T_2)$ è il prezzo in T_1 di una call standard ATM che scade in T_2.

Dunque, essendo $S(t)$ il valore corrente di $S(T_1)$ ed essendo $d_{1,2}$ costanti si ha:

$$C^{fs}(t, T_1, T_2) = S(t)\left[N(d_1) - e^{-r(T_2 - T_1)}N(d_2)\right]$$

$$d_1 = \frac{(r + \frac{\sigma_S^2}{2})(T_2 - T_1)}{\sigma_S\sqrt{T_2 - T_1}}$$

$$d_2 = d_1 - \sigma_S\sqrt{T_2 - T_1}$$

In conclusione, il prezzo della call forward start europea su un titolo che non paga dividendi è pari al prezzo di una call europea standard ATM di durata pari a quella dell'opzione forward start $T_2 - T_1$.

Se il sottostante paga dividendi al tasso δ si ha, come sopra:

$$
\begin{aligned}
C^{fs}(t, T_1, T_2) &= V_t\left(\max(0, S(T_2) - S(T_1))\right) \\
&= V_t\left(V_{T_1}\left(\max(0, S(T_2) - S(T_1))\right)\right) \\
&= V_t\left(C^d(T_1, S(T_1), T_2)\right)
\end{aligned}
$$

ove $C^d(T_1, S(T_1), T_2)$ è il prezzo in T_1 di una call standard ATM che scade in T_2 su un titolo che paga dividendi. Dunque:

$$
\begin{aligned}
C^{fsd}(t, T_1, T_2) &= e^{-r(T_2 - T_1)}V_t\left(\left[S(T_1)e^{(r-\delta)(T_2 - T_1)}N(d_1^d) - S(T_1)N(d_2^d)\right]\right) \\
&= e^{-\delta(T_1 - t)}e^{-r(T_2 - T_1)}S(t)\left(e^{(r-\delta)(T_2 - T_1)}N(d_1^d) - N(d_2^d)\right)
\end{aligned}
$$

$$d_{1,2}^d = \frac{(r - \delta \pm \frac{\sigma_S^2}{2})(T_2 - T_1)}{\sigma_S\sqrt{T_2 - T_1}}$$

Pertanto il prezzo della call forward start europea su un titolo con dividend yield δ è pari a $e^{-\delta(T_1 - t)}$ per il prezzo di una call europea standard ATM sullo stesso titolo di durata pari a quella dell'opzione forward start $T_2 - T_1$.

10.2.2 Opzioni di scambio

Un'opzione di scambio di titoli (asset swap) dà al portatore la possibilità di scambiare, alla scadenza T, una unità dell'asset $S_1(T)$ (*optioned asset*) con una unità dell'asset $S_2(T)$ (*delivery asset*). Il primo a analizzare tale opzione è stato Margrabe (1978), in una delle applicazioni più brillanti dell'option pricing.

Il payoff dell'opzione (call rispetto a S_1, put rispetto a S_2) è semplicemente:

$$C(T) = \max(0, S_1(T) - S_2(T))$$

essendo i due titoli descritti dalle dinamiche:

$$dS_j(t) = \mu_j S_j dt + \sigma_j S_j dW_j \qquad j = 1, 2$$
$$dW_1 dW_2 = \rho dt$$

Si noti che tale opzione è implicita nella scelta del massimo e del minimo tra due prezzi:

$$\max(S_1, S_2) = S_2 + \max(0, S_1 - S_2)$$
$$\min(S_1, S_2) = S_1 + \min(0, S_2 - S_1) = S_1 - \max(0, S_1 - S_2)$$

Metodo del portafoglio d'arbitraggio

Dal lemma di Itô si ricava la dinamica del prezzo della call:

$$dC(t) = \frac{\partial C}{\partial S_1} dS_1 + \frac{\partial C}{\partial S_2} dS_2 + \frac{1}{2} \frac{\partial^2 C}{\partial S_1^2} (dS_1)^2 + \frac{1}{2} \frac{\partial^2 C}{\partial S_2^2} (dS_2)^2 +$$
$$+ \frac{\partial^2 C}{\partial S_1 \partial S_2} (dS_1 dS_2) + \frac{\partial C}{\partial t} dt$$
$$\equiv \mu_C C dt + \sigma_{C,1} C dW_1(t) + \sigma_{C,2} C dW_2(t)$$

Dalla condizione di non arbitraggio si ottiene:

$$\mu_C C = rC + \varphi_1 \sigma_1 S_1 \frac{\partial C}{\partial S_1} + \varphi_2 \sigma_2 S_2 \frac{\partial C}{\partial S_2}$$
$$\mu_j S_j = rS_j + \varphi_j \sigma_j S_j$$

per cui, combinando i due risultati:

$$\frac{1}{2} \frac{\partial^2 C}{\partial S_1^2} \sigma_1^2 S_1^2 + \frac{1}{2} \frac{\partial^2 C}{\partial S_2^2} \sigma_2^2 S_2^2 + \frac{\partial^2 C}{\partial S_1 \partial S_2} \rho \sigma_1 \sigma_2 S_1 S_2 +$$
$$\frac{\partial C}{\partial S_1} (\mu_1 - \varphi_1 \sigma_1) S_1 + \frac{\partial C}{\partial S_2} (\mu_2 - \varphi_2 \sigma_2) S_2 + \frac{\partial C}{\partial t} - rC = 0$$
$$\frac{1}{2} \frac{\partial^2 C}{\partial S_1^2} \sigma_1^2 S_1^2 + \frac{1}{2} \frac{\partial^2 C}{\partial S_2^2} \sigma_2^2 S_2^2 + \frac{\partial^2 C}{\partial S_1 \partial S_2} \rho \sigma_1 \sigma_2 S_1 S_2 + \frac{\partial C}{\partial S_1} rS_1 +$$
$$+ \frac{\partial C}{\partial S_2} rS_2 + \frac{\partial C}{\partial t} - rC = 0$$

Margrabe (1978) nota che il payoff della funzione di scambio è omogeneo di grado 1:

$$\max(0, \alpha S_1(T) - \alpha S_2(T)) = \alpha \max(0, S_1(T) - S_2(T))$$

vale dunque il teorema di Euler (1707–1783).

Osservazione 88. Teorema di Euler. Una funzione $f(x, y, z, ...)$ si dice omogenea di grado h quando:

$$f(\alpha x, \alpha y, \alpha z, ...) = \alpha^h f(x, y, z, ...)$$

e tale proprietà vale se e solo se soddisfa la PDE di Euler:

$$hf(x, y, z, ...) = x\frac{\partial f}{\partial x} + y\frac{\partial f}{\partial y} + z\frac{\partial f}{\partial z} + ...$$

Pertanto, nel caso dell'opzione si ha l'ulteriore vincolo:

$$C = \frac{\partial C}{\partial S_1}S_1 + \frac{\partial C}{\partial S_2}S_2 \tag{10.1}$$

e quindi si ricava il problema:

$$\frac{1}{2}\frac{\partial^2 C}{\partial S_1^2}\sigma_1^2 S_1^2 + \frac{1}{2}\frac{\partial^2 C}{\partial S_2^2}\sigma_2^2 S_2^2 + \frac{\partial^2 C}{\partial S_1 \partial S_2}\rho\sigma_1\sigma_2 S_1 S_2 + \frac{\partial C}{\partial t} = 0 \tag{10.2}$$

$$dS_j(t) = \mu_j S_j dt + \sigma_j S_j dW_j \qquad j = 1, 2$$

$$C(T) = \max(0, S_1(T) - S_2(T))$$

Margrabe (1978) risolve il problema osservando che:

$$C(T) = S_2(T)\max(0, \frac{S_1(T)}{S_2(T)} - 1) \tag{10.3}$$

$$C(t) = S_2(t)Q(t, \frac{S_1(t)}{S_2(t)}, 1)$$

e ricavando il prezzo Q della call con strike 1 definita sul sottostante S_1/S_2 (primo esempio di cambiamento di numerario).

Esercizio 46. Margrabe (1978). Si risolva il problema (10.2) con un cambiamento di variabile, usando (10.3), ricavando la PDE per Q e la dinamica di $G \equiv S_1/S_2$.

Metodo del valor medio equivalente

Il valore dell'opzione è:

$$
\begin{aligned}
C(t, S_1, S_2) &= V_t \left(\max(0, S_1(T) - S_2(T)) \right) \\
&= V_t \left(S_2(T) \max(0, \frac{S_1(T)}{S_2(T)} - 1) \right) \\
&= S_2(t) E_t^{S_2(t)} \left(\frac{S_2(T) \max(0, \frac{S_1(T)}{S_2(T)} - 1)}{S_2(T)} \right) \\
&= S_2(t) E_t^{S_2(t)} \left(\max(0, \frac{S_1(T)}{S_2(T)} - 1) \right)
\end{aligned}
$$

Per il teorema fondamentale del pricing, il rapporto tra prezzi $\frac{S_1(t)}{S_2(t)}$ per non arbitraggio è una $S_2(t)$-martingala con volatilità:

$$
v^2 = \sigma_1^2 + \sigma_2^2 - 2\sigma_1\sigma_2\rho
$$

per cui:

$$
\begin{aligned}
C(t, S_1, S_2) &= S_2(t) \left[\frac{S_1(t)}{S_2(t)} N(d_1) - N(d_2) \right] \\
&= S_1(t) N(d_1) - S_2(t) N(d_2) \\
d_1 &= \frac{\ln(\frac{S_1(t)}{S_2(t)}) + \frac{v^2}{2}(T - t)}{v\sqrt{T - t}} \\
d_2 &= d_1 - v\sqrt{T - t}
\end{aligned}
$$

Si noti che nella formula non appare il tasso d'interesse poiché l'omogeneità della funzione di prezzo (10.1) comporta un valore nullo del portafoglio d'arbitraggio e quindi il rendimento d'arbitraggio 0 e non r.

Si noti anche che al crescere della correlazione ρ tra gli asset la volatilità v cala, da un massimo di $\sigma_1 + \sigma_2$ (con $\rho = -1$) a un minimo di $|\sigma_1 - \sigma_2|$ (per $\rho = +1$). Pertanto, ceteris paribus, un'exchange option tra asset molto correlati è meno cara della stessa opzione tra asset con bassa correlazione.

Caso con dividendi

Se i due titoli danno dividendi continui con dividend yield δ_1 e δ_2 si ha:

$$
E_t^{S_2(t)} \left(\frac{S_1(T)}{S_2(T)} \right) = \frac{S_1(t) e^{-\delta_1(T-t)}}{S_2(t) e^{-\delta_2(T-t)}}
$$

e il prezzo dall'opzione di scambio è:

$$C(t, S_1, S_2) = S_2(t)e^{-\delta_2(T-t)} \left[\frac{S_1(t)e^{-\delta_1(T-t)}}{S_2(t)e^{-\delta_2(T-t)}} N(d_1) - N(d_2) \right]$$

$$= S_1(t)e^{-\delta_1(T-t)} N(d_1) - S_2(t)e^{-\delta_2(T-t)} N(d_2)$$

$$d_1 = \frac{\ln(\frac{S_1(t)}{S_2(t)}) + (\delta_2 - \delta_1 + \frac{v^2}{2})(T-t)}{v\sqrt{T-t}}$$

$$d_2 = d_1 - v\sqrt{T-t}$$

Si noti che la formula generalizza le precedenti, ottenute con strike fisso K, vale a dire con un delivery asset $S_2 \equiv K$ con vol nulla, rendimento atteso r (per non arbitraggio) e dividend yield pari a r per garantire la costanza del valore $dK = 0$: $\sigma_2 = 0$ e $\mu_2 = \delta_2 = r$.

Per una estensione al caso di opzioni di scambio americane si veda Carr (1988).

10.2.3 Opzioni digitali

Call e put *cash-or-nothing*

Un'opzione digitale in senso stretto paga 1 se si verifica un certo evento A e 0 se non si verifica. Se χ_A è la funzione indicatore dell'evento, il payoff dell'opzione è χ_A in T e il prezzo è:

$$V_t(\chi_A 1(T)) = e^{-r(T-t)} \hat{E}_t(\chi_A) = e^{-r(T-t)} Pr\hat{o}b(A)$$

essendo $Pr\hat{o}b(A)$ la probabilità dell'evento A secondo la misura risk-neutral.

Nell'opzione *call cash-or-nothing* (soldi o niente) si riceve H se il prezzo del sottostante a scadenza è sopra il livello K e zero altrimenti.

Il payoff a scadenza è quindi discontinuo:

$$call\ cash - or - nothing(T) = H\chi_{S(T)>K}$$

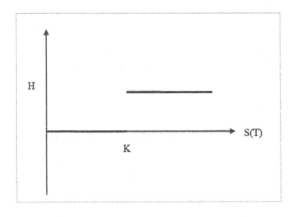

Figura 10.1. Payoff cash-or-nothing

Pertanto:

$$V_t(H\chi_{S(T)>K}) = He^{-r(T-t)}Pr\hat{o}b(S(T) > K)$$

Se il sottostante segue la solita dinamica lognormale si ottiene:

$$\begin{aligned}
V_t(H\chi_{S(T)>K}) &= He^{-r(T-t)}(1 - Pr\hat{o}b(S(T) < K)) \\
&= He^{-r(T-t)}(1 - Pr\hat{o}b(\ln S(T) < \ln K)) \\
&= He^{-r(T-t)}\left(1 - N\left(\frac{\ln K - \ln S(t) - r(T-t) + \sigma_S^2/2(T-t)}{\sigma_S\sqrt{T-t}}\right)\right) \\
&= He^{-r(T-t)}N\left(\frac{\ln\frac{S(t)}{K} + r(T-t) - \sigma_S^2/2(T-t)}{\sigma_S\sqrt{T-t}}\right) \\
&= He^{-r(T-t)}N(d_2^{BS})
\end{aligned}$$

L'opzione *put cash-or-nothing* è invece:

$$V_t(H\chi_{S(T)<K}) = He^{-r(T-t)}(1 - N(d_2^{BS})) = He^{-r(T-t)}N(-d_2^{BS})$$

Si noti che a causa della discontinuità, il delta dell'opzione diventa sempre più elevato all'avvicinarsi della scadenza, fino a coincidere col delta di Dirac (!) a scadenza. La copertura dell'opzione digitale in pratica viene fatta con un hedging dinamico che replica un call spread (v. cap. 7) con ampiezza $\varepsilon = K - K_1$ in funzione della volatilità (e liquidità) del sottostante.

Call e put *asset-or-nothing*

Una versione alternativa è la *call asset-or-nothing* in cui si riceve, invece di un ammontare fisso, una unità del titolo. Il prezzo sarà:

$$V_t(S(T)\chi_{S(T)>K}) = S(t)E^{S(t)}(\chi_{S(T)>K}) = S(t)Prob^{S(t)}(S(T) > K)$$

ove $Prob^{S(t)}(A)$ è la probabilità dell'evento A secondo la misura $S(t)$-neutral, vale a dire quella misura rispetto alla quale i prezzi con numerario $S(t)$ sono martingale.

Per individuare tale misura si consideri la dinamica RN:

$$\begin{aligned}
dS(t) &= rS(t)dt + \sigma_S S(t)d\hat{Z}(t) \\
dB(t) &= rB(t)dt
\end{aligned}$$

e si calcoli da dinamica di $B^S(t) \equiv B(t)/S(t)$, ottenendo:

$$\begin{aligned}
dB^S(t) &= B^S(t)\frac{dB(t)}{B(t)} - B^S(t)\frac{dS(t)}{S(t)} + B^S(t)\left(\frac{dS(t)}{S(t)}\right)^2 \\
&= B^S(t)(r - r + \sigma_S^2)dt - B^S(t)\sigma_S d\hat{Z}(t) \\
&= B^S(t)\sigma_S(\sigma_S dt - d\hat{Z}(t)) \\
&\equiv B^S(t)\sigma_S dZ^S(t)
\end{aligned}$$

Dunque nello spazio probabilistico della misura $S(t)$-neutral il BM è definito da $dZ^S(t) = \sigma_S dt - d\hat{Z}(t)$ e quindi la dinamica del sottostante è:

$$dS(t) = rS(t)dt + \sigma_S S(t)\left(\sigma_S dt - dZ^S(t)\right)$$
$$= \left(r + \sigma_S^2\right) S(t)dt - \sigma_S S(t)dZ^S(t)$$

e dal lemma di Itô:

$$d\ln S(t) = \left(r + \frac{\sigma_S^2}{2}\right) dt - \sigma_S dZ^S(t)$$

$$\ln S(T) \sim N\left(\ln S(t) + \left(r + \frac{\sigma_S^2}{2}\right)(T-t), \quad \sigma_S^2(T-t)\right)$$

Quindi la call asset or nothing vale:

$$V_t(S(T)\chi_{S(T)>K}) = S(t)Prob^{S(t)}(S(T) > K)$$
$$= S(t)(1 - Prob^{S(t)}(\ln S(T) < \ln K))$$
$$= S(t)\left(1 - N\left(\frac{\ln K - \ln S(t) - r(T-t) - \sigma_S^2/2(T-t)}{\sigma_S\sqrt{T-t}}\right)\right)$$
$$= S(t)N\left(\frac{\ln\frac{S(t)}{K} + r(T-t) + \sigma_S^2/2(T-t)}{\sigma_S\sqrt{T-t}}\right)$$
$$= S(t)N(d_1^{BS})$$

L'opzione *put asset-or-nothing* è invece:

$$V_t(S(T)\chi_{S(T)<K}) = S(t)(1 - N(d_1^{BS})) = S(t)N(-d_1^{BS})$$

Osservazione 89. Le opzioni digitali come titoli elementari. Si noti che una opzione call standard è:

$$Call(t, S(t), K) = V_t(\max(0, S(T) - K)) = V_t((S(T) - K)\chi_{S(T)>K})$$
$$= V_t(S(T)\chi_{S(T)>K}) - V_t(K\chi_{S(T)>K})$$

per cui equivale a una posizione lunga su una call asset-or-nothing e una posizione corta su una call cash-or-nothing per un ammontare pari allo strike.

Analogamente la put standard è:

$$Put(t, S(t), K) = V_t(\max(0, K - S(T))) = V_t((K - S(T))\chi_{S(T)<K})$$
$$= V_t(K\chi_{S(T)<K}) - V_t(S(T)\chi_{S(T)<K})$$

per cui equivale a una posizione lunga in una put cash-or-nothing per un ammontare pari allo strike e una posizione corta in una put asset-or-nothing.

Si veda, in proposito, Breeden e Litzenberger (1978), Cox e Rubinstein (1985, p. 458), Ingersoll (2000) e Barone (2003).

Esercizio 47. Dimostrare che nel caso delle opzioni asset-or-nothing, se il sottostante paga dividendi al tasso δ_S il valore della call è $S(t)e^{-\delta_S(T-t)}N(d_1)$ e quello della put $S(t)e^{-\delta_S(T-t)}N(-d_1)$.

Gap options e supershares

La gap options hanno il payoff:

$$call\ gap(T) = (S(T) - H)\chi_{S(T)>K} = call\ assetornothing - cashornothing$$
$$put\ gap(T) = (H - S(T))\chi_{S(T)<K} = put\ cashornothing - assetornothing$$

Una supershare (v. Ross, 1976, Garman, 1978 e Barone, 2003) è stata chiamata un'opzione con payoff:

$$supershare(T) = \frac{S(T)}{K_1}\chi_{K_1<S(T)<K_2}$$

Da quanto visto sopra si ha la valutazione:

$$supershare(t) = \frac{S(t)}{K_1}Prob^{S(t)}(K_1 < S(T) < K_2)$$

$$= \frac{S(t)}{K_1}\left(N\left(d_1(K_1)\right) - N\left(d_1(K_2)\right)\right)$$

$$d_1(K_i) = \frac{\ln\frac{S(t)}{K_i} + r(T-t) + \sigma_S^2/2(T-t)}{\sigma_S\sqrt{T-t}}$$

in cui si è usata l'uguaglianza $N(b) - N(a) = N(-a) - N(-b)$.

Esercizio 48. Si calcolino i delta di call e put gap options.

Soluzione:

$$\Delta_{CG} = N(d_1) + \frac{1}{\sqrt{2\pi\sigma_S^2(T-t)}}e^{-d_1^2/2}\left[1 - \frac{H}{K}\right]$$

$$\Delta_{PG} = -N(-d_1) + \frac{1}{\sqrt{2\pi\sigma_S^2(T-t)}}e^{-d_1^2/2}\left[1 - \frac{H}{K}\right]$$

10.2.4 Opzioni con barriera

Le opzioni call e put con barriera sono opzioni ordinarie che dipendono dal raggiungimento da parte del prezzo del sottostante di un dato livello H detto barriera o *trigger*. Il livello H definisce così una zona in (di esistenza) e una zona out di non esistenza dell'opzione e il passaggio nella zona in/out determina l'attivazione/estinzione dell'opzione.

Pertanto, le opzioni con barriera si distinguono in *knock-out* se il raggiungimento della barriera le cancella e *knock-in* se il raggiungimento della barriera le attiva. A loro volta le *knock-out* si distinguono in *down-and-out* quando muoiono andando sotto la barriera e *up-and-out* quando muoiono andando sopra la barriera; le *knock-in* si distinguono, analogamente, in *down-and-in* quando si attivano appena si scende sotto la barriera e *up-and-in* quando si attivano appena si supera la barriera.

In generale, le possibilità di min/max sopra/sotto H con effetto in/out danno luogo a 8 combinazioni call e altrettante put. Tuttavia alcuni casi sono degeneri, vale a dire non esistenti o plain vanilla (pv), come illustrato in tabella:

evento	effetto	se $S(t) < H$	se $S(t) > H$	evento	effetto	se $S(t) < H$	se $S(t) > H$
min>H	out	opzione pv	down-and-in	max>H	out	up-and-out	non esiste
min>H	in	non esiste	down-and-out	max>H	in	up-and-in	opzione pv
min<H	out	non esiste	down-and-out	max<H	out	up-and-in	opzione pv
min<H	in	opzione pv	down-and-in	max<H	in	up-and-out	non esiste

Si ottengono così 4 tipologie call e altrettante put. In particolare, nel caso delle opzioni knock-out si hanno i payoff (con $S(t)$ nella zona in):

knock – out call

$$down - and - out \; call = \max(0, S(T) - K)\chi_{\min_{t \leq u \leq T} S(u) \geq H}$$

$$up - and - out \; call = \max(0, S(T) - K)\chi_{\max_{t \leq u \leq T} S(u) \leq H}$$

knock – out put

$$down - and - out \; put = \max(0, K - S(T))\chi_{\min_{t \leq u \leq T} S(u) \geq H}$$

$$up - and - out \; put = \max(0, K - S(T))\chi_{\max_{t \leq u \leq T} S(u) \leq H}$$

Nel caso delle opzioni knock-in si hanno i payoff (con $S(t)$ nella zona out):

knock – in call

$$down - and - in \; call = \max(0, S(T) - K)\chi_{\min_{t < u \leq T} S(u) < H}$$

$$up - and - in \; call = \max(0, S(T) - K)\chi_{\max_{t < u \leq T} S(u) > H}$$

knock – in put

$$down - and - in \; put = \max(0, K - S(T))\chi_{\min_{t < u \leq T} S(u) < H}$$

$$up - and - in \; put = \max(0, K - S(T))\chi_{\max_{t < u \leq T} S(u) > H}$$

Si noti che una call ordinaria equivale alla somma di una call down-and-out più una call down-and in. Idem per gli altri casi:

$$Call = Call_{do} + Call_{di} = Call_{uo} + Call_{ui}$$
$$Put = Put_{do} + Put_{di} = Put_{uo} + Put_{ui}$$

Ne segue che le opzioni con barriera sono meno care delle opzioni ordinarie.

Per $H \le K$ la call up-and-out ha payoff nullo poiché viene cancellata prima di diventare ITM e quindi vale 0 per cui $Call_{ui} = Call$.

Analogamente, se $H \ge K$ la put down-and-out vale 0 per lo stesso motivo e quindi $Put_{di} = Put$.

Negli altri casi il valore dell'opzione dipende dalla probabilità congiunta del min o max del prezzo sottostante e del suo valore finale.

Il caso della *call down-and-out*

Ad esempio, per la *call down-and-out*:

$$Call_{do}(T) = \max(0, S(T) - K)\chi_{\min_{t \le u \le T} S(u) \ge H}$$

$$= (S(T) - K)\chi_{S(T) > K} \, \chi_{\min_{t \le u \le T} S(u) \ge H}$$

$$= S(T)\chi_{S(T) > K, \, \min_{t \le u \le T} S(u) \ge H} - K\chi_{S(T) > K, \, \min_{t \le u \le T} S(u) \ge H}$$

Pertanto:

$$Call_{do}(t) = S(t)Prob^{S(t)}(S(T) > K, \min_{t \le u \le T} S(u) \ge H) - \qquad (10.4)$$

$$-Ke^{-r(T-t)}Prob^{B(t)}(S(T) > K, \min_{t \le u \le T} S(u) \ge H)$$

Definendo $X(T) \equiv \ln(S(T)/S(t))$ si può scrivere:

$$Prob(S(T) > K, \min_{t \le u \le T} S(u) \ge H) =$$

$$Prob(X(T) > \ln(K/S(t)), \min_{t \le u \le T} X(u) \ge \ln(H/S(t)))$$

e nelle ipotesi di BS si ha che $X(T)$ è un BM aritmetico e valgono i risultati dell'Appendice sul minimo (e massimo) di un BM.

Si noti che per $K \le H$ (e ovviamente $H < S(t)$) il min $\ge H$ implica anche $S(T) \ge H \ge K$ e quindi:

$$Prob(X(T) > \ln(K/S(t)), \min_{t \le u \le T} X(u) \ge \ln(H/S(t))) =$$

$$Prob(\min_{t \le u \le T} X(u) \ge \ln(H/S(t))) =$$

$$N\left(\frac{\ln(S(t)/H) + \mu(T - t)}{\sigma\sqrt{T - t}}\right) - \left(\frac{H}{S(t)}\right)^{\frac{2\mu}{\sigma^2}} N\left(\frac{\ln(H/S(t)) + \mu(T - t)}{\sigma\sqrt{T - t}}\right)$$

essendo μ il drift del BM nella misura di probabilità considerata.

Si ricava così, sviluppando i calcoli della (10.4):

$$Call_{do} = S(t)N(d_{do,1}) - Ke^{-r(T-t)}N(d_{do,2}) - S(t)\left(\frac{H}{S(t)}\right)^{2\lambda} N(d_{do,3}) +$$

$$+Ke^{-r(T-t)}\left(\frac{H}{S(t)}\right)^{2(\lambda-1)} N(d_{do,4})$$

con:

$$d_{do,1} = \frac{\ln(S(t)/H) + \lambda\sigma^2(T-t)}{\sigma\sqrt{T-t}}$$

$$d_{do,2} = d_{do,1} - \sigma\sqrt{T-t}$$

$$d_{do,3} = \frac{\ln(H/S(t)) + \lambda\sigma^2(T-t)}{\sigma\sqrt{T-t}}$$

$$d_{do,4} = d_{do,3} - \sigma\sqrt{T-t}$$

$$\lambda = \frac{r + \sigma^2/2}{\sigma^2}$$

Per $K > H$ (e sempre $H < S(t)$) si ottiene:

$$Prob(X(T) > \ln(K/S(t)), \min_{t \leq u \leq T} X(u) \geq \ln(H/S(t))) =$$

$$= N\left(\frac{\ln(H/S(t)) + \mu(T-t)}{\sigma\sqrt{T-t}}\right) -$$

$$- \left(\frac{H}{S(t)}\right)^{\frac{2\mu}{\sigma^2}} N\left(\frac{\ln(\frac{H^2}{KS(t)}) + \mu(T-t)}{\sigma\sqrt{T-t}}\right)$$

e quindi:

$$Call_{do} = S(t)N(d_1) - Ke^{-r(T-t)}N(d_2) - S(t)\left(\frac{H}{S(t)}\right)^{2\lambda} N(d_{do,5}) +$$

$$+ Ke^{-r(T-t)}\left(\frac{H}{S(t)}\right)^{2(\lambda-1)} N(d_{do,6})$$

ove:

$$d_{do,5} = \frac{\ln(\frac{H^2}{KS(t)}) + \lambda\sigma^2(T-t)}{\sigma\sqrt{T-t}}$$

$$d_{do,6} = d_{do,5} - \sigma\sqrt{T-t}$$

Per i risultati degli altri casi si veda Hull (2006, par. 22.6) e Rubinstein e Reiner (1991).

Osservazione 90. Osservazioni discrete. Nella pratica, le osservazioni sui prezzi del sottostante sono fatte a intervalli discreti e non nel continuo. Ciò implica un aggiustamento nelle formule suddette. Broadie, Glasserman e Kou (1997, 1999) mostrano che in caso di osservazioni a intervalli discreti pari a g (es. giornalieri g=1/260) il livello della barriera va corretto con $He^{0.5826\sigma g}$ per le opzioni up-and-in up-and-out e con $He^{-0.5826\sigma g}$ per le opzioni down-and-in e down-and out.

10.2.5 Opzioni lookback

Le opzioni *floating-strike lookback* hanno lo strike funzione dell'andamento del sottostante e in particolare dei livelli di massimo o minimo raggiunti. Infatti, i payoff di tali lookback call e put di tipo europeo sono:

$$call\ lookback = \max\left(0, S(T) - \min_{t_0 \leq u \leq T} S(u)\right) = S(T) - \min_{t_0 \leq u \leq T} S(u)$$

$$put\ lookback = \max\left(0, \max_{t_0 \leq u \leq T} S(u) - S(T)\right) = \max_{t_0 \leq u \leq T} S(u) - S(T)$$

essendo $t_0 \leq t$ la data di sottoscrizione del contratto. Si noti che non c'è vera opzionalità in una lookback in quanto per definizione, sia call sia put saranno sempre esercitate essendo $S(T)$ sempre maggiore del minimo e minore del massimo raggiunto.

Il prezzo di non arbitraggio, studiato per la prima volta da Goldman, Sosin e Gatto (1979), si ottiene come:

$$Call_{lb}(t) = e^{-r(T-t)} \hat{E}_t(S(T)) - e^{-r(T-t)} \hat{E}_t(\min_{t_0 \leq u \leq T} S(u))$$

$$Put_{lb}(t) = e^{-r(T-t)} \hat{E}_t(\max_{t_0 \leq u \leq T} S(u)) - e^{-r(T-t)} \hat{E}_t(S(T))$$

ove la soluzione si ottiene sfruttando la proprietà del min (e del max) per cui:

$$\min_{t_0 \leq u \leq T} S(u) = \min(\min_{t_0 \leq u \leq t} S(u), \min_{t \leq u \leq T} S(u))$$

$$\min Z(u) = -\max(-Z(u))$$

e la distribuzione di probabilità dei BM $Z(t)$ e $-Z(t)$ coincidono.

Il risultato è:

$$Call_{lb}(t) = S(t)N(d_1) - S(t)\frac{\sigma_S^2}{2r}N(-d_1) -$$

$$- S_{\min} e^{-r(T-t)}\left[N(d_2) - \frac{\sigma_S^2}{2r}e^{Y(S_{\min})}N(-d_3)\right]$$

$$d_1 = d_1^{BS}(S(t), S_{\min}), \qquad d_2 = d_2^{BS}(S(t), S_{\min}),$$

$$d_3 = d_1^{BS}(S(t), S_{\min}) - \frac{2r(T-t)}{\sigma_S\sqrt{T-t}}$$

$$Y(S_{\min}) = \frac{2(r - \sigma_S^2/2)\ln(S_{\min}/S(t))}{\sigma_S^2}$$

essendo $S_{\min}$ il livello minimo raggiunto dal prezzo tra la data di sottoscrizione dell'opzione t_0 e la data di valutazione t.

Per la put lookback si ottiene:

$$Put_{lb}(t) = S_{\max}e^{-r(T-t)}\left[N(e_1) - \frac{\sigma_S^2}{2r}e^{Y(S_{\max})}N(-e_3)\right] +$$

$$S(t)\frac{\sigma_S^2}{2r}N(-e_2) - S(t)N(e_2)$$

$$e_1 = d_1^{BS}(S_{\max}, S(t)) - \frac{2r(T-t)}{\sigma_S\sqrt{T-t}}, \qquad e_2 = e_1 - \sigma_S\sqrt{T-t},$$

$$e_3 = d_2^{BS}(S_{\max}, S(t))$$

10.2.6 Opzioni asiatiche

Si consideri il caso di una call Asian option con payoff $\max(0, \bar{S}_{t_0,T} - K)$. Se la media è di tipo geometrico con sottostante lognormale, ne segue che anche la media è lognormale e la formula di BS può essere utilizzata con con $\frac{1}{2}(r - \delta_S - \sigma_S^2/6)$ al posto di $(r - \delta_S)$ e $\sigma_S/\sqrt{3}$ al posto di σ_S (Kemna, e Vorst, 1990). Se la media è di tipo aritmetico, calcolata nel continuo, la sua distribuzione non è più log-normale e la semplice sostituzione della media geometrica al posto dell'aritmetica sottostima sensibilmente (per la nota relazione), il prezzo della call asiatica. Tuttavia sono noti tutti i momenti della media aritmetica (v. Geman e Yor, 1993) e si ha:

$$\bar{S}_{t_0,T} = \frac{1}{T-t_0}\int_{t_0}^{T} S(u)du$$

$$\hat{E}_{t_0}(\bar{S}_{t_0,T}) = S(t_0)\frac{e^{(r-\delta_S)(T-t_0)} - 1}{(r-\delta_S)(T-t_0)}$$

$$\hat{E}_{t_0}(\bar{S}_{t_0,T}^2) = \frac{2S^2(t_0)e^{(2(r-\delta_S)+\sigma_S^2)(T-t_0)}}{(r-\delta_S+\sigma_S^2)(2r-2\delta_S+\sigma_S^2)(T-t_0)^2} +$$

$$\frac{2S^2(t_0)}{(r-\delta_S)(T-t_0)^2}\left[\frac{1}{2(r-\delta_S)+\sigma_S^2} - \frac{e^{(r-\delta_S)(T-t_0)}}{r-\delta_S+\sigma_S^2}\right]$$

per cui si può approssimare la distribuzione di $\bar{S}_{t_0,T}$ con una log-normale con i primi due momenti pari a quelli indicati (Turnbull e Wakeman, 1991). Nel caso di media su n osservazioni discrete si ha, usando i prezzi futures:

$$\bar{S}_{t_0,T} = \frac{1}{n}\sum_{i=1}^{n} S(t_i) = \frac{1}{n}\sum_{i=1}^{n} q(t_i, t_i)$$

$$\hat{E}_{t_0}(\bar{S}_{t_0,T}) = \frac{1}{n}\sum_{i=1}^{n} q(t_0, t_i)$$

$$\hat{E}_{t_0}(\bar{S}_{t_0,T}^2) = \frac{1}{n^2}\sum_{i=1}^{n} q^2(t_0, t_i)e^{\sigma_i^2(t_i-t_0)} + \frac{2}{n^2}\sum_{i<j} q(t_0, t_i)q(t_0, t_j)e^{\sigma_i^2(t_i-t_0)}$$

Se l'opzione asiatica è stata emessa in $t_0 < t$, con media osservata $\bar{S}$ tra t_0 e t si ha:

$$\max(0, \bar{S}_{t_0,T} - K) = \max(0, \frac{(t - t_0)\bar{S} + (T - t)\bar{S}_{t,T}}{T - t_0} - K)$$

$$= \frac{T - t}{T - t_0} \max(0, \bar{S}_{t,T} - K^*)$$

ove $K^* \equiv \frac{T-t_0}{T-t} K - \frac{(t-t_0)}{T-t} \bar{S}$. Pertanto la valutazione in t di un'asiatica emessa in $t_0 < t$ si ottiene dalla valutazione di una trasformata di un'asiatica emessa in t con strike K^*.

10.2.7 Opzioni composte

Un'opzione composta (compound option) è un'opzione su un'opzione. Esistono 4 tipi fondamentali di opzione composta: una call su call, $Call^{call}$, una call su put, $Call^{put}$, una put su call, Put^{call}, e una put su put, Put^{put}.

Ad esempio, il caso della call su call è costituito da una call con scadenza T_1 e strike K_1 scritta su una call con scadenza successiva T_2 e strike K_2.

Il sottostante della prima call è un'altra call con sottostante $S(T_2)$. Se la prima call viene esercitata in T_1, l'investitore riceve, pagando il premio K_1 una seconda call con scadenza T_2 e strike K_2. Il payoff della prima call sarà:

$$Call^{call}(T_1) = \max(0, Call(T_1, T_2, K_2) - K_1)$$

ove, nelle ipotesi di BS, la call sottostante vale in T_1:

$$Call(T_1, T_2, K_2) = S(T_1)N(d_1) - e^{-r(T_2-T_1)}K_2 N(d_2)$$

Geske (1979a) ha dimostrato che il prezzo della call su call, nelle ipotesi classiche è esprimibile in forma chiusa come:

$$Call^{call}(t) = S(t)M(d_1, f_1; \sqrt{\frac{T_1 - t}{T_2 - t}}) - e^{-r(T_2-t)}K_2 M(d_2, f_2; \sqrt{\frac{T_1 - t}{T_2 - t}}) -$$
$$-e^{-r(T_1-t)}K_1 N(d_2)$$

$$d_1 = \frac{\ln(\frac{S(t)}{S^\circ}) + (r + \sigma_S^2/2)(T_1 - t)}{\sigma_S\sqrt{T_1 - t}}, \qquad d_2 = d_1 - \sigma_S\sqrt{T_1 - t}$$

$$f_1 = \frac{\ln(\frac{S(t)}{K_2}) + (r + \sigma_S^2/2)(T_2 - t)}{\sigma_S\sqrt{T_2 - t}}, \qquad f_2 = f_1 - \sigma_S\sqrt{T_2 - t}$$

essendo S° il prezzo dell'azione in T_1 per cui l'opzione sottostante è pari a K_1 e $M(x, y; \rho)$ la probabilità di una normale bivariata con correlazione ρ, vale a dire $Prob(X < x, Y < y)$.

Per le formule delle altre opzioni composte si veda ad esempio Hull (2006), cap. 22.

10.3 Hedging delle opzioni esotiche (F)

La maggiore difficoltà di calcolo del prezzo delle opzioni esotiche in confronto con le tipologie standard si riflette anche sul calcolo delle sensibilità (greche) delle esotiche rispetto ai parametri e ai processi sottostanti.

Non daremo qui le relative formule, valide nelle ipotesi di BS, ricavabili dai prezzi o rintracciabili ad es. in Zhang (1998). Peraltro, la complessità delle formule non basta a dar conto della complessità delle problematiche di hedging presenti sui mercati (Taleb, 1997, parte III).

In generale, va sottolineato che le opzioni esotiche sono tali anche nelle sensibilità: ad esempio a differenza di un'opzione standard il cui prezzo cresce al crescere della volatilità del sottostante, un'opzione esotica del tipo con barriera può ridursi di prezzo (quando il sottostante è prossimo alla barriera) al crescere della vol o avere un delta di segno opposto all'usuale (es. una call up-and-out o una down-and-in).

Un'ulteriore complicazione si ha nel caso delle opzioni discontinue, con greche che tendono ad esplodere all'approssimarsi della scadenza.

Una possibilità alternativa al classico hedging dinamico tipico delle opzioni plain vanilla consiste nell'hedging statico o replica statica di un'opzione mediante un portafoglio di opzioni plain vanilla con diversi strike e diverse scadenze (Derman, Ergener e Kani, 1995, Garman, 1976, Gaia Barone, 2005 e 2007). L'hedging statico sostituisce l'ipotesi di ribilanciamento continuo dell'hedging dinamico con l'ipotesi, altrettanto forte, di disponibilità di un continuo di strike e di scadenze per le opzioni standard quotate.

Si consideri, ad esempio, l'apparentemente semplice opzione digitale put 1-or-nothing:

$$V_t(\chi_{S(T)<K}) = e^{-r(T-t)} N(-d_2^{BS}(S,K))$$

Bowie e Carr (1994) hanno dimostrato che un portafoglio (*bear put spread*) costituito da $n/2$ put standard lunghe con strike $K + \frac{1}{n}$ e da $n/2$ put standard corte con strike $K - \frac{1}{n}$ ha un prezzo che tende al prezzo della put digitale al crescere di n:

$$\lim_{n \to \infty} \frac{n}{2} \left[Put(S, K + \frac{1}{n}) - Put(S, K - \frac{1}{n}) \right] = e^{-r(T-t)} N(-d_2^{BS}(S,K))$$

Pertanto, una posizione corta nella put digitale può, in linea di principio, essere coperta con una posizione lunga nel portafoglio suddetto, costituito da $n/2$ put ordinarie lunghe e altrettante corte. L'ipotesi forte è ancora la disponibilità di quantità illimitata di opzioni plain vanilla con un continuo di strike nell'intorno di K.

Una possibile soluzione è la replica, via hedging dinamico, del portafoglio statico di copertura, costituito, per definizione, da opzioni standard.

11

Opzioni nascoste e titoli strutturati: garanzie, clausole, opportunità

L'esame di alcuni contratti finanziari (e non finanziari) può individuare opportunità "nascoste" (*embedded options*) dentro prodotti apparentemente non opzionali, come un'obbligazione corporate, un contratto assicurativo, un normale tasso d'interesse. In altri casi, alcune categorie di titoli, detti strutturati, sono composte, implicitamente o esplicitamente, da combinazioni (portafogli) di titoli obbligazionari e opzioni. Il principio di non arbitraggio consente di valutare il contratto complesso come somma dei valori dei singoli componenti ottenuti mediante l'*unbundling* (scomposizione) della struttura contrattuale. In questo capitolo si vuole mostrare come individuare e valutare le opzionalità inserite in contratti più complessi (Smith, 1979), utilizzando le metodologie già illustrate nei capitoli precedenti.

11.1 *Corporate bonds* (F)

Il titolo che BS diedero al loro famoso articolo del 1973 si riferiva al prezzo delle opzioni "and corporate liabilities". In effetti, come notarono i due autori (p. 649), tutte le passività d'impresa (non solo i warrant) si possono considerare delle opzioni.

Si consideri un tradizionale bilancio d'esercizio, costituito da attività V, passività K e saldo (capitale o *equity*) E:

Attività	Passività
V	K
	E

La passività, costituita per semplicità da uno ZCB con scadenza T, rappresenta un debito dell'impresa nei confronti del possessore del titolo. Questi, a causa della possibilità di *default* dell'impresa tra t e T, non è certo di ricevere il valore facciale K alla scadenza T ma riceverà il minimo tra K e $V(T)$:

$$Bond(T) = \min(V(T), K)$$
$$= K - \max(0, K - V(T))$$

Cesari R: Introduzione alla finanza matematica.
© Springer-Verlag Italia, Milano 2009

Se l'impresa è in vita e solvente rispetto alle sue obbligazioni (quindi se il valore dei suoi asset $V(T)$ è maggiore del valore facciale del debito K) il possessore del bond riceverà K; se l'impresa è in qualche difficoltà, il *bondholder* riceverà solo gli asset $V(T)$, qualunque sia il loro valore, tra 0 e K. Pertanto, il payoff del bond è il valore degli attivi dell'impresa con un cap.

Il rapporto $V(T)/K$ rappresenta, in caso di default, il *recovery rate* (tasso di recupero) del debito. La possibilità di insolvenza prende anche il nome di **rischio di credito** (*credit risk*)

Ne segue che per l'investitore il corporate ZCB equivale a uno ZCB senza rischio di default (default-free ZCB) più una posizione corta (vendita) di una put option scritta sul valore dell'impresa con strike pari al valore facciale del debito.

Per l'impresa, l'emissione del bond equivale all'emissione di uno ZCB default-free e al contestuale acquisto di una put che darà la possibilità all'imprenditore (se le cose dovessero andare male) di cedere l'impresa al prezzo K per ripagare il bond.

Evidentemente, il prezzo del corporate ZCB è minore del prezzo dell'analogo default-free ZCB:

$$Bond(t,T) = P(t,T) \left(\int_0^K V(T) \hat{f}_V \, dV + \int_K^{+\infty} K \hat{f}_V \, dV \right) \quad (11.1)$$

$$= KP(t,T) - Put(t, V(t), K, T)$$

Di conseguenza, il valore dell'equity a scadenza è il valore dell'impresa meno il valore del corporate bond e dunque il payoff di una call scritta sulle attività dell'impresa con strike pari al valore facciale del debito:

$$Equity(T) = V(T) - Bond(T)$$
$$= V(T) - K + \max(0, K - V(T))$$
$$= \max(0, V(T) - K)$$
$$Equity(t,T) = Call(t, V(t), K, T)$$

In questa ottica, un corporate bond contiene una put (corta) mentre l'equity, in presenza di debito, rappresenta una call (lunga) con scadenza pari a quella del debito: pagando lo strike (i.e. rimborsando il debito) l'azionista torna proprietario dell'impresa.

Con N azioni in circolazione si ha:

$$S(T) = \max(0, \frac{V(T)}{N} - \frac{K}{N})$$
$$S(t) = \frac{1}{N} Call(t, V(t), K, T)$$

Si noti che se il corporate bond prevede cedole, l'equity è una *compound option* poiché in ogni data di godimento cedolare l'impresa può fare default.

11.1.1 La struttura di rischio dei corporate bond

Merton (1974) ha per primo ricavato dalla (11.1) la struttura dei tassi d'interesse relativi a corporate (e quindi defaultable) ZCB. Infatti, assumendo che il portafoglio di assets, $V(t)$, sia continuamente scambiabile sul mercato, lognormale ed esogeno (nelle ipotesi del teorema di Modigliani e Miller (1958) sull'irrilevanza della struttura d'indebitamento rispetto al valore dell'impresa: v. Cesari e Susini, 2005b, p. 173) con dinamica:

$$dV(t) = \mu_V V(t)dt + \sigma_V V(t)dZ_V(t) \tag{11.2}$$

si ha:

$$\begin{aligned} Bond(t,T) &= Ke^{-r(T-t)} - Ke^{-r(T-t)}N(-d_2) + V(t)N(-d_1) \tag{11.3}\\ &= Ke^{-r(T-t)}N(d_2) + V(t)N(-d_1)\\ &= Ke^{-r(T-t)}\left(N(d_2) + \frac{V(t)}{K}e^{r(T-t)}N(-d_1)\right) \end{aligned}$$

e quindi si ottiene subito il *risk premium*:

$$\begin{aligned} R_B(t,T) - r &\equiv \frac{\ln(K/Bond(t,T))}{T-t} - r\\ &= -\frac{1}{T-t}\ln\left(N(d_2) + \frac{V(t)}{K}e^{r(T-t)}N(-d_1)\right)\\ d_1 &= \frac{\ln(V(t)/K) + (r + \sigma_V^2/2)(T-t)}{\sigma_V\sqrt{T-t}}\\ d_2 &= d_1 - \sigma_V\sqrt{T-t} \end{aligned}$$

Si noti che il risk premium è sempre positivo (essendo il prezzo del corporate bond inferiore al prezzo del risk-free ZCB) e dipende, oltre che dalla durata del debito $T - t$, da tre altri fattori: dal recovery rate corrente $V(t)/K$ (il cui inverso è detto anche *leverage ratio* $K/V(t)$), dalla volatilità del valore dell'impresa σ_V, dal tasso d'interesse r. Calcolando le derivate si ricava, in particolare, che il risk premium:

1. ha segno ambiguo al crescere della la durata del debito $T-t$ (ma il prezzo cala);
2. cala al crescere del recovery rate (in particolare cala al crescere di V e di K);
3. cresce con la volatilità σ_V degli attivi d'impresa;
4. cala al crescere del tasso risk-free r (idem il prezzo).

Si noti che il risk premium è anche un term premium ma l'ambiguità del segno rispetto alla durata implica che il risk premium è un'appropriata misura di rischio (in termini di volatilità del rendimento istantaneo del corporate bond) per titoli con la stessa scadenza mentre risk premia diversi per titoli con diverse scadenze non riflettono necessariamente il corretto ordinamento di rischio (Merton, 1974 p. 460).

Si noti inoltre che l'acquisizione di progetti che aumentano la volatilità degli attivi riduce il valore del debito e aumenta quello delle azioni.

Osservazione 91. Se, per la presenza di imperfezioni di mercato (tassazione, costi di fallimento etc.) il teorema di Modigliani e Miller non vale, il valore dell'impresa dipenderà dal suo indebitamento (leverage), V(Bond), e sarà necessaria una soluzione simultanea col problema del prezzo del debito, Bond(V).

Secondo lo stesso modello, il valore delle azioni è:

$$Equity(t, T) = Call(t, V(t), K, T) = V(t)N(d_1) - Ke^{-r(T-t)}N(d_2) \quad (11.4)$$

per cui, la probabilità RN di insolvenza è:

$$Pro\hat{b}(V(T) \le K) = 1 - Pro\hat{b}(V(T) > K) = 1 - N(d_2) = N(-d_2)$$

La formula di valutazione (11.3) è implementabile solo se si conoscono il valore corrente delle attività $V(t)$ e la relativa volatilità σ_V, due dati in genere non osservabili.

Tuttavia, se l'impresa e quotata, il mercato fornisce il valore dell'equity (11.4). Data una stima della sua vol, σ_E, si ottiene, dal lemma di Itô:

$$\sigma_E Equity(t) = \frac{\partial Equity}{\partial V}\sigma_V V(t) = N(d_1)\sigma_V V(t) \quad (11.5)$$

Pertanto, (11.4) e (11.5) sono due equazioni (non lineari) nelle due incognite σ_V e $V(t)$ che forniscono gli elementi necessari per la valutazione dei corporate bond (11.3).

Osservazione 92. Nel modello di Merton (1974) si ha insolvenza quando $V(T) < K$. Versioni più realistiche assumono che l'insolvenza si abbia al di sotto di una data barriera $H < K$ e che il debito sia costituito da obbligazioni più complesse degli ZCB. Sulle numerose problematiche di rischio di credito e sull'ampia materia dei derivati creditizi si veda Hull (2008). Trattazioni più avanzate si trovano in Cairns (2004, cap. 11), Bielecki e Rutkowski (2002), Duffie e Singleton (2003).

11.1.2 La probabilità di default

Si consideri un corporate bond con probabilità di default (risk neutral) $\hat{p}$ e tasso recupero Rec. Si ha la definizione:

$$\frac{Bond}{K} \equiv e^{-R_B(T-t)} = (1 - \hat{p} + \hat{p}Rec)\,e^{-R(T-t)}$$

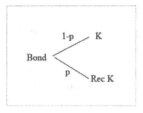

Figura 11.1. Albero binomiale per un corporate bond

ove la seconda eguaglianza assume, secondo il principio della valutazione di non arbitraggio, che il valore del bond sia l'incasso atteso (secondo l'aspettativa RN) scontato al tasso risk-free. Pertanto:

$$\hat{p}(t,T) \simeq \frac{R_B - R}{1 - Rec}(T - t)$$

e $\hat{p}(t,T)/(T - t)$ è la probabilità di default (RN) nell'unità di tempo (SPS delle probabilità).

Per comprendere il significato di $\hat{p}$ si consideri un modello binomiale a uno stadio con probabilità naturale p di default e $(1 - p)$ di non-default (Figura 11.1).

Il ragionamento di non arbitraggio implica l'esistenza di una probabilità RN $\hat{p}$ tale che:

$$Bond = ((1 - \hat{p})K + \hat{p}RecK) e^{-R}$$

Pertanto, dal prezzo dei corporate e dei risk-free bonds si può ricavare la probabilità RN di default, dato il recovery rate.

Nel caso di corporate bond con cedola, nell'ipotesi di SPS delle probabilità piatta e recovery rate costante, si utilizza l'equazione:

$$CBond(t) = \sum_{i=1}^{n} \frac{c_i(1 - \hat{p})^i}{(1 + R(t,t_i))^i} + \sum_{i=1}^{n} \frac{c_i Rec(1 - (1 - \hat{p})^i)}{(1 + R(t,t_i))^i}$$

essendo (nell'ipotesi di indipendenza) $(1 - \hat{p})^i$ la probabilità di non default all'i-esimo anno. Dati gli altri elementi e il recovery rate, l'equazione consente di ricavare la probabilità RN implicita, $\hat{p}$.

Osservazione 93. Le SPS dei defaultable ZCB. Sappiamo che, in assenza di default, il valore oggi di un euro domani è:

$$V_t(1(T)) = P(t,T)$$

Se l'euro da incassare è soggetto a default dell'emittente D, con tasso di recupero Rec_D, si ha:

$$V_t(1(T)_D) = Bond(t,T) = V_t(1(T) - \chi_{D(t,T)} + Rec_D\chi_{D(t,T)})$$
$$= V_t(1(T)\left[1 - (1 - Rec_D)\chi_{D(t,T)}\right])$$
$$= P(t,T) - (1 - Rec_D)V_t(\chi_{D(t,T)})$$

essendo $\chi_{D(t,T)}$ una variabile che dà un euro con certezza in T se avviene il default dell'emittente tra t e T e niente altrimenti (digital default derivative). L'operatore $V_t(\cdot_D) = V_t(\cdot \left[1 - (1 - Rec)\chi_{D(t,T)}\right])$ rappresenta il valore attuale secondo il merito creditizio implicito in una misura di probabilità credit-risk-neutral. Indica quindi la SPS di un emittente di rating D. Si noti che la differenza di importi uguali ma di emittenti A e B con diverse possibilità di default non è nulla:

$$V_t(1(T) - 1(T)) = 0$$

$$V_t(1(T)_A - 1(T)_B) = V_t \left(1(T) \left[1 - (1 - Rec_A)\chi_{A(t,T)}\right] - \right.$$
$$\left. - 1(T) \left[1 - (1 - Rec_B)\chi_{B(t,T)}\right]\right)$$
$$= (1 - Rec_B)V_t(\chi_{B(t,T)}) - (1 - Rec_A)V_t(\chi_{A(t,T)})$$

11.1.3 L'Economic Capital come opzione ITM

Il concetto di *Value at Risk* (VaR) rappresenta diffusa una misura di rischio con ampia risonanza anche nella regolamentazione di Vigilanza internazionale (Jorion, 2001, Hull, 2008).

Si tratta della massima perdita $-VaR$ che un'impresa (società, fondo, portafoglio) può accettare su un dato arco di tempo, tra t e T, (es. 1 anno) al livello di confidenza $1 - \alpha$ (es. 99%). Se $V(t)$ è il valore della società o del portafoglio, si ha la definizione implicita:

$$prob_t(V(T) - V(t) < -VaR) = \alpha$$

con VaR funzione di α e T. Se $V(t)$ ha la dinamica lognormale (11.2), definendo $V° \equiv V(t) - VaR$ si ha:

$$prob_t(V(T) < V°) = prob_t(\ln V(T) < \ln V°)$$
$$= N \left(\frac{\ln V° - \ln V(t) - (\mu_V - \sigma_V^2/2)(T - t)}{\sigma_V \sqrt{T - t}}\right) = \alpha$$

Invertendo la normale (con $\alpha = 1\%$):

$$\frac{\ln V° - \ln V(t) - (\mu_V - \sigma_V^2/2)(T - t)}{\sigma_V \sqrt{T - t}} = N^{-1}(\alpha) = -2.33$$

$$V° = V(t)e^{(\mu_V - \sigma_V^2/2)(T-t) - 2.33\sigma_V \sqrt{T-t}}$$

$$VaR = V(t) - V° = V(t)(1 - e^{(\mu_V - \sigma_V^2/2)(T-t) - 2.33\sigma_V \sqrt{T-t}})$$

Una stima prudenziale per μ_V è r oppure 0 su intervalli brevi (es. 10 giorni, secondo l'Accordo di Basilea II). Per $V(t) = 100$, $\mu_V = r = 5\%$, $T - t = 1$ e $\sigma_V = 30\%$ si ottiene $V° = 49.96$ e un $VaR = 50.04$. L'*economic capital* (EC) vale a dire il capitale di rischio richiesto oggi per far fronte a tale perdita si può calcolare come:

$$EC = V_t(\max(0, V(T) - V^\circ)) = Call(t, V(t), V^\circ, T)$$

vale a dire come call sul valore delle attività, con strike ITM in funzione del VaR. Nell'esempio numerico, vale $EC = 52.52$ e se l'impresa ha debiti per un valore corrente di 20, il *free capital* è $100 - 20 - 52.52 = 29.96$.

11.1.4 Convertible bonds

Un'obbligazione convertibile è un'obbligazione che consente al portatore di convertirla in azioni (dette azioni di compendio), con esercizio in una o più date future, in base ad un certo rapporto di conversione titoli/azioni, $1/\gamma$. Le azioni possono essere della stessa società emittente l'obbligazione (conversione diretta) o di altra società (conversione indiretta). Se la conversione dà luogo a emissione di nuove azioni si dovrà tener conto (come nel caso dei warrant, cap. 8) della diluizione del capitale sociale.

Il possessore dell'obbligazione convertibile ha quindi un'obbligazione standard più un'opzione di scambio tra le azioni di compendio e l'obbligazione, che eserciterà se le azioni avranno goduto di una performance positiva.

Nel caso di un'unica data di conversione T_c (opzione europea), se questa coincidesse con la scadenza dell'obbligazione T si avrebbe l'uguaglianza tra il convertible bond e un normale bond più una call standard sulle azioni di compendio:

$$Conv(T) = \max(K, \gamma S(T)) = K + \max(0, \gamma S(T) - K)$$
$$= K + \max(0, \frac{\gamma}{N}V(T) - K) = K + \frac{\gamma}{N}\max(0, V(T) - \frac{N}{\gamma}K)$$

In tal caso, il payoff del convertible bond, paragonato al non convertibile è indicato in Figura 11.2.

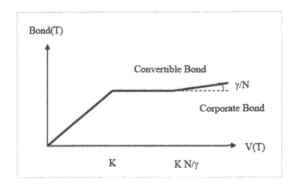

Figura 11.2. Payoff del convertible bond

Tuttavia, poiché in T_c l'obbligazione è ancora in vita, avendo scadenza $T > T_c$, si ha:

$$Conv(T_c) = \max(Bond(T_c, T), \gamma S(T_c))$$
$$= Bond(T_c, T) + \max(0, \gamma S(T_c) - Bond(T_c, T))$$

essendo $Bond(T_c, T)$ il prezzo di un corporate bond non convertibile.

Si noti che, con N azioni in circolazione, si ha:

$$S(T_c) = \frac{1}{N} Call(T_c, V(T_c), K, T)$$

e quindi l'obbligazione convertibile contiene una compound option (Geske, 1977 e Ingersoll, 1977):

$$Conv(T_c) = Bond(T_c, T) + \max(0, \frac{\gamma}{N} Call(T_c, V(T_c), K, T) - Bond(T_c, T))$$

con il bond a sua volta costituito da un'opzione nascosta (11.1).

In caso di esercizio la società non compera sul mercato le azioni da cedere ma fa fronte all'impegno emettendo nuovi titoli azionari. Tale emissione di nuovi titoli determina una diluizione del capitale sociale che influenza il prezzo di mercato e richiede un aggiustamento nelle formule.

Per comprendere i termini dell'aggiustamento si consideri una società con N azioni e una convertibile europea di scadenza T_c. Se $V(T_c^-)$ è il valore dell'attivo della società un istante prima dell'esercizio, si ha, nel bilancio a prezzi correnti:

Attivo	Passivo
$V(T_c^-)$	$Conv(T_c^-)$
	$N\, S(T_c^-)$

In caso di esercizio, il bilancio, in T^+, diventa:

Attivo	Passivo
$V(T_c^+)$	
	$(N + \gamma)S(T^+)$

essendo γ il numero di nuove azioni emesse (diluizione del capitale). Si noti che il patrimonio è più alto per la conversione del debito in azioni.

Pertanto:

$$S(T_c^+) = \frac{V(T_c)}{N + \gamma} = \frac{V(T_c) - Conv(T_c^-)}{N} = S(T_c^-)$$

Dunque, per continuità dei prezzi, $S(T^-) = S(T^+) = S(T)$, si ha:

$$Conv(T_c) = Bond(T_c, T) + \max(0, \frac{\gamma}{N + \gamma} V(T_c) - Bond(T_c, T))$$

Pertanto il prezzo della convertibile è il prezzo del bond più un'exchange option tra una quota (*dilution factor*) del valore dell'impresa e il bond.

11.1.5 Callable, puttable, exchangeable bonds

Un *callable bond* consente all'emittente di "richiamare" (ed estinguere) l'obbligazione alla pari prima della sua scadenza T_1. L'emittente ha quindi un'opzione call (vendutagli dall'investitore) con strike pari al valore facciale:

$$Callable(T_c) = \min(K, CBond(T_c, T))$$
$$= CBond(T_c, T) - \max(0, CBond(T_c, T) - K)$$
$$= K - \max(0, K - CBond(T_c, T))$$

Si noti che il bond deve essere con cedola per avere la possibilità di quotare sopra la pari.

Ci sarà convenienza alla chiamata se il valore del bond è salito sopra la pari a causa del ribasso dei tassi d'interesse. Dopo il rimborso forzato, l'emittente potrà indebitarsi a tassi più convenienti. Si noti che il callable bond può essere anche visto non solo come titolo a lunga (scadenza T es. 5 anni) con opzione call dell'emittente per l'estinzione anticipata (*retractable bond*) ma anche come un titolo a breve (scadenza T_c es.3 anni) con opzione put dell'emittente di vendere all'investitore un titolo a lunga (*extendible bond*).

Il calcolo del valore attuale di un callable bond (come di un qualunque titolo con opzioni nascoste) utilizzando i cash flow attesi scontati al tasso risk-free più uno spread consente di calcolare il cd. *option adjusted spread* (OAS).

Un *puttable bond* (*retractable bond, saving bond*) consente invece all'investitore di cedere all'emittente l'obbligazione al valore facciale:

$$Puttable(T_c) = \max(K, CBond(T_c, T))$$
$$= CBond(T_c, T) + \max(0, K - CBond(T_c, T))$$
$$= K + \max(0, CBond(T_c, T) - K)$$

Ci sarà tale convenienza se il prezzo del bond, a seguito di un rialzo del tassi, è sceso sotto la pari. Dopo la cessione, l'investitore potrà investire a tassi più elevati. Si noti che il puttable bond si può vedere sia come un titolo a lunga con possibilità dell'investitore di estinzione anticipata (*retractable bond*) sia come un titolo a breve con possibilità dell'investitore di acquistare un titolo a più lunga scadenza (*extendible bond*).

In generale titoli con l'opzione di scambio con altri titoli (o azioni) a una data futura o in un dato intervallo di tempo si chiamano *exchangeable bond*:

$$Excheangeable(T_c) = \min / \max(CBond_1(T_c, T_1), CBond_2(T_c, T_2))$$

Si veda De Giuli, Maggi, Magnani e Rossi (2002, cap. 12) per un'applicazione al caso di *callable convertible bond*.

11.1.6 Subordinated debt

Prestiti o obbligazioni subordinate (o *junior debt*) rappresentano debiti in posizione subordinata rispetto ad altri (*senior debt*) in caso di default e liquidazione della società.

Anche a fini regolamentari, il debito subordinato è incluso nella definizione allargata di capitale (*Tier 1 & 2 Capital*) mentre il capitale in senso stretto (*Tier 1 Capital*) include solo il capitale sociale (equity), le azioni privilegiate (preferred stock) e gli utili non distribuiti. In proposito si veda la regolamentazione della Bank of International Settlements (in www.bis.org) e Hull (2008, cap. 7).

Si supponga, con Black e Cox (1976) che l'impresa emetta due tipo di bond, *junior bond*, con valore facciale K_J e *senior bond*, con valore facciale K_S, entrambi di scadenza T. I payoff saranno:

$$Bond_S(T) = \min(V(T), K_S)$$
$$Bond_J(T) = \max(0, \min(V(T) - K_S, K_J))$$
$$Equity(T) = \max(0, V(T) - (K_S + K_J))$$

I payoff dei due bond sono indicati in figura mentre il prezzo del junior bond è esprimibile come:

$$Bond_J(t, T) = P(t, T) \left(\int_{K_S}^{K_S+K_J} (V(T) - K_S) \hat{f}_V \, dV + \int_{K_S+K_J}^{+\infty} K_J \hat{f}_V \, dV \right)$$

A seconda che il valore degli attivi sia vicino a K_S ovvero a $K_S + K_J$ il junior bond si comporta più come un'azione o più come un'obbligazione (Figura 11.3).

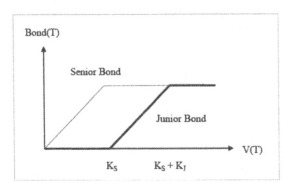

Figura 11.3. Payoff di senior e junior bonds

11.1.7 Indebitamento con garanzia reale e leasing

L'analisi svolta per il debito obbligazionario si può estendere al caso dei prestiti con garanzia reale, vale a dire con un *collateral* (*collateralized loan*) in deposito vincolato di garanzia. Se $D(t)$ è il valore attuale del prestito di valore nominale K, $G(t)$ il valore del collateral che fornisce un flusso di dividendo δ_G al debitore, dalla (11.1) si ottiene, analogamente:

$$Loan(T) = \min(G(T), K)$$

$$Loan(t, T) = P(t, T) \left(\int_0^K G(T) \hat{f}_G dG + \int_K^{+\infty} K \hat{f}_G dG \right)$$

$$= KP(t, T) - Put(t, G(t), K, T)$$

Si noti che un contratto di leasing consiste nella disponibilità, da parte del locatario (*lessee*), di disporre del solo flusso di servizi e dividendi δ_G generati dall'asset $G(t)$, dato in locazione (*lease*) dal locatore (*lessor*). Pertanto, il valore (costo) al locatario è:

$$Lease(t, T) = V_t \left(-\int_t^T dG(u) \right) = G(t) - V_t(G(T)) = G(t)(1 - e^{-\delta_G(T-t)})$$

Si noti (Smith, 1979) che il contratto di leasing equivale all'acquisto dell'asset asset più un prestito di scadenza T con l'asset come collateral più l'emissione di una call per l'acquisto del collateral con strike pari al nominale del prestito:

$$Lease(t, T) = G(t) - P(t, T) \left(\int_0^K G(T) \hat{f}_G dG + \int_K^{+\infty} K \hat{f}_G dG \right) -$$

$$-P(t, T) \int_K^{+\infty} (G(T) - K) \hat{f}_G dG$$

$$= G(t) - P(t, T) \int_0^{+\infty} G(T) \hat{f}_G dG = G(t) - V_t(G(T))$$

11.2 Garanzie, polizze e *portfolio insurance* (F)

Il rilascio di una garanzia implica l'emissione di un'opzione put così come l'acquisto di garanzie equivale all'acquisto di una put.

Si consideri una **garanzia di prezzo minimo** K alla scadenza T applicata a un titolo $S(T)$. L'acquirente del titolo con garanzia sa che a scadenza riceverà il massimo tra $S(T)$ e K:

$$\max(S(T), K) = S(T) + \max(0, K - S(T))$$

Pertanto la garanzia equivale a una put con sottostante il titolo non garantito $S(T)$ e strike il livello garantito K (scomposizione put). Naturalmente, per la nota put-call parity, il titolo garantito equivale anche al cash K più una call (scomposizione call). Come si vedrà, nel primo caso si sono sviluppati i c.d. prodotti di portfolio insurance e nel secondo i c.d. prodotti strutturati.

Una **garanzia di rendimento minimo** K_R, dato il capitale iniziale $S(t)$, è rappresentabile, analogamente, come:

$$
\begin{aligned}
S(t)\left(1 + \max\left(K_R, \frac{S(T)}{S(t)} - 1\right)\right) &= S(t)\max\left(1 + K_R, \frac{S(T)}{S(t)}\right) \\
&= \max\left(S(t)(1 + K_R), S(T)\right) \\
&= S(T) + \max\left(0, S(t)(1 + K_R) - S(T)\right)
\end{aligned}
$$

Il valore del titolo garantito è:

$$
\begin{aligned}
S^G(t) &= S(t) + Put(t, S(t), K) \qquad\qquad\qquad\qquad (11.6)\\
&= S(t) + e^{-r(T-t)}KN(-d_2^{BS}) - S(t)N(-d_1^{BS}) \\
&= S(t)(1 - N(-d_1^{BS})) + e^{-r(T-t)}KN(-d_2^{BS}) \\
&= S(t)N(d_1^{BS}) + e^{-r(T-t)}KN(-d_2^{BS})
\end{aligned}
$$

Da un punto di vista terminologico, la presenza di una *garanzia* implica l'obbligo da parte dell'emittente (fidejussore) di coprire col proprio capitale l'eventuale minusvalenza $S(T) - K$ che si dovesse verificare a scadenza. Si tratta quindi di una garanzia formale (garanzia di risultato) che se non ottemperata determina il default del garante.

Esempio 40. Garanzie di sottoscrizione e garanzie fidejussorie. Nelle emissioni azionarie un'istituzione finanziaria (*underwriter*) garantisce la buona riuscita del collocamento ponendosi come acquirente residuale dell'eventuale quota non acquistata dal mercato. Il valore del contratto di underwriting può essere analizzato in termini di opzioni implicite. Per un'analisi si veda Smith (1977) e Barone e Castagna (1999). Analogamente si possono considerare i prestiti con garanzia reale (collaterized loans) e con garanzia fidejiussoria (crediti di firma) nonché le forme di assicurazione dei depositi (Merton, 1977, 1978).

11.2.1 Polizza assicurativa rivalutabile

Un esempio di titolo con garanzia è la polizza assicurativa rivalutabile a premio unico (non ricorrente). Essa garantisce un tasso minimo K_R (es. 2%) e un capitale che cresce in base al maggiore tra il tasso minimo e il rendimento R conseguito dalla c.d. gestione separata, per la quota q (es. 90%) di retrocessione al cliente assicurato. Il capitale iniziale assicurato $C(0)$ è il premio versato, Pr, al netto del caricamento (es. 8% del premio), capitalizzato al tasso tecnico tt (es. 1%) per la durata τ (es. 6 anni) della polizza:

$$
C(0) = (\text{Pr} - Car)(1 + tt)^\tau
$$

Negli anni, il capitale assicurato si rivaluta secondo la formula:

$$C(t) = C(0) \prod_{s=1}^{t} \left(\frac{1 + \max(K_R, qR(s))}{1 + tt} \right) \qquad t = 1, ..., \tau$$

Si noti che la riserva tecnica rivalutata è $Ris(t) = C(t)/(1+tt)^{\tau-t}$. Il capitale assicurato contiene una embedded option (di tipo cliquet) che rappresenta un impegno nei confronti dell'assicurato. Si noti che questi, di regola, ha anche la possibilità di uscire dal contratto (*surrender option*) pagando una penale di riscatto, assimilabile allo strike di una put americana acquistata dall'assicurato al momento della sottoscrizione della polizza (v. Smith, 1982 e Baccinello, 2003).

11.2.2 Portfolio insurance

In alternativa alla garanzia formale, vi è la possibilità di una *protezione* del capitale, che invece comporta solo una garanzia di corretta esecuzione ed efficiente perseguimento della protezione (garanzia di mezzo) senza uno stringente impegno formale.

Questa **garanzia informale** si ottiene osservando che, nella (11.6), il titolo garantito equivale a un portafoglio con $N(d_1^{BS})$ unità del sottostante (*risky asset*) e $KN(-d_2^{BS})$ unità di ZCB (*risk-free asset*): si può quindi replicare il titolo garantito costruendo in modo dinamico un portafoglio costituito da sottostante e ZCB. Poiché le quantità dei due titoli sono variabili, essendo $d_{1,2}^{BS}(t)$ funzione di t e delle altre determinanti, la replica del titolo garantito è un processo dinamico continuo del tutto simile all'hedging dinamico visto in precedenza.

La replica di un titolo o portafoglio garantito prende il nome di *portfolio insurance*, PI (Leland, 1980 e Rubinstein e Leland, 1981). Per alcune applicazioni si veda Rubinstein (1999, cap. 7).

Osservazione 94. Replica di opzioni e costi di transazione (Leland, 1985). In presenza di costi di transazione la replica continua di un'opzione comporterebbe costi infiniti essendo i prezzi processi a variazione illimitata su qualunque intervallo finito (v. Appendice). Boyle e Emanuel (1980) hanno analizzato le performance di repliche (hedge portfolios) a intervalli discreti. Leland (1985) dimostra che in caso di costi di transazione proporzionali nella misura k al valore degli scambi, la replica discreta converge (al ridursi dell'intervallo di ribilanciamento Δt) al payoff dell'opzione al netto dei costi di transazione se si utilizza, per la strategia di replica, la formula di BS con la seguente varianza modificata:

$$\sigma_{adj}^2 = \sigma^2 \left(1 \pm k \frac{\sqrt{2/\pi}}{\sigma \sqrt{\Delta t}} \right)$$

ove il segno $+$ riguarda la replica di payoff convessi (es. call lunga) e il segno $-$ quella di payoff concavi (es. call corta).

Da un punto di vista operativo, varie tecniche sono state suggerite per implementare la portfolio insurance (Cesari e Cremonini, 2003), a partire dalle definizioni elementari di patrimonio, suddiviso in asset rischioso (stock) $G(t)$ e asset non rischioso (cash) $H(t)$ e di valore, definito da quantità per prezzo unitario:

$$A(t) \equiv G(t) + H(t) \qquad \forall t$$
$$G(t) \equiv Q(t)S(t)$$
$$H(t) \equiv Q^B(t)e^{rt}$$

Fractional PI

Dato il livello garantito K, si investe il capitale iniziale $A(t)$ nel portafoglio garantito (11.6) per la frazione g e il residuo D nel conto corrente:

$$gS^G(t) + D = A(t)$$

I parametri g e D devono anche soddisfare la condizione finale per $S(T) < K$:

$$gK + De^{r(T-t)} = K$$

Pertanto:

$$D = (1 - g)Ke^{-r(T-t)}$$
$$g = \frac{A(t) - Ke^{-r(T-t)}}{Call(t, S(t), K)}$$

In tal modo, usando (11.6), il capitale iniziale investito nel sottostante è $gS(t)N(d_1^{BS})$ mentre il capitale versato nel conto corrente è

$$ge^{-r(T-t)}KN(-d_2^{BS}) + (1 - g)Ke^{-r(T-t)} = Ke^{-r(T-t)}(1 - gN(d_2^{BS})).$$

Al tempo $u > t$, il portafoglio vale:

$$A(u) = gS(u)N(d_1(u)) + ge^{-r(T-u)}KN(-d_2(u)) + De^{r(u-t)}$$
$$= g\left(Call(u, S(u), K) + Ke^{-r(T-u)}\right) + De^{r(u-t)}$$

per cui la relazione tra valore del portafoglio $A(u)$ e prezzo del sottostante $S(u)$ (payoff function) è convessa.

A scadenza si ha:

$$A(T) = g(\max(K, S(T)) + (1 - g)K = K + g\max(0, S(T) - K)$$

Non-linear PI

Si tratta di trovare lo strike H e il moltiplicatore h tali che:

$$h(S(t) + Put(t, S(t), H)) = A(t)$$
$$hH = K$$

Definendo $S^h(t) \equiv hS(t)$ si ottiene:

$$S^h(t) + Put(t, S^h(t), K) = A(t) \qquad (11.7)$$

e il valore di $S^h(t)$ si può ricavare per via numerica dall'equazione (11.7). Da qui si ricava $h = S^h/S$ e quindi $H = K/h$.

Si noti che l'ammontare investito inizialmente nel sottostante è $hS(t)N(d_1(u))$ mentre nel conto corrente è $e^{-r(T-t)}KN(-d_2)$. Anche in questo caso la funzione di payoff è convessa e a scadenza si ottiene:

$$A(T) = \max(hS(T), K)$$

Partial PI

La relazione iniziale è:

$$n(S(t) + Put(t, S(t), K)) = A(t)$$

per cui:

$$n = \frac{A(t)}{S(t) + Put(t, S(t), K)}$$

e a scadenza si ha:

$$A(T) = \max(nS(T), nK)$$

Constant Proportion PI (CPPI)

Black e Jones (1987) e Perold e Sharpe (1988) hanno proposto una semplificazione delle precedenti forme di PI che ne conserva la caratteristica fondamentale, vale a dire la convessità della funzione di payoff.

Sia $F(t) = Ke^{-r(T-t)}$ il valore attuale del livello garantito. La regola di CPPI implica un investimento $G(t)$ nel titolo rischioso per l'ammontare:

$$G(t) = m(A(t) - F(t)) \qquad (11.8)$$

essendo $m > 1$ il "moltiplicatore" e $C = A - F$ il "cuscino" o distanza dal livello da proteggere. (Usando lettere diverse, Black e Jones ottengono la formula: $E = mC$. Un caso?). Più precisamente, escludendo passività e leverage deve aversi $0 \leq G(t) \leq A(t)$ vale a dire:

$$G(t) = \min(A(t), m \max(0, A(t) - F(t)))$$

Si noti che tale espressione rappresenta una funzione di domanda del titolo rischioso (*exposure function*) di tipo lineare con conseguente ottimalità da parte di un investitore con avversione assoluta al rischio di tipo iperbolico (HARA utility, v. Cesari e Susini, 2005b, par. 1.8). Al riguardo si veda Black e Perold (1992).

La quantità investita nel titolo rischioso è quindi:

$$Q(t) = \frac{G(t)}{S(t)}$$

e l'ammontare investito nel conto corrente è invece $H(t) = A(t) - G(t)$. Se $B(t) = e^{rt}$ è l'indice (prezzo) del conto corrente, la quantità sul conto è:

$$Q^B(t) = \frac{A(t) - G(t)}{B(t)}$$

Chiaramente, vale l'equazione di bilancio:

$$A(t) = Q(t)S(t) + Q^B(t)B(t)$$

La funzione di payoff si ottiene considerando la dinamica del portafoglio:

$$dA(t) = \left[SdQ + BdQ^B\right] + QdS + Q^B dB$$

e imponendo la condizione di autofinanziamento per cui l'espressione in parentesi quadra si annulla e si ha:

$$dA(t) = QdS + Q^B dB$$
$$= \frac{G(t)}{S(t)}dS(t) + (A(t) - G(t))\,rdt$$

La soluzione ha la forma:

$$A(u) = F(u) + hS(u)^m e^{(1-m)ru}$$

con h definito in base al capitale iniziale $A(t)$ e rappresenta un payoff convesso ogni volta che $m > 1$. Da notare che la quantità Q di asset rischioso è proporzionale a $mhS(u)^{m-1}$ per cui $\partial Q / \partial S > 0$. Ciò significa che la regola di CPPI (come tutte le forme di PI) implica un maggiore investimento nell'asset rischioso se il suo prezzo cresce e un minore investimento se il suo prezzo cala (*momentum strategy: buy high and sell low*). Ciò significa che le tecniche di PI tendono ad amplificare i movimenti di mercato, generando ordini di acquisto nei momenti di mercato al rialzo e ordini di vendita nei momenti di ribasso. La diffusione del *program trading* e delle ricette automatiche di PI ebbero non poca influenza sulla crisi del 19 ottobre 1987 (*black Monday*), quando una caduta esogena intorno al 4% del Dow Jones nel venerdì precedente, 16 ottobre, generò un'ondata di vendite il lunedì successivo che portò un crollo dei prezzi del -20% in un solo giorno.

Si noti che se il portafoglio scende sotto il floor il titolo rischioso viene venduto completamente (*deleveraging*) e tutto l'investimento è nel conto corrente (barriera assorbente). Per garantire la protezione a scadenza, la strategia rinuncia quindi ad eventuali rialzi del mercato. Ciò non avverrebbe se invece della replica dinamica della PI venisse acquistato uno ZCB e investito il residuo in opzioni call (scomposizione call).

Esercizio 49. Contrarian strategy. Si dimostri che una strategia finalizzata a mantenere costanti le quote di portafoglio tra asset rischioso e conto corrente (constant mix allocation) è una strategia di tipo contrarian, nel senso che $\partial Q/\partial S < 0$.

Suggerimento: con i simboli usati sopra si ponga:

$$\alpha = \frac{G(t)}{A(t)}, \qquad Q(t) = \frac{\alpha A(t)}{S(t)}$$

$$dA(t) = \frac{\alpha A(t)}{S(t)} dS(t) + (1-\alpha)A(t)rdt$$

con soluzione generale:

$$A(u) = kS(u)^\alpha e^{(1-\alpha)ru}$$

Osservazione 95. I costi impliciti nella PI. Si assuma A(t)=100, K=75 e m=2, con r=0 per semplicità di calcolo. Si avrà G(t)=2(100-75)=50 e H(t)=100-G(t)=50.

Il prezzo del titolo rischioso (azione) è S(t)=1 per cui se ne acquistano 50 unità.

In **t+1** il prezzo S(t+1) cala a 0.9. Il portafoglio passa a A(t+1)=0.9 50+50=95. La domanda di azioni diventa G(t)=2(95-75)=40.

La quantità ottimale è quindi Q(t+1)=40/0.9≃44. Occorre vendere quasi 6 azioni e mettere sul conto corrente il ricavato, ottenendo, dopo il ribilanciamento A(t+1)=40+55.

In **t+2** il prezzo ritorna a S(t+2)=1. Il portafoglio vale A(t+2)=44+55=99. Interessante notare che nonostante i prezzi di mercato siano tornati quelli iniziali il portafoglio CPPI vale meno del valore iniziale 100. Ciò non si deve a errori di approssimazione (si verifichi con un foglio elettronico) né a costi di transazione (assenti). Il minor valore è intrinseco alla regola di PI, che compra alto e vende basso: in tal modo si determina un costo "nascosto" (minus da realizzo), pari alla perdita media tra le vendite e gli acquisti, rappresentativo del costo della put implicita creata sinteticamente dalla regola di PI.

Da notare che tale costo non si riferisce alla nota proprietà dei tassi di variazione per cui un calo dell'x% seguito da una crescita dell'x% non riporta il prezzo al punto di partenza ma al di sotto: $(1+x)(1-x) = 1 - x^2 < 1$.

Come nell'hedging dinamico, l'efficacia della PI dipende dalla frequenza del ribilanciamento. Non essendo possibile un ribilanciamento continuo, come ipotizzato dalla teoria, un ribilanciamento a intervalli discreti (es. settimanale) può mettere a rischio la protezione. Trascurando l'effetto del tasso d'interesse:

$$A(u) - F(u) = gS(u)^m$$
$$\Delta A(u) = gmS(u)^{m-1}\Delta S(u)$$
$$A(u) + \Delta A(u) < F(u) \quad se \quad \Delta A(u) < F(u) - A(u)$$

quindi il valore del portafoglio scende sotto il floor se:

$$mS(u)^{m-1}\Delta S(u) < -S(u)^m$$

cioè se $\Delta S/S < -1/m$. Pertanto, per $m = 2$ una caduta del -50% nell'intervallo di ribilanciamento impedisce il raggiungimento dell'obiettivo minimo; per $m = 10$ basta una caduta del -10%. Pertanto, dato m, maggiore è la volatilità del sottostante, maggiore deve essere la frequenza di ribilanciamento; data la frequenza, maggiore è la volatilità del sottostante, minore deve essere il moltiplicatore m. In pratica si adotta un ribilanciamento giornaliero (*time-rebalancing*) o al superamento di una data variazione percentuale del prezzo del titolo rischioso (*price-rebalancing*).

Esercizio 50. Si studi la formula $G(t) = m\left(\frac{A(t)-F(t)}{A(t)}\right)100$. Si tratta ancora di una PI?

Esempio 41. 80% Lookback CPPI Structure. Si consideri il seguente term sheet che rappresenta un titolo con durata 8 anni rappresentativo di una strategia di tipo CPPI. $\Pi(t)$ è il valore del portafoglio in t, investito in "cash" e "stock" costituiti a loro volta da un fondo monetario e da un fondo bilanciato (30% obbligazionario e 70% azionario); Π_0 è il patrimonio iniziale.

$$\Pi^G(t) = \max(0.80\max_{s\leq t}\Pi(s), \Pi_0) \quad \text{patrimonio garantito}$$

$$H_m(t) = 0.30\Pi^G(t) \quad \text{cash minimo}$$

$$G_m(t) = 0.10\Pi^G(t) \quad \text{stock minimo}$$

$$F(t) = \frac{\Pi^G(t)}{(1-\gamma)^{T-t}(1+r-sp)^{T-t}} \quad \text{floor attualizzato}$$

$$G_M(t) = \max(G_m(t), \min(\Pi(t) - H_m(t), g(\Pi(t) - F(t) - G_m(t))))$$
$$\text{stock massimo}$$

I parametri γ (commissione, es. 2.2%), sp (spread, es. 20 bp) e g (gearing, es. 9) sono modulabili. La strategia segue le seguenti regole per soddisfare giornalmente i vincoli di investimento:

$$\text{se } H(t) < H_m(t) \quad \text{vendere stock e comprare cash per } H_m(t) - H_m(t)$$
$$\text{se } G(t) < G_m(t) \quad \text{vendere cash e comprare stock per } G_m(t) - G(t)$$
$$\text{se } G(t) > G_M(t) \quad \text{vendere stock e}$$

comprare cash per $\max(G(t) - G_M(t), \max(0.05\Pi^G(t), 0.25G(t)))$

se $G(t) < G_M(t) - \max(0.05\Pi^G(t), 0.10G(t))$ vendere cash e

comprare stock per $0.95G_M(t) - G(t)$

se $\Pi(t) - F(t) - G_m(t) \leq 0$ portare lo stock al minimo e

comprare il floor: $G(t) = G_m(t)$ e $H(t) = F(t)$

I risultati di 1000 simulazioni con $r = 5\%$, $\sigma_S = 20\%$, $\sigma_{cash} = 1\%$ sono illustrati nel grafico.

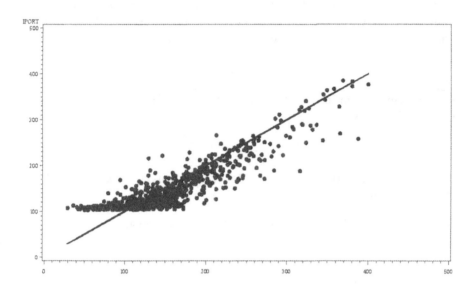

Figura 11.4. 80% Lookback CPPI Structure

I due principali punti deboli della PI sono, da un lato la possibilità di finire assorbita nel cash (titolo risk-free) se il mercato scende appena avviata la gestione o se il titolo rischioso mostra andamenti erratici, laterali o a-direzionali (*whip-saw movements*), dall'altro la scarsa trasparenza dei costi, legati ai ribilanciamenti periodici e noti (o meglio conoscibili) solo a posteriori.

I titoli strutturati (v. oltre) cercano di ovviare a entrambi questi aspetti negativi della PI.

Osservazione 96. Liability Driven Investment (LDI). Una generalizzazione della PI è rappresentata dall'approccio LDI (Martellini, 2006) in cui il livello da garantire K ($F(t)$ in valore corrente) è interpretato come una passività e generalizzato con un processo stocastico, $L(t)$:

$$dL(t) = \mu_L L dt + \sigma_L L dW_L(t)$$

ad esempio un ammontare indicizzato all'inflazione. L'obiettivo della gestione (dinamica) di portafoglio è massimizzare il surplus (cuscino) $A(t) - L(t)$

ottimizzando la scelta dei titoli da detenere in portafoglio. Il risultato è una formula quantitativa che contiene sia una componente **core**, finalizzata a replicare la passività (benchmark), sia una componente **satellite** (o performance-seeking) che applica la classica formula alla Markowitz-Merton (v. Cesari e Susini, 2005b, cap. 9) al "cuscino" ottenendo un risultato del tutto simile alla formula del CPPI (11.8).

Value-at-Risk PI

Una proposta recente di PI (Chow e Kritzman, 2001) si rifà al concetto di Value at Risk (VaR), definito come massima perdita accettabile su un dato orizzonte $T - t$ con dato livello di confidenza $1 - \alpha$:

$$prob_t(A(T) - A(t) < -VaR) = \alpha$$

Se si riformula il problema come minimo profitto raggiungibile (VaP) con pribabilità $1 - \alpha$ si ha:

$$prob_t(A(T) > A(t) + VaP) = 1 - \alpha \qquad (11.9)$$

Assumendo che il portafoglio $A(t)$ sia composto in quantità costanti w e $1 - w$ di titolo risk-free e titolo si ha:

$$A(t) = Q^B + QS(t) = wA(t) + (1 - w)A(t)$$

$$w_t = \frac{Q^B}{A(t)}, \qquad 1 - w_t = \frac{QS(t)}{A(t)}$$

$$A(T) = Q^B e^{r(T-t)} + QS(T)$$

e assumendo le dinamiche:

$$dB(u) = rB(u)dt$$

$$dS(u) = \mu_S S(u)dt + \sigma_S S(u)dZ(u)$$

si ottiene l'espressione del valore futuro del portafoglio:

$$A(T) = w_t A(t)e^{r(T-t)} + (1 - w_t)A(t)e^{(\mu_S - \sigma_S^2/2)(T-t) + \sigma_S(Z(T) - Z(t))}$$

Definendo $K \equiv A(t) + VaP$ si ricava la probabilità in (11.9) data da:

$$prob_t(A(T) < K) = \alpha$$

$$= N\left(\frac{\ln\left(\frac{K - w_t A(t)e^{r(T-t)}}{(1-w_t)A(t)}\right) - (\mu_S - \frac{\sigma_S^2}{2})(T - t)}{\sigma_S\sqrt{T - t}} \right)$$

da cui:

$$w_t = \frac{K - A(t)e^{(\mu_S - \sigma_S^2/2)(T-t) + \sigma_S \sqrt{T-t} N^{-1}(\alpha)}}{A(t)e^{r(T-t)} - A(t)e^{(\mu_S - \sigma_S^2/2)(T-t) + \sigma_S \sqrt{T-t} N^{-1}(\alpha)}}$$

Mentre nell'approccio usuale, dato α e la dinamica di $A(T)$ si ricava il VaR, qui, simmetricamente, dato α e il livello da raggiungere K, si ricava la combinazione giusta, w_t e $1 - w_t$, che determina la dinamica del portafoglio compatibile coi vincoli dati. Per il tempo $t \le u < T$ si ottiene subito:

$$w_u = \frac{K - A(u)e^{(\mu_S - \sigma_S^2/2)(T-u) + \sigma_S \sqrt{T-u} N^{-1}(\alpha)}}{A(u)e^{r(T-u)} - A(u)e^{(\mu_S - \sigma_S^2/2)(T-u) + \sigma_S \sqrt{T-u} N^{-1}(\alpha)}}$$

che dà la ricetta quantitativa da seguire affinché il portafoglio rispetti l'obiettivo (11.9).

11.3 Titoli strutturati (F)

Nell'ultimo decennio i mercati hanno visto uno sviluppo esplosivo dei c.d. titoli strutturati, vale a dire forme contrattuali variamente legate a titoli e indici di mercato e caratterizzate da una o più opzionalità implicite, tipicamente di tipo esotico.

Essenzialmente, uno strutturato si compone (e scompone), almeno in linea di principio, di due parti di uguale scadenza: un'obbligazione (con o senza cedole) e un derivato (in gergo, *stub*) con uno o più payoff aleatori fino alla scadenza T.

L'obiettivo dello strutturato può essere il più diverso: proteggere un dato portafoglio, migliorarne la redditività, accrescere la diversificazione, sfruttare una specifica view di mercato, partecipare ai rialzi di borsa ma con copertura del downside risk, generare un flusso reddituale con rischio controllato.

La presenza del bond garantisce a scadenza la protezione del capitale 100 investito. Ecco un esempio elementare:

Esempio 42. Protected bull Note. Un titolo paga alla scadenza dei 5 anni 100 più la partecipazione a una call sul Dow Jones Euro Stoxx (ribasato) $I(T)$:

$$BullNote(T) = 100 + \gamma \max(0, I(T) - 100)$$

Se il mercato salirà, l'investitore parteciperà alla crescita. In ogni caso l'investimento è garantito. La struttura equivale quindi a uno ZCB più γ call europee a 5 anni. Il tasso a 5 anni è 5.6% e quindi lo ZCB vale 76.15. Se i costi amministrativi dello strutturato sono 2.6, restano 21.25 da investire nel derivato. Se la call quota 25.6 si ha una partecipazione di $\gamma = 21.25/25.6 = 83\%$.

Esercizio 51. Nell'esempio precedente, calcolare il tasso di rendimento annualizzato del prodotto al netto e al lordo dei costi in uno scenario pessimistico (DJ -30%) e in uno scenario ottimistico (DJ $+40\%$) di mercato.

Un altro esempio più articolato di titolo strutturato è il seguente.

Esempio 43. Reverse convertible Note. Un titolo paga alla scadenza dei 6 anni una cedola certa del 12% e il capitale 100 ovvero un indice azionario $I(T)$ a seconda che, rispettivamente, l'indice sia stato sempre sopra la barriera $H < 100$ ovvero l'indice sia sceso, anche temporaneamente sotto H:

$$
\begin{aligned}
RevConv(T) &= 12 + 100\chi_{\min_{t \le s \le T} I(s) > H} + I(T)\chi_{\min_{t \le s \le T} I(s) \le H} \\
&= 12 + 100 - (100 - I(T))\chi_{\min_{t \le s \le T} I(s) \le H} \\
&= 112 - \frac{100 - I(T)}{H - \min_{t \le s \le T} I(s)} \max(0, H - \min_{t \le s \le T} I(s))
\end{aligned}
$$

L'investitore ottiene così in titolo con un valore facciale variabile, in genere decrescente col mercato azionario. La protezione del capitale investito si ha solo fino alla barriera H. In termini formali il titolo è composto da una normale obbligazione meno una digital gap put option ovvero l'obbligazione meno una certa quantità di fixed strike put lookback sul min del periodo. L'investitore è corto mentre l'emittente è lungo sull'opzione. Il termine reverse convertible ricorda i convertible bond che, al contrario, diventano stock quando il mercato azionario performa positivamente. Qui si ricevono azioni quando il mercato performa negativamente. Tuttavia, nelle convertibili, l'investitore è lungo di call (e l'emittente corto) mentre qui l'investitore è corto di una put esotica (e l'emittente lungo).

Osservazione 97. Reverse? Si noti che convertibles e reverse convertibles non sono paragonabili a floaters e reverse floaters. Questi ultimi hanno flussi (e prezzi) con esposizione negativa ai tassi, contro l'esposizione positiva (non negativa) dei floater. Viceversa convertible (call lunga) e reverse convertible (put corta) possono avere entrambi esposizione positiva (non negativa) alle azioni. Una "reverse convertible" davvero reverse sarebbe del tipo $K + \max(0, K - \gamma S(T))$, cioè bond più put.

11.3.1 La classificazione dei titoli strutturati

I titoli strutturati si possono suddividere in alcune macro classi.

1. **Crescita e protezione**: si tratta di strutture con esposizione al mercato ma protezione (parziale o totale) del capitale investito. L'opzione è in genere asiatica (per ridurre la volatilità e mitigare gli effetti di crash di borsa alla scadenza) e/o cliquet (per il *lock-in* dei rendimenti raggiunti e proteggersi da *market reversal*) e/o lookback. Possono essere incluse opzioni di scambio di knock-out o di rimborso anticipato se il mercato ha una crescita elevata o al contrario partecipazioni crescenti col mercato. Il sottostante è in genere un indice o una media di azioni o indici. Molti prodotti hanno sottostanti diversificati per settori o aree (chiamati *Himalaya,*

Everest, Altiplano etc.): es. il migliore determina la performance dell'anno ed è eliminato dal paniere, oppure la performance è fissa più la peggiore del paniere.

2. **Reddito e protezione**: si tratta di strutture con obiettivi di redditività superiore alle obbligazioni mantenendo la protezione (parziale o totale) del capitale investito. Di solito hanno la struttura di un CB con cedole periodiche in parte fisse e in parte opzionali (es. knock-out o cliquet con cap e/o floor). A volte le cedole fisse sono nei primi anni e variabili negli ultimi, con possibilità di rimborso anticipato o di reverse conversion. A volte OTM covered call sono inserite per accrescere la performance.

3. **Rendimento assoluto**: si tratta di strutture con redditività positiva anche in mercati negativi (straddle e strangles) con possibilità di rimborso anticipato e knock-out. Tali strutture tendono a essere *market neutral* (non correlate col mercato), con sottostanti diversificati. Quando i sottostanti appartengono a diverse asset class (stock, bond, currency, inflation, commodity, real estate etc.) si parla di strutturati ibridi (*hybrids*). Ad esempio la barriera di switch può riguardare un tasso d'interesse con conseguente passaggio a un payoff legato all'equity.

Si tenga presente che alcuni strutturati hanno come sottostanti del derivato fondi comuni o fondi hedge (strutture *unit-linked* o *fund-linked*).

11.3.2 Il funzionamento del mercato dei titoli strutturati

Come per le opzioni esotiche, le motivazioni alla base dell'industria dei titoli strutturati sono un mix di considerazioni legate al lato della domanda finale (copertura di rischi, nuove opportunità di investimento, investimenti con protezione, possibilità di guadagni anche in prolungate fasi negative di borsa) e di spinte determinate dal lato dell'offerta (produzione ed emissione di titoli, necessità di finanziamenti, distribuzione di prodotti di risparmio).

Al centro dell'industria dei prodotti strutturati è il designer or *financial architect* (Kat, 2001) che deve combinare al meglio gli obiettivi degli investitori, le esigenze degli intermediari, i sottostanti disponibili, le *view* prevalenti sul mercato (bullish, bearish, high/low volatility etc.).

Spesso il designer è un protagonista collettivo in quanto al disegno complessivo del prodotto (almeno nei casi di maggior successo) contribuiscono i diversi attori del mercato. I soggetti principali sono 4: Strutturatore (derivative firm, exotic trading desk etc.), Emittente della struttura, Distributore (a volte lo stesso emittente) e l'Investitore finale. La struttura formale (*wrapper*) in cui si concretizza il prodotto strutturato può essere un contratto swap OTC, un fondo (detto **fondo a formula**) o una *medium-term note* (MTN), vale a dire un'obbligazione a medio termine con *embedded options*. A sua volta, il Distributore può impacchettare la *Note* o il fondo in un altro contenitore (rispettivamente *index-linked* e *unit-linked*). In via semplificata, il circuito che genera il titolo strutturato è illustrato in Figura 11.5.

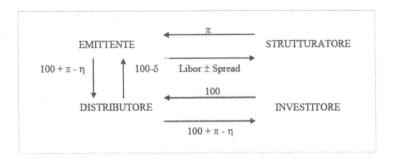

Figura 11.5. Flussi della struttura con Distributore passivo

L'investitore paga 100 al Distributore per ricevere un titolo che paga a scadenza (ma possono esserci anche flussi intermedi) 100 + un flusso esotico, indicato con $\Pi - \eta$.

Il prezzo di 100, al netto delle fees di distribuzione δ, viene passato all'Emittente in cambio del valore di rimborso più il flusso esotico. L'Emittente, a sua volta, sottoscrive un contratto di swap in cui paga periodicamente (es. ogni 6 mesi) Libor $\pm$ uno spread e riceve a scadenza T il flusso esotico (al lordo delle fees η di emissione) pari a Π.

Il ricavo dell'Investitore è tra i 100 euro investiti oggi e i $100 + \Pi - \eta$ che incasserà domani. Il ricavo dello Strutturatore sta tra il flusso periodico che incassa per tutta la vita della MTN e il pagamento esotico a scadenza. Il ricavo dell'Emittente è nel differenziale tra il capitale $100 - \delta$ incassato oggi e il floater implicitamente emesso con pagamenti periodici $-(Libor \pm sp)$ e rimborso $-100 + \eta$ a scadenza.

Nell'esempio precedente della reverse convertible, l'investitore che acquista la struttura è corto su una (sorta di) put gap option e quindi per $H < 100$ ha un'esposizione (delta) positiva nei confronti del rischio azionario. Viceversa l'emittente, essendo lungo della put, ha un'esposizione negativa. Se l'emittente non ha una struttura di bilancio e organizzativa adeguata, troverà più conveniente e sicuro rivolgersi a uno strutturatore piuttosto che costruirsi "in house" il titolo. Di qui l'esistenza di contratti swap che accompagnano l'emissione di una MTN.

Naturalmente c'è un (reciproco) rischio di credito nello swap, soprattutto dal lato dell'emittente che è impegnato a pagare il flusso esotico a scadenza. Pertanto l'emittente tenderà a scegliere uno strutturatore con elevato rating.

Libor $\pm$ spread rappresenta il *funding rate* dell'Emittente e lo spread è largamente determinato dalle caratteristiche del flusso esotico.

Ad esempio il flusso esotico potrebbe essere la partecipazione alla crescita del mercato azionario:

$$\Pi = \gamma \max(0, I(T) - K)$$

Un fundig rate a *Libor flat* (spread=0) potrebbe implicare una partecipazione γ al 90% mentre un funding a Libor meno 50 bp potrebbe comportare (secondo

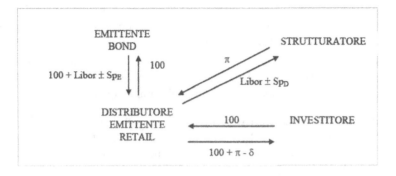

Figura 11.6. Flussi della struttura con Distributore attivo

il pricing del migliore strutturatore) $\gamma = 80\%$. Se il prodotto con $\gamma = 80\%$ è ritenuto ugualmente "vendibile" l'emittente si finanzia a Libor -50.

In alternativa, può concordare Libor-30 e trasformare i -20 bp in un pagamento *upfront* dallo Strutturatore all'Emittente al momento dell'emissione.

Un circuito alternativo, con Distributore con forte *placing power* sia retail che wholesale è illustrato in Figura 11.6.

La differenza fondamentale sta nel fatto che il Distributore scompone la struttura tra un Emittente del Bond (che può essere lo stesso Strutturatore) e lo Strutturatore.

In tal modo il Distributore è anche Emittente per l'investitore finale. Il suo ricavo è nell'eventuale trattenuta a scadenza δ sul coupon esotico e nel differenziale di spread tra Emittente del Bond e Distributore. Un maggior differenziale riflette sia il minor appeal del prodotto (quotato nello spread sp_D) sia un maggior rischio di credito sopportato dal Distributore (riflesso in sp_E).

11.3.3 Il pricing dei titoli strutturati

Il principio fondamentale per il pricing degli strutturati è l'approccio di non arbitraggio con la scomposizione del prodotto nelle sue componenti fondamentali e l'utilizzo della linearità della funzione di valore attuale.

Si consideri una guaranteed *protected bull note* con payoff finale:

$$\Pi(T) = 100 + \alpha \max(0, \frac{I(T) - I(t_0)}{I(t_0)})100$$

in cui α è il tasso di partecipazione all'eventuale rialzo azionario. Il suo prezzo all'emissione, posto $I(t_0) = 100$ e in assenza di rischio di default, è quello di uno ZCB più una quota α nella call ATM sull'indice:

$$\Pi(t_0) = P(t_0, T) + \alpha Call(t_0, I(t), 100, T)$$

Se il mercato quota i titoli componenti, il prezzo di non arbitraggio della struttura è facilmente ottenibile. Viceversa, forme più complesse, non riconducibili a titoli quotati, richiedono adeguati sistemi di pricing e figure specializzate a tale scopo (*financial engineers*). Il metodo Monte Carlo è quello largamente più usato per il pricing delle varie tipologie di strutturati.Rinviando al Capitolo 12 per la metodologia, diamo nel seguito alcuni esempi.

Osservazione 98. Pagamento a rate variabili: dal prezzo al Libor. Sia V_0 il valore di una struttura. Invece di un unico pagamento upfront il prezzo è in genere quotato/pagato a rate variabili, in forma Libor più/meno, con pagamento (di periodicità δ) di $(Libor + sp)\delta Noz$.

Osservazione 99. Ecco i passaggi, a cominciare dalla rateazione fissa $R_{MB}\delta V$ (v. Cesari e Susini, 2005a, p. 99):

$$V_0 = \sum_{i=1}^{n} R_{MB} V_0 \delta P(t_0, t_i)$$

$$R_{MB} = \frac{1}{\sum_{i=1}^{n} \delta P(t_0, t_i)} = R_{SW} + \frac{P(t_0, t_n)}{\sum_{i=1}^{n} \delta P(t_0, t_i)} \equiv R_{SW} + sp_{MB}$$

$$= Libor + sp_{MB}$$

Dunque dovrà essere:

$$(Libor + sp_{MB})\delta \frac{V_0}{Noz} Noz = (Libor + sp)\delta Noz$$

$$sp_{MB}\frac{V_0}{Noz} - Libor\frac{Noz - V_0}{Noz} = +sp$$

Ad esempio:

$$8\% \ 0.2 - 3\% \ 0.8 = 1.6\% - 2.4\% = -0.80\%$$

con conseguente quotazione a Libor meno 80 bp. Se l'emittente quota direttamente la struttura in termini di $Libor + sp$ il prezzo implicito si ottiene da:

$$\frac{V}{Noz} = \frac{Libor + sp}{Libor + sp_{MB}}$$

Esempio 44. 10-year put lookback Note with restrike and rebate. Alla data t_0 viene emesso un titolo a 10 anni per cui alla fine di ogni anno $t_1, ..., t_{10}$ l'investitore riceve (se > 0) o paga (se < 0) i seguenti payoff (da moltiplicare per un nozionale, Noz):

$$payoff(t_1) = \max(0, 1.05I(t_0) - I(t_1))$$

$$payoff(t_i) = \begin{cases} -\Delta I(t_i) & se \ \Delta I(t_i) \leq 0 \\ \max(-\Delta I(t_i), \min(0, -\sum_{j=1}^{i-1} payoff(t_j))) & se \ \Delta I(t_i) > 0 \end{cases}$$

Se l'investitore ha il sottostante $I(t_1)$, il primo payoff in t_1 gli garantisce un rendimento minimo del 5% tra t_0 e t_1. I payoff successivi rappresentano incassi se l'indice scende $\Delta I(t_i) = I(t_i) - I(t_{i-1}) < 0$ mentre sono pagamenti se l'indice sale, con un vincolo rappresentato dagli eventuali incassi ottenuti in precedenza. Si noti che il $payoff(t_i)$ si può scrivere:

$$put(t_i) - rebate(t_i) = \max(0, -\Delta I(t_i)) - \min(\Delta I(t_i), \max(0, \sum_{j=1}^{i-1} payoff(t_j)))$$

Il valore della struttura V_0 si ottiene per simulazione (assumendo una vol al 20%, tassi al 5% e un dividend yield al 3%) a livello di 40.38, pari a Libor+84bp. Un modo per abbassare il prezzo della struttura è introdurre un cap (a 200) sul restrike vendendo una call. Il nuovo payoff è:

$$\max(0, -\Delta I(t_i)) - \min(\Delta I(t_i),$$

$$\max(0, \sum_{j=1}^{i-1} payoff(t_j))) - \max(0, I(t_i) - \max(200, I(t_{i-1})))$$

Il prezzo dello strutturato scende a 33.54, pari a Libor flat. Si veda in figura il confronto tra i dei titoli.

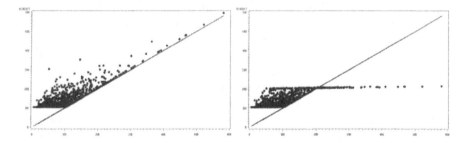

Figura 11.7. Note with resrike and rebate (senza e con cap)

Esempio 45. 6-year Worst-of Note. Alla data t_0 viene emesso un titolo strutturato a 6 anni per cui l'investitore riceve 100 a scadenza e alla fine di ogni anno $t_1, ..., t_6$ i seguenti payoff (da moltiplicare per un nozionale, Noz):

$$payoff(t_1) = 5\%$$
$$payoff(t_2) = 5\%$$
$$payoff(t_i) = \max(0, 13.45\% + 25\% \min_{j=1...,12} \frac{S_j(t_i) - S_j(t_0)}{S_j(t_0)}$$

Si noti che gli ultimi 4 coupon sono variabili (non negativi), in funzione di una trasformata lineare del rendimento del peggiore titolo azionario in un paniere di 12 azioni diversificate settorialmente e geograficamente. La struttura, valutata per simulazione, quota 93.87, di cui 75.61 per lo ZCB (dalla SPS), 9.42 per le due cedole fisse e 8.84 per le 4 cedole variabili.

Si noti che, al prezzo suddetto, i due coupon certi determinano un rendimento minimo garantito del 2.89%.

Osservazione 100. Titoli strutturati e portafogli efficienti. Una ricerca di Martellini, Simsek e Goltz (2005) mostra come l'inserimento dei titoli strutturati (quindi payoff non lineari) nei portafogli tradizionali stocks+bonds può migliorare il profilo rischio-rendimento per tutti gli investitori, sia i più prudenti che troveranno conveniente sostituire l'esposizione diretta al mercato azionario con un titolo strutturato, sia i meno avversi al rischio, che troveranno efficiente sostituire la componente tradizionale di bonds con una quota di strutturati.

11.3.4 La regolamentazione Consob e i prospetti informativi

Un'ampia quota delle emissioni di strutturati è rivolta al mercato al dettaglio (*retail*) dei risparmiatori. La complessità delle strutture commerciate si presta a opacità sulla reale natura del titolo, sui suoi rischi, sui costi e i prezzi attribuiti ai singoli componenti. Per tali motivi, le Autorità di regolamentazione sono attente alla correttezza e trasparenza delle transazioni, prive in genere di un mercato secondario. In Italia, Consob, in particolare, ha emanato, nel maggio 1999 un ponderoso Regolamento Emittenti, in attuazione delle prescrizioni del Testo Unico della Finanza (TUF, D.Lgs. n.58 del 24.2.1998), aggiornando periodicamente la normativa in funzione dell'evoluzione (accelerata) dei mercati (si veda il sito www.consob.it). L'attuale regolamentazione, oltre ai prospetti per le emissioni di fondi comuni, prospetti specifici per i prodotti finanziari-assicurativi (es. *unit-linked* e *index-linked*) che presentino forme di protezione o garanzia di rendimento. Con particolare riferimento ai profili di trasparenza nella valutazione del prezzo e del rischio la regolamentazione prevede una tabella di scomposizione del prezzo e tre tabelle di valutazione del rischio.Vediamole in dettaglio, con un riferimento concreto all'esempio precedente.

Sotto il profilo del pricing, tipicamente ricavato attraverso le metodologia Monte Carlo, si ha la tabella seguente.

Componenti del capitale versato		Valore%
A. Capitale investito	A=A1+A2	93.87
A1. Componente obbligazionaria		85.03
A2. Componente derivativa		8.84
B. Costi di caricamento		5.13
C. Capitale nominale	C=A+B	99.00
D. Spese di emissione etc.		1.00
E. Capitale versato	E=C+D	100.00

Il capitale investito rappresenta il valore della componente finanziaria della struttura. I costi di caricamento (upfront) costituiscono il margine di ricavo del Distributore. Ad essi vanno aggiunti gli eventuali costi specifici di emissione della struttura e altri costi minori (es. coperture assicurative caso morte) per ottenere il capitale versato cal risparmiatore finale. Si noti che, con l'aggiunta dei costi, il tassi di rendimento minimo garantito nell'esempio fatto scende da 2.89% a 1.72%.

Sotto il profilo del rischio si ha la tabella degli scenari di rendimento del capitale versato, che riassume le distribuzioni di probabilità illustrate in Figura 11.8.

Scenari di rendimento del capitale	Probabilità
Rendimento < 0	0%
Rendimento ≥ 0 e inferiore al risk-free	27.0%
Rendimento ≥ 0 e in linea col risk-free	47.4%
Rendimento ≥ 0 e superiore al risk-free	25.6%

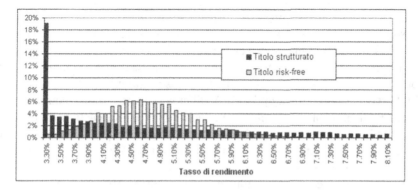

Figura 11.8. Scenari di rendimento

Se il prodotto ha garanzia di capitale il rendimento non sarà mai negativo. Il titolo risk-free è identificato, in linea con il pricing di non arbitraggio, con il conto corrente $B(t)$ che accumula il montante di un investimento continuo nel tasso a breve (es. PCT o Bot a 3 mesi). Nella produzione degli scenari (gli stessi del pricing di cui sopra) il titolo risk-free ha una distribuzione di probabilità in funzione della volatilità dei tassi inserita nel modello di pricing. Pertanto viene definita "inferiore al risk-free" la performance che sta sotto il percentile 2.5% della distribuzione risk-free, "superiore al risk-free" la performance sopra il percentile 97.5% e "in linea con risk-free" la performance all'interno di tale range (che copre il 95% dei risultati del titolo privo di rischio). Vengono infine redatte due tabelle di analisi del rischio della struttura nelle due ipotesi di evoluzione negativa e di evoluzione positiva del "mercato" (in genere, il sottostante dell'opzione). Una definizione operativa di "evoluzione negativa" (positiva) si ha quando il sottostante ha una performance sotto (sopra) il risk-free. Ne discende una bipartizione degli scenari del pricing che consente di ricalcolare la tabella precedente nei due casi, negativo e positivo. A seconda del tipo di opzionalità presenti nella struttura, questa reagirà diversamente nei due tipi di evoluzione, fornendo ulteriori informazioni sulla rischiosità (condizionata) del prodotto.

Scenari di rendimento del capitale	Evoluzione negativa Probabilità	Evoluzione positiva Probabilità
Rendimento < 0	0%	0%
Rendimento ≥ 0 e inferiore al risk-free	39.2%	12.8%
Rendimento ≥ 0 e in linea col risk-free	51.1%	42.2%
Rendimento ≥ 0 e superiore al risk-free	9.7%	45.0%

11.4 Opzioni reali (F)

Col termine di opzioni reali si indicano le possibilità implicite in alcune decisioni imprenditoriali, quali quelle connesse alla pianificazione degli investimenti (*capital budgeting*). Ad esempio la possibilità di ampliare o ridimensionare un impianto, rimandare un progetto, sospendere o convertire una linea produttiva sono casi di opzioni reali. Ogni opzione reale rappresenta un elemento di flessibilità in mano al management e/o alla proprietà dell'impresa.

In genere, diverse opzioni reali sono incluse (embedded) in uno stesso progetto e possono essere mutualmente esclusive (ampliare/ridimensionare) o interattive (rimandare/ampliare). A differenza delle opzioni finanziarie, le opzioni reali non sono in genere commerciabili separatamente e sono quindi irreversibili; ciò nonostante esse hanno un valore che può spiegare almeno in parte il valore (totale) di controllo di un impresa rispetto al suo prezzo (unitario) di mercato.

Il metodo classico di valutazione di progetti alternativi d'investimento è il VAN, valore attuale netto, inteso come il valore atteso dei flussi di cassa futuri, al netto dei costi, attualizzati a un appropriato tasso di interesse aggiustato per il rischio (es. il tasso del CAPM).

In questo modo, i progetti sono considerati mutualmente esclusivi e di tipo "ora o mai più" senza tener conto della dimensione temporale delle decisioni e delle possibilità effettivamente a disposizione dell'impresa. Ne segue che il tradizionale VAN sottostima il progetto e le opzioni e flessibilità implicite in esso.

Seguendo Trigeorgis (1996) le principali tipologie di opzioni reali sono:

1. *defer option* o opzione (call) di differimento: la possibilità di aspettare il tempo t^* prima di realizzare un impianto: $\max(0, V(t^*) - K)$;
2. *time-to-build option* o opzione di investimento a fasi: ogni fase è un'opzione sulle successive (compound option) con la possibilità di abbandonare il progetto;
3. opzione di ampliamento o espansione: $\max(V(T), (1+\alpha)V(T) - K_\alpha)$ essendo $1 + \alpha$ la scala di ampliamento e K_α il costo dell'ampliamento; il valore rappresenta il massimo tra il valore del progetto senza ampliamento e il valore con ampliamento;
4. opzione di riduzione o contrazione: $\max(V(T), (1 - \gamma)V(T) + K_\gamma)$ essendo $1 - \gamma$ la scala di riduzione e K_γ il risparmio di costi derivanti dalla contrazione;

5. *shut-down option* o opzione di sospensione/abbandono: $\max(V(T) - K_{Tot},$ $V(T) - VA_F - K_{fix})$ essendo VA_F il valore dei ricavi cui si rinuncia con la sospensione, K_{Tot} il valore dei costi totali e K_{fix} il valore dei costi fissi, che si sopportano anche senza il funzionamento dell'impianto; l'opzione di abbandono con valore di realizzo equivale all'opzione di switch;

6. *switch option* o opzione di conversione: $\max(V(T), A(T))$ essendo $A(T)$ il valore del progetto ottenuto dalla conversione/switch del progetto originario.

Modelli e applicazioni si trovano nei lavori pionieristici di McDonald e Siegel (1984, 1985, 1986). Si noti che poiché i progetti rappresentano di regola asset non quotati e non commerciabili, la loro dinamica RN è espressa in termini di redimenti attesi di sotto-equilibrio, $r - \delta_V$, come asset quotati che producessero un dividendo. Schwartz e Moon (2000, 2001) hanno applicato l'approccio delle opzioni reali per valutare il valore di nuove imprese (*start-up company*).

11.5 Tassi d'interesse come opzioni

L'ultimo lavoro di Fischer Black, inviato al Journal of Finance il 1° maggio 1995, 4 mesi prima di morire il 30 agosto di quell'anno, mostrava come il tasso d'interesse nominale r possa essere considerato come un'opzione scritta su un tasso "ombra" (shadow rate) $r^o = \rho + \pi$, (tasso reale atteso e tasso d'inflazione) definito come il tasso che eguaglia domanda e offerta di rispar- mio, con strike pari a 0: $r = max(0, r^o)$. Infatti, in presenza di moneta fisica, un tasso nominale negativo porterebbe gli investitori a tenere moneta "sot- to il materasso" impedendo la negatività dei tassi nominali. La situazione è rilevante nelle epoche di bassi tassi nominali a causa di una depressione e/o disinflazione (π negativo). Il caso fu analizzato da Keynes nella c.d. trappola della liquidità, in cui i tassi sono così bassi che possono solo salire, la moneta è tesaurizzata dagli operatori e la politica monetaria è inefficace. Ne segue che in presenza di bassi tassi d'interesse (e di moneta cartacea) la valutazione dei titoli dovrebbe essere sensibilmente ripensata. Sul pensiero "rivoluzionario" di Black si veda Mehrling (2005), Merton e Scholes (1995) nonché l'esperienza di Derman (2004).

12

Procedure numeriche

Il passaggio dai modelli teorici alle applicazioni empiriche contiene numerose difficoltà che meritano molta attenzione e hanno dato luogo ad altrettante discipline specialistiche, di tipo econometrico e computazionale. Le difficoltà riguardano, nel caso dei derivati:

1. la stima (calibrazione) dei parametri incogniti;
2. il passaggio da modelli a tempo continuo a modelli applicati necessariamente nel discreto;
3. la presenza di "imperfezioni di mercato" come chiusure, costi di transazione, illiquidità, indivisibilità, tassazioni e regolamentazioni, in genere diverse da paese a paese e, a volte, da titolo a titolo.

In questo capitolo affronteremo i primi due aspetti, senza dimenticare l'importanza delle questioni attinenti alle "imperfezioni" del modo reale messe da parte nella modellistica prevalente.

12.1 La stima della volatilità (F)

Per prezzare un'opzione occorre conoscere la volatilità σ_S del sottostante. Se altre opzioni sul medesimo sottostante sono disponibili, l'inversione della formula di BS rappresenta un modo semplice di stimare σ_S utilizzando la vol implicita delle opzioni disponibili. Diversamente, il ricorso ai dati storici può fornire una stima alternativa.

12.1.1 Volatilità come parametro

Disponendo di $n+1$ osservazioni del prezzo del sottostante a intervalli finiti di passo δ: S_t, $S_{t+\delta}$, ...,$S_{t+n\delta}$ su un periodo storico passato, tra t_0 e t_n, si ricava la stima classica della *volatilità storica*:

Cesari R: Introduzione alla finanza matematica.
© Springer-Verlag Italia, Milano 2009

$$\hat{\sigma}_S(\delta) = \sqrt{\frac{1}{\delta(n-1)} \sum_{i=1}^{n} \left(\ln(S_{t+i\delta}) - \ln(S_{t+(i-1)\delta}) - \hat{\alpha}\right)^2}$$

$$\hat{\alpha} = \frac{1}{n}\sum_{i=1}^{n}\left(\ln(S_{t+i\delta}) - \ln(S_{t+(i-1)\delta})\right) = \frac{\ln(S_{t+n\delta}) - \ln(S_{t_0})}{n} = \frac{1}{n}\ln\left(\frac{S_{t+n\delta}}{S_{t_0}}\right)$$

che rappresenta la volatilità dei rendimenti logaritmici che si è manifestata nel periodo (passato) usato per la stima.

Sotto l'ipotesi di stazionarietà e lognormalità del processo, $\hat{\sigma}_S^2$ rappresenta uno stimatore *non distorto* della varianza (i.e. la media dello stimatore eguaglia il parametro da stimare) mentre l'aggiustamento $\hat{\sigma}_S\sqrt{\frac{2n-2}{2n-3}}$ è non distorto per la volatilità.

Si noti che la stima che si ottiene si riferisce all'intervallo δ tra i dati: es. dati giornalieri/settimanali danno la stima della vol giornaliera/settimanale.(Si noti che a rigore i dati giornalieri non sono equispaziati a causa del week-end).

L'annualizzazione della vol, essendo l'anno l'unità di tempo convenzionale, si ottiene dalla proprietà iid (serialmente indipendente, identicamente distribuito) degli incrementi del moto browniano per cui la varianza della somma è la somma delle varianze (omoschedastiche):

$$\hat{\sigma}_S^2(annuo) = \hat{\sigma}_S^2(\delta)\frac{260}{\delta}$$

$$\hat{\sigma}_S(annuo) = \hat{\sigma}_S(\delta)\sqrt{\frac{260}{\delta}}$$

essendo δ la distanza in giorni tra le osservazioni, 5 il numero di giorni alla settimana e $52 \times 5 = 260$ i giorni (lavorativi) in un anno. Convenzionalmente, sabati e domeniche vengono esclusi dal computo per la chiusura dei mercati nel week-end.

La disponibilità di dati infra-giornalieri consente di elaborare stime più sofisticate della volatilità storica, che tengono conto in particolare del fatto che i mercati restano chiusi di notte mentre il flusso informativo continua incessantemente, in modo che alla riapertura il prezzo balza al nuovo livello compatibile con l'informazione disponibile (*opening jump*). Se S^C è il prezzo di chiusura (close price) della giornata borsistica, S^O è quello di apertura (open price), S^H è il prezzo massimo della giornata (high), S^L è il prezzo minimo (low) e $\hat{\sigma}_S(Open)$, $\hat{\sigma}_S(Close)$ sono le volatilità classiche calcolate sui prezzi di apertura e chiusura, sono state proposte le seguenti stime:

$$\hat{\sigma}_S^P = \sqrt{\frac{1}{\delta n}\frac{1}{4\ln(2)}\sum_{i=1}^{n}(h_{t+i\delta} - l_{t+i\delta})^2} \qquad \text{Parkinson (1980)}$$

$$\hat{\sigma}_S^{GK} = \sqrt{\frac{1}{\delta n}\sum_{i=1}^{n}\left[0.551\,(h_{t+i\delta}-l_{t+i\delta})^2 - 0.019\,(c_{t+i\delta}(h_{t+i\delta}+l_{t+i\delta})-2h_{t+i\delta}l_{t+i\delta})-0.383c_{t+i\delta}^2\right]}$$

Garman e Klass (1980)

$$\hat{\sigma}_S^{RS} = \sqrt{\frac{1}{\delta n}\sum_{i=1}^{n} h_{t+i\delta}\,(h_{t+i\delta}-c_{t+i\delta})+l_{t+i\delta}(l_{t+i\delta}-c_{t+i\delta})}$$

Rogers and Satchell (1991)

$$\hat{\sigma}_S^{YZ} = \sqrt{\hat{\sigma}_S^2(Open)+0.07834\hat{\sigma}_S^2(Close)+0.92166\hat{\sigma}_S^{2RS}}$$

Yang e Zhang (2000)

ove $c_t \equiv lnS_t^C - \ln S_t^O$, $h_t \equiv lnS_t^H - \ln S_t^O$, $l_t \equiv lnS_t^L - \ln S_t^O$.

Shu e Zhang (2005) mostrano con un'analisi Monte Carlo che se il drift dei prezzi è ampio, i primi due stimatori sovrastimano la volatilità; se l'opening jump è ampio i primi tre stimatori sottostimano e solo l'ultimo dà una stima accurata della vera volatilità.

12.1.2 Volatilità come processo stocastico

Come si è visto nel Capitolo 8, le generazioni più recenti dei modelli d'opzione introducono un processo stocastico per la volatilità o per il suo quadrato.

La famiglia dei modelli econometrici GARCH (I-GARCH, E-GARCH,M-GARCH etc.) consente la stima non di un parametro ma del processo di varianza. In particolare, il $GARCH(p,q)$ in un modello AR(1), è definito da:

$$y_t = \alpha + \beta y_{t-1} + \sqrt{v_t}\varepsilon_t \qquad \varepsilon_t \sim N(0,1) \qquad (12.1)$$

$$v_t = \omega + \sum_{j=1}^{p}\gamma_j v_{t-j} + \sum_{i=1}^{q}\varphi_i v_{t-i}\varepsilon_{t-i}^2$$

mentre il $GARCH(1,1)$ equivale, nel continuo, al modello lognormale:

$$dv(t) = k(\hat{v}-v(t))dt + \eta v(t)d\hat{W}_v(t)$$

$$k = 1 - \gamma_1 - \varphi_1 \quad \hat{v} = \omega/k \quad \eta = \varphi_1\sqrt{2}$$

Rinviando all'ampia letteratura in argomento (es. Poon, 2005 e i riferimenti ivi citati), a titolo di esempio si è stimato il modello (12.1) nel caso GARCH(1,1) alle quotazioni giornaliere Microsoft sul Nasdaq da gennaio 1990 ad agosto 2008. Se p_t è il prezzo, $y_t = \ln(p_t/p_{t-1})$ e le stime ottenute, annualizzate, sono $\hat{\alpha} = 26.1\%$, $\hat{\beta} = 0.021$, $\hat{\omega} = 3.69\%$, $\hat{\gamma}_1 = 0.9342$, $\hat{\varphi}_1 = 0.0548$. Il processo di volatilità annualizzato così ottenuto, $\hat{\sigma}_t = \sqrt{\hat{v}_t 260}$, è illustrato in Figura 12.1.

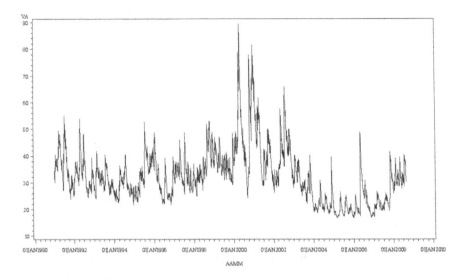

Figura 12.1. Volatilità dell'azione Microsoft stimata con GARCH(1,1)

12.2 La discretizzazione di una SDE (F)

La discretizzazione di una SDE può essere esatta se esiste la soluzione in forma chiusa del p.s. Si ottiene in tal caso un processo discreto che è identico al processo continuo nei punti t_0, t_1,...,t_n di discretizzazione.

In mancanza di una soluzione, usando la formula di Itô-Taylor (v. Appendice) si possono ottenere diverse approssimazioni a tempo discreto con crescenti gradi di approssimazione, in senso forte (approssimazione ai sentieri) o in senso debole (approssimazione ai valori medi dei sentieri).

Dato il p.s. $X(t)$ con dinamica stazionaria (autonoma) caratterizzata dal vettore di parametri θ:

$$dX(t) = a(X, \theta)dt + \sigma(X, \theta)dZ(t)$$

in assenza di una soluzione esatta, sono state proposte le seguenti tre discretizzazioni, in ordine crescente di approssimazione:

$$X(t + \delta) \simeq X(t) + a(t)\delta + \sigma(t)u(t + \delta) \qquad\qquad Euler \qquad (12.2)$$

$$X(t + \delta) \simeq X(t) + Euler + \sigma_x(t)\sigma(t)\frac{1}{2}\left(u(t + \delta)^2 - \delta\right) \qquad\qquad Milstein$$

$$X(t + \delta) \simeq X(t) + Milstein + \left[a_x(t)a(t) + \frac{1}{2}a_{xx}(t)\sigma^2(t)\right]\frac{1}{2}\delta^2 + \quad Talay$$

$$+ \left[a_x(t)\sigma(t) + \sigma_x(t)a(t) + \frac{1}{2}\sigma_{xx}(t)\sigma^2(t)\right]\frac{1}{2}\delta(u(t + \delta) + \frac{1}{\sqrt{3}}v(t + \delta))$$

con $u(t + \delta)$ e $v(t + \delta)$ di tipo $N(0, \delta)$ non correlati.

Si considerino alcuni esempi significativi di processi: BM aritmetico, Ornstein-Uhlenbeck e il BM geometrico.

12.2.1 Il modello discreto esatto per il BM aritmetico

Un BM non standard è governato dalla SDE:

$$dX(t) = adt + gdZ(t)$$

La soluzione si ottiene integrando l'equazione differenziale:

$$X(t) = X(t_0) + a(t - t_0) + g(Z(t) - Z(t_0))$$
$$= X(t_0) + a(t - t_0) + v(t)$$
$$v(t) \equiv g(Z(t) - Z(t_0)) \sim N(0, g^2(t - t_0))$$

Nell'intervallo tra t e $t + \delta$ si ottiene:

$$X(t + \delta) = X(t) + a\delta + u(t + \delta)$$
$$u(t + \delta) \equiv g(Z(t + \delta) - Z(t)) \sim N(0, g^2\delta)$$
$$Cov(u(t + \delta), u(t)) = 0$$

con $X(t + \delta)$ passeggiata casuale (*random walk*) con drift a e errore casuale iid normale a media nulla e varianza $g^2\delta$.

Il modello dinamico discreto (esatto) è:

$$X_{t+\delta} - X_t = a\delta + u_{t+\delta} \qquad u_{t+\delta} \text{ iid} \sim N(0, g^2\delta)$$

12.2.2 Il modello discreto esatto e approssimato per il processo di Ornstein-Uhlenbeck

Modello discreto esatto

Si consideri una SDE di tipo Ornstein-Uhlenbeck (OU), con drift lineare affine e volatilità costante:

$$dX(t) = (AX(t) + a)dt + gdZ(t) \tag{12.3}$$

Si può dimostrare (Arnold, 1974 p. 129) che la soluzione, per dato $X(t_0)$ è condizionatamente gaussiana:

$$X(t) = G(t)G^{-1}(t_0)X(t_0) + G(t) \int_{t_0}^{t} G(v)^{-1}advv + G(t) \int_{t_0}^{t} G(v)^{-1}gdZ(v)$$
$$G(t) = e^{At}$$

da cui, calcolando gli integrali:

$$X(t) = X(t_0)e^{A(t-t_0)} + \frac{a}{A}\left[e^{A(t-t_0)} - 1\right] + \eta(t) \qquad (12.4)$$

$$\eta(t) \equiv g\int_{t_0}^{t} e^{A(t-v)}dZ(v) \sim N(0, \frac{g^2}{2A}\left[e^{2A(t-t_0)} - 1\right])$$

Si noti che per la stazionarietà del processo assumiamo $A < 0$ in modo che:

$$\lim_{t\uparrow\infty} E(X(t)) = -\frac{a}{A}$$

La dinamica del processo si può scrivere anche:

$$dX(t) = -A\left(-\frac{a}{A} - X(t)\right)dt + gdZ(t) \qquad (12.5)$$

con $-a/A$ livello medio tendenziale o di lungo periodo (*steady-state*) e $-A > 0$ velocità di aggiustamento verso il livello medio tendenziale.

Si noti che per $-A > 0$ un livello $X(t)$ sopra (sotto) la media $-a/A$ tende in media a generare una variazione $dX(t)$ negativa (positiva) che spinge il p.s. verso il riequilibrio (processo mean-reverting). Naturalmente lo shock stocastico $gdZ(t)$ può portarlo nuovamente e temporaneamente fuori equilibrio.

La v.a. e la distribuzione di steady-state sono:

$$\lim_{t\uparrow\infty} X(t) = X_\infty \sim N(-\frac{a}{A}, -\frac{g^2}{2A})$$

Nell'intervallo tra t e $t + \delta$ si ottiene:

$$X(t + \delta) = X(t)e^{A\delta} + \frac{a}{A}\left[e^{A\delta} - 1\right] + u(t + \delta)$$

$$X(t + \delta) - X(t) = \left(X(t) - \frac{-a}{A}\right)\left[e^{A\delta} - 1\right] + u(t + \delta)$$

$$u(t + \delta) = g\int_{t}^{t+\delta} e^{A(t+\delta-s)}dZ(s) \sim N(0, \frac{g^2}{2A}\left[e^{2A\delta} - 1\right])$$

per cui gli incrementi (non sovrapposti) del processo OU sono markoviani e gaussiani ma non indipendenti.

Il modello dinamico discreto esatto è:

$$X_{t+\delta} = \alpha + \beta X_t + u_{t+\delta}$$

$$\alpha = \frac{a}{A}\left[e^{A\delta} - 1\right] \qquad \beta = e^{A\delta}$$

$$u_{t+\delta} \sim iid\ N(0, \frac{g^2}{2A}\left[e^{2A\delta} - 1\right])$$

equivalente discreto esatto della SDE (12.3) nel senso che ai tempi discreti $t_i = t + i\delta$, $i = 1, 2, ..., n$ fornisce un processo con gli stessi valori del processo continuo $X(t)$.

Se X_t è osservabile i parametri del modello continuo si ottengono dalle stime di massima verosimiglianza (ML) di α, β e σ_u^2:

$$\hat{A} = \frac{\ln(\hat{\beta})}{\delta} \qquad \hat{a} = \frac{\hat{a}\hat{A}}{e^{\hat{A}\delta} - 1} \qquad \hat{g}^2 = \frac{2\hat{A}\hat{\sigma}_u^2}{e^{2\hat{A}\delta} - 1} \qquad (12.6)$$

Osservazione 101. La velocità di aggiustamento nei modelli mean-reverting. La parte deterministica della soluzione (12.4) è rappresentabile come:

$$X(t) - X(t_0) = \left(-\frac{a}{A} - X(t_0)\right)\left(1 - e^{A(t-t_0)}\right)$$

$$= \left(-\frac{a}{A} - X(t_0)\right) \int_{t_0}^{t} \left(-Ae^{A(s-t_0)}\right) ds$$

per cui l'integrale rappresenta la percentuale di aggiustamento realizzata tra t_0 e t partendo da $X(t_0)$ verso il livello tendenziale $-a/A$. Chiaramente, per $t \uparrow \infty$ tale percentuale va a 1 e il ritardo medio può essere definito da:

$$\int_{t_0}^{+\infty} s\left(-Ae^{A(u-t_0)}\right) ds - t_0 = -\left[se^{A(s-t_0)}\right]_{t_0}^{+\infty} + \frac{1}{A}\left[e^{A(s-t_0)}\right]_{t_0}^{+\infty} = -\frac{1}{A}$$

ove si è usata la formula di integrazione per parti $\int_a^b f\,dg = [fg]_a^b - \int_a^b g\,df$.

Pertanto l'inverso della velocità di aggiustamento dell'equazione (12.5) rappresenta il ritardo medio di aggiustamento, che tende a 0 se la velocità tende a $+\infty$. Il ritardo medio $-1/A$ si può interpretare, nel caso deterministico, come il tempo necessario affinché sia colmato il $1 - e^{-\frac{A}{A}} \simeq 63\%$ della differenza tra il livello corrente $X(t_0)$ e il livello tendenziale $-a/A$. Sul punto e sulle equazioni differenziali ordinarie (ODE) ad aggiustamento parziale si veda Gandolfo (1997) par. 12.4.

Modello discreto approssimato secondo Euler

L'approssimazione di Euler della (12.3) è:

$$X_{t+\delta} - X_t = A\delta X_t + a\delta + \varepsilon_{t+\delta}$$
$$\sigma_\varepsilon^2 = g^2\delta$$

stimabile come:

$$X_{t+\delta} = \alpha + \beta X_t + a\delta + \varepsilon_{t+\delta}$$
$$\alpha = a\delta \qquad \beta = 1 + A\delta \qquad \sigma_\varepsilon^2 = g^2\delta$$

Si noti che le stime dei parametri a, A, g del processo continuo ricavabili dal modello discreto approssimato sono l'approssimazione lineare delle stime di ML in (12.6).

12.2.3 Il modello discreto esatto e approssimato per il BM geometrico

Modello discreto esatto

Si consideri il BM geometrico:

$$dX_t = \mu X_t dt + \sigma X_t dZ_t \qquad (12.7)$$

la cui soluzione (v. Appendice), è:

$$\ln(X(t)) - \ln(X(t_0)) = (\mu - \frac{1}{2}\sigma^2)(t - t_0) + u(t)$$

$$u(t) = \sigma(Z(t) - Z(t_0)) \sim N(0, \sigma^2(t - t_0))$$

Definendo $y_t = ln(X(t))$ si ottiene:

$$y_{t+\delta} - y_t = \alpha + u_{t+\delta}$$

$$\alpha = (\mu - \frac{1}{2}\sigma^2)\delta \qquad \sigma_u^2 = \sigma^2\delta$$

da cui le stime di ML:

$$\hat{\sigma}^2 = \frac{\hat{\sigma}_u^2}{\delta} \qquad \hat{\mu} = \frac{\hat{\alpha}}{\delta} + \frac{\hat{\sigma}^2}{2}$$

ove, come noto:

$$\hat{\alpha} = \frac{1}{n}\sum_{i=1}^{n}\left(y_{t+i\delta} - y_{t+(i-1)\delta}\right) = \frac{y_{t+n\delta} - y_t}{n}$$

$$\hat{\sigma}_u^2 = \frac{1}{n-1}\sum_{i=1}^{n}\left(y_{t+i\delta} - y_{t+(i-1)\delta} - \hat{\alpha}\right)^2$$

Osservazione 102. Rendimenti correlati. Se X_t è un prezzo, il tasso di rendimento $R_{t,\delta} \equiv \ln(y_t) - \ln(y_{t-\delta})$ è iid $N((\mu - \frac{1}{2}\sigma^2)\delta, \sigma^2\delta)$ per la proprietà dei processi a incrementi indipendenti. Tassi di rendimento correlati si ottengono assumendo che il tasso $R_{t,\delta}$ e non il prezzo sia modellato da una SDE, ad esempio di tipo OU:

$$dR_\delta(t) = (A_\delta R_\delta(t) + a_\delta)dt + g_\delta dZ(t)$$

con covarianza:

$$Cov(R_\delta(t), R_\delta(v)) = \frac{g_\delta^2}{2A_\delta}e^{-A_\delta(v-t)}\left[e^{2A_\delta(v-t)} - 1\right] \qquad v \geq t$$

In genere, l'autocorrelazione positiva ($A_\delta < 0$) dei tassi di rendimento (variazioni di prezzo) segnala che i liquidity traders non assorbono la domanda direzionale dei position traders.

Modello discreto approssimato secondo Euler

Approssimando con la formula di Euler la (12.7) si ha:

$$\frac{X_{t+\delta} - X_t}{X_t} = \alpha + \varepsilon_{t+\delta}$$

$$\alpha = \mu\delta \qquad \sigma_\varepsilon^2 = \sigma^2\delta$$

per cui la stima del drift μ risulta distorta (sottostima).

12.3 La stima dei parametri di una SDE (F)

12.3.1 La stima time-series dei parametri

Disponendo di una discretizzazione della SDE è possibile stimare i parametri, in ipotesi di stazionarietà del processo, attraverso le osservazioni temporali (*time-series*) del processo. Le espressioni viste sopra (sia per la versione discreta esatta, sia per quella approssimata) consentono di stimare i parametri del processo discreto e da questi risalire a una stima dei parametri del modello continuo.

12.3.2 La stima cross-section: un'applicazione del modello di CIR

L'informazione contenuta nelle quotazioni di mercato di un dato istante (es. prezzi di chiusura) può essere sufficiente per stimare i parametri sottostanti.

Si parla in tal caso di stima *cross-section* o calibrazione del modello. Nonostante l'ipotesi di costanza dei parametri, la procedura è ripetuta di frequente (es. ogni giorno) ottenendo stime che si adattano, di volta in volta, alle quotazioni del momento.

Per analizzare un caso semplice, mostriamo per passi come sia possibile stimare il modello di CIR (1985b), sviluppato nel Capitolo 2, con una stima cross-section a partire dai dati di mercato.

Passo 1. Per l'area euro (ma analogamente per le altre aree valutarie) vengono quotati giornalmente i tassi swap (v. oltre, cap. 5 e Cesari e Susini, 2005a, par. 3.9) per 15 durate (Tab. 12.1 colonna (a)): da 1 a 10 anni, 12, 15, 20, 25, 30.

Passo 2. Attraverso una semplice interpolazione lineare si calcola l'intera serie dei tassi swap tra 1 e 30 anni (colonna (b)).

Passo 3. Con il metodo del bootstrapping (Cesari e Susini, 2005a, par. 3.9) si ricavano i tassi spot ZC della SPS, $R(t, \tau_j)$: colonna (c).

Passo 4. Si stima una regressione non lineare del modello di CIR formulata come nel Capitolo 2, in funzione dei 4 parametri $r, k\vartheta, k + \lambda, \sigma^2$:

$$R(t, \tau_j) = f(\tau_j; \; r, k\vartheta, k+\lambda, \sigma^2) + v_j = r\frac{G(\tau_j)}{\tau_j} - \frac{\ln F(\tau_j)}{\tau_j} + v_j \qquad j = 1, ..., 30$$

Tabella 12.1. Stima dell SPS del 29 giugno 2007 col modello di CIR (1995b)

Durata (anni)	Tassi swap osservati (a)	Tassi swap intepolati (b)	Tassi spot ZC "osservati" (c)	Tassi spot ZC teorici (d)
1	4,612	4,612	4,612	4,66999
2	4,729	4,729	4,73177	4,7025
3	4,765	4,765	4,76861	4,73377
4	4,783	4,783	4,78705	4,76374
5	4,8	4,8	4,80497	4,79236
6	4,814	4,814	4,81995	4,81957
7	4,829	4,829	4,83648	4,84534
8	4,845	4,845	4,85457	4,8696
9	4m864	4,864	4,87671	4,89233
10	4m883	4,883	4,89928	4,91349
11		4,9025	4,92296	4,93304
12	4,922	4,922	4,94715	4,95095
13		4,93733	4,96616	4,96719
14		4,95267	4,98586	4,98174
15	4,968	4,968	5,00567	4,99459
16		4,9736	5,01167	5,00571
17		4,9792	5,01802	5,01511
18		4,9848	5,0247	5,02276
19		4,9904	5,0317	5,02869
20	4,966	4,966	5,03901	5,03287
21		4,9958	5,03661	5,03533
22		4,9956	5,0344	5,03808
23		4,9954	5,03235	5,03512
24		4,9952	5,03044	5,03249
25	4,995	4,955	5,02864	5,0282
26		4,9914	5,0202	5,02229
27		4,9878	5,01179	5,01477
28		4,9842	5,00338	5,00569
29		4,9806	4,99496	4,99508
30	4,977	4,977	4,9965	4,98299

Alla data del 29 giugno 2007 si ottengono le stime della tavola.

Parametro	Stima	t di Student
r	4.636283	345.8
$k\vartheta$	0.002728	0.06
$k + \lambda$	−0.01420	−1.70
σ^2	0.000941	5.03
R^2	0.98	

Da tali parametri stimati si ricava la SPS teorica riportata nella tavola sopra, colonna (d).

I risultati sono illustrati nella Figura 12.2.

Un approccio simile, proposto da Brown e Dybvig (1986), sfrutta le K quotazioni (tel quel) dei CB (es. BTP per l'Italia) $B(t, \tau_j)$ $j = 1, ..., K$ e la relazione di non arbitraggio che eguaglia, a meno di un errore a media nulla, tali prezzi al valore del portafoglio dei titoli ZCB impliciti, funzione del vettore di parametri $\boldsymbol{\eta} = (r, \phi_1, \phi_2, \phi_3)$ del modello:

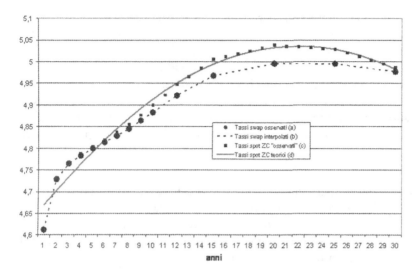

Figura 12.2. Stima della SPS col modello CIR

$$B(t, \tau; \boldsymbol{\eta}) = \sum_{i=1}^{n} c_i P(t, \tau_i; \boldsymbol{\eta}) \qquad \tau = \tau_n$$

$$B(t, \tau_j) = B(t, \tau; \boldsymbol{\eta}) + \varepsilon_j \qquad j = 1, ..., K$$

Per un'applicazione al caso italiano si vedano Barone, Cuoco e Zautzik (1991).

Come già osservato, la ristima quotidiana implicita nell'approccio cross-section determina parametri variabili nel tempo e non costanti, contro le ipotesi di base del modello. Per un approccio econometrico panel (cross-section e time-series) che sfrutta contemporaneamente l'informazione sezionale e quella temporale per ricavare la stima dei parametri costanti si veda Berardi (2005, 2008).

12.4 Lo *smile* e la stima della probabilità risk-neutral (F)

Dal Capitolo 8 sappiamo che una delle evidenze più frequenti è la presenza di smile e in generale di una strike-structure e term-structure nella volatilità implicita (secondo BS) nei prezzi delle opzioni.

La stima di queste strutture di vol è importante sia per un adeguato pricing e hedging dei derivati, sia per conoscere la distribuzione di probabilità (RN) implicita nelle quotazioni di mercato.

A fini illustrativi diamo i passi seguiti in Cesari e Sevini (2004) per la stima dell'implied probability sul mercato delle opzioni put e call su tassi futures su Euribor a 3 mesi, nel periodo marzo 2000-giugno 2004.

Passo 1. Sono state considerate in ogni giorno del periodo le 8 scadenze quotate (marzo, giugno, settembre e dicembre su un orizzonte di circa 2 anni) e diversi strike con passo di 12.5 o 25 bp. Il LIFFE trading time è 7:02–18:00 per le opzioni e 7:00–18:00 per i futures (ora di Londra) per cui, al fine di ridurre i problemi di asincronicità nelle quotazioni (di fonte Bloomberg) dei derivati (opzioni) e del sottostante (tassi futures) si sono presi i prezzi di chiusura. Per chiarezza, i prezzi convenzionali sono stati invertiti nei prezzi sostanziali (call come put e viceversa: v. Capitoli 4 e 9). La put call-parity:

$$r(t, T_1, T_2) - K = Call(t) - Put(t)$$

è stata verificata per analizzare la qualità dei dati. I risultati ottenuti sono in linea con la relazione di non arbitraggio. Essendo le call quotate per volumi più elevati si è preferito usare (salvo anomalie di prezzo) le call invece delle put. Attraverso l'inversione numerica della formula di BS i prezzi ai vari strike sono stati tradotti in vol implicite (smile osservato).

Passo 2. In ogni giorno, sullo smile osservato è stata interpolata una funzione quadratica della *moneyness* (strike meno tasso futures) ottenendo una funzione di smile per ogni scadenza quotata e quindi una superficie di volatilità (Figura 12.3).

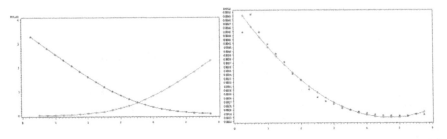

Figura 12.3. Quotazioni di call e put e smile osservato e stimato

Passo 3. Sulla superficie di volatilità sono state calcolate le derivate numeriche usando la media backward-forward della derivata backward e della derivata forward:

$$\frac{\Delta Call_j}{\Delta K} = \frac{\frac{Call(t, K_j) - Call(t, K_{j-1})}{\Delta K} + \frac{Call(t, K_{j+1}) - Call(t, K_j)}{\Delta K}}{2} \qquad (12.8)$$

$$= \frac{Call(t, K_{j+1}) - Call(t, K_{j-1})}{2\Delta K}$$

$$\frac{\Delta^2 Call_j}{\Delta K^2} = \frac{\frac{\Delta Call_{j+1}}{\Delta K} - \frac{\Delta Call_{j-1}}{\Delta K}}{2\Delta K} = pro\hat{b}_t(K_j)$$

ottenendo così una stima della densità RN (Figura 12.4). Al crescere della scadenza T, per fissata data di quotazione t, la distribuzione (cross-maturity)

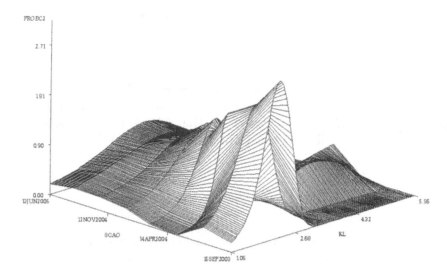

Figura 12.4. Superficie di probabilità per il tasso Euribor a 3 mesi

risulta più dispersa, a rappresentare la maggiore incertezza sul futuro. Analogamente, per data scadenza T, all'avvicinarsi del tempo t alla scadenza si ottiene un simmetrico effetto di progressiva risoluzione dell'incertezza. Da notare anche l'asimmetria delle distribuzioni, tendenzialmente unimodali ma con prevalenza di asimmetrie ora verso destra (rialzo dei tassi) ora verso sinistra (ribasso).

12.5 Il pricing col metodo degli alberi (F)

Una volta stimato il parametro di volatilità, il pricing dei derivati può essere ottenuto col metodo degli alberi a n stadi, che, oltre ad essere concettualmente il più semplice (si veda il caso $n = 1$ o 2 nel Capitolo 7), è anche di grande utilità pratica nel caso delle opzioni americane.

L'implementazione del metodo richiede la su calibrazione ai dati di mercato, dato l'intervallo di tempo δ che definisce ciascuno stadio, con $n\delta = (T - t)$ durata del derivato. Consideriamo innanzitutto il caso binomiale.

12.5.1 Alberi binomiali

Il metodo binomiale, secondo lo schema moltiplicativo (o ricombinante), utilizza i due parametri di up (u) e down (d). Nell'ipotesi standard di Cox, Ross e Rubinstein (1979) si ha $d = 1/u$ per cui:

$$S_u = S(t)u \qquad S_d = S(t)d$$
$$S_{uu} = S(t)u^2 \qquad S_{ud} = S_{du} = S(t)ud \qquad S_{dd} = S(t)d^2 \qquad etc.$$

La probabilità RN è, tenendo conto del dividend yield q:

$$\hat{p} \equiv \frac{e^{(r-q)\delta} - d}{u - d}$$

e il parametro u è determinato in modo da eguagliare la volatilità dei dati e quella dello schema binomiale. Infatti, si noti che la v.a. $\tilde{S}$ vale $S(t)u$ con probabilità $\hat{p}$ e $S(t)d$ con probabilità $(1-\hat{p})$. Quindi la v.a. tasso di rendimento vale $u - 1$ con probabilità $\hat{p}$ e $d - 1$ con probabilità $(1 - \hat{p})$. La sua media e varianza sono:

$$\hat{E}\left(\frac{\Delta\tilde{S}}{S(t)}\right) = \hat{p}u + (1 - \hat{p})d - 1$$

$$Var\left(\frac{\Delta\tilde{S}}{S(t)}\right) = \hat{p}u^2 + (1 - \hat{p})d^2 - (\hat{p}u + (1 - \hat{p})d)^2 = \sigma_S^2\delta$$

ove l'ultima eguaglianza impone l'uguaglianza sulla varianza.

Si ha:

$$\hat{p}u^2 + (1 - \hat{p})d^2 - e^{2(r-q)\delta} = \sigma_S^2\delta$$

$$\hat{p}\left(u^2 - d^2\right) + d^2 - e^{2(r-q)\delta} = \sigma_S^2\delta$$

$$\left(e^{(r-q)\delta} - d\right)(u + d) + d^2 - e^{2(r-q)\delta} = \sigma_S^2\delta$$

$$e^{(r-q)\delta}(u + d) - 1 - e^{2(r-q)\delta} = \sigma_S^2\delta$$

Ponendo il c.d. *growth factor* $a \equiv e^{(r-q)\delta} \simeq 1$, assumendo una soluzione del tipo $u = e^H$ e utilizzando l'approssimazione $e^x \simeq 1 + x$, si ottiene la soluzione:

$$u = e^{\sigma_S\sqrt{\delta}} \qquad d = e^{-\sigma_S\sqrt{\delta}}$$

Si noti che per avere probabilità RN positive deve essere $\sigma_S > -(r - q)\sqrt{\delta}$.

Il grafico mostra un albero binomiale (replicabile col software DerivaGem di Hull, 2006) per una call europea ATM con scadenza 5 giorni, passo $\delta = 1$ giorno, volatilità 20%, tasso 5% e sottostante a 100. Si noti che il prezzo di BS è 0.986 contro 1.016 del metodo binomiale. L'approssimazione migliora con l'aumentare degli stadi (i.e. col ridursi di δ).

Il calcolo delle greche viene fatto in coerenza coll'albero. Ad esempio:

$$\Delta = \frac{C_u - C_d}{S_u - S_d}$$

$$\Gamma = \frac{\frac{C_{u\,u} - C_{ud}}{S_{u\,u} - S_{ud}} - \frac{C_{u\,d} - C_{dd}}{S_{u\,d} - S_{dd}}}{S_{u\,u} - S_{dd}}$$

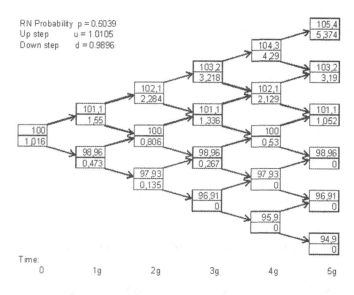

RN Probability p = 0.5039
Up step   u = 1.0105
Down step   d = 0.9896

Time:
0   1g   2g   3g   4g   5g

Figura 12.5. Albero binomiale a 5 stadi

12.5.2 Alberi trinomiali

Nel modello trinomiale a n stadi il sottostante può salire, scendere o restare fermo con probabilità p_u, p_d, $p_m = 1 - p_u - p_d$.

Le formule che si ricavano (in assenza di dividendi) sono:

$$u = e^{\sigma_S \sqrt{3\delta}} \qquad u = e^{-\sigma_S \sqrt{3\delta}} \qquad\qquad (12.9)$$

$$p_u = \frac{1}{6} + \left(r - \frac{\sigma_S^2}{2}\right)\sqrt{\frac{\delta}{12\sigma_S^2}} \qquad p_d = \frac{1}{6} - \left(r - \frac{\sigma_S^2}{2}\right)\sqrt{\frac{\delta}{12\sigma_S^2}} \qquad p_m = \frac{2}{3}$$

Gli alberi trinomiali sono particolarmente utili per replicare la dinamica *mean-reverting* dei tassi d'interesse. Poiché in tal caso i tassi sono stocastici, in ogni nodo dell'albero si usano necessariamente tassi di attualizzazione diversi, a differenza delle formule in (12.9). Inoltre, per garantire la positività delle probabilità, si utilizzano tre dinamiche trinomiali: alto-stabile-basso, molto alto-alto-stabile, stabile-basso-molto basso. Per un'applicazione si veda Hull (2006, par. 28.7).

12.6 Il pricing col metodo Monte Carlo (F)

Il metodo Monte Carlo consiste nella generazione di un numero elevato H (es. 10 mila) di sentieri temporali (*path*) di un p.s. (tipicamente il o i sottostanti) $S(t)$ del contratto d'opzione) tra il tempo t e la scadenza T.

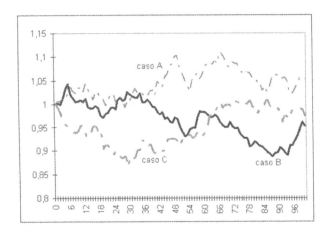

Figura 12.6. Azione Microsoft e simulazioni Monte Carlo

Esempio 46. Il sentiero temporale dell'azione Microsoft $S(t)$, quotata al Nasdaq, tra il 30.1.2007 (t_0) e il 12.6.2007 (T) (dati giornalieri ribasati a 1) è pensabile come la realizzazione (sentiero temporale) di un processo stocastico che avrebbe potuto avere infinite altri sentieri. Nella Figura 12.6 esso è disegnato assieme a due simulazioni Monte Carlo. Qual è l'azione Microsoft: A, B o C?

Si supponga che in un opportuno spazio probabilistico (es. quello RN ma non solo), $S(t)$ sia descritto dalla SDE:

$$dS(t) = \hat{\mu}S(t)dt + \sigma_S S(t)d\hat{W}(t)$$

Passo 1. Si sceglie una discretizzazione (12.2), ad es. quella semplice di Euler, e un passo di discretizzazione (es. 1 giorno $= \delta = 1/365$) per cui:

$$S(t+\delta) \simeq S(t) + \hat{\mu}S(t)\delta + \sigma_S S(t)u(t+\delta) \qquad u(t+\delta) \sim iid\ N(0,\delta)$$
$$(12.10)$$

Passo 2. Il calcolatore genera $n = (T-t)/\delta$ disturbi casuali u_i normali o direttamente per sue routine interne o indirettamente via distribuzione uniforme ω su $]0,1[$ e conseguente v.a. normale standard ε:

$$\omega_i \sim U(0,1) \qquad i = 1, ..., n$$
$$\varepsilon_i = N^{-1}(\omega_i) \sim N(0,1)$$
$$u_i = \varepsilon_i\sqrt{\delta} \quad \sim N(0,\delta)$$
$$u(t+i\delta) \equiv u_i \quad i = 1, ..., n$$

Ad esempio in Excel® $\omega_i = CASUALE()$ e $N^{-1}(\omega_i) = INV.NORM.ST(\omega_i)$.

Se sono necessarie due distribuzioni normali indipendenti standard, ε^1 e ε^2 si può usare il metodo di Box-Muller (Kloeden, Platen e Schurz, 1994, cap. 1):

$$\varepsilon_i^1 = \sqrt{-2\ln(\omega_i^1)}\cos(2\pi\omega_i^2)$$

$$\varepsilon_i^2 = \sqrt{-2\ln(\omega_i^1)}\sin(2\pi\omega_i^2)$$

Per ottenere normali correlate si può effettuare una trasformata lineare. Ad esempio, per ottenere due normali standard η^1 e η^2 con correlazione ρ si pone:

$$\eta_i^1 = \varepsilon_i^1$$

$$\eta_i^2 = \rho\varepsilon_i^1 + \sqrt{1-\rho^2}\varepsilon_i^2$$

In generale, tuttavia, se il modello dinamico è costituito da vari p.s. con altrettanti BM correlati, attraverso la scomposizione di Cholesky (v. Appendice) lo si può trasformare in un modello a BM indipendenti.

La generazione degli n disturbi è ripetuta H volte. (L'azione Microsoft è la C).

Passo 3. Gli n disturbi generano H sentieri $S^j(v)$ del sottostante attraverso la formula ricorsiva di (12.10).

Naturalmente se si dispone della soluzione in forma chiusa e non serve l'intero sentiero temporale (es. per opzioni lookback) si può generare direttamente $S(T)$. Ad esempio, nel caso lognormale:

$$S^j(T) = S(t)e^{(\hat{\mu}-\frac{\sigma_S^2}{2})(T-t)+\sigma_S\sqrt{T-t}\varepsilon_j} \qquad j = 1,....,H$$

Passo 4. Sulla base degli H sentieri generati per $S(t)$ si calcolano altrettanti payoff del derivato. Ad esempio $V^j(T) = \max(0, \min_{t\leq v\leq T} S^j(v) - K)$ per una fixed strike lookback call e si calcola il prezzo, nel caso RN come valor medio scontato al tasso risk-free:

$$V(t, S(t)) = e^{-r(T-t)}\frac{1}{H}\sum_{j=1}^{H}V^j(T)$$

Passo 5. Prima di completare la procedura è bene calcolare le greche del derivato. Ciò può essere fatto usando gli stessi $n \times H$ disturbi casuali generati per il pricing, riutilizzandoli per generare il valore a partire dal valore iniziale del sottostante leggermente inferiore al vero, S^-, e calcolando la derivata backward:

$$\Delta = \frac{V(t, S(t)) - V(t, S^-)}{S(t) - S^-}$$

ovvero, in analogia con (12.8), la media di backward e forward:

$$\Delta(t, S(t)) = \frac{V(t, S^+(t)) - V(t, S^-)}{S^+ - S^-}$$

Analogamente per le altre sensitivities (Glasserman, 2004, cap. 7).

12.6.1 La variabile antitetica

Per il teorema centrale del limite, se $V(T)$ ha media M_V e varianza Σ_V si ha:

$$\frac{1}{H}\sum_{j=1}^{H}V^j(T) \underset{H\to\infty}{\sim} N(M_V, \frac{\Sigma_V}{H})$$

per cui al crescere del numero di simulazioni cresce la precisione del valor medio ottenuto. In particolare:

$$V(t) \pm 2.33 e^{-r(T-t)}\sqrt{\frac{\hat{\Sigma}_V}{H}}$$

rappresenta un intervallo che, nel 99% dei casi, contiene (asintoticamente) il vero valore del derivato. Ne segue che per dimezzare tale intervallo occorre quadruplicare il numero H di simulazioni.

Il metodo della variabile antitetica consente di ridurre tale intervallo senza aumentare il numero effettivo di simulazioni. Si tratta di utilizzare, nel Passo 3, sia la v.a. ε_i sia l'antitetica $-\varepsilon_i$ ottenendo, nel Passo 4, $V^{j+}(T)$ e $V^{j-}(T)$ rispettivamente e quindi la stma:

$$V(t)^{+-} = \frac{V(t)^+ + V(t)^-}{2}$$

Il metodo utilizza la proprietà per cui se ε_i genera una stima sopra il valore vero, il suo opposto, $-\varepsilon_i$ (con perfetta correlazione negativa) genera una stima sotto il valore vero, compensando il precedente errore. Pertanto, la varianza della stima con disturbi antitetici $\frac{\hat{\Sigma}_V^{+-}}{H}$ è molto inferiore sia alla varianza precedente $\frac{\hat{\Sigma}_V}{H}$ sia alla varianza precedente con $2H$ simulazioni $\frac{\hat{\Sigma}_V}{2H}$.

12.7 Il pricing con la discretizzazione della PDE

Un metodo di soluzione del pricing di un derivato con simultanea valutazione delle greche consiste nella discretizzazione della PDE che impone il vincolo di non arbitraggio alla dinamica del prezzo, ottenendo equazioni alle differenze finite risolvibili per via numerica.

Si consideri la PDE di BS per una call:

$$\frac{1}{2}\frac{\partial^2 C}{\partial S^2}\sigma_S^2 S^2 + r\frac{\partial C}{\partial S}S + \frac{\partial C}{\partial t} - rC = 0 \tag{12.11}$$

e si fissi una griglia bidimensionale per il tempo tra t e T di passo δ: $\{t, t+\delta, t+2\delta, ..., t+N\delta\}$ e per il sottostante tra 0 e $S_{\max}$ di passo ΔS: $\{0, \Delta S, 2\Delta S, ..., M\Delta S\}$, con $t+N\delta = T$, scadenza del derivato, e $M\Delta S = S_{\max}$ valore "massimo" oltre il quale la call è così ITM che vale come il sottostante $S_{\max}$.

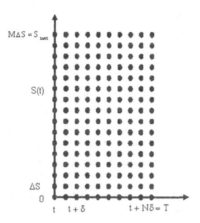

Figura 12.7. Griglia di discretizzazione della PDE

Vi sono così $M + 1$ prezzi del sottostante e $N + 1$ tempi che formano una griglia $(M + 1) \times (N + 1)$ come nella Figura 12.7.

Usiamo la scrittura $C_{i,j} = C(t + i\delta, j\Delta S)$ per $i = 0, 1, ..., N$ e per $j = 0, 1, ..., M$. Le derivate della PDE (12.11) vengono sostituite dai rapporti incrementali:

$$\frac{\partial C}{\partial S} \simeq \frac{C_{i,j+1} - C_{i,j-1}}{2\Delta S} \qquad \text{backward-forward}$$

$$\frac{\partial^2 C}{\partial S^2} \simeq \frac{\frac{C_{i,j+1}-C_{i,j}}{\Delta S} - \frac{C_{i,j}-C_{i,j-1}}{\Delta S}}{\Delta S} = \frac{C_{i,j+1} - 2C_{i,j} + C_{i,j-1}}{\Delta S^2} \qquad \text{backward}$$

$$\frac{\partial C}{\partial t} \simeq \frac{C_{i+1,j} - C_{i,j}}{\delta} \qquad \text{forward}$$

per cui, sostituendo, la PDE diventa:

$$a_j C_{i,j-1} + b_j C_{i,j} + c_j C_{i,j+1} = C_{i+1,j} \qquad (12.12)$$

$$i = 0, 1, ..., N - 1 \qquad j = 1, ..., M - 1$$

$$a_j = \frac{1}{2} r j \delta - \frac{1}{2} \sigma_S^2 j^2 \delta$$

$$b_j = 1 + r\delta + \sigma_S^2 j^2 \delta$$

$$c_j = -\frac{1}{2} r j \delta - \frac{1}{2} \sigma_S^2 j^2 \delta$$

che è un'equazione alle differenze finite con coefficienti noti.

Si noti che si conoscono i valori della call sui contorni della griglia poiché:

$$C_{N,j} = \max(0, j\Delta S - K) \qquad \text{valore a scadenza i.e. } i = N \quad (12.13)$$

$$C_{i,0} = 0 \qquad \text{valore per } S = 0 \text{ i.e. } j = 0$$

$$C_{i,M} = M\Delta S = S_{\max} \qquad \text{valore per } S = S_{\max} \text{ i.e. } j = M$$

Essendo noto il valore finale $C_{N,j}$, la (12.13) dà a ritroso i valori di $C_{N-1,j}$ poiché si ha il sistema di $M - 1$ equazioni:

$$a_j C_{N-1,j-1} + b_j C_{N-1,j} + c_j C_{N-1,j+1} = C_{N,j} \qquad j = 1, ..., M - 1$$

in cui vi sono, tenuto conto di (12.13), esattamente $M - 1$ incognite: $C_{N-1,1}$, $C_{N-1,2}, ..., C_{N-1,M-1}$. Si noti che la soluzione non richiede l'investione della matrice dei coefficienti in quanto, a cascata, la prima equazione fornisce $C_{N-1,2}$ in termini di $C_{N-1,1}$, la seconda fornisce $C_{N-1,3}$ in termini di $C_{N-1,1}$, etc. fino alla $M - 1$ esima che fornisce $C_{N-1,1}$ e quindi tutte le altre incognite.

Nel caso americano, i valori ottenuti $C_{N-1,j}$ si confrontano con il valore in caso di esercizio e sostituiti se quest'iultimo è superiore al valore calcolato.

Si procede così col calcolo dei valori al tempo $N - 2$, cioè $t + (N - 2)\delta$, $t + (N - 3)\delta$ etc. fino al tempo t, in cui si ottengono $M - 1$ valori $C_{0,1}$, $C_{0,2},...,C_{0,M-1}$ uno dei quali sarà il prezzo cercato della call, in corrispondenza del valore corrente del sottostante $S(t) \simeq j° \Delta S$.

Osservazione 103. Metodo implicito e metodo esplicito di discretizzazione. L'equazione (12.13) prende il nome di metodo implicito delle differenze finite. Il metodo detto esplicito di ottiene usando per $\frac{\partial C}{\partial t}$ l'approssimazione backward invece che forward: $\frac{\partial C}{\partial t} \simeq \frac{C_{i,j} - C_{i-1,j}}{\delta}$. Hull (2006) pag. 439 mostra l'equivalenza tra il metodo esplicito e gli alberi trinomiali. Nel caso lognormale è efficiente applicare le differenze finite alla PDE per $y = ln(S)$ con $\Delta y = \sigma_S \sqrt{3\delta}$.

12.8 Il pricing migliorato con una variabile di controllo (F)

I vari metodi numerici di pricing possono essere migliorati utilizzando una c.d. variabile di controllo.

Si immagini di voler prezzare un derivato A di tipo complesso. Sia B un derivato simile ma meno complesso, di cui si conosce il valore per via analitica V_B^a. Il metodo della variabile di controllo suggerisce di valutare congiuntamente (con la stessa procedura, albero binomiale, simulazione Monte Carlo, differenze finite etc.) entrambi i derivati, ottenendo i valori V_A e V_B e di correggere il prezzo per A secondo la formula:

$$V_A^c = V_A + (V_B^a - V_B)$$

che aggiunge al valore V_A il bias di cui soffre la procedura numerica nel pricing di B.

Appendice – Processi stocastici, moto browniano e calcolo stocastico

Incidente a Monte Carlo

Un moto browniano
con un tempo normale
finì contro un albero
binomiale
e non fu possibile
stabilire
durante il seguente
processo di Wiener
se era davvero
regolare
non aver allacciato
le martingale

Questa Appendice vuole essere una sintesi significativa, sebbene non rigorosa, dei principali risultati della probabilità, dei processi stocastici e del calcolo stocastico, utili per la teoria e le applicazioni di Finanza matematica affrontati nel testo. Nel seguito, saranno fatti rimandi specifici alla letteratura ma fin d'ora si possono citare alcuni testi ormai classici, dai più semplici ai più complessi cui si rivia il lettore interessato: Malliaris e Brock (1982), Arnold (1974), Wong (1983), Wong e Hajek (1985), Cox e Miller (1965), Shreve (2004a,b), Oksendal (2003), Karatzas e Shreve (1998), Doob (1953), Feller (1966), Chung e Williams (1983), Liptser e Shiryaev (1974), Friedman (1975), Williams (1991), Gihman e Skorohod (1968), Ikeda e Watanabe (1989), McKean (1969), Stroock e Varadhan (1979). Un testo recente è Pascucci (2008).

A.1 Set-up standard

Dato un insieme Ω, una classe $\Im$ di sottoinsiemi di Ω è un'algebra di Ω se $\Im$ è chiuso rispetto alle operazioni di unione e complementazione. Ne segue che $\Im$ è chiuso rispetto a tutte le operazioni booliane finite su sottinsiemi di Ω. Si dice che $\Im$ è una σ-algebra di Ω se è chiuso anche rispetto a unione e complementazione infinita numerabile e $(\Omega, \Im)$ si dice **spazio misurabile**.

Se C è un sottoinsieme di Ω, la σ-algebra genererata da C, $\Im_C$ o anche $\sigma(C)$, è l'intersezione di tutte le σ-algebre di Ω contenenti C. Se $\Omega = \Re$ (insieme dei numeri reali) e B è la σ-algebra (detta di Borel) generata dagli intervalli aperti di $\Re$, $(\Re, B)$ si dice spazio di Borel e gli elementi di B si dicono insiemi di Borel.

Una misura σ-additiva di probabilità $\wp$ è una funzione a valori reali non negativi tale che:

$$\wp(A) \in [0, 1] \quad \forall A \in \Im$$
$$\wp(\underset{j}{\cup} A_j) = \underset{j}{\Sigma} \wp(A_j) \quad \forall \ A_i \cap A_j = \emptyset \ i \neq j$$
$$\wp(\Omega) = 1$$

La tripla $(\Omega, \Im, \wp)$ si dice spazio probabilistico, in cui Ω è lo spazio degli eventi elementari, $\omega \in \Omega$, $\Im$ è una σ-algebra di Ω contenente sottoinsiemi A di Ω detti eventi e $\wp$ è la misura di probabilità detta probabilità naturale.

Un'affermazione è 'quasi sicura', e si scrive $\wp - a.s.$, se l'insieme G in cui è falsa ha probabilità nulla: $\wp(G) = 0$.

Due o più eventi A_i sono (stocasticamente) **indipendenti** se:

$$\wp \left(\underset{i}{\cap} A_i \right) = \prod_i \wp(A_i)$$

Una variabile aleatoria (v.a.) $\tilde{X}$ o semplicemente X è una funzione da Ω in $\Re$ tale che per ogni $a \in \Re$, l'insieme $\{\omega \in \Omega : X(\omega) < a\} \in \Im$, vale a dire è un evento.

La funzione $F_X(a) = \wp(\omega \in \Omega : X(\omega) < a)$ da $\Re$ in $[0, 1]$ si dice distribuzione di probabilità di X.

La misura $\wp^X(A) \equiv \wp(\omega \in \Omega : X(\omega) \in A)$ per ogni $A \in B$ è la probabilità indotta da X sullo spazio di Borel $(\Re, B)$.

Per la definizione e le proprietà di media $E(X)$, di momento di ordine superiore di X (ovvero della distribuzione F_X) e di altri concetti base si veda l'Appendice in Cesari e Susini (2005b).

La v.a. X è $\Im$-**misurabile** se l'immagine inversa degli intervalli aperti di $\Re$ appartiene a $\Im$ vale a dire se $\{\omega \in \Omega : X(\omega) \in I\} \in \Im$ per ogni $I \in B$, spazio di Borel.

La v.a. X è integrabile (rispettivamente, integrabile al quadrato o *square integrable*) se $E(| X |) < \infty$ (se $E(| X |^2) < \infty$).

Una v.a. ha media finita se e solo se è integrabile.

La σ-algebra generata da X, $\sigma(X)$, è la più piccola σ-algebra di Ω tale che X è $\sigma(X)$-misurabile. Essa rappresenta tutta l'informazione contenuta in X.

In particolare, se Y è $\sigma(X)$-misurabile allora esiste una funzione f per cui: $Y = f(X)$.

Due v.a. X e Y, definite sullo stesso spazio probabilistico, sono indipendenti se $\sigma(X)$ e $\sigma(Y)$ sono indipendenti

Date due v.a. X e Y e un evento $H = \{\omega \in \Omega : Y(\omega) \in D\}$ a probabilità non nulla, si definisce la probabilità condizionata di X dato H come:

$$\wp(X(\omega) \in A \mid Y(\omega) \in D) \equiv \frac{\wp(\{\omega \in \Omega : X(\omega) \in A\} \cap H)}{\wp(H)}$$

Chiaramente, se X eY sono indipendenti $\wp(X(\omega) \in A \mid Y(\omega) \in D) = \wp(X(\omega) \in A)$.

Un processo stocastico (p.s.) $(X(\omega, t), t \in \mathsf{T})$, scritto anche $X_t(\omega)$ è una famiglia di v.a. indicizzate a un parametro reale $t \in \mathsf{T}$, in genere interpretato come il tempo, con T insieme discreto $(t_0, t_1, \ldots t_n, \ldots)$ o continuo, finito $[0, T]$ o infinito $[0, +\infty[$.

In particolare, si noti che un p.s. è funzione di due variabili, $X(\omega, t)$, l'evento elementare e il tempo, per cui $X(., t)$ per dato t è una v.a. mentre $X(\omega, .)$ per dato ω è una funzione del tempo t detta traiettoria o sentiero campionario.

Il p.s. è spesso indicato semplicemente con (X_i) se l'indice è discreto e (X_t) o $(X(t))$ se l'indice è il tempo continuo.

Un p.s. si dice di **classe M^h, L^h**, rispettivamente se:

$$E\left(\int_{\mathsf{T}} \mid X_t \mid^h dt\right) < \infty, \qquad \wp\left(\int_{\mathsf{T}} \mid X_t \mid^h dt < \infty\right) = 1$$

Un p.s. (X_t) è **misurabile** se $X(\omega, t)$ è $(B_{\mathsf{T}} \otimes \Im)$-misurabile, essendo B_{T} la σ-algebra di Borel generata da T.

Un p.s. (X_t) è **progressivamente misurabile** se $X(\omega, t)$ è $(B_t \otimes \Im_t)$-misurabile, essendo B_t la σ-algebra di Borel generata da $[0, t]$.

Un p.s. (X_t) è **separabile** se operazioni su insiemi non numerabili di eventi o v.a. si ottengono come limiti di successioni numerabili di insiemi densi in T.

La sequenza $(\Im_t, t \in \mathsf{T})$ di sotto-σ-algebre di $\Im$:

1. crescente: $\Im_t \subset \Im_s$ per ogni $t < s$;
2. completa: per ogni evento a probabilità nulla (evento impossibile) $A \in \Im$, $\wp(A) = 0$ si ha $A \in \Im_0$;
3. continua da destra: $\Im_t = \bigcap_{s>t} \Im_s$

si dice filtrazione (standard) e si indica anche con $(\Im_t)$.

In termini intuitivi, $\Im_t$ rappresenta tutta l'informazione disponibile in t e crescente al passare del tempo.

Considerando la minima σ-algebra $\Im_t^x$ rispetto a cui X_u è misurabile per ogni $u \leq t$, vale a dire $\Im_t^x = \sigma(X_u; u \leq t)$, si ottiene la filtrazione $(\Im_t^x)$ generata dal processo (X_t).

Si noti se $(\mathfrak{S}_t^z)$ è la filtrazione generata dal BM, allora la proprietà 3. di continuità da destra (nonché da sinistra) si ricava dalla continuità del BM (Liptser e Shiryaev, 1974, vol I, teorema 4.3 p. 91).

Il p.s. (X_t) è **adattato** (*adapted*) alla filtrazione $(\mathfrak{S}_t)$ se, per ogni t, X_t (come v.a.) è $\mathfrak{S}_t$-misurabile. Se (X_t) è adattato e continuo da sinistra il p.s. si dice *predictable*.

Un p.s. misurabile, separabile e adattato a una filtrazione (quindi progressivamente misurabile), si dice **non anticipativo** rispetto alla medesima filtrazione.

Dato il set-up standard $(\Omega, \mathfrak{S}, (\mathfrak{S}_t), \wp)$, si possono definire la misura condizionata, la distribuzione condizionata e i momenti condizionati: $\wp(G \mid \mathfrak{S}_t)$, $F_{X_s}(a \mid \mathfrak{S}_t)$, $E(X_s \mid \mathfrak{S}_t)$ etc.

In particolare, la misura condizionata $\wp(G \mid \mathfrak{S}_t)$, $G \in \mathfrak{S}$ è quella funzione $\mathfrak{S}_t$-misurabile tale che, per ogni $\Lambda \in \mathfrak{S}_t$:

$$\int_\Lambda \wp(G \mid \mathfrak{S}_t) \wp(d\omega) = \int_\Lambda \chi_G(\omega) \wp(d\omega)$$

essendo $\chi_G(\omega)$ la funzione indicatore dell'insieme G e $\int$ l'integrale di Lebesgue rispetto alla misura $\wp$.

Si noti che spesso si scrive anche $E_t(X_s)$.

Per definizione, $E_0(X_s) \equiv E(X_s)$ e vale la proprietà di concatenazione dei valori medi condizionati:

$$E_u(E_t(X_s)) = E_u(X_t) \text{ per ogni } 0 \leq u < t < s$$

Se (X_t) è adattato vale $E(X_t \mid \mathfrak{S}_t) = X_t$ mentre se è anche predictable $E(X_t \mid \mathfrak{S}_{t-}) = X_t$.

A.2 Martingale e processi di Markov

Un p.s. (X_t) è una $\wp$-martingala (rispetto alla data filtrazione $\mathfrak{S}_t$) se è adattato, integrabile e per ogni $s > t$:

$$E(X_s \mid \mathfrak{S}_t) = X_t$$

$$i.e.$$

$$E(X_s - X_t \mid \mathfrak{S}_t) = 0$$

Ciò significa che per una martingala, la migliore previsione (aspettativa) del valore futuro X_s è il valore corrente X_t.

Con tempo continuo ciò equivale a:

$$E(dX_t \mid \mathfrak{S}_t) = 0$$

essendo $dX_t \equiv X_{t+dt} - X_t$ l'incremento in avanti (forward) infinitesimo.

Si dice anche che un p.s. (X_t) è una $\wp$-martingala se e solo se ha incrementi a media condizionata nulla.

Un p.s. (X_t) è una sub-martingala se, per ogni $s > t$, $E(X_s \mid \Im_t) \geq X_t$ (super-martingala se $E(X_s \mid \Im_t) \leq X_t$). In termini intuitivi si scrive $E(dX_t \mid \Im_{t-}) \geq 0 \ (\leq 0)$. Pertanto una sub- (super-) martingala tende a crescere (decrescere) nel tempo.

Esercizio 52. Dimostrare, dalla proprietà di condizionamento a catena, che:

1. la media di una martingala è costante;
2. se W è una v.a., il p.s. $X_t = E(W \mid \Im_t)$ è una martingala; in particolare la probabilità condizionata $\wp(G \mid \Im_t) \equiv E(\chi_G \mid \Im_t)$ è una martingala;
3. se X_t è una martingala e W una v.a., il processo $Y_t = X_t + W$ è una martingala e vale:

$$E\left((X_s - X_t)^2 \mid \Im_t\right) = E\left(X_s^2 - X_t^2 \mid \Im_t\right) = E\left(Y_s^2 - Y_t^2 \mid \Im_t\right);$$

4. trasformazioni affini di martingale sono martingale:

$$E(a + bX_s \mid \Im_t) = a + bX_t;$$

5. una martingala ha incrementi non correlati o "ortogonali" (quindi indipendenti se hanno distribuzione normale):

$$E\left((X_s - X_t)(X_v - X_u) \mid \Im_t\right) = 0 \text{ per } t < s < u < v.$$

Teorema 22. *di convergenza delle martingale.* Se (X_t) è una martingale allora esiste una v.a. X_∞ square integrable, tale che:

$$\lim_{t \longrightarrow \infty} X_t = X_\infty$$
$$X_t = E(X_\infty \mid \Im_t)$$
$$\lim_{t \longrightarrow \infty} E(X_t^2) = E(X_\infty^2)$$

Un processo (X_t) è di Markov o markoviano se per ogni n-pla di elementi crescenti in T, $(t_1, t_2, ..., t_n)$ si ha:

$$\wp(X_{t_n} \leq x_n \mid X_{t_1} = x_1, ...X_{t_{n-1}} = x_{n-1}) = \wp(X_{t_n} \leq x_n \mid X_{t_{n-1}} = x_{n-1})$$

vale a dire, intuitivamente, se, noto il valore corrente, x_{n-1}, il valore futuro X_{t_n} è indipendente dal passato, ovvero se tutta l'informazione rilevante su X_{t_n} è contenuta nell'ultimo valore disponibile x_{n-1} e i valori passati non aggiungono nulla che non sia già in x_{n-1}.

Si noti che si usano spesso lettere maiuscole X per indicare una v.a. e lettere minuscole x per indicare un valore specifico (realizzazione) assunto da una v.a.

Inoltre l'espressione $\wp(X_{t_n} \leq x_n \mid X_{t_{n-1}} = x_{n-1})$ andrebbe intesa come $\wp(\{\omega \in \Omega : X_{t_n}(\omega) \leq x_n\} \mid \{\omega \in \Omega : X_{t_{n-1}}(\omega) = x_{n-1}\})$.

La funzione $P(s, t, x, B) \equiv \wp(X_t \, \epsilon B \mid X_s = x)$ si dice probabilità di transizione del processo di Markov, con densità di transizione $p(s, t, x, y)$ tale che:

$$P(s, t, x, B) = \int_B p(s, t, x, y) dy$$

Un processo (X_t) ha incrementi disgiunti indipendenti se le v.a. $X_{t_i} - X_{t_{i-1}}$, $i = 2, ..., n$ sono indipendenti.

Un processo (X_t) è stazionario se la distribuzione congiunta di X_{t_1+h}, $X_{t_2+h}, ..., X_{t_n+h}$ è indipendente da h per ogni h e n.

Un processo (X_t) è stazionario in senso debole se la media $E(X_t) \equiv \mu$ è finita, indipendente da t e l'autocorrelazione $E((X_t - \mu)(X_s - \mu))$ è al più funzione di $t - s$.

Esercizio 53. Dimostrare che:

1. se (X_t) ha incrementi indipendenti e $X_0 = 0$ ($\wp - a.s.$) allora è di Markov;
2. se (X_t) ha incrementi indipendenti a media nulla allora è una martingala.

Esempio 47. Processo di Poisson. Un processo (X_t) a valori interi $n \geq 0$, $X_0 = 0$ ($\wp - a.s.$) e incrementi indipendenti con distribuzione:

$$\wp(X_s - X_t = n) = \frac{(s - t)^n \lambda^n}{n!} e^{-(s-t)\lambda} \quad s > t$$

è un processo di Poisson con media e varianza $E(X_t) = Var(X_t) = \lambda t$. Si noti che $X_t - \lambda t$ è una martingala.

A.3 Moto browniano

Il botanico inglese Robert Brown osservò per la prima volta, nel 1827, i movimenti irregolari di particelle microscopiche immerse in un fluido, causati dall'impatto "termico" con le molecole del fluido.

Albert Einstein (1905) elaborò una teoria di tali "moti browniani", secondo cui, in prima approssimazione, ciascuna coordinata Z_t della posizione di una particella al tempo t è rappresentabile come un processo stocastico a incrementi indipendenti normali a media nulla, con varianza in funzione della massa della particella e della viscosità del liquido.

In termini formali, un moto browniano standard (BM) o processo di Wiener (Z_t) è un p.s. tale che:

a) $Z_0 = 0$ ($\wp - a.s.$);
b) $Z_t \sim N(0, t)$ i.e. normale a media nulla e varianza t;
c) $E(Z_t Z_s) = \min(t, s)$.

È facile dimostrare che un BM ha incrementi indipendenti (omogeneità nello spazio), a media nulla, stazionari (omogeneità nel tempo), normali o gaussiani. È quindi un processo di Markov e una martingala.

Ad esempio, l'indipendenza degli incrementi si ricava dalla normalità più la loro non correlazione:

$$E\left((Z_s - Z_t)(Z_u - Z_v)\right) = E(Z_s Z_u) - E(Z_s Z_v) - E(Z_t Z_u) + E(Z_t Z_v)$$
$$= \min(s, u) - \min(s, v) - \min(t, u) + \min(t, v)$$
$$= s - s - t + t = 0$$

La definizione adottata è di Wong (1983). Più spesso, il BM è definito, equivalentemente, da a) e dalla proprietà di incrementi (non sovrapposti) $Z_s - Z_t$ indipendenti e gaussiani $N(0, s - t)$, ricavando b) e c) come conseguenze.

Nielsen (1999, cap. 1) fa una sottile distinzione tra BM e processo di Wiener nel senso che quest'ultimo è un BM con riferimento a una data filtrazione $(\Im_t)$ mentre il primo è un processo di Wiener rispetto alla filtrazione $(\Im_t^z)$ che genera.

Teorema 23. di Lévy di caratterizzazione del BM. *Se Z_t è una martingala con traiettorie continue e valgono le proprietà a) e c) allora Z_t è un BM. In altre parole, la proprietà di martingala a traiettorie continue assieme a a) e c) comporta la normalità b) del processo.*

Un BM standard ha, di conseguenza, numerose altre proprietà:

1. $Z_s - Z_t \sim N(0, s - t)$ indipendente da $Z_u \ \forall \ u \leq t$ e $\sigma(Z_s - Z_t; t \leq s)$ indipendente da $\Im_t \ \forall \ t \geq 0$;
2. per ogni partizione di $(0, t)$, $0 = t_0 < t_1 < \ldots < t_n = t$ con $t_k = kh$, si può scrivere $Z_t = \sum_{k=0}^{n-1}(Z_{t_{k+1}} - Z_{t_k})$ per cui il BM è una somma di v.a. (gli incrementi) indipendenti ed equidistribuite (i.i.d.) ed è quindi 'infinitamente divisibile';
3. continuità spaziale in probabilità (dalla diseguaglianza di Chebyshev): $\wp(| Z_{t+h} - Z_t | > \varepsilon) \leq \frac{|h|}{\varepsilon^2} \underset{h \to 0}{\to} 0$ e quindi separabilità;
4. di più: continuità in media quadratica: $E\left((Z_{t+h} - Z_t)^2\right) = | h | \underset{h \to 0}{\to} 0$;
5. di più: continuità uniforme delle traiettorie quindi continuità $\wp - a.s.$ in ogni punto t, per cui ogni traiettoria è una funzione continua nel senso usuale del termine.

Sia C_T lo spazio delle funzioni continue: $c(t) \colon \mathsf{T} \to \Re$ e sia B_T la σ-algebra generata dagli insiemi $\{t \in \mathsf{T} : c(t) \in I\}$, I insieme di Borel.

Ogni funzione continua si può considerare la traiettoria di un processo stocastico: $X(\omega, .) = c(.)$.

Il teorema di Wiener dimostra che sullo spazio misurabile (C_T, B_T) esiste un'unica misura di probabilità $\wp_W$ (detta misura di Wiener) per cui un processo a traiettorie continue è un BM.

Viceversa, se (X_t) è un processo a traiettorie continue su $(\Omega, \Im, (\Im_t), \wp)$, esso induce su (C_T, B_T) una misura di probabilità P^X definita, per ogni H in B_T, da:

$$P^X(H) = \wp(\omega \in \Omega : X(\omega, .) \in H)$$

In tal modo, ogni processo a traiettorie continue è definito dalla probabilità indotta P^X su (C_T, B_T).

Esercizio 54. Dalla definizione di BM, dimostrare che per ogni $h, k > 0$ sono BM anche i processi:

$$\frac{1}{\sqrt{k}} Z_{kt}, \; k Z_{\frac{t}{k^2}}, \; t Z_{\frac{1}{t}}, \; -Z_t, \; Y_t \equiv Z_{t+h} - Z_h$$

Si noti che i primi due hanno un cambio della variabile temporale, essendo t sostituito dal tempo ristretto $t' = \frac{t}{k^2}$ e dal tempo invertito $t' = \frac{1}{t}$ rispettivamente. Si parla in tal caso di cambiamento del tempo (**deterministic time change**). Inoltre, $Y_t \equiv Z_{t+h} - Z_h$, $t \geq 0$ è indipendente da Z_s, $s \leq h$

Osservazione 104. Il BM non standard si ricava dalla generalizzazione $Z_t \sim N(\mu t, \sigma^2 t)$. Modelli alternativi alla dinamica del BM proposta da Einstein (1905) sono stati analizzati in letteratura. Ornstein e Uhlenbeck (1930) hanno modellato la velocità invece che la posizione di una particella in un fluido. Quest'ultima risulta così un p.s. markoviano normale ma con incrementi dipendenti. Il BM rappresenta il caso gaussiano nella più ampia famiglia dei p.s. a incrementi indipendenti (quindi markoviani) e stazionari detti processi di Lévy. Un esempio non gaussiano è il processo di Poisson a salti (jump). Per un'introduzione ai processi di Lévy si veda Cont e Tankov, 2004.

Il BM è anche interpretabile come somma di v.a. (gli incrementi) indipendenti ed equidistribuite (i.i.d.) e quindi è un p.s. infinitamente divisibile e vale la legge forte dei grandi numeri:

$$\lim_{t \uparrow \infty} \frac{Z_t}{t} = 0 \quad \wp - a.s.$$

ove $\wp - a.s.$ (*almost surely*) indica che l'insieme degli eventi ω in cui la proposizione è falsa ha probabilità nulla.

Per continuità, il BM raggiunge un massimo su ogni intervallo finito di tempo:

$$M_t \equiv \max_{0 \leq s \leq t} Z_s \geq 0$$

con densità (su $\mathbf{R}^+$):

$$f_{M_t}(m) = \frac{2}{\sqrt{2\pi t}} e^{-\frac{m^2}{2t}}$$

mentre, in tutta la sua storia $t > 0$, $\wp(\sup_{t>0} Z_t \leq h) = 0 \; \forall h$.

Inoltre il BM infrange tutte le barriere $h > 0 = Z_0$ e la data del primo passaggio $\tau_h \equiv \inf(t > 0 : Z_t > h)$ è una variabile aleatoria (*random time*) con densità di distribuzione (Cox e Miller, 1965, ch.5):

$$f_{\tau_h}(s) = \frac{h}{\sqrt{2\pi s^3}} e^{-\frac{h^2}{2s}}$$

L'ordine di grandezza della traiettoria limite è dato dalla legge del logaritmo iterato:

$$\limsup_{t \uparrow \infty} \frac{Z_t}{\sqrt{2t \ln(\ln(t))}} = +1 \quad \wp - a.s.$$

con -1 per $lim\ inf$. Poiché il denominatore diverge con t, ne segue che il BM assume qualunque valore tra t e ∞ 'infinitamente spesso' cioè con un tempo medio di assorbimento infinito.lo stesso vale per il BM Z_s/s tra 0 e $s \equiv 1/t$ cioè su un intervallo di tempo comunque piccolo.

Ne segue che, nonostante la sua continuità, il BM è un p.s. fortemente oscillatorio: le stesse traiettorie, sebbene $\wp - a.s.$ continue dappertutto sono $\wp - a.s.$ non derivabili dappertutto e a **variazione illimitata**, essendo la variazione di Z_t su $(0, t)$ definita da:

$$\sup(\sum_{k=0}^{n-1} | Z_{t_{k+1}} - Z_{t_k} |)$$

ove il supremo è su tutte le partizioni di $(0, t)$, $0 = t_0 < t_1 < .... < t_n = t$.

Si noti che una funzione a variazione limitata è derivabile quasi dappertutto (l'insieme dei punti di non derivabilità ha misura di Borel nulla) mentre una martingala a variazione limitata è una costante.

Non è facile immaginare e tanto meno disegnare traiettorie continue in ogni punto e non derivabili in ogni punto.

La derivata in media quadratica di un p.s. X_t, se esiste, è un p.s., indicato da $\frac{dX_t}{dt}$, tale che:

$$\lim_{h \downarrow 0} E \left((\frac{X_{t+h} - X_t}{h} - \frac{dX_t}{dt})^2 \right) = 0$$

Analogamente si definisce la derivata in probabilità. Ma nel caso del BM si ha:

$$\frac{Z_{t+h} - Z_t}{h} \sim N(0, \frac{1}{h})$$

e quindi

$$\lim_{h \downarrow 0} \wp \left(\frac{Z_{t+h} - Z_t}{h} \in A \right) = 0$$

con A insieme di Borel limitato. A parole, la probabilità che il rapporto incrementale stia in un intervallo limitato tende a 0 al calare di h e quindi il BM non è derivabile in probabilità (e quindi neppure in media quadratica): è "non abbastanza continuo" (Hölder-continuità di ordine $\frac{1}{2}$) da poter essere derivabile (Hölder-continuità di ordine 1 o Lipschitz-continuità). Di più, in ogni punto non è mai crescente e mai decrescente, con derivata inf $-\infty$ e derivata sup $+\infty$ (tale risultato si deve a Dvoretzky, Erdös e Kakutani, 1961).

Teorema 24. *di scomposizione di Doob-Meyer (1962). Data una submartingala (X_t) esiste un'unica scomposizione:*

$$X_t = M_t + C_t$$

ove M_t è una martingala e C_t è un processo integrabile, crescente, predictable detto compensator.

In particolare, data una martingala continua, square integrable (M_t), M_t^2 è una sub-martingala e quindi esiste un'unica scomposizione di M_t^2 nella somma di una martingala continua N_t e di un processo continuo, integrabile, crescente, predictable a variazione limitata e nullo in $t = 0$ detto **variazione quadratica** di M, $< M, M >$:

$$M_t^2 = N_t + < M, M >_t \quad \wp - a.s$$

In termini operativi, la variazione quadratica di M_t si ottiene considerando successive partizioni m dell'intervallo $(0, t)$ sempre più fini::

$$\lim_{m \uparrow \infty} \sum_{k=0}^{n_m - 1} (M_{t_{k+1}} - M_{t_k})^2 = < M, M >_t$$

Per il BM su ha $< Z, Z >_t = t$ $(\wp - a.s.)$ e il BM è anche l'unica martingala a traiettorie continue con variazione quadratica pari a t (teorema di Lévy). Pertanto, si può scrivere, per ogni incremento infinitesimo:

$$(dZ_t)^2 = dt$$

per cui, intuitivamente, dZ_t ha la dimensione di $\sqrt{dt}$ mentre per la derivabilità dovrebbe essere di dimensione più piccola, dt.

Ne segue che $Z_t^2 - t$ è una martingala.

A.4 Integrale stocastico e processi diffusivi

Pur non esistendo la derivata del BM, è comunque possibile definire il differenziale stocastico del BM:

$$dZ_t \equiv Z_{t+dt} - Z_t \sim N(0, dt)$$

come processo normale, a media nulla e varianza dt.

Analogamente, l'operatore inverso, l'integrale stocastico:

$$\int g(s) dZ_s$$

richiede una definizione specifica dato che Z_t è a variazione illimitata e l'integrale non è interpretabile come integrale di Stieltjes (valido per funzioni a variazione limitata).

Una tale definizione è stata fornita da Kiyosi Itô (1944) per la classe dei processi stocastici $g(\omega, s)$ continui non anticipativi e di classe M^2 (per cui $E \left(\int | g(s) |^2 ds \right) < \infty$):

Teorema 25. di Itô (1944) dell'integrale stocastico. *La successione delle somme parziali di Itô converge in media quadratica sull'insieme delle partizioni dell'intervallo $(0, t)$ a un processo detto integrale stocastico (di Itô):*

$$\sum_{i=1}^{n} g(t_{i-1})(Z_{t_i} - Z_{t_{i-1}}) \xrightarrow[n \uparrow \infty]{} I_t \equiv \int_0^t g(s)dZ_s$$

Come l'integrale deterministico, anche l'operatore integrale stocastico è lineare:

$$\int (ag(s) + bf(s))dZ_s = a \int g(s)dZ_s + b \int f(s)dZ_s$$

Inoltre, l'integrale, come il BM, è una martingala a media nulla, è un processo di Markov, ha traiettorie continue ma non derivabili ed è anch'esso non anticipativo.

In particolare:

1. $E(I_s \mid \Im_t) \equiv E(\int_0^s g(v)dZ_v \mid \Im_t) = \int_0^t g(v)dZ_v \equiv I_t$ per ogni $t \le s$;
2. $E(\int_0^t g(v)dZ_v) = 0$ per ogni $t \ge 0$;
3. $E(\int_A g(v)dZ_v \cdot \int_B f(v)dZ_v) = E(\int_{A \cap B} g(v)f(v)dv)$ (isometria);
4. se $g(t)$ è una funzione deterministica $E\left[\left(\int_0^t g(s)dZ_s\right)^2\right] = \int_0^t g^2(s)ds$ e vale $I_t \sim N(0, \int_0^t g^2(s)ds)$ per cui I_t è un BM con un cambiamento di variabile nella dimensione temporale: $t \to T(t) \equiv \int_0^t g^2(s)ds$.

Si dice anche, equivalentemente, che l'integrale stocastico $I_t \equiv \int_0^t g(s)dZ_s$ è soluzione dell'equazione differenziale stocastica (SDE):

$$dI_t = g(t)dZ_t$$

e per il teorema di Clark, ogni $\wp$-martingala è rappresentabile come integrale stocastico.

Teorema 26. di Clark (1970) o di rappresentazione delle martingale. *Se Z_t è un BM e $(\Im_t^z)$ è la filtrazione generata da Z, ogni martingala M_t rispetto a $\Im_t^z$ ha la rappresentazione:*

$$M_t = M_0 + \int_0^t g(s)dZ_s$$

con $g(t)$ processo non anticipativo di classe M^2, unico se la martingala è integrabile. Se $g(t)$ è a.s. non nullo, ogni altra martingala N_t si può rappresentare come:

$$N_t = N_0 + \int_0^t h(s)dM_s$$

con $h(t)$ processo non anticipativo di classe M^2, unico se la martingala N_t è integrabile.

Osservazione 105. L'integrale di Stratonovich. Un diverso integrale stocastico, privo della proprietà di martingala ma con le usuali regole del calcolo ordinario, si ottiene dalla definizione di Stratonovich (1966):

$$\sum_{i=1}^{n} \frac{g(t_{i-1}) + g(t_i)}{2} (Z_{t_i} - Z_{t_{i-1}})$$

Si veda Sethi e Lehoczky (1981) per un confronto tra i due integrali.

Più in generale, se X_t è soluzione della SDE:

$$dX_t = a(\omega, t)dt + g(\omega, t)dZ_t$$
$$X_0 = x_0$$

con $a(t)$, $g(t)$ processi non anticipativi di classe M^1 e M^2 rispettivamente, ovvero, equivalentemente, se X_t è soluzione dell'equazione integrale stocastica di Itô (SIE):

$$X_t = x_0 + \int_0^t a(\omega, s)ds + \int_0^t g(\omega, s)dZ_s$$

si dice che X_t è un **processo di Itô**.

Se $a(t)$, $g(t)$ sono anche $\Im_t^x$-misurabili si può scrivere $a(x, t)$ e $g(x, t)$ e la soluzione X_t, se esiste, si chiama **processo diffusivo**. A fini pratici, processi diffusivi e processi di Itô rappresentano essenzialmente la stessa classe di processi stocastici.

Il teorema di Itô (1951) contiene le condizioni di esistenza e unicità della soluzione della SDE.

Teorema 27. di Itô (1951) della soluzione di una SDE. *Se $a(x, t)$ e $g(x, t)$ sono processi non anticipativi, di classe M^1 e M^2, non esplosivi e Lipschitz-continui in x, vale a dire:*

$|a(x, t)| + |g(x, t)| \leq k\sqrt{1 + x^2}$ *(condizione di crescita)*

$|a(x, t) - a(y, t)| + |g(x, t) - g(y, t)| \leq k|x - y|$ *(condizione di continuità)*

allora esiste un processo X_t non anticipativo, di classe M^2, markoviano, a traiettorie continue che risolve (strong solution) la SIE:

$$X_t = X_0 + \int_0^t a(X_s, s)ds + \int_0^t g(X_s, s)dZ_s \qquad (A.1)$$

ovvero, equivalentemente, la SDE:

$$dX_t = a(X_t, t)dt + g(X_t, t)dZ_t \qquad (A.2)$$

*Inoltre, grazie alla condizione di Lipschitz, la soluzione è unica nel senso delle traiettorie (**pathwise unique**) poiché se Y_t è un'altra soluzione, $X_t = Y_t$ $\forall t$ $\wp - a.s.$L'unicità forte implica l'unicità in distribuzione nello spazio delle funzioni continue o traiettorie (C_T, B_T).*

Il coefficiente $a(x,t)$ si dice drift della SDE mentre il coefficiente $g(x,t)$ si dice volatilità istantanea o coefficiente di diffusione della SDE. Attraverso quest'ultima componente, l'aleatorietà entra nella dinamica del processo che altrimenti sarebbe puramente deterministico ($g = 0$), guidato da un'equazione differenziale ordinaria (ODE).

Se $a(x)$ e $g(x)$ non dipendono direttamente dal tempo la SDE si dice autonoma o omogenea e la soluzione X_t è un p.s. di Markov e **stazionario** (omogeneità nel tempo).

Pur non essendo una martingala, la soluzione X_t è un processo di Markov, non anticipativo con traiettorie continue non derivabili (**semimartingala**).

Corollario 4. *Un processo diffusivo è una martingala se e solo se ha drift nullo* $a(X_t, t) = 0$.

Esempio 48.

1. BM aritmetico o non standard:

$$dX_t = \mu dt + \sigma dZ_t; \qquad (A.3)$$

2. BM geometrico o lognormale:

$$dX_t = \mu X_t dt + \sigma X_t dZ_t;$$

3. processo di Ornstein-Uhlenbeck (OU):

$$dX_t = (a + bX_t)dt + \sigma dZ_t;$$

4. processo di Langevin (BM elastico):

$$dX_t = -bX_t dt + \sigma dZ_t \qquad b > 0;$$

5. processo di Feller o square-root:

$$dX_t = (a + bX_t)dt + \sigma\sqrt{X_t}dZ_t;$$

6. processo a parametri deterministici:

$$dX_t = \mu(t)dt + \sigma(t)dZ_t.$$

A.5 SDE e probabilità di transizione

Date le probabilità di transizione di un processo diffusivo $p(s, t, x, y)$, sotto condizioni di regolarità si possono ricavare le funzioni di drift e di diffusione che caratterizzano la dinamica del processo:

$$\lim_{t \downarrow s} \frac{1}{t-s} \int_{|y-x| \leq \varepsilon} (y-x)p(s,t,x,y)dy = a(s,x)$$

$$\lim_{t \downarrow s} \frac{1}{t-s} \int_{|y-x| \leq \varepsilon} (y-x)^2 p(s,t,x,y)dy = g(s,x)$$

Viceversa, dato un processo diffusivo X_t soluzione della SDE (A.2), è possibile determinare, sotto condizioni di regolarità dei coefficienti a, g, le probabilità di transizione. Infatti, sia $U_0(x)$ una funzione con derivate prima e seconda continue e sia la trasformata:

$$U(s,x) = E_{s,x}(U_0(X_t)) = \int_R U_0(y)p(s,t,x,y)dy \qquad (A.4)$$

Allora $U(s,x)$ soddisfa la PDE del second'ordine parabolica (detta equazione backward di Kolmogorov):

$$\frac{1}{2} \frac{\partial^2 U}{\partial x^2} g^2(x,s) + \frac{\partial U}{\partial x} a(x,s) + \frac{\partial U}{\partial s} = 0$$
$$\lim_{s \uparrow t} U(s,x) = U_0(X_t)$$

Dalla soluzione $U(s,x)$, dalla funzione finale U_0 e da (A.4) si ottiene la probabilità di transizione P. In particolare si può considerare la funzione caratteristica:

$$U_0(x) = e^{i\lambda x}$$
$$U(s,x) = E_{s,x}(e^{i\lambda X_t})$$

che determina univocamente la distribuzione di probabilità condizionata di X_t. Per la densità di probabilità p si ha:

$$\frac{1}{2} \frac{\partial^2 p}{\partial x^2} g^2(x,s) + \frac{\partial p}{\partial x} a(x,s) + \frac{\partial p}{\partial s} = 0$$
$$\lim_{s \uparrow t} p(s,t,x,y) = \delta(x-y)$$

con $\delta(x)$ funzione di Dirac (nulla dappertutto ma con integrale unitario su R).

Ad esempio nel caso del BM, l'equazione di Kolmogorov è:

$$\frac{1}{2} \frac{\partial^2 p}{\partial x^2} + \frac{\partial p}{\partial s} = 0$$

con soluzione omogenea (funzione solo di $t-s$):

$$p(s,t,x,y) = \frac{1}{\sqrt{2\pi(t-s)}} e^{-\frac{(y-x)^2}{2(t-s)}}$$

Il termine processi diffusivi deriva dal fatto che la PDE soddisfatta dalle probabilità di transizione del processo è formalmente identica all'equazione di diffusione del calore in un corpo (*heat diffusion equation*).

La condizione ulteriore:

$$p(s, t, a, y) = 0$$

indica una barriera assorbente in $X_s = a$ (es. fallimento). La condizione:

$$\frac{\partial p(s, t, x, y)}{\partial x}\bigg|_{x=r} = 0$$

indica in r una barriera riflettente (es. garanzia).

Nel caso del BM elastico (i.e. un BM sottoposto a una forza elastica, o pendolo, verso l'origine, di ampiezza bx proporzionale alla distanza), si ha la seguente equazione backward di Kolmogorov:

$$\frac{1}{2}\frac{\partial^2 p}{\partial x^2}\sigma^2 - \frac{\partial p}{\partial x}bx + \frac{\partial p}{\partial s} = 0$$

con soluzione:

$$p(s, t, x, y) = \frac{\sqrt{b}}{\sqrt{\pi\sigma^2(1 - e^{-2b(t-s)})}}e^{-\frac{b(y - xe^{-b(t-s)})^2}{\sigma^2(1 - e^{-2b(t-s)})}}$$

Dalle probabilità del BM si ricava il seguente risultato.

Teorema 28. *Distribuzioni del minimo e massimo del BM.* *Dato il BM aritmetico (A.3) sia* $M_T = \max\limits_{t \le u \le T} X_u$ *il massimo tra t e T e sia* $m_T = \min\limits_{t \le u \le T} X_u$ *il minimo del BM. Valgono i seguenti risultati per* $y \ge X_t$, $x \le y$, *il primo dei quali è noto come principio di riflessione:*

$$Prob(X_T \le x, M_T \ge y) = e^{\frac{2\mu(y - X_t)}{\sigma^2}}Prob(X_T \ge 2y - x - X_t + 2\mu(T - t))$$

$$= e^{\frac{2\mu(y - X_t)}{\sigma^2}}N\left(\frac{x - 2y + X_t - \mu(T - t)}{\sigma\sqrt{T - t}}\right)$$

$$Prob(X_T \le x, M_T \le y) = N\left(\frac{x - X_t - \mu(T - t)}{\sigma\sqrt{T - t}}\right) -$$

$$- e^{\frac{2\mu(y - X_t)}{\sigma^2}}N\left(\frac{x - 2y + X_t - \mu(T - t)}{\sigma\sqrt{T - t}}\right)$$

$$Prob(M_T \le y) = N\left(\frac{y - X_t - \mu(T - t)}{\sigma\sqrt{T - t}}\right) - e^{\frac{2\mu(y - X_t)}{\sigma^2}}N\left(\frac{-y + X_t - \mu(T - t)}{\sigma\sqrt{T - t}}\right)$$

Per $y \le X_t$, $y \le x$ *si hanno i risultati per il minimo:*

$$Prob(X_T \ge x, m_T \ge y) = N\left(\frac{-x + X_t + \mu(T - t)}{\sigma\sqrt{T - t}}\right) -$$

$$- e^{\frac{2\mu(y - X_t)}{\sigma^2}}N\left(\frac{2y - x - X_t + \mu(T - t)}{\sigma\sqrt{T - t}}\right)$$

$$Prob(m_T \ge y) = N\left(\frac{-y + X_t + \mu(T - t)}{\sigma\sqrt{T - t}}\right) - e^{\frac{2\mu(y - X_t)}{\sigma^2}}N\left(\frac{y - X_t + \mu(T - t)}{\sigma\sqrt{T - t}}\right)$$

A.6 Calcolo stocastico di Itô

La teoria di Itô ha consentito di impostare un vero e proprio calcolo stocastico, con le proprie regole di derivazione e integrazione.

Al riguardo vale il lemma di Itô (1951)-Doeblin (1940) o formula del cambiamento di variabile, che mostra che la classe dei processi non anticipativi è chiusa per trasformazioni regolari.

Lemma 2. di Itô (1951)-Doeblin (1940) o formula del cambiamento di variabile. *Nelle ipotesi del teorema di Itô, se* X_t *è un processo diffusivo soluzione di:*

$$dX_t = a(X_t, t)dt + g(X_t, t)dZ_t$$

e se $f(x, t)$ *è una funzione continua con derivate parziali* $\frac{\partial f}{\partial t}, \frac{\partial f}{\partial x}, \frac{\partial^2 f}{\partial x^2}$ *continue, allora il p.s.* $Y_t = f(X_t, t)$ *è ancora un processo diffusivo, soluzione della SDE:*

$$df(X_t, t) = \frac{\partial f}{\partial t}dt + \frac{\partial f}{\partial x}dX_t + \frac{1}{2}\frac{\partial^2 f}{\partial x^2}(dX_t)^2$$

$$= \left(\frac{\partial f}{\partial t} + \frac{\partial f}{\partial x}a(X_t, t) + \frac{1}{2}\frac{\partial^2 f}{\partial x^2}g^2(X_t, t)\right)dt + \left(\frac{\partial f}{\partial x}g(X_t, t)\right)dZ_t$$

Si noti che, a differenza del calcolo ordinario, il differenziale df include un termine quadratico $(dX_t)^2$ non trascurabile.

In particolare si ha:

$$(dX_t)^2 = g^2(t)dt$$

per cui, essendo, banalmente:

$$(dX_t)^2 = a^2(dt)^2 + 2ag \cdot dt \cdot dZ_t + g^2(dZ_t)^2$$

ne discendono le regole moltiplicative del calcolo di Itô:

1. $(dt)^2 = 0$
2. $dt\, dZ_t = 0$
3. $(dZ_t)^2 = dt$

Si noti che in termini integrali, si ottiene la variazione quadratica:

$$< X, X >_t = \int_0^t (dX_u)^2 = \int_0^t g^2(u)du$$

Osservazione 106. La formula del cambiamento di variabile era nota come formula di Itô fino al maggio 2000 quando fu scoperto un documento inviato all'Accademia Nazionale delle Scienze nel febbraio 1940 dal soldato francese Wolfgang Doeblin, ucciso poco dopo al fronte, contenente una definizione di integrale stocastico e la formula del cambiamento di variabile (ri)scoperta poi da Itô. Al riguardo si veda Bru e Yor (2002).

Esercizio 55. Si calcoli la dinamica di $Y_t = \frac{1}{X_t}$ quando il p.s. X_t è un BM geometrico con SDE:

$$dX_t = \mu X_t dt + \sigma X_t dZ_t$$

Soluzione:

$$
\begin{aligned}
dY_t &= \frac{\partial Y}{\partial X} dX_t + \frac{1}{2} \frac{\partial^2 Y}{\partial Y^2} (dX_t)^2 \\
&= -\frac{1}{X^2} dX_t + \frac{1}{2} \frac{2X}{X^4} (dX_t)^2 \\
&= -Y \frac{dX_t}{X_t} + Y \left(\frac{dX_t}{X_t} \right)^2 \\
&= Y(-\mu + \sigma^2) dt - \sigma Y dZ_t
\end{aligned}
$$

Esercizio 56. Si calcoli la dinamica di $Y_t = \ln(X_t)$, logaritmo del processo BM geometrico X_t, con SDE:

$$dX_t = \mu X_t dt + \sigma X_t dZ_t$$

e si ricavi la soluzione (X_t) in forma chiusa.

Soluzione:
Si ha:

$$
\frac{\partial f}{\partial x} = \frac{1}{x}
$$
$$
\frac{\partial^2 f}{\partial x^2} = -\frac{1}{x^2}
$$

Pertanto:

$$
\begin{aligned}
d\ln(X_t) &= \frac{1}{X_t} dX_t - \frac{1}{2} \frac{1}{X_t^2} (dX_t)^2 \\
&= \left(\mu - \frac{1}{2} \sigma^2 \right) dt + \sigma dZ_t
\end{aligned}
$$

e quindi $\ln(X_t)$ è un BM aritmetico. La soluzione per X_t si ottiene integrando tra t_0 e t la SDE:

$$\int_{t_0}^{t} d\ln(X_s) = \int_{t_0}^{t} \left(\mu - \frac{1}{2} \sigma^2 \right) ds + \int_{t_0}^{t} \sigma dZ_s \tag{A.5}$$

i.e.

$$\ln(X_t) - \ln(X_{t_0}) = \left(\mu - \frac{1}{2} \sigma^2 \right)(t - t_0) + \sigma(Z_t - Z_{t_0})$$

Calcolando l'esponenziale:

$$X_t = X_{t_0} e^{(\mu - \frac{1}{2}\sigma^2)(t - t_0) + \sigma(Z_t - Z_{t_0})}$$

Chiaramente $\ln(X_t)$ è (condizionatamente) normale e X_t log-normale:

$$\ln(X_t) \mid X_{t_0} \sim N\left(\ln(X_{t_0}) + \left(\mu - \frac{1}{2} \sigma^2 \right)(t - t_0), \ \sigma^2(t - t_0) \right)$$

Per la lognormalità (v. esercizio seguente):

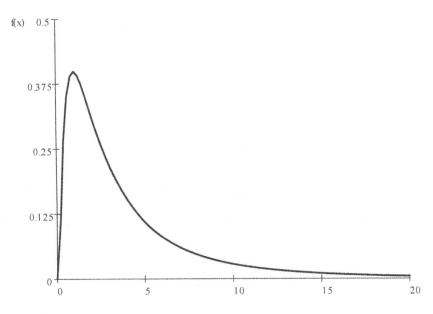

Figura A.1. Densità della distribuzione lognormale $LN(0,1)$

$$E_{t_0}(X_t^\alpha) = X_{t_0}^\alpha e^{\alpha(\mu-\frac{1}{2}\sigma^2)(t-t_0)+\alpha^2\sigma^2(t-t_0)/2}$$

$$Var_{t_0}(X_t) = X_{t_0}^2 e^{2(\mu-\frac{1}{2}\sigma^2)(t-t_0)+\sigma^2(t-t_0)} \left(e^{\sigma^2(t-t_0)}-1\right)$$

e in particolare:

$$E_{t_0}(X_t) = e^{E_{t_0}(\ln X_t)+\frac{1}{2}Var_{t_0}(\ln X_t)} = X_{t_0}e^{\mu(t-t_0)}$$

La moda e la mediana sono:

$$Moda = X_{t_0}e^{(\mu-\frac{3}{2}\sigma^2)(t-t_0)}$$

$$Mediana = X_{t_0}e^{(\mu-\frac{1}{2}\sigma^2)(t-t_0)}$$

Osservazione 107. Se $\mu = 0$ si ha che X_t è una martingala e quindi:

$$E_{t_0}(X_t) = X_{t_0}$$

$$E_{t_0}\left(e^{-\frac{1}{2}\int_{t_0}^t \sigma^2 ds+\int_{t_0}^t \sigma dZ_s}\right) = 1$$

Esempio 49. Per il processo di OU:

$$dX_t = (a+bX_t)dt + \sigma dZ_t$$

la soluzione e la sua varianza sono date da (Arnold, 1974 p. 129):

$$X_t = X_{t_0}e^{b(t-t_0)} + \frac{a}{b}\left[e^{b(t-t_0)}-1\right] + \sigma\int_{t_0}^t e^{b(t-v)}dZ_v$$

$$Var_{t_0}(X_t) = \frac{\sigma^2}{2b}\left[e^{2b(t-t_0)}-1\right]$$

Esercizio 57. Valori medi troncati della normale. Per una variabile X normale, per cui $X \sim N(m, s^2)$, con densità:

$$f(x) = \frac{1}{\sqrt{2\pi s^2}} e^{-\frac{(x-m)^2}{2s^2}}$$

si calcoli l'integrale:

$$\int_A^B x f(x) dx$$

e i valori medi $E(max(0, X - K))$ e $E(max(0, K - X))$.

Soluzione:

$$\int_A^B x f(x) dx = -s \left[N'(\frac{B-m}{s}) - N'(\frac{A-m}{s}) \right] +$$

$$+ m \left[N(\frac{B-m}{s}) - N(\frac{A-m}{s}) \right]$$

$$E(max(0, X - K)) = sN'(\frac{m-K}{s}) + (m-K)N(\frac{m-K}{s})$$

$$E(max(0, K - X)) = sN'(\frac{K-m}{s}) + (K-m)N(\frac{K-m}{s})$$

ove $N'(x) = N'(-x) = \frac{1}{\sqrt{2\pi}} e^{-\frac{x^2}{2}}$, $N'(\pm\infty) = 0 = N(-\infty)$, $N(+\infty) = 1$, $N(-x) = 1 - N(x)$.

Esercizio 58. Valori medi troncati della log-normale. Per una variabile X log-normale, per cui $\ln(X) \sim N(m, s^2)$, con densità log-normale:

$$f(x) = \frac{1}{x\sqrt{2\pi s^2}} e^{-\frac{(\ln(x)-m)^2}{2s^2}}$$

si calcolino gli integrali:

$$\int_A^B x^\alpha f(x) dx, \quad \int_A^B f(x) dx$$

e i valori medi $E(X^\alpha)$, $E(max(0, X^\alpha - K))$, $E(max(0, K - X^\alpha))$.

Soluzione:

$$\int_A^B x^\alpha f(x) dx$$

$$= e^{\alpha m + \alpha^2 s^2 / 2} \left[N\left(\frac{\ln(B) - (m + \alpha s^2)}{s} \right) - N\left(\frac{\ln(A) - (m + \alpha s^2)}{s} \right) \right]$$

$$\int_A^B f(x) dx = N\left(\frac{\ln(B) - m}{s} \right) - N\left(\frac{\ln(A) - m}{s} \right)$$

$$E(X^\alpha) = e^{\alpha m + \alpha^2 s^2 / 2}$$

$$E(max(0, X^\alpha - K)) = \int_{K^{1/\alpha}}^{+\infty} (x^\alpha - K) f(x)dx = E(X^\alpha)N(d_{\alpha 1}) - KN(d_{\alpha 2})$$

$$E(max(0, K - X^\alpha)) = \int_{0}^{K^{1/\alpha}} (K - x^\alpha) f(x)dx = KN(-d_{\alpha 2}) - E(X^\alpha)N(-d_{\alpha 1})$$

$$d_{\alpha 1} = \frac{\ln(\frac{E(X^\alpha)}{K}) + \alpha^2 \frac{s^2}{2}}{\alpha s}$$

$$d_{\alpha 2} = \frac{\ln(\frac{E(X^\alpha)}{K}) - \alpha^2 \frac{s^2}{2}}{\alpha s} = d_{\alpha 1} - \alpha s$$

In particolare:

$$E(max(0, X - K)) = e^{m+s^2/2} N\left(\frac{m - \ln(K) + s^2}{s}\right) - KN\left(\frac{m - \ln(K)}{s}\right)$$

$$E(max(0, K - X)) = KN\left(\frac{\ln(K) - m}{s}\right) - e^{m+s^2/2} N\left(\frac{\ln(K) - m - s^2}{s}\right)$$

Esempio 50. BM generalizzato. Un BM (non standard) generalizzato ha coefficienti deterministici o time-dependent, funzione (solo) del tempo. È facile mostrare che continua ad essere un processo normale. Risolviamo la SDE:

$$dX_t = \mu(t)dt + \sigma(t)dZ_t$$

Integrando:

$$\int_t^s dX_v = X_s - X_t = \int_t^s \mu(v)dv + \int_t^s \sigma(v)dZ_v$$

per cui:

$$X_s \mid X_t \sim N\left(\int_t^s \mu(v)dv, \int_t^s \sigma^2(v)dv\right)$$

Analogamente, un BM geometrico generalizzato è log-normale se i coefficienti sono deterministici.

Esempio 51. Processo di OU generalizzato. Si consideri il processo di tipo OU a parametri time-dependent:

$$dX_t = (a(t) + b(t)X_t)dt + \sigma(t)dZ_t$$

La soluzione, dato X_t, è (Arnold, 1974 p. 129 e Nielsen, 1999 par. 3.4):

$$X_s = H(s)H^{-1}(t)X_t + H(s)\int_t^s H^{-1}(v)a(v)dv + H(s)\int_t^s H^{-1}(v)\sigma(v)dZ(v)$$

$$H(s) \equiv e^{\int_0^s b(v)dv}$$

per cui:

$$X_s \mid X_t \sim N(H(s)H^{-1}(t)X_t + H(s)\int_t^s H^{-1}(v)a(v)dv,$$

$$, H^2(s)\int_t^s H^{-2}(v)\sigma^2(v)dv)$$

Inoltre, per $t \le s \le u$ si ha:

$$Cov(X_s, X_u \mid X_t) = H(s)H(u)\int_t^s H^{-2}(v)\sigma^2(v)dv$$

La distribuzione non condizionata è, per $X_0 \sim N(E(X_0), Var(X_0))$:

$$X_s \sim N(H(s)E(X_0) + H(s)\int_0^s H^{-1}(v)a(v)dv,$$

$$, H^2(s)\left[Var(X_0) + \int_0^s H^{-2}(v)\sigma^2(v)dv\right]$$

$$Cov(X_s, X_u) = H(s)H(u)\left[Var(X_0) + \int_0^s H^{-2}(v)\sigma^2(v)dv\right]$$

Esercizio 59. Date le SDE:

$$dS_t = \mu_S S_t dt + \sigma_S S_t dZ_t$$
$$dB_t = rB_t dt$$

si calcoli la SDE per $\frac{S_t}{B_t}$ e quella per $\frac{B_t}{S_t}$. Si mostri che per $\mu_S = r$ il rapporto $\frac{S_t}{B_t}$ è una martingala.

$$d\left(\frac{S_t}{B_t}\right) = \left(\frac{S_t}{B_t}\right)\frac{dS_t}{S_t} - \left(\frac{S_t}{B_t}\right)\frac{dB_t}{B_t}$$

$$= \left(\frac{S_t}{B_t}\right)\sigma_S\left[\frac{(\mu_S - r)}{\sigma_S}dt + dZ_t\right]$$

$$d\left(\frac{B_t}{S_t}\right) = \left(\frac{B_t}{S_t}\right)\frac{dB_t}{B_t} - \left(\frac{B_t}{S_t}\right)\frac{dS_t}{S_t} + \left(\frac{B_t}{S_t}\right)\left(\frac{dS_t}{S_t}\right)^2$$

$$= \left(\frac{B_t}{S_t}\right)\sigma_S\left[\frac{(r - \mu_S + \sigma_S^2)}{\sigma_S}dt - dZ_t\right]$$

Esercizio 60. (Doléans Dade, 1970) Si ricavi la soluzione della SDE:

$$dX_t = X_t g(t)dZ_t$$
$$X_0 = 1$$

che in forma integrale è:

$$X_t = 1 + \int_0^t X_s g(s)dZ_s$$

con $E_u(X_t) = 1$ per ogni $u < t$ e per ogni processo $g(t)$ non anticipativo di classe M^2, non esplosivo e Lipschitz-continuo.

Soluzione:
Calcoliamo la SDE per $ln(X_t)$:

$$d\ln(X_t) = \frac{1}{X_t}dX_t - \frac{1}{2}\frac{1}{X_t^2}(dX_t)^2$$

$$= -\frac{1}{2}g^2(t)dt + g(t)dZ_t$$

da cui, integrando e facendo l'esponenziale si ricava la soluzione cercata:

$$X_t = e^{-\frac{1}{2}\int_0^t g^2(s)ds + \int_0^t g(s)dZ_s}$$

Si noti che X_t è una martingala con valore iniziale 1 e dunque ha media 1:

$$E(X_t) = E\left(e^{-\frac{1}{2}\int_0^t g^2(s)ds + \int_0^t g(s)dZ_s}\right) = 1$$

Dalla proprietà di martingala:

$$E_t(\frac{X_T}{X_t}) = E_t\left(e^{-\frac{1}{2}\int_t^T g^2(s)ds + \int_t^T g(s)dZ_s}\right) = 1$$

Per $g(t) = 1$ si ha:

$$dX_t = X_t dZ_t$$
$$X_0 = 1$$
$$X_t = e^{-\frac{1}{2}t + Z_t}$$

Nel calcolo ordinario $dX = XdZ$ ha invece soluzione $X = e^Z$.

Teorema 29. *di integrazione per parti.*

$$\int_t^s f(v)g'(v)dv = f(s)g(s) - f(t)g(t) - \int_t^s f'(v)g(v)dv$$

$$\int_t^s X_v dv = X_s s - X_t t - \int_t^s v\, dX_v$$

Ad esempio:

$$\int_0^t Z_v dv = Z_t t - \int_0^t v\, dZ_v$$

Teorema 30. *di Fubini sull'ordine di integrazione deterministica e stocastica.*

$$\int_0^t \int_0^s g(s,u)du\,ds = \int_0^t \left(\int_0^s g(s,u)du\right)ds$$

$$= \int_0^t \left(\int_u^t g(s,u)ds\right)du = \int_0^t \int_u^t g(s,u)ds\,du$$

$$\int_0^t \int_0^s g(s,u)dZ_u ds = \int_0^t \left(\int_0^s g(s,u)dZ_u \right) ds$$

$$= \int_0^t \left(\int_u^t g(s,u)ds \right) dZ_u = \int_0^t \int_u^t g(s,u)ds\, dZ_u$$

$$\int_0^t \int_0^s g(s,u)dZ_u dZ_s = \int_0^t \left(\int_0^s g(s,u)dZ_u \right) dZ_s$$

$$= \int_0^t \left(\int_u^t g(s,u)dZ_s \right) dZ_u = \int_0^t \int_u^t g(s,u)dZ_s\, dZ_u$$

Ad esempio:

$$\int_0^t Z_s ds = \int_0^t \int_0^s dZ_u ds = \int_0^t \int_u^t ds\, dZ_u = \int_0^t (t-u)dZ_u$$

$$\int_s^T \int_s^u a(v)dvdu = \int_s^T a(v) \int_v^T dudv = \int_s^T a(v)(T-v)dv$$

Cfr. Heath, Jarrow e Morton (1992), Musiela e Rutkowski (2005, p. 391).

A.7 La soluzione di una PDE come valor medio

Teorema 31. *di Feynman (1948)-Kac (1951) di soluzione di una PDE. L'equazione alle derivate parziali lineare parabolica (PDE) della funzione $V(X_t, t)$:*

$$\frac{1}{2}\frac{\partial^2 V}{\partial x^2}g^2(X_t,t) + \frac{\partial V}{\partial x}a(X_t,t) + \frac{\partial V}{\partial t} - R(X_t,t)V + D(X_t,t) = 0 \quad (A.6)$$

$$V(X_T, T) = \Psi(T)$$

ove X_t è un p.s. descritto dalla SDE:

$$dX_t = a(X_t,t)dt + g(X_t,t)dZ_t$$

ha soluzione rappresentata dal valor medio:

$$V(X_t,t) = E_t \left(\Psi(T)e^{-\int_t^T R(X_s,s)ds} + \int_t^T D(X_s,s)e^{-\int_t^s R(X_u,u)du}ds \right) \quad (A.7)$$

Viceversa, la soluzione (A.7) soddisfa il problema PDE (A.6).

Osservazione 108. Per $D(X_t,t) = 0$ si ha la semplificazione:

$$V(X_t,t) = E_t \left(e^{-\left(\int_t^T R(X_s,s)ds - \ln \Psi(T)\right)} \right) = \int_{-\infty}^{+\infty} e^{-Y}f(Y)dY = \mathscr{L}\left[f(Y) \right] (1)$$

essendo $Y \equiv \int_t^T R(X_s, s)ds - \ln \Psi(T)$, $f(Y)$ la sua densità di probabilità e $\mathscr{L}[f(Y)](\nu) \equiv \int_{-\infty}^{+\infty} e^{-\nu Y} f(Y)dY$ la trasformata di Laplace (1749–1827) di $f(Y)$: v. Minenna (2006) cap. 9. Vale il viceversa, per cui la trasformata di Laplace $\mathscr{L}[f(Y)](\nu)$ soddisfa il problema PDE:

$$\frac{1}{2}\frac{\partial^2 \mathscr{L}}{\partial x^2} g^2(X_t, t) + \frac{\partial \mathscr{L}}{\partial x} a(X_t, t) + \frac{\partial \mathscr{L}}{\partial t} - \nu R(X_t, t)\mathscr{L} = 0$$

$$\mathscr{L}[X_T, T](\nu) = \Psi(T)^{\nu}$$

A.8 Probabilità equivalenti e teorema di Girsanov

Due misure di probabilità, $\wp$ e $\aleph$, sullo stesso spazio misurabile $(\Omega, \Im)$ si dicono equivalenti se, per ogni $A \in \Im$:

$$\wp(A) = 0 \Leftrightarrow \aleph(A) = 0$$

vale a dire se condividono gli stessi eventi a probabilità nulla e a probabilità positiva. Vale il teorema di Radon-Nikodym.

Teorema 32. *di Radon-Nikodym sulla derivata di probabilità equivalenti*

a) Se $\wp$ e $\aleph$ sono equivalenti, esiste una v.a. non negativa $\Lambda(\omega) \equiv \frac{d\aleph}{d\wp}(\omega)$ tale che, per ogni $A \in \Im$:

$$\aleph(A) = \int_A \frac{d\aleph}{d\wp}(\omega)d\wp(\omega)$$

Tale v.a. si dice derivata di Radon-Nikodym di $\aleph$ rispetto a $\wp$.

Il suo valor medio in $\wp$ è unitario:

$$E(\frac{d\aleph}{d\wp}) = \int_\Omega \frac{d\aleph}{d\wp}(\omega)d\wp(\omega) = \aleph(\Omega) = E^{\aleph}(1) = 1$$

Si noti che $\Lambda^{-1} \equiv \frac{d\wp}{d\aleph}$.

b) In generale vale:

$$E^{\aleph}(X) = E(X \cdot \frac{d\aleph}{d\wp})$$

c) Ponendo:

$$\Lambda_t \equiv E(\Lambda \mid \Im_t) = E_t(\Lambda)$$

si ha che Λ_t è una martingala:

$$E(\Lambda_s \mid \Im_t) = E(E(\Lambda \mid \Im_s) \mid \Im_t) = E(\Lambda \mid \Im_t) = \Lambda_t$$

e dal teorema delle probabilità condizionate:

$$\frac{d\aleph}{d\wp}_{/t} = \frac{\Lambda}{\Lambda_t}$$

e quindi:

$$E(\frac{d\aleph}{d\wp}_{/t} \mid \Im_t) = 1$$

per cui $\frac{d\aleph}{d\wp}_{/t}$ *è una* $\wp$-*martingala a media condizionata unitaria.*

d) In generale X_t *è una* $\aleph$-*martingala se e solo se* $X_t\Lambda_t$ *una* $\wp$-*martingala.*

$$E^\aleph(X_s \mid \Im_t) = E(X_s\frac{d\aleph}{d\wp}_{/t} \mid \Im_t) = E(X_s\frac{\Lambda}{\Lambda_t} \mid \Im_t)$$

$$= E(X_sE(\frac{\Lambda}{\Lambda_t} \mid \Im_s) \mid \Im_t) = E(X_s\frac{\Lambda_s}{\Lambda_t} \mid \Im_t)$$

Corollario 5. *Se* $C(t)$ *e* $D(t)$ *sono* $\wp$-*martingale a valori positivi il rapporto* $\frac{C(t)}{D(t)}$ *è una* $\wp^D$-*martingala essendo* $\wp^D$ *la misura definita dalla derivata di Radon-Nikodym* $\Lambda = \frac{D(T)}{D(0)}$, *i.e.*

$$\wp^D(A) = \int_A \frac{D(T)}{D(0)}d\wp$$

Esempio 52. La v.a. definita da:

$$\frac{d\wp^*}{d\hat\wp}_{/t} \equiv \frac{\Lambda_T}{\Lambda_t} = \frac{e^{-\int_t^T r(u)du}}{\hat E_t\left(e^{-\int_t^T r(u)du}\right)}$$

è una $\hat\wp$-martingala a media condizionata unitaria e rappresenta la derivata di Radon-Nikodym di una nuova misura $\wp^*$ rispetto alla data misura $\hat\wp$ e si ha:

$$\hat E_t(X(T)e^{-\int_t^T r(u)du}) = \hat E_t\left(e^{-\int_t^T r(u)du}\right) \hat E_t\left(X(T)\frac{e^{-\int_t^T r(u)du}}{\hat E_t\left(e^{-\int_t^T r(u)du}\right)}\right)$$

$$= \hat E_t\left(e^{-\int_t^T r(u)du}\right) E_t^{\wp^*}(X(T)) = P(t,T)E_t^{\wp^*}(X(T))$$

Equivalentemente, essendo:

$$P(t,T) = \hat E_t\left(e^{-\int_t^T r(u)du}\right)$$

il prezzo di un titolo che non paga dividendi si ha:

$$V_t(X(T)) = P(t,T)E_t^{P(t,T)}(\frac{X(T)}{P(T,T)}) = P(t,T)E_t^{P(t,T)}(X(T))$$

Il teorema di Girsanov (noto anche come formula di Cameron-Martin) consente di trasformare SDE e processi definiti in uno spazio di probabilità in SDE e processi diversi, definiti in spazi di probabilità equivalenti, che danno luogo agli stessi sentieri campionari.

Teorema 33. di Girsanov (1960) o di Cameron-Martin (1944) o del cambiamento di drift. *Dato il set-up $(\Omega, \Im, (\Im_t^Z), \wp)$, se φ_t è un processo non anticipativo che soddisfa la condizione di Novikov $E\left(e^{\frac{1}{2}\int_0^T |\varphi_s|^2 ds}\right) < \infty$ allora si ha che:*

a) il processo M_t definito da:

$$M_t \equiv e^{-\frac{1}{2}\int_0^t |\varphi_s|^2 ds - \int_0^t \varphi_s\, dZ_s} \tag{A.8}$$

è una martingala a media unitaria, $E(M_T) = 1$;

b) la misura $\hat{\wp}$, definita dalla derivata di Radon-Nikodym $\frac{d\hat{\wp}}{d\wp} \equiv M_t$, è equivalente a $\wp$;

c) il processo $\hat{Z}_t$ definito da:

$$\hat{Z}_t \equiv Z_t + \int_0^t \varphi_s ds$$

ovvero dalla SDE:

$$d\hat{Z}_t \equiv dZ_t + \varphi_t dt \tag{A.9}$$

è un BM rispetto alla misura $\hat{\wp}$.

Viceversa, se $\hat{\wp}$ è una misura equivalente a $\wp$, la derivata di Radon-Nikodym definisce una martingala $M_t \equiv \frac{d\hat{\wp}}{d\wp}$ a media unitaria rappresentabile come in (A.8) mediante un processo non anticipativo φ_t che rappresenta il drift del $\hat{\wp}$-BM $\hat{Z}_t$ rispetto alla misura $\wp$ come rappresentato in (A.9).

Corollario 6. *Dato il set-up $(\Omega, \Im, (\Im_t^Z), \wp)$, il processo diffusivo X_t soluzione della SDE:*

$$dX_t = a(X_t, t)dt + g(X_t, t)dZ_t$$

può essere rappresentato come soluzione della SDE:

$$dX_t = \left(a(X_t, t) - g(X_t, t)b(X_t, t)\right)dt + g(X_t, t)d\hat{Z}_t$$

sul nuovo set-up $(\Omega, \Im, (\Im_t^{\hat{Z}}), \hat{\wp})$, in cui $\hat{Z}_t$ è un BM, mentre nel vecchio set-up era un processo diffusivo:

$$d\hat{Z}_t \equiv b(X_t, t)dt + dZ_t$$

e $\hat{\wp}$ è la nuova misura di probabilità, equivalente alla precedente e definita dalla derivata di Radon-Nikodym:

$$\frac{d\hat{\wp}}{d\wp}(X_t, t) = e^{-\frac{1}{2}\int_0^t |b(X,s)|^2 ds - \int_0^t b(X,s)dZ_s}$$

essendo $b(X_t, t)$ un p.s. non anticipativo che soddisfa la condizione di Novikov. In particolare, per $b(X_t, t) = \frac{a(X_t,t)}{g(X_t,t)}$ la diffusione X_t è una martingala rispetto al nuovo set-up e quindi:

$$\hat{E}(X_s \mid \Im_t) = X_t$$

Osservazione 109. Definendo $\hat{a}(X_t, t) \equiv a(X_t, t) - g(X_t, t)b(X_t, t)$ si ha che le seguenti SDE:

$$dX_t = a(X_t, t)dt + g(X_t, t)dZ_t$$
$$d\hat{X}_t = \hat{a}(\hat{X}_t, t)dt + g(\hat{X}_t, t)dZ_t$$

definiscono due processi diversi, con diversi drift ed eguali BM (stesso spazio), $X(a, Z) \neq \hat{X}(\hat{a}, Z)$. Viceversa, i due processi:

$$dX_t = a(X_t, t)dt + g(X_t, t)dZ_t$$
$$dX_t = \hat{a}(X_t, t)dt + g(X_t, t)d\hat{Z}_t$$

via teorema di Girsanov, pur avendo diversi drift e diversi BM, rappresentano lo stesso processo (nel senso delle traiettorie e delle distribuzioni) su due spazi diversi, $X(a, Z) = X(\hat{a}, \hat{Z})$. Infine i due processi:

$$d\hat{X}_t = \hat{a}(\hat{X}_t, t)dt + g(\hat{X}_t, t)dZ_t$$
$$dX_t = \hat{a}(X_t, t)dt + g(X_t, t)d\hat{Z}_t$$

sono diversi in quanto hanno lo stesso drift ma diversi BM (spazi diversi), $\hat{X}(\hat{a}, Z) \neq X(\hat{a}, \hat{Z})$.

Osservazione 110. Si noti che il teorema di Girsanov, oltre alle applicazioni nel pricing dei derivati, è utile anche nella stima dei parametri di drift, ϑ, delle SDE:

$$dX_t = a(X_t, t; \vartheta)dt + g(X_t, t)dZ_t$$

Si tratta infatti di considerare il vero valore ϑ_0 nella dinamica del vero processo:

$$dY_t = a(Y_t, t; \vartheta_0)dt + g(Y_t, t)dZ_t$$

e di calcolare lo stimatore di massima verosimiglianza (MLE), $\hat{\vartheta}$, che massimizza il rapporto di verosimiglianza:

$$\hat{\vartheta} = \arg\max_{\vartheta} \frac{dP_\vartheta}{dP_{\vartheta_0}}$$

ove P_ϑ e P_{ϑ_0} sono misure equivalenti, indotte rispettivamente da X_t e da Y_t sullo spazio misurabile delle funzioni continue, (C_T, B_T) mentre il rapporto di verosimiglianza (e lo score vector) è una martingala rispetto a entrambe le misure. Per approfondimenti e rinvii alla letteratura si veda Cesari (1989), Cesari (1992a, parte II), Bianchi, Cesari e Panattoni (1994).

Teorema 34. del cambiamento del tempo. *Ogni processo diffusivo rispetto alla filtrazione ($\Im_t$, $0 \leq t \leq T$) è un BM con un cambiamento del tempo (o della filtrazione).*

In particolare, sia:

$$dX_t = g(t)dZ_t$$

$$\tau(t) \equiv \int_0^t g^2(s)ds$$

Allora $X_t = Z_{\tau(t)}$ dove Z_v è un BM rispetto alla filtrazione $\mathcal{L}_v = \Im_{\tau^{-1}(v)}$, $0 \leq v \leq \tau(T)$. Cfr. Nielsen (1999, p. 94).

A.9 Processi stocastici multidimensionali

I risultati precedenti si possono estendere al caso multivariato, sebbene con alcune complicazioni: infatti, come notato da Breiman (1968, p. 390), "la proprietà essenziale del caso unidimensionale che non si generalizza è che se un processo a traiettorie continue va da x a y allora deve passare attraverso tutti i punti tra x e y". Ciò non vale per un processo multivariato, rappresentato dal vettore colonna Nx1, $\mathbf{X}(t) = (X_1(t), X_2(t), ..., X_N(t))'$ in cui $X_i(t)$ sono processi stocastici univariati. Di qui l'immagine di Kakutani: "un uomo ubriaco trova sempre la sua casa, un uccello ubriaco è perso per sempre".

A.9.1 Processi diffusivi con BM indipendenti

Nel caso dei processi diffusivi si perviene alla SDE multidimensionale, vettoriale:

$$d\mathbf{X}(t) = \mathbf{A}(\mathbf{X}, t)dt + \mathbf{G}(\mathbf{X}, t)d\mathbf{Z}(t)$$

ove:

$$\mathbf{A}(\mathbf{X}, t) = \begin{bmatrix} a_1(\mathbf{X}, t) \\ a_2(\mathbf{X}, t) \\ ...... \\ a_i(\mathbf{X}, t) \\ ...... \\ a_N(\mathbf{X}, t) \end{bmatrix}$$

è un vettore $Nx1$ di drift, mentre:

$$\mathbf{G}(\mathbf{X}, t) = \begin{bmatrix} g_{11}(\mathbf{X}, t) & g_{12}(\mathbf{X}, t) & .... g_{1j}(\mathbf{X}, t) & .... & g_{1K}(\mathbf{X}, t) \\ g_{21}(\mathbf{X}, t) & g_{22}(\mathbf{X}, t) & .... g_{2j}(\mathbf{X}, t) & .... & g_{2K}(\mathbf{X}, t) \\ .... & ..... & .... & .... \\ g_{i1}(\mathbf{X}, t) & g_{i2}(\mathbf{X}, t) & .... g_{ij}(\mathbf{X}, t) & .... & g_{iK}(\mathbf{X}, t) \\ .... & ..... & .... & .... \\ g_{N1}(\mathbf{X}, t) & g_{N2}(\mathbf{X}, t) & .... g_{Nj}(\mathbf{X}, t) & .... & g_{NK}(\mathbf{X}, t) \end{bmatrix}$$

è una matrice NxK di coefficienti di diffusione, con K dimensione del vettore $\mathbf{Z}(t)$ che rappresenta un moto browniano multidimensionale standard,

$$\mathbf{Z}(t) = \begin{bmatrix} Z_1(t) \\ Z_2(t) \\ \cdots\cdots \\ Z_k(t) \\ \cdots\cdots \\ Z_K(t) \end{bmatrix} \sim N(\mathbf{0}, \mathbf{I}_K t), \mathbf{I}_K = \begin{bmatrix} 1 & 0 & \cdots & 0 \\ 0 & 1 & \cdots & 0 \\ \cdots & \cdots & \cdots & \cdots \\ 0 & 0 & \cdots & 1 \end{bmatrix}$$

essendo $\mathbf{I}_K$ la matrice identità di dimensione K.

In questo caso, i BM unidimensionali sono tra loro non correlati e quindi indipendenti:

$$dZ_i(t)dZ_j(t) = \begin{cases} 0 & i \neq j \\ dt & i = j \end{cases}$$

$$d\mathbf{Z}(t) \sim N(\mathbf{0}, \mathbf{I}_K dt)$$

La SDE multidimensionale con BM indipendenti si scrive anche, per riga:

$$dX_i(t) = a_i(\mathbf{X}, t)dt + g_i'(\mathbf{X}, t)d\mathbf{Z}(t) \qquad i = 1, ..., N$$

con $g_i'(\mathbf{X}, t) = (g_{i,1}(\mathbf{X}, t), ..., g_{i,k}(\mathbf{X}, t), ..., g_{i,K}(\mathbf{X}, t))$ vettore riga $1xK$ di $\mathbf{G}(\mathbf{X}, t)$.

A.9.2 Processi diffusivi con BM correlati

Se i BM sono correlati si ha la SDE:

$$dX_i(t) = a_i(\mathbf{X}, t)dt + \sigma_i(\mathbf{X}, t)dW_i(t) \qquad i = 1, ..., N$$
$$d\mathbf{W}(t) \sim N(\mathbf{0}, \mathbf{R}dt)$$

ove i BM W_i sono tra loro correlati:

$$dW_i(t)dW_j(t) = \rho_{ij}(t)dt$$

con $\mathbf{R} = [\rho_{ij}(t)]$ matrice delle correlazioni (simmetrica e definita positiva) e $\rho_{ij} \in]-1, 1[$ per $i \neq j$ e $\rho_{ii} = 1$ per ogni i.

In tal caso si può trasformare la SDE in modo da ottenere BM indipendenti.

Si tratta di fattorizzare la matrice $\mathbf{R}$, ad esempio con la diagonalizzazione:

$$\mathbf{R} = \mathbf{\Gamma}\mathbf{D}_\lambda\mathbf{\Gamma}' = \left(\mathbf{\Gamma}\sqrt{\mathbf{D}_\lambda}\right)\left(\mathbf{\Gamma}\sqrt{\mathbf{D}_\lambda}\right)'$$

ove Γ è la matrice ortonormale degli autovettori (ortogonali tra loro e normalizzati a 1) e $\mathbf{D}_\lambda$ è la matrice diagonale dei corrispondenti autovalori. In tal modo si ottiene:

$$dX(t) = A(X, t)dt + D_\sigma(X, t)\Gamma\sqrt{D_\lambda}dZ(t)$$

con $D_\sigma(X, t) = diag(\sigma_1(X, t), ..., \sigma_N(X, t))$ e $Z(t)$ BM N-dimensionale standard.

In alternativa, vale la scomposizione di Cholesky (1905) secondo cui ogni matrice simmetrica definita positiva R può essere fattorizzata mediante un'unica matrice triangolare inferiore L in modo che:

$$R = L \cdot L'$$

con $L = [L_{ij}]$ e:

$$L_{ii} = \left(\rho_{ii} - \sum_{k=1}^{i-1} L_{ik}^2\right)^{\frac{1}{2}}$$

$$L_{ji} = \frac{1}{L_{ii}}\left(\rho_{ij} - \sum_{k=1}^{i-1} L_{ik}L_{jk}\right) \qquad j = i+1, i+2, ..., N$$

In tal modo la SDE diventa:

$$dX_i(t) = a_i(X, t)dt + \sigma_i(X, t)LdZ(t) \qquad i = 1, ..., N$$
$$dZ(t) \sim N(0, I_K dt)$$

Esempio 53. Per $N = 2$ si ha:

$$dX_i(t) = a_i(X, t)dt + \sigma_i(X, t)dW_i(t) \qquad i = 1, 2$$
$$dW_1 dW_2 = \rho dt$$

Con la diagonalizzazione:

$$\Gamma = \begin{bmatrix} 1/\sqrt{2} & 1/\sqrt{2} \\ 1/\sqrt{2} & -1/\sqrt{2} \end{bmatrix} \qquad D_\lambda = \begin{bmatrix} 1+\rho & 0 \\ 0 & 1-\rho \end{bmatrix}$$

e quindi, trascurando le dipendenze funzionali:

$$dX_1(t) = a_1 dt + \sigma_1\left[\sqrt{\frac{1+\rho}{2}}dZ_1 + \sqrt{\frac{1-\rho}{2}}dZ_2\right]$$

$$dX_2(t) = a_2 dt + \sigma_2\left[\sqrt{\frac{1+\rho}{2}}dZ_1 - \sqrt{\frac{1-\rho}{2}}dZ_2\right]$$

ove dZ_1 e dZ_2 sono BM indipendenti.

Con la triangolarizzazione di Cholesky:

$$L = \begin{bmatrix} 1 & 0 \\ \rho & \sqrt{1-\rho^2} \end{bmatrix}$$

e quindi, per $dZ_1 \equiv dW_1$ e $dZ_1 dZ_2 = 0$:

$$dX_1(t) = a_1 dt + \sigma_1 \left[dZ_1(t) + 0 \cdot dZ_2(t) \right]$$
$$dX_2(t) = a_2 dt + \sigma_2 \left[\rho dZ_1(t) + \sqrt{1 - \rho^2} dZ_2(t) \right]$$

Si noti che $\rho Z_1(t) + \sqrt{1 - \rho^2} Z_2(t)$ è un BM per il teorema di caratterizzazione di Lévy.

Lemma 3. di Itô (1951)-Doeblin (1940) multidimensionale. *Nelle ipotesi del teorema di Itô, se* $\mathbf{X}(t)$ *è un processo diffusivo N-dimensionale, soluzione di:*

$$dX_i(t) = a_i(\mathbf{X}, t)dt + g_i'(\mathbf{X}, t)d\mathbf{Z}(t) \qquad i = 1, ..., N$$

e se $f(x_1, x_2, ..., x_N, t)$ *è una funzione continua con derivate parziali* $\frac{\partial f}{\partial t}$, $\frac{\partial f}{\partial x_i}$, $\frac{\partial^2 f}{\partial x_i^2}$, $\frac{\partial^2 f}{\partial x_i \partial x_j}$ *continue, allora il p.s.* $Y_t = f(\mathbf{X}, t)$ *è un processo diffusivo unidimensionale, soluzione della SDE:*

$$df(\mathbf{X}, t) = \frac{\partial f}{\partial t}dt + \sum_{i=1}^{N} \frac{\partial f}{\partial x_i}dX_i(t) + \frac{1}{2}\sum_{i=1}^{N}\sum_{j=1}^{N} \frac{\partial^2 f}{\partial x_i \partial x_j}dX_i(t)dX_j(t)$$

$$= \left(\frac{\partial f}{\partial t} + \sum_{i=1}^{N} \frac{\partial f}{\partial x_i}a_i(\mathbf{X}, t) + \frac{1}{2}\sum_{i=1}^{N}\sum_{j=1}^{N} \frac{\partial^2 f}{\partial x_i \partial x_j}g_i'(\mathbf{X}, t)g_j(\mathbf{X}, t) \right) dt +$$

$$+ \left(\sum_{i=1}^{N} \frac{\partial f}{\partial x_i}g_i'(\mathbf{X}, t) \right) d\mathbf{Z}(t)$$

Esercizio 61. Siano $X_1(t)$, $X_2(t)$ due processi con dinamica (a coefficienti stocastici):

$$dX_1 = \mu_1 X_1 dt + \sigma_1 X_1 dW_1$$
$$dX_2 = \mu_2 X_2 dt + \sigma_2 X_2 dW_2$$
$$dW_1 dW_2 = \rho_{12} dt$$

Calcoliamo la dinamica di $Y(t) = \frac{X_1(t)}{X_2(t)}$.

Svolgimento.

$$dY(t) = \frac{\partial Y}{\partial X_1}dX_1 + \frac{\partial Y}{\partial X_2}dX_2 + \frac{1}{2}\frac{\partial^2 Y}{\partial X_1^2}(dX_1)^2 + \frac{1}{2}\frac{\partial^2 Y}{\partial X_2^2}(dX_2)^2 + \frac{\partial^2 Y}{\partial X_1 \partial X_2}dX_1 dX_2$$

$$= \frac{1}{X_2}dX_1 - \frac{X_1}{X_2^2}dX_2 + \frac{1}{2}\frac{X_1 2X_2}{X_2^4}(dX_2)^2 - \frac{1}{X_2^2}dX_1 dX_2$$

$$= Y\frac{dX_1}{X_1} - Y\frac{dX_2}{X_2} + Y\left(\frac{dX_2}{X_2}\right)^2 - Y\frac{dX_1}{X_1}\frac{dX_2}{X_2}$$

$$= Y(\mu_1 - \mu_2 + \sigma_2^2 - \sigma_1\sigma_2\rho_{12})dt + Y\sigma_1 dW_1 - Y\sigma_2 dW_2$$

Esempio 54. Si supponga che $X_1(t)$, $X_2(t)$ siano due processi lognormali con BM correlati:

$$dX_1 = \mu_1 X_1 dt + \sigma_1 X_1 dW_1$$
$$dX_2 = \mu_2 X_2 dt + \sigma_2 X_2 dW_2$$
$$dW_1 dW_2 = \rho_{12} dt$$

Allora anche $Y(t) = X_1(t)X_2(t)$ è log-normale con dinamica:

$$
\begin{aligned}
dY &= X_2 dX_1 + X_1 dX_2 + dX_1 dX_2 \\
&= Y\left(\mu_1 + \mu_2 + \rho_{12}\sigma_1\sigma_2\right) dt + Y\left(\sigma_1 dW_1 + \sigma_2 dW_2\right) \\
&\equiv Y\left(\mu_1 + \mu_2 + \rho_{12}\sigma_1\sigma_2\right) dt + Y\sqrt{\sigma_1^2 + \sigma_2^2 + 2\rho_{12}\sigma_1\sigma_2}\, dW
\end{aligned}
$$

$$dW\, dW_1 = \frac{\sigma_1 + \rho_{12}\sigma_2}{\sqrt{\sigma_1^2 + \sigma_2^2 + 2\rho_{12}\sigma_1\sigma_2}} dt$$

$$dW\, dW_2 = \frac{\sigma_2 + \rho_{12}\sigma_1}{\sqrt{\sigma_1^2 + \sigma_2^2 + 2\rho_{12}\sigma_1\sigma_2}} dt$$

ove, dal teorema di Lévy, W è un BM standard in modo che σW ha la stessa distribuzione di probabilità di $\sigma_1 W_1 + \sigma_2 W_2$ vale a dire $\sigma dW \overset{D}{=} \sigma_1 dW_1 + \sigma_2 dW_2$ da cui $\sigma^2 = \sigma_1^2 + \sigma_2^2 + 2\rho_{12}\sigma_1\sigma_2$.

In particolare, il valore medio di Y^α si calcola come:

$$E_{t_0}(Y^\alpha(t)) = Y^\alpha(t_0)e^{\alpha(\mu_1+\mu_2-\frac{1}{2}(\sigma_1^2+\sigma_2^2))(t-t_0)+\alpha^2\left(\sigma_1^2+\sigma_2^2+2\rho_{12}\sigma_1\sigma_2\right)(t-t_0)/2}$$

Teorema 35. di Feynman (1948)-Kac (1951) multidimensionale. *L'equazione alle derivate parziali lineare parabolica (PDE) della funzione $V(X_t, t)$:*

$$\frac{1}{2}\sum_i^N \sum_j^N \frac{\partial^2 V}{\partial x_i \partial x_j}\sigma_i(\mathbf{X},t)\sigma_j(\mathbf{X},t)\rho_{ij}(t) + \sum_i^N \frac{\partial V}{\partial x_i}a_i(\mathbf{X},t) + \qquad \text{(A.10)}$$

$$+\frac{\partial V}{\partial t} - R(\mathbf{X},t)V + D(\mathbf{X},t) = 0$$

$$V(\mathbf{X},T) = \Psi(T)$$

ove $\mathbf{X}(t)$ è un p.s. N-dimensionale descritto dal sistema di SDE:

$$dX_i(t) = a_i(\mathbf{X},t)dt + \sigma_i(\mathbf{X},t)dW_i(t) \qquad i = 1,...,N$$
$$dW_i(t)dW_j(t) = \rho_{ij}(t)dt$$

ha soluzione rappresentata dal valor medio:

$$V(\mathbf{X},t) = E_t\left(\Psi(T)e^{-\int_t^T R(\mathbf{X},s)ds} + \int_t^T D(\mathbf{X},s)e^{-\int_t^s R(\mathbf{X},u)du}ds\right) \quad \text{(A.11)}$$

Vale anche il viceversa per cui la soluzione (A.11) soddisfa il problema PDE (A.10).

Teorema 36. *di Girsanov multidimensionale. Dato il set-up $(\Omega, \Im,$ $(\Im_t^{\mathbf{Z}}), \wp)$, se $\varphi(t) = (\varphi_1(t), ..., \varphi_N(t))$ è un processo non anticipativo che soddisfa la condizione di Novikov $E\left(e^{\frac{1}{2}\int_0^T |\varphi(s)|^2 ds}\right) < \infty$ ove $|\varphi(s)|$ è la norma euclidea:*

$$|\varphi(s)| = \left(\sum_{i=1}^N \varphi_i(s)^2\right)^{1/2}$$

allora si ha che:

a) il processo $M(t)$ definito da:

$$M(t) \equiv e^{-\frac{1}{2}\int_0^t |\varphi(s)|^2 ds - \int_0^t \varphi(\mathbf{s})d\mathbf{Z}(s)}$$

è una martingala a media unitaria, $E(M(T)) = 1$;

b) la misura $\hat{\wp}$, definita dalla derivata di Radon-Nikodym $\frac{d\hat{\wp}}{d\wp} \equiv M(t)$, è equivalente a $\wp$;

c) il processo $\hat{\mathbf{Z}}(t)$ definito da:

$$\hat{\mathbf{Z}}(t) \equiv \mathbf{Z}(t) + \int_0^t \varphi(s)ds$$

ovvero dalla SDE multidimensionale:

$$d\hat{\mathbf{Z}}(t) \equiv d\mathbf{Z}(t) + \varphi(t)dt$$

è un BM standard N-dimensionale rispetto alla misura $\hat{\wp}$.

Viceversa, se $\hat{\wp}$ è una misura equivalente a $\wp$, la derivata di Radon-Nikodym definisce una martingala $M(t) \equiv \frac{d\hat{\wp}}{d\wp}$ a media unitaria rappresentabile mediante un processo non anticipativo $\varphi(t)$ che rappresenta il drift del $\hat{\wp}$-BM $\hat{\mathbf{Z}}(t)$ rispetto alla misura $\wp$.

Da notare che i BM componenti $\hat{\mathbf{Z}}$ sono indipendenti rispetto a $\hat{\wp}$ anche quando non lo sono rispetto a $\wp$ per via di un processo φ stocastico.

A.10 La formula stocastica di Taylor e la discretizzazione di una SDE

Poiché i processi a tempo continuo sono un'astrazione, per quanto utile, essendo la realtà fenomenica osservabile intrinsecamente discreta, si pone il problema di trasformare le relazioni a tempo continuo in relazioni, equivalenti o solo approssimate, a tempo discreto.

Sia $X(t)$ un p.s. diffusivo con SDE e SIE:

$$dX(t) = a(X,t)dt + \sigma(X,t)dW(t) \tag{A.12}$$

$$X(t) = X(t_0) + \int_{t_0}^t a(X(s),s)ds + \int_{t_0}^t \sigma(X(s),s)dW(s)$$

Se $f(X, t)$ è una funzione reale con derivate parziali continue, dal Lemma di Itô si ha, usando il pedice per le derivate parziali e trascurando gli argomenti delle funzioni:

$$f(X(t), t) = f(X(t_0), t_0) + \int_{t_0}^{t} \left[f_t + f_x a + \frac{1}{2} f_{xx} \sigma^2 \right] du + \int_{t_0}^{t} f_x \sigma dW(u)$$

Per $f(x) = x$ si ottiene (A.12); per $f(x, s) = a(x, s)$ e $f(x, s) = \sigma(x, s)$ si ottiene:

$$a(X(s), s) = a(X(t_0), t_0) + \int_{t_0}^{s} \left[a_t + a_x a + \frac{1}{2} a_{xx} \sigma^2 \right] du + \int_{t_0}^{s} a_x \sigma dW(u)$$

$$\sigma(X(s), s) = \sigma(X(t_0), t_0) + \int_{t_0}^{s} \left[\sigma_t + \sigma_x a + \frac{1}{2} \sigma_{xx} \sigma^2 \right] ds + \int_{t_0}^{s} \sigma_x \sigma dW(u)$$

che sostituiti nella SIE (A.12) danno la formula di Taylor stocastica (Kloeden e Platen, 1992, cap. 5, Kloeden, Platen e Schurz, 1994, cap. 2, Glasserman, 2004, cap. 6):

$$X(t) = X(t_0) + a(t_0) \int_{t_0}^{t} ds +$$

$$+ \int_{t_0}^{t} \int_{t_0}^{s} \left[a_t(u) + a_x(u)a(u) + \frac{1}{2} a_{xx}(u)\sigma^2(u) \right] du\, ds +$$

$$+ \int_{t_0}^{t} \int_{t_0}^{s} a_x(u)\sigma(u)dW(u)ds + \sigma(t_0) \int_{t_0}^{t} dW(s) +$$

$$+ \int_{t_0}^{t} \int_{t_0}^{s} \left[\sigma_t(u) + \sigma_x(u)a(u) + \frac{1}{2} \sigma_{xx}(u)\sigma^2(u) \right] du\, dW(s) +$$

$$+ \int_{t_0}^{t} \int_{t_0}^{s} \sigma_x(u)\sigma(u)dW(u)dW(s)$$

Raccogliendo gli integrali doppi in un resto R_1 e trascurandolo si ha l'**approssimazione di Euler**:

$$X(t) \simeq X(t_0) + a(X(t_0), t_0)(t - t_0) + \sigma(X(t_0), t_0)(W(t) - W(t_0))$$
$$\equiv X(t_0) + Euler$$

ove il termine stocastico di Euler è $u(t) \sim N(0, t - t_0)$.

Viceversa, sostituendo negli integrali doppi le corrispondenti formule di Taylor e raccogliendo in R_2 gli integrali tripli si ha:

$$X(t) = X(t_0) + a(t_0) \int_{t_0}^{t} ds + +\sigma(t_0) \int_{t_0}^{t} dW(s) + \tag{A.13}$$

$$+\sigma_x(t_0)\sigma(t_0) \int_{t_0}^{t} \int_{t_0}^{s} dW(u)dW(s) +$$

$$+ \left[a_t(t_0) + a_x(t_0)a(t_0) + \frac{1}{2}a_{xx}(t_0)\sigma^2(t_0) \right] \int_{t_0}^{t} \int_{t_0}^{s} du \, ds +$$

$$+a_x(t_0)\sigma(t_0) \int_{t_0}^{t} \int_{t_0}^{s} dW(u)ds +$$

$$+ \left[\sigma_t(t_0) + \sigma_x(t_0)a(t_0) + \frac{1}{2}\sigma_{xx}(t_0)\sigma^2(t_0) \right] \int_{t_0}^{t} \int_{t_0}^{s} du \, dW(s) + R_2$$

Ma vale, usando il Lemma di Itô per $W^2(t)$ e per $tW(t)$:

$$\int_{t_0}^{t} \int_{t_0}^{s} du \, ds = \frac{1}{2}(t - t_0)^2$$

$$\int_{t_0}^{t} \int_{t_0}^{s} dW(u)dW(s) = \int_{t_0}^{t} (W(s) - W(t_0)dW(s)$$

$$= \frac{W(t)^2 - W(t_0)^2 - (t - t_0)}{2} - W(t_0)(W(t) - W(t_0))$$

$$= \frac{(W(t) - W(t_0))^2 - (t - t_0)}{2}$$

$$\int_{t_0}^{t} \int_{t_0}^{s} dW(u)ds = (t - t_0)(W(t) - W(t_0)) - \int_{t_0}^{t} \int_{t_0}^{s} du \, dW(s)$$

Si ricava così, da (A.13), considerandone solo le prime due righe, l'**approssimazione di Milstein**:

$$X(t) \simeq X(t_0) + Euler + \sigma_x(t_0)\sigma(t_0) \int_{t_0}^{t} \int_{t_0}^{s} dW(u)dW(s)$$

$$\equiv X(t_0) + Milstein$$

ove il termine stocastico, oltre quello di Euler, è anche $\frac{u(t)^2 - (t - t_0)}{2} \sim \frac{(t-t_0)}{2}\chi^2(1,1)$ (chi quadro non centrale).

Inoltre si ha:

$$E_{t_0} \left(\int_{t_0}^{t} \int_{t_0}^{s} du \, dW(s) \right) = 0$$

$$Var_{t_0} \left(\int_{t_0}^{t} \int_{t_0}^{s} du \, dW(s) \right) = E_{t_0} \left(\int_{t_0}^{t} \left(\int_{t_0}^{s} du \right)^2 ds \right) = \frac{1}{3}(t - t_0)^3$$

$$Cov_{t_0} \left(\int_{t_0}^{t} dW(s), \int_{t_0}^{t} \int_{t_0}^{s} du \, dW(s) \right) = E_{t_0} \left(\int_{t_0}^{t} \int_{t_0}^{s} du \, ds \right) = \frac{1}{2}(t - t_0)^2$$

Per cui anche l'altro integrale doppio ha la stessa media, varianza e covarianza con gli incrementi del BM:

$$E_{t_0}\left(\int_{t_0}^t \int_{t_0}^s dW(u)ds\right) = 0$$

$$Var_{t_0}\left(\int_{t_0}^t \int_{t_0}^s dW(u)ds\right) = \frac{1}{3}(t-t_0)^3$$

$$Cov_{t_0}\left(\int_{t_0}^t dW(s), \int_{t_0}^t \int_{t_0}^s dW(u)ds\right) = \frac{1}{2}(t-t_0)^2$$

Pertanto, sempre da (A.13), trascurando il resto R_2 e sfruttando l'equidistribuzione degli integrali doppi appena visti si ottiene l'**approssimazione di Talay**:

$$X(t) \simeq X(t_0) + Milstein +$$

$$+ \left[a_t(t_0) + a_x(t_0)a(t_0) + \frac{1}{2}a_{xx}(t_0)\sigma^2(t_0)\right]\frac{1}{2}(t-t_0)^2 +$$

$$+ \left[a_x(t_0)\sigma(t_0) + \sigma_t(t_0) + \sigma_x(t_0)a(t_0) + \frac{1}{2}\sigma_{xx}(t_0)\sigma^2(t_0)\right]\int_{t_0}^t \int_{t_0}^s du\, dW(s)$$

in cui, oltre ai termini stocastici di Euler e di Milstein, ne entra un altro esprimibile come $\frac{1}{2}(t-t_0)(u(t) + \frac{1}{\sqrt{3}}v(t))$, ove u e v sono indipendenti e $N(0, t-t_0)$. Si veda Kloeden, Platen e Schurz (1994) p. 181, Glasserman (2004), cap. 6 e Bianchi, Cesari e Panattoni (1994) per un'applicazione.

Bibliografia

Ahn, A.H., Dittmar, R. F. e Gallant, A. R. (2002), Quadratic term structure models: theory and evidence, *Review of Financial Studies*, 15, 243–288

Andersen, L. (2000), A simple approach to the pricing of Bermudan swaption in the multi-factor Libor market model, *Journal of Computational Finance*, 3, 1, 5–32

Arrow, K. J. (1953), The role of securities in the optimal allocation of risk-bearing, *Econometrie*, 41–47, trad. inglese in *Review of Economic Studies*, 31, 2, 1964, 91–96

Arnold, L. (1974), *Stochastic differential equations: theory and applications*, Wiley, New York

Babbs, S. H. e Nowman K. B. (1999), Kalman filtering of generalized Vasicek term structure models, *Journal of Financial and Quantitative Analysis*, 34, 115–130

Baccinello, A. R. (2003), Fair valuation of a guaranteed life insurance participating contract embedding a surrender option, *Journal of Risk and Insurance*, 70, 3, 461–487

Bachelier, L. (1900), Théorie de la spéculation, *Annales Scientifiques de l'École Normale Supérieure*, 17, 21–86, anche Paris, Gauthier-Villars, stesso anno e in Cootner (ed.) (1964), cap. 2

Balduzzi, P, Das, S. R. e Foresi, S. (1998), The central tendency: a second factor in bond yields, *Review of Economics and Statistics*, 80, 62–72

Barone, E. (2003), Derivati complessi come portafogli di attività elementari, in Barone (2004), Vol. 2, cap. 2, Luiss University Press, Roma

Barone, E. (2004), *Economia del mercato mobiliare, Vol.1 – Azioni e Obbligazioni; Vol. 2 – Derivati e Risk management*, Luiss University Press, Roma

Barone E. e Castagna, A. (1999), Commissioni di sottoscrizione e derivati quadratici, in Barone (2004), Vol. 2, cap. 5, Luiss University Press, Roma

Barone E. e Cesari, R. (1986), Rischio e rendimento dei titoli a tasso fisso e a tasso variabile in un modello stocastico univariato, Banca d'Italia, Temi di Discussione, n. 73, anche in www.luiss.it/cattedreonline/materiali/

documenti/3319.pdf e in Barone (2004), Vol. 1, cap. 10, Luiss University Press, Roma

Barone E. e Cuoco, D. (1988), Il mercato dei contratti a premio in Italia, Banca d'Italia, *Contributi all'analisi economica*, 4, 7–57, ora anche in Barone (2004), Vol. 2, cap. 3, Luiss University Press, Roma

Barone E. e Cuoco, D. (1991), Un'altra visita al mercato dei premi, in A. Penati, (1991), *Il rischio azionario e la borsa*, Egea, Milano, 435–477, ora anche in Barone (2004), Vol. 2, cap. 4, Luiss University Press, Roma

Barone E. e Folonari, F. (1992), La valutazione dei titoli del Tesoro a tasso variabile: i rendimenti a termine dei BOT impliciti nel prezzo dei CCT, in www.luiss.it/cattedreonline/materiali/documenti/3331.pdf

Barone E. e Risa, S. (1995), La valutazione dei floaters e delle opzioni su floaters in presenza di special repo rates, in www.luiss.it/cattedreonline/ materiali/documenti/3333.pdf

Barone E., Cuoco, D. e Zautzik, E. (1991), Term structure estimation using the Cox, Ingersoll and Ross model: the case of Italian Treasury Bonds, *Journal of Fixed Income*, Dicembre, anche in www.luiss.it/cattedreonline/ materiali/documenti/3326.pdf e in Barone (2004), vol 1, cap. 11, Luiss University Press, Roma

Barone, G. (2005), *Arbitraggi e algebra di Garman*, Luiss, Roma, Tesi di Laurea

Barone, G. (2007), *Arbitraggi e prezzi Arrow-Debreu*, Luiss, Roma, Tesi di Laurea Magistrale

Barone L. (2004), *Executive stock options*, Mondo Bancario, Collana Guido Carli, n. 4

Barone-Adesi, G. e Whaley, R. E. (1987), Efficient analytical approximation of American option values, *Journal of Finance*, 42, June, 301–320

Barzanti, L. (2000), Metodi numerici per la stima della struttura per scadenza dei tassi d'interesse, Atti della Scuola estiva di Finanza Computazionale, Università Ca' Foscari, Dipartimento di Matematica Applicata, 177–189

Barzanti, L. e Corradi, C. (1997), Monotonicity preserving regression techniques for interest rate term structure estimation: a note, *Rivista di Matematica per le Scienze Economiche e Sociali*, 20, 2, 125–131

Barzanti, L. e Corradi, C. (1998), A note on interest rate term structure estimation using tension splines, *Insurance: Mathematics and Economics*, 22, 139–143

Barzanti, L. e Corradi, C. (1999), A note on direct term structure estimation using monotonic splines, *Rivista di Matematica per le Scienze Economiche e Sociali*, 22, 2, 101–108

Barzanti, L. e Corradi, C. (2001), A note on interest rate term structure estimation by monotonic smoothing splines, Statistica, 61, 2, 205–212

Baxter, M. (1997), General interest-rate models and the universality of HJM, in Dempster e Pliska (eds.), 315–335

Baxter, M. e Rennie, A. (1996), *Financial calculus. An introduction to derivative pricing*, CUP, Cambridge

Berardi, A. (2005), Real rates, expected inflation and inflation risk premia implicit in nominal bond yields, in dse.univr.it/berardi/reirp.pdf

Berardi, A. (2008), Term structure, inflation and real activity, *Journal of Financial and Quantitative Analysis*, forthcoming, e in dse.univr.it/berardi/tsira.pdf

Bianchi, C., Cesari, R. e Panattoni, L., (1994), Alternative estimators of the Cox, Ingersoll and Ross model of the term structure of interest rates: a Monte Carlo comparison, Banca d'Italia, *Temi di discussione*, n. 236, ora in Bolthausen, Dozzi e Russo (eds.) (1995), 265–306.

Bicksler, J. L. (ed.) (1979), *Handbook of Financial Economics*, North-Holland, Amsterdam

Bielecki, T. R. e Rutkowski, M. (2002), *Credit risk: modelling, valuation and hedging*, Springer, Berlin

Black, F. (1975), Fact and fantasy in the use of options, *Financial Analysts Journal*, Jul–Aug, 36–41 e 61–72

Black, F. (1976), The pricing of commodity contracts, *Journal of Financial Economics*, 3, March, 167–179

Black, F. (1989), How we came up with the option formula, *Journal of Portfolio Management*, 15, 2, 4–8

Black, F. e Cox, J. C. (1976), Valuing corporate securities: some effects of bond indenture provisions, *Journal of Finance*, 31, 351–367

Black, F., Derman, E. e Toy, W. (1990), A one-factor model of interest rates and its application to Treasury bond options, *Financial Analysts Journal*, 46, 1, 33–39

Black, F. e Jones, R. (1987), Simplifying portfolio insurance, *Journal of Portfolio Management*, 13, 48–51

Black, F., Karasinski, P. (1991), Bond and option prices when short rates are lognormal, *Financial Analysts Journal*, 47, 4, 52–59

Black, F. e Perold, A. F. (1992), Theory of constant proportion portfolio insurance, *Journal of Economic Dynamics & Control*, 16, 403–426

Black, F. e Scholes, M. S., (1972), The valuation of option contracts and a test of market efficiency, *Journal of Finance*, 27, 2, 399–417, Discussion, 453–458

Black, F. e Scholes, M. S., (1973), The pricing of options and corporate liabilities, *Journal of Political Economy*, 81, May, 637–659

Bollen, N. P. B. e Whaley, R. E. (1998), Simulating supply, *Risk*, 26, Sept., 143–147, anche in www2.owen.vanderbilt.edu/nick.bollen/research/nw4.pdf

Bollerslev, T. (1986), Generalized autoregressive conditional heteroskedasticity, *Journal of Econometrics*, 31, 307–327

Bolthausen, E., Dozzi M. e Russo F. (eds.) (1995), *Seminar on stochastic analysis, random fields and applications*, Progress in Probability, vol. 36, Basel, Birkhäuser

Bowie, J. e Carr, P. (1994), Static simplicity, *Risk*, 8, 45–49

Boyle, P. e Emanuel, D. (1980), Discretely adjusted option hedges, *Journal of Financial Economics*, 8, Sept., 259–282

Boyle, P. e Lau, S. (1994), Bumping up against the barrier with the binomial method, *Journal of Derivatives*, 1,4, 6–14

Brace, A. e Musiela, M., (1994), A multi factor Gauss Markov implementation of Heath Jarrow and Morton, *Mathematical Finance*, 4, 3, 563–576

Brace, A., Gatarek, D. e Musiela, M. (1997), The Market Model of interest rate dynamics, *Mathematical Finance*, 7, 127–155

Breeden, D. T. e Litzenberger, R. H. (1978), Prices of state-contingent claims implicit in option pricing, *Journal of Business*, 51, 4, 621–651

Brennan, M. e Schwartz, E. S. (1979), A continuous-time approach to the pricing of bonds, *Journal of Banking and Finance*, 3, 133–155

Brennan, M. e Schwartz, E. S. (1982), An equilibrium model of bond pricing and a test of market efficiency, *Journal of Financial and Quantitative Analysis*, 17, 301–329

Brigo, D. e Mercurio, F. (2006), *Interest rate models – Theory and practice with smile, inflation and credit*, Springer, Berlin, 2001[1]

Broadie, M, Glasserman, P e Kou, S. G. (1997), A continuity correction for discrete barrier options, *Mathematical Finance*, 7, 4, 325–349

Broadie, M, Glasserman, P e Kou, S. G. (1999), Connecting discrete and continuous path-dependent options, *Finance and Stochastics*, 3, 55–82

Brody, D. C. e Hughston, L. P. (2001), Interest rates and information geometry, *Proceedings of the Royal Society London* A, 457, 1343–1363

Brody, D. C. e Hughston, L. P. (2002), Entropy and information in the interest rate term structure, *Quantitative Finance*, 2

Brown S. J. e Dybvig, P. H. (1986), The empirical implications of the Cox, Ingersoll, Ross theory of the term structure of interest rates, *Journal of Finance*, 41, 616–628

Bru, B. e Yor, M. (2002), Comments on the life and mathematical legacy of Wolfgang Doeblin, *Finance and Stochastics*, 6, 3–47

Cairns, A. J. G. (2004), *Interest rate models. An introduction*, PUP, Princeton

Carr, P. (1988), The valuation of sequential exchange opportunities, *Journal of Finance*, 43, 5, Dec., 1235–1256

Carr, P. (2003), FAQ's in option pricing theory, *Journal of Derivatives*, forthcoming.

Carr, P., Geman, H., Madan, D. B. e Yor, M. (2002), The fine structure of asset returns: an empirical investigation, *Journal of Business*, 72, 2, 305–332

Carr, P., Geman, H., Madan, D. B. e Yor, M. (2003), Stochastic volatility for Lévy processes, *Mathematical Finance*, 13, 3, 345–382

Carr, P. e Madan, D. B. (2005), A note on sufficient conditions for no arbitrage, *Finance Research Letters*, 2, 125–130

Carr, P. e Wu, L. (2006), A tale of two indices, *Journal of Derivatives*, Spring, 13–29

Carriere, J. (1996), Valuation of the early-exercise price for options using simulation and non parametric regression, *Insurance: Mathematics and Economics*, 19, 19–30

Castellani, G., De Felice, M. e Moriconi, F. (2006), *Manuale di Finanza. III. Modelli stocastici e contratti derivati*, Il Mulino, Bologna

Cesari, R., (1989), On the estimation of stochastic differential equations: the continuous-time maximum-likelihood approach, Banca d'Italia, *Temi di discussione*, n. 125

Cesari, R. (1992a), *La struttura per scadenza dei tassi d'interesse e i titoli derivati. L'approccio 'option pricing' in un modello multivariato con inflazione e tasso di cambio, applicato al mercato italiano*, Giuffrè, Milano

Cesari, R. (1992b), Inflazione attesa, tassi reali e la struttura per scadenza dei tassi d'interesse, Banca d'Italia, *Temi di discussione*, n. 173

Cesari, R. e Cremonini, D. (2003), Benchmarking, portfolio insurance and technical analysis: a Monte Carlo comparison of dynamic strategies of asset allocation, *Journal of Economic Dynamics & Control*, 27, 987–1011

Cesari, R e D'Adda, C. (2005), A suggestion for simplifying the theory of asset prices, in www.ssrn.com/abstract=714924

Cesari, R. e D'Adda, C. (2008), The theory of finance in a nutshell, in www.ssrn.com/abstract=1101603

Cesari, R. e Sevini, L. (2004), Using option to forecast LIBOR, in ssrn.com/abstract=587343

Cesari, R. e Susini, E. (2005a), Introduzione alla Finanza Matematica: concetti di base, tassi e obbligazioni, McGraw-Hill, Milano

Cesari, R. e Susini, E. (2005b), Introduzione alla Finanza Matematica: mercati azionari, rischi e portafogli, McGraw-Hill, Milano

Chance, D. (1995), A chronology of derivatives, *Derivatives Quarterly*, 2, 53–60

Chang, C-C., Chung, S-L. e Yu, M-T. (2002), Valuation and hedging of differential swaps, *Journal of Futures Markets*, 22, 1, 73–94

Chen R. e Scott, L. (1993), Pricing interest rate futures options with futures-style margining, *Journal of Futures Markets*, 13, 15–22

Cherubini, U. e Della Lunga, G., (2001), *Il rischio finanziario*, McGraw-Hill, Milano

Cherubini, U. e Esposito, M., (1995), Options *in* and *on* interest rate futures contracts: results from martingale pricing theory, *Applied Mathematical Finance*, 2, 1–15

Chow, G. e Kritzman, M. (2001), Risk budgets, *Journal of Portfolio Management*, 27, 2, 55–60

Chung, K. L. e Williams, R. J. (1983), *Introduction to stochastic integration*, Birckhäuser, Boston

Cohen, G. (2005), *The Bible of options strategies. The definitive guide for practical trading strategies*, Pearson Education, Upper Saddle River (NJ)

Cont, R. e Tankov, P. (2004), *Financial modelling with jump processes*, Chapman & Hall, London

Cootner, P. (ed.) (1964), *The random character of stock market prices*, MIT Press, Cambridge

Courtault, J.-M., Kabanov, Y., Bru, B., Crépel, P., Lebon, I. e Le Marchand A. (2000), Louis Bachelier on the centenary of *Théorie de la spéculation*, *Mathematical Finance*, 10, 3, July, 341–353

Cox, D. R. e Miller, H. D. (1965), *The theory of stochastic processes*, Chapman and Hall, London

Cox, J. C. (1975), Notes on option pricing I: constant elasticity of variance diffusions, WP, Stanford University, anche in *Journal of Portfolio Management, Special Issue: A Tribute to Fischer Black*, 1996, Dec, 15–17

Cox, J. C., Ingersoll, J. E. jr., e Ross, S. A., (1979), Duration and the measurement of basis risk, *Journal of Business*, 52, 1, 51–61

Cox, J. C., Ingersoll, J. E. jr., e Ross, S. A., (1981), The relation between forward prices and futures prices, *Journal of Financial Economics*, 9, 321–346

Cox, J. C., Ingersoll, J. E. jr., e Ross, S. A., (1985a), An intertemporal general equilibrium model of asset prices, *Econometrica*, 53, 2, 363–384

Cox, J. C., Ingersoll, J. E. jr., e Ross, S. A., (1985b), A theory of the term structure of interest rates, *Econometrica*, 53, 2, 385–407

Cox, J. C. e Ross, S. A. (1976), The valuation of options for alternative stochastic processes, *Journal of Financial Economics*, 3, 145–166

Cox, J. C., Ross, S. A. e Rubinstein, M. (1979), Option pricing: a simplified approach, *Journal of Financial Economics*, 7, Oct., 229–264

Cox, J. C. e Rubinstein, M. (1985), *Option markets*, Prentice-Hall, Englewood Cliffs (NJ)

Davis, M. et al. (eds), *Mathematical Finance*, Springer, Berlin

Debreu, G. (1959), *Theory of value. An axiomatic analysis of economic equilibrium*, Cowles Foundation Monograph n. 17, YUP, New Haven

De Giuli, M. E., Maggi, M. A., Magnani, U. e Rossi, E. (2002), *Derivati. Teoria e applicazioni*, Giappichelli, Torino

De Jong, F., Diessen, J. e Pelsser, A. (2001), Libor Market Models versus Swap Market Models for pricing interest rate derivatives: an empirical analysis, *European Finance Review*, 5, 3

Delbaen, F. e Schachermayer, W. (1994), A general version of the fundamental theorem of asset pricing, *Mathematische Annalen*, 300, 463–520

Delbaen, F. e Schachermayer, W. (1997), Non-arbitrage and the fundamental theorem of asset pricing: summary of main results, *Proceedings of Symposia in Applied mathematics*, AMS, Providence (RI)

Dempster M. A. H. e Pliska, S. R. (eds.), (1997), *Mathematics of derivative securities*, CUP, Cambridge

Derman, E. (2004), *My life as a quant. Reflections on Physics and Finance*, Wiley, Hoboken (NJ)

Derman, E., Ergener, D. e Kani, I. (1995), Static options replication, *Journal of Financial Engineering* (poi *Journal of Derivatives*), 2, 4, 78–95

Derman, E. e Kani, I. (1994), Riding the smile, *Risk*, Feb., 32–39

Dothan, L. U. (1978), On the term structure of interest rates, *Journal of Financial Economics*, 6, 59–69

Doob, J. L. (1953), *Stochastic processes*, Wiley, New York

Duffie, D. (1988), *Security markets: Stochastic models*, Academic Press, Boston

Duffie, D. (1989), *Futures markets*, Prentice-Hall, Englewood-Cliffs (NJ)

Duffie, D. (1992), *Dynamic Asset Pricing Theory*, PUP, Princeton

Duffie, D. (1996), Special repo rates, *Journal of Finance*, 51, 2, 493–526

Duffie, D. e Kan R. (1996), A yield-factor model of interest rates, *Mathematical Finance*, 6, 379–406

Duffie, D. e Singleton, K. (2003), *Credit risk: pricing, measurement and management*, PUP, Princeton

Dupire, B. (1994), Pricing with a smile, *Risk*, 7, 1, 18–20

Dybvig, P. H. e Ingersoll, J. E. Jr (1982), Mean-variance theory in complete markets, *Journal of Business*, 55, 2, 233–251

Dybvig, P. H., Ingersoll, J.E. Jr e Ross S. A. (1996), Long forward and zero-coupon rates can never fall, *Journal of Business*, 69, 1, 1–25

Edwards, F. R. e Canter, M. S. (1995), The collapse of Metallgesellschaft: unhedgeable risks poor hedging strategy, or just bad luck?, *Journal of Futures Markets*, 15, 3, 211–264

Feller, W. (1951), Two singular diffusion problems, *Annals of Mathematics*, 54, 1, 173–182

Feller, W. (1966), *An introduction to probability theory and its applications*, vol. II, Wiley, New York

Fischer, S. (1975), The demand for index bonds, *Journal of Political Economy*, 83, 3, 509–534

Friedman, A. (1975), *Stochastic differential equations and applications*, vol. 1, Academic Press, New York

Galai, D. (1977), Tests of market efficiency of the Chicago Board Option Exchange, *Journal of Business*, 50, 167–197

Galluccio, S. e Hunter, C., (2003), The co-initial swap market model, www.ssrn.com/abstract=650704

Galluccio, S., Huang, Z., Ly, J. M., Scaillet, O., (2005), Theory and calibration of swap market models, FAME WP n. 107, in ssrn.com/abstract=533136

Gandolfo, G. (1997), *Economic dynamics*, Springer, Berlino

Garman, M. B. (1976), An algebra for evaluating hedge portfolios, *Journal of Financial Economics*, 3, 403–427

Garman, M. B. (1978), The pricing of supershares, *Journal of Financial Economics*, 6, 3–10

Garman, M. B. e Klass, M. J. (1980), On the estimation of stock price volatilities from historical data, *Journal of Business*, 53, 1, 67–78

Garman, M. B. e Kohlhagen, S. W. (1983), Foreign currency option values, *Journal of International Money and Finance*, 2, 231–237

Geman, H. (2002), Pure jump Lévy processes for asset price modelling, *Journal of Banking and Finance*, 26, 1297–1316

Geman, H., El Karoui, N. e Rochet, J. (1995), Changes of numeraire, changes of probability measure and option pricing, *Journal of Applied Probability*, 32, 443–458

Geman, H. e Yor, M. (1993), Bessel processes, Asian options and perpetuities, *Mathematical Finance*, 3, 349–375

Geske, R. (1977), The valuation of corporate liabilities as compound options, *Journal of Financial and Quantitative Analysis*, 12, 541–552

Geske, R. (1979a), The valuation of compound options, *Journal of Financial Economics*, 7, 63–82

Geske, R. (1979b), A note on an analytical formula for unprotected American call options on stocks with known dividends, *Journal of Financial Economics*, 7, 375–380

Geske, R. (1981), Comments on Whaley's note, *Journal of Financial Economics*, 9, June, 213–215

Geske, R. e Johnson, H. (1984), The American put option valued analytically, *Journal of Finance*, 39, Dec., 1511–1524

Gihman, I. e Skorohod, A. V. (1968), *Stochastic differential equations*, Springer, Berlin, trad. di K. Wickwire, 1972

Glasserman, P. (2001), Shortfall risk in long-term hedging with short-term futures contracts, in Jouini, Cvitanić e Musiela (eds.), Ch. 13, 477–508

Glasserman, P. (2004), *Monte Carlo methods in financial engineering*, Springer, New York

Gleit, A. (1978), Valuation of general contingent claims. Existence, uniqueness, and comparisons of solutions, *Journal of Financial Economics*, 6, 71–87

Goldman, M., Sosin, H. e Gatto, M. (1979), Path dependent options: buy at the low, sell at the high, *Journal of Finance*, 34, dec., 1111–1127

Goodhart, C. (1987), Why do banks need a central bank?, *Oxford Economic Papers*, 39, 75–89

Grabbe, J. O. (1983), The pricing of call and put options on foreign exchange, *Journal of International Money and Finance*, 2, 239–253

Hagan, P. S., Kumar, D., Lesniewski, A. S. e Woodward, D. E. (2002), Managing smile risk, *Wilmott*, Sept., 84–108

Harrison, J. M. (1985), *Brownian motion and stochastic flow systems*, Wiley, New York

Harrison, J. M. e Kreps, D. M. (1979), Martingales and arbitrage in multiperiod securities markets, *Journal of Economic Theory*, 20, 381–408

Harrison, J. M. e Pliska, S. R., (1981), Martingales and stochastic integrals in the theory of continuous trading, *Stochastic Processes and Their Applications*, 11,

Harrison, J. M. e Pliska, S. R. (1983), A stochastic calculus model of continuous trading: complete markets, *Stochastic Processes and Their Applications*, 15

Heath, D., Jarrow, R., Morton, A. (1992), Bond pricing and the term structure of interest rates: a new methodology for contingent claim valuation, *Econometrica*, 60, 1, 77–105

Heston, S. L. (1993), A closed-form solution for options with stochastic volatility with applications to bond and currency options, *Review of Economic Studies*, 6, 2, 327–343

Hicks, J. R. (1939), *Value and capital. An inquiry into some fundamental principles of economic theory*, OUP, Oxford, 1946[2]

Ho, T. S. Y. e Lee, S. B. (1986), Term structure movements and pricing interest rate contingent claims, *Journal of Finance*, 41, 1011–1029

Hogan, M. (1993), Problems in certain two-factor term structure models, *Annals of Applied Probability*, 3, 576–581

Hogan, M. e Weintraub, K. (1993), The log-normal interest-rate model and Eurodollar futures, New York, WP, Citibank

Huang, C. F. (1985), Information structure and equilibrium asset prices, *Journal of Economic Theory*, 35, 33–71

Huang, C. e Litzenberger, R. H. (1988), *Foundations for financial economics*, North-Holland, New York

Hubalek, F., Klein, I., e Teichmann, J. (2002), A general proof of the Dybvig-Ingersoll-Ross theorem: long forward rates can never fall, *Mathematical Finance*, 12, 447–451

Hull, J. C. (2003), *Options, futures and other derivatives*, Pearson Education, 5a ed., Uppers Saddle River (NJ), ed. it. a cura di Emilio Barone, Il Sole 24 Ore, Milano

Hull, J. C. (2006), *Options, futures and other derivatives*, Pearson Education, 6a ed., Uppers Saddle River (NJ), ed. it. a cura di Emilio Barone, Pearson Education Italia, Milano

Hull, J. C. (2008), *Risk management e istituzioni finanziarie*, ed. it. a cura di Emilio Barone, Pearson Paravia Bruno Mondadori, Torino

Hull, J. C. e White, A. (1987), The pricing of options on assets with stochastic volatilities, *Journal of Finance*, 42, 281–300

Hull, J. C. e White, A. (1990), Pricing interest-rate derivative securities, *Review of Financial Studies*, 3, 573–592

Hull, J. C. e White, A. (1994), Numerical procedures for implementing term structure models II: Two-factor models, *Journal of Derivatives*, 2, 37–48

Hull, J. C. e White, A. (1996), *Hull-White on derivatives*, Risk Publications, London

Hunt, P. e Kennedy, J. (2000), *Financial derivatives in theory and practice*, Wiley, Chichester

Ikeda, N. e Watanabe, S. (1989), *Stochastic differential equations and diffusion processes*, North-Holland, Amsterdam

Ingersoll, J. E. jr (1977), A contingent-claims valuation of convertible securities, *Journal of Financial Economics*, 4, 289–321

Ingersoll, J. E. jr (1987), *Theory of financial decision making*, Rownam & Littlefield, Totowa

Ingersoll, J. E. jr (2000), Digital contracts: simple tools for pricing complex derivatives, *Journal of Business*, 73, 1, 67–88

Jackweth, J. C. e Rubinstein, M. (1996), Recovering probability distributions from option prices, *Journal of Finance*, 51, 5, 1611–1631

James K. e Webber, N. (2000), *Interest rate modelling*, Wiley

Jamshidian, F. (1989), An exact bond option formula, *Journal of Finance*, 44, 205–209

Jamshidian, F., (1997), Libor and swap market models and measures, *Finance and Stochastics*, 1, 293–330

Jarrow, R. A. (1999), In honor of the Nobel laureates Robert C. Merton and Myron S. Scholes: a partial differential equation that changed the world, *Journal of Economic Perspectives*, 13, 4, Fall, 229–248

Jarrow, R. e Rudd, A. (1982), Approximate option valuation for arbitrary stochastic processes, *Journal of Financial Economics*, 10, Nov., 347–369

Jarrow, R. e Yildirim, Y. (2003), Pricing Treasury inflation protected securities and related derivatives using an HJM model, *Journal of Financial and Quantitative Analysis*, 38, 2, 409–430

Johnson, H. (1987), Options on the minimum or the maximum of several assets, *Journal of Financial and Quantitative Analysis*, 22, 3, 277–283

Jorion, P. (2001), *Value at Risk. The new benchmark for managing financial risk*, 2nd ed., McGraw-Hill, New York

Jouini, E. , Cvitanić, J. e Musiela, M. (eds.) (2001), *Option pricing, interest rates and risk management*, CUP, Cambridge

Kan, R. (1992), Shape of the yield curve under CIR single factor model: a note, University of Toronto, WP

Karatzas, I. e Shreve, S. E. (1998), *Brownian motion and stochastic calculus*, Springer, New York, 1991[1]

Karatzas, I. e Shreve, S. E. (1998), *Methods of Mathematical Finance*, Springer

Kat, H. M. (1994), Contingent premium options, *Journal of Derivatives*, 1, 4, 44–54

Kat, H. M. (2001), *Structured equity derivatives. The definitive guide to exotic options and structured notes*, Chichester, Wiley

Kemna, A. e Vorst, A. (1990), A pricing method for options based on average asset values, *Journal of Banking and Finance*, 14, March, 113–129

Kennedy, D. (1994), The term structure of interest rates as a gaussian random field, *Mathematical Finance*, 4, 247–258

Kloeden, P. E. e Platen, E. (1992), *Numerical solutions of stochastic differential equations*, Springer, Berlin

Kloeden, P. E., Platen, E. e Schurz, H. (1994), *Numerical solutions of SDE through computer experiments*, Springer, Berlin

Leland, H. E. (1980), Who should buy portfolio insurance, *Journal of Finance*, 35, 581–594

Leland, H. E. (1985), Option pricing and replication with transactions costs, *Journal of Finance*, 40, 5, 1283–1301

Liptser R. S. e Shiryaev A. N. (1974), *Statistics of random processes, vol. I General theory, vol. II Applications*, Springer, Berlino

Lo, A. W. (1988), Maximum likelihood estimation of generalized Itô processes with discretely sampled data, *Econometric Theory*, 4, 231–247

Longstaff, F. A. (1989), A nonlinear general equilibrium model of the term structure of interest rates, *Journal of Financial Economics*, 23, 195–224

Longstaff, F. A. (1995a), How much can marketability affect security values?, *Journal of Finance*, 50, 5, Dec., 1767–1774

Longstaff, F. A. (1995b), Placing no-arbitrage bounds on the value of non-marketable and thinly-traded securities, in AA.VV., *Advances in Futures and Options Research*, JAI Press, vol. 8, 203–228

Longstaff, F. A. e Schwartz, E. S. (1992), Interest rate volatility and the term structure: a two-factor general equilibrium model, *Journal of Finance*, 47, 4, 1259–1282

Madan, D. e Milne, F. (1991), Option pricing with VG martingale components, *Mathematical Finance*, 1, 4, 39–56

Malliaris, A. G. e Brock, W. A. (1982), *Stochastic methods in Economics and Finance*, North-Holland, Amsterdam

Margrabe, W. (1978), The value of an option to exchange one asset for another, *Journal of Finance*, 33, 177–186

Martellini, L. (2006), *Managing pension assets: from surplus optimization to Liability-Driven Investment*, in
www.edhec-risk.com/ALM/managing_pension_assets/index_html/
attachments/Managing_Pension_Assets.pdf

Martellini, L., Simsek, K. e Goltz, F. (2005), *Structured forms of investment strategies in institutional investors' portfolios. Benefits of dynamic asset allocation through buy-and-hold investment in derivatives*, in
www.edhec-risk.com/edhec_publications/RISKReview.2005-07-07.1835/
attachments/Edhec%20Study%20Structured%20Products.pdf

McDonald, R. e Siegel, D. (1984), Option pricing when the underlying asset earn a below-equilibrium rate of return: a note, *Journal of Finance*, 39, 1, 261–265

McDonald, R. e Siegel, D. (1985), Investments and the valuation of firms when there is an option to shut-down, *International Economic Review*, 26, 2, 331–349

McDonald, R. e Siegel, D. (1986), The value of waiting to invest, *Quarterly Journal of Economics*, 101, 4, 707–727

McKean, H. P. jr (1969), *Stochastic integrals*, Academic Press, New York

Mehrling, P. (2005), *Fischer Black and the revolutionary idea of Finance*, Wiley, Hoboken (NJ)

Mello e Parsons, (1995), The maturity structure of a hedge matters: lessons from the Metallgesellshaft debacle, *Journal of Applied Corporate Finance*, 7, 4, 62–76

Merton, R.C. (1970), A dynamic general equilibrium model of the asset market and its application to the pricing of the capital structure of the firm, WP 497-70, MIT, ora in Merton (1990), cap. 11.

Merton, R. C. (1973), Theory of rational option pricing, *Bell Journal of Economics and Management Science*, 4, Spring, 141–183

Merton, R. C. (1974), On the pricing of corporate debt: the risk structure of interest rates, *Journal of Finance*, 29, 2, 449–470, Discussion 485–489

Merton, R. C. (1976), Option prices when underlying stock returns are discontinuous, *Journal of Financial Economics*, 3, 125–144

Merton, R. C. (1977), An analytic derivation of the cost of deposit insurance and loan guarantees, *Journal of Banking and Finance*, 1, 3–11

Merton, R. C. (1978), On the cost of deposit insurance when there are surveillance costs, *Journal of Business*, 51, 3, 439–452

Merton, R. C. (1990), *Continuous-time finance*, 1992^2, Blackwell, Oxford

Merton, R. C. (1997), Application of option-pricing theory: twenty-five years later, in Persson (ed.), (2003), 85–118, anche in nobelprize.org/economics/laureates/1997/merton-lecture.pdf

Merton, R. C. e Scholes, M. S. (1995), Fischer Black, *Journal of Finance*, 50, 5, 1359–1370

Miltersen, K. R. (1994), An arbitrage theory of the term structure of interest rates, *Annals of Applied Probability*, 4, 953–967

Minenna, M. (2006), *A guide to quantitative finance. Tools and techniques for understanding and implementing financial analytics*, Risk Books, London

Modigliani, F. e Miller, M. (1958), The cost of capital, corporation finance and the theory of investment, *American Economic Review*, 48, 3, 261–297

Mouscher, D. (2007), Scalping option gammas, *Futures*, 36, 11, Sept., 50–53

Musiela, M. (1993), Stochastic PDEs and term structure models, *Journées Internationales de Finance*, IGR-AFFI, La Baule, June 1993

Musiela, M e Rutkoswki, M. (1997), Continuous-time term structure models: forward measure approach, *Finance & Stochastics*, 1, 261–291

Musiela, M e Rutkoswki, M. (2005), *Martingale methods in financial modelling*, 2a edizione, Springer, Berlino

Natenberg, S. (1992), *Option volatility and pricing. Advanced trading strategies and techniques*, McGraw-Hill, New York

Nielsen, L. T. (1999), *Pricing and hedging of derivative securities*, OUP, Oxford

Oksendal, B. (2003), *Stochastic differential equations. An introduction with applications*, Springer, Berlin, 1985^1

Parkinson, M. (1980), The extreme value method for estimating the variance of the rate of return, *Journal of Business*, 53, 1, 61–65

Pascucci, A. (2008), *Calcolo stocastico per la Finanza*, Springer, Milano

Pearson N., Sun T.-S. (1994), Exploiting the conditional density in estimating the term structure: an application to the Cox, Ingersoll, and Ross model, *Journal of Finance*, 49, 4, 1279–1304

Perold, A. F. e Sharpe, W. F. (1988), Dynamic strategies for asset allocation, *Financial Analysts Journal*, 44, 16–27

Persson, T. (ed.), (2003), *Nobel Lectures, Economics 1996–2000*, Singapore, World Scientific Publishing

Poon, S.-H. (2005), *A practical guide to forecasting financial market volatility*, Wiley, Chichester

Rebonato, R. (1998), *Interest-rate option models*, Wiley, 1996[1]

Richard, S. F. (1978), An arbitrage model of the term structure of interest rates, Journal of Financial Economics, 6, 33–57

Rogers, L. C. G. (1995), Which model for the term-structure of interest rates should one use?, in Davis et al. (eds.) (1995), anche in www.statslab.cam.ac.uk/~chris/papers/which.pdf

Rogers, L. C. G. e Satchell, S. E. (1991), Estimating variance from high, low and closing prices, *Annals of Applied Probability*, 1, 504–512

Rogers, L. C. G., Satchell, S. E. e Yoon, Y. (1994), Estimating the volatility of stock prices: a comparison of methods that use high and low prices, *Applied Financial Economics*, 4, 241–247

Rogers, L. C. G. e Shi, Z. (1995), The value of an Asian option, *Journal of Probability*, 32, 1077–1088

Roll, R. (1977), An analytical formula for unprotected American call options on stocks with known dividends, *Journal of Financial Economics*, 5, 251–258

Romano, M. e Touzi, N. (1997), Contingent claims and market completeness in a stochastic volatility model, *Mathematical Finance*, 7, 399–412

Ross, S. A. (1976), Options and efficiency, *Quarterly Journal of Economics*, 90, 75–89

Rubinstein, M. (1976), The valuation of uncertain income streams and the pricing of options, *Bell Journal of Economics*, 7, 407–425

Rubinstein, M. (1983), Displaced diffusion option pricing, *Journal of Finance*, 38, 213–217

Rubinstein, M. (1991), Somewhere over the rainbow, *Risk*, 4, 11, 61–63

Rubinstein, M. (1999), *Rubinstein on derivatives*, London, Risk Books, trad. it. (2005) *Derivati. Futures, opzioni e strategie dinamiche*, a cura di Luca Barone, Il Sole 24 Ore, Milano

Rubinstein, M. e Leland, H. E. (1981), Replicating options with positions in stock and cash, *Financial Analysts Journal*, 37, 4, 63–72

Rubinstein, M. e Reiner, E. (1991), Breaking down the barriers, *Risk*, Sept., 28–35

Samuelson, P. A. (1965), Rational theory of warrant pricing, *Industrial Management Review*, 6, 13–31

Samuelson, P. A. e Merton R. C. (1969), A complete model of warrant pricing that maximizes utility, *Industrial Management Review*, 10, 17–46

Sandmann, K. e Sondermann, D. (1997), A note on the stability of lognormal interest rate models and the pricing of Eurodollar futures, *Mathematical Finance*, 7, 119–125

Schachermayer, W e Teichmann, J. (2005), How close are the option pricing formulas of Bachelier and Black-Merton-Scholes?, in www.fam.tuwien.ac.at/~wschach/pubs/, n. 121

Schaefer M. S. e Schwartz E. S. (1984), A two-factor model of the term structure: an approximate analytical solution, *Journal of Financial and Quantitative Analysis*, 19, 4, 413–424

Schwartz, E. S. e Moon, M. (2000), Rational pricing of Internet companies, *Financial Analysts Journal*, 56, 2, May/June, 62–75

Schwartz, E. S. e Moon, M. (2001), Rational pricing of Internet companies revisited, *The Financial Review*, 36, 7–26

Scott, L. (1987), Option pricing when the variance changes randomly, *Journal of Financial and Quantitative Analysis*, 22, 419–438

Sethi, S. P. e Lehoczky, J. P. (1981), A comparison of the Itô and Stratonovich formulations of problems in Finance, *Journal of Economic Dynamics and Control*, 3, 343–356

Sharpe, W. F. (1964), Capital asset prices: a theory of market equilibrium under condition of risk, *Journal of Finance*, 19, 425–442

Shreve, S. E. (2004a) Stochastic calculus for Finace I: the binomial asset pricing model, Springer, Berlin

Shreve, S. E. (2004b) Stochastic calculus for Finace II: continuous-time models, Springer, Berlin

Shu, J. e Zhang, J. E. (2005), Testing range estimators of historical volatility, *Journal of Futures Markets*

Siegel, J. (1972), Risk, interest rates and the forward exchange, *Quarterly Journal of Economics*, 86, 303–309

Sin, C. (1998), Complications with stochastic volatility models, *Advances in Applied Probability*, 30, 256–268

Smith, C. W. Jr., (1976), Option pricing. A review. *Journal of Financial Economics*, 3, 3–51

Smith, C. W. Jr., (1977), Alternative methods for raising capital: rights versus underwritten offerings, *Journal of Financial Economics*, 5, 273–307

Smith, C. W. Jr., (1979), Applications of option pricing analysis, in Bicksler (ed.) (1979), cap. 4

Smith, M. L. (1982), The life insurance policy as an option package, *Journal of Risk and Insurance*, 49, 583–601

Smithson, C. (2007), Una grande famiglia felice, *Risk Italia*, Autunno, 30–36

Snyder, G. L. (1969), Alternative forms of options, *Financial Analysts Journal*, 25, 93–99

Stroock, D. W. e Varadhan, S. R. S. (1979), *Multidimensional diffusion processes*, Springer, Berlin

Stulz, R. M. (1982), Options on the minimum or the maximum of two risky assets: analysis and applications, *Journal of Financial Economics*, 10, 161–185

Taleb, N. (1997), *Dynamic hedging. Managing vanilla and exotic options*, Wiley, New York

Tilley, J. (1983), Valuing American options in a path simulation model, *Transactions of the Society of Actuaries*, 83–104

Tompkins, R. G. (2001), Implied volatility surfaces: uncovering regularities for options on financial futures, *European Journal of Finance*, 7, 198–230

Trigeorgis, L. (1996), *Real options. Managerial flexibility and strategy in resource allocation*, The MIT Press, Cambridge (MA)

Turnbull, S. M. e Wakeman, L. M. (1991), A quick algorithm for pricing European average options, *Journal of Financial and Quantitative Analysis*, 26, Sep., 377–389

Vasicek, O. (1977), An equilibrium characterization of the term structure, *Journal of Financial Economics*, 5, 177–188

Wei, J. Z. (1994), Valuing differential swaps, *Journal of Derivatives*, 1, 3, Spring, 64–76

Whaley, R. E. (1981), On the valuation of American call options on stocks with known dividends, *Journal of Financial Economics*, 9, June, 207–211

Whaley, R. E. (1982), Valuation of American call options on dividend paying stocks: empirical tests, *Journal of Financial Economics*, 10, March, 29–58

Wiggins, J. (1987), Option values under stochastic volatility, *Journal of Financial Economics*, 19, Dec., 351–372

Williams, D. (1991), *Probability and martingales*, CUP, Cambridge

Williams, J. e Barone, E. (1991), Prestiti di denaro e di titoli mediante contratti di riporto, *Rivista Internazionale di Scienze Sociali*, 99, 4, anche in www.luiss.it/cattedreonline/materiali/documenti/3320.pdf

Wong, E. (1983), *Introduction to random processes*, Springer, New York

Wong, E. e Hajek, B. (1985), *Stochastic processes in engineering systems*, Springer, New York

Yang, D. e Zhang, Q., (2000), Drift independent volatility estimation based on high, low, open and close prices, *Journal of Business*, 73, 3, 477–491

Zhang, P. G. (1998), *Exotic options. A guide to second generation options*, 2nd ed., 1997[1], World Scientific, Singapore

Indice analitico

Finito di stampare:
Novembre 2008